餐旅服務業與觀光行銷

Hospitality and Travel Marketing

Alastair M. Morrison／著

王昭正／譯

弘智文化事業有限公司

Alastair M. Morrison

Hospitality and Travel Marketing
(Second Edition)

ISBN   957-97910-3-1

Printed in Taiwan, Republic of China

目　錄

作者序　Ｉ

第一部　行銷學概論　9

第一章　行銷學定義　11
第二章　行銷餐飲旅館與旅遊服務　51
第三章　餐飲旅館與旅遊業的行銷系統　83

第二部　規劃：研究與分析　111

第四章　顧客行為　113
第五章　行銷機會的分析　159
第六章　行銷研究　205

第三部　規劃：行銷策略與計畫　247

第七章　行銷策略：市場區隔與趨勢　249
第八章　行銷策略：策略、目標市場、行銷組合、定位
　　　　與行銷目標　295
第九章　行銷計畫與 8 Ｐ　335

第四部　執行行銷計畫　369

第十章　產品開發與合作　371
第十一章　人員：服務與服務品質　415

第十二章　包裝與規劃　445
第十三章　配銷組合與旅遊業　489
第十四章　傳播與促銷組合　523
第十五章　廣告　571
第十六章　銷售促銷與展售　629
第十七章　人員銷售與銷售管理　669
第十八章　公共關係與宣傳　715
第十九章　訂價　759

第五部　行銷計畫的控制與評估　793

第二十章　行銷管理、評估、與控制　795
附錄一　823
附錄二　836

作者序

　　我開始著手撰述本書，是在 1985 年 8 月於普度大學（Purdue University）擔任教職的第一天起。就像其他許多擔任餐飲旅館與旅遊教學的好友們一樣，我很難在市面上找到能夠吻合我和學生們之需要，關於介紹市場行銷方面的教科書。目前發行與這個領域有關的諸多著作中，其內容若不是太過於專注在某特定領域─例如以餐飲業、旅館業、或旅行社為主─就是編寫時係以從業人員為訴求對象，並不是針對一般大專院校的學生們。從一本有效的大學教科書之觀點來看，這些著作缺少許多基本素材，包括：學習目標、研究課題、專有辭彙、以及其它各種輔助性教材。它們的內容中，似乎都只偏重某特定方向，而這些通常都是作者本身最「青睞」的領域；對其它許多重要的市場行銷議題來說，也因此造成了一種不均衡的處理方式。

　　本書在編寫設計的方向上，就是為了彌補各種行銷學著作對於這個產業著墨上的不足。就這方面而言,本書可說是獨一無二的著作，因為在探討這個產業中各個不同領域所具有的特性時，並未採用「區隔化」的思考模式。當我們即將步入二十一世紀之際，所有的旅館業、航空公司、餐飲業、旅行社、以及其它相關行業之間，齊心致力於市場行銷的價值性與必要性將與日俱增。在本書中，加速促進「合作」這項概念，乃是主要的訴求重點之一。我們的學生可說是明日的經營管理者，他們應該和我們共同分享這個產業中更寬廣的一面，而不僅侷限於餐飲、住宿、或旅行社等單一行業。毫無疑問地，當我們鼓勵所有的學生對其選擇的行業與發展領域採取更寬廣、更長期性的眼光時，市場行銷也是他們必須研究的對象。

　　本書的目標市場，乃是那些就讀於二年制或四年制、並以鑽研旅館、餐飲、觀光、或是旅遊業之行銷的學生們。在編寫本書時，我們一直都將同學們的需求列入考慮；並且也讓許多大專院校的同學及

市場行銷方面的教師們，對內容進行廣泛地檢視。此外，在本書中也添加許多別具一格的特色，藉以增加同學們的學識及學習興趣。

本書的系統化排列順序

本書主要的強勢點之一，便是清晰的架構與組織。就那些對於市場行銷並不熟悉的同學們來說，他們最常碰到的問題，便是無法掌握如何結合每一種要素的訣竅，並且經常被各種專業術語弄得一頭霧水。本書在組織架構上，係以「**餐飲旅館與旅遊行銷系統**」的模式為焦點。對同學們來說，在認識各種不同的行銷機能與技巧之間會有著何種關聯性方面，這項模式可以發揮「導引地圖」的功用。它反映出一種簡易的、常識性的市場行銷取向，讓所有的同學們都得以輕易地遵循及瞭解。此外，本書的五個部份及二十個章節，遵循著餐飲旅館與旅遊之行銷系統隨著年代演進的流程。

學習目標與問題複習

本書的每一章，都以一組範圍相當廣泛、並且針對該章所涵蓋之主要重點的**學習目標**開始。**問題複習**則可以讓所有同學針對與每個目標有關的內容，檢視他們自己究竟學到了多少。

關鍵概念及專業術語

　　行銷學是一門擁有本身之專門語言的學問。為了幫助同學們對於許多初次見到的辭彙與概念能夠應付自如，在每章起頭都會列出一份**關鍵概念及專業術語**的簡表。這份簡表中的每一項目，首次出現於該章內容中時，也都會以粗體字顯示，並對其定義做一說明。

章節研究課題

　　本書共收納了八十個**章節研究課題**－每章有四個。它們不但提供了同學們另一種類型的學習經驗，而且也讓同學們有機會運用自己在該章中所學到的知識。教師們或許也能發現到，不論是對個人或團體的研究計畫來說，這些章節研究課題也都能發揮相當大的助益。這些研究課題有許多需要同學們結合次級研究（即查詢圖書館資料）與原始研究。

傑出案例

　　在大部份的章節中都有**傑出案例**這個專欄，其內容係介紹在運用與該章所述的各種行銷方法與技巧後，已獲致相當成就的企業或組織。每個案例都經過審慎挑選，並與該章的內容有密切的關連，以便讓同學們對於這個產業中的某些機構，是如何善用各種不同的行銷要

素而獲致傑出成就這方面，能獲得實際的印証。我們所挑選的這些案例，來自範圍相當廣泛的產業部門，包括食品服務業、旅館住宿業、目的地行銷業、汽車出租業、以及旅遊批發業等。在企業組織規模上也涵蓋甚廣，範圍從某些產業界的佼佼者－例如華德迪士尼公司及麥當勞等，以至於某些小型的鄉村旅店。

關於本書作者

　　亞雷斯泰爾・摩里森（Alastair Morrison）是普度大學「餐飲、旅館及觀光管理學系」教授，擁有在美國、加拿大、英國、澳大利亞、以及法國等地的餐飲旅館與旅遊業之經驗。不久前他還進行了一項訓練計畫，並且在巴林、迦納、千里達・托貝哥、牙買加、印度、泰國、新加坡、以及斯洛伐尼亞等地，提供市場行銷與發展的顧問服務。在1992 年，摩里森教授並且曾在位於澳洲昆士蘭的詹姆斯庫克大學（James Cook University），擔任昆士蘭旅遊公司（Queensland Tourist and Travel Corporation）的客座巡迴講師。

　　在加入普度大學的教授群之前，摩里森博士花了十一年的時間於加拿大擔任餐飲旅館與旅遊產業的管理顧問。在 1980 年，他與另外兩位合夥人共同成立了一家名爲「加拿大經濟規劃團」（The Economic Planning Group of Canada）的私人顧問公司；該公司目前已成爲這個領域內的佼佼者。本書充份反映了摩里森博士豐富的國際化背景，以及他將實務與理論合而爲一的獨特處理手法。他雖然出生於蘇格蘭，但卻在四個不同的國家居住及工作。他的工作以及他在教育方面的背景，使他擁有各種基本素材來編撰出一部極爲有效、並且深具影響力的行銷著作－不僅使讀者們能在行銷理論方面獲得深入透徹的知識，而且對實務的實際運作也能有清楚的瞭解。

摩里森博士在發表著作方面擁有相當廣泛的經驗，其中包括在長達十一年的時間裡，受加拿大觀光協會及其他政府機構之委託，撰述各種有關餐飲旅館與旅遊的論文。在「觀光事業系統」（The Tourism System）這本書中，乃是由他和羅勃‧克里斯蒂‧米爾（Robert Christie Mill）兩人共同執筆完成。此外，他也在許多雜誌上，發表過各種有關於餐飲旅館與旅遊產業之市場行銷及市場區隔方面的文章。

本書架構

　　本書在架構組織上，經過仔細規劃而區分為五個部份，使其能和餐飲旅館與旅遊行銷系統的模式相互配合。**第一部**（行銷之簡介）對於行銷的概念、以及在這個產業中的演進過程，做了清楚的說明，並針對存在於服務業行銷與產品業行銷之間的重要差異，提供了明顯的強調；此外，也針對餐飲旅館與旅遊行銷系統，做了相關的介紹。**第二部**（規劃：研究與分析）則針對行銷規劃的各種研究與分析技巧，提供極為詳細的敘述。**第三部**（規劃：行銷策略與計畫）則針對所有餐飲旅館與旅遊機構所能夠獲得的各種替代行銷方案，做一詳細審視。有關於市場區隔的探討，以及針對各種消費者與產業趨勢所做的廣泛檢視，也都包含在這個部份。此外，對於定位的概念，也有著相當深入的討論。**第四部**（行銷計畫的實施）討論如何發展某種行銷計畫的每一項要素及付諸實行。在這部份的各章中，其內容著重於產品服務組合及服務品質、包裝、規劃、配銷管道、傳播、廣告、促銷、個人銷售、公共關係與宣傳以及訂價。**第五部**（行銷計畫的控制與評估）討論行銷計畫中的最後階段－亦即行銷的管理、控制、與評估。（以下致謝詞謹略）

第一部
行銷學概論

1 何謂行銷？

2 目前的處境？

3 希望進展的目標？

4 如何才能達成目標？

5 如何確定能夠達成目標？

及

如何知道已經達成目標？

第一章

行銷學定義

學習目標

研讀本章後，你應能夠：

1. 定義行銷學，並說明本書中所探討的六項基本行銷原理。

2. 說明行銷的「PRICE」概念。

3. 說明並比較行銷在四種演進「紀元」中扮演的角色。

4. 敘述生產導向和銷售導向的十三種症候。

5. 說明「行銷短視」的概念。

6. 敘述行銷（或顧客）導向的各種特徵。

7. 說明採用行銷導向可獲得的優勢。

8. 說明行銷的「核心原則」。

9. 敘述餐飲旅館與旅遊業的行銷環境。

10. 說明行銷在餐飲旅館與旅遊業之重要性日益提高的原因。

概論

　　行銷學爲什麼會成爲今日旅遊業如此熱門的話題？行銷學爲什麼又被預期爲二十一世紀裡關鍵的管理功能？本章將藉著說明行銷的演進過程來探討上述問題；敘述生產導向與行銷導向的差異，並強調在競爭日趨激烈的環境裡，採取行銷導向的重要性。

　　本章亦將確認及敘述行銷的「核心原則」，略述行銷的各種益處，及指出餐飲旅館與旅遊業未能及時認清這些益處的原因。

關鍵概念及專業術語

競爭（Competition）
行銷的核心原則（Core Principles of Marketing）
顧客的需求（Customer needs）
顧客的慾望（Customer wants）
經濟環境（Economic Environment）
交換的過程（Exchange process）
4P
餐飲旅館與旅遊業（Hospitality and travel industry）
餐飲旅館與旅遊的行銷環境（Hospitality and travel marketing environment）
立法與管制（Legislation and regulation）
行銷（Marketing）
行銷公司的紀元（Marketing-company ear）
行銷概念（Marketing concept）
行銷部門的紀元（Marketing-department era）

行銷或顧客導向（Marketing or customer orientation）
行銷導向的紀元（Marketing-orientation era）
行銷策略的要素（Marketing strategy factors）
市場區隔（Market segmentation）
組織的目標與資源（Organizational objectives and resources）
生產導向（Production orientation）
生產導向的紀元（Production-orientation era）
產品生命週期（PLC；Product life cycle）
關係行銷（Relationship marketing）
銷售導向（Sales Orientation）
銷售導向的紀元（Sales-orientation era）
服務業（Service industries）
社會與文化環境（Societal and cultural environment）

行銷環境的要素（Marketing environment factors）	社會行銷導向的紀元（Societal-marketing-orientation era）
行銷經理人（Marketing Manger）	目標市場（Target markets）
行銷組合（Marketing mix）	科技（Technology）
行銷短視（Marketing myopia）	價值觀（Value）

　　你或許對行銷學所知不多，而懷疑它對你的生涯目標能產生何種程度的助益。假如你知道行銷學將成為二十一世紀各行各業最重要的管理活動時，你會怎麼想？如果再告訴你：每一位經理人員未來都必須對行銷的基本原則瞭如指掌時，你又會如何呢？

　　你現在是否對行銷學開始感興趣？那麼，要想瞭解這個神奇且具爆炸性的主題，應從名詞的定義開始。

行銷學定義

　　你認為什麼是行銷呢？首先請寫下你個人認為行銷應該涵蓋之領域的看法，稍後再和本書的定義加以比較。如果你和大多數對行銷不甚了解的人一樣，你或許會認為行銷是：廣告、銷售、及各種促銷活動（例如：優惠券、折價券、店內展示等）。但是你很快就會了解，這些所謂的行銷活動，只是行銷學的一小部分。事實上行銷不只在商場中，它是無時無刻在進行。舉例來說，一個企業為什麼及如何決定花費百萬元廣告？為什麼舉辦各種促銷活動？為什麼各式各樣的企業組織在作法上都稍有不同？對所有企業而言，都必須做成各種行銷決策，而上述那些只不過是其中的一小部份而已。

　　本書中行銷學的定義，乃根據下列所述六項基本行銷原則為基礎：

六項基本行銷原則

1. **滿足顧客的需求與慾望**：行銷的首要重點，在於滿足顧客的需求（顧客已擁有及他們會想擁有這兩者之間的差距）與顧客的慾望（顧客察覺到的需求）。
2. **行銷的永續本質**：行銷是一種持續不斷的管理活動，並非一次就做完的決策。
3. **行銷是連續性步驟**：好的行銷是遵循一系列連續性步驟的過程。
4. **行銷研究的關鍵角色**：有效的行銷充分利用行銷研究的結果來預期與確認顧客的需求與慾望。
5. **餐飲旅館與旅遊組織間的相互依賴**：在此產業中的所有組織，有許多在行銷方面相互合作的機會。
6. **全體組織內及多部門間的共同努力**：行銷並非只由某個單一部門來全權負責。要想獲得最佳的成果，需要所有的部門或單位共同全力以赴。

結合上述六項基本行銷原則，則行銷學的定義便躍然浮現：

行銷乃是一種持續不斷及連續步驟的過程；藉由這項過程，餐飲旅館與旅遊業的管理階層致力於計劃、研究、執行、控制、及評估各種滿足顧客之需求與慾望及組織本身目標的各種活動。行銷需要組織中的每一位成員都全力以赴，才得以竟其功；而其它協力組織所進行的各種活動，也可以讓行銷更為有效。

由上述定義可知，行銷的五項任務乃是：計劃（Planning）、研究（Research）、執行（Implementation）、控制（Control）、以及評估（Evaluation）。你是否已經注意到其中的某項特點？將這五個名詞中的第一個字母依序排列後，便形成「價格（PRICE）」。因此，所

謂「行銷的 PRICE」即所有組織都必須進行的「計劃、研究、執行、控制、及評估」。

```
┌─────────────────────────────────────┐
│         行銷的 PRICE 觀念              │
├─────────────────────────────────────┤
│  P          計劃（Planning）          │
│  R          研究（Research）          │
│  I          執行（Implementation）    │
│  C          控制（Control）           │
│  E          評估（Evaluation）        │
└─────────────────────────────────────┘
```

行銷紀元的演進

我們知道了行銷的定義，現在就來談談其歷史背景。行銷的演進過程在非服務業與服務業（係指提供個人服務的各行各業）－包括餐飲旅館與旅遊產業－間有許多不同之處（請參見圖 1-1）。

非服務業的行銷

行銷在製造業，可分為四個不同的演進「紀元」，亦即：（1）生產、（2）銷售、（3）行銷、及（4）社會行銷。在這四個紀元中，因為科技的進步、生產力的改善、競爭的激烈化、市場需求的擴展、管理層面的日益複雜化、社會價值觀的不斷變遷、及其它各種因素，使管理階層對於行銷的想法一再演變。

1・生產導向紀元

在行銷的發展過程中，生產導向紀元是第一個演進階段。它開始

於工業革命時期,持續到 1920 年代。在這個期間內,顧客需求永遠大於工廠的供應量。凡是製造出來的產品,每一項都銷售一空。管理階層只需注重工廠是否盡其最大能力生產最多的商品;顧客的需求與慾望,只不過是次要的考量罷了。亨利·福特(Henry Ford)說了一句話:「他們(指顧客)可以想要任何的顏色,但我只生產黑色的。」,概括了生產導向紀元的特性。也因此,福特汽車公司在轉為行銷導向的旅程中,經歷了頗長的一段路。

2・銷售導向紀元

逐漸地,因生產科技的進步及日益升高的競爭,改變了行銷策略的重點。從 1930 年代開始,生產能力已足夠配合需求。由於競爭的日益激烈,行銷的重點已由生產面轉移到銷售面,然而顧客的需求與慾望,仍是次要的考量。在這個時期內的首要目標,是以更多的銷售量來因應激烈的競爭。此所謂的銷售導向紀元,一直持續到 1950 年代。

3・行銷導向紀元

由於更為白熱化的競爭及科技的進步,行銷導向紀元應運而生。在這期間,供給開始超越了需求。

非服務業的行銷演進

大約時間	行銷紀元	
1920 — 1930	生產導向	
1930 — 1950	銷售導向	
1950 — 1960	行銷部門	⎫
1960 — 1970	行銷公司	⎬ 行銷導向
1970 — 目前	社會行銷	⎭

圖 1-1:非服務業的行銷演進。

這個紀元的出現，肇因於管理方面的更加複雜化，及行銷知識已經發展成一門學問。各行各業開始了解到，光憑銷售是無法保証爭取到滿意的顧客及更大的銷售量。與以往相較之下，這個時期的顧客擁有更多的選擇機會，可以選擇最切合他們需要的產品及服務。因此，管理階層將顧客的需求列爲優先考慮，而不再只著重銷售。在這個期間內，各行各業也開始採納行銷概念（即根據「滿足顧客需求與慾望爲首要項目」的信念，做爲所有活動的準則）。

此紀元可分爲兩個階段：行銷部門的紀元與行銷公司的紀元（參見圖 1-1）。在行銷部門的紀元裡，設立新部門以整合各種行銷活動的必要性，已獲得廣泛的接受。銷售部門及單位均被重新命名與組織，負責包括廣告、客戶服務、及其它各種行銷活動等相關職務。相較於將行銷責任分配於各個不同部門的作法，將此責任集中於一個部門，顯然更有效率。在此期間，行銷尚未被認爲是長期性的活動。

我們常常可以聽到工廠的監督人員這麼說：「那不是我們的問題，那是行銷部門的問題。」，充份反映出這樣一個心態：滿足顧客的需求完全是行銷部門的責任，與其它部門毫無關係。

到了 1960 年代，隨著行銷公司紀元之起步，整個組織內的態度出現了相當大的改變。一句充份代表這種轉變態度的陳述是：「如果顧客感到不滿意的話，是我們公司每一個人的問題。」對於各種行銷活動，除了行銷部門必須負擔主要責任外，組織內其它部門也扮演其中一個角色，同時會因顧客的滿意程度而受到影響。行銷因此成爲一種長期性及全體組織所關切的事項。公司的生存不僅決定於滿足顧客的短期需求，還必須滿足顧客的長期需求。本書對於「行銷」的定義，便是以行銷公司導向爲基礎。

4・社會行銷導向紀元

社會行銷導向是行銷演進上最後一個紀元,一直持續到現在。大約自 1970 年代開始,各行各業開始體認到:除了追求利潤及顧客滿意度之外,組織還肩負著社會責任。在餐飲旅館的產業中,最膾炙人口的一個例子,便是有許多啤酒製造商與蒸餾酒製造業者們,利用廣告來反對酒後駕車及酗酒;參見圖 1-2。

圖 1-2:Labatt 公司警告不可酒後駕車:一個社會行銷及社會責任的實例(感謝 Labatt 啤酒製造公司與 Camp 聯合廣告公司所提供之圖片,J. McIntyre)。

幾乎所有行銷學基礎教科書,都是採用年代誌來敘述以上這些紀元,並以一些製造業的歷史為例。閱讀過這些書籍之後,你可能會以為:時至今日,已經沒有任何採行生產或銷售導向的組織或機構存在了。這是一種完全不正確的觀念。另外一種可能造成的誤解則是:如果某個組織採取行銷導向,則該組織中的所有經理人及員工,都會自動地遵循相同的導向。事實上完全不是這麼一回事。此外,你可能也會假設各行各業都必定經歷相同的演

進階段，而且發生的時間也大概都相距不遠。之所以會產生這些誤會，是把兩種有些微差異的觀念混淆了：行銷發展爲管理功能的各個演進階段，以及個別組織及其員工的導向（稍後將探討）。

傑出案例
社會行銷導向：
賓＆傑利（Ben & Jerry's）冰淇淋公司

冰淇淋可以是正當的零食，如果你最喜歡「賓＆傑利」的自製冰淇淋的話。這家以佛蒙特州爲大本營，並且擁有約一百家連鎖「大杓匙冰舖」的冰淇淋公司，便是餐飲旅館與旅遊業中，將社會行銷導向付諸實際行動的最佳例証。自 1978 年起，這家位於佛蒙特州伯靈頓市（Burlington）的「賓＆傑利」公司－係擷取兩位創始人 Ben Cohen 與 Jerry Greenfield 的名字－便提撥其稅前利潤的 7.5％，贊助社區的各種活動。該公司所採取的社會行銷導向，在其組織宣言中表露無遺：「賓＆傑利」致力於創造並實証攜手共創成功的新企業概念。我們的使命包括下列三項相互關連的部份：

產品的使命－製造及銷售各式各樣創新口味，完全由佛蒙特州的乳類產品所製成的高品質、完全天然的冰淇淋及其他各種相關產品。

社會的使命－體認在社會結構中扮演中心角色來從事公司的營運。藉由各種創新方式以提昇並改善廣義之社區－地方、全國、及國際－的生活品質爲目標。

經濟的使命－以利潤穩健成長之健全財務基礎從事公司的營運，進而增加股票持有人的利潤，並爲我們的員工創造生涯機會及增加報酬。」

只要稍加瀏覽「賓＆傑利」所製作各種口味的冰淇淋目錄，就可以發現，這絕不是一家泛泛之輩的公司。目錄裡讓人深感興趣的各種產品中，「嚼碎雨林」與「和平聲響」是反映出該公司關切社會問題

的其中兩種產品。但是，該公司對於社會的關切並非只表現在奇特的冰淇淋名稱。極少數企業組織會將「社會評價報告」包括在其年度報告中，而「賓&傑利」便是其中一家。該公司於 1992 年所做的社會審核報告中，便涵蓋了五種主要的領域－員工、生態、顧客、社區、及制度的公開。這份審核報告是由一位獨立顧問 Paul Hawken 所製作的，他在該報告中便提及：「該公司乃係肩負社會責任的領導及先驅者，它與為數越來越少的一些同好是這個領域內的榜樣。」

　　該公司的社會行銷導向實例之一，便是採行「合夥商店」。如果個人或團體同意將其利潤中的某個百分比贊助該社區之非營利組織者，將免除成立一家「大杓匙冰舖」所需的標準加盟費（大約是兩萬五仟美金）。舉例來說，在巴爾的摩市，由「人們鼓勵人們」組織所經營的合夥商店，便協助精神障礙人士進行自立更生的就業規劃。在紐約州伊沙卡市（Ithaca）的「年輕人大杓匙合夥商店」，則扮演著經驗傳承與營業訓練中心的角色，專門訓練年齡二十一歲以下，想自行創業的年輕人。

　　由「賓&傑利」所贊助的其它事項，還包括了家庭農場、環境保護與兒童福利等機構。藉由向那些家庭式自營農場購買製造冰淇淋及冷凍優格所需的各種成份原料，表示對此類農場的支持。而該公司對於環境保護所表現的關切，也使其採行「瓦爾德茲環境責任原則」（Valdez Principles of Environmental Responsibility）中的約定。他們甚至自己植樹，以取代「和平聲響」產品中所需使用的樹枝條。而在各種有關兒童

"Giving away a portion of our profits is nice, but it is a minor thing compared to the positive social impact we can have by making the way we run our business every day a reflection of our conscious caring for the people around us."
Ben Cohen

的議題方面，該公司也是主要的擁護者之一，並以實際的行動支持「兒童保護基金會」（Children's Defense Fund）－一個試圖讓所有美國人都能了解例如貧窮、犯罪、照顧兒童、健康、及教育等相關議題的非營利組織。「賓＆傑利」也藉由贊助各種音樂會－包括著名的「新港民俗音樂節」（Newport Folk Festival），傳達各項有關的社會訊息。曾舉辦過的音樂會場所，包括了紐約中央公園、佛蒙特州、及加州。該公司甚至擁有一部巡迴演出的馬戲團巴士，專門搭載各具特色的雜耍表演者，到銷售該公司冰淇淋產品的商店進行表演。藉由這部具有特殊配備之巴士所銷售出去的冰淇淋，該公司又募集到更多可用來贊助與兒童有關的各類公益活動所需的款項。

　　這種社會行銷導向，再加上品質極優的冰淇淋，為「賓＆傑利」帶來了豐碩的結果。1984 年，該公司的銷售額只有四佰多萬美元，但到了 1994 年，該公司的營業額則遠超過一億四仟萬美元。該公司 1994

年的稅前盈餘中，有捌拾萬捌仟美元轉入「賓＆傑利」基金，該基金是專門負責監督將贊助款項核發給各非營利組織的一個單位。最令人驚訝的則是，在「賓＆傑利」達到這項極為可觀的營業成長過程中，並未使用或進行任何大手筆的全國性廣告活動。該公司在 1994 年，才開始著手進行第一次主要的廣告活動，以表揚 Spike Lee 與其它七位社會運動人士為主。

　　因此，一家位於佛蒙特州伯靈頓市的某個改裝車庫，1978 年開始販售冰淇琳的小商店，就此成為擁有數百萬美元資本的冰淇淋界巨擘。當再次看到「賓＆傑利」獨具一格的黑白牡牛商標時，你會想到：一項品質優良的產品如何加上「企業關懷」之概念，成為一個成功的行銷故事。

　　問題討論：

a. 「賓＆傑利」如何以實際的行動推行社會行銷導向？

b. 餐飲旅館與旅遊業可以從 Ben & Jerry's 的例子中學習到什麼？

c. 其它哪些餐飲旅館與旅遊業也採取這種社會行銷導向？而他們又是如何推行這種導向？

服務業的行銷

　　餐飲旅館與旅遊及其它的服務業，其行銷歷史的演進過程，不全然與上述者相同。事實上，與製造業相較之下，服務業的行銷大約落後了十年到二十年之久。

　　為什麼餐飲旅館與旅遊業者們不採取任何行動，而任由這種情況發生呢？本書將探討造成這項事實的許多原因，其中最主要的則是：許多服務業的經理人都是「由基層一步步升遷上來的」。原為大廚或大師傅們開餐廳，原為飛機駕駛員開設航空公司，原為櫃檯服務人員

升遷為旅館總裁，而大盤旅行社的總經理，原來的職務是導遊領隊。雖然這些經理人獲得晉升，但個人所受的職務訓練與教育，都著重在業務上的各種技術細節，而非強調服務顧客及滿足他們的需求。很少製造業的行銷經理（全權負責行銷的人），曾經實際在生產線上工作過。有一句話充份反映出服務業的管理心態：「要想推廣市場業務，你就必須對這行業從裡到外徹底的了解」。又有一句是：「如果你不知道如何烹調，你就不應該在市場行銷部。」

　　服務業行銷落後的第二個主要原因是，科技的突破比製造業來得遲。量產（mass production）的概念，於二十世紀初期由亨利‧福特引進製造業。而餐飲旅館與旅遊業引用量產這項概念的時間，落後了三、四十年。以商業航空旅遊為例，目前已經不存在的泛美航空公司（Pan American），是在 1939 年才開始第一趟橫渡大西洋的旅客航程（使用水翼飛機）；參見圖 1-3a。而假日旅館（Holiday Inn）的概念在 1952 年才開始出現；參見圖 1-3b。至於英國航空公司（British Airways）的首航，（當時稱為 BOAC；British Overseas Airways Corporation）的首航時間，則比汎美航空晚了一點，發生於西元 1946 年。第一架廣體噴射客機翱翔於藍天之際，遲至西元 1970 年才開始。家喻戶曉的麥當勞金色拱門，是在 1955 年首度開市歡迎顧客；參見圖 1-3c。而在同一年，華德‧迪士尼（Walt Disney）開啟了北美第一個主題樂園－迪士尼樂園（Disneyland），大規模的改革了娛樂事業；參見圖 1-3d。由於科技方面的時差，服務業的經理人只有大約三十年、甚或更短的時間磨練完善的行銷技巧；而製造業在這方面至少有六十到七十年的時間可資運用。此外，在這三十年的期間內，有相當長的時間是被用來改良技術與經營制度，以提高效率及利潤。

發展行銷（或顧客）導向

　　現在要來探討個別組織及其員工們的導向問題。各位或許注意到行銷（或顧客）導向這個名詞已多次使用。聰明的讀者，想必也警覺到一項事實：在行銷領域中，這是一個重要的關鍵辭。如果再告訴各位：它很可能就是影響你未來事業成敗的關鍵時，你一定想知道更多。

　　沒有人生下來就擁有行銷導向的概念；它必須經由學習，並透過不斷地練習，才能更為精煉。令人訝異的是，有些成功的經理從未聽過市場導向行銷這個名詞，但是他們的所做所為，彷彿已深諳此道，且奉行不渝。各位或許深感不解，怎麼可能會有這種事情呢？其實，答案相當簡單。行銷導向對於今日的商業而言，已經是一種「常識」；有些人雖然從未讀過任何與行銷學有關的著作，也不曾遠赴百哩外的企管學校學習，卻因本身的歷練，知道「何種方法將可奏效」及其天生「本能」而採取了行銷導向。但是其他人或許沒有這麼幸運。他們或許也受到相同的刺激，可是所表現出來的，仍舊不脫生產或銷售導向的窠臼。

圖 1-3：餐飲旅館與旅遊業中各種科技的突破，時間上都較遲。（a）西元 1939 年：
第一趟橫跨大西洋的客運航程（感謝泛美航空提供圖片）。（b）西元 1952 年：北
美地區第一家以家庭為訴求的連鎖汽車旅館（感謝假日旅館企業提供圖片）。（c）
西元 1955 年：麥當勞企業的第一家商店，Des Plaines, III.（感謝麥當勞企業提
供圖片）。（d）西元 1955 年：北美地區的第一個主題樂園，加州迪士尼樂園。

傑出案例

行銷導向：
華德‧迪士尼公司（The Walt Disney Company）

　　稍加瀏覽迪士尼公司的收支損益表，很快地可以發現：它的各個主題樂園及休閒渡假村的重要性有多高了。這兩者在西元 1994 年度的收入與營業利潤中，就分別佔了 34％及 35％。而迪士尼樂園與華德迪士尼世界的驚人成就，以至於隨後的東京迪士尼樂園，迪士尼－米高梅製片場，及巴黎的歐洲迪士尼休閒渡假中心，均可說是這個行業中應用行銷導向的傑出例証。

　　華德‧迪士尼本人就是主題樂園的創始者。有一天，當他與兩個女兒到一家遊樂場時，他發現，當孩子們興高彩烈地玩著旋轉木馬等各式遊戲時，父母卻只能呆坐一旁看著他們。因此開始了迪士尼樂園的構想，以顧客的需求為訴求。這可說是一項針對全家成員而創的革命性休閒娛樂概念。自從迪士尼樂園在 1955 年正式公諸於世以來，可

以用「不可思議」這四個字來形容華德迪士尼的各個主題樂園及休閒娛樂場。當社會大眾開始津津樂道新的景點、新的渡假旅館、或其它特色時，該公司又對外宣佈了其它各項新計劃。此乃迪士尼體認到：休閒娛樂必須經常保持「新鮮感」。如果經過一段長時間，沒有做任何改變的話，勢必會喪失吸引力。

雖然迪士尼的發展史是一個傳奇故事，令服務業者深感迷惘的則是幕後發生的一切。就如各位將在第二章讀到的，服務業所面臨的最大困難之一，便是標準化、均一品質。有人這麼說過：「你不能在人們的臉上畫上一幅笑臉。」。但毫無疑問的，親切友善與開心愉悅的員工對於確保顧客們的滿意度而言，重要性不言而喻。在這項人性因素的考量下，迪士尼公司又是如何獲致這麼傑出的成果，讓所有員工們都辦到呢？答案就是：管弦樂團式的規劃及縝密的訓練計劃。

每一位新進員工都必須參加迪士尼大學所舉辦的全天性指導課程；在這項課程中，所有的員工學習該公司的各項經營哲學與運作程序。他們了解到迪士尼所經營的是娛樂事業；也就是製造歡笑、快樂的事業。迪士尼甚且策劃了一套全新的用語，以確保所有員工都能夠謹記各項基本原則：

後方舞台＝幕後區域。

分派角色＝人事服務。

演員＝迪士尼公司的所有員工。

戲服＝制服。

迪士尼主題秀＝主題樂園及休閒渡假中心的整體經驗。

客人＝所有顧客。

男主人／女主人＝每一位迪士尼員工。

舞台＝與顧客接觸的所有場合。

展示秀＝服務及娛樂所有客人的節目。

角色＝工作職務。

從以上的術語，我們很容易就發現到，迪士尼非常重視客人的滿意度，且明確地將公司定位在娛樂事業上。

新的迪士尼演員們也都瞭解到：他（她）們的穿著非常重要，必須展現出「迪士尼形象」。一本長達數頁，以四色印刷的小手冊清楚記載各項規定，諸如戲服、髮型及髮色、鬢鬚、指甲、配戴飾物、名牌、甚至刮鬍水及除臭劑等等，都有極為詳盡的說明。從頭到尾，迪士尼就是一個注重名字的組織，所有的員工都必須配戴名牌。

迪士尼採行市場行銷導向的另一項指標，便是持續不斷地對所有客人進行滿意度調查。各個主題樂園每星期都有數以百計的客人接受調查，以確保公司的高服務標準能夠持續不墜。

全球各地沒有任何一家餐飲旅館與旅遊業者，在這方面的表現超越華德迪士尼公司。從他們謹慎仔細的研究各種新的行銷機會，及提供一致性親切友善的服務中所表現出來的縝密週到，迪士尼公司不啻為現代市場行銷的標準榜樣。

問題討論：

a. 華德迪士尼公司是否曾受到所謂的「行銷短視」這種問題之困擾？在「傑出案例」中，或根據你個人對這個公司的瞭解，有些什麼証據可以支持你的答案？

b. 九項行銷／顧客導向的特色，有哪幾項在華德迪士尼公司的案例中，獲得了實際的例証？

生產與銷售導向

許多餐飲旅館與旅遊業的經理不是抱持著「生產導向」就是「銷售導向」的態度。如何辨認呢？所有以生產或銷售為導向的業者都強調內部。他們都只侷限在自己的業務項目內打轉而已。一個生產導向的組織，會將其大部份的重點放在最容易銷售的產品或最有效率的各種服務上。他們強調的重點很容易傾向於銷售量，而非利潤。這些公司可能只提供其主管人員最青睞的服務項目，或根據經理之觀點，認為顧客應該會喜歡的那些項目。

可以利用下列的十三種症候來診斷此類生產與銷售導向的企業：

生產與銷售導向的十三種症候：

1. 規劃都是短期性的；不重視長期性規劃。
2. 問題相當嚴重時，才會做出長期性的決策。如果一切進展順利，不會進行此類決策。
3. 一成不變，且抗拒改變。
4. 認為業務的成長毫無問題，以及目前的營業額是會延續的。
5. 「更好的捕鼠器謬論」認為提供最佳或最高品質的服務是獲致成功的自動保証。
6. 對於顧客們的各種需求與特性，所知相當有限。不重視對顧客需求進行研究。經理人自認為知道顧客的需求，因而不需進行任何調查或研究。
7. 各種促銷活動都強調服務品質或產品的特色，而不是滿足客戶的需求。
8. 只提供顧客所詢問的有關資訊，而不主動提供額外的服務。
9. 以生產或銷售的觀點做各項決策，並未將顧客們的需求列入考慮。

10. 組織或部門被認為是「與世隔絕的孤島」。 並不認為與其他部門或協力組織（亦即提供相關旅遊服務之業者）相互合作有其價值。一旦出現緊急狀況，才體認到相互合作的重要性。

11. 部門間重疊了行銷的各種活動及責任，造成各部門間產生衝突與矛盾。

12. 部門的經理人極易表現自我防衛及保護「地盤」的心態。

13. 「財富共享併發症」。因為業主的個人喜好才設立組織與提供該項服務。

　　圖 1-4 中所示，乃服務業中某些經理人員的實際陳述，反映出上述的部份症候。各位不妨對這些陳述略做審視，並對照上述之生產及銷售導向中的十三種症候。

　　「行銷短視」一詞創始於 1960 年，主要描述生產導向與銷售導向之十三種症候中的許多現象。字典中解釋「myopia」這個字的意思是「短視；在思考或規劃方面缺乏眼光與識別力」。另一種用法，則是指對於不久的將來，無法或是不願意去思考、瞭解及規劃。患有行銷短視的經理人員通常無法了解，事實上並沒有所謂永遠成長的企業。

住宿的例子：

　　「這個社區的住宿需求將持續成長。而我們的客房與餐廳都將是最佳的選擇。」

● 認為成長是理所當然之事（症候＃4）。

● 認為自己擁有最佳或最高的品質，便是獲致成功的一項保証（症候＃5）。

飲食服務的例子：

　　「我的姊妹和我都深愛法國菜。我們將開設一家法國餐廳，因為在每個城鎮中都有許多和我們一樣深愛法國佳餚的顧客。」

- 認為顧客們也都擁有和業者相同的需求、慾望、及偏好（症候＃6，＃13）。

旅行社的例子：

「很抱歉，瓊斯女士。但這些都是航空公司的錯誤，不是我們的問題。妳不曾要求我們提供任何替代路線或不同的客運選擇。」

- 認為顧客將旅遊業看成是一群獨立供應者之組合，而且不會因為其它業者的錯誤，就抱怨整個產業（症候＃10）。
- 認為只須提供顧客們要求的資訊就足夠了（症候＃8）。

遊輪公司的例子：

「我們所使用的乃是噸位最大、造價最昂貴的船舶。它們擁有廣告中強調的所有特色，因為我們相信這對於遊輪之旅的客戶們是相當重要的。」

- 認為將產品的特色強調出來，乃是最重要的一件事情；但常見的情況並非如此（症候＃7）。

旅遊目的地的例子：

「在夏季的這幾個月當中，我們實在是無法再接納更多的遊客了；因此將所有的促銷活動都轉移到一年中的其它時段。」

- 認為目前的成功，也勢必能夠保証未來的成功（症候＃1，＃2，＃4）。

圖 1-4：反映生產與銷售導向的各種典型陳述。

那些認為成長是理所當然之事的經理人員，長期下將面臨終歸失敗的厄運；這是因為能夠保証成功的要素，不在於生產能力，而在於能夠確認並適應顧客們的需求與慾望。

在餐飲旅館與旅遊業中，還有其它與行銷短視有關的例子。其中之一便是 1970 及 1980 年代發生的實例。在 1960 到 1970 年代初期，全球的旅遊業正以空前未有的，每年至少百分之十的比率成長。每個人

人都充滿信心地預測，此成長將持續到 1980 年代、1990 年代、甚至更久。根據各種資訊顯示，旅遊是一個「成長的產業」，而且在這種擴展中，沒有任何人看出有下降或景氣沉滯的理由。而美國的旅館業又受到利多的稅法規定之驅使，在西元 1980 年代初期時，更步入一種前所未有的供給擴張情況，令人目不暇給的各種新旅館的「品牌」，也如雨後春筍般出現。餐飲旅館與旅遊業的未來前景，似乎顯得相當樂觀而充滿希望。

殊不知在 1970 年代中期到 1990 年代中期所謂的能源危機、遍佈全球的各種經濟問題、恐怖行動、稅法的改變、及軍事的對峙衝突等，使旅遊的成長出現了警訊。原本每年都持續增加的成長率已開始下滑，部分地區的遊客顯著減少。當旅遊業正竭盡全力消化 1980 年代暴增的客房量時，美國各地的旅館住房率卻陡然下滑。

在 1990 年代初期，又出現了另一個使人無法置信，並對全球造成相當大影響的改變。1990 年 8 月 1 日，伊拉克侵略並佔領了科威特。這個事件的發生地點雖然與北美洲國家相距甚遠，但對於全球的餐飲旅館與旅遊業來說，卻造成了極為嚴重的負面衝擊。於 1991 年八月下旬，大約是柏林圍牆崩潰的兩年之後，統治蘇聯長達七十四年之久的共產黨也壽終正寢。這次共產主義的瓦解，產生了新的旅遊目的地－東歐，使得原已競爭激烈的世界旅遊業更加火熱。

餐飲業方面也常發現行銷短視的案例。各種蔚為一時的流行新風潮，正以一種讓人頗為擔憂的速度此起彼落著。當某種特定需求呈現增漲時，管理階層通常都會趨之若鶩的擴張經營，一旦這種流行風潮衰退之後，卻無因應之道。因應顧客需求的各種方案與創新之道，應在榮景出現下滑前就已備妥。

上述事件之發生，顯示了餐飲旅館與旅遊業策略上的錯誤，即假設國內及國際旅遊是持續成長的產業。就如雷維特（Levitt）在 1960年所提到的：如果沒有適切的規劃及接納改變是理所當然的心態，沒有任何事情是確定的。餐飲旅館與旅遊產業的歷史已經証明了這句話

所蘊藏的睿智。這個行業中一些原本屬於「巨人」的公司，包括泛美航空公司及東方航空公司（Eastern Airlines）在內，現在都已成了不復存在、只能供人憑弔的「恐龍」。

生產導向的業者，其企業之狹隘界定，使其錯失了許多有利可圖的行銷機會。舉例來說，如果華德迪士尼公司只將事業界定在電影方面，而不是「娛樂」界的話，那它勢必會錯失利潤豐厚之主題樂園的商機。而假日旅館也可能還是侷限在它原本所規劃的路邊平價家庭住宿而已，豈能掌握到可獲利的各式套房之旅館式經營。

生產導向將帶來的危機，是相當嚴重的，最後甚且會導致整個組織的潰敗。無法瞭解顧客的需求及需求將發生的改變，是一項最嚴重的長期危機。市場佔有率的流失，業務量的下降，顧客不滿意程度的日益升高，及錯失各種行銷機會，都是生產導向造成的部分結果。在這種導向之下，管理階層與所有員工的精力，都很容易只集中於企業內部，因此常常忽略不同部門之間的合作及與其它協力組織相互合作所能產生的獲利機會。

許多專家們使用例如導向（orientation）、態度（attitude）、哲學（philosophy）、以及觀點（perspective）等可相互替代的用詞，來描述組織或個人對行銷的看法。不論管理人員或他們的組織採用何種立足點，這種看法很容易就會蔓延到所有員工身上。如果組織採取生產導向，則管理人員通常都會上行下效；而管理人員表現出生產導向，則他們的部屬勢必也會有樣學樣。

行銷（或顧客）導向

採取行銷導向在當下這種競爭日益激烈的環境中，乃是不可避免的趨勢。那麼，它究竟包含些什麼呢？行銷（或顧客）導向是指：接受並採用行銷概念－即將顧客們的需求視為首要的優先項目。採取行銷導向的組織及管理人員，通常都具備長期性的眼光。

如何辨識一個組織是否採取行銷（或顧客）導向？就像生產或銷售導向擁有某些特定的症候一樣，可以運用許多特徵來確認行銷（或顧客）導向的組織。現在就把行銷（或顧客）導向的組織中所具有的九種主要特徵，分別敘述如下：

1・顧客們的需求是首要的優先項目，並且了解必須持續注意這些需求

這方面的案例包括：某餐飲連鎖店在每間店的入口處附近，設置一個超大型的顧客意見箱；某旅行社選擇十至十五位顧客，定期舉辦焦點團體會議，以瞭解顧客需求；另外，麥當勞和其它一些速食業者引用能分解的包裝袋，也反映出重視顧客們對環境保護的關切。而 Marriott 連鎖旅館對於無家可歸之流浪漢所表現出來的關切，也是業界力行其社會責任的另一好典範。這些例子明確地顯示出這些業者重視顧客們「微不足道的小錢」。這種將焦點置於顧客需求及實際經驗的作法，通常都將獲得更多滿意的顧客。滿意的顧客勢必會再度光臨，也會將他們在這些行銷導向之餐飲旅館與旅遊組織中所得到的滿意經驗，告訴自己的親朋好友。採取這種導向的第二個優點是：讓所有部門、管理人員及員工們，都有一個共同的目標－滿意的顧客。

2・行銷研究是一項高度優先且須持續進行的活動

這方面的案例之一是主題樂園每星期都會對數以百計的來園遊客進行訪談，以瞭解顧客們是否覺得到該園消費值回票價。另一個例子是 Marriott 為其 Fairfield 所引進的電腦化客戶意見系統。第三個例子是旅館的總經理每星期都安排一至兩次的機會，親自駕駛其旅館至機場間的巴士，以了解客人們對該旅館的實際看法。這類持續進行的行銷研究之優點之一，便是對顧客需求與期望的改變，提供一種「預警系統」。此外，也能提供給組織評鑑滿足

顧客需求至何程度的一項精確指標。

3 · 瞭解顧客對組織的認知

能瞭解顧客們對組織的印象究竟如何，是相當重要的經營理念。例如 Ramada Inns 與 Club Med 之類的業者即透過顧客調查，而發現顧客們對該組織的認知並非都是正面的，且與管理階層對自身企業的形象認定不盡相同。如果確定了顧客們的認知，則可依此設計安排各項設施、服務及促銷活動。

4 · 經常審視比較競爭者的長處與缺點

對目前的企業而言，許多嚴重的經營危機之一便是自滿。就如假日旅館所發現的，以往的優勢（標準化客房、位於高速公路旁）很可能成為明日的弱點（缺乏多樣性、高汽油價格）。Club Med 提供客人組合廣泛的休閒活動（曾經是該企業的一項優勢），卻造成某些可能購買的顧客認知為：加入 Club Med，將被迫參與這些活動（這就成了一項弱點）。未來行銷的成功，必須強調優點、消除缺點。

5 · 肯定並重視長期規劃的價值

餐飲旅館與旅遊業獲致成功的一項關鍵，應時時以「長期」為思考導向。非常重要的是，與所有的個別顧客、經銷管道及其他同業「夥伴」們建立永續的關係－即所謂「關係行銷」，而非止於一次銷售或交易。當一家旅行社明知價格較高的機票可以獲得較多的佣金，卻仍舊為顧客找到最低價位的機票時，就是一個投資於獲取長期滿意客戶的實例。除了建立持續長久的關係之外，行銷導向的組織通常也展望未來的五年或更久，以因應各種改變。這種作法能夠事先預期顧客需求的改變，而抓住各種行銷機會。

6‧廣義設定業務或活動的範圍，並認為改變是理所當然的

如果那些遍佈全球各地的鐵路客運公司，當初採行迪士尼的廣義
企業定位方式，而將他們的業務定位為「運輸」而非「鐵路」的
話，或許早已經營目前某些大規模的航空公司，獲取更大的成就
了。迪士尼之企業定義是「娛樂」，而非電影；因為如此，使得
迪士尼有更大的彈性去因應未來各種趨勢與商機。凡是行銷導向
的組織，絕不會抗拒改變，而是以漸進的方式順利地適應改變。
他們將資金投入於提供顧客更為廣泛之服務的各種商機、或開展
相關行業的機會。

7‧重視及鼓勵部門間的合作

若想行銷達到最佳的效果，勢必要組織內的所有部門都參與。Jan
Carlzon 對北歐航空公司（SAS；Scandinavian Airline System）所
做的聲名卓著之經營轉向，便是行銷組織發揮「團隊力量」的傑
出實例。賦予公司中所有與顧客直接接觸之員工－甚至包括行李
服務人員－權力，以自行決定如何更有效地服務顧客，使得北歐
航空已成為一家高獲利的航空公司。「授權」 給所有員工，讓他
們提供高品質的客戶服務，是 Jan Carlzon 使部門間合作的一項關
鍵作法。

8‧認可與各種協力組織相互合作

餐飲旅館與旅遊業經常有不同公司共同行銷「合夥關係」的機會。
每一家都只能滿足顧客的部份需求，因此公司間必須相互合作。
透過合作而產生的結盟關係，通常都讓顧客們受益良多。迪士尼
主題樂園中所採用的「共同贊助」（co-sponsorship）概念，意味
著讓來園的客人們獲得更多的休閒娛樂。而時下旅遊業者的各式
渡假及觀光套裝行程，也提供顧客們更廣泛的選擇機會。簡言之，

日益增加的合作關係將帶來更好的服務品質及更高的顧客滿意度。

9‧經常測量與評估各種行銷活動

行銷導向的組織，通常都會準備一份有關各種行銷活動成敗的「報告卡」（report card）。確認有效的行銷活動會再重覆實施或予以改進加強，以及重新評估或捨棄無效的活動。如此確保行銷之花費與人力的效能。雖然 1991 年「Crocodile Dundee」的促銷活動相當轟動，但澳洲觀光局仍委託旅遊單位仔細評估行銷成效。任何成功的行銷組織，絕不滿足於現有的成就。

行銷的核心原則

對企業極爲重要的七項基本行銷原則，亦稱之爲行銷的七項核心原則，將分別敘述如下：

行銷的七項核心原則：

1. 行銷概念
2. 行銷或顧客導向
3. 滿足顧客的需求與慾望
4. 市場區隔
5. 價值與交換過程
6. 產品生命週期
7. 行銷組合

1‧行銷的概念

當餐飲旅館與旅遊業的經理人採用行銷概念時，代表著他們以滿

足顧客的需求與慾望為首要優先項目。他們會設身處地為顧客們
著想，自問「如果我是一位顧客時，我會有何種反應？」並不斷
地鞭策自己，將各種資源與努力，都著重在滿足顧客的需求與慾
望上。華德迪士尼提出的迪士尼主題樂園概念，証實了「設身處
地為顧客著想」必可獲得豐富的回報。在遊樂場中，華德迪士尼
百般無聊地枯坐一旁，看著兩個女兒興高采烈地玩著旋轉木馬，
他體認到：有必要設立一個讓全家人共同娛樂的樂園，而不光只
是讓孩子們玩樂而已。

2．行銷（或顧客）導向

採取行銷（或顧客）導向，表示經理人或組織已接受並依據行銷
概念在行事。已故的 J. Willard Marriott 二世，每天閱讀投宿各個
Marriot 的客人所寫的投訴卡，例示了這種顧客導向的作法。參閱
圖 1-5。

圖 1-5：已故的 J. Willard
Marriott 二世成功地運用
行銷的核心原則，例示了
顧客導向的作法。

3．滿足顧客的需求與慾望

在日益激烈的企業競爭中，要確保長期的生存，所有的餐飲旅館

與旅遊組織都必須體認到：不斷地滿足顧客的所有需求與慾望是
生存的關鍵。在行銷導向的年代裡，經理人必須高度警覺各種機
會，進而將顧客的需求與慾望轉換成業績。

4・市場區隔

顧客們並不完全相同。因此，專家們提出了「市場區隔」這種概
念。比較妥當的行銷作法，乃是挑選特定群體－或稱為「目標市
場」－而只針對此一群體進行行銷。有人將這種方式稱為「來福
槍」作法，以此區別「散彈槍」。假設你是一位傑出的射擊手，
用來福槍你可以輕易地瞄準目標並命中。如果你使用的是一把散
彈槍，你或許也能命中目標，但同時浪費了許多珍貴的子彈。餐
飲旅館與旅遊業的行銷人員負擔不起這些浪費掉的「子彈」，因
為行銷的預算與資源都是相當有限的。他們必須「瞄準」特定的
目標市場，以確保最高報酬率。舉例來說，Contiki 旅遊批發商專
門針對十八至三十五歲的年齡層，即所謂的 X 世代（Generation X）
設計各種渡假套裝組合。

5・價值與交換過程

目前的企業及日常用語，經常使用「價值（價值觀）」與「金錢
的價值（觀）」兩項術語。雖然敘述起來相當容易，但是要定義
這些術語，可就沒那麼簡單了。麥當勞的 QSCV 企業概念，其中
V 所代表的便是價值。該企業之所以能夠如此卓越超群，QSCV
的概念可說居功厥偉。其它三者則是品質（quality）、服務（service）
與潔淨（cleanliness）。但是，麥當勞的價值，真正標榜的特定意
義又是什麼呢？「價值」代表的，是顧客們對於各餐飲旅館與旅
遊組織在滿足他們的需求與慾望之能力，所做的心理評價。有些
顧客的價值認定，與所訂價格相當接近；但是其他顧客則不然。
因此，價格並不是價值的唯一指標。

行銷是一種交換的過程。餐飲旅館與旅遊服務的供應者與需求者（顧客），進行著各種價值項目的交易。服務業提供出門在外的顧客們認為有價值的各項服務與旅遊經驗。相對地，顧客預約並支付費用，以滿足此行業財務上的目標。

6.產品的生命週期

產品的生命週期（PLC），是指所有的餐飲旅館與旅遊服務，都會經歷四種可預期的階段：（1）導入期，（2）成長期，（3）成熟期，以及（4）衰退期。每個階段的行銷策略都必須作修正。 長期生存的關鍵是避免衰退期的出現。紐澤西州的大西洋城（Atlantic City），就是經歷過完整的生命週期（由一個燦爛耀眼的海濱渡假勝地，成為風光不再的過眼黃花），然後又因為成為一個令人流連忘返的賭城，而重新開始另一個生命週期的最佳例子；參見圖 1-6a 與 1-6b。

7.行銷組合

每一個組織都有其行銷組合，包括滿足特定顧客群之需求的各項行銷策略要素（亦即行銷中的各個 P）。四種傳統要素是產品、地點、促銷及價格－即所謂的 4 P。本書則再加對餐飲旅館與旅遊行銷尤其重要的 4 P，亦即：人員、包裝、規劃與合夥。

行銷的傳統 4 P

- 產品（Product）
- 地點（Place）
- 促銷（Promotion）
- 價格（Price）

餐飲旅館與旅遊行銷的 4 P

- 人員（People）
- 包裝（Packaging）

- 規劃（Programming）
- 合夥（Partnership）

圖 1-6：大西洋城
（Atlantic City）
有兩個產品生命週
期。（a）大西洋城
的新生命，乃是成為
一個休閒賭博的旅遊
勝地。（b）大西洋
城在成為休閒賭博旅
遊勝地之前的時代。

餐飲旅館與旅遊業的行銷環境

　　行銷的成功仰賴行銷策略要素（亦即行銷組合）及行銷環境要素。
這些要素共同構成了餐飲旅館與旅遊的行銷環境（係指進行行銷決策

時須考慮的所有要素）。行銷組合可以改變成許多不同的方式。舉例來說，廣告的方式可以由雜誌的刊登轉變為電視的播放，或由電台廣告改為優惠券的促銷方式。時間、行銷預算及顧客反應等，都是影響決策的因素。

行銷環境要素是指那些超乎行銷經理人員所能直接控制的各種項目。有人稱之為企業決策的「外在環境」。行銷環境要素共有六項：（1）競爭，（2）立法與管制，（3）經濟環境，（4）科技，（5）社會文化環境，以及（6）組織的目標與資源。

1．競爭

行銷經理人能夠影響競爭對手採取的各種行動，卻無法控制這些行動，也無法控制競爭對手的數量與規模。餐飲旅館與旅遊業的競爭擴展得相當快速。越來越多的連鎖旅店及餐廳、航空公司、旅行社、旅遊勝地、旅遊批發業者及旅客服務中心如雨後春筍般出現。各個旅遊勝地也都投入更多的資金，以期吸引觀光客的造訪。餐飲旅館與旅遊的成長潛力，是促成競爭日益激烈的主要原因。由於越來越多的企業紛紛朝國外拓展，也使得競爭變成了全球性。

競爭在餐飲旅館與旅遊業中是一種變化激烈的過程。當某一公司實行一項新的行銷策略時，其競爭對手緊接著也會採取因應對策。某航空公司採用哩程累計辦法，以鼓勵經常搭乘飛機的旅客；它的競爭對手們也會引用相同的作法。若某旅館提供商務樓層，沒多久，其他的旅館業者也都如法泡製。某家速食連鎖店將沙拉吧加入其營業項目內，相同的服務也會很快地出現在競爭者的銷售網路中。「如果這種作法對他們有效的話，我們也可以如法泡製」－似乎已成了不變的法則。

在此行業中，沒有人能夠停在原地不求改進。行銷經理人必須隨時掌握競爭者的行銷活動，同時也須充分瞭解本身的行銷活

動。組織的各種行銷計劃須具有相當彈性的修正空間，以因應競爭者採取的各種動作。

　　餐飲旅館與旅遊業的競爭可分為三種：（1）直接競爭，（2）替代性服務，以及（3）間接競爭。上述所討論的，是最直接的競爭－提供類似服務相互競爭，以滿足相同客戶群的需求。第二種競爭，則以其它的服務或產品取代某特定的服務或產品。舉例而言，除了外出渡假之外，一家人也可以待在家裡、修剪庭院花草、在後院的游泳池中戲水、或收看有線電視台所播放的影片。而多方交談的視訊會議（conference call）之問世，取代了定點會議的舉行。家庭自製餐點可以省走一趟速食店。

　　至於第三種的間接競爭，則是指其他所有公司行號與非營利組織，都相互爭取顧客的荷包。抵押貸款、日用品、醫療及牙科帳單、保險費、以及房屋修繕等費用，皆是間接競爭的一部份。為爭取消費者所剩下的可支配收入（亦即繳完各種稅賦後所剩餘的部份），其競爭可說異常激烈。針對公司行號的出差旅遊及娛樂預算的競爭，亦是如此。各公司行號可以將其預算做不同的支配，包括削減差旅費用。相較於與同業間的直接競爭，這種削減預算所帶來的影響，有過之而無不及。所有的行銷經理人都必須面臨直接及間接競爭。他們必須對競爭者採取的策略瞭如指掌，並在時機來臨時，有充份的彈性去因應改變。

2・立法與管制

　　政府的法令規章將直接或間接地影響行銷策劃。例如部份特定法律規定了服務與產品的廣告方式、舉辦競賽或抽獎的實施辦法、有關喝酒的法令、及其它不勝枚舉的規章。行銷活動必須在這些立法與管制的界線內；這些法律超乎組織所能控制的範圍。

　　部分立法或特定規章對餐飲旅館與旅遊業的衝擊比對其它產業為大。各種折扣飛機票價及更多的商業航線，就是美國解除對

航空業的管制後，所產生的諸多結果之一。而旅遊與應酬支出扣除額的稅法改變，及飲酒法修訂准許飲酒之最低年齡的條款，都影響深遠。先前曾提過，1980 年代有關旅館投資的課稅法律，更衝擊了美國旅館業的拓展。

法律與規章亦規定業務如何運作。它們將直接影響各種服務與產品被導入市場的方式；且不斷地改變。有時候，通過了某項立法案，也同時改變了某個產業－例如美國解除對航空業的管制。所有的組織及行銷經理人，都必須隨時提高警覺注意任何立法及法律的修正。加入產業及同業公會，雖然有助於達成這項目標，但是仍須靠內部管理人員監督這些立法趨勢，才有可能竟其功。

3・經濟環境

通貨膨漲、失業率及經濟蕭條三項經濟環境要素在 1970 及 1980 年代肆虐了已開發國家之經濟體系，同時對餐飲旅館與旅遊業也造成傷害。差旅及休閒的支出較以往為少，而外食的預算也受到更嚴密的把關。經濟的不景氣，所有企業及個人消費都傾向於尋找各種替代性的服務及商品。多方交談的視訊會議取代了聚會，全國性會議變成了區域性會議，而外出渡假也被待在家裡取代。

經濟環境由地方性、區域性、全國性及國際性等要素組合而成。地方性及區域性的經濟改變，對餐飲旅館與旅遊業造成的是相當直接的衝擊。新廠房之設立，其影響肯定是正面的；而公司行號的關閉則可能帶來完全負面的影響。在某個只有一家工廠的社區中，該工廠的關閉將對其餐飲旅館與旅遊業務造成致命的衝擊。各種國際性經濟事件，會對此行業產生間接的衝擊。1970 年代中期，石油輸出國家組織所引發的「能源危機」，扭轉了北美地區的旅遊業。短程旅遊變成了主要趨勢；長達兩、三個星期的長途旅遊已不復見。「能源危機」不僅改變了旅遊的型態，且間接影響餐飲旅館與旅遊業。

4．科技

科技不斷在改變。對餐飲旅館與旅遊的行銷而言，有兩方面需須加注意。第一，利用新科技以增加競爭優勢。假日連鎖旅館便是旅館業中科技的領導者，其與衛星及視訊系統業有密切的合作關係；因此，該企業成為自 1957 年以來，第一家在每一間客房內都有黑白電視的連鎖旅館。這個行業的電腦科技進步相當迅速。正因如此，除了少部份之外，所有的航空公司、旅行社及旅館都得以提供更佳的顧客服務，並享受電腦所帶來的許多好處。

第二點則是科技對顧客們的衝擊。人們已淹沒於各種科技改變的浪潮中。各種複雜精巧的室內娛樂系統，包括錄放影機、電影節目出租帶、影音光碟片、個人電腦、及衛星收視裝置等，都已成為戶外休閒及旅遊之替代品。科技一方面雖然讓人倍感威脅，另一方面卻又是我們的最愛。家用器具及維修設備的進步，使花費在家庭瑣事的時間大為減少，而有更多的時間可以從事戶外休閒及旅遊。

5．社會文化環境

社會與文化的環境，同樣也有兩方面值得注意。

第一，業者必須依據社會與文化的各種規範，考慮顧客們對其行銷活動可能產生的反應。舉例來說，機艙內放映限制級電影，或許會受到某些人的歡迎，但是就社會觀點來看，卻無法接受這種作法。馬肉雖然廣受法國人歡迎，卻仍未出現在北美洲任何一家餐廳的菜單中。此外，旅行社如果想要開始向顧客們收取服務費的話，就必須先扭轉社會長久以來對於他們所扮演角色的認定。

第二，顧客本身也會受各種社會及文化改變的影響。例如經濟的壓力與社會的改變，大眾已接受婦女外出工作之事實，且有其必要性。新教徒（Protestant）的工作倫理，正受到各方輿論的

圍剿；而享樂主義論（Hedonistic；即歡樂是有好處的）的渡假方式，則極爲流行。此所以 Club Med 在美國以外被視爲國際第二大規模的旅館／休閒渡假中心之原因。此外，也有越來越多的人希望利用假期或週末時間學習各種技能。

6 · 組織的目標與資源

組織的目標與資源乃是最後一項無法操控的要素。行銷雖然是長期生存與成功的關鍵，卻不是組織所關切的唯一事情。各種行銷活動勢必會與組織其他策略競爭有限的資源。新企劃案可能必須與購買新電腦系統的計劃爭取預算，而增加外務員的提案勢必牴觸預約服務員的增加。

　　一個絕佳的行銷點子可能與組織的目標或政策背道而馳。例如，航空公司可能因競爭對手的客機出事而漁翁得利。各國的旅遊推廣的成功，可能因爲其他旅遊國家遭恐佈份子破壞或當地政局不穩。餐廳及旅館極少採用抨擊競爭對手的負面性媒體宣傳，因爲與企業的整體政策及目標相牴觸。此乃餐飲旅館與旅遊業的不成文規定：不鼓勵此類「絕佳的」行銷點子。

餐飲旅館與旅遊業行銷的重要性日益昇高

　　總括而言，餐飲旅館與旅遊業正經歷著快速的改變。持續的改變無可避免；而組織因應改變的能力，行銷是其關鍵。

　　行銷的重要性，前所未有地受餐飲旅館與旅遊業重視，乃競爭的更形激烈、市場區隔的日趨複雜、及顧客豐富經驗的累積等因素使然。所以行銷會更加專業化、更具積極性。

　　首先談談日益激烈的競爭。與過去相較，目前市場已出現更多的旅館、餐廳、酒店、旅行社、航空公司、主題樂園、租車公司、及遊

輪公司。造成競爭白熱化的另一項趨勢，則是各種連鎖組織、加盟機構、及仲介組織的成長。幾乎所有餐飲旅館與旅遊業都有此現象。他們集中資源於全國性的企劃案，以增加行銷「標靶」的命中率，同時提高競爭力。企業間合併與收購也是競爭因素之一，如今有更多行銷力量集中於少數組織的手上。

過去的餐飲旅館與旅遊業的市場相當簡單。所謂渡假就是父親、母親、兩個孩子及他們的休旅車；商務出差指一位四十多歲的男士每次住假日旅館及吃紐約牛柳及炸薯條。這種千篇一律的狀況，已經完全改觀。所謂「嬰兒潮」（baby boomers；係指 1946 至 1965 年間出生者）的出現，完全改變所有的規則。他們要求的旅遊「經歷」，造成了餐飲旅館與旅遊業的重大改變；而這股嬰兒潮也鼓動了社會許多的改變。婦女已成為目前商務旅行的主要成長市場；人們已大量減少紅肉的消費數量；而家庭旅遊的市場也被單身貴族與兩人同行的趨勢所取代。市場已更為區隔化；造成因素相當多，舉凡經濟、科技、社會、文化、及生活型態的改變，全都扮演重要角色。餐飲旅館與旅遊業則以提供各種新的服務及產品來因應，使整個市場更進一步分割。其結果使得行銷人員更瞭解他們的顧客群，以及能更準確地選擇其目標市場。

目前的休閒市場裡有更多高品味的旅遊者及外食者。這些人比早幾代的人更經常旅遊及外食，因而培養了高品味。廣泛接觸不同的餐飲旅館與旅遊組織，更豐富了他們的經驗。這些人每天在家裡、辦公室、甚至路上，都已見識過太多巧妙狡黠的促銷廣告。若要爭取到這些人的消費，需要更高品質的服務與產品與更巧妙的行銷手法。

最後一項提高行銷重要性的因素，則因其它產業併購餐飲旅館或旅遊公司。舉例來說，許多企業，包括 General Mills 與百事可樂，都被餐廳業的成長業績所吸引。這些長久以來就深諳行銷利益的大型機構，很快地就將行銷導向的各種原理及方法，傳承給併購而得的關係企業。紅龍蝦（Red Lobster）、橄欖園（Olive Garden）、必勝客（Pizza

Hut）、塔可貝爾（Taco Bell）、及肯德基炸雞（Kentucky Fried Chicken）的成功，即証明了這種方式的可行性。

以上所討論的各項要素，顯示餐飲旅館與旅遊業的行銷，已經變得日益重要。若要成功，必須擁有滿足特定顧客群之需求的能力，並盡其所能表現卓越才行。

本章摘要

餐飲旅館與旅遊業的行銷，已經逐漸成熟且變得更為複雜。有關行銷影響組織獲致最後成功的重要性，也越來越受到肯定。雖然與製造業者相較之下，這個行業在行銷方面落後了許多年，但也已經開始採取行銷的七項核心原則－行銷概念，行銷導向，滿足顧客的需求與慾望，市場區隔，價值，產品的生命週期，及行銷組合。越來越多的人已經了解到行銷所帶來的好處。由於日益激烈的競爭及行銷環境要素所帶來的影響，這個行業也被迫將重點置於行銷上。

新進入此行業的經理人，不但要對行銷有所認識，也要知道如何在現今的市場中成功行銷。光憑與產品有關的技能及知識，雖然不可或缺，但仍不足以成大事。

複習問題

1. 本書如何定義行銷，六項基本行銷原則又是什麼？
2. 何謂行銷的「PRICE」？
3. 行銷的四個演進紀元分別為何？在這些紀元中，行銷又有哪些不同的改變？
4. 在經歷這些紀元的時候，餐飲旅館與旅遊業是否與其他產業

的步調相同？爲何會相同，或爲何不同？

5. 生產與銷售導向的十三種症候分別爲何？

6. 何謂「行銷短視」？如何才能避免？

7. 採取行銷導向的意義爲何？與生產或銷售導向是否相同？

8. 行銷或顧客導向的各種特徵分別爲何？

9. 採用行銷導向可帶來哪些優勢？

10. 所謂七項「行銷的核心原則」爲何？

11. 餐飲旅館與旅遊的行銷環境中，共有六項行銷環境的要素。
它們包括哪些？

12. 爲什麼行銷在餐飲旅館與旅遊業中的重要性日益提高？

本章研究課題

1. 假設你是某家旅館、旅行社、餐廳、汽車出租代理商、或是
其它必須和顧客接觸、與旅遊有關之企業管理人員。請敘述
你引導主管人員及其他員工更具有行銷導向時，將採行的計
劃。此外，也請針對自己如何以身作則爲大家的表率，做一
說明。

2. 挑選一家你最感興趣的餐飲旅館與旅遊業者。安排與該組織
中的一位或多位主管人員進行訪談，討論該組織的各種行銷
處理方法。該組織採取行銷導向，或生產／銷售導向呢？是
哪些症候或特色使你下此結論？該組織是否運用行銷的七項
核心原則？如果你被要求根據觀察，而向該組織的管理階層
提出各項建言時，你將會提出些什麼？

3. 選擇三到五家大航空公司、連鎖旅館或餐廳、汽車出租公司、
郵輪公司、或是其它餐飲旅館與旅遊組織，分析他們如何依
據六項行銷環境要素來運作與行銷。在這個瞬息萬變的餐飲

旅館與旅遊環境中，哪家公司的表現最為傑出？

4. 根據本章所提供的各種資訊，請你製作一份準則表，用以評估各個餐飲旅館與旅遊組織的行銷方法。

第二章

行銷餐飲旅館與旅遊服務

研讀本章後，你應能夠：

1. 說明服務行銷的意義。

2. 確認服務業行銷比其它行業的行銷較為延遲的四個原因。

3. 列舉並敘述服務行銷與產品行銷的六種一般性差異。

4. 列舉並敘述服務行銷與產品行銷的六種結構性差異。

5. 列舉並敘述影響餐飲旅館與旅遊業之服務行銷的八項特定差異。

6. 說明餐飲旅館與旅遊業行銷必須具備的五種獨特處理方法。

7. 確認餐飲旅館與旅遊業組織中的三種特殊關係。

概論

　　本章將敘述正逐漸浮出檯面的服務行銷之領域。雖然產品行銷與服務行銷有許多相似處，但本章強調的是兩者之間重要的差異。這些差異將被確認並詳細敘述。餐飲旅館與旅遊業的一般性、結構性及特定差異也在探討之列。另外，將敘述服務業不可或缺的特殊行銷方法。餐飲旅館與旅遊業的諸多特色之一便是所有組織之間的相互依存性，本章將以審視這些關係來做為結尾。

關鍵概念及專業術語

運輸業者（Carriers）	合夥關係（Partnership）
結構性的差異（Contextual differences）	腐壞性（Perishability）
目的地組合（Destination mix）	服務業（Service industries）
証據（Evidence）	服務行銷（Services marketing）
一般性差異（Generic differences）	供應者（Suppliers）
不可分離性（Inseparability）	旅遊仲介（The travel trade）
不可觸知性（Intangibility）	變異性（Variability）
包裝與設計（Packaging and programming）	口碑廣告（Word-of-mouth advertising）

　　當瞭解行銷的定義之後，你或許急切地想知道其進行步驟。既然如此，又為何須先研讀有關服務行銷的介紹呢？因為如果不將這些資料包括在內的話，那就彷彿賣了一部車給你，卻未附上維修手冊。你或許知道如何駕駛這部車，但對如何最有效操作及何時會出現故障等等，所知將相當有限。

　　要成為一位有效能的行銷經理人，就必須對「整體」有所了解才行，即必須能夠清楚地勾勒出此行業廣闊的領域，且詳知這個領域

中各個不同的公司組織。若將此產業比喻成汽車的引擎，則必須有許多不同零件的共同運作，才能發揮最高效率。當其中的某個小零件出了問題，而無法啓動點火裝置時，是一件讓人深感不快的事情。餐飲旅館與旅遊業也是相同情況。如果整個「連鎖」中的任一供應者提供拙劣的服務時，必造成「一顆老鼠屎攪壞一鍋湯」的結果，進而影響整個行業。

　　各位不妨抽空造訪你家附近的超級市場：他們提供的商品與服務業提供的產品之間，究竟有甚麼差別？你將可發現，餐飲旅館與旅遊業並沒有任何展示架，而且也無法將產品放入購物袋中讓顧客帶走。因此餐飲旅館與旅遊組織所使用的行銷方法，與超級市場或其他商品供應者的行銷方式自然不同。在採取任何行動之前，必須先對這些差異及各種特殊的行銷處理方式有所瞭解才行。

何謂服務行銷？

　　美國被公認爲擁有全球首屈一指的服務業。與製造業所聘用的人數相較之下，目前越來越多的人受僱於提供服務的各種行業。平均一個美國家庭的預算，大約有百分之五十是用於購買各項服務。1990年，約有 69％，或相當於八千四百四十萬的美國人，係受僱於「服務業」的工作。據美國勞工局的統計，在 1990 年至 2005 年之間的兩千四百六十萬個新工作機會中，將有高達 94％是由服務業所提供。在其它已開發國家中，工作機會的趨勢走向也與美國相同。舉例來說，1991 年，已開發之英語系國家，服務業佔其國內生產毛額（GDP；Gross Domestic Product）之比例，分別如下：

澳洲	60％
加拿大	60％
紐西蘭	61％
英國	62％
美國	69％

　　日益富裕的生活水準及更多的休閒時間，乃是服務業經濟不斷成長的兩項主要原因。

　　餐飲旅館與旅遊業（一群有相互依賴關係的組織，提供出門在外的顧客們個人化服務），只不過是**服務業**（提供個人化服務的所有組織）中的一部份而已。服務業另外包括了銀行業、法律、會計、管理顧問服務業，保險業、健康保健業、洗衣與乾洗業、教育業、及娛樂業等。全國性、各州屬、各省屬、及各地方政府機構，也都屬於服務業的主要供應者。**服務行銷**根據「認清服務具有其獨特性」的概念；是屬於行銷的分支，特別適用於各種服務業。

　　第一章探討製造業的行銷演進。服務行銷並未以相等步調同時發展，大約落後二十年之久。原因之一便是：各種行銷術語及原則，是以製造業爲考量來定義。大部份的行銷教科書也都是爲製造業而寫，並未觸及服務行銷之任何層面。特別開闢章節陳述服務業的行銷著作，可說是鳳毛麟角。

　　服務行銷在演進上的遲緩，不能只歸咎於學者與行銷經理人員。因爲造成這種延誤的第二個原因，乃是此行業在管理上的某些特性。餐飲旅館與旅遊業的部份業者受政府嚴格管制；一個絕佳的例子就是美國的國內航線。在長達將近半世紀的時間裡，美國民航局嚴格規定票價及飛行的航線。這種作法當然抑制了航空市場的發展。1978 至 1984 年間，民航局漸漸淡出。而 1978 年通過的「航空解除管制法案」，才使得國內航空業開啓了行銷創意的閘門；但與製造業者首次領悟行銷概念的時間相較，已然遲了三十年之久。

第三個原因，則是與餐飲旅館與旅遊業的組成份子有關。這個行業是由許多小規模的企業主導著。小型的家庭式餐廳、汽車旅館、休閒渡假中心、露營場地、旅行社、叫座之景點、及旅遊批發商等，數量上都比那些規模較大的連鎖及加盟企業超出許多。而這些小型的企業，大部份都沒有能力聘用全職的行銷經理人員，且其行銷預算也極為有限。許多人都將行銷視為那些「大企業」才負擔得起的奢侈品。

1950 年代，當大規模的製造商開始採用行銷概念時，服務行業中還找不出所謂的「大企業」。麥當勞、漢堡王、溫蒂漢堡、假日旅館、Marriott、Ramada、Howard Johnson、TraveLodge、及 Best Western(目前都已成為家喻戶曉的知名企業) 等，都是到了 1950 年代之後才逐漸展露頭角。而主要的航空公司、旅行社、汽車出租公司、旅遊批發商、及主題樂園的營運歷史，大部份都還不足三十五至四十個年頭。大規模政府性旅遊推廣機構、大型會議、旅客服務局、及其它非營利團體所發起的行銷，都還只是處於剛起步的階段。舉例來說，美國 1961 年才出現第一家全國性觀光旅遊行銷機構，當時稱為美國旅遊服務處（United States Travel Service），現已改名為美國觀光旅遊協會（United States Travel and Tourism Administration）。與 Pillsbury、寶鹼、通用汽車及福特汽車相較之下，這個行業的領導者學習與實施行銷的時間，可說少得太多了。

就如第一章中所提到的，造成服務行銷之延遲的第四個原因，便是歷史性的趨勢促使技術及作業導向的人員來創造及管理餐飲旅館與旅遊業的行銷。這些人很少接受過行銷方面的正式訓練；他們都是經由工作中學習經驗。1950 年代，所有的製造商都已設立了極為成熟的行銷部門，而服務行銷在當時還只是嬰兒期。

為什麼瞭解服務行銷如此重要呢？答案很簡單。須修正製造業商品導入市場之方法，使其切合服務業之特性。舉例來說，餐飲旅館與旅遊業的包裝，與早餐麥片或其他商品的包裝截然不同。一包早餐麥片被視為一項容器、及該商品的視覺效果；而一項餐飲旅館與旅遊

業的包裝，則是指各種服務的組合。製造商將其產品透過實體配送而分送到零售商，再到達顧客手中；而餐飲旅館與旅遊服務業的配送體系卻大不相同。舉例來說，一家旅行社並未將某間旅館、或某趟航空旅程真正地遞交到顧客手中；相反地，顧客必須親自到那間旅館或機場中去使用這項服務。

服務行銷為何不同？

餐飲旅館與旅遊服務具有許多獨特性。有些是所有的服務組織共有的（亦即**一般性的差異**）；有些則因為不同服務組織有不同的管理方式及規定而導致（亦即**結構性的差異**）。一般性的差異影響服務業中所有的組織，而且永遠不會消失。結構性的差異，雖然也是服務業組織所獨有的現象，但可藉由管理、立法、及規章的改變，而使其消失。一般性的差異乃是所有服務組織所共有的，而結構性的差異則會因服務組織之類型而有所不同。各有六種一般性與結構性的差異，分別敘述如下：

六種一般性的差異：
無法改變的差異，影響整個服務業行銷。
1.　服務的不可觸知性。
2.　生產方法。
3.　腐壞性。
4.　配送管道。
5.　成本的決定。
6.　服務與供應者的關係。

六種結構性的差異：

可以修正的差異，通常存在於影響行銷的服務組織內。

1. 狹隘的行銷定義。
2. 行銷技巧認知與重視的缺乏。
3. 組織結構的不同。
4. 競爭者績效資料的缺乏。
5. 政府規定與解除管制的影響。
6. 非營利性組織的限制與機會。

一般性的差異

　　首先讓我們對六種能夠影響服務行銷的一般性差異做一詳細的審視。

1．服務的不可觸知性

　　購買之前，許多不同方式可用以評估各項商品。當走進一家雜貨店，可以自行挑選、觸摸、搖動、嗅聞、有時甚至還可以試吃；或詳加檢視它們的包裝及內容。舉例來說，在服飾店裡，你可以試穿，以確定是否合身及大小適中；而購買汽車及個人電腦之類的產品之前，也可以測試其性能。由於這些產品的可觸知性，才能進行這麼廣泛的評估。但換個角度來看，各種服務卻無法以相同方式來進行測試及評估了；因為它們都是「**不可觸知的**」，因此必須實際體驗過後，才能「知道它們的效果如何」。對大部份的服務來說，由於顧客們無法實際評估或抽樣，因此就會倚賴其他人對這些服務的經驗。也就是通常所謂的「口碑」資訊，這對餐飲旅館與旅遊業具有相當高的重要性。顧客們也非常重視對擁有許多寶貴經驗之餐飲旅館與旅遊業之專家們的建議，例如旅行社。

2．生產的方法

　　各種產品都是經過製造、組裝，然後再運送到銷售點；而大部份的服務則是在同一地點進行生產及消費。所有搭機的乘客都必須登上飛機，所有的住客都必須親臨旅館，而所有的人也都必須在造訪餐廳後，才能夠體驗到他們所購買的服務。餐飲旅館與旅遊業中最接近製造業產品的，應該算是速食業；即便如此，服務仍由顧客在其銷售點上消費或外帶。而所提供的外送到家服務，則將服務更向前推進了一步。大部份的服務都不屬於大量生產。

　　　工廠的製造過程相當精確並受嚴密監控。審核人員、檢查人員、甚至於機器人，都確保精密嚴格的生產與符合標準的品質。工人們在使用設備與接受訓練之下，每次製造品質及數量完全一致的商品。他們在工作時不必擔心會有任何顧客待在他們身邊。但是各種服務的品質管制，不僅無法如此精確，也不是那麼容易就能達成；這主要是供應服務的人為因素造成的。每一個員工所提供的服務水準無法完全相同。服務水準的變異性，乃是不容否認的事實。對所有組織而言，標準化的服務雖然是主要目標，但這項要求卻不切實際。既使是一個機器人，也無法提供有效的個人化服務；而一位檢查員不時的注視或打量，當然也會讓服務經驗打折扣。

　　　在服務的「生產過程」中，顧客們介入的程度會較高。製造商可以使用安全及管理等各項理由，使顧客們遠離工廠。但是服務業的所有組織卻不太容易禁止顧客們進入「工廠」；這麼做的話，大部份的公司早就關門大吉了。這個行業中，旅館、餐廳、飛機、主題樂園、及旅行社等，就是一部份的「工廠」。一位顧客的行為很可能就會破壞其他人接受服務的經驗。航機上喧鬧魯莽的醉漢，旅館內通宵達旦開派對的房客，禁煙區內吞雲吐霧的客人，或餐廳裡激烈爭吵的客人，都可能使其他顧客相當不滿意。

換句話說，光是我們自己的客人就會影響各種行銷目標的達成。舉例來說，酩酊大醉的客人進入某家零售商店，這家商店的其他採購者因為他們的大聲喧譁而產生不滿或失望的程度必然遠低於在餐館中。零售商店中受干擾的採購者大可將手中的購物車擱置一旁，僅在該店中損失些時間，而非金錢。顧客們在大部份的餐飲旅館與旅遊業的服務中，將付出相當大的情緒、財務、及時間之投資。一旦某項服務經驗開始，顧客都更想完成它。如果這項經驗因為其他顧客或服務人員破壞了，將無法使其投資獲得完全的補償；尤其是在情緒與時間方面。

　　這個行業中，提供許多種類的自助服務選擇，包括：沙拉吧、自助餐廳、及自動售票機等。顧客們在為自己服務時的感覺，也會影響他們對這項服務的滿意度。許多酒吧、休閒渡假場所、餐廳、及娛樂遊憩設施中，絕對會因為某些客人的行為，而影響其他客人。如果客人享受相當愉悅的時光，也會感染其他客人。人們會相互吸引，尤其是對那些深信視覺享受的人更是如此。舉例來說，空空蕩蕩的餐廳停車場，空無一人的大舞廳，或是空無一人的遊樂場，比那些顧客們摩肩接踵、紛至沓來的同性質場所，更無法吸引顧客。這是一種人性的反應。

　　顧客在超級市場購買牙膏，幾乎可以百分之百的確定這些牙膏有助於清潔牙齒；但是當他們所購買的是一項服務時，這種確定性就差得多了。沒有每次都有相同水準的服務。服務人員、其他顧客、及顧客本身的各種行為，都讓服務經驗更具變異性。

傑出案例

標準化的服務：
紅龍蝦（Red Lobster）

製造產品與提供服務之間，最大差別之一就是對品質標準化的

監控；而想提供標準化的服務，那又是難上加難。「紅龍蝦」這家海鮮連鎖餐廳，則投入全副心力，是提供顧客一致水準的餐飲種類及個人服務的最佳實例。

紅龍蝦是由一位名叫比爾・達登（Bill Darden）的餐館老板，在佛羅里達州的雷克蘭（Lakeland）地區開設其第一家海鮮餐廳。至 1993 年，該餐廳成立的第二十五年，該公司在遍佈四十九州的六百家餐廳裡，已經提供了超過七千萬磅的海鮮給為數高達一億四千萬的客人們享用。紅龍蝦在加拿大也有五十七家連鎖餐廳。達登傲人的成就，於 1970 年被 General Mills 買下，當時只有五家分店而以佛羅里達為根據地。

紅龍蝦的成功秘訣，一部份歸功於它的大眾化價格，強力吸引著一般家庭。除了合理的價位之外，該公司提供品質穩定及種類繁多的新鮮海產，也建立了相當卓著的名聲。這項品質穩定絕非憑空而來。它是結合了：採購海鮮及魚類時嚴苛的品質檢測，中央測試廚房的設立，及將烹調細節傳達給旗下每一間餐廳的獨特溝通方式等各項特點後才得以達成的。

紅龍蝦目前也名列全球最大海鮮買家之一；它的貨源來自全球

五十個不同的國家。使用極為嚴苛的採購準則，並且與所有供應者建立長期生意關係。其所聘用的採買者，不僅要對餐廳業務相當熟悉，而且還必須對海洋學、海洋生物學、水文學、財務、及食品處理等各方面的知識都有所瞭解。他們會與所有貨源供應者及加工者共同研究，以確保捕獲物及處理過程都能夠符合紅龍蝦的高品質標準。

雖然紅龍蝦已確保了高品質貨源的供應，但它又是如何讓旗下超過六百五十家的餐廳，調製出品質固定且一致的美食呢？這個答案最重要的部份，便是透過一座中央測試廚房的運作。在此處，各種不同的烹調方法都先加以嘗試，而後發展出各項推薦食譜的烹調秘訣、及事前準備的準則，包括份量、比例與餐盤食物的排列等最細微的地方，也都列入。那麼，紅龍蝦又如何將這些鉅細靡遺的細節，傳遞給分佈廣泛的各家餐廳呢？其中的一種途徑便是透過「龍蝦電視」網路；這是由紅龍蝦製作的各種錄影帶，提供有關事前準備及服務技巧的各種指示。藉著這些錄影帶的放映，旗下所有單位的經理人員及員工們，都立刻獲得各種新式菜色、組合餐飲、銷售推廣、及服務觀念的最新資訊。

紅龍蝦尋找全球高品質的海產材料，使其得以開發出各種北美洲餐廳未有的佳餚，包括著名的爆米花蝦仁、雪蟹大腳、及特製龍蝦等。姑且不談該公司的規模及複雜度，它與大部份貨源供應商的交易都是建基於握手式的誠信原則，而非書面合約。

如果說紅龍蝦是北美洲地區最為成功的連鎖餐廳之一，相信很少人會有異議。根據實際証據顯示，它每星期的顧客人數已經高居供應晚餐的餐廳業者中人數最多的幾家之一。該公司在過去及目前持續的成長，極大因素是在合理價位的基礎下，確保穩定一致、標準化的服務所形成的。

討論問題：

a. 紅龍蝦採行哪些作法使其生產方式與個人服務達到標準化？在這些努力之後，它又獲得了何種成功？

b. 餐飲旅館與旅遊業中，是否還有其它組織，也試圖標準化他們的生產方法與服務品質？他們分別是哪些公司，使用的處理方式又有哪些？

c. 將餐飲旅館與旅遊服務加以標準化的主要優點有哪些？舉例來說，具高度標準化的服務是否可能喪失對某些顧客的吸引力呢？標準化的作法是否會讓服務顯得過於機械化呢？你如何整合標準化的好處與無法預期的吸引力呢？

3.腐壞性

商品可以儲存以供未來銷售，而服務卻無法如此。例如錄放影機之類的產品，只要銷售商店開門營業，即可在任何時間前往購買。但是服務卻具相當高度的腐壞性，「就如水龍頭的水流入沒有盆塞的洗臉台中」一般。一項未銷售出去的服務「存貨」，就像流入下水道的水一樣。時間是無法保存的。一間空置的旅館客房、一個未售出的航班座位、或未使用的會議廳，其銷售機會將不復存在。各項服務及，更重要的，體驗服務的時間是無法儲存的。只有一次的機會享受 1990 年的暑假旅遊，而週年紀念日或生日晚餐也只有在特定的時間才有其價值；它們在展售架上的壽命，只有一天、甚至更短的時間。不可能有任何倉庫能儲存這些服務，以供日後再使用或銷售。

4.配送管道

卡車、鐵路貨車、船舶、與飛機等，是實際的方式將製造完成的產品運送至各個倉庫、零售商店、或直接送到顧客們的手中。製造業的行銷人員，必須設計出各種配送策略，使產品的運送能達到最高效率。但在服務這個行業中，則沒有實際的配送體系。事實上，顧客們必須親自到「工廠」來購買服務，而不是由「工廠」

將服務送到他們手上。少數與這項法則相反的例外則包括披薩及其他速食食品的外送服務。

　　餐飲旅館與旅遊業存在著許多仲介者：例如旅行社、旅遊批發及經營者、公司的旅遊經理、拿佣金的旅遊計劃人員、及會議規劃人員等。然而，顧客所購買的項目，並非從製造者經由仲介而實際地運送到顧客手中。因為服務是不可觸知的，所以不能夠這麼做。

　　對大部份的產品來說，「配送鏈」由三種不同的場所構成：工廠，零售商店，及消費地點（家庭或辦公室）。但是當餐飲旅館與旅遊業服務被購買時，通常都只牽涉到一種場所而已。舉例來說，顧客會親自前往一家餐廳（亦即工廠），進行各種食物與飲料的交易（亦即零售商店），而在消費過後才離開消費地點。

　　大部份的製造商並未擁有銷售本身產品的零售通路；但是服務這個行業的情況則剛好相反。連鎖商店、加盟店、及其他類似團體，都能夠直接控制其提供各種服務的個別窗口。

5・成本的決定

大部份的製造商品都能夠精確地預估固定成本與變動成本；這些都是具有實體、且可觸知的產品。但是服務，不僅充滿變化、更是不可觸知的。有些顧客或許會要求更多，但他們所需要的服務，本質上都是無法正確預知。工廠的產量可以仔細地規劃及預估，但服務業中的業務量卻無法做到這種境界。

6・服務與供應者的關係

某些服務可能與提供該項服務的人有著不可分離的關係。就像許多餐廳，因為大廚或老闆提供獨具一格的佳餚而建立其名氣，例如紐奧良的 K-Paul's，便是此類的例子之一；而 Dolly Parton 在田納西州所經營的 Dollywood 主題樂園，則是另外一個例子。其

他的實例還包括了休閒渡假勝地的各個明星網球營，知名演員所主持的劇場節目，及著名人仕在其專業領域內所帶領的旅遊等。這些明星乃是最主要的賣點所在；如果沒有了他們，則吸引顧客的魅力也將不復存在。

結構性的差異

存在於產品與服務之間的各種一般性差異，是與生俱來的本質、生產過程、配送管道及消費造成的。而結構性的差異，則是因各個組織在管理哲學與策略方面之差異、及外在環境之影響而形成。現在，就針對影響服務行銷的六種常見的結構性差異，做一詳細審視。

1・狹隘的行銷定義

第一章已說明過，行銷導向與社會行銷導向乃是最精巧複雜及先進的行銷。餐飲旅館與旅遊業的組織中，能夠進展到這種境界的仍屬有限。目前仍有許多公司依舊採用行銷部門導向。所謂的行銷部門，事實上只負責促銷（亦即廣告、產品促銷、宣傳、個人銷售、及公共關係）而已。至於訂價、新販售點之選擇、新服務概念之發展、及研究等，仍然由其它部門、或總經理來執行。但是這種現象正逐漸改變，而且已有許多行銷專家晉升到最高層的管理職位。

餐飲旅館與旅遊業至今尚未強調行銷研究的重要性，並且尚未完全瞭解或重視各種行銷決策的價值。

2・行銷技巧認知與重視的缺乏

行銷技巧在服務這個行業中所受到的評價，遠不如製造業那麼高。各種技術與技巧仍受到較高的關注，例如：食物的事前調理、旅店管理、對旅遊地／供應者的知識、及票務等。似乎認為只

要有心朝行銷發展的話，每一個人都能具備所需的各種技能。他們並不認同，也未重視行銷技巧與才能的獨特性。

3・組織架構的不同

餐飲旅館與旅遊業中，許多是由「總經理」負責運作；而大部份的旅館與其它住宿地點，也都遵循著這種型態。旅行社、航空公司、餐廳、旅遊批發公司、及各種旅遊勝地或景點，也都有相同的職位。連鎖店的總經理通常必須向總公司的營運部門提出報告。這些經理人員的業務範圍包括了價格訂定、發展新服務、及管理直接與顧客接觸的人事等工作。而負責行銷管理的行銷或業務經理／主管人員，則必須向「總經理」提出報告。旅館業的行銷經理，通常的稱謂是「業務主管」而非「行銷主管」。但是製造業則是採用不同的組織模式；他們將所有的行銷活動，包括整體性或區域性，都指派給同一位主管人員及部門。

4・競爭者業績資料的缺乏

廠商們可以取得大部份競爭者的消費性商品之業績資料。一家商品的製造業者，可以藉由各種不同的研究調查，取得與其相互競爭之商品數年內的銷售資訊。但是餐飲旅館與旅遊業的情況卻非如此。所能取得的資料都是整體性趨勢，或業界之平均數據的資料。除了航空公司之外，個別公司的業績及其「品牌」的銷售數據，通常都不存在。

5・政府規定與解除管制的影響

北美洲的餐飲旅館與旅遊業，有一部份曾經受到政府機構高度的管制。嚴格的政府監控，使得許多組織在行銷的彈性上受到相當的限制；包括航空公司、巴士公司、旅行社、及旅遊批發業者。價格訂定、配送管道、航線與路線、甚至於所提供的服務，都必

須事先獲得政府的核准。而大部份的製造業者,並未受到如此廣泛的監控。然而,1970 與 1980 年代,美國及加拿大地區已出現了正面趨勢,部份服務業開始邁向解除管制之路。

6・非營利性組織的限制與機會

各種非營利性組織在服務業中扮演了相當重要的角色,其中包括政府的旅遊促進機構、會議及觀光客服務處、地區性旅遊推廣協會、及各種志工團體等。此類組織一般來說,都有一些行銷限制。政治,尤其是可接受的政治考量,就很容易影響這些非營利性組織所制定的行銷決策─通常都是追求利潤的企業所無法接受或無利可圖的決策。舉例來說,某州因擁有觀光旅遊勝地,而吸引了大部份到該州來的遊客。若地方政府的旅遊促進機構,在其各項推廣活動中只針對這個旅遊勝地,則就政治考量來說是無法被接受的。這種偏袒特定地區的作法不能被忍受,而應該推廣所有地區與景點才對。但是對追求利潤的組織而言,實際的情況則剛好相反;他們所採取的哲學是「優者勝,劣者敗」。

餐飲旅館與旅遊之服務行銷為何不同?

餐飲旅館與旅遊業的服務有某些特色是其它服務業所沒有的。所有餐飲旅館與旅遊的服務都不盡相同,這是不爭的事實。涵蓋的範圍從大量生產的漢堡公司,以至於籌備個人化、國外觀光旅遊的企業,種類可說是琳琅滿目。這個行業所提供的服務,共有如下八種特別不同之處:

餐飲旅館與旅遊業的八種特別不同之處:

1. 較短的服務時間。

2.　較高的情緒性購買誘惑。

3.　管理「証據」更爲重要。

4.　更強調形象認知與意象。

5.　更多樣化的配送管道。

6.　更依賴於各種協力機構。

7.　易被模倣的服務。

8.　更強調淡季的推廣促銷。

現在就讓我們更爲詳細的逐項審視這些不同之處。

1·較短的服務時間

對於大部份的商品而言，顧客購買後使用或享受的時間將可長達數星期、數個月、有時甚至數年之久。例如電冰箱、音響設備、及汽車等耐久性消費，通常都是屬於長年投資。各種教育計劃、住屋貸款、及個人投資諮詢等，也都具有相同的特性。超級市場中大部份的食品，都可藉由冷凍方式保存數月之久；如果購買非食物類的用品，也可以使用及保存數年之久。但是，大部份的餐飲旅館與旅遊服務的時間通常都較短。許多情況下，都是一個小時之內、甚至是更短的時間裡就完成了消費。顧客們產生良好或惡劣印象的時間，相對地也極爲短促。大部份的製造商對購買其產品提供各種保証，有時長達數年；然而，餐飲旅館與旅遊服務，則無法做這種品質保証。若在餐廳中所點的菜色烹調不當時，尚可將其退回廚房要求重做；但是許多餐飲旅館與旅遊服務無法「發揮作用」時，我們卻不能將其退回並交換另一種同樣的產品，因爲它們具有不可觸知性。

2·較高的情緒性購買誘惑

當購買某些產品時，清楚地知道它們將執行某種特定功能，使用

的是理性的（邏輯性或以事實爲依據）推論，而不是情緒性的（以情感爲基礎）推理。當然也有少數的例外，某些人對於特定的產品及品牌，會有一種相當密切的情感依附。例如堅持飲用傳統可口可樂的情況，就是屬於此類現象的絕佳實例。對餐飲旅館與旅遊業的服務，發生這種「情感依附」的頻率會更高；因爲相較之下，這是屬於一種「以人爲主」的行業。提供及接受服務的都是「人」；因此人與人之間的接觸總是不斷地發生著。各種情緒與個人的感受因服務的開始而產生，且將影響未來的購買行爲。此行業中，某位員工就有可能決定顧客是否會再次使用我們的服務。

人們購買餐飲旅館與旅遊業的服務時，也傾向於找那些能符合他們本身形象者。之所以搭乘頭等艙、住四季旅館（Four Seasons Hotel），主要是因爲這種選擇吻合他們身爲位成功商業人仕的心智意像。他們在購買這些服務時，組合了理性（更佳的服務與贈品）及情緒（身份或階級）的因素。

３．管理「証據」更爲重要

基本上來說，產品是一種可觸知的實體；而服務，卻是一種行爲。由於服務本身所具有的不可觸知性，顧客們無法看見、抽樣、或是對這些服務進行自我評估；雖然如此，顧客們還是可以見到許多與這些服務有關連的可觸知要素。當顧客購買服務時，他們相當倚賴於這些可觸知的「線索」。所有可觸知線索的結論，將會決定他們對於這項服務的品質及需求滿意度的評價。

有哪些可觸知的線索或証據提供餐飲旅館與旅遊業的顧客決定購買？你又是如何在尚未惠顧某家旅館、餐廳、或航空公司之前，對這些產生印象的？你或許已猜到了這些証據有下列四種：

1. 實際環境。

2. 價格。

3. 資訊溝通。

4. 顧客。

　　實際環境包括了傢俱、地毯、壁紙、員工制服及旅館或餐廳使用的招牌。一盞巨大的水晶吊燈懸掛在一張華麗古典的東方地毯上方，及光可鑑人的旅館大廳地板，便是一項高品質的線索。服務的價格，也會影響顧客對於品質的認定。高價位通常被認定為豪華及高品質的象徵，而較低的價格代表較差的品質與享受。服務的資訊溝通，乃是該公司透過口碑式的宣傳，或是專業的意見提供者，例如旅行社等。諸如公司簡介及印刷廣告之類的宣傳品，提供顧客可觸知的証據；因為它們「勾勒出」顧客期待的各項事物。而服務顧客類型，也可以提供可能的新顧客一些訊息。舉例來說，如果一位年齡介於十八至二十五歲的顧客，發現某家餐廳的顧客大部份都是年紀較長者，她或許會認為這家餐廳不適合自己及她的朋友們。所有的服務行銷人員必須能「處理」這四種証據，以確保顧客們做出最正確的決定。他們也必須相當肯定自己提供的所有証據能前後一致，並完全吻合提供的個人服務之品質。

4‧更強調形象認知與意象

另一項相關的概念，則是餐飲旅館與旅遊組織的形象與意象。由於提供的服務不可觸知，且顧客們經常以情緒上的理由決定是否購買，因此所有組織都致力於創造出顧客們想要的心智關聯性。如圖 2-1 所示，凱悅旅館（Hyatt）的廣告，在一群暗綠而不鮮明的梨子中，突顯出一個明亮耀眼的燈泡，標示著：「旅館在哪裡？凱悅在這裡！」。很明顯地，它希望帶給顧客們的就是：與其他的連鎖旅館相較，凱悅旅館是與眾不同的佼佼者。

圖 2-1：凱悦旅館試圖透過廣告，創造一種與眾不同的意象。

5・更多樣化的配送管道

　　餐飲旅館與旅遊業並沒有實際的配送體系，乃是由一群獨特的觀光旅遊仲介者來代替，包括旅行社及組合各種渡假配套的旅遊公司（即旅遊批發商）。製造產品雖然也有仲介商，但是這些仲介商卻很少能夠影響顧客們的購買抉擇。產品的倉儲及貨運公司與顧客們惠顧零售店購買產品的選擇，可說全無瓜葛。相反地，許多餐飲旅館與旅遊業的仲介者，對顧客決定購買的服務卻有相當大的影響力。顧客們會向各家旅行社及旅遊計劃人員徵詢有關旅遊地、旅館、知名景點、渡假配套行程、及交通等方面的建議。顧客們視之為這方面的專家，並相當重視他們的推薦。

6・對各種協力機構的依賴性更高

　　一項旅遊服務可能相當複雜，始自顧客們注意到某個特定旅遊目

的地所刊登的廣告。這些廣告可能是政府的旅遊促進機構、或會議及觀光客服務處等組織所資助的推廣活動。顧客們或許將造訪這些旅遊機構，以獲得更詳盡的資訊及建議。而各家旅行社也可能推薦包括來回機票、陸路交通、旅館住宿、當地觀光景點導覽、娛樂與吸引人之活動、及餐飲等組合而成的某旅遊地之套裝行程。顧客們渡假時，也可能大肆採購、造訪當地餐廳、租用汽車、加油、及上美容院等。結合了諸如此類的項目，即是許多組織共同提供的旅遊服務「經驗」。這些「經驗的供應者」不僅彼此倚賴，而且相互輔助。遊客們對於獲得的經驗之整體品質的評價，乃決定於所有涉及組織的表現。如果其中的某個組織無法達到其他組織所提供的水準，便會對整體造成負面的影響。

7．易被模倣的服務

大部份的餐飲旅館與旅遊服務，都相當容易被模倣。製造產品受專利權的保護，或因缺乏生產過程及使用原料的相關資料而難以倣造。各相互競爭的製造商，可以禁止任何閒雜人等進入工廠，以避免工業機密外洩。但是服務行業，卻無法讓競爭者遠離「工廠」；因爲他們隨時都可以通行無阻地造訪我們提供服務的消費場所。這個行業所提供的大部份服務，都無法取得專利權。所有的服務都由「人」提供，而且也都會被人倣效。森德上校（Colonel Sanders）著名的炸雞烹調祕方，乃是極少數在這個行業中，並未外洩的商業機密之一；參見圖 2-2。

圖 2-2：在這個行業中，少數做到最佳保密的實例之一。

8．更強調淡季的推廣促銷

產品的需求旺季是積極進行促銷活動的最佳時刻。例如每年的十二月，是各類聖誕卡片、耶誕裝飾、及聖誕樹的需求旺季；而每年的夏天，則是各類園藝與游泳裝備、防曬油、及小船等供不應求的季節；至於鏟雪工具、禦寒裝備、及保暖衣物等，則是嚴冬時的銷售寵兒。但是在這行業中，卻需要一種截然不同的推廣促銷時間表。除了某些特例之外，會在淡季時進行強力促銷。這種作法乃基於下列三項原因。第一，顧客們做了相當大的情緒投入在其渡假中。假期所代表的是享受遠離工作及日常責任的寶貴時間。假期通常也牽扯到不少現金的支出。投資如此大量時間與金錢，購買前的預先計劃乃不可或缺。因此推廣服務的最佳時機，就是當顧客們尚在擬定計劃之時間內；若等到渡假日期已經到來再開始進行推廣，可說為時已晚。

　　第二，「生產」的產能通常是固定的。假如休閒渡假中心、旅館、飛機、船舶、及餐廳等都已客滿的話，產能並無法立即擴張。一般的工廠可以藉由額外加班、及增加庫存量，來因應這種

超出尖峰的需求。但是對我們這個行業的絕大部份而言，這種作法是不可能的。

　　第三個原因是：淡季裡，旅客容納量之利用壓力也會更大。生產耶誕節飾品的製造商可以利用每年一月至十一月的這段時間生產及準備庫存。但是餐飲旅館與旅遊業的服務，則無法「庫存」以因應日後的需求。它們必須在可取得以供消費時，就完成消費。通常每年、甚至是每月、每星期、或每天的不同時段，業務量會有相當大的差異。由於最大容納量是固定的，因此促銷推廣的重點也隨之轉移到淡季的時段。其中最顯著的一項例外則是速食業，每年的四月到九月這段期間，是屬於傳統性的業務旺季。由於在極短的時間內要做出大量採購的決定，因此他們在需求的尖峰期會傾盡全力推廣促銷是比較合理的。

餐飲旅館與旅遊業的特殊行銷方法

　　為什麼要討論上述所有的不同之處呢？基本上來說，產品與服務不能以完全相同的行銷方式導入市場。存在於產品與服務之間的各種結構差異，許多在不久的未來就會消失無蹤。舉例來說，餐飲旅館與旅遊業的行銷將會變得更為複雜精巧，而且整個行業受到的管制也正逐漸減少。雖然如此，各種一般性及特定差異，則永遠存在，時間無法改變它們。正因為如此，這個行業必須要有獨特的行銷方法；它們包括下列五種：

餐飲旅館與旅遊業之五種特殊行銷方法：

1. 利用四個以上的 P。
2. 口碑廣告更具重要性。
3. 利用較多的情感訴求來促銷推廣。

4. 測試新概念的困難度增加。

5. 與各種協力組織的關係日益重要。

1‧利用四個以上的Ｐ

大部份的著作都認定４Ｐ（product 產品， place 地點， promotion 促銷與 price 價格）為行銷組合的構成要素。本書的假設之一是，餐飲旅館與旅遊業還有另外的４Ｐ，people 人員，packaging 包裝，programming 規劃，及 partnership 合夥。

a．人員（People） 餐飲旅館與旅遊業乃是一種以人為主的行業。它是一種由人（員工）提供服務給某些人（顧客們），然後這些人又要與其他人（其他的顧客們）共同分享這個服務的行業。此行業的市場人員，不僅須精挑細選雇用的人員（尤其是將與顧客直接接觸的員工），而且在選擇目標顧客時也必須如此。某些員工事實上並不適合這項工作，因為他們待人接物的技巧過於拙劣。而某些顧客群事實上也不適合，因為他們的存在將會破壞其他顧客的興緻。

就技術層面而言，所有的員工是餐飲旅館與旅遊業所提供的「產品」中的一部份。然而他們又有別於無生命的產品，因此必須個別考慮這些員工。所以，員工的召募、挑選、教育、訓練、監督、及激勵等都有異乎平常的重要性。

服務業的行銷人員管理「顧客組合」，也不可掉以輕心。原因之一便是，顧客通常也是購買經驗的一部份。所有的顧客都將與其他顧客共享班機、餐廳、旅館、旅遊勝地、巴士、及渡假休閒中心。顧客的身份、穿著是否得體及言行舉止，全都屬於服務經驗的一部份。與在雜貨店相較，顧客在許多餐飲旅館與旅遊業的場合中，可能必須遵守較為嚴苛的服裝要求及行為禮節。身為行銷經理人員，不僅要考慮到哪些目標市場能夠帶來最佳的利潤，而且還必須考慮到這些顧客們是否能夠相處融洽。

b．包裝（Packaging）與規劃（Programming）　包裝與規劃之所以重要，有下列兩項原因。第一，皆屬於高度顧客導向的概念，可以滿足各種不同的顧客需求，包括各種套裝行程之便利性需求。第二，可以幫助企業因應各種供給與需求配合時可能衍生的問題，或降低未售出存貨時所面臨的困擾。未售出的客房與機位，及未充份利用的員工時間，就有如倒入污水槽的珍貴佳釀一般，是無法重新拾回以供再次消費之用。有兩種方式解決這項問題，那就是改變需求與控制供給。包裝與規劃有助於改變需求。市中心旅館所推出的週末套裝行程，餐廳提供給年長者的「早起鳥兒」折扣，休閒渡假中心所提供的電腦健診，及主題樂園所舉辦的當地居民日等，都是這方面的傑出實例。由於服務具有易腐壞之本質，因此這個行業的行銷創意就變得非常重要。

　　c．合夥（Partnership）　相互輔助的餐飲旅館與旅遊業組織間各種共同行銷的努力，也就是所謂的合夥。為了滿足顧客的需求及慾望，許多組織都必須相互倚賴，這也就是我們建議採用第八個P的原因。這種組織間相互輔助的特質，可能是正面的影響，也可能是負面的傷害。顧客滿意度經常與無法掌控的其他組織之行動有關。必須小心翼翼地處理及監督與相互輔助的各個組織之間的關係。這個行業的供應者（例如各種住宿設備、旅館、餐廳與食品服務設備、遊輪公司、汽車出租公司、及旅遊勝地等）所最關切的事情，便是與各旅遊仲介者（例如旅行社、旅遊批發及營運商、旅遊公司經理及代理商、獎勵旅遊計劃人員、及會議旅遊策劃者等）及配送業者（例如航空、鐵路、巴士、船舶、及渡船等公司）維持良好的關係，反之亦然。當這個產業中各個不同角色能更有效率地合作時，可預見的結果是：更高滿意度的顧客。若無法相互合作，結果同樣顯而易見。

　　行銷人員也必須瞭解當地各旅遊組織之間相互依賴及合作的價值。一項旅遊的經驗，乃由旅遊地的許多組織共同塑造而成。

當這些組織都能夠明白「置身於同一艘船上」時,其結果則是更高滿意度的顧客。

2‧口碑廣告更具重要性

購買各種服務之前,顧客能先行抽樣試用的機會相當有限。人們必須先行租用旅館客房、購買機票、或支付餐飲費用之後,才知道這些服務是否符合他們的需求。規則是「你必須在購買之後才有嘗試的機會」。因此,也使得口碑「廣告」(即過去使用者口頭傳遞有關服務經驗的資訊給未來可能的顧客)受到相當的重視。雖然「廣告」一詞在此是與「口碑」共同使用,但就技術層面而言,它並不能算是一種真正的「廣告」。由於在這個行業中,服務的抽樣或測試機會相當罕見,因此人們就必須部份倚賴其他人的忠告或建議;這包括了朋友、親戚、及職場上的同事。大部份的餐飲旅館與旅遊業是否能夠成功,正面性的「口碑」資訊確實具有相當重要的決定性影響。

提供一貫的服務品質及相關設施,乃是獲得「良好口碑」的一項關鍵要素,也是這個行業的一項基本行銷原則。我們在前文已經討論過管理各項証據(亦即可觸知的線索)的重要性。服務品質不一致的証據,將影響顧客所獲得的經驗。一家高級餐廳中赫然出現身穿沾滿汙漬制服的服務人員, 或一家所謂的豪華旅館中竟然只提供幾項客房服務,便是此種現象的兩個最簡單例子。一致性(証據)可以確保顧客對組織的品質水準留下好印象。

一致性在多部門的組織中也是不可或缺的;因為顧客們很容易就會根據他們在某一個別部門的經驗,而決定了對整個公司的印象。大多數的製造業,已針對自己的各項產品,成功地發展出各自不同的品牌形象。如果顧客們只對其中一個品牌印象不好,通常還不至於將之延伸至該公司的其它品牌。顧客們並不會將這個品牌與該公司的其它品牌,太過密切的聯想在一起;但是

在我們這個行業中，可就沒有這麼幸運了。舉例來說，如果在某家 Westin 經歷頗為惡劣的經驗，則將對所有該企業的其它連鎖店，也會產生一種負面的評價。

3．利用較多的情感訴求來促銷推廣

由於服務具有不可觸知之本質，顧客們多半傾向於非理性的情緒購買。如此意味著如果促銷推廣活動特別強調引人之處，則通常將獲得更佳的效果。為了吸引顧客，就必須賦予旅館、連鎖餐廳、航空公司、旅行社、旅遊目的地、渡假配套組合、或慶典活動等與眾不同的特性。客房數量的多寡、航機的類型、車輛的設備規格、或其它理性的事實與數據，無法完全吸引顧客，必須再加一點精彩的風格與特性。正因如此，Premier 遊輪公司才會構思出「大紅船」一詞，而美國聯合航空也成為「友善的天空」，諸如此類的例子不勝枚舉。公司必須要有能夠讓顧客產生聯想的「個性特色」。

4．測試新概念的困難度增加

服務較製造業商品更容易被模倣；這也讓所有餐飲旅館與旅遊業組織提高警覺而不敢掉以輕心，並必須不時創新或改良各種顧客服務。一流的企業對這點都相當清楚，並且不斷地測試各種行銷的新概念。北美社會正快速地變遷，如果依舊保持原地踏步，將是不智之舉。

5．與各種協力組織的關係日益重要

餐飲旅館與旅遊組織之間，存在著許多影響服務的特殊關係。以下將就各項關係進行敘述。

　　a．供應者、運輸業者、旅遊仲介、及旅遊地行銷組織　供應者乃是指那些經營各種設施、地方特色與活動、遊輪航線、汽

車出租、陸路配送、及旅遊地之其他各種支援服務等所有組織，包括了住宿、食物及飲料、及其它支援產業（例如零售商店、導遊、與娛樂等）。有六種地方特色及活動的範疇：自然資源性、風土氣候性、文化性、歷史性、民族人種性、及易接近性。陸路運輸組織所提供的則是汽車出租、計程車與禮車、公共汽車、及其它各種相關服務。運輸業者乃是指提供運輸工具以到達旅遊地的公司，包括航空、鐵路、巴士、船舶、及渡船等公司。旅遊仲介則涵蓋了各種仲介，將供應者及運送業者的服務提供給顧客，包括零售旅行社與旅遊批發商。各種旅遊地行銷組織（DMOs；destination marketing organizations）則介紹各個城市、地區、縣、州、或省及國家，給旅遊仲介者、個人或團體，為各個旅遊地的供應者及運輸業者提供服務。這四種企業團體（亦即供應者、運送業者、旅遊仲介、以及目的地行銷組織）的聯合服務，組成各種不同類型的套裝旅遊，以期提供更高的顧客吸引力與便利性。

　　雖然某些提供旅遊或套裝行程者的財務風險較高，但是所有的供應者都與該項服務的成敗有著不可分割的利害關係。從行銷的觀點來看，所有的供應者都是相互倚賴的。如果航空公司或旅館無法兌現顧客的預約時，將會導致顧客對旅行社及旅遊批發商留下惡劣的印象。如果旅行社提供某個休閒渡假中心錯誤的行程資訊時，顧客則會對這個休閒渡假中心留下負面的不佳印象。不同的餐飲旅館與旅遊組織之行銷人員，必須要瞭解這種相互倚賴性，並且要確保他們的「合作夥伴」能夠提供與他們一致的服務水準。

　　b．旅遊地組合的概念　旅遊地組合乃是另外一項獨特的關係概念，包括五種構成要素：地方特色與活動、設備、基礎建設、交通運輸、及餐飲旅館資源。旅遊地的地方特色與活動－包括商務或休閒方面的有趣事物－扮演著吸引遊客前來的中樞角色。商務性旅遊的顧客會受到某地區的工業及商業基礎之吸引而

前往；而休閒旅遊的誘因則屬於上述六種吸引人之因素而被吸引到某個旅遊地。設備及交通運輸的各種組織，例如旅館、餐廳、及汽車出租公司等，須瞭解：顧客們對其服務的需求，乃源自對這些地方特色與活動的需求。如果沒有這些工商業基礎、或吸引休閒旅客的各種事物，他們絕大部份的業務都將從此消失無蹤。

　　ｃ．**觀光客與當地居民**　第三種獨特且相當重要的相互關係，則是觀光客與當地居民之間。旅遊目的地的觀光客與當地居民摻雜一起，共同享用當地的服務與設施。因此，居民的正面態度將有助於當地餐飲旅館與旅遊業，並增強其進行的行銷措施。假如當地居民對觀光客抱著不友善或敵意的態度時，導致的負面衝擊不容置疑。各種非營利性組織，例如政府的旅遊促進機構與集會活動及觀光客服務處等，尤其需要特別清楚這項重要的關係。

　　圖 2-3 所示，是以上所討論的三種相互關係。這三項關係的管理，乃是餐飲旅館與旅遊業行銷人員的另一項附加責任。前兩項關係讓我們瞭解到：組織以外的其它公司會直接影響顧客對該服務組織的滿意度。我們不僅需要提供一致性的服務，也必須確定其他的「合作夥伴」同時達到這項要求。至於第三種關係－也就是觀光客與旅遊目的地居民的互動，所有的行銷人員也不可掉以輕心。不友善或冷漠不親切的當地居民，可以破壞觀光客的旅遊經驗。以近期在邁阿密地區的旅遊經驗而言，嚴重的犯罪率危及觀光客，已對當地的觀光旅遊造成相當不利的影響。當地居民可能會對日益蓬勃的觀光旅遊產生一股忿恨難消的情結；因為叫座景點的過度擁擠、交通的阻塞、自然景觀的劣質化、商業行為的增加、及犯罪率的增加等等而排斥外來觀光客。

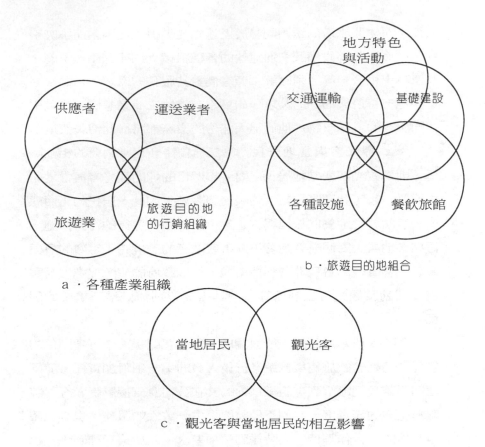

a · 各種產業組織

b · 旅遊目的地組合

c · 觀光客與當地居民的相互影響

圖 2-3：餐飲旅館與旅遊業所具有的三項獨特關係。

本章摘要

越來越多的人已認清，服務行銷乃是行銷中一個相當顯著不同的分支。因有如此的信念：服務業必須使用獨特的行銷處理方法，而餐飲旅館與旅遊業是服務業構成分子之一。各種服務有其共通特色，而與製造業截然不同。服務具有不可觸知性、高度腐壞性、與其他供應者密不可分，以及成本推估困難等特性。它們有著不同的「生產」

過程及配送管道。

　　與製造業相較，服務業的行銷不僅在演進步伐上慢了許多，而且在許多情況下也深受各種政府規定的影響。服務業的經理人員及主管人員們較不情願採用行銷的核心原則。

　　最重要的是，餐飲旅館與旅遊業乃是一種「以人為主的行業」。攀登成功頂峰的各服務企業，都因高度關切其顧客與員工之滿意度而享有盛名。

複習問題

1. 「服務行銷」所指為何？

2. 將各種服務導入市場時，所使用的方法是否與製造業的商品完全相同？為什麼？

3. 在服務與產品之間，存在著哪些一般性及結構性的差異？請分別加以說明。

4. 服務行銷與產品行銷之間，有哪六種一般性差異？而結構性差異又有哪六種？

5. 這些差異是否預期仍將持續到未來？為什麼？

6. 有哪八種特定的不同之處會對餐飲旅館與旅遊業服務造成影響？

7. 將餐飲旅館與旅遊服務導入市場時，本書曾提出額外的４Ｐ，指的是哪些？

8. 餐飲旅館與旅遊業的服務行銷需要五種獨特的處理方法，分別為何？

9. 餐飲旅館與旅遊業中，存在於所有組織及個人之間的三種主要關係分別為何？

本章研究課題

1. 假設你剛被某家汽車製造公司聘用，而該公司最近才剛取得某連鎖休閒渡假中心的所有權。你初期的主要任務之一，便是與該公司的行銷主管會面，並向他說明休閒渡假中心之行銷及汽車行銷的各種差別。請列舉你將特別強調的各種觀點，包括兩種產業的一般行銷處理方法，及休閒渡假中心行銷的獨特處理方法。

2. 若指導教授要求你找出鄰近超級市場或零售商店中顯示存在於服務與產品間的一般性差異，並帶回課堂中討論。你將蒐集哪些實例項目，又將如何說明？

3. 假設你被邀請在社區內舉辦研習會，主要討論關於餐飲旅館與旅遊業之不同組織及個人之間的密切關係。你將邀請哪些人參加？特別強調的討論項目將有哪些？如何進行？這場研習會是否能夠有效地使用實例示範合作的重要性及不同組織及個人間的相互倚賴性？

4. 某著名的製造公司最近剛買下一連鎖旅行社。而你受聘為這家新旅行社之行銷部門主管，並被要求說明產品與服務之配送體系的各種差異。你將特別強調哪些不同，又如何有效地表達出個人觀點？

第三章

餐飲旅館與旅遊業的行銷系統

研讀本章後，你應能夠：

1. 描述何謂系統。
2. 說明餐飲旅館與旅遊業的行銷系統。
3. 列舉餐飲旅館與旅遊業之行銷系統的四項基本原則。
4. 列舉使用餐飲旅館與旅遊業之行銷系統的各項好處。
5. 依序列舉餐飲旅館與旅遊業之行銷系統的五項關鍵問題。
6. 定義長期與短期的行銷規劃。
7. 分辨策略性市場計畫與行銷計畫。

概論

　　餐飲旅館與旅遊業是否有一種共通的銷售途徑呢？本章就以探索這項問題開始，並提出每個組織都可以使用的系統化處理程序－餐飲旅館與旅遊業的行銷系統。其次，描述所有系統的一般特性，指出使用系統化行銷方法的各種利益。並強調「長期規劃」與「短期規劃」的必要性。最後，以餐飲旅館與旅遊業之行銷系統的五個進行階段做爲結束。

關鍵概念及專業術語

回饋（Feedback）
餐飲旅館與旅遊業的行銷系統（the hospitality and travel marketing system）
相互倚賴性（Interdependency）
長期規劃（Long-Term Planning）
大系統（Macrosystem）
行銷計畫（Marketing Plan）
小系統（Microsystems）
使命（Mission）
使命聲明書（Mission Statement）

開放系統（Open Systems）
規劃（Planning）
計畫（Plan）
關係行銷（Relationship marketing）
短期規劃（Short-Term Planning）
策略性市場計畫（Strategic Market Plan）
策略性行銷規劃（Strategic Marketing Planning）
系統（System）
戰術規劃（Tactical Planning）

　　你或許已受到餐飲旅館與旅遊業具有的高度多樣化所吸引。例如住宿行業可小自規模最小的「老爹老媽」汽車旅館，到擁有數千間客房的「超級旅館」。食品服務的營業則可自優雅餐桌服務的高級餐廳，至路邊漢堡攤。旅行服務也有僅三、四位員工的小規模旅行社，至全國知名「品牌」的旅遊公司，如美國運通及 Thomas Cook 之類。

而航空服務，更是從國家航空公司，如美國航空、加拿大航空、英國航空、及 Qantos 等，到只有一人經營的「專機」航行。另外，諸多的地方特色，包括華德迪士尼世界及佛羅里達環球影城等主題樂園，及整年只有數百位遊客造訪的小型博物館。

本書第一章檢視所有營利及非營利團體的行銷核心原則。第二章則探討所有餐飲旅館與旅遊組織共有的各種特徵。且不論其共同點，你或許仍然認為餐飲旅館與旅遊業需要全然不同的行銷方法。的確，例如旅館及旅行社乃兩種截然不同的企業，必須各有其量身訂做的服務、訂價、配送體系、及推廣促銷等活動設計，以符合各自顧客之需求。然而，有一種行銷系統程序是每一個餐飲旅館與旅遊組織都可以利用的；那就是「餐飲旅館與旅遊業的行銷系統」。你將學習這項新知並運用於任何餐飲旅館與旅遊業的情況。在這之前，各位應該先瞭解目前存在於這個行業中，有關於「我們到底是誰」的各項困惑。

餐飲旅館與旅遊業的各種不同定義

這個行業的定義不勝枚舉。你必定懷疑究竟哪一種才是正確的？或這些定義都正確？在回答這個問題之前，讓我們先檢視其中的幾項。

這是餐飲旅館業！

許多教育學者及作家們都同意最正確的名稱應是餐飲旅館業。其中一位就曾說過：這個行業提供各種產品與服務給那些出門在外的顧客。據其所言，這個行業包括了旅遊、住宿、飲食、娛樂、休閒、及遊戲等各種設施。其他作者也同意使用餐飲旅館業這個名辭，但列舉了其它的組織類型。Lane 與 van Hartesvelt 兩人認為餐飲旅館業包

含旅社、汽車旅館、俱樂部、餐廳、速食營業所、及各種外燴組織。
Reid 認為應包括各種餐廳與食品服務的營運、旅社及汽車旅館、私人俱樂部、食品的經銷與配送、製造廠商、各種專業協會、及餐飲旅館的教育等。Ninemeier 則將這個行業區分為住宿營運、食物／飲料服務（商業性及機構性），加上旅遊／觀光三部份。圖 3-1 所示是Ninemeier 對於餐飲旅館業的定義。Lane 與 van Hartesvelt 兩人對一個相當重要的觀點並不同意 Ninemeier 的看法；他們覺得餐飲旅館業有兩個相關卻獨立的組成份子－即休閒業及旅遊業。

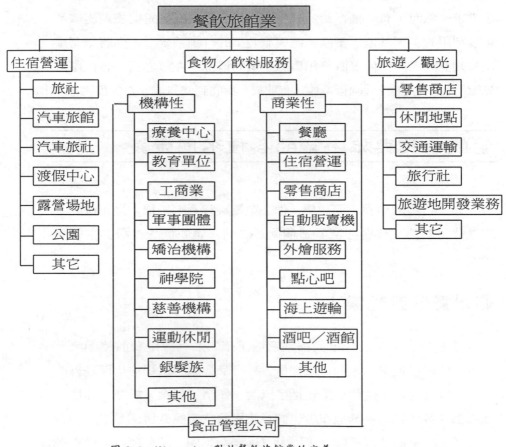

圖 3-1：Ninemeier 對於餐飲旅館業的定義。

這是飲食服務業！

許多公司並不滿意自己納入所謂的餐飲旅館業，因為他們經營的是食品準備與提供，包括飲料服務，所以應該屬於飲食服務業。美國餐廳協會將飲食服務業區分為三：商業性，機構性，及軍事性。另外有些人則認為餐廳與飲食服務不同，因此青睞於使用「餐廳與飲食服務業」這個名詞。加拿大的全國餐飲協會則稱為「加拿大餐廳與飲食服務協會」。而「國際食品服務製造商協會」則定義飲食服務業為準備及提供食物、餐飲、點心與飲料等服務給出門在外之旅客的所有公司與營業場所。

這是住宿業！

不甘讓那些從事飲食服務的同行們專美於前，某些人認為自己應該屬於住宿業。McIntosh，Goeldner，及 Ritchie 等人堅信住宿業乃由各種旅社、汽車旅館、套房、休閒渡假中心、民宿、及共同分租單位等組合而成。有人則持更狹隘的看法，使用例如旅館業、休閒渡假中心業、及露營場地業等名詞來界定。美國就有一本名為《旅館與渡假中心業》（*Hotel & Resort Industry*）的定期雜誌。

這是食品服務與餐飲旅館業！

有些人則嚴格區分食品服務與餐飲旅館的不同。因而使用「食品服務與餐飲旅館業」或「餐飲旅館與食品服務業」。區分這兩項的原因是考量：餐飲旅館是追求利潤的企業，而食品服務則是非營利性的機構。

這是旅遊業及／或觀光業！

另外一種學派理論，則認為應該屬於旅遊業及／或觀光業。Gee，Makens 及 Choy 等人甚至撰述一本名為《旅遊業》（*The Travel Industry*）的教科書。他們認為旅遊業應該涵蓋所有公家與私人的組織，從事發展、生產、及銷售商品與服務，以滿足旅遊者之需求。《旅遊週刊》（*Travel Weekly*）在廣告中將自己描述成「一份屬於旅遊業的全國性報紙」。Hodgson 則撰述一本名為《旅遊與觀光業：因應未來的各項策略》（*The Travel and Tourism Industry：Strategies for the Future*）的書。有些人認為旅遊業或觀光業應該是一種「傘狀的」術語，而非只是「餐飲旅館」而已。他們採用圖 3-1，並以「旅遊業（或觀光業）」取代其中的「餐飲旅館業」。還有的則是把旅遊／觀光業與餐飲旅館業看做是兩種全然不同的行業。而 Lane 與 van Hartesvelt 兩人則說：這是兩種各自分離，卻又相互關聯的行業。在旅遊與觀光之下，提供不同類型服務的公司，通常都將自己區分為完全不同的行業。例如，「國際遊輪公司協會」就將自己視為遊輪業之代表；而「全美旅遊公會」則代表團體旅遊業。

因置身之處而定！

如果你住在美國以外的地區，例如英國、澳洲、或紐西蘭等地，那將又有另一些產業「名稱」。英國地區的餐飲旅館與食品服務變成了「旅館與外燴業」。在澳洲、紐西蘭及加拿大地區，「觀光業」就像「雨傘」一樣，是廣被接受的名稱，包括餐飲旅館業在內。

它根本不是一種產業！

許多經濟學家與統計學者不同意以上作者們的看法。他們將商業餐廳、百貨公司、及一般零售商店等，全都歸屬於「零售業」的範

圍。非營利性質的食品服務設施,則是遍佈於醫院、大專院校、療養院與個人保健中心,或其它機構。住宿營運則被歸類於其它「服務」,其中包括保健醫療、法律服務、及保險服務。而航空公司、汽車業、遊輪與觀光小艇、鐵路公司、包括旅行社及旅遊營運者,則被歸類於交通運輸及通訊。這種分類方法,也就是「標準化產業分類」(SIC;Standard Industrial Classification),是檢視國家產業結構時相當方便的方法。然而,非常精確地將每一種行業歸屬於一個特定的範疇時,卻未適當的反映存在於餐飲旅館與旅遊組織之間的強烈關聯性。這套制度也忽略了組織可能不只涉足於單一範疇的狀況。舉例來說,究竟一家擁有許多餐廳及酒吧的典型市區旅館是屬於服務業的一部份,還是應該被歸入於零售業?而一家擁有旅館的航空公司,究竟是交通運輸與通訊業的成員,還是屬於服務業?而必勝客、肯德基炸雞、及 Taco Bell 等公司,應該和百事可樂公司同屬於一個行業,或者要算是零售業的成員?

　　在「美國標準產業分類制度」(United States Standard Indus trial Classification system)中,餐飲旅館與旅遊業的各個組織分散於兩位數標準產業分類代碼(SIC code)之「主群體」(major groups)的有十六項,四位數代碼的至少有三十五項。在這十六項主群體中,雇用最多員工人數者乃飲食地點(標準產業分類代碼為 58),及旅館、客房住宿、露營地、與其它住宿處所(標準產業分類代碼為 70)等兩個群體;其員工人數在 1990 年,分別為 7,705,000 人及 1,662,350。圖 3-2 所示便是這十六個主群體的完整名單。

無全球一致的定義!

　　各位從這些定義中學習到甚麼呢?你應可發現,並沒有一種一致被接受的定義涵蓋本書所提之「行業」。「行業」一詞的使用相當鬆散。在這個行業中工作的人及教育他們的人,於努力的領域內使用

相同的定義可以產生共同感與歸屬感。法規與政府政策的影響力則是另一項現實因素,將不同特性的行業分割成不同群體。因此,航空公司屬於「美國航空運輸協會」,旅行社則歸屬於「美國旅遊代理業協會」,各種住宿設施隸屬於「美國旅館與汽車旅館協會」,餐廳屬於「全國餐廳協會」,主題樂園屬於「國際遊樂場所與觀光勝地協會」等。

而「美國旅遊資料中心」則描述旅遊業為區隔性行業,是透過複雜的運輸鏈,於區隔化市場中銷售多樣化產品的組合。這種說法多少概括了這個行業的定義。如果我們真是一種行業的話,必是強調組織內部的差異性而非強調一般性事物及營運機會。那些切割餐飲旅館與旅遊業,使其切合複雜之標準產業分類的經濟學家們,並沒有幫助我們解決這些差異或確認各種應有的相互關係。在即將來臨的二十一世紀全球市場中,唯有培養並促進與其它餐飲旅館及旅遊組織、及顧客間的關聯性,才能獲致成功的行銷。

標準化產業分類代碼 (SIG code)	主群體名稱
40	鐵路交通運輸。
41	地方與郊區轉運,及都市間高速公路乘客交通運輸。
44	水路交通運輸。
45	航空交通運輸。
47	交通運輸服務(包括旅行社及旅遊經營人)。
55	汽車交易商及油料燃氣服務站。
58	飲食地點。
59	雜貨零售業。
60	保管機構(包括銀行與外幣交換)。
70	旅館、客房、露營地與其它住宿處所。
73	業務服務(包括集會及觀光客服務處及旅遊資訊局)。
75	汽車修理、服務、及停車場(包括汽車出租公司)。
79	娛樂及休閒服務。
84	博物館、美術藝廊、植物園與動物園。
86	會員制組織(包括各種商會)。
95	環境品質與住宅管理機構。

圖 3-2:餐飲旅館與旅遊組織的標準產業分類代碼。

系統取向

定義

　　系統取向乃檢視各種產業與組織的另一種替代方式，也是本書所推薦的一種處理方法。所謂「系統」乃是指由具有相互關聯的組織同心協力，以期達成共同目標的一種組合體。這個「行業」乃是由一群擁有共同目的與目標，且相互關聯的組織所構成。這就是一種系統。同樣地，每一個單獨組織也是一種系統－它是由許多具有相同整體性目的與目標，且相互關聯的部門、單位、或活動所構成的組合體。那麼，這個行業及它的所有組織所共同擁有的又是些什麼呢？那就是滿足出門在外或處於非正常環境(例如觀光或旅遊時)的顧客們的需求。顧客們可能正享受離家數千哩的海外渡假，或在當地速食餐廳用餐。這個行業設立的目的在於滿足顧客們各種出門在外的需求。

　　餐飲旅館與旅遊業有一個大系統及許多小系統。「大系統」乃是指整個行業而言。第二章曾提到，餐飲旅館與旅遊的所有組織之間存在著許多獨特的關係。我們不妨將餐飲旅館與旅遊的大系統想像成一部汽車，以助於各位的瞭解。各種地方特色與事物，不論是對休閒性或商務性旅客而言，乃是這部汽車的引擎。如果沒有引擎，這部車勢必無法行走；同樣地，如果缺少了這些地方特色與事物，則餐飲旅館與旅遊目的地不太可能吸引遊客到來。然而，只有這具引擎仍無法構成一部完整的汽車！必須加上車架、車軸、輪胎、車身、座椅、及其它許多配件，才可以成為一部汽車。同樣地，一個餐飲旅館與旅遊目的地也必須要有各種設施(例如旅館、餐廳、購物中心等)、交通運輸與基礎建設、及餐飲旅館等資源，才能夠「發揮」最大效用。經

營各種地方特色事物與活動的業者必須有其它設施供應者、交通運輸、及旅遊業仲介者的協助，才能吸引顧客並滿足其需求。

「小系統」則是存在於個別組織之內。本書的重點以討論小系統及個別餐飲旅館與旅遊組織如何銷售他們的服務為主。「餐飲旅館與旅遊行銷系統」便是用來描述小系統，一種關係著組織內每一成員的行銷程序。

餐飲旅館與旅遊業之各項系統特徵

瞭解行銷之前，你必須先認識系統的各種特徵才行。這個行業共有六種主要的系統特色：

1. 公開性。
2. 複雜性與多樣性。
3. 反應性。
4. 競爭性。
5. 相互倚賴性。
6. 摩擦與不協調性。

1．公開性

此行業及它的所有組織，都是屬於**開放系統**。不同於機械化與電子化的「封閉」系統，這種開放系統並不那麼僵化，而且構成份子也不以特定方式精密地組織。這是處於動態並且不斷改變的系統。大家不斷地發展出各種新且具有創意的方法，以便銷售餐飲旅館與旅遊的服務。各家航空公司所推出的哩程累積計畫、及各間旅館所實施的住宿常客優惠方案等，即是自 1980 年代以來的兩種實例。航空公司、旅館、旅行社、旅遊經營人與旅遊地行銷組織間的各種全球性合作與策略聯盟，勢必將成為 1990 年代及二十一世紀初期的一項品質保証。各種外在的與策略性的環境不

斷地影響此一系統，並且重新改變了業務的進行方式。舉例來說，由於人們需要更為方便且更不浪費時間的服務，因此有了可直接開車購買的各種得來速（drive-through）餐廳。

　　本書推薦一種非僵化的行銷處理方法，即一系列審慎安排順序的行銷步驟－餐飲旅館與旅遊行銷系統。這些步驟可比擬成人的骨架。它們是發揮有效功能所不可或缺的基本架構。一副骨架還必須加上各種細胞組織及心智才能成為所謂的「人類」。同樣地，每個組織也都必須具備其獨特的個性及一整套行銷活動，才得以存活。

2・複雜性與多樣性

　　餐飲旅館與旅遊組織的種類不勝枚舉。範圍可由規模最小的「家庭式」企業，以至於跨國性集團。存在於不同組織之間的相互關聯性，可說複雜無比。運輸管道的多樣性，便是明顯的一個實例。休閒渡假中心可以直接向顧客銷售，也可以選擇經由各種仲介者達到相同的目的；其中包括旅行社、旅遊批發商、酬庸性旅遊計畫人、及其它管道等。另外，可採用許多不同的方式進行推廣、促銷、銷售、及訂價。在這個行業中，並沒有固定的成功公式。

3・反應性

　　市場不斷地改變著；因此，我們的行業及所有的組織也必須不斷因應。我們必須反應這些改變，否則無法生存。所有系統都必須要有回饋策略。自顧客或他處蒐集資訊，制定與顧客需求及競爭者活動之改變有關的行銷決策。在這個行業中，原地踏步是致命的作法。行銷研究可以提供豐富的資訊，幫助我們調整策略並生存下去。Ramada 旅館的經營歷史提供了一個很好的例子。根據1970 年代的行銷研究顯示，顧客們對其連鎖旅館有著相當不佳的印象。預期市場即將日益萎縮，Ramada 旅館的主管人員決定

對其企業進行徹底的改造；亦即將他們的連鎖旅館分為三個不同的「品牌」。而長久以來一直給人「單身泳客」印象的 Club Med 公司，在經過研究與調查未來人口計畫之後，也於 1980 年代徹底的轉向，將行銷對象改為家庭與夫妻或雙人行。

4．競爭性

這是一個競爭激烈的行業；幾乎每天都有新組織加入。而大型企業併購相關廠商也提高其競爭力與強度。規模較小的組織開始合作，以加強他們的競爭地位。他們組成了各種公會、協會、推薦團體、與行銷合作社，並且採取其它的聯合努力措施，以期在市場上有更佳的「命中率」。系統內的改變與外在因素造成的改變同等重要。發生在 1980 年代許多航空公司的合併，及各家航空公司、旅館、汽車出租公司、與其它業者獎勵經常搭機之旅客的合作策略將被永遠記得。而 1990 年代，將可能會被記憶為餐飲旅館與旅遊業真正開始全球性競爭的新紀元。當餐飲旅館與旅遊業開始進行策略性行銷聯盟，並與其它行業組織展開合作之後，國家界線已不再那麼重要。英國航空與美國航空的合作，及西北航空與荷蘭航空的聯營，可說是未來全球性市場新紀元的兩個極佳實例。

5．相互倚賴性

在我們的行業（亦即大系統）中，包括了許多相互倚賴與彼此關聯的企業與組織，所提供之服務都是有關於滿足出門在外顧客們的各種需求。住宿場所、餐廳、地方特色與事物、交通運輸、旅行社、旅遊批發、及零售店等，都是其中的一部份。其它相關組織還包括了政府的旅遊促進機構、集會活動及觀光客服務處、各種商會、及其它旅遊地行銷團體。

　　許多人對於這個行業的領域，都抱持著短視的看法；因此，

必須有更爲寬廣的未來展望。許多企業與組織，甚至包括國家在內，都是相互倚賴的，可以彼此互補長短，齊心協力創造出超越各自努力所能獲致的更大成果。旅行社可能不會替顧客預訂漢堡王餐廳的餐飲，但卻可以替他們預訂附近的旅館客房。要徹底瞭解這個行業的行銷，就必須先對相互關係有所認識及接受才行。「關係行銷」乃是一種新的行銷術語，強調與個別顧客及與運輸鏈中其它組織建立長期關係的重要性。

　　相互倚賴性也存在於個別組織之內。對於餐飲旅館與旅遊的經理人員來說，行銷並不是他們唯一的職責；其它的責任範圍還包括了營運、財務與會計、人力資源管理、及各種維繫活動。行銷必須與其它領域相互協調，而能否成功也取決於相互的配合。

6・摩擦與不協調性

不論任何行業或個別組織內，都存在著許多衝突、壓力、及緊張情況，而使得所有系統都無法如預期發揮有效的運作。並沒有十全十美的系統，而成效也無法如想像般完美。在美國，各航空公司迴避旅行社，而直接向大型企業客戶銷售的作法，造成了旅行社與航空公司之間的緊張關係。而各旅館與休閒渡假中心總是延遲支付代理佣金，也成爲旅行社與住宿業者之間緊張關係的一項根源。各住宿業也經常因旅遊批發商所帶來的客人數量遠比當初承諾的少，而感到沮喪不已。至於應該要相互合作的旅遊目的地及企業體，也常會在作業上出現彼此對抗的狀況。

　　餐飲旅館與旅遊業所出現的這種瑕疵，同樣地也存在於個別組織之內。不健全的內部競爭，個性的衝突，及溝通的問題等，都會導致整個系統在功能的發揮上與預期不同。也由於這些內部的問題，導致無法達到行銷中對顧客所承諾的事項。行銷最主要的工作，就是要讓每個人都能瞭解到大家都「同在一條船上」。

餐飲旅館與旅遊的行銷系統

圖 3-3 所示，乃是餐飲旅館與旅遊業的系統模式，適用於所有的組織，從最大規模，以至於最小規模者均可。不論是旅館、餐廳、旅行社、或航空公司的行銷，都必須先回答五項關鍵性的問題：

1. 目前的處境？
2. 希望進展的目標？
3. 如何才能達成目標？
4. 如何確定能夠達成目標？
5. 如何知道已經達成目標？

1	何謂行銷？
2	目前的處境？
3	希望進展的目標？
4	如何才能達成目標？
5	如何確定能夠達成目標？
	及
	如何知道已經達成目標？

圖 3-3：餐飲旅館與旅遊的行銷系統模式

系統基本原則

在開始探討系統模式中的每一項問題之前，必須先認識系統的基本原則與益處。以下是基本原則之敘述。

策略性行銷規劃 餐飲旅館與旅遊業是變化非常大的行業，不斷

經歷著來自於內部及外界的改變。因此，長期規劃是確保成功所不可或缺的要素。「那些只活在目前狀況的人，勢必會在不久的將來無法生存」，這句話來描述這個行業最貼切不過。策略性行銷規劃指發展各種長期（五年或更久）的行銷計畫，包括選擇確定的行動路線或方向，以謀求長期的生存與成長。使用策略性行銷規劃，乃是系統基本原則中的首要項目。

行銷導向　採取行銷導向則是第二項基本原則。這點我們已在第一章討論過。亦即組織的最高優先目標在於滿足顧客的需求與慾望。

產品行銷與服務行銷之差異　服務行銷及產品行銷之間，存在著許多不同。我們這個行業，乃是提供服務並將其銷售至市場。當使用餐飲旅館與旅遊的行銷系統時，即代表對這些差異都已瞭解。此項主題已在第二章探討。

瞭解顧客行為　第四項基本原則便是瞭解顧客行為的必要性。此乃第四章討論的焦點。充份認識影響顧客行為的個人與人際因素，將可使整個系統獲得最有效的運用。

使用系統的各種好處

使用這種餐飲旅館與旅遊行銷系統的組織將可獲得許多好處。

1‧優先的規劃

規劃乃是企業必備的要件。使用餐飲旅館與旅遊行銷系統的組織會被強迫預先規劃，並預測未來。我們可以確定一件事：明天將不會與今天完全相同。只做一年的規劃是不夠的；我們需要數年的策略性市場計畫。

短期性（一年或更短的期間）或長期性（五年或更長的期間）規劃，都至少有六項基本目的：

1. 找出各種替代行銷方法。
2. 維持獨特性。
3. 創造令人滿意的狀況。
4. 避免令人不滿意的狀況。
5. 因應預期之外的狀況。
6. 促進各種結果的測量、監督、及評估。

第一項目的是找出各種替代性行銷方法。目標的達成通常有一種以上的方法。先仔細考量所有的可行性，再找出其中最有效的方式，是很重要的。

第二項目的是維持組織的獨特性。行銷是否成功，部份秘訣在於讓顧客們意識到我們提供的服務與眾不同。我們必須創造形象並努力地維持之。

第三項目的則是創造令人滿意的狀況。包括讓潛在顧客了解我們提供的服務、有效運用各種行銷資源與技巧、投資各種新行銷機會、增加各種可提高市場佔有率的服務、及善用各種合作性的行銷活動。

避免不滿意的狀況是第四項目的。大部份的組織都希望避免：市場佔有率的流失、繼續提供各種削弱獲利之服務、及與協力組織及競爭者產生衝突。

第五項目的則是處於較佳的形勢以因應各種預期之外的狀況。先前曾經提過，餐飲旅館與旅遊的行銷系統是一種開放系統，會因經濟、社會、文化、政治／法律、科技、及競爭者等各方面的改變及重大事件的發生，而受到相當的影響。所有組織都必須對突發狀況有所準備，因此必須有前瞻性規劃。

一項好的計畫應能促進各種結果的測量、監督、及評估。藉由確定組織達成目標的進展程度，進而判斷是否已經獲致成功。

２．邏輯化流程

系統的第二個好處，就是產生邏輯化流程。由於適切的問題在適當的時機提出，因此行銷費用及人力資源得以最有效運用。許多組織省略了最基本的行銷問題－例如：「目前的處境？」，及「希望進展的目標？」。他們在考量這些基本問題之前，就已直接實行計畫。另一些組織則未整合及監控各種行銷活動。他們任憑事情發生，忽略了一項重要的問題：「如何確定能否達成目標？」。他們通常也未使用任何回饋機制，完全不知其行銷是否有成效。也從來不曾提出「如何知道已經達成目標？」這項問題。這五項關鍵性的行銷問題在這個系統中是以邏輯化流程依序顯示出來。

３．行銷活動的平衡發展

運用這個系統能均衡發展各種行銷活動。五項關鍵性問題都是同樣重要，而所有行銷技巧也都審慎地考慮。各種活動都持續地重新評估，而非不斷地重覆過去的努力。

有效的行銷決策是以健全的研究為基礎。餐飲旅館與旅遊的行銷系統假設所有組織都能認清行銷研究的價值。鎖定各種新行銷機會，便是這些好處之一。研究有助於確認各項新服務及顧客群，讓我們了解與其他競爭者比較下，自己究竟置身何處。研究也有助於測定各種行銷活動的成果，幫助我們了解哪些活動最有效，並指出各種錯誤。我們因而瞭解顧客的看法，也可以找出各種提高顧客滿意度的行銷方法。研究提供餐飲旅館與旅遊系統固定的滋養來源。

系統繼續不斷地運用，經驗則在每次的使用中獲取。每一次都會累積不同的學習經驗。

系統的各個階段

大部份的傳統教科書都提到行銷有一邏輯化及依序的流程。然而，這些作者使用複雜的術語描述每個階段及技術，因而使得大部份的學生被這些行銷學專門術語攪得一頭霧水。在這方面我們絕不會增加各位的困惑！我們所需要的乃是一種更「常識化」、更實際的方法。餐飲旅館與旅遊的行銷系統正是使用這種方法。它將行銷簡化為五個基本構成部份，並且以必須回答的問題型式表示。

現在就藉由一趟商業航空的飛行來檢視這個系統。各位請先回答下列各項問題：

1. 一架商業客機的飛行組員，是否知道當飛機要著陸時，他們置身之處？
2. 當他們的飛機起飛之後，這些飛行組員是否知道將前往何處？
3. 每次的航程中，這些飛行組員是否都會有一份飛行計畫？
4. 飛機的正駕駛與副駕駛是否會監督航程的進展，並且在必要時調整原計劃？
5. 飛機的正駕駛是否會評估每次的航程，並且填寫一份航空飛行日誌？

對於以上的五項問題，你的答案應該都是肯定的。如果不是，就應該再重新瀏覽檢查一次。相信各位同意我們是正確的。餐飲旅館與旅遊組織的行銷為何會與一趟商業航空的飛行相同呢？答案很簡單。確保一趟安全又成功的飛行之各項關鍵性問題，和有效的行銷必須回答的所有問題是完全相同的。它們包括了：

階段	餐飲旅館與旅遊的行銷	航空飛行
1. 目前的處境？	目前的狀況。	起飛機場。
2. 希望進展的目標？	想要達到的未來狀況。	目的地機場。
3. 如何才能達成目標？	行銷計畫。	飛行計畫。
4. 如何確定能夠達成目標？	監督與調整行銷計畫。	監督與調整飛行計畫。
5. 如何知道已經達成目標？	評估與測量行銷計畫的成果。	評估飛行計畫，並填寫航空飛行日誌。

　　餐飲旅館與旅遊的行銷系統是，針對組織的各種行銷活動，進行規劃、研究、執行、控制、及評估的系統化程序。系統化是因為五個問題以同樣的排列順序，重覆地回答。圖 3-4 所示是結合系統的行銷任務（即行銷的 PRICE－規劃、研究、執行、控制、及評估）與系統的階段或問題。

任務／功能	階段／問題
規劃（Planning） 與 研究（Research）	目前的處境？
	希望進展的目標？
執行（Implement）	如何才能達成目標？
控制（Control）	如何確定能夠達成目標？
評估（Evaluation）	如何知道已經達成目標？

圖 3-4：餐飲旅館與旅遊之行銷系統的任務及階段

1・目前的處境

　　所有的飛機駕駛與航機艙服員都知道他（她）們目前的位置及所要遵循的航線。同樣地，一個組織也必須瞭解它目前置身於何處及之前所處的地位。組織如果想要獲得長久的成功，就必須不時

地評估自己的各項長處與弱點，對於現有的與潛在的客戶及其競爭者，都應該知之甚詳。就如同將組織置於顯微鏡下仔細觀察一般，將可能忽略的各種日常事件加以「放大」，並且審慎地檢視。一種被稱為「形勢分析」（situation analysis）的技巧，及各種不同的行銷研究工具將被使用；這些都有助於我們回答「目前的處境？」這項問題。一次的回答是不夠的，每年至少都要問一次這項問題。

2・希望進展的目標

Theodore Levitt 曾經說過：如果一個組織不清楚自己要往哪個方向前進，則任何的路線都可以引領它。一個不知道自己目標的組織，就如一架已經起飛，卻不清楚目的地的飛機。一個組織可以遵行的行銷路線不勝枚舉；關鍵在於必須決定一種最有效的作法。每一個組織都必須確認各種行銷活動的結果。可以使用許多特定技巧達成這項目標，包括市場區隔、標的行銷、定位、行銷組合、及行銷目標等。這些技巧有助於組織描繪出能夠引領它到達所希望之目的地的路線。

3・如何才能達成目標

在決定了希望的目標之後，接著就將問題轉移到「如何才能達成這項目標」。行銷計畫就是此時的關鍵工具，有如一份行動藍圖。這份行銷計畫以文字紀錄組織如何運用傳統的４P（產品、地點、價格與促銷）、及餐飲旅館與旅遊行銷額外的４P（包裝、規劃、合夥與人員）。組織如果缺少了這份行銷計畫，就如同一架已經起飛但卻沒有飛行計畫的飛機一般。不知道要怎麼做，才可以達成希望的目標。

4‧如何確定能夠達成目標

擁有了一份行銷計畫,並不保証一定成功。各種查核與監控制度也必須隨之建立,以確保所有事情都按照計畫進行。有關於行銷管理、預算、及控制等,都是不可或缺的。對每一架已經起飛的飛機而言,必定有各種事先查核及飛行中查核的相關程序。如果一架飛機遭遇惡劣的氣候狀況時,可能改變它的航線、飛行速度、或飛行高度等,以為因應。如果一個組織發現其行銷計畫有某些部份滯礙難行或毫無效果時,就應該做出必要的改變。

5‧如何知道已經達成目標

有許多組織投入大量的資源發展各種行銷計畫,但在測量這些計畫的成果時,卻運用相當有限的資源。這是相當遺憾的事,因為不論是錯誤或成功,都可以學習到許多經驗與教訓。就如同每位駕駛員必須評估每次的飛行並填寫飛航日誌。測量及評估每項行銷計畫的結果,將可以產生許多有用的資訊,而有助於下一次回答「目前的處境?」這個問題。

系統中策略性及戰術性行銷規劃之關係

許多書籍都使用「策略性」(strategic)及「戰術性」(tactical)這兩個術語,解釋有效行銷中不可或缺的兩項分支規劃。但是本書除了使用「策略性」及「戰術性」外,也使用「長期性」及「短期性」這兩個名詞。長期是指五年或更長的期間,短期則是指一年或更短的期間。那麼,介於一年與五年之間的,各位應該已經猜到了,那就是-中期。

為了追求最高效能,行銷必須是長期性的管理活動;它的規劃必須要涵蓋五年或更長的期間。長期性的策略性行銷規劃是不可缺少

的。由於各種改變過於迅速，因此短期性的戰術性規劃也有其必要。何謂「計畫」？是指事先詳加擬定，以期達到某種目標或許多目標的一種程序。本書所指的計畫都設定為文字紀錄，而非刻在石頭上無法改變的。通常都會有許多很好的理由修正這些計畫。何謂「規劃」？是指事先詳加調查未來的趨勢，並發展出各種程序，以期達到各項目標的一種管理活動。行銷規劃是指行銷經理人員必須負責的一項活動，即預測未來的重大事件，並發展能夠實現行銷目標的各種程序。

　　行銷計畫已廣泛使用於各個行業，代表一年或更短期間之內的短期計畫；本書也採用相同的定義。而一份策略性市場計畫涵蓋的則是五年或更長的期間。一份行銷計畫是短期性，而且必須詳細。本書所討論的，大部份都是行銷計畫（亦即短期性計畫）。當然，這並不代表著行銷計畫要比長期性計畫(亦即策略性的市場計畫)更為重要；只不過是本書將其選為主要的探討重點而已。

　　在開始討論策略性行銷規劃之前，必須先瞭解一些相關的基本概念。最重要的是，各位必須了解到：一個組織能否成功，除了靠行銷之外，還必須倚賴其它許多事物。行銷只不過是諸多管理功能之一。每一個組織都有許多不同的目標、計畫及完成它們的方式。

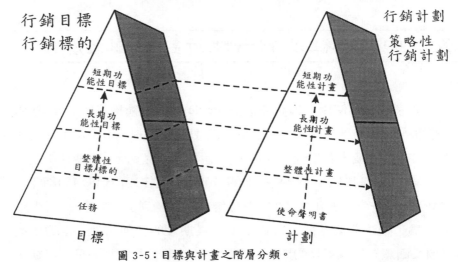

圖 3-5：目標與計畫之階層分類。

如圖 3-5 所示，存在於所有組織內目標與計畫之階層分類。構成這個階層分類制度的基礎，三角形的底部，是組織的使命。所謂使命，是指組織之業務範圍、服務或產品、市場對象、及整體經營哲學的一項聲明；它彙總了組織在社會中扮演的角色。圖 3-6 所示，乃是 Norris 食品服務公司的明確且富創意的組織使命宣言；其為一家代理印地安納州 30 家哈第速食店的食品公司。再上一層是組織的總體目標，與組織使命相互呼應。企業體通常訂為報酬率、市場佔有率、及目標銷售量等。更上一層是各個管理職能的長期性（策略性）目標。對我們而言即是長期性行銷目標，必須與組織使命及總體目標吻合。最後，最頂端各個管理功能的各種短期目標（即戰術性目標）。在這個行業中，也就是短期性行銷目標。規劃與計畫乃是達成各項目標不可或缺的。上述階層分類每一層的目標，都有一項與其呼應的計畫。也就是說，同時亦存在著一個計畫的階層分類；圖 3-5 說明了這點。

　　那麼，策略性行銷規劃又位於階層分類的哪一階呢？由圖 3-5 可看出，應該是在由上方數下來的第二層。策略性（長期性）行銷規劃包含建立各種長期性行銷目標、及一份達成這些目標的計畫（亦即策略性市場計畫）。而餐飲旅館與旅遊的行銷系統又該如何連結策略性行銷規劃呢？可以有兩種方式完成之。第一，運用系統化程序進行策略性行銷規劃，且必須以長期性觀點提出五個相同的問題。第二，不斷重覆系統以形成一份策略性市場計畫。

　　讓我們澄清一項更為重要的觀念：要使規劃產生最大效能，就需持續不斷地進行。策略性市場與行銷計畫,都必須不時地重新評估，並加以調整。我們不能在第一年的第一天擬定策略性市場計畫之後，就擱置一旁，等到第六年的第一天再把它拿出來討論。這是不正確的。同樣地，我們也不能在一月一日開始實施年度行銷計畫之後，就認為不需要再做任何改變。我們並不是開始一項策略性市場計畫之後，一直遵守一份五年或更長期間的行銷計畫，等時間一到，再實施另一項新的策略性計畫。因為各種改變可能會同時發生，因此策略性市場與

行銷計畫，也必須隨時因應情況而改變。

一位智者
的使命

一位小男孩一心想成爲世界上最聰明的人。他找到了這位願與他分享智慧秘密的智者。

	我們的使命是：	他的秘密是：
思考 （THINK）	首先，我們相信最重要的價值觀是找尋「服務藝術」的智慧。	「首先，思考你所堅信的各種價值觀與原則。」
信念 （BELIEVE）	其次，我們堅信我們的企業與顧客都瞭解共同的目標：品質、禮貌、清潔、與價值。	「其次，相信自己對各種價值觀與信念所做的思考。」
夢想 （DREAM）	第三，我們的夢想是提供最完美的食品與服務、及一個好的環境。	「第三，對你所希望達到的目標懷抱著夢想。」
挑戰 （DARE）	第四，我們敢於投入時間、心力及各種資源，以實現我們的夢想。	「第四，挑戰各種夢想使成爲事實。」

圖 3-6：一份使命聲明書範例。所謂使命是指組織的業務範圍、服務或產品、市場對象、及整體經營哲學的一項廣泛聲明。這是一份明確並具創意的 Norris 食品服務公司使命聲明書；該公司是哈帝食品的總經銷商，目前在印地安納州擁有三十家的店面。

本書的組織架構

　　本書的編寫，乃依循餐飲旅館與旅遊之行銷系統的依序階段為架構。前四章論述各種基本理論與原則。本章強調系統化處理方式在行銷中的必要性。第四、五及六章探討針對「目前的處境？」這個問題；第七、八及九章則敘述有關「希望進展的目標？」。這六章（第四至第九章）所探討的，乃是有效行銷不可或缺的各種規劃與研究活動。第十至第十九章則回答「如何才能達成目標？」這項問題，並提供許多特定的作法，使行銷活動得以付諸實行。第二十章則討論「如何確定能夠達成目標？」及「如何知道已經達成目標？」這兩個問題。（參見圖3-7）

任務／功能	階段／問題	章數
規劃（Planning） 與	目前的處境？	第四至第六章
研究（Research）	希望進展的目標？	第七至第九章
執行（Implement）	如何才能達成目標？	第十至十九章
控制（Control） 評估（Evaluation）	如何確定能夠達成目標？ 如何知道已經達成目標？	第二十章

圖 3-7：本書的組織架構。

本章摘要

　　有一種共通的方法可以行銷任何餐飲旅館與旅遊事業；那就是「餐飲旅館與旅遊行銷系統」的五個步驟程序。這種系統化程序包含了尋找五個相關問題的答案：「目前的處境？」，「希望進展的目標？」，

「如何才能達成目標？」，「如何確定能夠達成目標？」，及「如何知道已經達成目標？」。

有效的行銷需要仔細的規劃，包括長期性與短期性。規劃能夠幫助組織確認各種替代性的行銷方法、維持其獨特性、創造各種令人滿意的狀況、避免各種令人不滿意的狀況、因應各種突發情況，及測量各種行銷結果。

複習問題

1. 系統的六項特徵分別為何？
2. 為什麼這個行業的大部份定義，並不適用於行銷的目的？
3. 構成餐飲旅館與旅遊業行銷系統的五個關鍵問題為何？
4. 餐飲旅館與旅遊業行銷系統的四項基本原則為何？
5. 遵循餐飲旅館與旅遊業行銷系統中所提出的程序，可以獲得哪些好處？
6. 如何定義行銷中的「長期性」與「短期性」？
7. 策略性市場計畫與行銷計畫是否相同？如果不同，請說明其差異。
8. 我們的行業是否同時需要長期性與短期性的行銷規劃？為什麼？

本章研究課題

1. 你最近剛被一家餐飲旅館與旅遊組織聘為行銷經理。你很快地發現，該公司在行銷方面從來都不曾使用系統取向。你將如何改變這種狀況，而應用餐飲旅館與旅遊業之行銷系統於

該公司？過程中，你將與哪些部門或個人有所關連？你要如何讓更高管理階層接受你提議的各種改變？

2. 選擇一個現有的餐飲旅館與旅遊組織，檢視其各種行銷程序與策略。它是否使用餐飲旅館與旅遊業的行銷系統呢？如果沒有，這個組織存在著哪些問題，又錯失了哪些機會呢？如果有，是否曾做過任何修正、或加入額外的步驟呢？請摘列你的各種發現及建議改進的事項。

3. 本章列舉餐飲旅館與旅遊業系統的六項特徵：公開性、複雜與多樣性、因應性、競爭性、相互倚賴性、及摩擦與不協調性。請列舉在這個行業中具有這些特徵的三個實例或現象。並請以圖書館的研究資料及諮詢餐飲旅館與旅遊專業人員的訪問記錄，做一比較。

4. 「這是一個激烈競爭的時代，也是一個相互合作的時代。」請以餐飲旅館與旅遊業的環境及背景，討論之。組織在什麼時機採取相互合作才是有意義的？請引述至少三個實例說明這個行業是潛在競爭，但在行銷上又彼此合作。你認爲他們爲什麼會決定結合彼此的力量呢？

第二部

規劃：研究與分析

1 何謂行銷？

2 目前的處境？

3 希望進展的目標？

4 如何才能達成目標？

5 如何確定能夠達成目標？

及

如何知道已經達成目標？

第四章

顧客行為

研讀本章後，你應能夠：

1. 列舉並敘述影響顧客行為的六種個人因素。
2. 列舉並敘述影響餐飲旅館與旅遊之顧客認知的四種因素。
3. 列舉並說明各種激勵因素在認知中所扮演的角色。
4. 列舉並敘述影響顧客行為的五種人際因素。
5. 列舉並敘述顧客購買過程中的五個步驟。
6. 說明顧客所遵循的三種決策過程。

概論

　　為什麼顧客會有那些行為表現呢？這是所有從事行銷者都必須回答的問題。如果能夠瞭解顧客的行為，則就服務、價格、促銷、及配送管道等而言，將處於更有利的位置，且更能滿足顧客們的需求。

　　本章將說明下列事實：人們的行為會受到個人因素與人際因素的影響。這兩個範疇中的每一項關鍵要素都將加以探討。來自商業與個人的各種資訊之相對重要性，也屬於本章的檢視範圍。

　　所有顧客在決定購買某種餐飲旅館或觀光旅遊的服務時，都必定經歷一系列的階段。本章也將特別強調，所有行銷人員都必須瞭解顧客的決策過程。

關鍵概念及專業術語

購買過程（Buying Process）
商業性資訊來源（Commercial Information
　Sources）
顧客行為（Customer Behavior）
文化（Culture）
家庭生命週期（Family Life Cycle）
個別顧客（Individual Customers）
人際因素（Interpersonal Factors）
學習（Learning）
生活型態（Lifestyle）
激勵（Motivation）
動機（Motives）
需求（Needs）
意見領袖（Opinion Leaders）

組織購買行為（Organizational Buying
　Behavior）
認知（Perception）
個人因素（Personal Factors）
人格（Personality）
心理圖析（Psychographics）
參考團體（Reference Groups）
自我概念（Self-Concept）
社會階級（Social Classes）
社會性資訊來源（Social Information
　Sources）
次文化（Subcultures）
價值與生活型態2（VALS 2）
慾望（Wants）

你是否曾經思考過所購買的各種產品或服務？例如立體音響組合、汽車、自行車、或個人電腦等一些自己珍視的東西。當決定購買這些東西時，你是否完全根據自己的選擇來決定，或曾經向朋友徵詢過意見呢？你做這些決定時，所花的時間是否比決定其它事情－例如選擇哪家速食店進餐－更多呢？你是否曾經認為自己的朋友會認同而購買某些東西？

為什麼要問你這麼多問題？理由很簡單！我們想要讓各位瞭解：你本身就是一個相當複雜的決策個體。先將自己視為一個單獨的決策者，再乘以一個超過四億四千萬的數目，你或許可以感受到北美洲地區（包括美國、加拿大、墨西哥）的行銷決策者面臨何等艱鉅的使命！本章所要檢視的，就是人們為什麼會有那些行為表現。

行銷經理人員必須充份瞭解顧客的各種行為型態及發生原因。所以我們不僅要知道顧客們消費服務時的舉動，也要瞭解他們購買前及購買後的行為。

個別顧客的行為

「顧客行為」指顧客們選擇、使用及購買各種餐飲旅館與旅遊服務的方式。有兩種因素，會影響個別顧客的行為：個人因素與人際因素。個人因素指個人的心理特性，包括：

1. 需求、慾望、與動機。
2. 知覺。
3. 學習。
4. 人格。
5. 生活型態。
6. 自我概念。

個人因素

1 · 需求、慾望、與動機

顧客的各種需求乃是行銷的基礎；而滿足這些需求則是獲致長期成功的關鍵。但是，何謂需求呢？Kotler 曾說過：人們的需求是一種被剝奪或喪失了某些基本滿足的感覺狀態。因此，需求存在於當顧客覺得他們目前擁有及希望能夠擁有之間有差距時；我們將這種現象稱之爲「需求匱乏」。而這些「差距」可能存在於顧客對於食物、衣著、居住處所、安全感、或歸屬感及被尊重感等方面的需求。各種需求源自顧客們生理及心理因子。搭乘頭等艙，住最昂貴的豪華套房，或是點最昂貴的美食佳餚，都可能是基於受尊重的需求（亦即心理上的需求），這是向其他人表示自己重要的一種作法。而饑餓與口渴（這是兩種生理上的需求）則是讓你造訪某家速食餐廳的原因。

慾望則是指顧客們對於某些能夠滿足其需求的特定事物，所表現出來的一種渴望。舉例來說，一個人因爲需要感情，所以渴望探訪他的朋友與親戚；而另外一個人渴望搭乘協和客機橫渡大西洋，可能需要朋友與鄰居們的尊重。人們的需求或許不多，但通常都有許多慾望。每一項需求可能衍生多項慾望。

人們對於旅遊及外出用餐等行爲所提出的各種理由，通常都是不充份的；他們並沒有把試圖獲得滿足的各種基本需求，完全告訴我們。爲什麼？因爲顧客們可能連自己都不清楚其中真正的原因，或他們並不想洩露出來。要一位旅客說出搭乘頭等艙的原因是因爲更好的服務及額外的享受，或許比要他說因爲希望受到尊重還來得容易些。針對人們爲什麼會選擇某些旅館、餐廳、航空公司、及其它餐飲旅館與旅遊服務而進行的諸多調查，其結果可能不完整、且容易產生誤導。因爲顧客們提供的理由極可能

偏向理性的（例如價格、清潔、設施、及服務等），而不是非理性的原因。所有的行銷經理人員在發展及推廣他們的各項服務時，都必須瞭解這兩種類型的原因。

瞭解動機乃是認識顧客們如何察覺需求的基本要件。目前已有許多種有關動機的理論。在探討這些理論之前，先檢視激勵的過程、及顧客與行銷人員的相互影響。

每一個人都有各種生理上與心理上的需求；然而，人們可能知道或不清楚這些需求。行銷人員必須讓顧客們認清他們的需求匱乏，並提供各種消弭這些匱乏的途徑。顧客們在滿足需求的過程之前，必須先有此認知。需求存在於現有的及想要的事物之間自覺或不自覺的差異。而行銷人員所要做的，就是提醒並使顧客們認清他們的需求。

所有顧客都必須受到某種刺激或引誘，才會採取行動來滿足他們的慾望。因此，行銷人員就必須提供顧客各種標的物及潛在動機，以促使其行動。這些標的物也就是餐飲旅館與旅遊業所提供的各項服務－旅館客房、餐廳美食、遊輪、飛行航程、旅遊諮詢、套裝旅遊、及娛樂等。動機是指顧客們的慾望獲得滿足的各種個人驅動力或要求。因此，行銷人員必須提供顧客們關於使用各種標的物的動機。麥當勞的廣告－「你今天是否小憩過？」，就是創造需求的認知（你應該放鬆一下），提供標的物（在麥當勞餐廳用餐），及提出動機（在餐廳餐桌上吃三明治及薯條）的一個傑出例子。圖 4-1 所示的，便是需求、慾望、動機、與標的物之間的關係（亦即各種需求→透過認知而變成→慾望→因而引發購買→各種標的物（或）服務的行為→然後滿足了→各種需求）。

兩種廣為流行的動機理論，乃是 Maslow 與 Herzberg 所提出的。他們部份說明了個別顧客如何受到刺激或引誘而做出購買的決定。

Maslow 的「需求層級」（hierarchy of needs），乃是屬於人類動機的認知理論之一。它係假定所有顧客在行動之前，都使用理性的決策過程來進行思考。Maslow 提出了五種需求：

1. 生理性。
2. 安全性。
3. 歸屬感（社會性）。
4. 尊重性。
5. 自我實現。

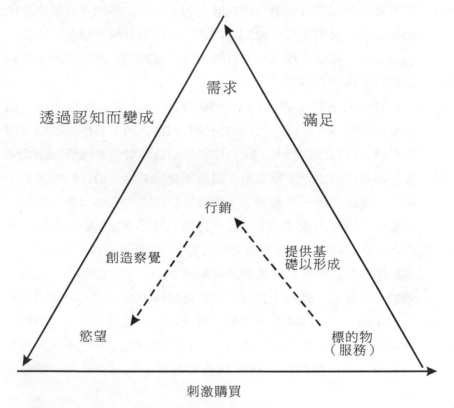

圖 4-1：需求、慾望、動機、與標的物之間的關係。

生理需求是最基本的，包括對於食物、飲水、遮身之處、衣服、休息、及身體運動等需求。每個人必須先獲得這些滿足才能夠進一步地考慮到其它需求。大部份的人強烈要求安全的感覺與保障及不遭受意外，這是屬於安全感方面的需求。希望自己能夠被各種社會團體接納，則代表歸屬感或社會性需求，稍後將在討論人際因素時多加敘述。至於受尊重的需求，則是希望能獲得自己或他人眼中的地位、敬重、功勳、及成就等。而實現自己的成長潛力及發掘自我，則屬於自我實現需求。

Maslow 的概念通常以金字塔的形式來表示，如圖 4-2 左。顧客們進展到層次較高的心理需求－如歸屬感、受尊重、及自我實現－之前，必須先滿足生理上及安全感等較低層次的需求。我們還可以用另一種方式來檢視，即視之為需求階梯，如圖 4-2 右所示。圖 4-3 更詳細敘述與旅遊需求有關的動機。各種生理需求位於最低的層級，必須先獲得滿足而後才可處理其它各種需求。某層的需求得到滿足之後，人們便會追求上一層更高階之需求。Maslow 相信一旦需求得到滿足之後，就不再是激勵因子。舉例來說，如果顧客們認知所有連鎖旅館都可以提供飲食、住宿、及安全等方面的充份保証時，生理與安全需求已不再是重要的考慮了。如此暗示著：若以較高層次的需求吸引顧客，將更有效果。一般來說，大部份北美洲社會的需求發展已超越生理與安全層次。

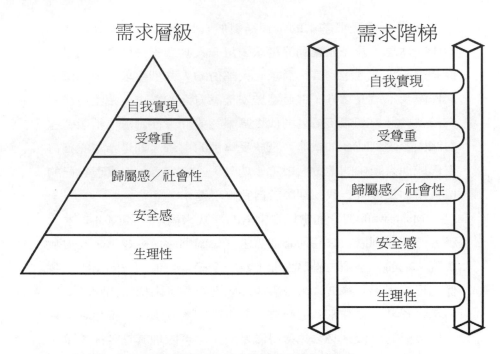

圖 4-2：Maslow 所提出之需求的體系與需求的階梯。

　　階梯除了可讓人向上攀爬，也可以使人循序而下。我們不
斷地受到各種驅策，而向上攀爬需求階梯；但是，低層次的各種
問題也可能導致我們循梯而下。最值得一提的實例，便是西元
1985 年，美國人大量取消前往歐洲旅遊的風潮。恐怖份子攻擊
商業客機、機場航空站、及遊輪，加上美國與利比亞之間的衝突
升高，嚴重地斲喪了遊客們對於歐洲與中東地區為安全外國旅遊
地的認知，使許多人循需求階梯而下至第二層－安全性需求。同
樣地，1991 年科威特與伊拉克發生的「沙漠風暴」， 也相當不
利於該年度的國際旅遊市場。

需求	動機	旅遊範例
生理性	鬆弛	逃避
		鬆弛
		解除壓力
		享受愉悅
		鬆弛經神緊張
安全感	安全	健康
		休閒娛樂
		爲未來保持個人活力與健康
歸屬感	愛、關懷	家人團聚
		加強血親或親戚關係
		友誼
		增進社交互動性
		維持人脈
		人際關係
		尋找根源
		種族或民族性
		對家庭成員的感情表現
		維持社交聯繫
受尊重	成就感	說服自己認同本身的成就
	身份地位	展現自己的重要性
		威望、名氣
		社會認同
		提昇自我
		專業上／商業上
		個人發展
		身份地位與名望
自我實現	忠於本性	對自我進行探索與評價
		自我發掘
		滿足內在慾望

圖 4-3：餐飲旅館與旅遊的 Maslow 需求與動機。

　　此外，Dubrovnik（亞得里亞海一處著名休閒渡假中心）的炸彈攻擊事件，及斯里蘭卡當地居民的滋擾事件，也是武裝衝突使觀光客恐懼的實例，並大幅減少觀光客的數量。諸如此類的事件，都使得人們在需求階梯中，退而向下降至第二低層－安全性需求。飛機失事、自然災害、旅館犯罪事件與火災、及餐廳食物

中毒事件等,也都會造成人們將其需求的層次向下降低。1989
年舊金山灣區大地震、1992 年邁阿密地區安德魯颶風、與夏威
夷可愛島(Kauai)伊尼克颶風所造成的衝擊等自然災害的例子,
也導致旅遊者關切加州、佛羅里達州、及夏威夷州的安全性與保
障。圖 4-4 中所示,為佛羅里達州的 Fort Myers/Sanibel 地區於
1992 年安德魯颶風侵襲該州後,為了讓所有旅行社安心而設計
的一份廣告。而邁阿密與紐奧良等地發生外國觀光客被殺害事
件,也造成許多正打算前往美國旅遊的歐洲觀光客高度關切其安
全性考量。

圖 4-4:李島海岸(Lee
Island Coast)向旅行社
保証,該地區並未受到 1992
年安德魯颶風之影響。

　　旅遊雜誌或報紙的旅遊版常可發現許多餐飲旅館與旅遊的
廣告,為吸引讀者而引用 Maslow 需求的實例。以下幾個實例提
供各位思考,試著判定圖 4-5 與 4-6 中的內容及其傳達的訊息,
再比對下文所列的廣告辭:

圖 4-5：Sandals 激起人們
憧憬羅曼蒂克的加勒比海假
期。

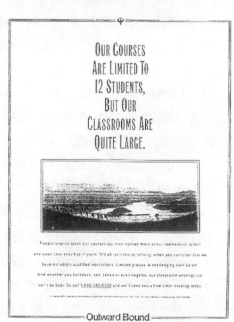

圖 4-6：海外遊學鼓勵人
們探索發掘更多的自我。

生理上　　北卡羅來那州：「這片海域隔開了本州小島與海
　　　　　岸，也將隔開你與所有的俗事。」（參見圖 4-4）
　　　　　四季旅館／休閒渡假中心：「鄭重推薦四季休閒
　　　　　渡假中心。一個完美的環境可以減輕你的負擔而
　　　　　不減少你的期望。」
安全感　　美國運通：「唯一的旅行支票可提供夫妻間的承
　　　　　諾，而不是彼此的牽絆。」
　　　　　昆達斯／澳洲航空：「事實上，我們所提供的不
　　　　　只是一趟飛行而已。」
歸屬感　　「Sandals：一個愛情駐足的地方。」（參見圖 4-5）
　　　　　「公主遊輪號：它不只是一趟海上航程，它更是
　　　　　一艘愛之船。」
受尊重　　「比佛利山莊。」
自我實現　海外遊學：「我們的課程僅提供給十二位學生，
　　　　　但我們的教室卻相當寬敞。」（參見圖 4-6）

　　Herzberg 的「雙因子」（two-factor）激勵理論則指出顧客
們關切各種滿意物（亦即能夠創造滿足感的事物）及不滿意物（亦
即能夠造成不滿足感的事物）。我們可用旅館游泳池來說明
Herberg 的理論。旅館是否有游泳池，幾乎不會是客人造訪該旅
館的主要動機，也不是需求的一項滿意物。但是如果沒有游泳池
設施，卻是一項「不滿意物」，客人們不會選擇一家沒有游泳池
的旅館。另外一個淺顯的例子則是，雖然乘客們選擇航空公司並
不取決於是否提供免費飲料；但是未提供此類服務的航空公司，
卻很可能會被排除於考慮之列。

　　Herzberg 的理論暗示著：行銷人員必須瞭解自己最主要的
「滿意物」，以提供顧客們最關切的各種需求之服務與設施。此

外，也必須確認各種常見的「排斥物」或「不滿意物」，因為這些因素都將阻絕顧客們。

2 · 認知

顧客們運用五種感覺－視覺、聽覺、味覺、觸覺及嗅覺－來評判餐飲旅館與旅遊的各種服務，及這個行業中的各種推廣促銷訊息。這種「評斷」過程，也就是我們所謂的「認知」。「認知遠比事實重要」傳達出一項最重要的顧客行為概念，那就是：顧客之決定的形成，大多決定於他們如何認知事實，而與事實真相較無關。顧客們不僅需要購買動機，還必須認知有服務能滿足他們的需求與慾望。

認知是「一種個人選擇、組織、及闡釋所接獲的資訊，而對世界創造出有意義的輪廓之歷程」。我們要找出對於這個世界有著完全相同看法的兩個人，幾乎是一件不可能的事情。為什麼呢？專家們談到三種造成這項差異的知覺處理：（1）知覺性過濾或篩選，（2）知覺性偏見，及（3）選擇性保留。至於第四種知覺處理，所謂的「閉合」（closure），也相當重要。

a . 知覺性過濾或篩選　北美洲的人們每天都接受到各種刺激的轟炸；其中大部份屬於商業導向。一大清早的無線電廣播及電視節目就充斥著各種商業廣告。餐桌前吃早餐的孩子們，身上穿著各種促銷他們最喜愛的飲料、服裝、及五花八門產品或服務的Ｔ恤。既使早餐麥片的包裝盒，也試圖吸引我們的注意力。在上下班的「通車時間」裡，也深受各種廣告的侵擾。廣播節目、廣告板，甚至公車、火車、卡車、計程車、及建築物都充斥著各種商業訊息。為補充我們每天的「廣告養分」，我們閱讀的報紙、雜誌、及郵件，還有收看的晚間電視節目等，都試圖確保我們吸收到促銷訊息。平均每人每天曝露於 1,500 至 2,000 項的廣告資訊；人類腦力所能夠接受與記憶的程度根本就不可能全數接受這

些訊息。

　　顧客將過濾大部份的訊息或刺激，而只注意其中一小部份資訊。部分專家們將這種現象稱之為「選擇性暴露」，而大多數人稱為「知覺性過濾或篩選」。行銷人員必須竭盡所能地確定其服務亦列於能夠吸引顧客注意的少數訊息之一。

　　　　b．**知覺性偏見**　　所有顧客都有知覺性偏見。顧客們將扭曲各種資訊，以配合自己的看法。即使廣告訊息能通過知覺過濾，人們仍將大幅修改而可能與原先傳達的資訊意圖大相逕庭。被重新塑造的資訊可能與廣告商的目標剛好背道而馳。

　　　　c．**選擇性保留**　　通過知覺性過濾與偏見而未受到扭曲的廣告訊息，也可能無法長時間保留。顧客們將採取所謂的「選擇性保留」，將較長的時間保留給支持他們的信仰、觀念及態度的資訊。

　　　　d．**閉合**　　顧客們喜歡看到想要看的或想瞭解的資訊。人們不喜歡與模糊不清的目標、人物、或組織打交道。當所獲得的資訊無法構成完整的意像時，人們就會依其意念而自行添加遺漏掉的資料－不論正確與否。在添加遺漏的資訊（閉合）之前，將會存在著一種心理上的緊張狀態。精神緊張迫使人們集中注意力，而行銷人員則可利用這種暫時性遺漏的資訊。典型的例子包括美國聯合航空公司的廣告詞：「翱翔於聯航友善的天際」，美國運通公司的「出門時千萬別忘了它」，及麥當勞食品的「你今天值得小憩一下」等。稍後將稱這些公司標籤語為「定位聲明」。不斷重覆這些句子及公司名稱的廣告，將深烙於人們的腦海中。當人們相當熟悉標籤語之後，將自動地加上該公司名稱－不論廣告訊息是否特別提出。廣告創造了人們對公司的意像。定位（position）－第八章的討論主題之一－與試圖在顧客的腦海中創造出意像，有著最密切的關係；而有效的定位必須倚賴閉合的概念。

根據研究顯示，我們可以預知顧客的認知程度。部分研究結果顯示顧客們最有可能會：

1. 篩掉他們已經相當熟悉的資訊。

2. 注意並保留與他們已經察覺、或正積極試著去滿足之需求有關聯的資訊。

3. 購買吻合他們所認知的自我意象（將於稍後的「自我概念」理論中再探討）之各種服務。

4. 注意並保留與眾不同的事物（例如大於平均量的廣告）。

5. 去看他們期望看到的事物（例如在旅行社看旅遊簡介）。

6. 注意他們先前已有滿意經驗的餐飲旅館與旅遊組織、或旅遊目的地所提供的資訊。

7. 信賴經由人際管道蒐集到的資訊大於商業廣告提供的資訊。

另一方面，顧客們很少會：

1. 使用知覺性偏見去扭曲經由人際間（例如家人、朋友、職場同事、參考團體或社會團體）接受到的資訊。

2. 吸收過於複雜、又需要絞盡腦汁才能夠完全理解的資訊。

3. 注意並保留其他競爭者所提供的「品牌」，如果這些顧客已經對某個「品牌」相當滿意。

行銷經理人員可以運用各種不同工具與技巧，在認知障礙中找出最適合他們的。他們必須先認清：有兩類因素影響顧客的認知，亦即個人因素與刺激因素。個人因素是本章探討的主題，包括：需求、慾望、動機、學習、生活型態、自我概念及人格－也就是顧客個人的整體性格與意念架構。刺激因素指關於服務本身及推廣促銷方法的各種因素。

刺激因素與第二章討論管理証據的概念有密切的關係。顧客由各種關於品質、價格及服務與設施的獨特性「線索」中做出歸納。他們運用五種感官（亦即視覺、聽覺、味覺、觸覺、與嗅覺）對各種証據進行評價。審視的証據中，刺激因素是相當重要的一部份。

　　刺激因素可以透過服務本身及各種支援設施來表達，或透過文字與圖形（例如各種廣告與其它推廣促銷等）以象徵性方式來表達。兩種方式共同運用將最有效，且必須傳達前後一致的印象給所有的顧客們。以第一類刺激因素為例，提供業務中心、游泳池、網球場、健身中心、及國際水準餐廳的商業旅館，帶給顧客的是一種豪華或高品質旅館的認知；當然，也同時傳達了高價位的印象。

　　大小、色彩、密集度、動態性、位置、對比、孤立性、質感、外型、及周遭環境等，都可以用於支援希望灌輸的認知。這些因素也可以被用來通過顧客們的知覺性過濾。

　　a．**大小**　許多顧客將大小與品質相提並論。旅行社、連鎖旅館或餐廳、航空公司、旅遊勝地、或是旅遊批發商的規模越大，則他們所提供的服務也會被認為是較佳的。而印刷的廣告刊物篇幅越大，通常也意味著更能夠引起顧客們的注意。

　　b．**色彩**　色彩也具有認知內涵。廣告中運用彩色或黑白，前者較能引起顧客們的注意力而發揮更佳的效果。1980 年代，柔和的土色系傳達了品質的認知；而柔和的粉色系則有復古的感覺。飛機機身的繽紛色彩及航空公司標誌的辨識，給顧客的印象是活躍與積極。各家汽車出租公司則廣泛地使用各種不同顏色來代表他們的服務，並且讓他們的廣告與眾不同。舉例來說，赫茲公司（Hertz）使用黃色，艾維斯公司（Avis）是紅色，而全國公司（National）則是綠色。

　　c．**密集度**　廣告訊息的密集度能夠吸引異於尋常的注意

力。電視會密集播放有關於毒品、愛滋病、酒後駕車、使用安全帶、幫助肌餓的人、及保護動物與防制犯罪等公共服務廣告。利用人們的恐懼而產生共鳴，也是屬於此類廣告的範疇。美國運通的系列廣告中，強調一對夫妻遺失了旅行支票，便是利用對於恐懼之共鳴的絕佳例子。這種因為身無分文而在某個國外地區進退不得的窘狀，絕不是許多美國人樂於見到的。

　　d．**動態性**　動態的目標比固定不動的目標更能吸引人們的注意力。電視之所以會成為最受歡迎的廣告媒體，這是其中的原因之一。它能夠展現視覺的移動性，是印刷廣告與收音機廣告無法辦到的。招牌、標誌、及定點展售等應用移動式廣告，比應用靜止物更能引起人們的注意。

　　e．**位置**　各種廣告、銷售定點之看板及招牌標誌的位置，都能影響廣告效果。舉例來說，報紙、雜誌、與小手冊中的特定版面及版面中的特定位置，被閱讀的機會要比其它的版面或位置高出許多。

　　f．**對比**　我們也可以有效地運用對比贏得顧客們的注意，使推廣促銷之訊息或服務設施，在諸多競爭者中顯得與眾不同。例子包括：平面廣告中特別巨大的標題，特殊技巧的合成照片〔例如一艘美國夏威夷遊輪公司的遊輪停泊在威基基海灘摩天大樓的旅館之間〕，或其它廣告不曾使用過的主題顏色（例如黑色、銀色、或金色）。圖 4-7 中所示美國運通的廣告，則是另一種運用對比的實例：一位身軀高大的人與另一位身材相當嬌小的人站在一起。

　　g．**孤立性**　運用「空白空間」分離印刷廣告與競爭的訊息，則是另一種相當有效的知覺性技巧。事實上，不論白色、黑色、紅色、黃色、或其它任何顏色所顯示出來的空間，都能產生相同的效果。此乃提供一種視覺的界線，與平面中的其它項目分離，以便凸顯廣告的內容。

h．**質感**　　質感是影響認知的另一項要素。有許多可以營造顧客意象的物品，包括桌椅、壁紙、地毯、信籤、簡介與郵寄廣告、及菜單的紙張材料等。

圖 4-7：美國運通使用對比
方式凸顯其訴求重點。

　　i．**外型**　　設計各種服務設施或推廣促銷活動時，可使用與眾不同或不尋常的外型，而凸顯於諸多的競爭對手中。舉例來說,許多餐廳都會使用各種外型奇特的菜單:例如,寫在瓶子上、牛皮紙袋上、或雕刻於木板上，以顯得別樹一格。

　　j．**周遭環境**　　周遭環境是指服務設施及各種推廣促銷資訊所設置的地點。舉例來說，設置在獨立區域的餐廳或旅館，或是刊登廣告於高水準的雜誌中，即代表著高品質及高價位。

3．**學習**

　　我們從所做的每一件事情中學習一些經驗，進而根據學習經驗調整自己的行為型態。購買餐飲旅館與旅遊的服務，與閱讀及寫作沒什麼兩樣;也就是說,我們必須透過經驗而學習。學習乃結合

了需求、動機、目標、線索、反應、及強化等各種因素。

　　本章前文已討論過需求、動機與目標。下文中將以一個淺顯的例子，說明其它三種要素。蘇珊・瓊斯是某家電子公司一位積極進取、前途光明的主管人員。長時間的工作與行程緊湊的外地出差，使得她相當的疲憊。某天晚上當她看電視時，注意到一則 Club Med 的廣告，其中強調該渡假村提供身心鬆弛的高品質服務。這則廣告提出了一項動機（鬆弛身心），而征服了她想減輕疲憊的需求（生理性）。但她尚未準備要聯絡旅行社做安排。而接下來的幾個星期中，她又接收了一些線索解釋了她將採取回應的時間、地點、及方式。在某次的業務會議中，她與另外兩位年輕的主管人員閒話家常，而聊到渡假的主題。那兩位主管都曾到過 Club Med 渡假村，而且非常喜歡。接著，蘇珊又與大學女生聯誼會的姐妹不期而遇，對方皮膚曬得黝黑，又穿著一件 Club Med 的恤衫。這些線索的累加效果，使得蘇珊親自前往旅行社預訂了一趟前往墨西哥 Club Med 渡假村為期一週的旅行（她對這些線索的回應）。

　　蘇珊的假期相當美好，當重新回到工作崗位時，已獲得充份的休息及鬆弛。而再次因為繁重工作而感到疲累不堪時，她又前往加勒比海的 Club Med 渡假村旅行。同樣地，她再次擁有一段美好的時光；而這也增強了她第一次在墨西哥渡假中心裡所獲得的正面經驗。學習的循環又再一次完成。

4・人格

　　一位顧客的人格是我們已經討論過的大部份因素之組合，包括動機、認知、學習及情緒。本質上指一個人之所以和別人完全不同的所有要素，而每個人都有其不同的想法及行動方式。

　　有兩種描述不同人格的方式：特徵及類型。每一個人對於發生在其身上的事情或接受到的刺激，都會以某種類似的方式反

應。人們都有各自的特徵與表現行為舉止的方式。而人格的類型則是指我們對人格的分類，包括：外向的、自信的、沈默的、專權跋扈的、善於交際的、隨遇而安的、被動的、防衛的、極易適應的、及其它等。

　　心理學家們雖然也認同人格與購買行為之間的強烈關聯性，但是根據研究的結果，卻無法明確肯定這種關聯性。所以利用人格的特徵或類型來做為預測購買行為的工具，仍然不夠精確。

5 · 生活型態

1980 年以前出版的任何辭典中，你都無法找到「生活型態」這個名詞的解釋。但是 1980 年代開始，幾乎每個人都對這個名詞耳熟能詳。人們開始說：「那與我的生活型態不相符」，「我希望能擁有一種更好的生活型態」，「這種生活型態在……方面有著極大的差異」，或「我可不想過著和他們一樣的生活型態」。如果你要求人們對這個 1980 年代「潮流所趨的」字眼下定義時，大部份的人都會說：「嗯，那不就是我們生活的方式嗎？」

　　答案是肯定的。生活型態的確就是我們生活的方式。而生活方式乃是態度、興趣及看法的函數。「態度」是指「我們評價這個世界的某些象徵、目標或事物，贊成或不贊成的一種傾向」。而「興趣」則是指我們願意投入時間、並且能夠引起我們注意的事物；包括了我們的家人、住的地方、工作、嗜好、休閒的追求、社區、衣著、偏愛的食物與飲料、及其它各種事物。所謂的「看法」則是指我們對於各種事物的信念，不論正確與否；包括對政治、經濟體系、教育制度、各項產品、未來事項、運動體育及國際情勢等等。這些態度（Attitudes）、興趣（Interests）及看法（Opinions）的相互作用－通常簡稱為 AIO－決定了我們的生活方式。

所有的行銷人員都應該相信一件事：預測顧客的購買行為時，地理位置及人口統計學方面之特徵（例如年齡、收入、職業等），與顧客們的生活型態或「心理意象」相比較，後者提供更為完整、精確的指標。1960 年代及 1970 年代時的趨勢是根據生活型態或心理意象來進行市場區隔。最後，專家們都同意，心理圖析與人口統計學一起來區隔市場的效果更好。只根據生活型態對人們做分類，實在是很困難。SRI 國際機構是率先使用聯合因素研究法（joint-factor approach）的組織。他們根據西元 1978 至 1981 年間所進行的許多調查研究為基礎，發展出早先的「價值觀與生活型態」（VALS：Values and Lifestyles）。這項研究結果指出九種美國生活型態（早先的價值觀與生活型態分類），於另一項更大型的研究調查之後，這九種又被修正，乃根據擁有的資源（由最低至最豐富）及自我導向（原則導向、身份導向及行動導向）而區分為八種「價值觀與生活型態 2」（VALS2）。參見圖 4-8。

價值觀與生活型態 2（VALS 2）的網路

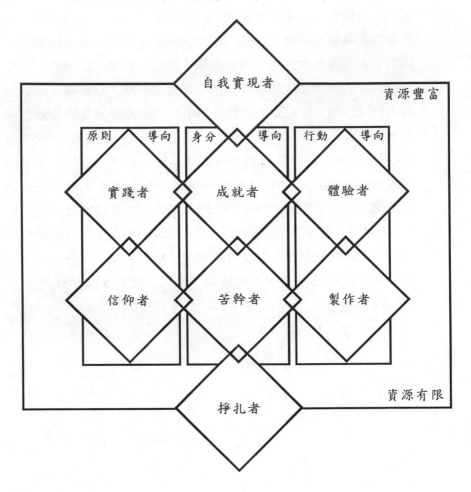

圖 4-8：價值觀與生活型態 2（VALS 2）的網路。

價值觀與生活型態 2 之分類

1. 掙扎者。擁有最低的收入及最少的資源。很容易成為忠於品牌的顧客群。

原則導向（PRINCIPLE ORIENTED）

2. 信仰者。擁有適當的收入，屬於保守且可預測的顧客群。青睞美國製的產品及品牌；生活上係以家庭、教會、社區及國家為中心。

3. 實踐者。成熟、有責任感、受過良好教育的專業人士。擁有高收入，但抱持實際及價值觀導向的人生哲學。

身份導向（STATUS ORIENTED）

4. 苦幹者。竭盡一切努力，仿效自己希望能迎頭趕上之對象。生活型態對他們是相當重要的；與下述之成就者擁有相同的價值觀，但卻擁有較少的資源。

5. 成就者。事業有成，以工作為導向，自工作中獲得滿足感。政治觀念保守，尊重權威與現狀。青睞足以向同伴們炫耀其成就的各種被認定之產品與服務。

行動導向（ACTION ORIENTED）

6. 製作者。將焦點放在自己熟悉的事物上－例如家庭、工作、及體育休閒等－而對其他不感興趣。著重實際與自給自足。除了切合實際或便利有用的事物外，並不重視其它物項的擁有。

7. 體驗者。八種區隔中年紀最輕的一群，平均年齡大約只有二十五歲。屬於活力充沛、且相當貪玩的顧客群，花費極多在衣著、速食及音樂方面。在各種運動與社交活動方面，也投入許多精力。

8. 自我實現者。擁有最高收入、且最為自負的團體；偏愛「生活中較精緻的事物」。「形象」（image）對他們而言相當重要，「並不是身份或權力的証明，而是品味、獨立性、及特質的表徵。」

傑出案例

瞭解顧客行為：
The Patchwork Quilt Country Inn

　　在這個步調緊湊的社會中，許多人都利用週末與假期來逃避日常生活中的壓力與緊張。他們有一種放鬆情緒的需求，即改變生活型態步調的需求。因此，提供住宿與早餐之民宿（B&B；Bed & Breakfast）式假期及農莊式渡假大為流行。因為與其它的住宿選擇相較之下，花費相同數量的金錢，它們提供更高的渡假價值。

　　位於北印地安那州，靠近 Middlebury 的 Patchwork Quilt Country Inn，便是一個僅提供住宿與早餐之小規模營運的絕佳實例。因投資於滿足人類基本需求與動機，該鄉村旅館獲得了極為傑出的成就。西元 1962 年，當 Lovejoys 夫婦在佔地兩百六十英畝的酪農場—Lovejoy Farm—開始接受人們前往該處渡假後，開始了他們的民宿營業。由於 Lovejoy 女士的烹調食譜與烹飪技術大受歡迎，因此決定開設一家小型餐廳。隨著餐廳的成功，一項三房的民宿服務，也在重新裝潢的農莊內開始對外營運。目前這家鄉村旅館，有九間客房—大部份都有獨立的浴室，及一間起居室；而餐廳部分則有八十個座位。民宿的客人們，都可以免費享用一頓豐盛的早餐；而午餐與晚餐的時間，餐廳也對外開放營業。這家旅館以其使用衛生且新鮮之材料、及自家烹調與烘培等特色，而享有盛名。有幾種美味佳餚是別處無法品嚐到的，例如奶油胡桃雞與特製的櫻桃胡桃餅及咖啡太妃派等。該旅館嚴格執行禁菸政策，也不提供或允許飲用任何含有酒精成份的飲料。

　　為何是「Patchwork Quilt 鄉村旅館」這個名稱呢？第一，這家旅館的位置剛好位於印地安納州「亞美席鄉村」（Amish Country）的中心地帶；一塊佔地約一百五十平方英哩環繞 Goshen 地區—全美國第三大亞美席人定居地—的附近。床單編製是北美洲亞美席人相當重要的一項手藝；此外，該旅館的裝璜與所有廣告材料，也充份展現出

這項主題。所有的床舖都覆蓋著美不勝收的補綴床單，旅館、餐廳的牆壁與其它部份，也都裝飾著這種床單。甚至於該旅館所使用的標誌，也以補綴床單為主題。旅館裡也可購得各式各樣的補綴床單及其它具地方色彩的手工藝品。

　　該旅館的主要廣告口號（或稱「定位聲明」）乃是「讓我們回歸隨興舒適」，而該旅館的主要簡介並以「來此處享受鄉村生活所帶來的單純喜悅」做為訴求。這些陳述提供潛在客人們各種「動機」，吸引他們前往該鄉村旅館一遊。看到了這些簡介或廣告之後，讀者們可能開始察覺自己有「將一切拋諸腦後」的需求，而想鬆弛一下身心，暫時享受簡單的生活以避開塵市的喧囂。這是圖4-1的傑出實例之一。提供該旅館的「標的物」（即服務）給那些潛在的未來顧客，而瞭解此類服務之後，這些顧客便會將他們的「需求」轉變成「慾望」。有些顧客會因該旅館的行銷與服務及知覺到自己的「需求匱乏」，而受到高度刺激，進而付諸行動。

　　經由各種不同的專欄報
導，及《鄉村旅館》（ *Country*
Inns ）與《回鄉之路》（ *Back*
Roads ）等旅遊指南之排行榜介
紹，使該鄉村旅館擁有極高的
全國知名度。雖然該旅館大部
份的廣告都是以中西部地區為
主要目標－尤其針對密西根州
與印地安納州的居民，但是它的客人卻來自全國各地。該旅館的廣告刊登於《五大湖之旅》（ *Great Lakes Travel* ）、《鄉村家庭》（ *Country Homes* ）、與《中西部生活》（ *Midwest Living* ）等雜誌，及 Kalamazoo、Grand Rapids、Fort Wayne 等地方性報紙。該旅館目前的經營者－Maxine Zook 與 Sue Thomas－也利用廣播電台做廣告。雖然該旅館並未使用電視媒體做廣告，但卻接到許多電視台的要求，希望能為其製

作專題報導。該旅館的客人,主要有兩種類型:年紀較大並已退休的銀髮族,及利用週末「逃避塵囂」的年輕夫妻。大部份的客人都擁有較高的社會經濟地位。在他們的客源中,相當高的比例是透過口碑廣告(即社會性資訊來源)而來此一遊。

1980 年代初期,該旅館開始提供「探訪亞美席人之旅」;這是讓遊客們乘坐一輛迷你巴士、歷時四小時的導覽旅行,包括參觀風景名勝及拜訪幾家亞美席人的住家與商店。亞美席人歡迎所有遊客們到家中一遊,及直接觀察其手工藝品的製作過程與亞美席人的生活方式。這項節目設計的特色,相當吻合該旅館吸引旅客的動機,讓遊客們更深入瞭解極為單純的生活型態。

該旅館除了一月的頭兩個星期只接受週末訂房之外,全年的其它時間都提供只有住宿與早餐的民宿服務。至於午餐與晚餐,也是除了一月份的頭兩個星期及星期天與國定假日之外,全年都供應無虞。1995年,該旅館的民宿收費是美金

55.95 至美金 100.00 元(雙人住宿每天的收費基準)。營業稅外加,餐飲費用也必須外加 15% 的小費。

對於居住城市中、每天都過著緊張步調的人們來說,我們很容易就可以發現:Patchwork Quilt 鄉村旅館,及其它只供應「住宿與早餐服務」的類似民宿所提供的單純、健康式生活型態,乃是一種相當完美的減輕壓力良方。當他們必須無奈地耗費大部份時間於擁擠不堪的交通往返、及緊湊繁忙的工作時間表時,花一兩天時間回到這種使人身心鬆弛的環境裡,的確能夠讓人感到神清氣爽。在使人們認清自己的需求,並且以關懷、高品質的服務、及美不勝收的設施來滿足顧客們的業者當中,該鄉村旅館的確是一個傑出實例。

問題討論：

a. 在內文提到的六種個人因素中，鄉村旅館的吸引力是針對其中的哪幾項？哪些類型的人會對這類的鄉村旅館及「只提供住宿與早餐服務」的民宿最感興趣？

b. 各種人際因素中，你是否相信有某些因素會影響人們造訪此類營業場所的意願？而這些因素是如何影響人們在這方面的選擇？

c. 該鄉村旅館是否相當成功於開拓需求、慾望、動機及目標之間的關係？營運上在這方面做到了哪些事項？

6・自我概念

顧客們會購買那些自認為能夠與本身形象相匹配的東西。這時，兩種心理過程同時發揮作用－認知與自我概念。一位顧客的自我概念，是指顧客在心智上對於自己抱持的看法，由四種不同的構成要素組成：真實的自我，理想的自我，參考團體的自我（或稱鏡中的自我），及自我意像。簡言之：

1. 真實的情況（真實的自我）。
2. 希望能夠成為何種人（理想的自我）。
3. 認為別人如何看待我們（參考團體的自我）。
4. 如何看待自己（自我意像）。

很少人能夠瞭解真實的自我，而且許多人也不願意認清真實的自我；甚至很不願意與其他人討論真實的自我。從另一方面來看，顧客們都喜歡思考及討論他們理想中的自我。這種理想的自我乃具有強烈影響的動機；我們會不斷地嘗試，儘可能地接近這種幻像。而認為別人如何看待我們，便是參考團體的自我。參考團體－將在本章稍後進行探討－指所歸屬或期望歸屬的社會團

體。

在行銷的自我概念理論中,最重要的構成要素便是一個人的自我意像;一般來說,乃是真實的、理想的、及參考團體的自我之組合。我們經常會購買某些東西,使我們的參考團體對我們有好印象。搭乘協和客機,住巴黎的 George Cinq,或一趟東方特快車之旅,可能抬高自己在朋友與職場伙伴中的身價;參見圖4-9。我們也會購買某些東西,以讓自己更接近於理想中的自我;而有些時候,我們的行為只是單純地屈服於理想中的自我。

圖 4-9:搭乘著名的東方特快車之旅。這趟假期必定會讓你的朋友們印象深刻。

人際因素

人際因素是指來自於其他人的外在影響力。個人及人際因素會同時發揮影響力。人際因素包括:

1. 文化與次文化。
2. 參考團體。
3. 社會階級。
4. 意見領袖。
5. 家庭。

1．文化與次文化

所謂「文化」，乃是由一群人塑造而成，涵蓋了信念、價值觀、態度、習慣、傳統、風俗、及行爲方式的一種組合。我們出生於某種文化中，但並不代表我們生來就具有此種文化的組成要素。我們是從自己的父母親及其他長輩們的身上，學習這種文化。由文化中所吸收到的各種教喻，會影響我們購買餐飲旅館與旅遊服務時的決定。同時，文化也會影響動機、認知、生活型態與人格等個人因素。

文化是顧客所歸屬的最廣泛之社會團體。在美國有許多不同的社會團體，但卻只有一種美國文化。文化影響著社會、其中的各個社會團體、及團體中的每位個體。文化說明了社會所能夠接受的行爲與動機類型、所採用的社會制度與傳統、及所用的語言與肢體動作等。人人機會平等及個人擁有發言權，是美國最主要的兩項社會制度。

至於「社會傳統」是指同一文化中，被人們廣泛遵循的作法；舉例來說，寄送生日賀卡給家人及朋友，不吃某些動物的肉，或參加聚會時攜帶禮物等。

每一位顧客都會受到主文化的影響，因爲主文化決定了正常與可被接受及不見容於文化的各項作法。在美國及加拿大的許多主要城市中，緊張的生活步調是相當尋常而且可以被忍受的；但是大部份的歐洲人卻無法接受。文化也影響我們表達自己各種感覺的方式。舉例來說，英國人傾向於隱藏內心的感覺，而表現出一種「不爲所動」的樣子；但美國人則會「毫不掩飾地」將自己的情緒完全顯露出來。

各種文化並非完全靜止不動。它們不斷地承受新生代，及經濟、科技、環境、政治、與社會等改變所帶來的影響及衝擊。雖然如此，文化中仍有某些脈絡是持久不變的，不論必須適應的

壓力如何沉重或嚴苛。舉例來說，清教徒（Puritan）或新教徒
（Protestant）的工作倫理，及追求物質財富與個人成就的價值
觀，已經深植美國與加拿大的社會中。雖然曾經出現不同且相反
的社會趨勢，而且也並非所有的人都如此重視此等看法，但是這
兩種社會價值觀卻依舊屹立不搖。

美國與加拿大都有各自的獨特文化，但並不代表兩國的所
有人民都有相同的信仰、價值觀、態度、習慣、及行為模式。這
兩個國家都是屬於由許多各具特色的「次文化」（文化之內的各
種文化）所構成的一個組合體，也就是所謂的「大熔爐」社會。
美國的各種次文化，包括：非洲裔美國人、拉丁美洲裔、亞洲的
不同種族、不同宗教的團體（例如摩門教、猶太教、亞諾派教徒
等）。而加拿大則有法語系及英語系的次文化、非洲裔加拿大人、
及各種不同的宗教團體。

非洲裔美國人是美國最大的次文化，其次是拉丁美洲裔（指
講西班牙語的民族、或其祖先講西班牙語）。根據 1990 年的人
口普查顯示，非洲裔與拉丁美洲裔美國人約佔美國總人口的四分
之一。同一次文化的人們，其行為也不一定完全相同。然而，同
一次文化大部份的人卻會有某些特定的行為模式不同於一般。舉
例來說，根據調查顯示，與其他美國人相較，非洲裔與拉丁美洲
裔較忠於品牌。所以，鼓勵這些人重覆購買，不如刺激他們購買
餐飲旅館與旅遊服務中的各種「品牌」會更為有效。

2‧參考團體

每一位顧客都屬於他們自己所認定的某些「參考團體」；兩種廣
泛的參考團體為：主團體與次（或稱從屬）團體。主團體包括一
個人的家人與朋友；次團體則包括教會與職場中的人、及付費式
會員團體（例如：鄉村俱樂部、嗜好俱樂部、服務俱樂部、及專
業性社團等）。另外，大部分的人也會受到各種嚮往團體

（aspirational group）及解離團體（disassociative group）的影響。很多人都盼望自己能夠成為職業運動員或演藝人員，並購買各種與心目中偶像有關聯的服務及產品。至於解離團體則是指我們不希望與其有任何瓜葛的人，因此對於這些解離團體所購買的各種服務或產品，我們也會採取迴避的態度。

這些團體的成員由於都有某些固守的行為慣例，因此我們將其統稱為「參考團體」。換句話說，顧客們以此為依據來決定可被接受或無法被接受的購買行為。參考團體所涵蓋的範圍相當廣泛；某些團體的影響力，可能比其它團體來得更大。餐飲旅館與旅遊服務的購買，也會受這些參考團體的影響。人們渡假後帶回了健康的膚色、各種紀念品、服飾、幻燈片、錄影帶、藝術作品、或五花八門等其它東西，以便向該團體的其他成員「炫耀」。人們覺得讓其他人見識這些事物，或經歷他們不曾經歷過的事物，可因此而贏得他們的尊重。旅遊雖然是一種無法觸知的服務，但卻可以使我們在自己高度認同的參考團體中顯得與眾不同。

3·社會階級

與其它各大洲的人們相較之下，生活於北美洲的人雖然階級意識不那麼強烈，但不可否認的，仍存在著一種明確的社會階級體系。研究人員們相信，美國的社會體系中，分為六種階級層次：

1. 上上階層（Upper-upper）。　　4. 中下階層（Lower-middle）。
2. 上下階層（Lower-upper）。　　 5. 下上階層（Upper-lower）。
3. 中上階層（Upper-middle）。　　6. 下下階層（Lower-lower）。

社會階級乃是由職業類別、收入來源與財富累積、最高教育程度、居住地點、及家庭背景等事項共同決定的。不同的社會階級，其衣著、家庭裝璜、汽車、及休閒活動等方面，各自展現不同的產品與品牌偏好。因此，社會階級對餐飲旅館與旅遊業而言，自有其重要意義－因與休閒活動有關聯性。各種社會階級都

有其不同的媒體偏好與習慣，及不同的溝通方式與作法。

4．意見領袖

每一種社會團體，都有意見領袖的存在，扮演著聯絡該團體之所有成員的資訊管道。他們比其他人更早搜尋各種資訊或購買各項服務與產品，而定出趨勢或方向。全盤性的意見領袖相當少見。在各社會團體中，必然存在多個意見領袖；每個領袖對於不同類型的餐飲旅館與旅遊服務,都有其專精的知識與資訊。舉例來說，一個由熱愛釣魚的人士所組成的俱樂部，可能有許多個意見領袖，分別對於何處可釣到鱒魚、巴斯鱸魚、鼓眼魚、及梭子魚等，各有其優於常人的知識與瞭解。而一個遊艇俱樂部裡，這些意見領袖們或許可區分為專精於動力遊艇、競賽帆船、及巡弋帆船等各方面的熱愛者。這些意見領袖們在其「專精」的領域，較其他人更容易蒐集與吸收更多的資訊。在某個團體中被公認為專家，乃是激勵一個人的學識變為更淵博的最好誘因。位於紐約的羅普機構(Roper Organization)針對美國的許多意見領袖進行的研究，已將近五十年的歷史。他們估計大約百分之十到百分之十二的美國人，是屬於榜樣及意見領袖。這些人有著高於一般水平的收入，而且大部份都擁有大專以上的教育程度。

對於餐飲旅館與旅遊服務，有兩種主要的資訊來源－商業性與社會性。「商業性資訊來源」是指由各家公司與其它組織所設計的各種廣告及推廣促銷資料。而「社會性資訊來源」則是指人際間的各種資訊管道，包括意見領袖在內。各種商業來源的資訊，會以許多不同的方式傳至目標顧客們。有時候它會直接到達顧客，而不牽扯任何意見領袖。其它的一些資訊則會先傳給某一群意見領袖，然後再由他們將這些資訊散播到其他顧客們；這種情況便是我們所謂的「兩段式訊息流動」(two-step communication flow)。第三種狀況是相關資訊係透過兩個或更多意見領袖來進

行散播，也就是我們所稱的「多段式傳播」（multi-step communication）。

「產品採用曲線」（product adoption curve）乃是一種與意見領袖及人際間訊息流動之主題有著密切關係的概念；參見圖4-10。這個曲線的觀念是：將所有人區分為五種，即改革創新者（innovators），約佔總人數的百分之二點五，先期採用者（early adopters），約佔總人數的百分之十三點五，先期大多數（early majority），約佔總人數的百分之三十四，後期大多數（late majority），約佔總人數的百分之三十四，及落後者（laggards），約佔總人數的百分之十六。所有的意見領袖，大部份都是屬於改革創新者與先期採用者；這是因為與其他人相較，他們更願意嘗試各種新產品與服務。

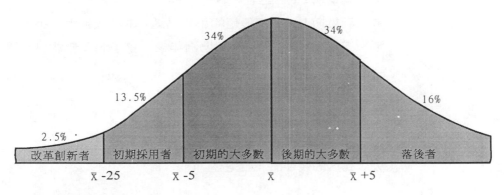

圖4-10：產品採用曲線。

對所有行銷人員而言，這些意見領袖相當重要－因為他們可以影響其他人的行為；因此，花些時間去確認並吸引這些意見領袖，是值得投資的。

5・家庭

家庭是數種強烈影響顧客行為的因素之一。然而近數十年來，「妻

子－丈夫－兒女」這種傳統家庭單位因為許多壓力而備受衝擊；其佔全美國家庭總數的比例已由 1970 年的百分之三十八點七，降至 1990 年的百分之二十六點七。雖然如此，這種家庭型態目前仍是全美國家庭總數的第二位，僅次於已結婚而沒有兒女的家庭類型（約佔 1990 年全美國家庭總數的百分之二十八點四）；因此，這種傳統的家庭單位仍代表著相當重要的市場。

這些傳統家庭隨著時間的流逝，經歷各種可預期的不同階段。專家們將這種現象以「家庭生命週期」的概念來闡釋。購買行為也隨著家庭生命週期的不同階段而異。Murphy 與 Staples 便界定出生命週期的九個階段：

1. 單身階段。
2. 新婚階段。
3. 滿巢期 I（年紀最輕的小孩尚不足六歲）。
4. 滿巢期 II（年紀最輕的小孩已滿六歲、或更大年齡）。
5. 滿巢期 III（夫妻年紀已漸年老，孩子們尚無法自立更生)。
6. 空巢期 I（家庭的戶長仍在工作）。
7. 空巢期 II（家庭的戶長已退休）。
8. 獨居的殘存者（仍在工作）。
9. 獨居的殘存者（已退休）。

已卸除撫養兒女的責任重擔、單身漢、新婚夫妻、及空巢期 I 的這些團體，在渡假的選擇上受到較少的限制，而且也可花費更多的時間與金錢。這九個團體的其它特徵，請參見圖 4-11 中的彙總說明。

家庭生命週期與購買行為

家庭生命週期階段	購買或行為型態
1. 單身階段：年輕、單身、不住在家裡。	財務負擔較少；符合潮流的意見領袖；以休閒娛樂為導向。購買：基本廚房設備、基本傢俱、汽車、各種男女社交活動、及渡假等。
2. 新婚夫妻：年輕，尚無子女。	與不久之將來相比較，目前較富有。耐久消費品的購買率與平均購買額最高。購買：汽車、冰箱、烤箱、可耐久的傢俱及渡假等。
3. 滿巢期 I：年紀最輕的小孩尚不足六歲。	購買房屋的巔峰；流動資產很低。不滿意目前的財務狀況及儲蓄金額。對各種新產品深感興趣，喜愛刊登廣告的產品。購買：洗衣機、乾衣機、電視、嬰兒食品、止咳藥物、維他命、玩偶、房車、雪車及溜冰鞋等。
4. 滿巢期 II：年紀最輕的小孩已滿六歲、或更大年齡。	財務狀況較佳；有些為人妻者外出工作；較不受廣告的影響；購買大容量包裝食品及量販物品。購買：許多食物、清潔用品、自行車、音樂課程及鋼琴等。
5. 滿巢期 III：夫妻年紀已漸年老，孩子們尚無法自立更生	財務狀況仍然不錯；更多為人妻者外出工作；有些孩子已找到工作；耐久消費品的購買額高於平均值。廣告較難影響。購買：更有品味的新傢俱、汽車旅遊、非必要性家電用品、小艇、牙科服務及雜誌等。
6. 空巢期 I：年紀已漸年老的夫妻，沒有子女與他們同住，戶長仍在工作。	房屋所有權的巔峰狀態；大部份的人相當滿意自己的財務狀況與積蓄金額。對於旅遊、休閒及自我進修等深感興趣；可以提供各種禮物及捐助或貢獻；對於各種新產品的興趣不高。購買：渡假、奢侈品、及各種改善房屋之服務與產品等。
7. 空巢期 II：年紀已漸年老的夫妻，沒有子女與他們同住，戶長已退休。	收入方面急遽減少；待在家的時間增多。購買：有助於健康、睡眠、及消化的各種健身設備與保健產品。
8. 獨居的殘存者，仍在工作。	收入仍屬不錯的狀況，但極有可能將房屋出售。
9. 獨居的殘存者，已退休。	與其他已退休者一樣，具有相同的醫療產品需求；收入方面急遽減少。對於關切、感情及安全感的需求特別強烈。

圖 4-11：家庭生命週期與購買行為。

社會資訊與商業資訊之相對重要性

　　各位在上文中已經研讀過能夠影響顧客行為的五種人際因素，包括：文化與次文化、參考團體、社會階級、意見領袖及家庭。這些都是跟服務及產品有關的社會資訊來源。但是，相較於餐飲旅館與旅遊組織所創造的各種資訊，這些社會資訊來源的重要性究竟如何呢？相較於那些由餐飲旅館與旅遊組織所提供的資訊，人際間的資訊通常被認為更客觀、更正確；因為這種社會來源與資訊之間並不存在著任何特定的利害關係。社會性管道所傳達的資訊，比較不可能會因為一個人認知上的成見而被扭曲；因而此類資訊具有較高的可信度。越重要的購買行為，顧客越仰賴於和該項購買有關的各種人際間資訊。相同的情形發生於顧客考慮嘗試一項新的服務，或對其他替代性服務的優點不甚確定的時候。

　　第二章已說明過，評估各種服務之購買比各項產品之購買的困難度高出許多。因此，當顧客們購買各種服務時，對於社會資訊來源的倚賴及重視程度，自然會比較高。大部份的研究調查結果都証實了這種現象，並將此類資訊稱為「口碑資訊」。換句話說，被用來做為是否購買之依據的此類資訊，乃是以口頭方式，藉由社會性聯繫而傳達給所有的購買者。餐飲旅館與旅遊業，亦名列許多深深倚賴口碑資訊的行業中。

個別顧客的購買過程

　　另一重要的行為事項是顧客的購買或決策過程；指顧客進行一項購買前後所經歷的階段。不同類型的廣告與推廣促銷之有效性，會隨著購買過程的階段而異。對於行銷人員來說，瞭解這種過程是相當重要的。目前已發展出許多有關購買過程的模式。大部份的模式都同

意過程中存在著五個不同的階段：

1. 需求的察覺。
2. 資訊的蒐尋。
3. 替代選擇的評估。
4. 購買。
5. 購買後的評估。

雖然如此，顧客們並非永遠遵循著五個階段的每一步驟。有時候，可能會有其中的一個或更多的階段被省略掉。

1 · 需求的察覺

為了使購買過程能夠開始，首先必須有足以導致顧客採取行動的刺激或誘因。因此，一種「需求的匱乏」必須先察覺才行。在先前針對動機所做的討論中，已經說明過：各家公司可以運用推廣促銷（亦即商業資訊）讓潛在的顧客察覺各種需求匱乏。另一方面，這些刺激或誘因也可能來自某種人際間資訊（亦即社會資訊來源）；例如某一位意見領袖、朋友、親戚、或公司裡的同事。而體內驅動力，則是這項刺激或誘因的第三種來源，例如饑餓或口渴等。大部份的人不需要被告知是否處於饑餓或口渴的狀態。

由於許多刺激或誘因的合併衝擊，而使顧客察覺到某種需求匱乏。前文所提的那位任職於某家電子公司，積極進取、前途光明的主管人員－蘇珊·瓊斯，當她在接收到許多線索之後－例如 Club Med 渡假中心的廣告，及來自於兩位公司同事與一位大學姐妹的口碑推薦，使她察覺到自己有需要鬆懈片刻的需求。

2 · 資訊的蒐尋

當顧客認清自己的需求之後，這項需求就會變成一種慾望。而當慾望存在時，這位顧客通常就會開始進行資訊的蒐尋。此時，四種不同的資訊來源將被引用：商業性、非商業性、社會性、或個

人內在性。前文中已針對商業性及社會性資訊來源做過探討。而非商業性的資訊來源，指各種獨立且客觀的餐飲旅館與旅遊服務之評定；包括美國汽車協會（AAA；American Automobile Association）、美孚（Mobil）、米其林（Michelin）、及許多餐廳方面的評論家所做出的等級評判。而個人內在性資訊來源，乃是指顧客本身的各種看法；包括對於某種服務過去的經驗，及各種相關促銷的回憶等。

顧客蒐尋資訊的態度與強度會有不同，可能是重點式瞭解，或非常主動積極的蒐尋資訊。再回到蘇珊·瓊斯這個例子，當她看到 Club Med 的廣告時，就是重點式瞭解的例子。她很有興趣，且很容易接受並聆聽各種類似休閒渡假的資訊及談話。雖然如此，她並未親自前往旅行社，蒐集細節資訊。促使她主動積極蒐尋資訊的導火線，則是來自於兩位公司同事與一位大學姐妹的口碑推薦。

資訊蒐尋的過程中，顧客們開始瞭解可能滿足其需求的各種替代性服務。這些替代物或許是渡假目的地、旅館、休閒渡假中心、航空公司、地方特色事物、餐廳、汽車出租公司、或旅遊套裝行程等。並非所有可取得的替代選擇都會被列入考慮。缺乏足夠的瞭解、無法負擔的相關費用、惡劣的經驗、及負面的口碑資訊等，都可能是一些替代選擇無法上最後「排行榜」的原因。通常，將這份最後的名單稱爲顧客的「入選名單」；亦即各種可供進一步考慮的替代選擇。

3·替代選擇的評估

下一個階段則需要顧客本身的標準，來評估這份入選名單的各種替代選擇。有些人以書面方式記錄下來，其他人則只是在腦海中進行考量而已。顧客本身所使用的標準，可能客觀、也可能主觀。客觀的標準包括價格、地點、各種設施的實際特性（例如客房數

量、餐廳多樣性、是否具備游泳池等）、及提供的服務（例如免費早餐、免費接機服務等）。而主觀的標準則是指一些無法觸知的因素，例如對某個服務組織的印象。

顧客會使用他們的評估標準來判斷；他們對每一種替代性服務，有其不同的態度與偏好。甚至將這些服務區分等級，順序排列出考慮的選擇。完成之後，其中的一種服務便將脫穎而出。

4‧購買

現在，顧客們已經知道哪一種餐飲旅館與旅遊的服務，最切合他們的標準。他們購買這些服務的意圖已經明確，但是決策過程卻可能仍未完成。是否會購買，仍可能受到其它因素的影響。顧客們或許會將這些意圖，與家中成員及其他社交對象進行討論。這些人或許對其選擇不表贊同，而可能導致兩種結果；將這項購買暫時擱置，或重新評估。顧客個人、工作上、或財務上的狀況都可能出現變數；或許失掉工作，或家中有人生病等。這時，購買的決定將往後延誤。

另一項經常妨礙或阻撓購買的因素，則是所謂的「認知性風險」概念。所有的購買都與風險脫離不了關係。這項風險可能是財務上的（例如：花費是否值得？）、心理上的（例如：是否能改善自我意像？）、或是社會性的（例如：我的朋友是否會對我另眼看待？）等。當風險被認為過高時，顧客們則通常都會採取行動將其降低。或許暫時擱置購買、繼續蒐尋更多的資訊、或選擇一個擁有全國性形象及聲譽的服務組織。風險也將因為不斷地使用同一個服務組織或前往同一旅遊目的地而降低。行銷人員們必須竭盡一切所能，在進行推廣促銷時，降低這項認知性風險。

顧客在購買之前，還必須做出許多不同的副決定。一趟全家人渡假的副決定，可能包括：何時旅遊、如何支付費用、如何及何處預約、待多久時間、預算多少、如何到達、採用何種路線、

及做些什麼等。這些決定並不單純,而且決定過程中可能還會牽扯許多不同的人(例如母親、父親、及小孩們)。

5‧購買後的評估

所謂「認知失調」(cognitive dissonance),是顧客在購買之後經歷不愉悅的感覺。顧客們無法確定究竟做了好或拙劣的決定。這種失調的程度,隨著購買的重要性及金錢價值而昇高。顧客在選擇漢堡王替代麥當勞時經歷的失調經驗,與挑選一家昂貴的餐廳歡渡二十五結婚週年紀念日時的失調體驗,前者的程度必然低了許多。當所購買的項目缺少其他替代選擇所具備的部分特質時,這種認知失調的程度會較高。讓我們假設蘇珊‧瓊斯已決定了 Club Med,即使她知道該處的飲料必須另行付費;而其他的休閒渡假中心是免費供應的。此時,如何提供相關資訊確保顧客的購買是明智的決定,以降低認知失調,乃是所有行銷人員必須努力達成的工作。

顧客們經歷之後,會與當初的期望做比較。期望是由當初的商業資訊(例如廣告與推廣促銷)、及社會資訊(例如家人、朋友、同事等)架構而成。如果能夠達成期望,則顧客們就會相當滿意;否則,顧客們通常會迭有怨言。對所有的服務組織來說,「絕不承諾自己無法提供的事項」乃是不二法門。通常來說,所做的承諾愈少,且知道自己的服務或許可以超乎顧客們的期望,乃是較佳的政策。當顧客們感到滿意時,將有意外的效果發生。滿意的顧客極可能會再光臨;因為瞭解到此次的購買經驗切合他們的需求與期望。將自己的愉悅經驗告知朋友、親戚、及認識的人,這種口碑推薦會影響其他人來購買。同樣地,相反的狀況也將無法避免。不滿意的顧客幾乎不太可能成為重覆的購買者;他們也會將自己的負面經驗告訴其他人,而影響他們的購買意願。

社會資訊比商業資訊更具影響力。由於這個行業所提供的

乃是各種無法觸知的服務，因此所有行銷人員必須特別注意不滿意的顧客。第二章亦曾提及，服務業的品質控制比製造業更難做到。我們這一行是人與人之間的行業；服務人員及其行為不容易標準化。因此，顧客滿意度的監控，可說是攸關成敗的關鍵。第六章將探討如何藉由調查研究來測試顧客的滿意度。

決策過程的分類

並非所有的購買決策都完全相同。因顧客付出不同程度的努力而可區分為三種不同的決策：（1）例行性，（2）限制性，及（3）延伸性。

1．例行性購買決策

例行性購買決策指顧客們經常要做、而且不費力的決策；顧客們的購買係因習慣使然，幾乎以一種機械化的方式進行。這時，購買過程中的一或多個階段將被省略。此類決策牽扯的「認知風險」相當小，所需要的資訊也極少。這類都是屬於較為廉價的服務。顧客們對於各種替代性服務都知之甚詳，且已有一套評估標準。對許多人來說，選擇漢堡速食店，便是一種例行性決策；大部份顧客相當清楚麥當勞、漢堡王、或溫蒂連鎖店的漢堡是什麼樣子。他們並不需要詢問其他人。到任何一家此類速食餐廳用餐，花費都不至於太高；而顧客們也經常前去消費。

2．限制性決策

限制性決策需要花費較多的時間及心力。當顧客們進行一項購買時，將經歷前述購買過程中的五個階段。雖然顧客們並非經常購買，但曾經嘗試過這些或類似的服務。與例行性購買相較之下，這類決策的認知風險及花費都較高。顧客們都相當清楚其評估標

準及替代性服務，而且也會詢問其他人有關替代選擇的資訊。選擇高級餐廳用膳，通常就是一種限制性決策。顧客們相當清楚自己所喜歡的食物種類、服務及環境；而他們也知道花費將比速食連鎖店高出許多。他們並不經常前去這類供應美食的餐廳用膳，因此有關這些餐廳的資訊也就相對較少。如果顧客是初次嘗試，通常就會使用限制性決策過程。

3．延伸性決策

這種涵蓋廣泛的決策，所需花費的時間與心力都是最多的；顧客們相當重視此類決策。這類服務也是所費不貲且較複雜；認知風險也非常高。顧客們在開始的時候，資訊及經驗都相當稀少，而且也未有評估標準。他們遵循著購買過程中的所有階段，並廣泛蒐集商業性及社會性的各種資訊。很容易就暫時擱置或重新評估其購買決策。第一次的遊輪之旅、歐洲渡假、非洲狩獵之旅、或環遊世界之旅等，都是屬於這類延伸性決策的絕佳實例。這些類型的旅遊經驗，都是所費不貲且極為複雜；不滿意的風險也相當高。因此，顧客們將尋求各種專業人士的服務建議，包括旅行社、及政府旅遊機構等。

組織性顧客的行為

組織與個別的顧客在餐飲旅館與旅遊服務方面，面臨類似的決策類型。組織的購買行為較為複雜，因為較多的人參與決策，或許還需要出價競標；較重視成本與服務設施等各種客觀因素，而非情感因素。

傳統教科書中，將整個市場區分為兩種團體：個人與組織。由於各種不同的限制及影響因素，這兩種團體採取的方式，並不盡然相同。舉例來說，一位個別的休閒旅遊者可以選擇任何渡假地點。然而，

組織的會議計劃人員必須考慮會議地點輪流安排的政策時，勢必無法將某些特定目的地列入考慮。

組織市場的四種構成要素是：

1. 商業市場（commercial market）。
2. 交易業（trade industries）。
3. 政府機構（governments）。
4. 機構（institutions）。

產業市場包括私人公司及購買商品與服務以生產其它商品與服務的各種營利組織。交易業則是指那些購入各種商品與服務，然後再將其銷售給其他批發商及零售業者。而政府與機構則包括醫院、大專院校、學校、公會、及其它非營利性團體。

所有的供應者、配銷商、及陸路交通，都是我們的產業（生產者）市場。餐廳購買各種食物與飲料，經過加工處理後再銷售給顧客；航空公司則購買飛機生產服務（亦即航班），提供顧客們使用；旅館則購買磚瓦與灰泥、傢俱及各種設備，創造服務。這個產業（生產者）市場中，還有許多其它的公司行號並不屬於餐飲旅館與旅遊業的一部份，包括那些從事製造、建築、礦業、農業、金融、保險、不動產、林業及漁業等團體。

旅遊業代表了我們行業中的交易業。零售旅行社及旅遊大盤商是其中兩大族群。不像其他行業，此二者不用事先付款直到最後一位購買者消費後。他們一般是向產業（生產者）市場 「購買」服務盤存，再零售至個人或組織的顧客。有許多零售及批發是在旅館及旅遊業之外經營。

各種政府機構與公益團體，是餐飲旅館與旅遊的主要消費者。聯邦、州／省、及地方政府機構，就足以在他們本身、他們的組成人員、及他們的同事之中，創造出持續不斷的旅客流量。而各種由協會或公會所舉辦的會議，是整個機構團體市場中最大的一個需求部份。

本章摘要

　　瞭解個人與組織顧客如何表現其行為，是有效行銷的先決條件。個人及人際間的因素，都會影響顧客購買餐飲旅館與旅遊服務的選擇。個人因素包括需求、慾望與動機；認知；學習；人格；生活型態；及自我概念。而人際間的影響則來自文化與次文化、參考團體、社會階級、意見領袖、及家庭。顧客們對於朋友及同事的推薦之重視程度要比餐飲旅館與旅遊服務提供的各項資訊來得大。因此，在我們這個行業中，口碑「廣告」是一種強而有力的力量。

　　顧客們經歷各種不同的步驟做出購買決定。實際遵循的步驟及前後順序，則會因該項購買的數量與替代性選擇的認知差異而有所不同。為了成功，所有行銷人員都必須了解顧客的決策過程。

複習問題

1. 為什麼瞭解顧客行為對餐飲旅館或觀光旅遊業是一件相當重要的事情？

2. 影響顧客行為的個人因素有哪些？

3. 影響顧客行為的人際因素有哪些？

4. 所謂的刺激因素有哪些？會如何影響顧客們的認知？

5. 哪些是顧客們購買餐飲旅館與旅遊服務時將會經歷的決策階段？

6. 顧客們是否經常會經歷相同的決策階段？為什麼？

7. 為什麼瞭解顧客遵循的決策過程，對所有行銷人員相當重要？

8. 為什麼組織顧客與個體顧客會有所不同？

本章研究課題

1. 詳細審視你自己及你的家庭。有哪些人際因素影響家庭成員所做的購買決定？有哪些個人因素很容易就影響這些選擇？餐飲旅館或觀光旅遊組織要怎麼做才能夠吸引你及你家裡的其他成員？

2. 挑選一家餐飲旅館或觀光旅遊的企業，並試著描述其顧客群的行為特徵。它的顧客們會經歷哪些決策階段？這些顧客們在人口統計學、生活型態、文化背景、社會階級、及家庭生命週期等各方面，係屬於哪一個階段？這個企業應該要怎麼做才能夠對這些團體產生最佳的吸引力？

3. 蒐集餐飲旅館與旅遊的廣告。在這些廣告中，吸引顧客注意力的刺激因素有哪些？這些因素如何有效運用？我們還可以如何改善這些廣告去影響顧客的認知？

4. 回想一下你個人在去年所做的一些重要或微不足道的購買。三種決策過程，你是使用哪一種？在你做出決定時，各種社會資訊的重要性有多高？各種商業資訊的重要性又有多高？你如何把自己在這項研究課題中所學習到的事物，應用於餐飲旅館與旅遊服務之行銷上？

第五章

行銷機會分析

學習目標

研讀本章後,你應能夠:

1. 說明形勢分析、市場分析及可行性分析的定義。

2. 說明形勢分析、市場分析及可行性分析之間的關聯性。

3. 說明形勢分析、市場分析及可行性分析之間的差異處。

4. 說明執行形勢分析的五種好處。

5. 依序列舉並說明形勢分析的各個階段。

6. 依序列舉並說明市場分析的六個主要階段。

7. 依序列舉並說明可行性分析的四個額外階段。

概論

　　本章一開始，強調研究與分析在健全的行銷決策中扮演的重要角色，接著檢視三種分析技巧：形勢分析，市場分析及可行性分析。餐飲旅館與旅遊行銷系統的形勢分析是五個系統化階段的第一個階段，即回答「目前的處境？」這個問題。

　　本章也澄清年度形勢分析報告所能得到的好處。至於形勢分析的結果乃是長期與短期行銷規劃之基礎，也在本章中特別強調。此外，我們也提供一份有關形勢分析的工作樣本。

　　形勢分析使用於已經存在的企業體；而市場分析及可行性分析，則使用於打算成立的新企業。本章亦將強調這三種分析技巧之間的關聯性。

關鍵概念及專業術語

資本預算（Capital Budget）
可行性分析（Feasibility Analysis）
地點與社區分析（Location and
　　Community Analysis）
市場分析（Market Analysis）
市場潛力分析（Market Potential
　　Analysis）
行銷定位與計畫分析（Marketing Position
　　and Plan Analysis）
行銷環境分析（Marketing Enviornment
　　Analysis）

定位（Positioning）
主要競爭者（Primary Competitors）
原始研究、初級研究（Primary Research）
輔助研究、次級研究（Secondary Research）
服務分析（Services Analysis）
形勢分析（Situation Analysis）
優點、缺點、機會、與威脅分析（SWOT
　　Analysis；Strengths, Weaknesses,
　　Opportunities, and Threats Analysis）

為成功而分析

在本章的一開始，我們用了一個醒目的標題，以期能夠立刻獲得各位的注意。為成功而分析－究竟是什麼呢？分析各種行銷機會與問題是開始及維持一個成功企業不可或缺的基礎。缺乏徹底的市場分析或可行性分析就不應該著手任何新的冒險事業。同樣地，所有的組織每年至少需要進行一次形勢分析。

何謂市場分析或可行性分析，它們與形勢分析有所不同？基本上，「**形勢分析**」與市場分析相當類似，但使用於已經存在的企業。它是某個企業的行銷優點、缺點、及行銷機會的調查研究。而「**市場分析**」則是對新的餐飲旅館或觀光旅遊服務之潛在需求所做的一項調查研究；藉以判定市場的需求是否夠大。至於「**可行性分析**」是指針對某個企業或其它類型的組織之潛在需求及經濟可行性所做的一項調查研究；包括市場分析及一些額外步驟。它可以檢視新企業開始時所需要的總投資額及財務的預期報酬率。市場分析與可行性分析都是針對開始著手的新企業而進行的。

大部份的作者在其著述中都會討論到形勢分析，或市場分析與可行性分析；但卻不曾有人將這三種技巧連結在一起。那麼，本書為何要將它們歸屬在同一章呢？答案很簡單：它們是相關的。第一次形勢分析，應該是建基於市場分析或可行性分析之上；而第二次形勢分析，則又應該以第一次形勢分析為基礎；依此類推。請參見圖 5-1。如果第一次的市場分析或可行性分析被束之高閣，那將使這個企業喪失利用深具價值的研究資訊與分析的良機。如果每一次的形勢分析都未以前次的分析為基礎，則過去所有的努力均將浪費。在利用這些分析工具時，必須是一種連續不斷的過程；而行銷本身也是一樣，在執行這些分析時，觀念上必須接受它乃是一種長期性的活動。我們在第

三章就已經強調過，長期性行銷規劃是餐飲旅館與旅遊之行銷系統中的一項基礎。規劃與分析技巧之間，存在著強烈的關聯性。市場分析是策略性（亦即長期的）市場計畫的基礎；而形勢分析則可以更新最初的市場分析。然後，這些新資訊便可以用來準備相關的行銷（亦即短期的）計畫，並且更新策略性市場計畫。形勢分析回答「目前的處境？」這項問題，是第三章所提之餐飲旅館與旅遊行銷系統的第一個階段，因此以它開始。

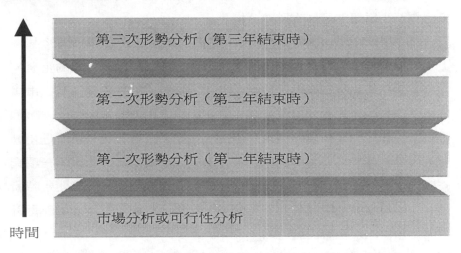

圖 5-1：形勢分析、市場分析與可行性分析之間的關係。

形勢分析：目前的處境？

我們已經定義「形勢分析」為：某個企業的行銷優點、缺點、機會及威脅之調查研究。這是已經存在的餐飲旅館與旅遊組織之行銷系統的第一個階段。它可以回答「目前的處境？」這項問題。有時候，我們使用「行銷」、「市場審核」（market audit）、及「優點、缺

點、機會與威脅分析」（SWOT Analysis）等術語取代之。在告訴各位形勢分析應該包括哪些事項之前，先讓我們檢視一下它所帶來的五種好處：

1. 集中焦點於各種優點與缺點。
2. 有助於長期性規劃。
3. 有助於行銷計畫的發展。
4. 賦予行銷研究優先的順位。
5. 附帶利益。

1・集中焦點於各種優點與缺點

每年進行一次形勢分析的最大好處，乃在於能夠持續不斷地將焦點集中於組織的各種優點與缺點。業務繁忙的組織很容易陷入一種情況：被每天的例行作業束縛，而忽略了整個「大環境」；很容易接受並安於現狀，且相信所有的事物都不會發生改變。形勢分析就有如定期牙科檢查，或前往醫院做一次身體檢查一樣；這兩種專業人員都將對你做徹底的檢查，並且告訴你應該改變哪些不良的惡習。雖然你可能會對醫師們的忠告深感不悅，但心裡卻相當明白：這些建議的確對你有幫助。對組織做例行性「定期檢查」，不僅對組織持續的健康有所助益，而且也極為重要。

2・有助於長期性規劃

第二個好處是，已完成的形勢分析有助於策略性行銷規劃。形勢分析可以確保長期性規劃是否保有其適時性，因為形勢分析審視了行銷環境中的當前趨勢。

3・有助於行銷計畫的發展

建立行銷計畫的架構時，形勢分析也扮演著相當重要的角色。由形勢分析中獲得的各種結果，是這些計畫賴以發展的基礎。事先

未進行形勢分析而準備的計畫，就如一棟沒有牆壁的建築物試圖搭蓋屋頂一般；其結果必然是整個崩塌。所有的行銷計畫都必須能反映出組織的各種長處與短處；而形勢分析正足以確認這些長處與短處。

4‧賦予行銷研究優先的順位

形勢分析高度倚賴研究分析及其研究結果。各種新行銷機會的調查，顧客滿意度的追蹤，競爭者優缺點的評估，及過去行銷計畫有效性的測定，都必須倚賴研究。人類的身體必須不斷地接受食物及水份的滋養，才得以繼續發揮功能；組織的行銷研究也扮演相同的角色。形勢分析將焦點置於研究的價值上，及哪些需要持續不斷的努力。

5‧附帶利益

第五種好處則是形勢分析帶來的「副產品」。它提供盤點清單、一份各種狀況的報告、及一份組織設施與服務必須改進的名單。這項盤點清單有助於各種宣傳文宣與資訊的準備－例如旅館的會議簡介等。

形勢分析的「產品」
1. 確認各種長處、短處、機會及威脅。
2. 確認主要競爭者的各項長處與短處。
3. 一份環境簡介，包括各種機會與問題的說明。
4. 一項行銷環境衝擊之評價。
5. 行銷活動之成功及失敗的歷史記錄。

就如同行銷計畫一般，形勢分析也應該是一份書面文件。每當我們需要一項新的行銷計畫時，形勢分析也必須加以更新。

形勢分析的步驟

　　形勢分析包括六個步驟。以審視「大環境」（行銷環境之分析）為開始，將焦點置於下一個階段（地點與社區分析），最後「縮小」範圍針對該組織的行銷定位與計畫。形勢分析也經常被稱為 SWOT 分析，亦即針對各種優點、缺點、機會與威脅所做的一項分析。

　　形勢分析的各步驟之先後順序與市場分析者，稍有不同；其差異可參見圖 5-2 所示。

　　各位可以發現，二者之「地點與社區分析」及「市場潛力分析」的排列順序剛好相反。因為形勢分析中，企業地點已設定，且資訊可由過去的顧客取得，因此步驟的順序可以重新排列。而市場分析則是針對正在規劃的新企業而做，因此對於顧客們的正確特性並不清楚，而且地點也尚未確定。

形勢分析的各個步驟	市場分析的各個步驟
1.　行銷環境分析。	1.　行銷環境分析。
2.　地點與社區分析。	2.　市場潛力分析。
3.　主要競爭者分析。	3.　主要競爭者分析。
4.　市場潛力分析。	4.　地點與社區分析。
5.　服務分析。	5.　服務分析。
6.　行銷定位與計畫分析。	6.　行銷定位與計畫分析。

圖 5-2：形勢分析與市場分析的各個步驟。

　　現在，讓我們逐步檢視形勢分析的各個步驟。首先，各位必須瞭解，由於餐飲旅館與旅遊組織的多樣化，使用的形勢分析也可能有極高的差異性。舉例來說，一家旅館的服務分析範圍可能包括高達數百間客房與其它設施；而一家旅行社，可能只有一間佔地不大的辦公室為服務分析的評估範圍。一家遊輪公司可能擁有數艘遊輪及數百個

床位；而一個會議與旅客服務處，可能除了辦公室及遊客資訊中心之外，沒有其它能夠直接服務一般民眾的設施。除了這些差異之外，所有餐飲旅館與旅遊組織應遵循的六個步驟都完全相同。

1‧行銷環境分析

行銷是需要不斷規劃與更新的長期性活動。第一章中我們已經強調過，審慎考慮整個行銷環境是所有行銷人員的要務。沒有任何組織能夠完全掌控未來走向；而檢視行銷環境要素通常可以指引出應該遵循的路線。**行銷環境分析**檢視這些要素及其帶來的衝擊。第一章已確認了五種行銷環境要素：競爭、經濟環境、政治與立法、社會與文化、及科技。分析這些要素，有助於突顯各種長期的行銷機會與威脅。就組織來說，當它喪失對行銷環境的洞察力時，很可能就會遭受致命的傷害。形勢分析對每一項行銷環境要素不斷地核對，再核對，是預測未來重要事件的有效方式。

再回到基本的問題。除了組織的內部作業之外，還有哪些因素可以影響其行銷成敗及其未來的方向？我們可以將區分為可控制要素與行銷環境要素。「可控制要素」是指可對其施以完全控制的各種要素；而「行銷環境要素」則是指那些完全超乎個別組織所能控制的各種要素；諸如經濟、社會、文化、政府、科技、及人口（人口統計學上）的趨勢等，都是無法控制的。競爭者與顧客行為型態則是可以影響，但卻無法完全控制；至於餐飲旅館與旅遊業、供應者、債權人、配送管道、及其它大眾團體等，亦復如此。只有行銷組合及餐飲旅館與旅遊系統中的其它構成要素，才是唯一能夠完全控制的項目。

由以上討論結果可知，行銷環境可分為三種層次，參見圖5-3。第一個層次是能夠被控制的「**內部環境**」—亦即餐飲旅館與旅遊的行銷系統。第二個層次則是可以影響、但卻無法控制的環境，我們將稱之為「**企業與產業環境**」。至於「**行銷環境**」則

是屬於第三種層次；它是無法受到影響、而且也是不能控制的。

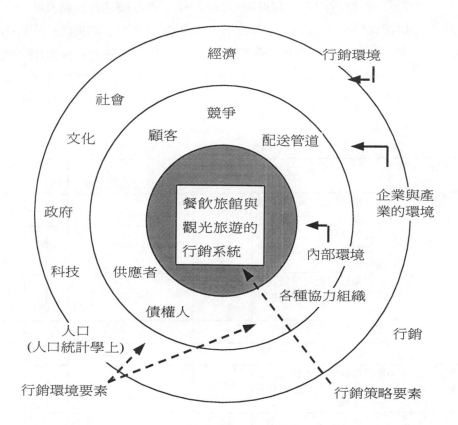

經濟　行銷環境

社會　競爭

文化　顧客　配送管道

　　　　餐飲旅館與
政府　　觀光旅遊的　企業與產
　　　　行銷系統　業的環境

科技　供應者　內部環境

　　　債權人　各種協力組織

人口　　　　　　　　行銷
(人口統計學上)

行銷環境要素　　　行銷策略要素

圖 5-3：餐飲旅館與旅遊的行銷環境。

　　一個既存的組織，其形勢分析的準備可說是研究、預測及判斷的組合。如果使用事先印妥的工作表，將使更新形勢分析的工作變得較為容易；也就是說，必須事先預想需要獲得解答的問題。

　　圖 5-4 所示，乃是一份行銷環境分析之工作表樣本；我們可以將其修正，以適合個別組織之需要。第一欄列出行銷環境的五種要素；再針對每一種要素，分別提供兩個或三個問題，而將焦

點集中於主要趨勢上。執行分析的人員，則填寫「答案」及「影響評估」兩欄內之相關資料。這些人員必須持續進行追蹤及研究，以便提供各項答案。這項分析中大部份的答案，都來自於次級研究（亦即先前已發佈的資訊）。目前已有許多專業研究機構，例如美國旅遊資料中心（USTDC），進行餐飲旅館與旅遊業主要趨勢之追蹤。購買這些機購所出版的定期報告，乃是一種內部研究的替代選擇。

無法控制的要素	問題	答案	影響評估 它將會如何影響組織	＋	－	評分（＋10 到－10）
1. 競爭及產業趨勢	這個產業的成長趨勢有哪些類型?					
	這個產業中，有哪些部份於近年來曾享有最大的成就？					
	是否有任何新的、特殊事物可取代我們所提供的服務？					
2. 經濟趨勢	國家經濟的預測為何？					
	區域經濟的預測為何？					
3. 政治與立法趨勢	是否有任何規定或立法提案，將會對我們造成直接的影響？					
4. 社會與文化趨勢	哪一種生活型態正逐漸蔚為風潮？					
	人口與次文化中，有哪些部份的成長最為快速？					
	我們的目標市場中，出現了哪些趨勢？					
5. 科技趨勢	整體而言，這國家已經有哪些主要的先進科技？					
	在我們的行業中，已經有哪些主要的先進科技？					
	有哪些科技是處於正在發展的階段？					

圖 5-4：行銷環境分析的工作表

這些趨勢對於組織，究竟產生正面或負面的影響呢？此乃圖 5-4 的工作表中所要強調的第二個項目。執行形勢分析的人員必須運用他們的判斷力，決定這些趨勢是否帶來任何衝擊，及其影響將會是正面或負面？這種趨勢的結果將被視為機會或威脅？如果認為是正面的影響（亦即一項機會），則在「＋」欄內打勾；反之，如果被判定是負面的影響（亦即一項威脅），那就在「－」欄內打勾。其次，在「評分」欄內以-10 到+10，表示每一種機會或威脅之影響的預期程度。機會或威脅的程度越大時，分數越高。

2．地點與社區分析

緊接著，形勢分析的範圍將縮小到地方性社區及設置地點。市場分析或可行性分析中，設置地點的分析雖然已經被人們接受，但卻很少人提及它也是形勢分析中的一項構成要素。然而，認為設置地點的優勢將會永遠存在是一個相當危險的觀念。公路設計的改變，新的建築物，新的主要競爭者，及其它因素，都可能使某個位置的吸引力大為降低。請切記一件事：設置地點可以讓一個餐飲旅館與旅遊的企業蓬勃發展，也可以使其一蹶不振。地點與市場有關的各種特性，都必須不斷地重新評估；其中最重要的，乃是提供給潛在顧客的接近性、取得性及可見性。

地點與社區分析分成兩部分。首先是對整個區域，亦即對各種社區資源進行盤點；第二部份則是評估社區趨勢及其影響衝擊。圖 5-5 所示者，便是地點與社區分析之工作表範例。這份表格特別適用於主要業務是直接或間接來自地方社區的餐飲旅館與旅遊組織。包括旅館、餐廳、觀光勝地與主題樂園、旅行社、汽車出租代理商及各種購物中心等。圖 5-5 中所分析的各項要素，乃該社區產業與其它就業基礎、人口特性、住宅區域、交通運輸系統與設施、旅遊勝地與休閒設施、節慶、醫療設施、教育設施、

地方媒體、及具新聞性事件或人物等。

地點與社區剖析			趨勢	衝擊／影響
產業與其它就業 基礎：	主要僱主： 1. _____ 2. _____ 3. _____ 4. _____ 5. _____	雇用人數： _____ _____ _____ _____ _____		
人口（人口統計 學）特性：	人口規模：_____ 年齡分配：_____ 收入分配：_____ 人種分配：_____ 性別分配：_____ 職業分配：_____ 家庭數量：_____ 家庭規模分配：_____			
住宅區域：	單棟家庭：_____ 多單位家庭：_____			
交通運輸系統與 設施：	機場：_____ 高速公路：_____ 巴士轉運站：_____ 其它：_____			
地方特色與休閒 設施：	1. _____ 2. _____ 3. _____ 4. _____ 5. _____			
各種節慶：	1. _____ 2. _____ 3. _____ 4. _____ 5. _____			
醫療設施：	醫院：_____ 醫療／牙科診所：_____ 私立療養院：_____			
教育設施：	大專院校：_____ 高中：_____ 小學：_____ 商業學校：_____			
地方媒體及新聞 性事件或人物：	報社：_____ 廣播電台：_____ 電視台：_____ 新聞性事件或人物：_____			

圖 5-5：地點與社區分析的工作表。

形勢分析的執行人員，首先回答圖 5-5 中「地點與區域範圍」的問題。這方面的資訊大都可由地方經濟發展機構、各種商會、或會議與觀光客服務處取得。其次，記錄自前次形勢分析之後發生的任何改變於「趨勢」欄中。舉例來說，可能包括了新工廠成立或是現有觀光旅遊勝地之拓展等。最後，將每一種趨勢對該企業所產生的預期影響填寫於「衝擊／影響」欄內，而完成這份工作表。例如：某家地方工廠裁員，可能就會被認爲具有潛在負面影響；而一個新住宅區之開發，或許會帶來正面衝擊。

３・主要競爭者分析

　　競爭是屬於行銷環境分析的一部份；詳細檢視**主要競爭者**也是相當重要的。而這些地方企業通常也佔有市場潛力分析中所界定的目標市場相當大比例。此處之所以使用「通常」，乃是因爲一些餐飲旅館與旅遊組織的競爭，係更爲寬廣的地理區域；包括了休閒渡假中心、主題樂園、航空公司、旅遊批發商、獎勵旅遊計畫者、及旅遊目的地等。他們的主要競爭者較爲分散，且還可能位於許多不同的國外地區。

　　主要競爭者都應仔細觀察以分析出其各種主要強弱處。進行評估時，各種不同的資訊都應該加以運用。第一步相當明顯的，研究競爭者的廣告及其它推廣促銷文宣，便是最佳的起點。他們竭盡全力推廣的是哪些服務與優勢？假如他們的行銷相當有效的，這些就是他們最主要的長處所在。接下來，便是實際檢視、觀察、及抽樣。大部份旅館及餐廳的顧問人員，使用標準化檢核表，實際檢視競爭者的營運。如何實際觀察企業的型態與顧客團體，則是另一種技巧。計算競爭者餐廳「得來速」（drive-through）窗口的汽車流量，或餐廳內的客人數量，是諸多技巧中的其中之二。對競爭者的各種服務進行抽樣，則是另一種評估的好方式。

名稱：　　　＿＿＿＿＿＿＿＿＿＿＿＿＿＿＿＿＿＿＿

地址：　　　＿＿＿＿＿＿＿＿＿＿＿＿＿＿＿＿＿＿＿

電話號碼：　＿＿＿＿＿＿＿＿＿＿＿＿＿＿＿＿＿＿＿

所有人：　　＿＿＿＿＿＿＿＿＿＿＿＿＿＿＿＿＿＿＿

經理人：　　＿＿＿＿＿＿＿＿＿＿＿＿＿＿＿＿＿＿＿

位置地點：

接近何處（請勾選）	車程時間（分鐘）	接近性		取得性		可見性		長處：
		+	－	+	－	+	－	
〔〕　市中心鬧區	＿＿＿	〔〕	〔〕	〔〕	〔〕	〔〕	〔〕	
〔〕　主要就業區	＿＿＿	〔〕	〔〕	〔〕	〔〕	〔〕	〔〕	
〔〕　高速公路	＿＿＿	〔〕	〔〕	〔〕	〔〕	〔〕	〔〕	
〔〕　機場	＿＿＿	〔〕	〔〕	〔〕	〔〕	〔〕	〔〕	
〔〕　郊區	＿＿＿	〔〕	〔〕	〔〕	〔〕	〔〕	〔〕	短處：
〔〕　購物中心	＿＿＿	〔〕	〔〕	〔〕	〔〕	〔〕	〔〕	
〔〕　其它購物區域	＿＿＿	〔〕	〔〕	〔〕	〔〕	〔〕	〔〕	
〔〕　餐廳區	＿＿＿	〔〕	〔〕	〔〕	〔〕	〔〕	〔〕	
〔〕　旅遊勝地＃1：＿＿＿＿＿	＿＿＿	〔〕	〔〕	〔〕	〔〕	〔〕	〔〕	
〔〕　旅遊勝地＃2：＿＿＿＿＿	＿＿＿	〔〕	〔〕	〔〕	〔〕	〔〕	〔〕	
〔〕　旅遊勝地＃3：＿＿＿＿＿	＿＿＿	〔〕	〔〕	〔〕	〔〕	〔〕	〔〕	比較：
〔〕　大學／專校	＿＿＿	〔〕	〔〕	〔〕	〔〕	〔〕	〔〕	
〔〕　醫院／診所	＿＿＿	〔〕	〔〕	〔〕	〔〕	〔〕	〔〕	
〔〕　其它＃1：＿＿＿＿＿＿	＿＿＿	〔〕	〔〕	〔〕	〔〕	〔〕	〔〕	
〔〕　其它＃2：＿＿＿＿＿＿	＿＿＿	〔〕	〔〕	〔〕	〔〕	〔〕	〔〕	
〔〕　其它＃3：＿＿＿＿＿＿	＿＿＿	〔〕	〔〕	〔〕	〔〕	〔〕	〔〕	

各種目標市場與行銷活動：

1 ‧ 目標市場：　　　　　　　　　　　　　　評論：　　　　　　　　長處：

	客房數量	（百分比）F&B	會議/聚會	
目標市場＃1	〔〕	〔〕	〔〕	
目標市場＃2	〔〕	〔〕	〔〕	
目標市場＃3	〔〕	〔〕	〔〕	短處：
目標市場＃4	〔〕	〔〕	〔〕	
目標市場＃5	〔〕	〔〕	〔〕	
目標市場＃6	〔〕	〔〕	〔〕	
目標市場＃7	〔〕	〔〕	〔〕	比較：
目標市場＃8	〔〕	〔〕	〔〕	
目標市場＃9	〔〕	〔〕	〔〕	
目標市場＃10	〔〕	〔〕	〔〕	

2 ‧ 行銷活動：　　　　　　　　　　　　　　評論：　　　　　　　　長處：

主要活動：

廣告　＿＿＿＿＿＿＿＿＿＿＿＿＿＿＿＿

銷售推廣　＿＿＿＿＿＿＿＿＿＿＿＿＿　　　　　　　　　　　　　　短處：

個人銷售　＿＿＿＿＿＿＿＿＿＿＿＿＿

公共關係　＿＿＿＿＿＿＿＿＿＿＿＿＿

促銷　＿＿＿＿＿＿＿＿＿＿＿＿＿＿＿　　　　　　　　　　　　　　比較：

旅遊交易　＿＿＿＿＿＿＿＿＿＿＿＿＿

圖 5-6：主要競爭者分析的工作表。

圖 5-6 所示，是主要競爭者分析之工作表範例；這個樣本主要針對住宿業而設計。我們只要將「各種目標市場與行銷活動」格式稍做修改，就可以適用於餐廳、觀光旅遊勝地、旅行社、汽車出租代理商、及購物中心等不同組織。

　　我們應該針對每一個主要競爭者，分別完成一份主要競爭者分析表。這項形勢分析的執行人員，首先應該提供關於設置地點、目標市場、及主要競爭者之各種行銷活動的資訊。這份表格的完成，並非只是找出事實，雖然各種事實的確相當重要，但更重要的是針對這些事實進行闡釋及說明。這項闡釋填寫於圖 5-6 中的最右欄。各個競爭者有效運用於行銷的主要長處有哪些？短處又有哪些？而我們與其相較之下的情況到底如何？這些都是我們必須在競爭者分析的工作表中，針對每一個主要競爭者詳加敘述的三個關鍵問題。

　　另外亦需針對每一個主要競爭者，完成一份圖 5-7 所示的服務分析工作表。同樣地，這份表格的內容也是針對住宿業而設計；但將其稍加修改，便可以適用於其它餐飲旅館與旅遊企業。它提供競爭者的設施與服務的盤點資訊（左邊部份），及有關競爭優勢與缺點的分析。

4 · 市場潛力分析

　　對某個已存在的餐飲旅館與旅遊組織，市場潛力分析必須同時考慮該組織以往的、及潛在的顧客群。此乃針對該企業所賴以建基之市場潛力或目標市場所做的一項研究調查。

　　第六章將對各種行銷研究的技巧進行詳細的探討；而本章的討論重點，則是有關於應用這些工具的時機與場合。在更進一步討論之前，必須先提出幾個重要的研究術語。市場潛力分析使用輔助研究及原始研究的組合。所謂「**輔助研究**」（**次級研究**），乃是指由其它來源而得的各種資訊，不論是內部（例如旅館的客

戶登記資料）或外部。而「**原始研究**」（**初級研究**）則是指非經由輔助研究而得的第一手資料，以期回答某些特定問題。

各種設施與服務盤點					評論：	長處：
1．客房數量：						
〔　〕　單人房		〔　〕　會客廳式套房				
〔　〕　雙人房（兩張單人床）		〔　〕　多功能會客廳				短處：
〔　〕　雙人房（一張雙人床）		〔　〕　工作室				
〔　〕　三人房		〔　〕　連接式房間				各種機會
〔　〕　大規格床舖（Queens）		〔　〕　其它：＿＿＿＿＿＿＿				／改進
〔　〕　超大規格床舖（Kings）		〔　〕　其它：＿＿＿＿＿＿＿				

2．食物與飲料設施（數量）：

	（座位數量）				評論：	長處：
	1	2	3	4		
餐廳	〔　〕	〔　〕	〔　〕	〔　〕		
咖啡廳	〔　〕	〔　〕	〔　〕	〔　〕		短處：
點心室	〔　〕	〔　〕	〔　〕	〔　〕		
休息遊樂室	〔　〕	〔　〕	〔　〕	〔　〕		
酒吧	〔　〕	〔　〕	〔　〕	〔　〕		各種機會
娛樂場	〔　〕	〔　〕	〔　〕	〔　〕		／改進：
執照場地	〔　〕	〔　〕	〔　〕	〔　〕		
其它	〔　〕	〔　〕	〔　〕	〔　〕		

3．會議、集會及酒宴設施（數量）：

	（座位數量）			評論：	長處：
	酒宴	戲院	其它		
房號＿＿＿＿＿＿＿＿＿＿	〔　〕	〔　〕	〔　〕		
房號＿＿＿＿＿＿＿＿＿＿	〔　〕	〔　〕	〔　〕		
房號＿＿＿＿＿＿＿＿＿＿	〔　〕	〔　〕	〔　〕		短處：
房號＿＿＿＿＿＿＿＿＿＿	〔　〕	〔　〕	〔　〕		
房號＿＿＿＿＿＿＿＿＿＿	〔　〕	〔　〕	〔　〕		
房號＿＿＿＿＿＿＿＿＿＿	〔　〕	〔　〕	〔　〕		
房號＿＿＿＿＿＿＿＿＿＿	〔　〕	〔　〕	〔　〕		各種機會
房號＿＿＿＿＿＿＿＿＿＿	〔　〕	〔　〕	〔　〕		／改進
房號＿＿＿＿＿＿＿＿＿＿	〔　〕	〔　〕	〔　〕		
房號＿＿＿＿＿＿＿＿＿＿	〔　〕	〔　〕	〔　〕		

4．休閒娛樂設施（現場提供）：

室內	室外	評論：	長處：
〔　〕　游泳池	〔　〕　游泳池		
〔　〕　漩渦式／熱水浴缸	〔　〕　漩渦式／熱水浴缸		
〔　〕　三溫暖／蒸氣室	〔　〕　高爾夫球場地		
〔　〕　網球場	〔　〕　網球場		短處：
〔　〕　健身房	〔　〕　海灘		
〔　〕　橋牌室	〔　〕　小艇出租		
〔　〕　squash（一種類似網球）球類場地	〔　〕　小艇碼頭		
〔　〕　壁球／手球場地	〔　〕　散步道，遊艇碼頭		各種機會
〔　〕　跳舞場地	〔　〕　高山滑雪		／改進

〔 〕 慢跑步道	〔 〕 越野滑雪		
〔 〕 其它 _____	〔 〕 其它 _____		
〔 〕 其它 _____	〔 〕 其它 _____		
5.客戶服務：			
〔 〕 機場接送巴士	〔 〕 免費停車	評論：	長處：
〔 〕 免費迎賓咖啡	〔 〕 代客停車		
〔 〕 臨時托嬰	〔 〕 商務專屬樓層		
〔 〕 雙語員工	〔 〕 商務休息室		短處：
〔 〕 客房服務	〔 〕 早晨叫醒服務		
〔 〕 門僮	〔 〕 按摩		
〔 〕 侍者	〔 〕 乾洗		
〔 〕 美容院／理髮廳	〔 〕 過濾訪客服務		各種機會
〔 〕 擦鞋服務	〔 〕 免費提供報紙		／改進：
〔 〕 辦公中心	〔 〕 其它 _____		
〔 〕 其它 _____	〔 〕 其它 _____		

圖 5-7：服務分析工作表。

當形勢分析人員準備市場潛力分析時，應使用包括六個階段的系統化程序來進行。在形勢分析中的其它部份，當研究是不可或缺的動作時，也必須使用這項程序。包括：

1. 確定各種研究問題。

2. 蒐集與分析輔助資訊。

3. 設計原始研究之資料蒐集方法及表格等。

4. 設計樣本及蒐集原始資訊。

5. 分析與闡釋原始資訊。

6. 結論與建議。

圖 5-8 所提供的相關概念，便是有關於如何將這項程序應用於市場潛力分析中。首先列出必須獲得答案的各個關鍵問題，乃是合乎邏輯的起點。以下所述，乃是形勢分析中必須提出，與以往及潛在顧客群有關的七項關鍵性研究問題：

1. **何人（WHO）**？哪些人是我們的顧客？

2. **何事（WHAT）**？他們所試圖滿足的需求有哪些？

3. **何地（WHERE）**？這些顧客居住、工作及購物的地點

呢？

4. **何時（WHEN）**？他們於何時購買？

5. **如何（HOW）**？他們如何購買？

6. **有多少（HOW MANY）**？總共有多少顧客？

7. **何種感覺（HOW DO）**？他們對於我們組織及主要競爭者的感覺如何？

步驟1：確定各項研究問題。
〔 〕　　　何人？哪些人是我們的顧客？
〔 〕　　　何事？他們所試圖滿足的需求有哪些？
〔 〕　　　何地？這些顧客居住、工作、購物的地點呢？
〔 〕　　　何時？他們於何時購買？
〔 〕　　　如何？他們如何購買？
〔 〕　　　有多少？總共有多少顧客？
〔 〕　　　何種感覺？他們對於我們組織及主要競爭者的感覺如何？

步驟2：蒐集與分析輔助資訊。
〔 〕　　　組織記錄中有哪些顧客資訊？
〔 〕　　　其它組織蒐集的相關顧客資訊有哪些？
〔 〕　　　是否必須進行任何深入或新的（原始）研究？

步驟3：設計原始研究資料之蒐集方法及表格等。
〔 〕　　　應該使用哪一種研究方法蒐集資料（實驗式、觀察式、調查式或焦點團體）？
〔 〕　　　應該使用哪一種特定研究技巧（信件式、電話式、個別訪談或店內調查）？
〔 〕　　　蒐集資料的表格中，應該包括哪些問項與其它資料？
〔 〕　　　如何管理及分析所蒐集之資料的表格？

步驟4：設計樣本及蒐集原始資訊。
〔 〕　　　哪些人是我們的研究對象（例如現場顧客、企業旅遊經理、旅行社或一般家庭）？
〔 〕　　　總共有多少研究對象？
〔 〕　　　使用哪一種樣本選取方法及其大小？

步驟5：分析與闡釋原始資訊。
〔 〕　　　使用何種程序進行資料的編碼、校訂、輸入或製表？
〔 〕　　　使用哪一種統計分析技巧與計畫進行資料分析？
〔 〕　　　結果是什麼？如何闡釋與說明這些結果？

步驟6：結論與建議。
〔 〕　　　由結果可導出何種結論？
〔 〕　　　可提供何種建議？
〔 〕　　　需要哪一種報告形式？

圖 5-8：市場潛力分析對於以往及潛在的顧客群之研究過程的各個步驟。

我們現在已經知道所需要的資訊。接著，必須選擇究竟是

使用輔助研究、原始研究、或兩者組合？通常是兩者組合。輔助資訊的費用較低廉，且能立刻取得。原始研究在執行上困難度較高，所需費用較為昂貴，且資訊蒐集也較耗時；但卻能提供較為明確及可信賴的相關資訊。

　　蒐集輔助研究的資訊，可說是市場潛力分析的最佳起點。重新創造已可使用的資料，是一件毫無意義的事情！如果有人已蒐集相關資料，且隨時都可取得時，就不需使用原始研究。輔助資訊也有助於規劃原始研究，並指出資訊不足之處，市場區隔方式及一般顧客輪廓。此外，有助於架構原始研究中的各項問題。「敏捷俐落」是有效運用輔助資訊的主要原則。第六章將檢視各種主要資訊來源及其使用捷徑。

　　現在，讓我們詳細檢視關於以往顧客及潛在顧客的分析。

　　ａ．以往顧客分析　　每一個餐飲旅館與旅遊的組織都應該持續追蹤顧客數量及其特性。對於測度企業成敗、及規劃未來行銷活動而言，這是不可或缺的基本要項。以往的顧客通常都是一個新企業的最佳客源；因為許多顧客會成為重覆購買者，也會影響其他人變成我們的顧客。儘可能多瞭解這些以往的顧客，乃是一個組織在時間與金錢上的最佳投資之一。隨著目前企業對「關係行銷」與「資料庫行銷」（database marketing）日益重視，針對組織以往的顧客做更深入的瞭解，也因而變得極為重要。

　　圖 5-9 所示，則是市場潛力分析中，針對以往顧客進行研究的一份工作表範例。負責完成這項形勢分析的人員，必須在工作表右邊畫底線部份填上答案；並且回答每一項主題後，再於左邊欄位打勾。

何人（WHO）？　1．哪些是以往顧客？

〔　〕　目標市場。
〔　〕　人口統計分析。
〔　〕　旅行目的。
〔　〕　生活型態／心理圖析。
〔　〕　團體的大小。
〔　〕　曾經造訪或使用我們的服務之次數。

何事（WHAT）？　2．以往顧客所試圖滿足的需求有哪些？

〔　〕　需求。
〔　〕　尋求的利益。
〔　〕　服務項目。
〔　〕　購買金額。

何地（WHERE）？　3．以往顧客的居住及工作地點？

〔　〕　居住地點。
〔　〕　工作地點。
〔　〕　使用服務前的地點。
〔　〕　使用服務後的地點。

何時（WHEN）？　4．以往顧客於何時購買？

〔　〕　每日，每週，每月。
〔　〕　週一至週五、或週末。
〔　〕　停留或來訪期間。

如何（HOW）？　5．以往顧客如何購買？

〔　〕　旅行社，旅遊經營者，及其它仲介。
〔　〕　資訊來源。
〔　〕　決策者及影響者。
〔　〕　預約方式。
〔　〕　路線／運輸方式。

有多少（HOW MANY）？　6．總共有多少以往顧客？

〔　〕　總顧客數量。
〔　〕　區隔市場的顧客數量。
〔　〕　重覆購買的顧客數量。
〔　〕　每日、每週、每月及每年的顧客數量。

何種感覺（HOW DO）？　7．以往顧客對於我們組織及主要競爭者的感覺如何？

〔　〕　我們在滿足顧客需求的表現如何？
〔　〕　我們可以如何改進使他們的需求獲得更高的滿足？
〔　〕　他們是否會向其他人推薦我們？
〔　〕　我們執行業務的方式，與顧客們喜愛的方式有何不同？
〔　〕　顧客對我們的印象如何？
〔　〕　其它競爭者在滿足顧客需求的表現如何？
〔　〕　他們選擇其它競爭者時，會有哪些困擾？
〔　〕　他們是否會向其他人推薦這些競爭者？
〔　〕　這些競爭者執行業務的方式，與顧客們所喜愛的方式有何
　　　　不同？
〔　〕　這些競爭者與我們有哪些不同？

圖 5-9：市場潛力分析工作表：以往顧客。

b．**潛在顧客分析**　　所有組織都必須對各種新顧客來源保持高度警覺性；而形勢分析則能以許多不同方式，來幫助這項目標的達成。「地點與社區分析」能夠指出各種源自設置地點（亦即接近性）及與其它協力企業合作所產生之新市場機會。而「主要競爭者分析」則可指出各競爭者的目標市場及其成功的行銷活動。各家企業當然可以互相複製成功技巧；並沒有任何法律禁止這種模倣行為！「服務分析」則突顯出各項長短處，其中可能有些還尙未做過任何投資。而「以往顧客分析」則可能產生各種提高重覆使用率及增加顧客消費金額的方法。最後，「行銷環境分析」則可以指出各種新的潛在市場。

　　　一旦確定了潛在市場之後，通常都必須在形勢分析的階段中或其它任何時間內加以研究。新市場的研究乃是行銷導向組織持續不斷的一項活動；而形勢分析則是研究計畫中各種點子的最佳來源之一。

　　　a．**哪些是潛在顧客？**　　我們如何選擇潛在顧客來研究？通常是由組織指定具有業務潛力的一或數個區隔市場（market segment）。市場區隔（market segmentation）是第七章將要詳細檢視的主題之一。一般而言，有許多方式可以區隔市場；其中有些是「傳統的」方式，並已成為業界行之多年的準則。舉例來說，根據旅遊目的來分類住宿顧客，便是其中之一。航空公司、旅行社、餐廳、及一些組織廣泛使用這種區隔方式。以旅遊目的為基礎的區隔，乃是先將所有顧客區分為業務旅行者或休閒旅遊者，再使用例如價格與團體大小等進一步細分。「非傳統」或較新的方法，則包括了「生活型態區隔」及「利益區隔」，都是較為複雜且逐漸廣被採用的方式。

　　　b．**潛在顧客試圖滿足的需求有哪些？**　　這是一個難以回答的問題！由於很難回答，因此也常被省略。各位是否還記得前文所提的「行銷就是為了要滿足顧客的各種需求與欲望？」如果

一個組織完全不清楚這些需求究竟是什麼的話，將如何使潛在顧客的需求獲得滿足呢？我們很容易就會認為既定類型（例如旅館、餐廳、旅行社、主題樂園等）的所有餐飲旅館與旅遊企業極為相似；而他們的顧客群也必定類似。因此輔助研究的資訊將有所幫助。但是，要想獲得有關潛在顧客需求的正確資訊，只有一種肯定而確實的方法，那就是，直接找其源頭！利用原始研究方法詢問潛在顧客，以了解他們的需求及想要獲得的利益。

c. 潛在顧客居住與工作的地點位於何處？ 判定潛在顧客之居住與工作地點時，輔助資訊相當重要。以下實例說明這項過程。住宿市場分析（LMA；Lodging Market Analysis）是旅館業市場分析的輔助研究資訊來源之一。商業區域與郵遞區號等人口統計分析，則是餐廳、旅行社及零售業市場分析的兩種輔助資訊來源。此三種工具提供了潛在顧客之居住與工作地點的相關資料。

美國運通公司便提供住宿市場分析（LMA）服務給那些接受其信用卡簽帳的旅館。這項資訊雖然無法回答潛在客戶分析中的所有問題，但卻有助於原始研究的規劃。住宿市場分析報告提供了顧客的原始市場（他們居住或工作之地點）及他們用美國運通卡簽帳的消費額等有關資訊。此外，鄰近區域所有參與的旅館的數字及資料等，也都會提供給每一家旅館。住宿市場分析報告也建議了在該區內哪些區域的市場，創造出最高旅館業務量。因此可以針對這些能夠創造高業務的主要地區進行原始研究。

商業區域與郵遞區號之人口統計分析，則是相互關連的兩種輔助研究工具。這兩種方法都是以人口普查的資料為基礎，考慮顧客在人口統計學上的特性；它們可以單獨使用，也可以共同運用。對於那些擁有強勢地方性市場的企業來說，這些工具可以發揮最大的效果；包括了餐廳、旅行社、購物中心、及許多觀光旅遊勝地。一位極富盛名的餐飲業專家就堅信：大部份餐廳的顧

客中，約有 75％至 80％是來自於距離該餐廳約三至五哩的半徑範圍（大約十分鐘左右的車程）。因此，一家餐廳並不需要捨近求遠地去尋找潛在顧客；這些人通常就住在它的「後院裡」。而商業區則是指以生意設置地點為圓心、而能夠吸引大多數顧客的半徑範圍區域。至於郵遞區號分析，則提供全美境內特定郵遞區號範圍內的人口統計特性之相關資訊。我們又可將商業區以一或數個郵遞區號來分區；目前已有許多研究機構針對客戶的個別需求，提供這種商業區域的分析資料。

　　d．他們在何處、何時、及如何購買？　要回答這些問題，我們必須再次由輔助研究中取得線索；但最精確的答案，來自於原始研究。而原始研究的資料蒐集較為困難，並更昂貴及耗時，且必須經過審慎的規劃。目前市面上提供許多原始研究工具；如何選擇其中最適合自己工作的需要，乃是規劃的關鍵任務。第六章將探討各種選擇。這些工具分為四種類型：調查式研究（survey research），觀察式研究（observational research），實驗式研究（experimental research），及模擬式研究（simulation research）。截至目前為止，調查式研究最常使用於潛在顧客分析；而個別訪談、電話調查、信件調查，則是其中運用最廣泛的調查技巧。

　　繼續再用住宿業與餐廳的例子，說明原始研究計畫的進行。假設負責執行潛在顧客分析的人員，已經分析過住宿市場分析的報告，並且挑選了能夠創造最大業務量的市場（地區）。下一步要做的，便是與企業旅遊及會議規劃人員、專營團體客戶的旅行社、公會或協會會議規劃人員、旅遊批發業者、及獎勵旅遊主管等進行訪談。「訪談」乃是親自前往或透過電話調查的另一種名稱。根據作者的經驗，住宿業的潛在顧客分析，使用親自訪談（personal interviews）－亦即親自調查－所獲得的效果要比透過電話訪談（telephone interviews）來得好。

　　訪談中必須包括的關鍵問題有：

1・在何處購買？

- 他們前往的旅遊目的地是哪裡？
- 他們喜歡的住宿是哪種類型（例如豪華旅館、汽車旅館、休閒渡假中心、套房、或其它）？
- 他們喜歡的地點是哪種類型（市中心鬧區、機場、或休閒渡假中心等）？
- 他們以往最經常使用的是哪些住宿方式？
- 承上題，其中最受歡迎的是哪些項目？
- 承上題，曾經體驗過的主要困擾或缺點有哪些？

2・他們何時購買？

- 這些旅遊是在何時成行的？

3・他們以何種方式購買？

- 由誰做最後的決定來選擇目的地及特定住宿旅館？
- 還有哪些人也具有影響力？
- 其中是否牽涉旅行社？
- 是否還有其他旅遊仲介者？

　　圖 5-10 所示，則是市場潛力分析針對潛在顧客進行研究的工作表範例。

　　對商業地區或郵遞區號的人口統計分析進行後續追蹤時，訪談人員或許可以對該區域中特定部份的人們展開調查。可以是居住在單一郵遞區號的區域內，或是在該企業附近的特定「地帶」。也可以依人口統計的特性－例如年齡、家庭收入、家庭組成結構、或職業等而選取。只要用辭稍加改變，都可以使用相同的「何地」、「何時」、及「如何」等問題類型。例如，上述第二個問題可改變成「他們喜歡的餐廳是哪種類型？」。

何人（WHO）？ 1. 哪些人是潛在顧客？

〔　〕　區隔市場。

〔　〕　人口統計分析。

〔　〕　生活型態／心理圖析。

〔　〕　團體的大小。

〔　〕　先前造訪頻率／使用類似服務的頻率。

何事（WHAT）？ 2. 這些潛在顧客所試圖滿足的需求有哪些？

〔　〕　需求。

〔　〕　尋求的利益。

〔　〕　服務項目。

〔　〕　支出／消費金額。

何地（WHERE）？ 3. 這些潛在顧客居住於何處，並在何處工作？

〔　〕　居住地點。

〔　〕　工作地點。

〔　〕　在使用前的位置。

〔　〕　在使用後的位置。

何時（WHEN）？ 4. 這些潛在顧客於何時購買？

〔　〕　白天的時間，每天，每星期，每個月。

〔　〕　星期一至星期五、或週末。

〔　〕　停留或來訪的期間。

如何（HOW）？ 5. 這些潛在顧客如何購買？

〔　〕　使用旅行社，旅遊經營者，及其它仲介者。

〔　〕　資訊來源。

〔　〕　決策者與影響者。

〔　〕　預約方式。

〔　〕　路線／交通方式。

有多少（HOW MANY）？ 6. 總共擁有多少潛在顧客？

〔　〕　潛在顧客的總數量。

〔　〕　區隔市場的潛在顧客數量。

何種感覺（HOW DO）？ 7. 這些潛在的顧客對於我們組織，及主要競爭者們的感覺如何？

〔　〕　我們在滿足這些潛在顧客的需求上表現如何？

〔　〕　我們執行業務的方式，與潛在顧客們所喜愛的方
　　　　式有何不同？

〔　〕　這些潛在顧客對我們的印象？

〔　〕　其它競爭者在滿足潛在顧客的需求上表現如何？

〔　〕　這些潛在顧客在使用其它競爭者時，會有哪些困
　　　　擾？

〔　〕　這些潛在顧客是否會向其他人推薦這些競爭者？

〔　〕　這些競爭者執行業務的方式，與潛在顧客們所喜
　　　　愛的方式有何不同？

〔　〕　這些競爭者與我們有什麼不同之處？

圖 5-10：市場潛力分析工作表：潛在顧客。

ｅ．我們能吸引到多少潛在顧客？　輔助及原始研究都已經完成之後，接著就是結論及建議。是關於哪方面的結論與建議？還記得所提出的「何人」、「何事」、「何地」、「何時」、「如何」、「有多少」、及「何種感覺」等問題嗎？這些就是整個研究必須回答的主要問題。其中回答「有多少」格外重要，因爲這項答案將決定整個潛在市場的大小，是否值得這個組織去追求。各位必須切記：不論答案如何，那都只是一種預估而已。而最佳的預估，必須組合研究結果、業務經驗、及傑出判斷力才可獲得。

５．服務分析

這個組織有哪些長處與短處？它們有哪些機會或困擾？此乃服務分析所將提出的兩項最重要的問題。如果在完成了主要競爭者分析與市場潛力分析之後，再進行這項自我分析，那將更爲實際，且更有效益。它是屬於一種兩個部份（two-part）的過程，盤點各種設施與服務，及現場檢驗各種狀況。

６．行銷定位與計畫分析

形勢分析的最後一個階段衍生自先前所有的階段；爲整個資訊蒐集與分析過程的最高潮。必須考慮兩項關鍵問題：「我們在以往與潛在顧客的想法裡是佔何種地位？」，及「我們的行銷效果又如何？」。本書稍後的章節將對這兩個主題進行詳細的探討。目前只要先檢視資訊的必要條件與結果，就已經足夠了。

圖 5-11 所示，乃是某家住宿企業之行銷定位與計畫分析研究的工作表範例。它提供了關於過去各種行銷活動及其效果的歷史記錄。

1．行銷定位分析：

　　　　　　　　　　長處、特色及顧客利益

所有目標市場　　_____
目標市場＃1　　_____
目標市場＃2　　_____
目標市場＃3　　_____
目標市場＃4　　_____
目標市場＃5　　_____
目標市場＃6　　_____

定位：　　　_____

2．計畫分析與歷史記錄：

行銷組合 構成要素	實際費用					各個目標市場						有效性評估 與其它評論
1．廣告：	19	19	19	19	19	1	2	3	4	5	6	
a. 報紙	$	$	$	$	$							
b. 雜誌												
c. 旅遊指南												
d. 商業刊物												
e. 黃皮書												
f. 佈告板												
g. 活動廣告												
h. 收音機												
i. 電視機												
j. 反諷廣告												
k. 共同廣告												
l.												
m.												
n.												
小計	$	$	$	$	$							
2．推廣銷售：												
a. 直接郵寄	$	$	$	$	$							
b. 簡介												
c. 明信片												
d. 時事通訊												
e. 貿易／旅遊展												
f.												
g.												
h.												
小計	$	$	$	$	$							
3．個人銷售：												

a. 業務拜訪　　　$＿＿　$＿＿　$＿＿　$＿＿　$＿＿　＿＿＿＿　＿＿＿＿＿＿
b. ＿＿＿＿＿＿＿＿＿＿＿＿＿＿＿＿＿＿＿＿＿＿＿＿＿＿＿　＿＿＿＿＿＿
c. ＿＿＿＿＿＿＿＿＿＿＿＿＿＿＿＿＿＿＿＿＿＿＿＿＿＿＿　＿＿＿＿＿＿
d. ＿＿＿＿＿＿＿＿＿＿＿＿＿＿＿＿＿＿＿＿＿＿＿＿＿＿＿　＿＿＿＿＿＿
e. ＿＿＿＿＿＿＿＿＿＿＿＿＿＿＿＿＿＿＿＿＿＿＿＿＿＿＿　＿＿＿＿＿＿
　　小計　　　　$＿＿　$＿＿　$＿＿　$＿＿　$＿＿

4. 公共關係與宣傳：
a. ＿＿＿＿＿＿　$＿＿　$＿＿　$＿＿　$＿＿　$＿＿
b. ＿＿＿＿＿＿＿＿＿＿＿＿＿＿＿＿＿＿＿＿＿＿＿＿＿＿＿　＿＿＿＿＿＿
c. ＿＿＿＿＿＿＿＿＿＿＿＿＿＿＿＿＿＿＿＿＿＿＿＿＿＿＿　＿＿＿＿＿＿
d. ＿＿＿＿＿＿＿＿＿＿＿＿＿＿＿＿＿＿＿＿＿＿＿＿＿＿＿　＿＿＿＿＿＿
e. ＿＿＿＿＿＿＿＿＿＿＿＿＿＿＿＿＿＿＿＿＿＿＿＿＿＿＿　＿＿＿＿＿＿
　　小計　　　　$＿＿　$＿＿　$＿＿　$＿＿　$＿＿

5. 促銷／內部推廣：
a. ＿＿＿＿＿＿　$＿＿　$＿＿　$＿＿　$＿＿　$＿＿
b. ＿＿＿＿＿＿＿＿＿＿＿＿＿＿＿＿＿＿＿＿＿＿＿＿＿＿＿　＿＿＿＿＿＿
c. ＿＿＿＿＿＿＿＿＿＿＿＿＿＿＿＿＿＿＿＿＿＿＿＿＿＿＿　＿＿＿＿＿＿
d. ＿＿＿＿＿＿＿＿＿＿＿＿＿＿＿＿＿＿＿＿＿＿＿＿＿＿＿　＿＿＿＿＿＿
e. ＿＿＿＿＿＿＿＿＿＿＿＿＿＿＿＿＿＿＿＿＿＿＿＿＿＿＿　＿＿＿＿＿＿
　　小計　　　　$＿＿　$＿＿　$＿＿　$＿＿　$＿＿

6. 旅遊交易行銷：
a. ＿＿＿＿＿＿　$＿＿　$＿＿　$＿＿　$＿＿　$＿＿
b. ＿＿＿＿＿＿＿＿＿＿＿＿＿＿＿＿＿＿＿＿＿＿＿＿＿＿＿　＿＿＿＿＿＿
c. ＿＿＿＿＿＿＿＿＿＿＿＿＿＿＿＿＿＿＿＿＿＿＿＿＿＿＿　＿＿＿＿＿＿
d. ＿＿＿＿＿＿＿＿＿＿＿＿＿＿＿＿＿＿＿＿＿＿＿＿＿＿＿　＿＿＿＿＿＿
e. ＿＿＿＿＿＿＿＿＿＿＿＿＿＿＿＿＿＿＿＿＿＿＿＿＿＿＿　＿＿＿＿＿＿
　　小計　　　　$＿＿　$＿＿　$＿＿　$＿＿　$＿＿

7. 其他行銷計畫：
a. ＿＿＿＿＿＿　$＿＿　$＿＿　$＿＿　$＿＿　$＿＿
b. ＿＿＿＿＿＿＿＿＿＿＿＿＿＿＿＿＿＿＿＿＿＿＿＿＿＿＿　＿＿＿＿＿＿
c. ＿＿＿＿＿＿＿＿＿＿＿＿＿＿＿＿＿＿＿＿＿＿＿＿＿＿＿　＿＿＿＿＿＿
d. ＿＿＿＿＿＿＿＿＿＿＿＿＿＿＿＿＿＿＿＿＿＿＿＿＿＿＿　＿＿＿＿＿＿
e. ＿＿＿＿＿＿＿＿＿＿＿＿＿＿＿＿＿＿＿＿＿＿＿＿＿＿＿　＿＿＿＿＿＿
　　小計　　　　$＿＿　$＿＿　$＿＿　$＿＿　$＿＿
　　總計　　　　$＿＿　$＿＿　$＿＿　$＿＿　$＿＿

圖 5-11：行銷定位與計畫分析。

　　　這份工作表的第一部份註明了組織的各種長處、特色及顧

客的利益等。而第二部份則填入行銷的各種支出，並評論其有效
性。

案例：紐約市的形勢分析。

　　1990 年十月，紐約會議與觀光旅遊局開始準備一份該市觀
光旅遊業策略性（市場）計畫。Hunt ＆ Hunt 顧問公司被聘雇來
監督這項計畫的發展。這項計畫獲得了來自紐約及其它地區許多
餐飲旅館與旅遊業者熱烈的參與，並且在 1992 年發行了一份名
為「西元 2000 年紐約觀光旅遊：紐約市迎接下一代觀光客的策
略計畫書」。

　　紐約市的這份策略計畫書中包括了一項形勢分析，其中部
分章節如下所列。其格式雖與本章所提出之範例不盡相同，但仍
提供各位一個值得思考的傑出案例。當讀完之後，需要回答一些
討論問題。

傑出案例
觀光旅遊對紐約市的衝擊與影響

　　長久以來，紐約市一直是主要的旅遊目的地。早期主要是從事
貿易業務的來訪者，將這個城市變成了一個主要港口與金融中心。隨
著時間的運轉，越來越多前來紐約的遊客，只是為了體驗這個全球最
令人悸動、而又充滿活力的城市所特有的脈動與刺激。因為如此，觀
光旅遊業也成了這個城市之經濟與文化的重要部份。

　　紐約市每年吸引高達數百萬的遊客，此乃因為擁有相當廣泛的
遊客區隔基礎與各種不同的旅遊項目。參與「西元 2000 年紐約觀光
旅遊」研究講習會的成員們完成一份調查，列出有關該市之各項優勢
的先後順序；包括了：

　　－產品多樣性。該市提供了各式各樣吸引遊客的事物，吸引數
量極為龐大的休閒人潮；包括各種博物館、劇院、音樂廳、視覺藝術、

具有民族與人種特色的住宅區、各種建築、及歷史遺跡等。

　一包羅萬象、具世界水準的購物及餐飲選擇。

　一四通八達之特性。紐約市係全球主要陸路、海運、鐵路、及航空交通的運輸中心，而且也是全球旅客進出美國的一個主要門戶。此外，該市也擁有一個足以自豪且傑出的公共交通運輸系統。

　一全球推崇的旅館、主要集會設施與服務建設。紐約市目前擁有將近七萬間的經濟式及超級豪華式的旅館客房，會議廳的數量也比美國其它任何城市都來得多。

　以上因素，有助於紐約市成為旅遊者青睞的一個目的地。

　目前這個總金額達一百三十億美元的觀光旅遊產業，已經對該市的每一個生活層面都造成了相當的衝擊與影響。1990 年就有超過兩千五百萬的遊客一其中包括當天往返的旅遊者一造訪這個城市。他們所帶來的影響相當深遠。根據美國旅遊資料中心的統計，1990 年前往紐約且至少住宿一晚以上的遊客，總數高達一千五百九十萬人次，其消費總金額也達九十六億美元之鉅；與 1989 年相較之下，成長了 4.9％。這些遊客的消費所帶來的輔助影響，或稱為「乘數效果」（multiplier effect）則是：在整年度內創造了一筆總數三十億美元的額外收入。

　1990 年由遊客消費而創造出的總稅收為十八億美元，其成長幅度為 6.0％。紐約市將這些由遊客們創造出來之收益的一部份，五億一千五百七十萬美元，提供為該市居民各項服務所需之資金。平均每一位遊客消費一塊錢，就可以在該市產生五分錢的的稅收收益。超過四億三千三百萬的州政府稅收，及超過八億三千五百萬的聯邦政府稅收，也都是由遊客們在紐約的消費而產生。

　根據估計，紐約市五個區中，大約有十二萬四千一百個工作機會是因為遊客們的消費才得以存在；大約佔了該市總就業市場的 3.5％。如果沒有了這些遊客們的消費，則紐約市在 1990 年的失業率，將由原先的 6.8％遽升為 10.1％。

紐約市的國際遊客

　　全美境內，紐約市係全球首屈一指的國際進出門戶，也是獨領風騷的國際旅遊目的地。1990 年所吸引的國際觀光客就已經超過了五百六十萬人，佔全美國際遊客的 14.4%。

　　過去數年的記錄顯示，國際遊客市場雖然有逐年增加之趨勢，但是紐約市身為首屈一指的海外來訪者之主要進出門戶，卻反而出現了逐漸萎靡的現象。1990 年造訪紐約市的遊客成長率僅為 3.7%，與前來美國旅遊的國際遊客之成長比例（為 7.5%）相較之下，顯然有些遜色，使得該市在所有前來美國觀光旅遊的海外遊客總數之佔有率由 1988 年的 24.0%，滑落到 1990 年的 23.2%。

遊客們在紐約市消費金
額的流向分析（1990）：

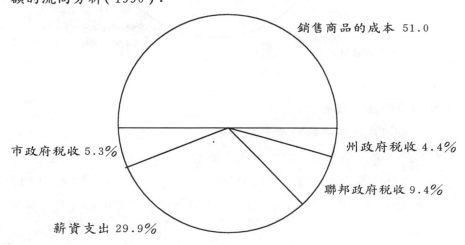

銷售商品的成本 51.0

州政府稅收 4.4%

聯邦政府稅收 9.4%

市政府稅收 5.3%

薪資支出 29.9%

資料來源：美國旅遊資料中心（USTDC）

　　預期十年內來自「東歐集團」國家的遊客數量之成長，首先將在西歐國家發生，主要是朋友及親屬市場。到了本世紀末，東歐旅遊

人潮應開始對美國造成衝擊及影響，而紐約市將成為此股潮流的主要
受益者。

紐約市主要國際遊客市場分析（1990）：

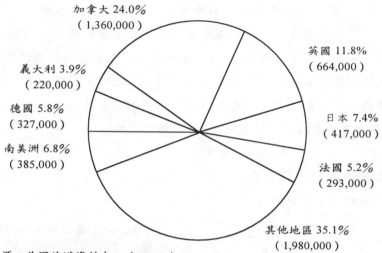

加拿大 24.0%
（1,360,000）

英國 11.8%
（664,000）

義大利 3.9%
（220,000）

德國 5.8%
（327,000）

日本 7.4%
（417,000）

南美洲 6.8%
（385,000）

法國 5.2%
（293,000）

其他地區 35.1%
（1,980,000）

資料來源：美國旅遊資料中心（USTDC）

紐約市的國內遊客

美國居民旅遊的總消費金額超過六十億美元，其中三分之一在
紐約市消費；與其它三十六州及哥倫比亞特區相較之下，仍是首屈一
指的。雖然國內遊客消費額在 1990 年時出現減緩現象－只較 1989 年
成長了 2.7%，但仍在紐約市的遊客消費額中佔了高達 63% 的比率。

集會與會議

會議與集會市場，乃係紐約市觀光旅遊業中一個相當重要的組
成要素。與美國其它各大城市相比，在紐約舉行的會議與集會，數量
上顯然要多出很多。

1990 年，紐約會議與觀光旅遊局所預訂及確認的各種會議與集

會，總數為 761 次；和 1989 年相較之下，減少了 11.2％。但是參與會議的代表人數，則呈現 13％ 的成長，總數達三百三十萬人次；而外地參加會議的人數則出現 14.5％ 的下滑，為一百三十萬人次。雖然這些會議代表的消費金額在該年內減少了 4.5％，但三年已超越了設定的十億美元目標。造成滑落的原因，部份歸咎於全國經濟的不景氣。而各種長期關切的議題，例如訂價與有效期，也影響市場的恢復。

全球經濟景氣的逐漸復甦，將會刺激更多國際性會議與貿易展覽在美國舉行，而透過主動積極的行銷，紐約市也將再次成為一個主要的受益者。

紐約市觀光旅遊的前景

若暫時撇開不談 1990 年代初期經濟的不確定性，紐約觀光旅遊的前景看起來似乎仍是一片光明。

- 西元 2000 年的遊客消費金額，預期可達一百六十五億美元；與 1990 年相較，其成長幅度為 70.8％。
- 市政府的稅收預估可達八億兩千五百三十萬美元，增加了 59.9％。
- 州政府的稅收預估可增加 59.9％，達六億六千萬美元之鉅。
- 由遊客們而創造的薪資，預期可成長至四十九億美元，約增加 70.6％。（參見附註）

競爭

潛在遊客是許多競爭激烈的各個旅遊目的地絞盡腦汁在行銷上所要爭取的目標。目前已有三十八個國家在吸引國際遊客所做的各種努力上，投入遠比美國還要多的金額。而國內的激烈競爭，則包括行銷預算比紐約市及紐約州更高的其它許多州與各大城市。

值得關切的是紐約州觀光旅遊部大幅削減預算。1989 年紐約州撥列於廣告、行銷、及各種計畫的預算額度高達兩千一百萬美元，為全國五十州及哥倫比亞特區之冠。從此之後，這方面的預算卻不斷地

刪減，到了 1992 年，總共減少了 73.6％，只剩下五百三十萬美元的預算額度。全國各州觀光旅遊的預算，紐約州目前排名第二十八位；而極為成功的「我愛紐約」（I Love NY）活動所獲得的各種競爭優勢與利益，也幾乎快消失殆盡。

造訪紐約市的遊客消費金額分析：

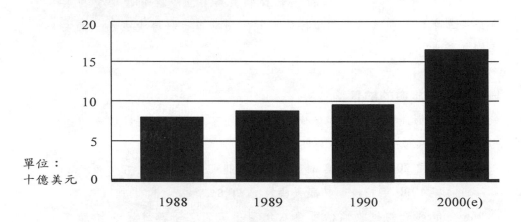

資料來源：紐約會議與觀光旅遊局、及美國旅遊資料中心。

（e）：預估值

附註：這些數據乃是以 1990 年代，每年預期 5.5％的平均消費成長率為基礎所計算而得。平均增加率則是以紐約市觀光旅遊業過去的表現，及該區與全國整體經濟預估之比較而得。

因為紐約市自該州所做的推廣及廣告計畫中，獲得了相當大的利益，因此這些相關預算急遽削減後，紐約市也深受衝擊與影響。該州觀光旅遊局的研究顯示：侵略性的預算成長比獲取來自其他各州的市場佔有率之預算額度更為重要。紐約的預算削減，使得該州與該市的各種優勢盡失，而將市場佔有率拱手讓給其它旅遊目的地。

近年來，紐約觀光旅遊預算已經使該市在眾多競爭者中處於明

顯的不利狀態。1990 會計年度各主要城市觀光旅遊之預算，紐約市名列最後，為三百五十萬美元。1991 年，紐約會議與觀光旅遊局的預算獲得大幅度增加，歸功於 1990 年九月所制定的法律：旅館出租稅四分之一的 1％中，八分之七挪為預算使用。雖然如此，紐約會議與觀光旅遊局仍須急起直追，迎頭趕上長久以來已經被競爭者所瓜分的市場。

　　老實說，這將是困難重重的一項任務。縱使該市觀光旅遊的發展預算增加了將近一倍，約為美金七百一十萬元，但是與其它主要競爭者相較之下，依舊是遠遠落後；例如邁阿密的一千兩百七十萬美元，舊金山的一千一百萬美元，亞特蘭大的一千萬美元，及洛杉磯的九百九十萬美元等。

　　如果紐約市要讓其觀光旅遊業能夠維持成長，則積極回應競爭乃是不可或缺的基本要項。除了競爭的日益白熱化之外，尚需探討其它許多主要趨勢。

旅遊型態的未來趨勢

　　美國旅遊資料中心所提出的一份劃時代報告－「探索美國 2000 年」（Discover America 2000）裡，就已經指出美國人口統計及生活態度的變遷，將會對觀光旅遊業帶來深遠影響。其以美國社會七種世代團體為組織架構之報告，對 2000 年的旅遊行為做出了以下的預測：

* 經濟蕭條期出生者、及第一次世界大戰時期出生者：到了西元 2000 年，這些人都將超過六十六歲，佔總人口的 16％。雖然這個團體對於旅遊的偏愛並不高，但卻是「祖孫旅遊」（Grand Travel）－亦即與孫子們旅遊－極為理想的對象。

* 第二次世界大戰時期出生者：到了西元 2000 年，這些人將介於五十五到六十五歲，佔總人口 11％，屬於主動旅遊者；對於團體旅遊、遊輪之旅、及旅遊俱樂部來說，這個團體將是一個不錯的市場。

* 嬰兒潮早期出生者（Early Baby Boomers）：到了西元 2000 年，

這些人將介於四十六到五十四歲，佔美國總人口 18%，屬於最經常旅遊的團體，也將成為西元 2000 年最主要的旅遊市場。

● 嬰兒潮後期出生者（Late Baby Boomers）：到了西元 2000 年，這些人將介於三十六到四十五歲，佔美國總人口 21%；將表現出高度興趣於主題式旅遊、無子女同行之旅遊、及各種休閒渡假中心旅遊等。

● 小傢伙們：到了西元 2000 年，這些人將介於二十四到三十五歲，佔美國總人口 17%。這個團體將對旅遊表現出強烈的欲望，但卻因為缺少足夠支配的收入、時間的限制、及家庭的各種責任等因素，而受到侷限。

● 嬰幼兒們：到了西元 2000 年時，這些人將介於十二到二十三歲，佔美國總人口的 17%。由於擁有極為有限的資源，因此只會佔旅遊市場中相當小的部份，直到下一個世紀的第一個十年。

問題討論：

a. 針對一個如同紐約這麼大的城市進行形勢分析時，將可能面臨哪些問題或困擾？

b. 上文之紐約市實例裡，涵蓋了哪些形勢分析時應遵循的階段？

c. 六個形勢分析階段，哪些並未涵蓋在上述實例中？你又該如何進行這些階段？

d. 你是否有其它改善這項形勢分析之相關建議？

市場分析

讓我們一起來面對冷酷的事實。並不是每一個組織都會進行市場分析或可行性分析；某些企業所有人與主管人員，並不清楚這些分

析具有的價值。而其它的一些企業雖然執行這類分析，卻並非爲了行銷，而是爲了滿足貸款業者的要求罷了。此外，部分企業或許是爲了行銷、或滿足貸款業者的要求而進行這類分析，但是一旦進行之後，就把這些分析全都束之高閣。人們爲什麼不善加利用這項攸關企業成敗的行銷資訊呢？這個問題並沒有任何合乎邏輯的答案，但毫無疑問的，這些人正錯失絕佳的良機。

　　至於爲什麼要進行市場分析，理由不勝枚舉。當我們考量一個新企業時，許多團體都必須見到這項分析，包括企業開發與投資者。他們將金錢投入這個企業，當然想要確定自己的投資是明智之舉。這些開發與投資者有時候並不介入企業的營運，只是雇用一群管理人員執行工作。許多新成立的旅館就是如此經營，即以所謂的「管理合約」之法律協定爲基礎進行營運。而那些提供借款或抵押貸款的貸款業者，也表現濃厚興趣於瞭解這份市場分析報告，因爲他們必須確定在貸款日到期時，這個企業有能力償還這筆借款。市場分析和形勢分析有相同的六個步驟：

1. **行銷環境分析**：行銷環境與各種可控制要素，將會如何影響這個組織的走向與成敗？
2. **市場潛力分析**：潛在市場的規模是否夠大？
3. **主要競爭者分析**：各個主要競爭者的長處與短處分別有哪些？
4. **地點與社區分析**：設置地點與社區，將會如何影響該企業的成敗？
5. **服務分析**：可以提供哪些服務，以吻合潛在顧客們的需求？
6. **行銷定位與計畫分析**：新企業如何於潛在市場中開拓出活動領域？

　　一般都會雇用外界專家進行市場分析及可行性分析。由於這些人與新企業並無任何財務上的利益關係，因此提出之看法及建議都會

較客觀；而且這些人也有豐富的研究經驗。他們有各種管道可取得與企業積效及競爭有關的資訊，這些是其它相關利益團體無法獲得的。這些外部顧問與研究人員，以各種標準化處理方式完成此類市場分析及可行性分析，而且只針對客戶之要求進行之。因此，新企業的行銷經理人員，通常必須再做一些額外分析。告知讀者這項事實，爲的是不使各位誤認爲這些外界專家們所做的分析，是初始策略性市場計畫唯一的構成要素。

　　六個市場分析步驟之過程與先前所述關於形勢分析的作法相當類似。雖然如此，這兩種分析的技巧仍有些差異。行銷環境分析與主要競爭者分析之過程與形勢分析者幾乎沒有兩樣；至於其它的四項分析，可就不盡然相同了。

　　a．**市場潛力分析**　市場分析中的潛在顧客分析，必須預測主要競爭者的吸納能力及整體市場的需求。一家新旅館必須瞭解目前既有的總客房數量，及未來將出現的新競爭者。至於其它類型的組織所關切的，或許是關於餐廳設置地點、零售商店、航空公司、巴士數量、會議廳大小、或是其它各種設施。此外，每一個區隔市場的成長率，也應該列入規劃中。比較未來的供給與需求，即可顯示市場上是否存有落差，足以使這個正在考慮的新企業將之填滿。

　　新企業判定潛在市場之大小的方法相當多，而且各不相同。「按照比例」或稱「公平分配」法，便是其中一種方式。我們先計算所有主要競爭者的整體市場，然後預估未來五至十年的供需；接著，再分配這個新企業等於其佔總容納量（例如夜宿客房數量、餐廳座位數量、班機座位數量、旅行社人員數量等）之比例的市場佔有率。舉例來說，一家在該社區內擁有百分之二十夜宿客房數量的新旅館，我們便分配夜宿客房數量百分之二十之預估值。這種方法應用上相當簡易，且通常也都使用這種方式或稍做修改。然而，卻有不夠精確的缺點，因此應該再配合更爲詳細及複雜的計算，才可使用。此乃預估單一區隔市場之需求，並預測新企業之各個區隔市場佔有率的方法。藉此反映出

的市場佔有率，爲每個區隔市場的原始研究之結果。每一位受訪者或受調者都必須詢問他（她）光顧這個新企業的可能性。

　　ｂ．**地點與社區分析**　　正確**地點**乃是決定擁有固定不動產的新餐飲旅館與旅遊企業之成敗的一項關鍵要素。通常，周圍**社區**是其業務的主要來源，而該社區的未來展望也將影響這個新企業的成敗。因此，市場分析必須對這兩項要素詳加考慮。

　　住宿業、餐廳、旅行社、觀光旅遊勝地、購物中心、或其它類型的餐飲旅館與旅遊企業的市場分析中，地點與位置的分析相當重要。長久以來人們已深信：不論組織的行銷活動如何傑出，一個拙劣不佳的地點，終將導致失敗的命運。評估與選擇地點的準則，因爲業務類型的不同而異。都市中的旅館，應該越接近辦公區與商業區；而大部份的小型旅館，必須相當接近高速公路，且有便利的通路。至於餐廳則應該具備上述兩種特性，並接近住宅區。而休閒渡假中心則應該靠近各種主要娛樂設施、或觀光旅遊勝地。不論是屬於哪一種類型的企業，選擇地點的準則分爲下列三項：市場相關性，地點相關性，及其它。市場相關的要素，是指影響顧客使用便利性的各種因素。地點相關的準則是指關係著地點之實際特性者。至於其它的準則包括了法律上的考量及土地的成本等。

　　市場相關的準則對行銷而言，其重要性可說最高。對於許多餐飲旅館與旅遊企業來說，其成功代表著儘可能地接近顧客。就如前文所提到的，某位專家堅信一家餐廳的業務中，大約有 75%至 80%是來自於距離該餐廳約十分鐘左右車程之半徑範圍內。新的住宿企業通常都能夠因其地點更接近顧客群的優勢，而瓜分既有競爭者的市場佔有率。毫無疑問地，一個對顧客更爲便利的地點，獲致成功的潛力也就更大。

　　地點的通達性與可見度，則是另外兩項接近性要素。是否容易抵達該地點？是否很清楚可看到該地點？對大部份餐飲旅館與旅遊企業來說，最佳的設立地點不僅要最接近顧客們，而且還要容易到達及

具高度可見性。舉例來說，許多速食餐廳就是高度倚賴他們店面（或是他們的招牌）的可見性與便利的通達性。

c．服務分析　新企業能夠提供哪些服務，以符合潛在顧客們的需求？此乃需要結合先前所有的資訊，並且判斷哪些服務能充分滿足顧客的需求。某些作者們稱之為「產品分析」（product analysis）或「產品－服務組合」（product-service mix）。但是**服務分析**一詞卻更能切合我們這個行業的特性。有效的服務分析乃結合各種研究結果及能夠使該企業真正發揮功效之各種作法。

第一個步驟是決定該項服務的形式與品質。市場顯示的需求，是屬於自助式餐廳或餐桌服務式餐廳？究竟汽車旅館或套房旅館，才更能夠符合顧客需求？社區需要的，到底是一家提供全方位服務的旅行社、或是一家專精於團體旅遊的旅行社？每一種型式可能有不同的品質水準。原始研究的結果，便是決定的要素。

決定企業規模大小，則是第二個步驟。以潛在市場大小為依據，這個新企業的規模應該要多大？對旅館而言，這代表客房數量、餐廳與酒吧座位數量、及會議與集會室數量。至於其它內部空間，例如大廳與接待區域、廚房、及休閒設施場地等，則接下去決定其大小並加以設計。

d．行銷定位與計畫分析　新企業的市場活動範圍或其「**定位**」究竟在何處？它又將如何爭取到這項定位？此乃市場分析中最後的兩個問題。同樣地，這個階段也是以各種研究結果、及負責市場分析之人員的判斷為基礎。分析結果將可界定新企業獨具之定位特色。第八章將對**定位**（指發展出一種服務與行銷組合，使該組織在目標市場之顧客們的腦海裡，佔有某種特定地位）的概念再做詳細的探討。

可行性分析

　　要完成可行性分析，還必須加入四個額外的步驟：（1）訂價分析，（2）收入與支出分析，（3）發展成本分析，（4）投資報酬率與經濟可行性分析。圖 5-12 所示，便是可行性分析與行銷分析的關係。我們可由該圖看出，可行性分析的一部份，事實上就是市場分析。

可行性分析

市場分析
1. 　環境分析
2. 　市場潛力分析
3. 　主要競爭者分析
4. 　地點與社區分析
5. 　服務分析
6. 　行銷定位與計畫分析

7. 　訂價分析
8. 　收入與支出分析　　　　　　　與可行性分析有
9. 　發展成本分析　　　　　　　　關連的四個額外
10. 投資報酬率與經濟可行性分析　步驟

圖 5-12：市場分析與可行性分析的關係。

慎考量各主要競爭者的價格，及市場潛力分析中潛在顧客們對於與價格有關的問題所做出的答覆。同樣地，必須單獨分析每個不同的目標市場，才得以竟其功。舉例來說，各家旅館通常都會提供業務旅行者、會議或集會參加人員、團體旅遊成員、及政府人員等優惠的房價。通常也會劃分某個特定時段使價格有所不同：餐廳以每天不同的時段，都市中旅館以平日或週末，而休閒渡假中心則以季節之不同等。

此種訂價方式，必須具備極豐富的經驗與判斷力，及相當瞭解餐飲旅館與旅遊業的訂價制度，才可能做出最佳決策。聘用獨立顧問人員也較容易發揮最高的分析效能；因為這些專業人員相當瞭解類似狀況並具豐富經驗。

2．收入與支出分析（Income and Expense Analysis）

下一步要做的，便是預估新企業的收益、營運費用及利潤。通常必須準備一份為期五到二十年之「估計」（計畫）損益表。將每一個目標市場的預期需求量，乘上適用的費率或價格之後，便求得每一個目標市場的預估營業額。然後再將這些數據編製一份總計損益表。「營運費用」是指營運該企業時直接產生的各種成本，例如薪資、食物與其它各種原料、水電、行政管理費用、行銷、及維修等。

預估各種價格、銷售量、及營運費用時，輔助資訊可以發揮相當大的助益。許多機構都發行餐飲旅館與旅遊業之平均營運統計數據資料。Arthur Andersen、Ernst & Yount、PKFConsulting、D. K. Shifflet & Associates、及 Smith Travel Research，乃是針對美國住宿業發行定期報告與統計資料的五家公司。由史密斯旅遊研究中心所發行的《住宿業展望》（Lodging Outlook）中，便提供了下列各種相關資料：以美國境內為依據的、以人口普查區域為依據的、以旅館類型及地點為依據的、還有以美國境內所選定

的各大都市爲依據的客房居住率、平均客房費率、客房銷售量、客房供給量、及客房需求量等。而 D. K. Shifflet & Associates 公司所發行的《旅遊情報系統指南》（*Directions Travel Intellignece System*）中，則提供關於業務旅行者及休閒旅遊者的深入資訊，包括人口統計學上、旅遊目的、交通運輸方式、住宿選擇、消費水準、及對於所使用之住宿設施的滿意度等資料。Louis Harris & Associates 所提供的旅遊週刊《美國旅行社調查》（*United States Travel Agency Survey*）中，則包括美國旅行社之收益、收入來源、及成本等有關資訊。

3・發展成本分析（Development Cost Analysis）

發展新企業將花費的成本需要多少？這個預估數值通常也被稱爲「資本預算」－指新餐飲旅館或觀光旅遊企業預期的資本投資。在我們的行業中，發展成本通常包括建築物建造、設備、傢俱與各種固定物、專業人員費用（例如支付建築師與設計師費用）、基礎建設（例如道路、電力與污水排放等）、及偶發事件之臨時費用等。當我們聘僱了一群包括顧問人員、建築師、工程師、室內設計師、及景觀建築師等所組成的團隊時，資本預算的結果也將最爲精確。

其次，預估與資本有關的各種費用，包括長期性融資、不動產稅、折舊、及固定資產（例如建築物與設備）保險費用等。然後，再將這些資本相關費用由營運利潤中扣除，以求得淨收入與現金金額。

4・投資報酬率與經濟可行性分析（Analysis of Return on Investment and Economic Feasibility）。

可行性分析的最後一個步驟，則是計算新企業的投資報酬率，及依此數值而得的經濟可行性。然後，再比較淨收入、現金金額、

及資本預算。最有效的分析方法就是採用時間價值（time-value）法－一種財務分析技巧，例如淨現值法（net-present-value method）、或內部報酬率法（internal-rate-of-return method）。這些技巧將指出新企業所能產生的報酬率。如果這項報酬率夠高，則新企業將被視為在經濟考量上是可行的。

本章摘要

　　傑出的行銷決策，通常是經由研究及審慎分析研究結果之後而產生的。形勢分析乃針對一個現存的企業進行，且是餐飲旅館與旅遊之行銷系統的第一個步驟。

　　對一個現存組織來說，形勢分析可以提供下列各項利益：集中重點於各種優點與缺點，有助於長期性規劃，有助於發展行銷計畫，及賦予行銷研究優先順位。環境，地點與社區，主要競爭者，市場潛力，服務，及行銷定位與計畫，則是此類分析的六個步驟。

　　對提議中的新企業來說，市場分析與可行性分析乃是提供最適當發展途徑所採用的兩種技巧。

複習問題

1.　市場分析，可行性分析，及形勢分析之間，有哪些不同之處？

2.　上述三種分析技巧，彼此間是否有任何關聯？是的話，其相關性又如何？

3.　上述三種分析技巧，應該多久執行一次？

4.　上述三種分析技巧與行銷研究之間，存在著何種關聯性？

5. 形勢分析如何融入餐飲旅館與旅遊之行銷系統中？
6. 形勢分析可帶來哪些利益？
7. 形勢分析的步驟有哪些？
8. 構成市場分析的六種要素分別為何？

本章研究課題

1. 挑選一個餐飲旅館與旅遊組織，並決定你要如何為其進行一項形勢分析。你將由何處蒐集必要的研究資訊？準備的過程中，哪些人將會與你有關？如果時間許可的話，試著進行這項形勢分析，並對這個組織的主要長處、短處、及機會加以評價。

2. 你被要求對某個位於自己家鄉內，提議中的新旅館、餐廳、吸引人之事物、或旅行社提出一項市場分析。請準備一份企劃案，把你執行這項分析時所遵循的各個階段做一概述。你將使用哪些資訊來源？這項分析需要多久時間才能完成？將包括哪些建議？

3. 市場分析、可行性分析及形勢分析之間，雖然存在著許多相似處，但也有許多重要的不同點。請針對餐飲旅館業之特定部份裡的某個組織，提出一份報告，將這些相似與相異之點做一比較。請確實說明每一步驟之分析如何倚賴於前一步驟之分析。

4. 一位開發者要求你對一家新餐廳、旅館、旅行社、或其它餐飲旅館與旅遊企業，準備一項可行性調查。這位開發者要求你寫一份詳細的計畫案，分別敘述這項調查的各個步驟。請將這份計畫案準備妥當，亦請儘可能地詳述這項可行性調查的每一階段中所將使用的處理方式。

第六章

行銷研究

學習目標

研讀本章後，你應能夠：

1. 定義行銷研究。

2. 敘述實施行銷研究及不實施行銷研究之個別原因。

3. 列舉並敘述好的研究資訊所需具備的五種必要條件。

4. 說明行銷研究計畫與行銷研究方案之間的差異。

5. 依序列舉並說明行銷研究程序的五個階段。

6. 說明原始研究（初級研究）與輔助研究（次級研究）之間的差異，並分別列舉兩者的優缺點。

7. 敘述輔助研究資料的各種來源。

8. 列舉並敘述原始研究方法的種類。

9. 說明親自訪談、信件與電話調查、及店內調查的各種優點與缺點。

10. 說明焦點團體的方法及如何利用來做更有效的行銷決策。

概論

　　本章一開始討論利用研究結果制定行銷決策的重要性，同時提供大規模餐飲旅館與旅遊企業之行銷研究實例。實施及不實施行銷研究的個中原因，也在本章的討論範圍之內。接著說明研究在餐飲旅館與旅遊之行銷系統的每一階段所扮演的角色，及行銷研究之五個系統化程序。

　　此外，將敘述原始研究資訊與輔助研究資訊之間的不同點，及定義並探討許多不同的行銷研究方法。

關鍵概念及專業術語

個案研究（Case Studies）
結論式研究（Conclusive Research）
資料庫（Databases）
評估式研究（Evaluation Research）
實驗式研究（Experimental Research）
探索式研究（Exploratory Research）
外部輔助研究資料（External Secondary
　　Research Data）
焦點團體（Focus Group）
個人深入訪談（Individual Depth
　　nterviews）
內部輔助研究資料（Internal Secondary
　　Research Data）
行銷研究（Marketing Research）
行銷研究計畫（Marketing Research
　　Program）

行銷研究方案（Marketing Research roject）
非隨機抽樣（Nonprobability Sampling）
觀察法（Observational Method）
原始研究、初級研究（Primary Research）
隨機抽樣（Probability Sampling）
定性（計性）資訊（Qualitative
　　Information）
定量（計量）的資訊（Quantitative
　　Information）
問卷調查表（Questionnarie）
回覆率（Response Rate）
輔助研究、次級研究（Secondary esearch）
模擬（Simulation）
調查式研究（SurveyResearch）
測試行銷（Test Marketing）

各位或許相當不解：行銷研究究竟有什麼重要性？爲什麼如此統計性與技術性的主題，會是餐飲旅館與旅遊之行銷系統的生命根源呢？行銷中更具創意性的廣告及推廣促銷等，難道不具更高的重要性嗎？這個答案很明顯是否定的。良好的行銷決策是以行銷研究爲基礎。以下實例，足以証明這個觀點。

必勝客：「新廣告的策略，是以審慎的消費者研究爲基礎；這也是必勝客歷史中內容最豐富的部份。這些研究結果通常都讓人相當訝異。」

RAMADA INC.：「自從 1974 年成立以來，這家以亞利桑納州爲大本營的連鎖企業，向來都以提供家庭住宿而享有盛名。但是一項自 1976 年到 1980 年之間進行的調查發現，顯示出來的形象卻足以使人垂頭喪氣：這是一家在磚牆塗上油漆、使用粗糙地毯的汽車旅館。」

AMTRAK：「在過去四年內，Amtrak 的預約及免付費電話資訊系統，建立了一個涵蓋數百萬客戶姓名的資料庫。這些資料用來提供特定的旅遊機會，給 Amtrak 最具潛力、且有利可圖的市場利基。」

TACO BELL：「透過顧客偏好之觀察與分析，我們發掘了許多機會。對顧客認知、菜色組合、平均交易量與結帳金額進行追蹤，這是行銷研究部門的工作。」

MARRIOTT CORP.：「Marriott 在其倉庫中例行地建立實驗用的旅館客房之實物模型，安排季節性旅客們住在其中，藉此而發現：若將房間寬度縮小一英呎時，會導致眾多抱怨，但是將客房長度減少十八英吋，客人們卻毫無感覺。」

麥當勞：「根據麥當勞進行的各項調查顯示，所有美國學童中，高達 96％比例都認識『麥當勞叔叔』；就知名度而言，幾乎只有聖誕老公公可以相媲美。」

　　以上之引述，突顯出一流餐飲旅館與旅遊企業如何應用行銷研

究。同時印証了一項事實：長期性（策略性）走向、廣告、服務與設施類型、菜單項目、及各種其它成功決策，都是行銷研究的結果。

行銷系統中不可或缺的行銷研究

第五章強調研究的重要性在於回答「目前之處境？」這個問題。但是，研究不僅使用於形勢分析、市場分析、及可行性分析；餐飲旅館與旅遊之行銷系統的任何步驟裡，研究也扮演著舉足輕重的角色。進行形勢分析、市場分析、或可行性分析之研究也有助於規劃。舉例來說，上述必勝客的研究顯示，必須推出塑造連鎖企業新形象的計畫；Ramada 的研究也獲得相同的結論。而 Amtrak 的資料庫則是以過去顧客之分析為基礎，可運用於未來各種推廣促銷活動。至於 Marriott 的研究則做為規劃包括 Courtyard 與 Fairfield Inn 等新旅館之用。而根據麥當勞的各項調查結果顯示，很明顯地，「麥當勞叔叔」將繼續在世界各地再領風騷一段時間。

研究也在回答「希望進展的目標？」這項問題時，扮演重要的角色。此時，研究乃檢視各種替代性行動方向的優缺點，這也是規劃的另一項構成要素。組織使用這類研究於考量各種可能的新行銷策略與新的目標市場，及在這些市場中吸引顧客的方法。舉例來說，一家連鎖餐廳會考慮增加外送服務之項目，而一家連鎖旅館則會調查增加新旅館「品牌」之可行性。許多關於「如果我們這麼做，將如何？」的問題都可以藉由這種方式－亦即運用行銷研究－來處理。當我們對各種替代性行銷策略進行分析時，便可利用研究提供協助。

關於行銷執行面的研究，則回答「我們如何才能達到目標？」這個問題。此種研究檢視達成既定行銷目標所選取的行銷組合要素（亦即前所提之 8P）之有效性。舉例來說，各個組織通常都會發展出許多廣告策略及其主題，並加以測試潛在顧客群。然後再根據顧客反應，選擇其中的一種廣告。

研究在餐飲旅館與旅遊之行銷系統的最後兩個階段裡，可說具有攸關成敗的影響。我們必須仔細監督行銷計畫的進展（亦即「如何確定能達成目標？」），並且測定結果（亦即「如何知道已達成目標？」）。請切記：當一項行銷計畫無法發揮作用時，必須隨時進行修正。我們如何分辨某項計畫無法達成預設的目標呢？必勝客就對其顧客們進行調查，以確定整個連鎖企業的形象，是否隨著新「必勝客族群」之廣告活動而產生改變。研究結果顯示，該公司這項計畫的確發揮了功用；顧客們對於必勝客的認知確實與以往大不相同。因此，研究在管理與控制行銷計畫上，乃不可或缺的。

當行銷計畫到了尾聲時，我們必須回答一項重要問題－我們是否達到了目標？研究有助於測定與評估這項結果。目標可能以目標市場的顧客人數、銷售金額、或是其它方式表示。測定行銷計畫的結果，就有如整理政治選舉的所有選票一般；但是，它並不僅是單純地分辨「是與否」而已；還必須評估所有結果。對於未來的行銷計畫而言，這些結果代表著何種意義？應該如何對各種行銷活動進行調整，以期獲得更高的有效性？哪些是有效的？哪些是毫無作用的？一些相當重要的問題，可以借助研究來回答。

圖 6-1 所示，便是上文中所述的彙總。它說明了行銷研究與行銷任務：亦即 PRICE－規劃（planning）、研究（research）、執行（implementation）、控制（control）、與評估（evaluation），及行銷研究與餐飲旅館與旅遊之行銷系統中五個步驟之間的關聯性。誠如各位所見，研究結果可運用在所有餐飲旅館與旅遊之行銷系統的步驟中。

行銷研究的定義

根據美國行銷協會的定義，**行銷研究**指「透過資訊來連結消費

者、顧客及一般大眾與行銷人員的功能」。這些資訊用來：

1. 確認並界定各種行銷機會與問題。
2. 創造、精緻化、並評估各種行銷活動。
3. 監督行銷績效。
4. 增進視行銷為一種程序的認知。

我們希望各位能了解，這項定義確定了行銷研究在五個餐飲旅館與旅遊之行銷系統階段中分別扮演的各個角色。此外，美國行銷協會的定義中，也陳述了「行銷研究詳述各項議題所需的資訊；設計蒐集資訊的方法；管理並執行蒐集資料的程序；分析獲得的結果；及傳達研究結果及其含意。」

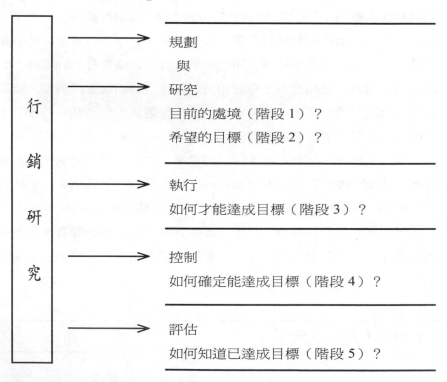

圖 6-1：行銷研究和餐飲旅館與旅遊之行銷系統的關係。

實施行銷研究的理由

　　行銷研究有助於組織做出各種更為有效的行銷決策；這也正是它主要的目標。良好的行銷決策來自於能夠接獲更好的資訊，而研究正可以提供此類資訊。我們之所以實施行銷研究，有下列五項主要理由：（1）顧客（customers），（2）競爭（competition），（3）信心（confidence），（4）可靠度（credibility），（5）改變（change）。各位或許已經注意到，這五種理由都以「c」為起頭。

　　實施行銷研究最重要的原因，是有助於組織更為深入瞭解其顧客－不論是以往的或潛在的。它提供組織關於滿足顧客需求之績效、及組織之行銷定位的相關資訊。藉由研究也可以調查各種新目標市場。各種新服務與設施更透過市場與可行性分析、行銷測試及其它產品測試來評價。

　　現今競爭日益白熱化的餐飲旅館與旅遊業中，研究競爭者也是不可或缺。此類研究可以指認出主要競爭者，並指出他們的優缺點。

　　制訂各種行銷決策時，設計精良的研究不僅可以提高組織的信心，也能夠讓行銷夥伴更充滿信心。如果組織能夠更深入瞭解顧客之需求與特性、及各種競爭長處與短處，則認知上的風險必將降低。

　　研究結果也可以用來提高組織之廣告活動的可靠性。舉例來說，某個組織本身或其它機構所做的研究，便可以有效地聲援廣告的主張或訴求。圖 6-2 與 6-3 中所示，便是運用此類研究的兩個實例。紅獅旅館（Red Lion Inns）所做的廣告，乃是根據一項組織內部的調查為基礎；而西北航空的例子則是依據 J. D. Power & Associates 於 1993 年，針對 6,339 位經常從事商務旅行的乘客所進行的一項獨立調查。此外，市場分析與可行性分析的研究，可提高贊助者之投資的可靠性。

圖 6-2：組織內部的研究聲援其廣告。紅獅旅館測試其顧客重覆住宿率。

圖 6-3：其他機構的研究聲援其廣告。西北航空利用一家獨立研究公司的調查結果，証明該公司的論點。

不論國內或國際旅遊市場，都不斷地改變；而全球的餐飲旅館與旅遊業亦復如此。旅客們的需求與期望，正快速變遷。所有的組織都必須不斷地注意這些改變，而研究則是如此做的主要工具。

現在，各位對於為何要實施行銷研究的基本原因應該已經有所了解；接下來便要更為詳細地檢視每一餐飲旅館與旅遊行銷系統階段中典型的必要資訊與研究問題。

目前的處境？

餐飲旅館與旅遊之行銷系統的第一個階段，便是研究與分析行銷環境、地點與社區、主要競爭者、以往與潛在顧客、服務項目、行銷定位、及過去的行銷計畫－即形勢分析之研究。最重要的必要資訊與研究問題包括：

我們目前置身何處？	
必要資訊	研究問題
1. 各種行銷環境的趨勢。	各項行銷環境要素如何影響組織之走向與未來成敗？
2. 影響地點與社區的各種趨勢。	地點與社區將如何對組織的成功有所助益？
3. 主要競爭者的各種設施、服務、優點與缺點。	組織的主要競爭者有哪些優缺點？
當前目標市場的特性與滲透度。	哪些人是組織的顧客？他們是什麼樣子？
5. 潛在目標市場的特性與規模。	組織是否應該追求特定的新目標市場？
6. 目前的市場狀況。	顧客對於組織的印象？
7. 以往行銷計畫的評估。	組織以往的行銷計畫之有效性如何？

希望進展的目標？

行銷研究能夠幫助組織選擇其目標市場、行銷組合及定位方法等；也有助於行銷策略的發展。研究可幫助組織自許多選擇中選取最

佳的方案。具代表性的各項研究問題與必要資訊包括：

希望進展的目標？	
必要資訊	*研究問題*
1. 整體市場的各種需求與特性。	應該如何區隔市場？
2. 每一區隔市場的趨勢。	目前每一個區隔市場的趨勢爲何？
3. 各種滿足區隔市場之顧客需求的利益與服務。	組織所能夠取得的是哪一個市場部份？
4. 一個既定目標市場中，顧客們的使用數量與可能性。	組織應該鎖定哪些區隔市場？
5. 各種定位選擇的潛在有效性。	不同定位方式的有效性各如何？
6. 每一個目標市場之各種行銷組合的潛在有效性。	不同的行銷組合對每一個目標市場的有效性各如何？

如何才能達成目標？

　　行銷研究對各種特定的推廣活動與其他行銷活動之潛在有效性的評價，有助於組織發展行銷計畫。這類研究將調查及測試各種選擇方案，有助於 8 P（亦即產品、價格、地點、推廣、包裝、規劃、合作、及人員）應用於接下來的行銷計畫之決定。發展行銷計畫的研究中，典型的研究問題與必要資訊包括：

如何才能達成目標？	
必要資訊	*研究問題*
1. 各種特定的推廣活動或促銷廣告之潛在有效性。	組織應該使用哪一種推廣活動或促銷廣告？
2. 各種特定的配送組合之潛在有效性。	組織應該使用哪一種配送管道？
3. 各種特定的定價方案之潛在有效性。	組織應該使用哪一種定價方式？
4. 各種特定的包裝與規劃方法之潛在有效性。	組織應該使用哪一種包裝與規劃方法？
5. 各種特定的合作協議之潛在有效性。	組織是否應該在行銷計畫中與其它特定的組織共同合作？
6. 各種特定的服務品質訓練計畫之潛在有效性。	組織應該使用哪一種服務品質訓練方式與計畫？

如何確定能達成目標？

　　各位不應該認爲，行銷計畫實施之後，就不再需要進行任何研究。一項行銷計畫的研究、分析及發展需要付出相當的努力；而這項努力不應在行銷計畫開始執行後就隨之停止。事實上，一項計畫必須不斷地監督，以了解各種行銷目標是否正逐步達成，並檢視任何修正的必要性。而研究便是用來核對行銷計畫中特定時間點上的實施程序。具代表性的各項研究問題與必要資訊包括：

如何確定能達成目標？	
必要資訊	研究問題
1. 達成行銷目標時的各項進展。	組織是否能夠達成行銷計畫中所設定的每一項目標？
2. 使用定位方式時的進展。	所選擇的定位方式，其運作是否與預期效果一致？
3. 運用特定的推廣活動與其它特定的行銷組合活動之進展。	各種特定的推廣活動與其它特定的行銷組合活動之運作是否與預期效果一致？
4. 顧客滿意度的改變。	實施服務品質訓練計畫之後，顧客滿意度出現何種改變？

如何知道已達成目標？

　　雖然經常被忽略，但它卻是行銷研究非常重要的應用。行銷計畫只有在達成各種設定目標時，才能算是有效的；而研究則有助於這項計畫成果的測定。我們通常也稱之爲**評估研究**；其中具代表性的各項研究問題與必要資訊包括：

如何知道已達成目標？	
必要資訊	研究問題
1. 達成每個目標市場之行銷目標的成功程度。	組織在每一個目標市場中，達成其各種行銷目標的成功程度為何？
2. 各種特定行銷組合方式、推廣活動、及其它活動之成果。	各種推廣活動及其它特定行銷組合活動達成其目標的有效程度如何？
3. 顧客滿意程度的改變。	實施行銷計畫之後，顧客滿意程度出現何種改變？

不實施行銷研究的原因

　　各位研讀至此，可能會懷疑，沒有行銷研究的組織如何生存呢？我們希望完全地務實－許多成效卓著的行銷決策完全不依賴任何研究。某些情況下，決策者的直覺與判斷，証實相當正確。這是否意味著根本就不需要行銷研究呢？而管理人員的直覺與判斷，是否為可接受的選擇呢？上述兩個問題的答案都是否定的。直覺並非研究的良好替代品；從另一方面來看，研究也無法取代直覺與判斷。最佳的行銷決策，應該是研究、直覺及判斷三者組合而成。有能力的行銷經理人員都很清楚行銷研究的好處，並且知道如何運用；他們也瞭解使用直覺與判斷的限制及必要性。

　　不做研究經常是因為時間、成本、或可靠性等諸多因素的考量。原始研究，例如一項調查，可能得花上好幾個月才得以完成；而仰賴研究資訊以做出決定的時間，卻可能只有幾個星期而已。此外，研究費用也可能相當昂貴，且成本或許超過其價值。再者，可能沒有任何值得信賴的方法可以回答某個特定的研究問題。如果能理性地獲致上述結論，研究就必須以直覺及判斷來取代。

　　還有其它不做研究的原因。一家正考慮推出一項新服務或產品的公司或許認為一項探討大眾觀點的研究調查，反而有助於競爭伙伴

獲得極有價值的資訊。這些競爭者可能會模仿這項即將推出的新服務或產品。當組織瞭解到他們沒有足夠資金來執行該項方案的結果時，便會決定不實施該研究方案。

　　此外，也有許多經理人員對研究根本不在意，甚或不瞭解其價值。他們相當滿意於獨斷獨行及「故步自封」的作法，只使用直覺與判斷做出決定；「慘遭淘汰」通常也都爲期不遠。直覺與判斷主要是以過去的經驗爲基礎，但是未來的狀況通常與過去截然不同。這些經理人觀察問題或機會時，很少會面面俱到；他們經常無法認清所有的選擇。結果，他們制訂的行銷決策往往無法達到運用研究結果來制訂決策的有效性。

研究資訊的必要條件

　　在探討特定技巧之前，相當必要先確定所謂「良好研究」的意思。其主要條件包括：

1. **實用性**：研究資訊可否利用？
2. **及時性**：研究資訊可否在必須做出決策之時間內取得？
3. **成本效益性**：財務利益是否超過成本費用？
4. **正確性**：資訊是否正確？
5. **可靠性**：資訊是否值得信賴？

1．實用性

行銷研究極可能所費不貲且相當耗時。因此，只蒐集可用資訊以節省金錢與時間。許多研究活動蒐集了「知道也無妨」及「必須知道」的資料。而「知道也無妨」的資訊，通常價值有限。這時明確的研究目標是主要關鍵；這些目標應該被轉譯成許多必須回答的問題。只有那些特別針對這些問題的資訊，才應該蒐集。

2．及時性

研究結果的及時性也相當重要。同樣地，這也需要事前的規劃，以判定何時必須獲得這些制定決策時所需要的結果。舉例來說，一項決策或許在月底之前就必須做出，而調查（亦即原始研究）卻得花三個月才能完成。這時，決策者就必須倚賴幾乎是立刻可取得的輔助研究資訊。

3．成本效益性

一些全國性研究方案耗費數十萬美元。這被認為是正當的，乃由於這些決策的影響將價值數百萬、甚至數十億美元之鉅。然而，一項須花十萬美元的問題或機會之研究，只可收穫一萬美元的價值就毫無意義可言。因此，研究支出必須直接相關於商機調查或解決問題的預期價值；也就是說，行銷研究的花費必須具有成本效益性。

4．／5．正確性與可靠性

正確且可信賴乃是研究資訊的兩項必要條件。原始研究資訊與輔助研究資訊的正確性相當重要。決策者必須確定取得資料的方法與求得的數值，在技術上正確無誤。稍後將發現，原始研究較易達到正確性。而可靠性則是指再一次進行相同或類似的研究，其結果應該接近。如果研究資訊不可靠，則組織處理問題或機會時，無法預測實際將發生的狀況。

行銷研究程序

討論研究程序之前，必需先瞭解：每一方案都應該是行銷研究計畫的一部份。所謂「**行銷研究計畫**」，是指組織用以調查機會或問題的計畫。行銷研究計畫與「**方案**」是不同的。計畫略述了研究大綱；而方案則必須決定如何研究該項計畫中的各種機會與問題。計畫通常是例行性的單次研究。舉例來說，華德迪士尼世界計畫蒐集遊客們的人口分析資訊及滿意度。其次，因為這些資訊的持續需要性而規劃例行性蒐集。因此，每年重覆進行數次的遊客調查。華德迪士尼世界的計畫可以是一或多個單次研究調查。假設奧蘭多的居民可以一次購買特別季節入園券，則可針對季節票購買者進行調查他們喜不喜歡。行銷研究方案如果能夠遵循圖 6-4 中所示的五個連續步驟者，將可發揮最大的效果。

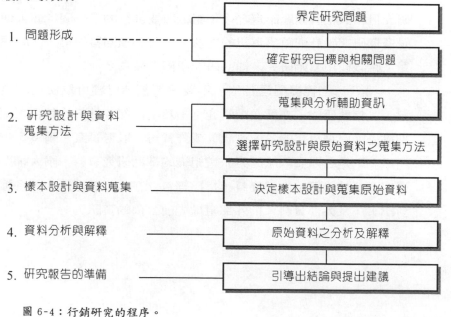

圖 6-4：行銷研究的程序。

1 · 問題形成

行銷研究程序的第一階段，便是界定研究問題或機會。我們剛提到行銷研究計畫是略述研究大綱。舉例來說，Taco Bell 確定有需要追蹤顧客對該公司之廣告及銷售推廣（促銷）項目的瞭解程度。研究問題便是對促銷的瞭解程度；這是一項相當廣泛的問題陳述。在決定如何進行研究之前，必須先取得許多細節；也就是說，必須由問題陳述中，先導引出一或多項的研究目標。例如 Taco Bell 可決定找出注意到該公司海鮮沙拉之電視廣告的受調者比例；或有多少受調者知道該公司推出的店內消費之特價活動。當研究目標確定之後，組織更易掌控研究方法的決定及問題的提出。圖 6-4 中所示，便是構成階段 1 的兩項主要工作－界定研究問題，及確定研究目標。

2 · 研究設計與資料蒐集的方法

研究目標與相關問題確定之後，組織所要進行的下一個步驟，便是選擇研究設計與蒐集資訊的方法。這時必須回答的第一個問題是：應該使用原始研究、輔助研究或兩者兼具？

第五章已經提醒過各位「不要重新創造已經可以使用的資料」。**輔助研究**（亦稱次級研究；指藉由內部或外部的其它來源取得先前已被蒐集的各種資訊）或許就可以取得答案。圖 6-5 中所示，則是各類餐飲旅館與旅遊組織的輔助研究資料。兩大輔助研究資料的範疇：**內部資料**（指已經包含在該組織記錄內的各種資訊），及**外部資料**（指外部組織先前公佈的資訊）。

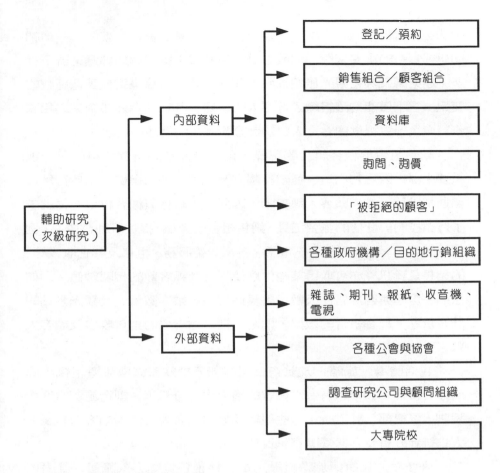

圖 6-5：輔助研究的資料來源。

內部輔助研究資料

　　內部輔助資料的例子包括：各種登記與預約記錄、銷售組合與顧客組合資訊、資料庫、詢問記錄、與「被拒絕的顧客」之統計資料等。大部份的餐飲旅館與旅遊組織－包括旅館、航空公司、汽車出租公司、餐廳、旅遊經營者與批發商、及遊輪公司等，都接受預約。當然也包括各家旅行社。而一些餐飲旅館與旅遊組織，例如旅館等，

依法必須對他們的客人進行「登記」。這類登記資訊，就成了一項輔助研究資料的重要來源。你最近是否曾被要求提供你的郵遞區號？許多主題樂園及其它觀光旅遊景點，便在其入口處蒐集這類郵遞區號的資訊。它不僅能夠讓組織了解客人的住處，且在結合外部企業之相關資料庫後，更提供顧客之人口統計分析及生活型態等資訊。

　　銷售組合與顧客組合的記錄，則是內部輔助研究資料的另一項重要來源，因為它們是一種業務趨勢及行銷成功的指標。由於行銷目標通常以銷售量或顧客人數表示，因此銷售組合與顧客組合記錄就成了行銷控制與評估的重要工具。銷售組合的數據，提供了利潤中心（例如旅館客房、食物與飲料、電話、各種附帶服務、租車及其它收入等）的銷售量資訊；亦可取得某些供應使用量及顧客數的相關數值，例如旅館住房率與客房居住天數、餐具使用率、乘客數量、及觀光景點的訪客量等。顧客組合的數據，則應包括目標市場的銷售收益及顧客人數。

　　包括賭場、旅館、及航空公司等部分餐飲旅館與旅遊組織，除前述資料外，甚至還有個別顧客的龐大內部資料庫。創造旅遊常客與規劃「俱樂部」計畫時，這些組織都發展出有利的個別顧客銷售量、人口統計分析及其偏愛等資訊資料庫。

　　許多餐飲旅館與旅遊組織，都會接獲各種顧客或旅遊仲介者的直接詢問或詢價。這些詢問多經由電話、信件、傳真、或親自造訪等。詢問是行銷成功與否的另一項指標，因此組織需將此等記錄妥為保存是相當重要的。現今之餐飲旅館與旅遊廣告大都採取不同的「直接回應」方式；例如，潛在顧客需使用指定電話號碼，寫信至指定地址，或寄回一份填妥的折價券等。美國各州政府旅遊機構即使用此種方式，以測定直接回應之廣告成果。處理這些詢問的工作，通常稱為「實現」（fulfillment），提供了這些機構重要的潛在訪客資料庫。印地安納州旅遊與電影發展部的報告顯示，其 1991 至 1992 年的推廣活動，總共創造了 319,206 條「引線」（lead）（亦即詢問），而每條引線

圖 6-6：印地安納州的直接回應式廣告，為產生引線而設計。印地安納州旅遊局使用「隨報派發之廣告傳單」（FSI），以期創造詢問及發展顧客資料庫。

的平均成本為美金 2.24 元；參見圖 6-6。

　　「被拒絕」的統計數字代表，因為組織已達最大容納量，而「未獲滿足之需求」或不被接受或兌現的預約。記錄這些「被拒絕」的顧客（其中有些人是由於行業的超額預約造成的「受害者」）也很重要；因為他們也是行銷成功與否的另一項指標。對組織擴大容納量之決定也極為有用。

外部輔助研究資料

　　圖 6-5 顯示了取得外部輔助研究資料的管道：各種政府機構與目的地行銷組織（DMOs）、雜誌、期刊、報紙、收音機、電視台、各種貿易及旅遊公會或協會、調查研究公司與其它的私人顧問機構、及各大專院校等。包括會議與旅客服務局在內的各種政府機構與其它目的地行銷組織，乃是餐飲旅館與旅遊業之各項研究資料的主要提供

者。在北美洲的機構包括：美國觀光旅遊協會（USTTA）、加拿大觀光局、加拿大統計局、墨西哥觀光旅遊部、及這些國家各州立及省立觀光旅遊辦事處。

雜誌、期刊、報紙、收音機、電視台等，提供訂閱者、讀者、聽眾、或觀眾之資訊給行銷人員。此外，這些組織也會進行顧客特性及偏好調查或各種「產業狀態」的研究。圖 6-7 中所示，爲餐飲旅館與旅遊雜誌及報紙定期進行的「產業狀態」調查。此外，媒體研究資訊也可透過私人研究機構，例如 A. C. Nielsen 公司、Arbitron、Mediamark Research、Simmons 市場研究處、及 Starch Inra Hooper 等處獲得。

貿易及旅遊公會或協會則贊助並公佈許多餐飲旅館與旅遊業的研究。這些研究調查中，有些定期進行，有些則是一次完成的專題研究；參見圖 6-7。國際遊輪公司公會（CLIA）針對遊輪容納量、乘客數量及顧客滿意度，進行定期調查。全國餐廳公會（NRA）則與 Deloitte & Touche 顧問公司合作，發布全美餐廳之平均營運績效的年度報告。

調查研究公司與其它私人顧問是餐飲旅館與旅遊研究的主要供應者。這些公司或將其研究報告出售，或發送給部份研究費用的特定贊助者。有些公司僅針對餐飲旅館與旅遊的特定部份進行研究，有些則提供與旅遊量及旅遊型態的統計數據（參見圖 6-7）。

大專院校對餐飲旅館與旅遊業所進行的研究，其規模及數量有日益成長之趨勢。許多研究公佈於各主要學術期刊中，例如《康乃爾旅館與餐廳公會季刊》（*The Cornell Hotel and Restaurant Administration Quarterly*）、《旅遊研究期刊》（*Journal of Travel Research*）、《觀光旅遊管理》（*Tourism Management*）、及《觀光旅遊研究年鑑》（*Annals of Tourism Research*）等，或在各重要的研究與教育研討會中被提出。

各種雜誌、期刊、與報紙	
Incentive Travel Survey	Successful Meetings
Incentive Travel	Incentive magazine
Meetings Market Report	Meetings & Conventions
Successful Meetings' State of the Industry Survey	Successful Meetings
The Travel Industry Service Quality Survey	Business Travel News
United States Hotel Guest Survey	Hotel & Travel Index
United States Travel Agency Survey	Travel Weekly

各種貿易及旅遊公會或協會	
Amusement Industry Abstract	International Association of Amusement Park and Attractions
Group Travel Report	National Tour Association
Restaurant Industry Operations Report	National Restaurant Association
The Cruise Industry	Cruise Lines International Association

調查研究公司與其它私人顧問機構	
American Express Survey of Bussiness Travel Management	American Express
DKS&A DIRECTIONS	D.K. Shifflet & Associates
Leisure TRAK	Leisure Trends,Inc.
Longwoods Travel USA	Longwoods International
NPD/CREST Annual Household Report （Consumer Report on Eating Share Trends）	NPD Marketing Group
Survry of Business Travelers	United States Travel Data Center
The HOST Report	Arthur Anderson/SmithTravel Research
Travel Market Report	United States Travel Data Center
Trends in the Hotel Industry：USA Edition	PKF Consulting
Trends in the Hotel Industry：International Editional	Pannell Kerr forster
Trends in Travel & Tourism Advertising Spending	Ogilvy & Mather

圖 6-7：各種餐飲旅館與旅遊業的外部輔助研究資料來源。

　　各位可發現，餐飲旅館與旅遊業可取得的輔助研究資訊，數量相當可觀。研究方案以蒐集與分析輔助資料開始，通常是不錯的策略。如此或許可以回答某些研究問題，但也可能無用；然而，蒐集資料也

表示組織瞭解研究費用應用於最有效益的地方。經過徹底研究之後，組織或許會發現，需要的資訊無法藉由內部與外部的輔助資料取得。當組織有了這種結論，就必須進行原始研究，如果預算許可的話。探討原始研究之前，茲將輔助研究的各項優缺點列舉如下：

輔助研究的優點：

1. **費用低廉**（與大部份的原始研究相較，這點無庸置疑）。
2. **容易達成**（尤其是內部資料）。
3. **可立即取得**（原始研究需要較多時間）。

輔助研究的缺點：

1. **通常都是過時的**（輔助資訊畢竟是他人的原始研究資料，可能經數月或數年時間才公佈）。
2. **潛在不可靠性**（蒐集這些研究資料的團體進行原始研究的監控程度，或許與我們的標準有所差異）。
3. **可能無法運用**（這些資訊可能過於一般化，或不適用於某項業務的地點或特定服務）。

原始研究通常是蒐集與分析輔助研究資訊之後，才進行的研究。與輔助研究相較之下，其優缺點分別敘述如下：

原始研究的優點：

1. **可有效的運用**（研究資訊是量身訂做，以切合組織制定決策之所需）。
2. **精確而可靠**（只要遵循正確程序，組織必可獲得精確而可信賴的資料）。
3. **最新資訊**（原始研究的資料不會像輔助研究一樣，都是較為過時的資訊）。

原始研究的缺點：

1. **昂貴**（原始研究通常需花費數仟美元以上，而輔助資訊一般只需數佰美元）。

2. **無法立刻取得**（原始研究通常得花上數月、甚至數年的時間才能完成－而輔助研究的資訊幾乎是垂手可得）。

3. **並非那麼容易達成**（輔助研究是現成的－他人已做出何事、何人、及如何進行研究的各種決策）。

應該使用原始研究、或輔助研究、或兩者兼具？通常應該是兩者兼具。雖然有時候組織無法負擔原始研究所需之時間與費用，但輔助研究資訊通常不足以應付制定重要行銷決策之需。它固然有助於決定蒐集原始研究資訊之方向，卻無法取代原始研究的地位。

現在，讓我們探討行銷研究程序。選擇原始研究方法，是我們要克服的下一個難題。研究設計可分爲兩大類：探索式與結論式。輔助研究及部分原始研究方法（例如焦點團體）是屬於探索式範籌。**探索式研究**較著重於闡明各種問題或機會，而**結論式研究**則有助於解決問題或評估機會。下列四種蒐集資訊方法乃屬於結論式領域：

1. 實驗法；
2. 機械觀察法；
3. 調查法；
4. 模擬法。

另一種分類則依據原始研究方法提供的資料類型來區分。圖 6-8 顯示兩種主要的資料分類爲**定量的**（數字化）、與**定性的**（非數字化）。結論式研究通常產生定量資料，而探索式研究則提供定性資訊。

選擇最適當的設計與方法取決於許多因素。主要依據該項研究的問題與目標、已知部分的多寡，及結果如何利用等。

前例 Taco Bell 的推廣瞭解度問題需要結論式答案；必須知道推

廣活動的成效如何。假設研究結果將導致是否維持、修正、或停止該推廣活動的相關決策。該公司需要蒐集即時資料的方法,且代表二十個地區的潛在顧客;因此選擇使用調查法,並決定進行電話訪談。

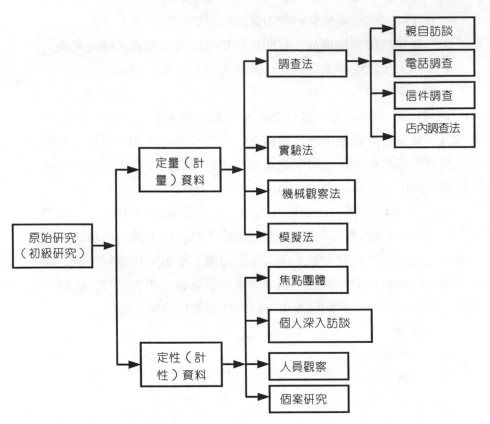

圖 6-8:各種原始研究方法與技巧。

3.樣本設計與資料蒐集

第三個階段便是確定樣本設計與蒐集資訊。樣本設計由三個部份構成:

1. 樣本架構;

2. 樣本選取程序;

3.　樣本大小。

　　a.　**樣本架構**　　該項研究涵蓋哪些團體，便是樣本架構的決定。華德迪士尼世界便以入園的遊客做為它的樣本架構。許多旅館及餐廳也是針對住宿旅客及用餐顧客進行研究。

　　b.　**樣本選取程序**　　可使用非隨機樣本選取及隨機樣本選取方式。非隨機樣本係基於方便性或判斷來選取；其精確度較隨機樣本遜色許多。**非隨機抽樣法**乃主觀的樣本選取方法，母體中的每一個份子獲選的機率未知。而隨機樣本是更為科學與客觀方法的產物。**隨機抽樣法**（母體中每一個人被選入的機率已知且非為零）包括：

1.　**簡單隨機抽樣**（Simple Random Sampling）：所有受調者都有相同的機會被選入樣本。只要將所有名單置於碗內，攪和之，再抽出需要數量的名單做為樣本，就算大功告成。另一種技巧是利用隨機亂數表（由電腦隨機產生）。

2.　**系統化抽樣**（Systematic Sampling）。常使用於電話調查，先隨機選取一個數字，例如７，然後再由電話簿中每一頁的頂端算起，選取逢７的名字，以構成所需的樣本。

3.　**層級化隨機抽樣**（Stratified Random Sampling）。因受調者有許多不同的次團體（例如業務旅行者與渡假旅遊者），故先將受調者名單依據團體加以區分（即「層級化」），然後再自每一個次團體中，隨機選取所需的樣本。

4.　**集群抽樣**（Cluster Sampling）。先將研究對象區分為許多次團體，再隨機自這些次團體中選取出所要的數量（亦即「集群」）；接著再調查每一個集群中的*所有樣本*。舉例來說，一家旅館可能隨機選取一年中的某些日

子，進行住宿客戶調查；這些隨機選取日子裡的所有宿
客，都必須加以調查。

5. **地區抽樣（Area Sampling）**。屬於集群抽樣之一，在
無法取得所有潛在顧客名單時所使用的方法，先隨機選
取某個地區（例如一個城市中的某個區域），再對該區
內所有人員或住戶展開調查。

　　　　c．樣本大小　　選擇樣本之大小決定於資訊必須具有多高
的精確度。最精確的資料來自於使用一項已經確立的數學公式。
這些公式的敘述，非本書的研討範圍；但是各位可在大部份行的
銷研究著作中，找到詳細的相關敘述。因此，我們將繼續探討資
料的分析與闡釋。

4·資料的分析與闡釋

　　「未經處理」的資料，其價值相當有限；必須經過仔細分析與闡
釋，才能發揮作用。相關工作包括下列四項：

1. **校訂**：核對資料之錯誤、遺漏、與不明確之處。
2. **編碼**：詳細說明將各種答案輸入電腦的方式；例如「是
與否」的問題中，使用１代表「是」，０代表「否」。
3. **製表**：將所有問題之答案以表格型式計算與排列。通常
藉由一套電腦化的統計分析程式來執行，但也可用人工
方式處理。
4. **運用各種統計學的測試與程序**：執行各種統計程序與測
試，例如卡方統計、相關性、迴歸、與集群因素分析等。

5·研究報告的準備

　　這項研究代表什麼意義？最後的階段則導出管理階層所需的各種
結論與建議，並以報告之格式提出。

研究方法

　　圖 6-8 顯示各種不同的原始研究方法。其中四種－（1）實驗法，（2）觀察法，（3）調查法，及（4）模擬法－產生定量資料。而另外四種－（1）焦點團體，（2）個人深入訪談，（3）人員觀察，及（4）個案研究－通常是定性資料。

1．實驗研究

　　各位或許將「實驗」與學生時代的科學課程聯想在一起。事實上，科學家都必須實施許多實驗以測試他們的想法。在我們這個行業中，**實驗研究**通常是使用各種不同的測試，以判定顧客們對於新服務或產品所可能出現的反應。組織推出新產品而失敗的花費是極昂貴的。而藉由實驗研究，可降低失敗的風險。

　　此類實驗可以簡單如概念實驗，或者複雜及昂貴如全面性的**測試行銷**。以溫蒂食品打算在餐廳內推出沙拉吧為例子。如果採用概念實驗，溫蒂則需簡單一兩段話描述沙拉吧，再請潛在顧客來閱讀這段敘述，然後，經由調查或焦點團體開會方式，蒐集顧客的反應。假設顧客們非常喜歡這個點子；那麼，溫蒂是否可以放手一搏推出這種沙拉吧，或是必須進行更多的研究呢？

　　溫蒂此時的窘境在於顧客們只是對紙上概念做出反應而已。顧客們是否會真正喜歡推出的實物？銷售狀況將如何？對於目前的漢堡或菜單上的其它產品會造成何種影響？對於店內整體銷售會有何影響？很顯然地，仍需更多的研究來回答上述問題。

　　接著，溫蒂可能決定進行一項人為實驗，例如選定一家連鎖餐廳設置沙拉吧，並邀請顧客或員工試吃。即使這項人為實驗相當成功，對溫蒂而言可能還是不夠的。最終階段應在所謂的「實

驗城市」中推出這種沙拉吧；此等實驗城市指眾所皆知，足以代表美國與加拿大所有人口的都市。全面性的測試行銷，將耗費溫蒂數十萬美元，但卻可以提供顧客們對於新推出沙拉吧的實際反應。最後，溫蒂選擇測試行銷，而這種沙拉吧在各實驗城市中也證明了是個大贏家；參見圖 6-9。因此，溫蒂便決定在全國各地推出這種沙拉吧。你或許還不知道，這可是真實故事呢！

2・觀察研究

觀察研究有兩種主要型式：人員觀察與機械觀察。前者使用人員來執行；後者則藉由機械設施或電子設備來進行。

人為觀察指觀察與注意顧客們的行為；這是一種評估競爭者極佳的方法。如果溫蒂的競爭者中已經有某家推出此類沙拉吧，那麼，溫蒂的研究人員可以觀察顧客的反應。以下為人員觀察的一些創意點子：

- 計算顧客由自助餐檯或沙拉吧再添食物的次數。
- 計算競爭者停車場所停放的車輛數目及汽車牌照核發地點。
- 觀察由格架上取走簡介的人次。
- 於每天的不同時段計算使用游泳池的人次。
- 計算餐廳顧客的平均用餐時間。

圖 6-9：速食業的實驗研究。溫蒂食品推出沙拉吧之前，成功地完成測試行銷。

不妨試著自己出點子。這是真正有用的技巧嗎？讓人驚訝的是，人們通常忽略這也是一種獲得研究資訊的來源。不論我們觀察的對象是自己或競爭者的顧客，這類方法都能提供既經濟又豐富的資料，以供制定決策之用。

各位應該知道，觀察研究也可以是實驗的一部份。假設溫蒂很想知道前來餐廳用膳的年輕女性中，究竟多少人是因為新推出的沙拉吧來消費的。此時可以計算其實驗商店午餐時段前來用餐的年輕女性顧客；再將這項數據與其它未提供沙拉吧之商店的同時段人數做一比較，便可獲得所要的資料。

機械觀察使用於餐飲旅館與旅遊業的特定場合，通常可提供顧客人數或銷售量的資訊。各主題樂園及其它設有「門柵」之觀光景點入口處所使用的十字型轉門，便是一個顯著的例子。各種收銀機，尤其是電腦系統的電子式收銀機，更是顧客購買行為的有效「觀察者」。條碼科技與相關掃瞄設備，已廣泛使用於零售購物場所。手持式計數器也被使用於船舶及一些觀光景點；而車輛數目則是利用一種橫跨於路面的計數裝置加以計算。

機械觀察裝置也使用於追蹤電視收視、及測試各種廣告與其它促銷活動。包括目光追蹤監視器、瞳孔測量器、心理分析檢流器、及音調分析器等各種裝置，都被用來評估顧客們對各種廣告與其它促銷資訊的身體及心理反應。

這些裝置雖然能夠產生相當精確的定量資料，卻無法提供人員觀察中深入的定性資訊。它們只是敘述而非解釋顧客行為；在動機、態度、看法、及認知等各方面的說明也極為有限。

3·調查研究

大部份讀者對各種調查應該相當熟悉。或許曾經在購物中心被詢問最喜愛的洗髮精品牌。或接到高中母校寄來的表格徵詢對該校各項課程的看法。或曾接過人壽保險公司打來的電話，詢問個人

未來規劃的相關問題？或曾見過餐桌上的各種意見調查表？調查法有四種主要方式：

1. 親自訪談；
2. 信件調查；
3. 電話調查；
4. 店內調查。

調查研究由於具有彈性與簡易使用性，而成為我們這個行業最受歡迎的研究方法。雖然普遍地使用，但也發生許多拙劣與無效的調查。如何進行良好的調查固然是一門學問，也是一種藝術。

a．親自訪談　一份信箱中的問卷調查表，很可能被棄之不顧；研究人員打的電話，也常會被受話者立即掛斷。然而，就人性而言，受調者拒絕回答一對一的訪談會比較困難。因此，親自訪談的好處之一，便是獲得高**回覆率**－指所有接受調查的人們中，回答研究人員提出之問題的人數比例。

具高度彈性，則是另一項好處。信件式與店內自我完成式調查中，一旦白紙黑字寫下去之後就無法再修正。而使用電話調查的研究人員，雖可於陳述問題時略作修改，仍無法獲知受調者行為及「肢體語言」的視覺暗示。親自訪談則可顯示更多訊息。假設我們是一家旅館業者正考慮使用影像退房系統。我們可能先書面描述這個系統（記得前面提過的概念實驗嗎？），再經由信件或電話調查的方式，徵詢以往顧客對此新系統的看法。然而，親自訪談可能是更為有效的方式。我們可以向現在的房客說明並詢問他們的看法。

透過這種方式，訪談人員可以詳盡說明某些問項真正的含意，也可以藉由重述問題，而蒐集更為完整的答案，並做更深入的刺探。

親自訪談和電話調查一樣，都能夠提供相當即時的資訊。而信件調查時，寄出問卷到回收中間通常有時間的延誤。因此，必須立刻獲得相關資訊時，親自訪談或電話調查較適當。

以人員進行調查有下列的各項缺點：

- 成本相當昂貴。
- 訪談人員在提出問題時，可能會出現個人偏見。
- 受調者可能不願意回答個人隱私問題。
- 受調者可能無法輕鬆地回答。
- 訪談時間可能造成受調者的不便。

b. **信件調查**　郵件調查缺少親自訪談中面對面的接觸。雖然如此，這種方式卻提供下列各項好處：

- 如果回覆率高，則其成本相對較低。
- 沒有訪談人員的偏見。
- 問題與答項的一致性。
- 可以同時調查大量的受調者。

傑出案例

行銷研究：
Marriott Corporation

在這個行業中，Marriott 是高度重視行銷研究的代表實例。該企業承襲著已故創始者－J. Willard Marriott 二世「仔細聆聽顧客的反應」的睿智。Marriott 二世親自拆閱所有來自各連鎖旅館的顧客投訴信或反應函，來確定其行銷方向。發展「中庭旅社」，是運用研究結果開發新行銷機會的一項傑出實証。

1980 年宣佈，1983 年第一家「中庭」在亞特蘭大正式啓用。在 1980 年之前，該公司花費於調查住宿業是否仍存有任何空間的費用，

就已高達數十萬美元之鉅。著手建築亞特蘭大的「中庭」之前,該公司先造了一間具活動牆壁的原型客房,將各種不同的結構配置展示給經過挑選的旅遊者,以了解他們對於不同客房佈置的看法。這項研究測試一直持續到第一家亞特蘭大「中庭」開幕之前。

　　Marriott 同時使用輔助(主要為各競爭者之分析)及原始研究。

此外,更全數運用原始資訊的四種蒐集方法:實驗(在亞特蘭大進行測試行銷)、觀察法(觀察顧客們對於實驗模型客房的反映)、調查法(包括區隔研究與產品屬性偏好調查)、及模擬法(實驗模型客房)。

　　經過發展小組多年的研究與分析,獲得了一項主要結論:仍有全新類型住宿設施的發展空間。旅遊常客們願意以典型的旅館豪華設施—如寬敞大廳與超大飲食區,來換取更舒適、更有住家「感覺」、及更廉價的客房。

　　「中庭」的規模較小(大約只有一百五十間客房),通常有一間可容納九十人的餐廳及休憩室。看起來像一棟兩、三層的公寓或分租大廈,而不似典型旅館。所有客房圍繞著一座中央有游泳池的中庭(這便是「中庭」名稱的由來)。客房設計都是以商務旅行為主要考量。**Marriott** 的研究顯示:客人們不喜歡在床

上處理業務及沒有可談生意的舒適空間。因此,每一間客房裡,都有一張書桌與可坐下來交談的座椅安排。

Marriott 持續這種「研究－實驗－引用」的方式,而發展了各種住宿新概念;包括了 Marriott Suites 之小型旅館、及經濟導向的 Fairfield Inn 等。第一家 Marriott Suites 經過無數的消費者研究後,於 1987 年 3 月在亞特蘭大開幕。

經由一項全國性調查,Marriott 加強了週末套裝產品的促銷。該項調查顯示,大約 73％的美國境內旅遊行程為三天或更短的時間;而大約 60％的此類迷你旅遊都是在週末時段進行。根據這些及其它結果,該公司於是在 1986-1987 年的冬季,首先推出了「雙人早餐」的套裝;自此之後每年的同一時段都重覆此促銷活動。1995 年的該項活動,甚至推出極低廉的價格:每間每晚美金 69 元至 89 元,及提供連續兩個週末早晨(週四晚上至週日早上)雙人早餐。Marriott 的研究確認了一項事實:美國人民的生活型態,已經由傳統的兩至三週的長期渡假,逐漸

轉變為時間較短、次數較頻繁的旅遊。週末套裝產品即是下一章將探討的「生活型態區隔」下的結果。

討論問題:

a. Marriott 使用了哪一種研究方法?採用了哪一種特定的行銷研究技巧?結果如何?

b. Marriott 在行銷研究上的應用,是否提供其它餐飲旅館與旅遊組織足以效法的良好榜樣?為什麼?Marriott 實施及運用研究的方法有哪些優點?如何將 Marriott 的研究方法,運用到餐飲

- 可以經由郵件接觸到每位受調者。
- 受調者可以不具其名。
- 受調者可以選擇最方便的時間回答問題。

　　信件調查除了前述不牽涉個人面談的特性之外，相對較低的回覆率則是其主要缺點之一。親自訪談與電話調查通常可以獲得 50%、甚至更高的回覆率；但是信件調查若能有 30%至 40%的回覆率就算相當不錯，更低的回覆率，亦不足爲奇。這種調查方式也面臨郵寄廣告的「垃圾郵件併發症」（指一般認爲每日大部份信件都只是廣告）。然而仍有許多程序可改善信件調查的回覆率。包括了：

- 利用個別處理方式，避免大宗郵寄的感覺。（例如：在信封上打上個別收件人地址、在第一頁以個別方式問候、讓受調者姓名出現於第一頁內容中、信封上貼郵票取代郵資機處理等。）
- 首次寄出問卷而未於預期時間內獲得回覆時，必須再寄追蹤信函，以提醒受調者完成並寄回該份問卷。
- 提供說服受調者完成該份問卷調查的承諾（例如：將寄送一份研究報告、提供金錢性或非金錢性獎勵給作答的受調者）。
- 使用正確且最新的郵寄名單。
- 應避免問卷過於冗長。
- 附上一個郵資已付、並事先打好地址的回郵信封，以方便受調者寄回該問卷調查表。

　　餐飲旅館與旅遊組織若能謹慎地遵循上述各原則，將提昇

調查回覆率，而與親自訪談及電話調查者不相上下。

　　c．電話調查　電話調查有許多與親自訪談相同的好處。由於研究人員可以重覆詳述問題，並略過不適用者，因此彈性比信件方式更高。如果只需撥接市內電話者，則可立刻蒐集到花費不高的所需資訊。使用有效的名單及訓練有素的電話訪談人員，將可獲得相當高的回覆率。

　　另一方面，電話調查與親自訪談相同，都讓人覺得較信件調查來得冒失莽撞。很多人視電話行銷與調查為一種侵犯個人隱私的行為，因此接到之後很快就掛斷。與親自訪談相較，電話調查更難與受調者建立良好的信賴感與融洽性。此外，當無法避免撥接長途電話時，也將大幅提高電話調查成本；在此情況下，通常都應將問項減至最低，以節省費用。

　　電話調查也有許多特定程序有助於改善回覆率與資料品質。這些程序將在第十七章另做探討。

　　d．店內調查　許多調查乃是顧客在餐飲旅館與旅遊的營業場內完成；包括餐桌上通常都可發現的客戶意見表，及旅館客房及遊輪臥房中放置的各種調查表。這些調查有助於判定顧客們對於服務品質、各種設施與設備之滿意度。

　　店內調查具有許多和信件調查相似的缺點；最主要仍是相當低的回覆率。根據一項旅館使用客戶意見表的調查顯示，許多旅館獲得的回覆率甚至還不及百分之一。過去幾個月內，你填寫過幾份餐廳中擺放的顧客意見表？你的答案很可能是「沒有」或「很少」。很不幸地，許多顧客都認為沒有人會對「小客戶」感興趣；而且大部份情況下，沒有其它誘因鼓勵顧客花點時間表達他們自己的看法。

　　在關係行銷的年代裡，現有與過去的顧客都被視為未來行銷的主要資源，上述情況自然無法被接受。所有組織都必須盡力誘使顧客填寫店內問卷調查表。Marriott 的 Fairfield Inn 便採用

史無前例的作法：在顧客結帳退房時，請他們於櫃檯將答案輸入電腦化調查表中。一些腦筋動得快的行銷人員，則提供各種獎勵－例如免費點心、或其它小贈品－來回報那些填妥調查表的顧客。

　　e．**問卷調查表的設計**　上述四種調查技巧（親自訪談，信件調查，電話調查，及店內調查），通常需要有一份印妥的**問卷調查表**。一份設計精良的問卷調查表，乃是獲得高品質研究資訊的關鍵之一。然而，令人驚訝地，在這個行業中所使用的許多都是設計拙劣的問卷調查表。以下乃是常見的一些瑕疵：

- 使用專業術語或技術性名辭於問題中（例如：平均結帳金額，住宿天數，AP/MAP/EP，保証金等）。
- 問題數量過多。
- 問題過於冗長繁複。
- 將應該分別提出的兩項問題合併於單一問題中。
- 問題不夠明確及過於廣泛。
- 並未告訴受調者如何回答每一項問題（例如：需要勾選多少選項，如何排列一個以上的選項等）。
- 牽涉到個人隱私或使人難堪的問題。
- 問題中並未涵蓋所有可能答案在內（例如：缺少「不清楚」或「沒意見」之類的選項）。
- 答案選項過於籠統（例如：僅將服務品質的評等分為「極佳」與「極差」兩種）。

在此建議各位下列準則，以設計出有效的問卷調查表：

篇幅長度：
1. 儘可能簡短。
2. 確定每一項問題都簡明扼要、並針對重點。

內容架構：

3. 需有日期欄。

4. 將涉及個人的問題（例如收入水準、年齡等）置於最後。

5. 提供有關訪談人員或受調者應如何回答問題的說明。

6. 應盡量提供「不清楚」或「沒意見」的選項。

遣辭用字：

7. 每個問題只有一項疑問。

8. 儘可能明確。

9. 避免使用專業術語或技術名辭。

10. 使用定義明確的字彙。

11. 可能的答案選項中，確定無重覆現象（例如：使用 $1 — $1.99 及 $2— $2.99，避免使用 $1— $2 及 $2— $3）。

4・模擬研究

第四種研究方法是使用電腦來模擬市場情況，依此而發展出一種數學模式。這個模式可用來預測銷售數量、顧客人數、或各種管理所需的重要變數。

5・焦點團體

焦點團體乃是研究人員直接針對一個小團體提出各種問題；其人數通常介於八至十二人之間。「焦點」是指研究人員設法引導該團體對一項特定主題或一組特定問題的關切而展開討論。於是，研究人員在一旁聆聽，並觀察他們的行為，在必要時將討論引回重點，並試著歸納該團體的各種看法、評論與建議等。

　　焦點團體真正的好處，在於能夠深入瞭解顧客的看法、態度、認知及行為。與一對一的親自訪談相較，研究人員更能深入地調查意見。

Joe L. Welch 在一篇有關於利用焦點團體進行餐廳研究的論文中，對於如何使用這種充滿變化的研究方法，提出了一份引人注意的明細表。以下所述是稍做修改後的結果：

1. 產生各種新服務或產品的想法。
2. 評估新服務或新產品的想法。
3. 判定顧客對於組織提供的服務與產品之態度。
4. 訂出調查中將提出的各項問題。
5. 測試各種預期推出的廣告或促銷活動。
6. 更深入檢視顧客對於各項調查的反映。
7. 確認顧客們對特定餐飲旅館或觀光旅遊服務的選擇標準。
8. 判定顧客對於其它競爭者的態度。
9. 測試各種新或經過修正的產品或服務。
10. 確認顧客們決定購買時的決策程序。

這種焦點團體已廣泛使用於餐飲旅館與旅遊業；尤其是探究人們對於特定企業及旅遊目的地的印象時。且不論焦點團體的多變性，此種方法只能產生定性資訊。某個焦點團體的討論，無法稱為「具代表性」；並不能精確地代表所有顧客的看法、態度、認知、或行為。因此，組織想要獲得足以代表其所有過去或潛在顧客之整體性看法時，還是使用前述之各種調查方法較妥當。

6‧個人深入訪談

個人深入訪談（IDI）之目標與程序跟焦點團體相當類似；差異在於只牽涉一位受訪者（或一項主題）及一位訪談人員。這種一對一的討論方式，通常持續約四十五分到一個小時。訪談程序中，研究人員提出許多問題，並於獲得該主題所需的答案後，再試圖討論更多額外資訊。當探討的主題具機密性或敏感性，或由於各

種後勤支援問題而無法採用焦點團體時，個人深入訪談將較焦點團體更爲適用。

7‧個案研究

個案研究法主要目的是從一或多種類似於組織所面臨之問題狀況中，獲取所需之資訊。「狀況」乃指：類似於欲進行個案研究之組織，且處理過相同或類似之研究問題的其它組織。餐飲旅館與旅遊業的個案研究通常採用於：當組織要調查各種新服務或添加新設備，或評估各種潛在目標市場與行銷組合時。有效的個案研究取決於被研究的組織是否願意全力配合，並能依據他們的經驗提供豐富而深入的資訊。

本章摘要

適切地實施行銷研究，有助於餐飲旅館與旅遊組織制定有效決策。它無法取代管理經驗與判斷力的重要性，但可以降低因爲缺少適當的研究而做拙劣決策的風險。行銷研究必須依據餐飲旅館與旅遊之行銷系統中的每一個階段，按步就班地進行；尤其在初期的各個階段更須如此。

研究資訊可區分爲原始的（初級的）、與輔助的（次級的）兩大類。研究方法與統計技巧種類繁多，應使用系統化行銷研究程序，自其中擇一運用。程序的各個階段包括：問題形成，研究設計與資料蒐集方法，樣本設計與資料蒐集，資料分析與闡釋，及研究報告的準備。

複習問題

1. 本書對「行銷研究」如何定義？
2. 實施行銷研究的理由有哪些？
3. 有時候經理人員在看似需要行銷研究時卻不為之。不實施行銷研究的原因有哪些？這些是理由嗎？
4. 良好的研究資訊應該具備哪五種必要條件？
5. 「行銷研究計畫」與「行銷研究方案」有何不同？
6. 行銷研究程序中的五種階段分別為何？
7. 輔助（次級）研究資料的來源有哪些？
8. 原始（初級）研究方法有哪幾種？
9. 親自訪談，信件調查，電話調查，及店內調查，各有哪些優缺點？
10. 何謂「焦點團體」？如何運用以助於行銷決策的制訂？
11. 設計最有效的問卷調查表應該遵循哪些原則？

本章研究課題

1. 與地方上某家獨立餐廳的所有人或經營者進行一項訪談。該餐廳的行銷研究屬於哪一種類型？原始或輔助研究？在改善或擴展該餐廳的行銷研究計畫上，你有哪些建議？
2. 蒐集各家航空公司、旅館、餐廳、及其它觀光旅遊業的各種意見卡或客戶調查表。你是否注意到其中的共通問題，或其它特色？你能否看出任何相似的瑕疵或缺點？你認為哪一份是其中的佼佼者？為什麼？對於改善這類店內調查，你有哪些建議？

3. 假設某家餐飲旅館與旅遊企業請你為它進行研究。該企業近來接獲的客戶投訴數量不斷增加，卻不知道造成這種情況的原因。你將會使用哪一種研究方法？為什麼？你要如何設計你的研究程序？請草擬一份(或數份)將使用的問卷調查表。你將如何建議該企業的管理階層利用你的研究資訊？

4. 假設你剛任職於某家餐飲旅館與旅遊組織。你很訝異地發現：該公司並未實施任何行銷研究，因為你的老闆－亦即行銷部門的主管－認為研究只是浪費時間與金錢罷了。你要如何說服他接受行銷研究計畫？你將包括哪些研究方案在這項計畫中？你是否能夠証明所提出的研究計畫與方案，可以節省金錢並增加業績？如何証明？

第三部

規劃：行銷策略與計畫

1 何謂行銷？

2 目前的處境？

3 希望進展的目標？

4 如何才能達成目標？

5 如何確定能夠達成目標？

及

如何知道已經達成目標？

第七章

行銷策略：市場區隔與趨勢

研讀本章後，你應能夠：

1. 定義市場區隔。
2. 說明區隔化對於有效行銷的重要性。
3. 說明市場區隔的各種利益與限制。
4. 列出判定各區隔市場之生存能力的六項準則。
5. 列出各種區隔餐飲旅館與旅遊市場的基礎。
6. 敘述各種影響現今餐飲旅館與旅遊業的主要需求及供給趨勢。
7. 敘述目前各種餐飲旅館與旅遊業之區隔策

概論

　　一位智者曾說過：「你可以永遠地取悅某些人，也能偶爾地取悅所有的人；但是，卻無法永遠地取悅所有的人。」這便是行銷核心原則之一——市場區隔—的基礎。

　　本章將說明市場區隔扮演的角色與帶來的各種利益，同時也檢視區隔餐飲旅館與旅遊市場的不同方式。此外，亦審視目前各種餐飲旅館與旅遊市場的趨勢；而行銷區隔則是討論重點。本章不僅說明各種區分不同顧客族群的傳統方法，同時還敘述了各種獲得日益廣泛使用的區隔策略。

關鍵概念及專業術語

行為區隔（Behavioral Segmentation）

利益區隔（Benefit Segmentation）

商務旅行市場（Business Travel Market）

配送管道區隔（Channel-of-Distribution Segmentation）

人口統計區隔（Demographic Segmentation）

地理－人口統計區隔（Geo-Demographic Segmentation）

地理區隔（Geographic Segmentation）

絕大多數區隔（Heavy-Half Segmentation）

生活型態（Lifestyle）

生活型態區隔（Lifestyle Segmentation）

區隔市場（Market Segment）

市場區隔分析（Market Segmentation Analysis）

定位（Positioning）

主要區隔基礎（Primary Segmentation Base）

產品區隔（Product-Related Segmentation）

心理圖析（Psychographics）

心理圖析區隔（Psychographic Segmentation）

旅行目的區隔（Purpose-of-Trip Segmentation）

區隔基礎（Segmentation Bases）

區隔化行銷策略（Segmented Marketing Strategy）

單階段區隔（Single-Stage Segmentation）

目標市場（Target markets）

多階段區隔（Multistage Segmentation）	交易區域（Trading Area）
時機區隔（Occasion-Based Segmentation）	兩階段區隔（Two-Stage Segmentation）
個人休閒旅遊市場（Pleasure and Personal Travel Market）	使用頻率區隔（Use-Frequency Segmentation）

　　你是否曾經想過：你及其他親人可歸屬於多少不同類型的族群？一個好的建議是先列舉你自己與其他人的共同點。你們房子的共同點？是否住在同一區內或同一條街上？你必定同意還有數以千計的人也和你一樣，屬於同一省或同一州、同一縣或同一郡，同城市或同一小鎮。年齡呢？你無法否認還有許多人與你年齡相同，甚至連出生年月日都相同。至於其他方面呢？例如收入、教育背景、家庭結構、及宗教信仰等。雖然你寧可自己是獨一無二的個體，但卻不能否認還有許多人跟你有著各種相似的特性。

　　你所列出的族群名單已相當冗長了，但尚未結束呢！你或許不知道，但事實上你和其他許多人，有相同的文化、次文化、心理圖析與生活型態的特徵、產品與服務的使用率及型態、及最愛的活動等。也希望從產品或服務中尋求相同的利益。

　　雖然每一個人都是獨一無二，甚至同卵雙胞胎也是一樣，但每一個人可以依據某些共有特性，而和其他人被歸類於同一族群。有效的行銷須界定我們的服務對何種族群最具吸引力，並排除不可能購買我們服務的族群。

市場區隔

　　分析所有區隔市場是發展行銷策略或回答「希望進展的目標？」問題時的首要步驟。本章之重點在於檢視「市場區隔」之概念。而第八章的探討重點，則是策略制訂程序中的第二個階段：行銷策略之選擇、目標市場、行銷組合之構成要素、定位方法及行銷目標。

市場區隔分析

市場區隔是將某種服務的整體市場，區分為許多個具有共同特性的顧客族群；而這些顧客族群也就是我們所稱的「區隔市場」或「目標市場」。**區隔市場**（例如居住在西雅圖的所有商務旅行者），指整體市場中的一個被確認的組成族群，其成員具有某些共同點，且是特定服務極力吸取的對象。**目標市場**則代表餐飲旅館與旅遊組織選定為行銷重點的區隔市場。

市場區隔中有兩種不同且具先後順序的階段：

1. 以共同特色為基礎（使用特定的區隔基礎），區分整個市場為許多族群（亦即區隔市場）。
2. 以組織提供的最佳服務為依據（使用一套區隔準則），在區隔市場中做一選擇（即目標市場）。

在「**市場區隔分析**」的程序中，必須使用第五及第六章討論過的研究資料及分析。開始探討如何進行市場區隔分析之前，必須先審視市場區隔日益重要的各種原因及區隔的各項好處與限制。

市場區隔的理由

第一章已確認市場區隔係行銷核心原則之一；並比較「來福槍」（特定目標）與「散彈槍」（無特定目標）的行銷方法；以及強烈建議採用前者。為什麼？市場區隔的基本理由是，試圖吸引所有潛在顧客的作法－亦即無特定目標－會事倍功半。因為有許多顧客族群毫無興趣購買我們的服務。

良好行銷的精髓在於，挑選出對特定服務最感興趣的區隔市場，而針對他們推出各項促銷計畫，將所有心力及行銷費用投注於最有效的方法上。有許多選擇可以採用，而思考以下關於何人、何事、如何、

何處及何時等問題的答案，將有所幫助：

1. **何人？**：哪些區隔市場才是應追求的？
2. **何事？**：從提供的服務中，這些人想滿足的是什麼？
3. **如何？**：應如何發展行銷計畫，以最吻合這些人的需求與
   欲望？
4. **何處？**：應該在何處促銷我們的服務？
5. **何時？**：應該在何時促銷這些服務？

　　一旦選定目標市場之後，其他相關決策與替代方案也就更明確。
透過研究可以確認這些族群的需求與欲望；就如同使用照相機時，一
旦攝影師選定主題之後，便調整相關環境（例如光線、速度、背景、
及位置等）與焦距。想獲得清晰鮮明的照片，必須有好的主題、適當
的裝備與配件、合適的環境、審慎的規劃、並精確地掌握時機。有效
的市場區隔與攝影技術一樣；行銷人員必須知道如何、何處及何時吸
引已選定的目標市場。攝影師若用了不當的裝備或不佳的環境，或匆
忙地按下快門，其結果必是模糊不清的照片。同樣地，行銷人員若無
法掌握適當時機以規劃如何、何處及何時可達吸引目標市場的最佳效
果時，訂出的行銷計畫也必然偏離焦點，並將虛擲寶貴的經費。

　　市場區隔的必要性，從來不曾像目前這般迫切。本章稍後將討
論的各種市場趨勢，已在餐飲旅館與旅遊市場中造成更高度的分割。

市場區隔的好處

　　運用市場區隔的好處包括：

1. 更有效地運用行銷經費。
2. 更清楚地瞭解選定之顧客群的需求與欲望。
3. 更有效地定位（指發展一種服務與行銷之組合，以佔有目
   標市場中潛在顧客腦海裡特定之地位）。

4. 更精確地選擇促銷媒介與技巧（例如廣告媒體、促銷方法及地點配置等）。

　　經濟旅館的概念是說明這些益處的傑出實例。這項概念的發展者瞭解到許多旅遊者對典型公路旁旅館（例如假日旅館）所提供的全方位服務並不感興趣。這些潛在顧客們所需要的乃是價格低廉、乾淨清爽、地點便利及基本服務舒適的客房。這些發展者於是定位出標準化（全國都相同）、價格大幅降低及少量裝潢的客房服務以爲回應。結果創造了住宿業前所未見的全新市場。例如 Days Inn，Motel 6，Red Roof Inns 等，目前已是家喻戶曉的汽車旅館。這些企業選定了以經濟爲考量的旅遊者，並將重點置於滿足這些顧客的需求，選擇吸引他們的最佳方式，以及在適當時機與適當地點促銷。這種「樸實無華」的概念，也被其他餐飲旅館與旅遊組織成功地運用。包括了「租用舊車」、「最後一分鐘」旅遊俱樂部、及西南航空等；而速食業的連鎖店也是稍作變化的運作方法。

　　西南航空公司在所有促銷活動中都使用相同的口號，是什麼呢？如果你的答案是「廉價航空公司」，答對了。該公司很清楚地瞭解其顧客所追尋的是－低廉的飛航－且極力促銷。全美旅遊者的腦海中，西南航空已「擁有」特定地位。該公司的低廉票價及家喻戶曉的口號，幾乎在所有人的腦海中都建立了一致的印象。

市場區隔的限制

　　你或許認爲每一個餐飲旅館與旅遊組織都會使用市場區隔；在超過百分之九十以上的情況中，你絕對是對的。大部份組織都已發現，**區隔化行銷策略**是最有效的。幾乎是所有全方位服務旅館、餐廳、航空公司及旅行社等，都已瞭解需求與欲望不相同的顧客族群，應回應以特定的促銷方法。集會與會議規劃者需要適合且具視聽設備的會議

廳。但以休憩爲目的的旅遊者則對這項服務絲毫不感興趣；這些人有可能是《旅遊與休閒》（*Travel & Leisure*）雜誌的訂閱者。換言之，前者對於《會議與集會》（*Meeting & Conventions*）雜誌勢必更爲青睞。這種區隔化行銷策略，具有相當大的實際意義。

現在將焦點轉移到速食業經營者。整個狀況是否不太明朗呢？麥當勞聲稱幾乎每一個美國及加拿大的居民，至少曾在其中一家連鎖店消費過一餐。當一種服務的魅力如此無遠弗屆時，是否仍有使用不同方法因應各種顧客群的實質意義呢？或應該以相同的方法對待所有的顧客？這個問題留待稍後再做回答。

市場區隔具有以下的限制與問題：

1.　比使用不區隔的方式更爲昂貴。
2.　不易選擇分隔市場的最佳區隔基礎。
3.　不易分辨區隔的精細或廣泛程度。
4.　極易選取那些無法生存的區隔市場。

1・較爲昂貴

實施市場區隔時最顯而易見的限制，便是費用的增加。每一個目標市場都不可忽略，意味著必須提供範圍更廣泛的服務與價格。所有廣告與促銷活動都必須針對每一個區隔市場的習性與偏好特別規劃；也可能必須使用一種以上的配送管道。由於必須個別檢視每一個目標市場，以判定是否有追求的價值，因此每增加一個目標市場，都將增加一項成本支出。

2・不易選定最佳的區隔基礎

各位應該還記得本章一開始要求你列出自己歸屬的族群。這份清單中所涵蓋範圍的大小，也是任何行銷人員將面臨的問題。**區隔基礎**的數量實在太多了。地理位置、旅行目的、人口統計學、生活型態、追求的利益、及使用頻率等，只不過是其中的少數幾種

而已。行銷人員所面臨到的困難,在於決定哪一種或是數種基礎的組合,才最能有效利用行銷經費。這項問題並沒有單一答案;每一種狀況都需要審慎的研究及規劃。

3 · 不易分辨區隔的精細或廣泛程度

市場區隔有時可能發生過與不及的現象;不論是選定過多或太少的目標市場都同樣是浪費。有些人發現為了創造目標市場新業務的花費,可能高於因此產生的額外利潤(因為區隔太過細密所致)。另一方面,如果區分市場過於大而化之,將無法有效地觸及其中某些部份。在此可將行銷比喻成淘砂金一般。如果使用相當細密的濾網時,將只有極細小的砂粒通過;如果濾孔較大時,則留下體積較大的砂粒。只針對少數的目標市場行銷,就如同使用大孔濾網一般,將使行銷人員與某些潛在顧客失之交臂。選取數量過多的目標市場,則可比擬成使用細密孔眼的濾網,幾乎所有潛在顧客都被網住,不易分辨各個目標市場具有的價值。就如同採礦者無法找到更多黃金一般,當市場區隔太過細密,行銷人員會發覺這種區隔化的價值相當有限。

4 · 極易選取那些無法生存的區隔市場

有些區隔市場無法使業者存活下去。也可能沒有特定促銷方式或廣告媒介可以接觸到這些人。或規模太小,不值得投資;有些則可能不長久;或可能是時髦追求者。至於其他的區隔市場,很可能已經被一或數個大型企業所把持,選擇追求這些區隔的新加入者將發現無利可圖。

有效的市場區隔之標準

各位現在可能已瞭解市場區隔其實存著許多陷阱。應如何避免

呢？答案在於審慎檢視所有可能的目標市場，確定是否符合下述八項標準：

1. 可測性；
2. 數量龐大；
3. 易接觸；
4. 可防禦；
5. 具持久性；
6. 具競爭力；
7. 具同質性；
8. 相容。

1‧可測性

挑選無法精確測試的目標市場乃不智之舉。本書不斷強調設定數字化的行銷目標及測量行銷計畫成果的必要性。如果行銷人員只能猜測某個目標市場的規模，將無法瞭解最適切的投資，甚至導致所有的投資徒勞無功。

2‧數量龐大

目標市場必須夠大到足以保証單獨投資的價值性。何種規模才算夠大呢？答案是產生的附加利潤必須超過成本。

3‧易接觸

市場區隔的精髓在於能夠選取與接觸到特定的顧客群。然而，許多目標市場無法在行銷人員希冀的精確度下被觸及。如此則一些沒興趣的人也將被接觸，造成心力與金錢的浪費。

4‧可防禦

在許多情況下，相同的方法可使用於兩個或更多的目標市場。行

銷人員必須確保各個族群都獲得必要的個別關切。此外,也必須確保各個目標市場的佔有率不會輕易地被其他競爭者掠奪瓜分。

5・具持久性

某些區隔市場只是短期性,也就是說,它們只能存在少於五年的時間。其中有些是時髦追求者享受短暫的流行;有些則是因為非循環性事件造成的。呼拉圈愛好者、麥可・傑克森的狂熱歌迷、唱片伴奏的小舞廳、及室內輪鞋溜冰場等,都是追求流行的例子。雖然有些投資者獲利甚豐且很快地連本帶利的回收投資,但大部份卻沒有這麼幸運。謹慎的行銷人員應該切記,每一個目標市場都必須擁有長期潛力才是。

6・具競爭力

我們的服務在區隔市場中必須具有競爭力。行銷人員必須長期審慎地檢視,確保組織提供的產品或服務能帶給這些顧客與眾不同或獨一無二的滿足。一項服務能夠更精確地滿足一個特定區隔市場的需求時,則成功率也會越高。另一方面,若一項服務無法滿足顧客群的需求,就無追求該區隔市場的必要。

7・具同質性

區分整個市場為數個區隔市場時,應該確定這些區隔市場彼此不相同,即儘可能具異質性。而同時歸屬於每個區隔市場中的所有顧客則應該儘可能地相似,即具同質性。

8・相容性

當組織選定了目標市場後,必須確定這個市場在任何方面都不與其他目前已擁有的市場相衝突。也就是說,行銷人員要能確定這個新目標市場與既有的**顧客組合**(customer mix;指組織服務的

所有目標市場之組合）不相衝突。

市場區隔在行銷策略中扮演的角色

　　各位應該還記得本章前文所討論的「區隔化行銷策略」，及第三章提到的「策略性行銷規劃」。「策略」及「策略性」牽涉長期規劃，即選擇為期至少五年之行動方針的決定。雖然第八章將詳細檢視行銷策略與定位，但各位應瞭解市場區隔在策略選擇程序中具有的功能。

　　在選擇與詳述市場策略時，市場區隔扮演著關鍵性的角色。事實上，決定一項策略通常牽涉選擇單一目標市場或多個目標市場組合，或決定刻意忽視各種區隔市場之間的差異（亦即「**無區隔行銷**」（undifferentiated marketing））。選擇目標市場通常是一項費時多年的決策，每年必須運用形勢分析與行銷研究進行審視。

區隔的基礎

　　應該使用何種特性或基礎區分一個市場呢？這是所有餐飲旅館與旅遊組織所面臨最頭痛的問題；雖然如此，它對行銷的有效性卻極為重要。選擇項目不勝枚舉，以下僅敘述其中的七類大項目：

1. 地理；
2. 人口統計；
3. 旅遊目的；
4. 心理圖析；
5. 行為；
6. 產品；
7. 配送管道。

七大項目中，每一類都包括了數種可區分整個市場為不同部份的特性。例如，使用地理區隔為基礎的一家餐廳，可能依據郵遞區號、電話前三碼、住宅區位置、或街道名稱區分其潛在顧客。我們也可以利用上述七大項目的不同組合，例如地理、旅遊目的、及人口統計的組合，因此可採用的選擇將超過一百種。選擇其中之一，的確是市場區隔將面臨的一大困擾。

各種區隔方法

在詳述每一種區隔基礎之前，各位應先對三種不同的區隔方法有所認識；茲分述如下：

1．單階段區隔

這種方法只使用前述七大項區隔基礎的其中一種。例如某家旅行社可能將潛在顧客區分為休閒與公務兩大族群（即以旅遊目的為區隔基礎）。

2．兩階段區隔

選定某種**主要區隔基礎**（指判定顧客選擇某項服務時最重要的特性）之後，再用一種次要區隔基礎，將市場做進一步的細分。傳統上，住宿業會先以旅遊目的為基礎區分市場，再用地理基礎更精確地選擇其目標市場。

3．多階段區隔

指選定某個主要區隔基礎之後，再繼續使用兩種或更多的區隔基礎。例如，某家旅館以旅遊目的區分其市場；確認的區隔市場之一為集會／會議市場。由於該旅館的會議廳容量有限，因此只考慮人數較少的協會與企業而進一步縮小其焦點（產品區隔基

礎）。最後再用地理基礎過濾這些企業的所在地點。

　　上述三種區隔方法，何者最好？這個問題並沒有單一的正確答案。通常利用兩階段或多階段應可獲得較佳的成果。專家們也同意，所選擇的主要區隔基礎十分重要，應該是會對顧客之購買行為造成重大影響的一種特性。

各種區隔基礎

1.地理區隔

　　這是餐飲旅館與旅遊業使用最普遍的一種區隔基礎。**地理區隔**是以顧客們置身的地理區域為依據，將市場分割為許多不同的族群。這些區域可大（如多個國家或洲）可小（如住宅區）。美國觀光旅遊協會及加拿大觀光局等部份旅遊行銷組織都使用國家單位為主要區隔基礎。另一方面，餐飲業則需要更細並具地方色彩的方式，例如營業所在之城市或鄉鎮的不同郵遞區域。

　　　地理區隔為何如此受歡迎呢？首先，它使用容易。地理區域之定義全球通用；但心理圖析及利益區隔則非如此，這點稍後將再提及。地理市場不僅測度較容易，且許多與此相關的人口統計、旅行人數、及其他統計數據，通常也都不難取得。另一項原因是大部份的媒體工具（例如電視與廣播電台，報紙，佈告板，電話分類簿及雜誌等）都針對特定地理區域。將促銷訊息針對目標顧客而發時，勢必使用到地理區隔。在一或數國中擁有市場的企業們都認為：行為模式會隨著顧客們居住的國家或地區而有不同。美國境內的九個人口普查區域中，居民的偏好與消費型態就存在著許多差異。

　　　圖 7-1 列舉區隔時所使用的各種不同地理特性。實際選擇地

理因素時，則受**交易區域**（打算由該處吸引大多數顧客群的地理區域）的影響。許多旅館、休閒渡假中心、旅遊景點、航空公司、地區、及觀光勝地等，都擁有一個涵蓋多國的國際性交易區域。而速食業與連鎖旅館等其他組織，大部份是全國性市場。至於更具地方色彩的企業，例如獨立餐廳與旅行社等，其交易區域則更狹隘，有時候甚至只是幾棟建築物的範圍。

2．人口統計區隔

這是以人口統計的特性爲依據，進行市場區分。這些統計數據主要來自人口普查資訊，包括年齡、性別、家庭收入與個人收入、家庭人數與組成結構、職業、教育程度、宗教信仰、種族與人種歸屬、住屋型態、或其他。其他各種變數，如家庭生命週期、可支配所得、及購買權力指數等，則是多種人口統計分析特性之組合。

---

1. 社區性層次	2. 州／省／郡層次
・住宅區	・郡
・郵遞區域	・州／省
・大都會統計區域（MSAs）	
・具支配性影響區域（ADIs）	3. 全國性與國際性層次
・指定市場區域（DMAs）	・地區
・地方運輸與交通區域（LATAs）	・國家
・交易區域	・洲
・各大城市／鄉鎮	
・人口密集度	

圖 7-1：使用於地理區隔的各種要素。

人口統計區隔與地理區隔相同－因爲相關的統計數據容易取得，及全球通行的定義而廣被使用。人口統計區隔與地理區隔常合併使用，而形成另一種稱爲「**地理－人口統計區隔**」（利用地理及人口統計之各種特性的兩階段區隔）。

3 · 旅遊目的區隔

這種區隔基礎的使用也相當廣泛。住宿業、餐廳、旅行社、航空公司、及各種目的地行銷組織使用的區隔法，習慣上都將此基礎做為其中的一部份。

選擇主要區隔基礎最重要的考量應該是，它足以代表對顧客行為產生最大影響。一種廣被接受的作法是將餐飲旅館與旅遊市場區分為兩大主要族群－**商務旅行市場**及**休閒與個人旅遊市場**。一般而言，商務旅行者的需求與欲望和休閒／個人旅遊者截然不同。例如，商務人士青睞接近其業務地點的旅館；但是當他們渡假時，則尋找觀光景點附近的旅館。休閒旅遊者必需自掏腰包支付所有費用，因此在費用的考量上，自然比商務旅行者更加精打細算。有鑑於此，餐飲旅館與旅遊業的市場區隔，通常都以旅遊目的為主要區隔基礎，而採用兩階段或多階段區隔。

4 · 心理圖析區隔

這種型式的區隔，近來有日漸流行之趨勢。所謂「**心理圖析**」，是指剖析顧客的心理意識與測量其生活模式或生活型態。「**生活型態**」是指個人生活方式的特徵，包括對投入時間的事物（活動），各種自己認為重要的事情（興趣），及對自己與周遭人事的感覺（看法）。

人們的活動、興趣及看法是多樣化的。請想想自己的情形。你在學校做的事情，與在家裡、渡假時、或某天晚上和朋友們出遊時所做的事情，是完全不同。你或許有許多興趣，有些與學校的活動有關，有些則是你的嗜好、喜愛的運動、或其他休閒興趣。你對許多事務也有各種看法；例如教育制度、政治及政治事件、特定產品或服務、社會問題、及周遭環境中的其他事情。下表為多數人的活動、興趣、與看法之大項目：

1．活動	2．興趣	3．看法
■ 工作	■ 家人	■ 自己
■ 嗜好	■ 住家	■ 社會問題
■ 社交活動	■ 工作	■ 政治
■ 渡假	■ 社區	■ 商業
■ 娛樂	■ 休閒	■ 經濟
■ 俱樂部會員	■ 流行	■ 教育
■ 社區	■ 美食	■ 各種產品
■ 購物	■ 生活環境	■ 未來
■ 運動	■ 成就感	■ 文化

　　探討人口統計區隔與地理區隔時，最顯而易見的優點之一，便是所有人使用相同的定義。餐飲旅館與旅遊業中，大部份的人對於旅遊目的區隔的認知，也都相去不遠。但是對心理圖析（意識型態）的區隔就不同了。有各種不同的心理圖析或生活型態區隔市場的定義。

　　第四章將生活型態界定為一種影響顧客行為的個人因素。同時敘述過「價值觀與生活型態 2（VALS II）」－專業研究公司開發，受到許多行銷人員青睞的心理圖析區隔技巧。

　　除了使用價值觀與生活型態 2 的技巧外，組織也可以依據行銷研究發展自己的心理圖像區隔體系。可以列出一連串與顧客活動、興趣、及看法相關的問題。大部份的研究人員然後根據受調者答案之相似性，利用要素分析或集群分析之技巧，指出特定區隔市場。旅遊業的實例之一，便是美國觀光旅遊協會（USTTA）與加拿大觀光局（TC）針對潛在旅遊者所進行的一項聯合調查。這項調查的一部份乃是將來自法國、日本、英國、西德、及其他國家的遊客們區分為不同的族群。上述國家的受調者，被要求根據對旅遊的看法、及偏愛的旅遊方式等，回答各項問題。然後再以集群分析對調查結果進行研究，而確認出七種不同的區隔市場。

　　與地理、人口統計、及旅遊目的等方法相較，心理圖析區

隔雖然較複雜，但仍被認爲是預測顧客行爲之良好指標；主要缺點之一，便是區隔時缺少標準處理方式。另外需要小心的則是：它無法單獨使用，只能做爲兩階段或多階段方法中的一部份。心理圖析雖然也可以當做主要區隔基礎，但仍必須使用其他要素－例如地理與人口統計－來鎖定目標市場。

5・行爲區隔

乃根據顧客們使用的時機、追求的利益、使用者身份、使用頻率、品牌忠誠度、準備購買階段、及對服務項目的態度等來區分。換言之，牽涉到顧客對於特定產品或服務項目（例如餐廳、旅館、航空公司、旅行社等）或品牌（例如 Hilton，Sheraton，Holiday，Hyatt 或 Marriott）之過去、現在、或未來可能的行爲。

　　　　a．使用頻率　　使用頻率區隔是根據服務被購買的次數，對整體市場進行區分。一些專家們則以「數量」（volume）或「絕大多數區隔」（heavy-half segmentation）代替「使用頻率」一詞。與心理圖析區隔一樣，這項概念在餐飲旅館與旅遊業中也日益流行，此乃基於區隔市場內的顧客會有頻繁購買特定服務或產品之傾向。由於通常都佔有極高比例之業務，因此投入大部份行銷資源於這些區隔市場是非常合理的作法。

　　　　典型實例是啤酒消費市場。根據 1962 年進行的一項調查顯示，全美大約 88%的啤酒銷售量，是由總人口的 16%消費。這個區隔市場被定義爲「絕大多數」。這項調查也指出了「小部份」與「非使用者」兩個區隔市場。本例中，總人口的 68%是「非使用者」，而「小部份」則是 16%，兩者共消費 12%的啤酒總銷售量。

　　　　直到 1970 年代中期，餐飲旅館與旅遊業才開始廣泛使用這種區隔方式。然而，隨著航空公司管制的解除、住宿業供給的過剩、資料庫行銷的日益普及、及其他因素所導致的競爭白熱化，

而出現了變化。所有組織開始更密切地檢視以往顧客的來源及重覆使用量。根據研究顯示，的確有部分顧客的旅行次數比平均值高出許多；這些人也就成了所謂的「旅行常客」。目前幾乎所有大航空公司與旅館業者，都已針對經常性顧客推出各種特別獎勵計畫。假日旅館於 1983 年推出的「優先俱樂部」（Priority Club），便是全美住宿業者率先推出此類計畫的實例；參見圖 7-2a。而美國航空公司在所有航空業者中，更享有經常創新之盛名；參見圖 7-2b。當汽車出租業者推出類似計畫之後，其他供應者也開始跟進。目標很簡單：鼓勵經常旅行者的重覆使用率，並建立對該航空公司或連鎖旅館的「品牌忠誠度」。

　　北美地區推出的各種旅遊常客計畫之主要目標，乃是商務

圖 7-2：旅行常客計畫的各個先驅者。（a）這個行業中「飛航常客計畫」之首創者。（b）住宿業第一個推出的 「住宿常客計畫」。

旅行者。美國旅遊資料中心為《旅遊週刊》（*Travel Weekly*）進行的一項旅遊常客調查中，解釋了其原因。該項調查發現，有四百萬美國人每年的商務旅行次數高達十次或更多。這些人雖然只佔所有商務旅行者的 11%，但是在 1985 至 1986 年內，卻佔商務旅行總次數的 45%（五千九百萬旅次）。這些常客們每人每年平均 16.9 次的商務旅行；也就是，大約每三個星期旅行一次。該項調查也發現，13% 的所有商務旅行者已加入航空公司的飛行常客計畫，7% 已加入旅館業的住宿常客計畫，及 7% 已加入汽車出租業者的租車常客計畫。此外，根據美國旅遊資料中心的數據，90% 飛行常客計畫的會員都是屬於商務旅行者。

1994 年，一項美國旅館與汽車旅館公會的住宿客戶調查中，更突顯這些旅遊常客（定義為「過去十二個月內安排過五次或更多次旅行者」）對旅館業者的重要性。1994 年裡，32% 的旅行常客安排了十次以上的旅行；其中的 35%，每年住旅館的天數至少有三十一天或更長。根據航空運輸公會 1992 年的一項調查顯示，於 1992 年內美國國內班機的所有旅客的 8% 已搭乘至少十次。這些人雖只佔了旅客總人數的一小部份，但這些頻繁的「空中飛人們」所累積的搭乘次數，卻佔了總飛行旅遊次數的 46%。

使用頻率區隔之吸引處相當明顯－與其花費在其他目標市場上，針對經常使用者所投入的行銷費用，將更能產生高投資報酬率。雖然似乎很合乎邏輯，但還是要提醒各位：目前我們仍不清楚這些旅遊常客們除了旅行次數頻繁之外，是否尚有足以有別於其他旅行者的特性。此外，很明顯並非所有旅遊常客都完全相同，因此，更進一步的區隔是獲得最大有效性不可或缺的。有鑑於此，如使用心理圖析區隔一樣，使用頻率區隔通常只能做為兩階段或多階段方法中的一部份。例如，組合使用頻率、旅遊目的、及心理圖析的區隔，已証明是對許多餐飲旅館與旅遊組織頗有效益的方法之一。在這個行業中，由於電腦化資料庫（資料庫行銷）

的使用日益普及，這也有助於行銷人員將目標鎖定在有利可圖的顧客身上。

　　另一項潛在缺點則是與旅遊常客相關的業務競爭白熱化。上述區隔方法著重於服務與產品的頻繁使用者，而忽略了使用次數為中等、稀少、或並未使用的顧客。若組織將目標鎖定於這些區隔市場，或許會有意想不到的收穫。

　　ｂ．**使用狀況與潛力**　也可以依據顧客使用的狀況來分類。例如將整個市場區分為非使用者、過去的、規律的、與潛在的使用者。另一種方式則是按顧客曾經購買次數來區分；例如第一次購買的顧客，第二次購買的顧客，依此類推。不同的選擇方法通常有不同的行銷計畫。

　　大部分的旅遊研究與行銷之重心通常都置於潛在顧客身上－尤其是旅行目的地，相當仰賴第一次造訪的遊客。專家們甚至稱之為「使用潛力區隔」。通常以從未造訪過或使用過某項服務的人們為研究對象。根據這些人的反應，將之分為高度、中度、與低度潛力使用者。很明顯的，「高度潛力使用者」是最受行銷人員重視的區隔市場。

　　同樣地，當這種方法使用於餐飲旅館與旅遊業時，通常都只能做為兩階段或多階段方法的一部份（例如採地理、旅遊目的、及使用狀況或潛力的組合）。

　　ｃ．**品牌忠誠度**　消費性商品的「品牌忠誠度」概念雖然已經風行數十年之久，但是在餐飲旅館與旅遊業，才剛開始受到重視。根據顧客們對於特定品牌的忠誠度，及對競爭性品牌的使用狀況，可將顧客群區分為四種區隔市場：亦即死忠派、均分派、輪流使用派、及見風轉舵派。以住宿業為例，一位假日旅館的死忠派顧客出外時必定選擇假日旅館住宿。均分派是指使用兩、三家旅館「品牌」的顧客群，例如 Holiday Inn Express、Hampton Inn，與 Fairfield Inn；這些人的忠誠度限定於特定的數種選擇，而不

再考慮其他任何旅館。輪流使用派是指每隔一段時間會輪流其使用品牌的顧客。例如，顧客或許連續三次住凱悅飯店，下面三次則選擇 Marriott，然後再轉回凱悅飯店，依此順序輪流替換。至於見風轉舵派則無任何品牌忠誠度；這些人可能完全以價格為首要考量，也可能只是追求高度變化性。吸引此類顧客的任何努力通常只能獲得短期的利益。

　　另一種與品牌忠誠度有關的區隔方法如圖 7-3 所示。這種矩

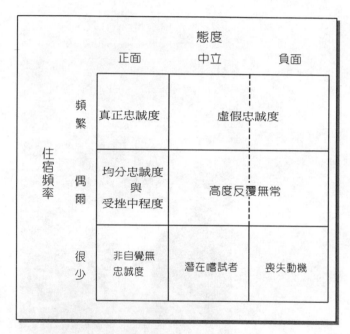

圖 7-3：忠誠度矩陣。

陣創始者認為，即使顧客經常住宿一家特定連鎖旅館，也不見得對這家旅館忠心耿耿。事實上，他的態度可能是中立的，甚至負面的。「真正忠誠者」除了經常住宿於特定連鎖旅館，還必須對該旅館抱持正面態度。圖 7-3 中所示的九種不同忠誠度的區隔市場，以住宿頻率與態度為兩軸。主要結論為：九種區隔市場需要不同的行銷方法，而最終目標為吸引高比例之「真正忠誠」顧客。

餐飲旅館與旅遊業的「品牌區隔」概念已成為一項熱門話題，尤其在連鎖旅館、速食業、及航空公司之間更是炙手可熱。品牌忠誠度區隔使用上雖然有其限制，但在可預見的未來將大行其道。

圖 7-4：使用時機區隔的例
子之一：吸引蜜月旅行者。

　　d．使用時機　　使用時機區隔是依據顧客們的購買時機與購買目的來分類。本章前文所討論的「旅遊目的區隔」，便是使用時機區隔的一種變化。主要旅遊時機可分為商務、渡假、及家庭或個人原因。蜜月旅行者市場，便是這種區隔的實例；參見圖

7-4。當一對情侶結為連理之後,因行之有年的傳統,便安排蜜月行程。而各種結婚週年紀念日、生日、退休、節日、及慶功等特別酒宴,也是各大餐廳及旅館針對使用時機區隔的促銷活動。另一個例子是將集會／會議市場(旅遊目的之區隔市場)區分為年度集會、重大會議、委員會議、教育研討會、業務會議等部份。

　　e.利益　許多行銷專家們都認為**利益區隔**是最佳的區隔基礎。乃以顧客們對特定產品或服務所追求之利益的相似性為基礎,區分為不同的族群。這種區隔為何會被認為極具影響力呢?因為人們不光只是購買各種服務而已,購買時,企盼自己能得到一「整套」利益。各位應該還記得行銷導向的精髓所在吧?那就是:提供滿足顧客需求與欲望的各種服務。

　　利益區隔的創始人曾說過:利益可以刺激購買動機,而其他區隔基礎只不過是敘述罷了。換言之,應該以利益為主要區隔基礎,再使用例如旅遊目的、地理位置、及人口統計等各項準則,進而更精確地將焦點鎖定於最佳的目標市場上(亦即兩階段或多階段區隔)。

　　餐飲旅館與旅遊業雖曾進行過許多研究,以判定顧客們對特定服務所追求的利益、屬性、或特色;目前為止,這種利益區隔之使用仍相當有限。例如,多項針對住宿顧客的研究,就指出地點、清潔、與價位是顧客們選擇旅館的三種主要考量。但是餐飲品質與服務已証明是集會／會議計畫人員所追求的最主要利益。而對商務旅行者而言,便利的航班、低廉的票價、及準時起降等,是相當重要的。問題是:雖然這類資訊存在,卻鮮有行銷人員確認並追求特定之利益區隔而採取下一步行動。似乎有許多人使用這種方法,但事實上,他們只不過是促銷與顧客追求之利益相呼應的各種特色罷了。與心理圖析區隔一樣,其主要缺點也是缺乏標準化定義。雖然在牙膏市場之利益已廣為全球接受,在我們這個行業卻非如此。

6 · 產品區隔

係指利用服務特性為基礎對顧客們進行分類的區隔方法；相當盛行於餐飲旅館與旅遊業。各位不妨想想這個行業中常見的詞彙，如速食顧客、獎勵旅遊市場、遊輪市場、滑雪市場、經濟旅館市場、套房旅館市場、包食宿旅遊市場、豪華旅遊市場、巴士旅行市場、賭場市場、及其他等。它們的共同點便是以特定類型的服務之吸引力而將所有顧客做一分類。

在這個行業中，產品及「品牌」區隔已經越來越流行。尤其在 1980 年代初期，這種區隔方法在北美地區的連鎖旅館業中，更是風行一時。例如 Marriott、Holiday Inn Worldwide、Radisson、Hospitality Franchise Systems、及 Choice Hotels International 等各大旅館業者，都開始在其企業底下設立不同類型的旅館。Marriot 推出了包括 Hotels and Resorts、Courtyard、Residence Inns、Fairfield Inns、及 Marriott Suites。而 Choice Hotels 則推出七種不同品牌的旅館：Quality、Clarion、Comfort、Sleep、Rodeway Inns、Econo Lodge 及 Friendship Inns。這些新住宿選擇之所以蓬勃發展，乃因日益激烈的競爭，及更深切瞭解了不同類型的旅館吸引不同的顧客群。

你可能認為這種區隔基礎與先前受抨擊的產品導向有些類似。難道顧客需求、欲望及追求的利益，不應該比服務本身更為重要嗎？你說得沒錯！我們並不建議單獨使用產品區隔。事實上，這只是一種描述需求與欲望與特定服務類型相契合的顧客群罷了。例如，套房式旅館概念主要是為了滿足住宿時間較長的客人－特別是派駐在外的經理與企業主管。而速食餐廳的出現則是為了滿足價格低廉、品質良好、標準規格及快速用餐之需求。

產品區隔應該是兩階段或多階段區隔法的一部份。此外，這種方式只有在服務使用者與非使用者之間有截然不同的特性，

或只能以特定促銷形式直接接觸使用者時，才得以發揮作用。

7．配送管道區隔

配送管道區隔不同於前文所提之六種區隔基礎，因為它是針對仲介者做分類，而非顧客族群。第二章曾提及配送管道是各種服務與製造業商品間的一項主要差異；餐飲旅館與旅遊業的各種配送管道，將在第十三章再詳細討論。這兩章所強調的是餐飲旅館與旅遊組織有下列選擇：（1）直接對顧客行銷；（2）透過各種仲介組織（例如旅行社）行銷；（3）上述（1）與（2）的組合。必須運用不同的行銷方法針對不同的顧客或仲介組織。

　　　　配送管道區隔是一種以功能、或功能性族群的共通特性為依據，對旅遊仲介者或旅遊業進行區分的方式。就像一般顧客一樣，所有仲介者或旅遊公司也都不完全相同。他們可區分為執行不同特定功能的各種族群，例如：和餐飲旅館與旅遊服務有關者（旅行社），組合各種獎勵旅行者（獎勵旅遊計畫人員），及開發與整合旅遊及渡假套裝行程者（旅遊批發商及經營者）。每一族群之組織規模、服務區域、專業程度、對供應者的交易政策、及其他要素等，都有相當大的差異。使用他們提供之服務的其他餐飲旅館與旅遊組織，必須決定最切合其目標市場特性的可運用管道。換言之，對顧客群進行區隔是第一要務，接著才是對這些配送管道做一區隔。

　　　　以下例子或許可以更進一步地說明。假設某個主題樂園，傳統上都是直接對顧客行銷；目前正考慮利用各種旅遊業管道，促銷為淡季設計的新套裝產品。由遊客的調查，該樂園的管理階層因此判斷哪些城市或行政區域提供其主要業務（亦即地理區隔）。管理階層接著便可確認這些城市中的哪些旅行社是專精於主題樂園業務招攬、或大量旅遊客戶及團體旅遊者、或具足夠的總客戶量，或是前述三項的組合。然後，該樂園經理與這些旅行

社接洽有關促銷其新套裝產品的特別佣金計畫（亦即支付佣金給旅行社）。

　　雖然有些組織完全透過旅遊仲介者（旅遊批發商）來行銷，但大部份的業者仍必須採取針對顧客與仲介者的行銷。配送管道區隔是一種將目標市場與最適管道配對的有效方式。但就其本質來看，只能做為兩階段或多階段方法的一部份。

市場趨勢與區隔

　　許多幽默作家將第二次世界大戰後，西元 1946 到 1960 年代初葉的這段期間，稱之為「媽咪、爹地、兩個小孩、旅行車、一條狗及一大筆貸款」的年代。「家庭市場」對大部份的行銷人員是一個定義明確的目標。接著，許多家喻戶曉的連鎖企業，例如假日旅館、迪士尼樂園、及麥當勞等，開始在市場上展露頭角。各位已經知道整個狀況發生急遽的變化。在 1960、1970、1980、及 1990 年代裡發生的事件，使餐飲旅館與旅遊市場出現了前所未有的分裂及區隔。雖然家庭市場依舊相當搶手，但也出現了許多值得追求、並具發展潛力的目標市場。有鑒於此，行銷中正確地使用各種區隔技巧也變得日益重要。

需求面與供給面的改變

　　1950 年代，這個行業強調標準化，或全國通行的「相同性」。而今，這項趨勢剛好完全相反；「多樣性」已成為目前訴求的焦點。顧客行為的改變造成了這種趨勢；業者則以滿足各種新需求以為因應。因此，這些新趨勢不僅出現在需求面，同時也反映在供給面。現在，讓我們分別針對這兩方面做簡短的檢視。

　　需求主導的趨勢：六種需求主導的趨勢，對餐飲旅館與旅遊業

是格外重要。

六種需求主導的趨勢

1. 年齡結構的改變；
2. 家庭結構的改變；
3. 家庭角色與責任的改變；
4. 少數族裔的重要性日益提昇；
5. 社會／文化型態與生活型態的改變；
6. 特殊旅遊選擇的需求日益增加。

1 · 年齡結構的改變

北美洲人口正逐年高齡化。這種現象一般認為是一種有利的趨勢；因為這代表著將有更多獨立且有經濟能力的顧客可以從事旅遊及外食。

兩個最受重視的人口統計區隔市場是超出平均成長率的「嬰兒潮」與五十五歲以上的人口，。所謂「嬰兒潮人口」是指 1946 到 1964 年間出生的人，亦即第二次世界大戰以後出生的人口。當本書付梓出版時，這些人的年齡係介於三十至四十八歲之間；到了公元 2000 年時，他們的年齡將會介於三十六至五十四歲之間。嬰兒潮人口之所以如此受到重視，乃因公元 2000 年時，估計美國總人口約達兩億六千八百萬，而這些人將佔大約３９％。嬰兒潮人口將比其父母成為更頻繁的旅行者，且視旅遊為一種必須品，而非奢侈品。

西元 1990 到 2010 年之間的二十年內，人口成長率最高的部份將會是所謂的「成熟市場」，或五十五歲以上的人。公元 2000 年時，美國這些年長者的人數將達五千九百萬人；而到了 2010 年，更高達七千五百萬人。比起前人，這些人的經濟能力更寬裕、教育水準更高、從事旅行的欲望更強、而且健康狀況也更佳。對

餐飲旅館與旅遊業的行銷人員來說，他們代表了一個數量相當龐大且而日漸引人注目的目標市場。

許多航空公司、旅館業者、汽車出租公司、及連鎖餐廳，都已經針對這些銀髮族發展出各種特別計畫，並且正極力促銷中。例如，假日旅館預估其「年長者優先計畫」中，五十五歲或以上的會員將高達一百萬人，而 Days Inn 的「Days Club」則有二十五萬的會員。許多餐廳也提供餐飲優惠價格及各種「早起者特惠方案」，來爭食這塊銀髮族市場的大餅。圖 7-5 中所示，便是餐飲旅館與旅遊業者在《摩登銀髮族》（*Modern Maturity*）雜誌中，針對年長顧客群刊登的一則廣告實例。《摩登銀髮族》雜誌由美國退休人員公會所發行，目前擁有兩千兩百四十萬的付費訂戶；於 1993 年的上半年中，其訂閱人數在全美國所有消費性雜誌中乃首屈一指。許多公會－尤其是美國退休人員公會，相當積極地爲其會員們安排與促銷各種旅遊機會。美國退休人員公會就有自己的旅遊服務中心，提供其會員派有導遊的北美洲及歐洲地區旅遊。

2・家庭結構的改變

在 1950 年代那種可準確預測的家庭結構，目前已逐漸被更多樣化的家庭組合取代。1990 到 2000 年之間，鰥寡無依者及單親家庭的成長率將會超過小家庭者。已婚夫妻的人數將由 1990 年的 56.3%，降低到 2000 年的 53.2%。而有小孩的家庭數，也會由 1990 年的兩千四百四十萬戶，減少到 2000 年時的兩千一百三十萬戶。

「單身市場」肯定會奪走「家庭市場」大部份的光環，而成爲焦點。晚婚、更高離婚率、更多獨居老人、及人口高齡化，都是造成單身成年人數量顯著增加的各種因素。1980 年代，離婚率達到前所未見的高峰。一項 1985 年進行的調查中，曾提出下列預測：三十歲至四十歲間的婦女約有 60%，及十多歲就結

婚的人當中約有 32%，將步上離婚之路。

　　許多餐飲旅館與旅遊業行銷人員都已將單身市場做為主要
目標。Club Med 是所有休閒渡假中心率先倡導這項趨勢的先驅
者，接著便有許多同業將相同主題稍做修改而緊追在後。各位只
要稍微注意你家附近雜貨店的商品展示架，就可以發現另一項証
明；許多特殊的包裝產品是「專供單身」使用。

圖 7-5：赫茲租車公司（Hertz）
提供優惠折價券給美國退休人員
公會成員。該公司不限里程的租
車服務，均附贈一張美金十元的
折價券，以期吸引年長顧客群。

3．家庭角色與責任的改變

　　北美社會中，婦女的角色已經出現了革命性變化；這項改變的主
要衝擊，乃是婦女在勞動人口中佔有相當可觀的數量。在過去的
三十年裡，全美國勞動人口中已婚婦女所佔的人數，已然急遽的
增加。1960 年，已婚婦女外出工作者僅有 30.5%；但到了 1988

年，則有 56.5％；預計到公元 2000 年，這個比例還會成長到 62.6
％。餐飲旅館與旅遊業已經感受到這股強而有力的趨勢。根據
1970 年進行的旅遊調查顯示，所有商務旅行者中，女性旅行者
佔總數的比例還不足 5％；但是 1993 年的數據顯示，已猛然攀
昇到接近 40％。部分專家相信，到了 2000 年初期，婦女商務旅
行者的比例將會介於 45％到 50％之間。大部份人也都同意商務
旅行市場中，女性商務旅行者是成長最快速的部份。為了因應這
項趨勢，許多餐飲旅館與旅遊業者都已將其設備及服務做過修
正，使能更有效地切合這些女強人的需求。包括：更多衣架、更
多化妝保養品、吹風機、落地型穿衣鏡、及全天候客房服務等。
有些旅館更加體貼入微；例如，魁北克市的 Loews Le Concorde
旅館，就規劃了一個專供女性商務人士使用的樓層，稱之為「L'
Executive」。

圖 7-6：女性商務旅行者日益
成為媒體廣告的焦點。凱悅旅
館所推出的這項廣告，便以女
性旅客為特別訴求。

女性也逐漸成爲廣告的訴求重點。1970 年代末期與 1980 年代中，希爾頓、凱悅、威士汀、及加拿大航空等公司的部份廣告活動皆以女性爲特定訴求對象；參見圖 7-6。這些廣告包括希爾頓於 1980 年推出的「希爾頓淑女」計畫，及威士汀在 1982 年推出的「威士汀紳士／威士汀仕女」活動。長久以來一直被男性商務旅行者視爲身份代表的美國運通卡，也開始尋求各種途徑打入女性市場，且該公司的促銷活動更以女性爲訴求焦點。1984 年，美國運通卡的女性會員人數，與 1972 年時相較之下，足足成長了六十四倍之多。

職業婦女的人數激增之後，帶來的連帶效應便是雙薪家庭數量的成長；所有美國家庭中，目前大約有一半是雙薪家庭。這種現象已深遠地影響家庭飲食習慣與渡假型態。家人共處的時間承受工作與責任的嚴重壓力，因此對於旅遊及外食便利性的需求也日益提高。在即將進入公元 2000 年之時，部分歷史學家將 1990 年代稱爲「得來速時代」（drive-through decade），指越來越多的北美人民，透過餐廳牆上一個小窗口，取得生活所需的養份。這種情況讓人回想起「可微波處理」這個名詞加入日常用語的時期。近年來，許多忙碌的夫妻們抽空安排「週末逍遙遊」或其他迷你假期等，都已呈現一股流行態勢。

4 · 少數族裔的重要性日益提昇

少數族裔之人數也正以超過平均的速度成長，並且日益獲得行銷人員的重視。根據 1990 年人口普查顯示，美國總人口的 12.1％是黑人，而自稱爲西班牙裔的人數（其中部份也是黑人）佔了 9.0％。1990 年，非少數族裔的人口（係指白人、非西班牙裔的美國人）大約佔全美總人口的 75％。在人口的成長中，有相當高的比例由目前的新移民所造成－尤其是來自於西班牙語系及亞洲的國家。

目前已有部份企業因為將其目標鎖定於一或數種少數族裔，而獲致豐碩的成果。此外，也有為數日增的廣告以具發展潛力的少數族裔為目標；而各種促銷活動與指示路標，使用西班牙文的機會也越來越高。

5‧ 社會／文化型態與生活型態的改變

北美地區的拼嵌文化已然發生全面性的改變，而且這個地區的人口不論社會或文化層面上，也出現了前所未有的多樣化。大部份學者專家都將這些變化歸因於生活日益富裕，教育水準日益提高，想要逃避複雜生活的念頭日益強烈，及對傳統清教徒／新教徒之道德、信念、與教義的接受度日益降低所致。這些改變包括：

1. 日益重視個人身體健康、保健、及外表的改善。
2. 更想利用休閒與渡假時間進行自我修養或能力提昇。
3. 更帶有享樂主義色彩的生活型態與渡假方式。
4. 更重視婦女的職業生涯。
5. 各種回歸自然的體驗及生活型態受到更廣泛的歡迎。

以下幾個實例或許有助於各位對這些趨勢更明確的瞭解。「健康狂熱」是目前北美各地都可見到的一項明証。現在人們從事更多的運動，更具有營養概念，並且儘量避開有害健康事物－例如香菸與烈酒。餐廳中的禁菸區及旅館中的禁菸樓層或禁菸室，已經隨處可見；參見圖 7-7。飛行美國及加拿大的所有國內班機，目前已禁止吸菸。各種酒精含量較低的飲料，例如淡酒、清涼飲料、及淡啤酒等銷售量大幅增加；而酒精度較高的烈酒銷售量則大幅滑落。低卡洛里與不含咖啡因的清涼果汁飲料，目前已在整個飲料市場中佔有相當高的比例；而各種沙拉吧及低卡洛里或低碳水化合物菜餚，也成為目前許多餐廳號召顧客的特色。

此外，為數日增的旅館或汽車旅館開始提供各種運動器材或設備完善的健身中心。每個城鎮或都市都會有一或多家健身／保健俱樂部，及無數的室內日光浴場所。越來越多人每年都到設有健康溫泉的渡假中心去渡假，他們的目的或許是想讓自己看起來更容光煥發、或改善自己的健康狀況，也可能是為了改正其飲食習慣。

（a）　　　　　　　　　　　　　　　　　　（b）

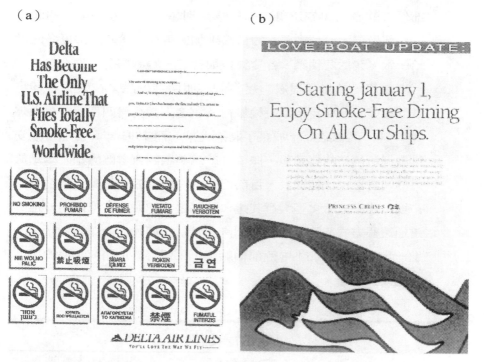

圖 7-7：餐飲旅館與旅遊業中，各種禁菸的規定已成為趨勢。（a）達美航空（Delta Air Lines）對外宣佈的全球性、無菸害航班。（b）公主遊輪公司（Princess Cruises）在所有遊輪中提供的無菸害用餐時間。

人們利用休閒時間增強特定技能，或藉此增廣學識的興趣已日益濃厚，許多渡假中心與旅館及部分餐廳，也都將目光鎖定在這種趨勢上。許多渡假中心已推出各式特別規劃的套裝行程，包括網球與高爾夫球入門指導，提升照相技巧的課程，及各種美

食烹調技巧等。成年人對於進一步增廣本身學識也興致勃勃。紐約市的 Mohonk Mountain House 便提供各種小組指導式套裝產品－例如個人電腦操作、個人健康管理、各種外國語言、及莎翁文學研究等，以滿足這種日益增加的需求。

6．對特殊旅遊選擇的需求日益增加

部份餐飲旅館與旅遊業者已然享受到超乎一般水準以上的成長率。部份歸因於顧客需求的日漸增加，再加上適時提供更多的供給所致。包括遊輪業、各種集會與會議、獎勵旅遊、巴士之旅、賭場之旅，及先前提過的迷你假期與增進學識／技能的各種特殊假期等。1994 年搭乘遊輪旅行的遊客人數約爲四百六十萬人，與 1970 年相較之下，成長了將近九倍。而 1993 年，各種會議安排業者所創造的業績額，據估計約爲美金四百零四億元。獎勵旅遊的消費額也快速成長，目前已是一個擁有五十億美元業務量的市場。巴士之旅更是大行其道，特別是年紀較長者都傾向於選擇這種渡假方式。隨著內華達州南部及新澤西州大西洋城各賭場的進一步發展，再加上中西部輪船賭場，使得參加賭博之旅的遊客也呈成長之勢。

傑出案例

市場區隔：
康帝基假期（Contiki Holidays）

康帝基假期（Contiki Holidays）是旅遊經營者對使用者實施市場區隔與定位的一個傑出實例。康帝基的各種旅遊行程完全針對十八至三十五歲的年齡層而設計；此乃使用人口統計分析做為區隔基礎的方式。自 1961 年創立於歐洲以來，該公司已成長為一家每年出團超過兩千次、旅客總數超過六萬人的企業。其安排的行程中，70％以上

仍維持傳統旅遊重點－即歐洲、澳洲與紐西蘭。其他目的地目前還包括美國、加拿大、埃及與以色列。1995 年時，該公司首次將南非列入出團行程中。每一行程的團員通常是由三十至四十五位來自不同國家的年輕人組成，包括澳洲、加拿大、德國、紐西蘭、南非、美國、英國、及其他歐洲國家。康帝基目前已向三十個不同國家行銷它安排的旅遊行程。

　　康帝基安排的所有行程中，每一位團員都是介於十八至三十五歲之間，即使導遊與司機也不例外。整團的平均年齡大約為二十四歲，而且有將近三分之一的團員來自美國。當行程是在內陸時，康帝基便以巴士做為交通工具。該公司的員工們發現他們必須導正一種錯誤觀念，即巴士為一種不舒適的交通工具，及巴士之旅只適合年齡較大的遊客。康帝基的現代化巴士車隊中，都配備飛機上使用的傾斜座椅、大型的觀景窗、錄放影機與電視螢幕、「立體環繞音效」音響系統、及盥洗室等。也規劃了許多車內與車外的活動，與大部份其他行程相較之下，包含了更多的夜間休閒活

動。除了包含在康帝基行程中的許多觀光攬勝與其他活動之外，所有團員還可從自費活動與遊覽行程表中，選擇喜愛的項目。

　　該公司提供三種不同類型的行程：「豪華」行程使用一流品質的住宿旅館，而「概念」行程使用較經濟的旅館，至於「野營」行程的團員則在全方位服務的露營場地以兩人帳蓬為夜宿之地。康帝基的價位也相當「合理」，一般來說每人每天的費用大約介於美金五十元

至一百元之間（不含機票費用）。這項費用包括了食宿、巴士交通、及各項觀光攬勝行程與活動。

康帝基的美國分公司透過旅行社進行業務促銷，並以大專學生、年輕專業人員、及大專學生的家長們為焦點。康帝基的所有業務都是透過零售的旅行社做預約，而且每年也舉辦多場訓練研討會，以便向這些旅行社說明其行程計畫。該公司支付給旅行社的佣金係介於 10% 到 16%，依據每家旅行社預約的團員人數為計算基礎。

為了協助對大專學生的行銷，康帝基於 1993 年推出「康帝基萬事達信用卡」。持有該信用卡的學生，可獲得與康帝基合作之航空公司的票價折扣，支付康帝基行程的團費，並獲得「康帝基優惠金」（Contiki Dollars）用於康帝基假期之折扣。此外，該公司也率先使用一種創新的「口碑」行銷計畫，並命名為「網路名單」（Network List）；這是由一羣曾參加過其行程的團

員所組成，他們同意透過電話與那些可能成為康帝基客戶的人們進行聯絡。

康帝基極欲在它提供服務的各國市場中，讓該公司的名稱與青年旅遊劃上等號。該公司發覺它的主要競爭對象，乃是年輕族羣造訪歐洲、澳洲、及紐西蘭等地傳統上會選擇採用的「自助」行程。在人們日益重視安全考量的情況下，康帝基相信以它身為一家擁有三十五年以上實際經驗的大旅遊經營者，及經過審慎規劃的所有行程，必能

提供所有年輕學子及他們的家長更高的保障。目前全球約有十二家旅遊經營者係以十八至三十五歲的市場為營運重點,但卻只有康帝基能將它規劃的行程行銷全世界。每一行程的團員都由許多不同國籍的人士組合而成,是人們對康帝基之認知的競爭優勢之一。每一個既定行程中,團員最多曾高達由來自十五個不同國家的人士所組成。

為了使該公司能更進一步成為青年旅遊市場中的頭號旅遊經營者,康帝基將其行銷焦點維持在個人及旅行社,並將重心由交易轉移到消費者廣告上。包括在例如《四海一家》(*Cosmopolitan*)之類的消費性雜誌中刊登廣告,在以年輕人為對象的音樂電台中播放廣告,及在大學報紙上刊登廣告。

以現代行銷術語來說,康帝基在美國境內的市場,有相當大的部份是由所謂的「X世代」構成;這是一個由十八至三十歲的年輕人組成的族群。根據資料顯示,這是一個消費能力快速成長、充滿無窮潛力的市場。目前有大約四千萬的年輕美國人屬於這個年齡層,他們每年花費在各種商品及服務的總支出,亦高達一千兩百五十億美元。以這個充滿無限商機之市場為目標的特定媒體,也快速增加中。這些「X世代」的成員中,相當高的比例仍就讀於各大專院校;由於這種特性,使得例如康帝基之類的許多公司,有更佳的機會鎖定這個市場的絕大部份。

康帝基可說是長期針對特定目標市場行銷的諸多企業中的傑出者。擁有將近30%的顧客重覆使用率,及行程安排與團員數量都穩定成長的情況下,該公司以事實明確地証明:競爭激烈的旅遊經營業中,「利基行銷」(niche marketing)也可以獲致豐碩的成果。

供給面趨勢：過去二、三十年間，一般大眾之需求、欲望、及偏好的轉變，已開啟了各種新行銷機會的廣闊空間。餐飲旅館與旅遊業則針對各特定目標市場而提供各種系列服務；這表示這個行業已經知道如何實行市場區隔了。十種特定的供給面趨勢是：

供給面趨勢：

1. 更重視旅遊常客。
2. 更重視營養及健康需求。
3. 更重視商務性與豪華級旅行行銷。
4. 更重視週末套裝行程與其他迷你假期。
5. 更重視女性商務旅行者。
6. 更重視長期在外的旅行者。
7. 更多樣化價格與費率。
8. 更便利服務。
9. 更多樣化地方風味餐飲。
10. 更多特定旅遊產品。

1‧更重視旅遊常客

前文已提過的一種供給面趨勢乃各大航空公司、旅館業者、汽車出租公司、甚至信用卡公司對商務旅行常客的日益重視。幾乎所有航空公司與連鎖旅館，目前都已對經常使用其服務的顧客們提供某種獎勵計畫。1987 年，花旗銀行大來卡俱樂部開始配合一些旅館及航空公司而推出住宿常客及搭機常客計畫，可累積大來卡積分的活動；參見圖 7-8。國內與國際航空公司間的「互惠獎勵計畫」，也於 1980 年代末期推出。1993 年，Marriott 與假日旅館等旅館業者，提供其住宿常客計畫之會員，選擇是否將其積分轉換為指定航空公司之搭機常客計畫的飛行哩數。一種相互關連且複雜的獎勵計畫制度已然應運而生。

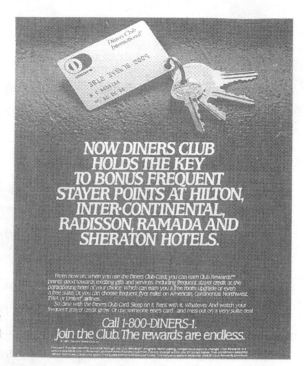

圖 7-8：在各種旅遊常客計畫中，信用卡公司與我們這個行業相互連結。

2．更重視營養及健康需求

　　餐飲旅館與旅遊業對現在那些強調健康概念的旅行者也投其所好做了一些改變。幾乎所有速食業者，經常被抨擊爲提供營養價值過低的菜色，都修改其產品，或公佈食物中所含之營養成份。1995年，Taco Bell 的一項全國性廣告活動中，強調其 Border Light Taco 產品的脂肪含量已大爲降低。凱悅及 Stouffer 兩家旅館，則以營養豐富、低卡洛里、低膽固醇的菜餚爲訴求焦點。凱悅係透過雜誌廣告促銷其「完美均衡」的菜餚，而 Stouffer 則在其餐廳中推出各式「清爽不膩」的主菜。

　　造成餐飲旅館與旅遊業在 1980 及 1990 年代中出現重大改變的主因，乃是反菸害運動聲浪的日益高漲，及各國政府逐漸接受二手菸有害健康之影響。目前已有許多國家在其國內班機全面實施禁菸，而國際班機禁止吸菸的限制也越來越普遍。事實上，

達美航空 1994 年就已宣佈,該公司所有班機,不論國內或國際航線,都禁止吸菸。而一般大眾要求所有公共場所-包括餐廳及旅館大廳-都嚴禁吸菸的輿論壓力也日漸強烈。此外,許多旅館及渡假中心也開始提供顧客各種健身設備。

3‧更重視商務性與豪華旅行的行銷

過去大部份的餐飲旅館與觀光旅遊業者都對所有商務旅客們一視同仁。1970 年末至 1980 年初,這種作法瞬間瓦解了。許多旅館業者、航空公司、及部分信用卡公司,開始認識到商務旅客及豪華休閒旅遊者的龐大市場潛力。一些航空公司推出升級至頭等艙的服務,而另一些則推出全新的「商務艙」。一些連鎖旅館及獨立旅館則推出主管樓層;該樓層的住客可以獲得許多特殊服務,例如:私人休憩室,免費早報供應,免費美式早餐,高級客房禮遇,及門房服務等。例子包括 Howard Johnson 的「主管樓區」(Executive Sections),Marriott 的「門房樓層」(Concierge Levels),威士汀的「總理樓層」(Premier Floors),希爾頓的「高塔」(Towers),及凱悅的「攝政俱樂部」(Regency Clubs)等。

　　業者更開發了許多特別豪華的套裝行程,以符合願意支付高昂費用的休閒旅行者之需求。例如 Abercombie & Ken 等公司及其他專精於組合行程的業者們,就推出前往異國風味或人跡罕至之地區的各種行程,或遙遠目的地極盡奢華之行程。

4‧更重視週末套裝行程與其他迷你假期

隨著市場上雙薪家庭的日益增加,餐飲旅館與旅遊業也推出多種短期渡假套裝行程。連鎖旅館業者例如凱悅、Marriott 及假日旅館等,更是積極地推出各種國內廣告活動促銷這些套裝行程。

5・更重視女性商務旅行者

前文已提過，目前各航空公司、旅館、及餐廳極度關切女性商務旅行者的特殊需求。目前也有各種特殊廣告活動係針對這個族群。

6・更重視長期在外的旅行者

「全套房式」概念的出現，乃是住宿業在 1980 年代的主要創意之一。雖然全套房旅館將其行銷重點逐漸擴大，但設立原意是提供更舒適、更易接受的住宿場所給長期派駐在外的主管人員及其他長期居住的客人。

7・更多樣化的價格與費率

餐飲旅館與旅遊業之價格與費率的多樣化，已使旅遊民眾困惑不已。解除管制之後，想掌握不斷改變的航空票價，唯一值得信賴的方法就只有使用電腦一途了。旅館業者也未讓航空公司專美於前，亦根據顧客類型與居住期間長短，開始提供多種優惠價格。

8・提供更便利的服務

在這個行業中提供各種更為便利與省時的服務，已被許多人視為理所當然。「得來速」服務窗口幾乎已成為所有速食連鎖店不可少的設備。而更進一步的「雙得來速」（乃指有兩條得來速路線及提供外帶服務，而無店內用餐的漢堡店）或 Rally's Hamburgers 的「漢堡寶寶」等皆是；參見圖 7-9。餐飲外送與外帶服務也快速成長中。許多便利商店也跨足速食業務。許多旅館的快速住房登記與退房結帳已司空見慣；而許多旅行社也以送機票到府的方式，讓顧客們享受更便利的服務。

圖 7-9：Rally's 提供行程
匆忙的人解決民生問題的選
擇。

9・更多樣化的地方風味餐飲

在即將步入另一新世紀之際，墨西哥風味的 taco 優然有取代漢
堡而成為北美洲最受歡迎的速食之勢，而義大利的披薩也是另一
個不容忽視的強勁對手。根據一項 1992 年進行的餐廳與公共設
施（*Restaurant & Institutions*）調查顯示，每星期外出用餐一次
的人，28.7％會選擇墨西哥式的速食餐廳。Taco Bell，一家屬於
百事可樂公司旗下的墨西哥式速食店，1994 年的業績額約為四
十三億美元；業務量已躍居全美連鎖餐廳的第四位。而另一家墨
西哥餐廳－Chi Chi's，1994 年的營業額則為四億三千零六十萬
美元，排名為全美第六十四位。1994 年，隸屬芳鄰餐飲企業（Family
Restaurants Inc.）旗下的 Chi Chi's、El Torito 與 Casa Gallardo 三
家餐廳，已成為墨西哥風味餐廳的鐵三角。

10・更多特定旅遊產品

前面討論的各種需求主導的趨勢中，已提及各種特定的旅遊選擇
大為流行。包括遊輪之旅、各種集會與會議、獎勵旅遊、巴士行

程、賭場之旅、及各種教育性／增強技能的套裝行程。也談到了各種週末套裝行程與迷你假期有日漸增加之勢。餐飲旅館與旅遊業提供更多樣化設施、套裝行程、及服務來因應顧客們不斷改變的需求及旅遊偏好。例如，專精於獎勵旅遊的公司，已由原來的少數幾家成長為數百家之多。至於各休閒渡假中心推出以較小型會議為訴求目標的會議中心，也如雨後春筍般蓬勃發展，以滿足市場需求。幾乎所有的城市中，目前至少都設有一處會議及旅遊局，以吸引旅遊者的造訪。而住宿業的「品牌區隔」趨勢，則是回應不斷改變之顧客需求的另一項証明。

　　各位應可發現存在於市場中各種改變，及服務項目之變化間的互相牽動情形。一項無庸置疑的事實，即過去二十年中，市場區隔的需要與機會的確出現了極大的成長。

不斷改變的區隔策略

　　餐飲旅館與旅遊業應用市場區隔已呈日趨複雜之勢。雖然改善的空間仍相當大，但這個行業目前已對市場區隔的利益及各種可運用的區隔基礎更加瞭解。

　　餐飲旅館與旅遊行銷人員傳統上使用人口統計、地理、及旅遊目的之區隔為主；而現在已經開始加入其他區隔基礎。電腦預約及顧客資料庫的日益普及，各家公司目前在確認及追蹤顧客方面，均較以往改善許多。這項新科技尤其有助於鎖定常客，因而設計與促銷各種獎勵常客計畫。

　　這個行業的行銷研究的使用率，包括心理圖析、生活型態、利益、及品牌忠誠度等區隔方式舖路之各種技巧，目前也逐漸增加。雖然這方面仍處於試驗階段，但這些區隔基礎卻可提供所有公司未來所需之競爭優勢。

本章摘要

　　餐飲旅館與旅遊業運用市場區隔，已日趨成熟。業者對於選擇特定的目標市場、及針對這些市場而發展行銷計畫之必要性的認知也日益深刻。在此同時，整個市場也變得越來越多樣化；這種現象提供了餐飲旅館與旅遊行銷人員越來越廣闊的活動領域。在即將步入二十一世紀之際，最有可能成為大贏家的，極可能是最能夠精確地鎖定其目標市場的組織。

　　日益精進的行銷研究、及電腦科技的廣泛使用，使這個行業中的市場區隔得以更有效的進行。而多重區隔的日益普及，也大幅提高有效行銷的可能性。

複習問題

1. 本書如何定義「市場區隔」？
2. 市場區隔對於有效行銷為何如此重要？
3. 運用市場區隔有哪些利益？
4. 實施市場區隔時是否有任何限制？如有，請敘述之。
5. 哪六項準則可供判斷各個區隔市場是否具有生存發展潛力？
6. 單階段、兩階段、及多階段的區隔方法之間的相異處？
7. 七種區隔餐飲旅館與旅遊市場的基礎分別為何？
8. 七種區隔基礎中，哪些是這個行業傳統上使用的？
9. 餐飲旅館與旅遊業的區隔化程度是否日益提高？或相反？請例舉目前供給與需求之趨勢並說明你的答案。

10. 這個行業運用市場區隔是否日益複雜？或剛好相反？請舉
　　實例佐証你的答案。

圖 7-10：EI Torito 因推出墨西哥菜而受大眾喜愛

本章研究課題

1. 選取一家餐飲旅館與旅遊組織，分析其使用的市場區隔。
　　這個組織的目標市場爲何？區隔基礎是什麼？採用單階
　　段、兩階段、或多階段區隔方法？是否推出各種新服務、
　　設施、套裝產品、或促銷活動，以更精確地鎖定目標市場？

應該如何改善其市場區隔的使用策略？

2. 你剛受雇於一家航空公司、連鎖旅館、連鎖餐廳、旅行社、會議／遊客服務局、或其他餐飲旅館與旅遊組織，擔任行銷主管一職。你的第一項工作，是向總經理報告負責區內之各項供給與需求之趨勢。同時提出該組織如何善加利用這些改變的概要說明。你的報告中將述及哪些特定趨勢？你將如何由這些趨勢中獲得利益？

3. 選擇餐飲旅館與旅遊業的某一部份（例如旅館、航空公司、汽車出租公司、或餐廳等），並檢視該行業中已有哪些公司採取吸引旅遊或用餐常客的行動。這些獎勵計畫的數量是增加或減少？這些公司遵循的是同質性相當高的標準模式，或極大差異的方式？這些計畫如何促銷，又提供了哪些購買誘因？這些計畫是否能提昇品牌忠誠度？

4. 選擇這個行業中的某一部份，並安排與幾位行銷經理或總經理進行訪談，以瞭解他們在市場區隔上所採用的方法。他們所使用的區隔基礎有哪些？這些組織是否選用相同的區隔基礎？是否經常可發現單階段、兩階段、或多階段區隔方法？為什麼會有這種現象？近年來實施的區隔方法是否有任何改變？這些組織是否正對各種不常使用的區隔基礎（例如心理圖析、利益、及行為區隔）進行試驗？

第八章

行銷策略：策略、目標市場、
行銷組合、定位與行銷目標

學習目標

研讀本章後，你應能夠：

1. 定義行銷策略、目標市場、行銷組合、
   定位及行銷目標。

2. 說明區隔化行銷策略的概念。

3. 列舉各種可使用的行銷策略。

4. 說明行銷策略的效能因產品生命週期及
   組織在產業中的地位之不同而異的原
   因。

5. 說明「關係行銷」與「策略聯盟」兩項
   概念。

6. 確認在目前的企業環境中使定位變得重
   要的因素。

7. 列舉有效定位所需的步驟。

8. 敘述實施定位的六種方法。

9. 說明擁有行銷目標的益處。

概論

當市場已區隔完成而潛在目標也已知,接著你該如何做呢?這下一步就如同規劃一趟人跡罕至或偏僻遙遠的旅遊,探險家們都瞭解必需準備一份地圖,選定一條路線,帶足補給品,安排妥當的交通工具,及規劃每天預定的目標。本章一開始敘述各種行銷策略如何引導各位通往成功的方向。

本章審視餐飲旅館與旅遊組織使用的各種策略。此外,也要告訴各位,各個產品生命週期階段中,發揮最大效益的不同策略。本章所敘述的各種策略,不僅對業界的佼佼者極為有效,對試圖迎頭趕上的組織,也相當值得參考。

本章不僅檢視定位技巧,也說明如何使用這項技巧來獲得最大利益。最後則檢視各種行銷目標,並說明對成功的行銷策略之重要性。

關鍵概念及專業術語

複合者(Combiners)
集中式行銷策略(Concentrated Marketing Strategy)
衰退期(Decline Stage)
差別化行銷(Differentiated Marketing)
定位的5D(Five Ds of Positioning)
一網打盡的行銷策略(Full-Coverage Marketing Strategy)
成長期(Growth Stage)
導入期(Introduction Stage)
行銷組合(Marketing mix)
行銷目標(Marketing Objective)

定位(Positioning)
定位聲明(Positioning Statement)
優先供應者(Preferred Suppliers or Vendors)
產品生命週期(PLC;Product life cycle)
關係行銷(Relationship marketing)
重新定位(Repositioning)
區隔化行銷策略(Segmented Marketing Strategy)
分割者(Segmenters)
單一目標市場策略(Single-Target-Market Strategy)

行銷策略（Marketing Strategy）	擷取精華策略（Skimming Strategies）
成熟期（Maturity Stage）	策略聯盟（Strategic Alliances）
利基者（Nichers）	目標市場（Target markets）
滲透策略（Penetration Strategies）	無差別化行銷策略（Undifferentiated Marketing Strategy）

　　將你自己假設成歷史上某位偉大的探險家－Columbus（哥倫布）、Magellan（麥哲倫）、Raleigh（來禮）、Scott（史考特）、Hillary、Marco Polo（馬可波羅）、Leif Ericson、Livingstone、Baffin、Rasmussen或 Indiana Jones（印地安納・瓊斯）！這些歷史偉人們都曾經進行前人從未完成過的冒險，而成功了！他們留芳千古的卓越功績，乃是經過數月、甚至數年的審慎計畫後才實現。他們必須懇求、借貸、甚至偷竊，才籌措到足夠的經費，然後選擇困難度最低、且最不浪費資源的路線。其中得以全身而返的人，仔細地記錄整個旅程，以便後來的人依循其腳步前進或據此找到更佳的路線。

　　各位或許有些不解：上述探險故事與行銷之間，又有什麼牽連呢？首先，每一位探險家都相當確定其最後目的地。Edmund Hillary的目標是聖母峰頂；Robert Scott 的目的地是南極圈。所有行銷人員也必須清楚了解想要將自己的組織帶往何處－即先前所提的「希望進展的目標？」。不論是探險家或行銷人員都必須確認各種可選擇的路線，再由其中挑選出最佳者。二者也都必須預算整個過程所需的各種資源，再選擇能夠達到最終目標、且最有效益的方案。不論是探險家或行銷人員，也都會設定使其資源做最佳運用、及能檢視進度的各項相關標準。

　　當行銷人員規劃如何達到預定目標時，會檢視各種可行的行銷策略，並挑選與組織及資源最為配合的策略。他們會將可運用的預算與人力資源，投入於產生最大預期收益的各種活動中（行銷組合）。他們會設定整個過程中的各個階段（亦即目標）。如果一切都按照計畫進展，就如同那些成功的探險家們一樣，行銷人員們也將獲致再次

成功的榮耀。

各項術語定義

本章將以更詳盡的內容，檢視先前章節中強調過的數種行銷技巧；在開始探討之前，各位應先對下列術語的含意有一明確的認識。

行銷策略

本書之**行銷策略**有其獨特定義，乃指由特定的顧客團體、傳播方法、配送管道及價格結構等組合中，選定發展方向或路線。即許多專家們所說的，是由目標市場與行銷組合所構成的一種結合體。

目標市場

目標市場的選擇是發展行銷策略的一部份。所謂**目標市場**是由餐飲旅館與旅遊組織所選定、並做為行銷重點的特定區隔市場。選定目標市場之前，必須先進行市場區隔（亦即將顧客們區分為許多具有共同特性的團體）。

行銷組合

如同使用不同的材料配方，調製出自己最喜愛的雞尾酒一般，服務的呈現、定價、配送及行銷，也有數不盡的方式可用。**行銷組合**即包括這些被選用於滿足顧客需求的各種可控制要素。本書中包含了八種可控制要素（亦即 8 P）：產品、價格、地點、促銷、包裝、規劃、人員、及合夥。所有組織對於每一個選定的目標市場，都會遵循

區隔化市場策略選擇其特有的行銷組合。

定位

定位也常被稱爲「產品定位」，指發展一種服務與行銷組合，使組織在目標市場的潛在顧客們腦海裡，佔有某種特定地位。通常意味著某種與眾不同的服務特色（例如 Club Med 提供全包式渡假），或一種獨特方式傳達該組織的定位（例如：Avis 在租車界排名第二，爲甚麼使用我們的服務呢？因爲我們不斷地精益求精）。

行銷目標

行銷目標係指餐飲旅館與旅遊組織在特定期間內，一般是一年，企圖達到某目標市場中預定的可測度目標。

行銷策略

任何一位探險家面對一份地圖時，心裡都很清楚有許多路線可供選擇以達選定的目的地。形勢分析（目前置身何處？）、行銷研究、及各個區隔市場分析，便是行銷人員的地圖。該地圖定義出該組織各種行銷機會的界線，而行銷人員在地圖上所選擇的路線，便是他們所採用的行銷策略。

對所有餐飲旅館與旅遊組織來說，可供選用的行銷策略不勝枚舉，以下略舉一二：

可選擇的行銷策略：

1. 由許多區隔市場中，只選擇一個目標市場，完全針對該市場實施行銷（亦即單一目標市場策略）。

2. 由許多區隔市場中，選擇其中少數幾個目標市場，將行銷
   重點集中於這些市場上（亦即集中式行銷策略）。
3. 試圖吸引整個市場的所有區隔市場，針對每個區隔市場制
   定一套不同的行銷方式（亦即一網打盡的行銷策略）。
4. 瞭解整個市場存在許多不同的區隔市場，但實施行銷時卻
   不顧這些差異的存在（亦即無差別化行銷策略）。

對於遵循上述各種策略的組織，我們分別冠上特定名稱。採用
單一目標市場策略的團體，稱為「利基者」。而使用集中式、及一網
打盡之行銷策略的組織，通常稱為「分割者」。至於使用無差別化行
銷策略的組織，便是所謂的「複合者」。

1．單一目標市場策略

這種一般所謂「選定活動範圍」的策略，相當流行於較小型及較
低市場佔有率的組織中。餐飲旅館與旅遊業的「會議式」渡假中
心便是一個極佳的例子；參見圖 8-1。這類場所的開發者將焦點
鎖定於特殊渡假中心的需求，提供的服務完全針對較小型之企業
及團體集會與會議為主。其優勢在於專業化，係針對滿足某個特
定目標市場的需求而設計。其它旅館與渡假中心，大部份除了服
務商務及休閒旅客外，也都有可供各種規模之集會／會議團體
使用的場地；它們倚賴於數種目標市場的需求。然而，與大部份
知名連鎖旅館及會議／遊客服務中心不同的是：此類會議式渡
假中心所追求的目標主要並非團體性會議，而係倚賴精密的影音
設備，根據不同用途而設置的會議設施，及提供高度個人化服務。
他們所提供的各種附加特性與服務，是許多大型旅館及渡假中心
所忽略或無法辦到的。

在這個行業中，還有許多市場專業化的實例。舉例來說，
Abercombie & Kent 便以提供特殊、豪華的套裝旅遊為重點，通

常是前往一些不尋常的地點。許多小規模、區域性的航空業者，便以提供大型航空公司認為不具經濟效益的某些特定地區的航線與班次為主。Cinnabon 公司提供種類不多的產品（一種肉桂捲及數種飲料）做為速食產品的另一項選擇。大部份的小規模、獨立式餐廳都將其目標鎖定於某個定義明確的地方性市場。而為數越來越多的旅行社，也將其行銷重心完全放在團體客戶或遊輪假期。

圖 8-1：會議式渡假中心：屬於單一目標市場行銷策略的一種運用。

這種單一目標市場的行銷方式之精髓便在於避免與業界佼佼者進行直接的競爭。選用這種方式的組織，會先選定一個目標市場，並以較其競爭者更能滿足該市場之廣泛需求為目標。長期之下希望結合整個目標市場，並在其中建立卓越的名聲。

2 . 集中式行銷策略

這種策略與前述單一目標市場策略大同小異,除了追求的是數個
區隔市場之外;大部份的獨立旅館與渡假中心,都是採用這種策
略。由於面臨全國性連鎖企業的直接競爭,這類業者都提供獨具
一格的營業場所設計,各種附加服務,或個人化特質,以期吸引
商務與休閒旅客;提供滿足數個住宿區隔市場之需求的單一產
品。相對的,許多享有盛名的連鎖旅館則是擁有數個不同品牌,
希望能藉此吸引大多數-如果無法全部-的區隔市場。

3 . 一網打盡的行銷策略

這是四種策略中花費最高的一種,通常由業界的佼佼者-亦即擁
有許多遍佈全國「分支」機構的業者-所使用。他們不僅提供服
務給所有的目標市場,並且分別針對每個市場使用獨一無二的行
銷組合。

　　住宿業中的「品牌區隔」概念,即是這項策略的一種應用;
Marriott 公司便是一個傑出的實例。這家公司的領導者偷了 Procter
& Gamble 一頁的企劃書,而設計出提供旅客無所不包的住宿服
務;其範圍由高級旅館與渡假中心,以至於經濟消費的 Fairfield
Inns。由於體認到同一間旅館中,不可能做到「滿足每位顧客之
需求」,因此 Marriott 也和 Choice 國際旅館等業者一樣,決定
增建各式營業場所,以期投合特定區隔市場之需求;參見圖 8-2。

　　這個行業中的其它例子,還包括了北美洲大航空公司於 1980
及 1990 年代初期,以餓虎撲羊之勢吞併了許多小規模以全國性、
地區性及通勤業務為主的航空業者。他們的目標是要藉由設備、
人員、航線、及班次上供給的增加,服務所有地區。在加拿大,
西太平洋航空公司(Pacific Western Airlines)便與加拿大太平洋
航空(Canadian Pacific Air Lines)、東方省份航空(Eastern

Provincial）、及 Nordair 聯營，而成立加拿大國際航空公司（Canadian Airlines International）。在美國，除了全美航空（US Air）併購 Allegheny 與 Piedmont 之外，西北航空也接收了 Republic。在澳洲，Qantas 則與澳洲航空（Australian Airlines）合併，而增加了一條國內航線。

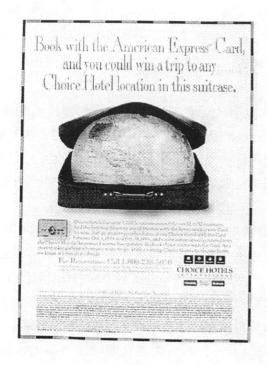

圖 8-2：Choice 國際旅館挾其眾多品牌而涵蓋了整個市場。

4·無差別化行銷策略

上述三種方式均屬於「區隔化行銷策略」、或稱「差別化行銷策略」－即利用各種個性化行銷組合，區別存在於不同目標市場間之差異的行銷方法。而無差別化行銷策略，則指忽略各個區隔市場的差異，對所有目標市場使用同一行銷組合。各位或許認為，使用無差別化行銷的組織必屬於生產導向的企業，因為它們並未

體認市場區隔的概念。確實，某些業者一開始時，試圖符合所有人的所有需求，而最後卻無法滿足任何一個人。但是，從另一方面來看，某些業界的佼佼者卻能相當有效地使用這種無差別化行銷。

這些「複合者」將其焦點鎖定於顧客群的相似性，並使用一種行銷組合以增加產品選擇性與促銷吸引力。這些複合者相當清楚存在於各個目標市場的差異，但卻將重點置於一般共有性的需求上。這些目標市場也因而被結合成一個「超級目標市場」，並針對此設計行銷組合。

無差別化策略究竟有些什麼好處呢？第七章曾提過的市場區隔缺點（成本增加，最佳區隔基礎不易選擇，分隔基礎的精密度不易分辨，及易於選取無法存活的區隔市場）對複合者來說卻大爲降低，因爲他們鎖定數個目標市場後，只使用一種行銷組合而已。

餐飲旅館與旅遊業是否存有這種複合者呢？各位或許還記得第七章中，我們刻意不回答一項有關速食業者的問題，「當某種服務的魅力是如此地無遠弗屆時，仍使用不同方法去因應各種顧客團體是否有其實質意義呢？或者應該用相同方法因應之？」我們曾提及麥當勞的聲稱：幾乎每一個住在美國及加拿大的人，都曾在其連鎖店中消費過。麥當勞與其它連鎖速食業的佼佼者們，便使用了「部份的」無差別化行銷策略。其全國性廣告與促銷活動，在設計上就是以吸引數個目標市場爲主。他們提供了高度標準化及有限菜色選擇來滿足一般外食的需求。他們使用密集的電視廣告吸引各行各業中的典型顧客。之所以使用「部份的」無差別化行銷，乃是因爲麥當勞與部份競爭者，允許旗下加盟連鎖店發展因地制宜的行銷計畫。這些地方性廣告、公共關係及促銷活動等，都針對特定地理區域內的目標市場來發展。此外，麥當勞也針對少數族裔的市場特別設計廣告計畫，其中包括了黑人

及西班牙裔美國人等。

　　各位能否想像的到，例如溫蒂、漢堡王及麥當勞等爲了打入每一個區隔市場，而在所有報章雜誌刊登廣告及所有廣播電台與電視台中播放廣告所必須支出的驚人行銷預算？對他們而言，這些花費比使用大規模促銷活動所需的費用要經濟多了。爲了使顧客們不斷地前來消費，這些複合者們都經常加入各種新餐點，修正餐點內容或更新包裝。

產品生命週期之階段策略

　　第一章中已確認**產品生命週期**（ PLC ）爲七項行銷核心原則之一。產品生命週期的基本觀念便是所有產品與服務在其有生之年都會經歷相同階段。與人類相當類似－先是呱呱墜地；經過嬰兒期、童年期與青春期；而進入成熟期；最後終將步入老年。所有服務與產品也會經歷下列四個階段：（1）導入期，（2）成長期，（3）成熟期，（4）衰退期；參見圖 8-3。不同的行銷方法隨著產品生命週期的發展階段，而產生不同的有效性。因此行銷策略必須調整，以吻合每個階段中所出現的新挑戰。

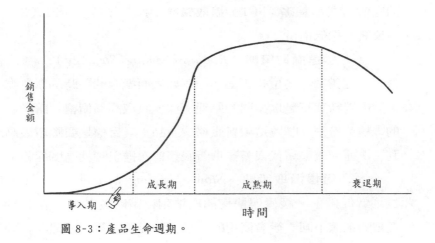

圖 8-3：產品生命週期。

1．導入期

一項新服務首次提供給大眾時，便是**導入期**的開始。傳統上來說，由於要在市場中建立穩固地位必須投入高額促銷費用與其它花費，使得這個階段被認爲是低獲利時期。服務或產品的價位通常都頗高，並且以吸引較具冒險性、收入較高的顧客或其他「創新者」爲主。

你是否想過最近餐飲旅館與旅遊業所推出的任何革命性服務？你對於全套房旅館，按時計費分租公寓，及各種住宿常客計畫的看法如何？航空業務已有許多飛行常客計畫，而協和客機也開啓了超音速航空旅行之風。另外，麥當勞的預先包裝式沙拉，旅館業的影像退房結帳（利用房內電視結帳退房），雙線得來速服務餐廳，主題樂園，只供應沙拉的餐廳，唱片伴奏小舞廳，及會議式渡假中心等例子中（除協和客機之外），應可發現一項共同點：競爭者們很快地就會模仿創始者。各位應該還記得第二章所提過的：各種服務較製造業產品更容易被模仿。所以任何一種新服務的導入期通常都極爲短暫。

一家公司在導入期所能使用的有四種策略，係以兩種不同的定價方式爲基礎：（１）**擷取策略**（採高價位），及（２）**滲透策略**（採低價位）。

a．**迅速擷取策略**（*Rapid-Skimming Strategy*）〔高價位／高促銷〕。各位是否知道由鮮奶表面擷取油脂時的景象呢？擷取市場精華正是以相同的原理運作。收取高昂價格，讓顧客中的「精英份子」購買這項新服務或產品；其目標是要賺取最高毛利。快速擷取策略代表著一項新服務首次推出時就高度促銷。

b．**緩慢擷取策略**（*Slow-Skimming Strategy*）〔高價位／低促銷〕。緩慢與快速擷取這兩種策略的差異，在於投入促銷的金額不同；後者使用的是較低的促銷預算。雖然潛在顧客

數量並不大，但大都知道這項新服務。在一段時間內，並不預期
會有競爭的類似服務。

　　c．**迅速滲透策略**（*Rapid-Penetration Strategy*）　〔低
價格／高促銷〕。價格是滲透策略與擷取策略最主要的差異。
滲透策略開始的價格都訂得不高，以期儘可能擷取最大市場。雖
然這項新服務的市場相當龐大，但大部份的購買者對價格極為敏
感（他們偏好較低價格）。迅速滲透表示低價格與高促銷合而為
一，大部份的潛在購買者都不太清楚這項新服務，並同時存有強
烈的威脅，即競爭者們將會很快地模仿。

　　d．**緩慢滲透策略**（*Slow-Penetration Strategy*）〔低價格
／低促銷〕。這種策略乃指某新服務產品在低度促銷下，以低
廉價格推出。與快速滲透不同的是，顧客們都相當清楚這項新服
務的存在。無可避免地當然也可能會有競爭者存在，但競爭威脅
還不至於像上述狀況那麼大。

2．成長期

　　成長期的銷售量快速地爬升，獲利水準也出現改善。將有
更多競爭者加入這場爭奪戰。對於率先推出新服務的組織而言，
能夠使用的策略有下列各種：

1.　改善服務品質，並加入新的服務特色與服務要素。
2.　追求新的目標市場。
3.　使用新的配送管道。
4.　降低價格，以吸引更多對價格相當敏感的顧客。
5.　改變部份廣告重點，由建立知名度轉為創造慾望與行
　　動（亦即購買）。

　　傑出案例即是 Club Med 於 1980 及 1990 年代初期在北美地
區採用的方式。1970 年代末期與 1980 年代初期，Club Med 每年

的業務量都有 15%至 20%的增加。爲了讓這項成長得以持續，該公司使用了以上所列策略的數種。新渡假中心的不斷成立，以確保有足夠容量供業務成長之需。同時不斷追求各種新的目標市場，包括公司團體、親子家庭、新婚蜜月者、潛水與網球等運動熱愛者、及主題週等。廣告策略也由原先的「單一世界，單一俱樂部」主題，轉變爲特定的目標市場需求及在 Club Med 能隨心所欲從事各種選擇。此外，採用各種不同方式因應對價格相當敏感的顧客群，例如針對年長者市場所推出的「青春永駐活動」，及針對十人以上團體推出的「家庭聚會」套裝產品。而針對單身、夫妻、與所有家庭促銷的各項產品，例如荒野活動、夫妻冒險活動、及家庭休閒之旅等，都獲致相當的成功。現有與新設的渡假中心裡，也添加了許多額外特色；包括針對幼兒與嬰兒的特殊設施，教導個人電腦知識，及海上巡航等。對顧客直接銷售的傳統方法，也進一步地擴展由各旅行社銷售。

３．成熟期

北美各餐飲旅館與旅遊業，有許多目前都已處於發展的成熟期。旅館、速食餐廳、汽車出租公司及航空公司便是四類例子。這個階段的特徵便是銷售成長率開始緩慢下來。容納量過剩的狀況已然出現；過多的供給量追逐過少的需求量。對一個想要在這個階段中維持銷售量成長的組織而言，可採用下列三種策略：

　　a．**市場修正策略**（Market-Modification Strategy） 亦即追求競爭者的顧客，增加新目標市場，或嘗試將非使用者改變爲使用者。其它包括：鼓勵更頻繁使用，鼓勵增加每次的購買量，或創造新的及更多變的使用。各航空公司與旅館所推出的各種常客計畫，及漢堡王、溫蒂、與哈帝等速食業者所採用的抹黑對手廣告攻勢，便是這類策略的最佳實例。

　　b．**產品修正策略**（Product-Modification Strategy） 這

種方式的精髓乃是讓組織的服務或產品改頭換面，使它們看起來彷彿新推出一般。各位是否曾注意過各航空公司設備的各種改變？不時地進行新外觀裝修工程，接二連三地推出華麗的企業標識，經常改變飛航服務人員的服飾，座椅上加裝視聽遊戲裝置等，都屬於此類例子。提供門房服務，商務行政樓層與休憩室，快速退房結帳服務，及辦公中心等，則是旅館業新近增加的特色。

有些公司則已發現必須擺脫顧客腦海中相當老舊的印象。Ramada，Stouffer 旅館及假日旅館則是這方面的三個實例。

c．行銷組合修正策略（ Marketing-Mix-Modification Strategy ）　藉由改變行銷組合，以達到激勵銷售量的效果。舉例來說，那些已面臨成熟市場的旅館業者，可以將重心更偏向於尋找如旅行社、旅遊批發商、或酬庸式旅遊計畫者之類的新配送管道。而餐廳則可以利用折價券與其它促銷活動來提高銷售量。旅行社也可以僱用抽取佣金或「外部」的業務員帶來更多的業務量。

4．衰退期

當提供的服務已步入衰退期，開始出現銷售量下降的情況時，你應該怎麼辦呢？此時仍有許多選擇可突破這種業務困境。大部份的行銷專家會建議應降低成本，即在銷售量更進一步下滑時對整個公司、產品、或服務採取「減肥」策略。出售也是可以使用的方法之一。

產品生命週期概念的限制

這項概念備受批評的主要議題之一，便是它假設所有產品與服務之銷售量，最後必將減低至一無所有或相當低的水準。但經驗告訴我們，這項假設並不全然正確。許多歷史悠久的旅館與

渡假中心，都在改頭換面重新開張之後，再度擁有先前的全盛繁
榮，例如目前位在加州長灘，原先是一艘豪華海上遊輪，現已變
爲會議與貿易展覽中心的的瑪麗皇后號（Queen Mary），參見圖
8-4。還有那些被取代但並未消失的餐廳尋求新的經營概念及不
斷更新菜單內容。當身處衰退期的進退兩難窘境時，最佳的答案
便是：找出新用途與顧客群，挑選新配送管道，或重新定位（亦
即改變顧客知覺），使這項服務改頭換面而重獲生機。

圖 8-4：由一艘海上定期遊輪蛻變爲一家擁有 390 個房間的旅館。瑪麗皇后號
（Queen Mary）以實例証明了產品生命週期之限制的突破。

各種產業定位策略

　　各位只要稍加檢視北美餐飲旅館與旅遊業，將不難發現其中某些組織的確優於其它同行。例如，速食業的麥當勞，娛樂業的迪士尼企業，遊輪業的嘉年華（Carnival），旅遊目的地的佛羅里達州、加州及夏威夷州，汽車出租業的赫茲（Hertz）等。還有其它許多團體－我們將其稱為「挑戰者與追隨者」－在規模及成就上雖然不如前述業界巨擘，但仍舊在市場上佔有一席之地，包括了速食業的漢堡王、溫蒂、哈帝，租車業的艾維斯（Avis）、Budget、全國（National）、及主題園的六旗樂園（Six Flags）等。此外，還有許多規模更小，只針對少數目標市場，甚至只鎖定單一特定目標市場實施行銷的其它組織－我們以「利基者」稱之。綜上所述，四種產業角色或定位的類型便躍然浮現；分別是：（1）領導者，（2）挑戰者，（3）追隨者，及（4）利基者。

1．市場領導者

　　勝利是一種習慣性。一個組織一旦成為其行業中的佼佼者，便不太可能將領導者地位拱手讓人。然而，它的競爭對手卻無不亟思奪取天下第一的寶座，或設法瓜分該領導者的市場佔有率。如何使組織穩居頂尖的龍頭地位，固然是行銷可能面臨的最艱鉅挑戰之一；然而仍有一些組織深諳此道。

　　市場領導者們可使用三種不同策略：（1）擴張整體市場規模〔即增加「主要需求」（primary demand）〕，（2）保護市場佔有率，及（3）擴張市場佔有率。

　　a．擴張整體市場規模　可以運用下列三種方式增加整體或主要市場：

　　1.　尋找新目標市場。

2. 針對各項服務或設施發展新用途。

3. 勸誘顧客們更頻繁地使用各項服務或設施。

　　當市場領導者提供的服務之總需求出現成長時，其獲利也會最多。它能夠確認出低使用頻率、或根本未使用其服務的目標市場。1993 年初期，Marriott 公司推出一項「Marriott 哩程」（Marriott Miles）計畫，試圖增加其經常旅遊者之市場佔有率。參加該計畫的會員，於每次住宿任何一家 Marriott 旅館時，便可獲得所選擇航空公司五百點數的飛行常客哩數。而「全包」概念的創始者 Club Med，更於 1980 年代中期增加一艘遊輪、並推出「包村」概念。這項計畫中，如 IBM 與新力等知名企業都曾租下整個 Club Med 渡假中心，做為獎勵旅遊或開會之用。以促銷新市場為主的週末主題行程，也需要渡假中心在旺季時提供大力支援；而這些渡假中心也都找到了新的使用者。

　　建立主要市場的另一種方法，便是針對一項服務尋找及鼓勵新使用者。遊輪業的許多佼佼者們，已經成功地促銷其遊輪為各種團體會議與集會之用。許多傳統夏季渡假中心與滑雪渡假中心，也採用相同策略向會議計畫人員們行銷各項冬季與春季活動。

　　勸誘顧客們更頻繁地使用則是第三種方式。麥當勞的「快樂兒童餐」便是一個傑出實例。孩子們受到各種餐飲附送玩具及其它贈品之引誘，在家長的陪伴下，一次又一次地前往著名的「金色拱門」消費。本書許多章節中所提的各種旅遊常客計畫，也是另一個例子；至於將在第十六章中探討的「優惠特價」折價券也是此類例子。

　　ｂ．保護市場佔有率　　保護市場佔有率是市場領導者們能採用的第二種方法。當所有競爭對手都虎視眈眈地垂涎著他們的業務量時，這些市場領導者們又該如何保住其客源呢？截至目前

為止，最佳的途徑不外乎持續創新、不斷添加新服務、或改善既有服務等。麥當勞與假日旅館再次成為業界的兩顆熠熠之星。麥當勞不僅推出炸雞塊的新產品，同時也是「得來速窗口」服務的創始者之一。假日旅館則首創住宿常客獎勵計畫，並為旅館使用通信系統的佼佼者。另一項市場受到領導者高度使用的作法則是不斷地尋找多樣化機會。「將所有雞蛋放在同一個籃子內」是相當危險的營業策略。Marriott 與假日旅館是住宿業中以多樣化維持其市場佔有率的兩個傑出實例；1980 年代，這兩家企業都推出了許多新住宿「品牌」。

　　　　c．擴張市場佔有率　　市場領導者也可以加入新服務項目、改善服務品質、增加行銷預算、或併購其它競爭對手，嘗試擴張其市場佔有率。四季旅館與渡假中心便收購麗晶國際（Regent International），增加其國際性高級連鎖旅館佼佼者的定位。而 Club Med 則建造 Club Med 1 與 Club Med 2 兩艘遊輪而跨足於遊輪市場，擴張其渡假中心的市場佔有率。

2．市場挑戰者

市場挑戰者是指向市場領導者出擊以攫取其市場佔有率的組織。所謂的「漢堡戰爭」中，漢堡王、溫蒂、哈帝等企業都緊盯麥當勞的市場佔有率不放。艾維斯與其它汽車出租業者，則不斷挑戰業界巨擘－赫茲。當挑戰者「攻擊」領導者時，他們通常採取比較性的廣告活動。漢堡王曾多次與麥當勞比較其菜色項目，包括著名的「燒烤對油炸」廣告活動。溫蒂則在其馳名的「牛肉到哪兒去了？」的廣告中，狡訐地扳倒了麥當勞與漢堡王。而哈帝也不讓這些業界巨擘專美於前，在漢堡戰爭中亦推出噱頭廣告活動。

　　　租車業的艾維斯在各種文宣裡緊咬著赫茲不放，這是眾所週知的，且經常被引用為成功定位的最佳實例之一。艾維斯灌輸

大眾下列的觀念：由於在業界只是排名第二的公司，因此它必須更努力讓所有租車客戶感到滿意。大西洋維京航空（Virgin Atlantic）則使用一份消費者旅遊雜誌中的調查結果，向所有旅行社証明該公司比英航（British Airways）更受歡迎；參見圖 8-5。

　　挑戰者可以對市場領導者發動五種不同攻勢：正面、側面、圍堵、迂迴及游擊。漢堡王在其「燒烤對油炸」廣告活動中質疑麥當勞的漢堡烹調方法，就是使用正面或迎頭痛擊的方式。對市場領導者發動側面攻勢，即攻其要害。挑戰者可以將重心置於市場領導者所忽略、或不重視的地理區域或區隔市場。圍堵則表示由四面八方發動攻勢；迂迴攻擊指避免與市場領導者發生直接衝突。而所謂游擊攻勢中，挑戰者乃是以小型、間歇性方式對市場領導者發動突襲。

Virgin came in first. BA came in fourth.
(We don't know which makes us happier.)

Best Transatlantic Business Classes
Based on a total score of 7)

1 Virgin Atlantic	65.00
2 Continental	50.50
3 SAS	44.50
4 British Airways	43.00
5 American	42.50

Source: Condé Nast Traveler, March, 1993

圖 8-5：大西洋維京航空宣稱它擁有最受青睞的橫跨大西洋之商務客艙。

3・市場追隨者

與市場挑戰者截然不同的市場追隨者，指怯於對市場領導者發動任何直接或間接攻勢的所有組織。截至目前為止，住宿業的行事風格便屬於此種型態。舉例來說，各旅館業者之間鮮有比較性的廣告出現。各組織都嘗試模仿領導者的一切、或其中部份。他們追求相同的目標市場，選擇相同的廣告媒體，或增加類似的服務。

連鎖旅館、速食餐廳、航空公司、及汽車出租業者之間，這種有樣學樣的處理方式可說屢見不鮮。當領導者成功地開創一種新概念，不消多久，大部份的競爭對手也立刻照版翻製。美國航空是第一家推出飛行常客計畫的航空公司；時至今日，幾乎所有大航空公司都有類似計畫。同樣狀況也發生於假日旅館企業的住宿常客計畫。假日旅館為全套房式旅館業者之一。隨後效尤的則有 Marriott、希爾頓（Hilton）、喜來登（Sheraton）、Radisson、及 Quality International 等。麥當勞所推出的麥克雞塊，則被漢堡王、肯德基炸雞、與其它同行仿效。

4・市場利基者

所謂市場利基者，係指規模較小、避免與主要業者發生直接衝突、卻不一定會緊追其作法的組織。它會找出自己所專精的活動範圍。地區性及往返通勤的航空服務路線，通常被大航空業者們認為無利可圖。因此這些路線都有地域性業者專業經營。販售甜甜圈的店舖，則專精於烘焙甜甜圈，並不願意擴大其產品線而納入更多速食產品。

關係行銷與策略聯盟

　　許多專家們都深信，餐飲旅館與旅遊業，已然邁入**關係行銷**的紀元。他們建議，發展行銷策略之際，所有組織都必須將重點置於建立、維繫、及強化與顧客群、供應者、旅遊仲介者、甚至競爭對手之間的長期關係。目前已有許多航空公司的飛行常客計畫及旅館業者的住宿常客計畫，都嘗試在現有顧客中建立忠誠度。而「**優先供應商**」的概念，則是另一個實例。這種作法是各航空公司、旅館業者、汽車出租公司及遊輪公司等，提供額外的佣金百分比或其它誘因，以增加在特約旅行社中所佔之業務比率，希望透過提供超出業界平均水準的佣金比例激勵各旅行社，使自己成為這些旅行社的「優先供應商」。

　　餐飲旅館與旅遊業中，雖然也有許多短期的「合作關係」－例如兩家或多家業者共同參與只進行一次的廣告促銷活動；而關係行銷所著重的則是與顧客群、配送管道及互補性組織之間，建立一種長期性忠誠關係。這樣的實例包括了華德迪士尼世界與全國汽車出租公司之間、及華德迪士尼世界與達美航空之間所建立的關係。其它許多餐飲旅館業者，也試圖與特定顧客建立長期性關係，例如一些企業企圖在兒童群中建立忠誠度，包括凱悅所推出的「凱悅營」活動，及漢堡王寄送三百萬份其發行的《隨心所欲》雜誌給「漢堡王兒童俱樂部」的會員。

　　「**策略聯盟**」是指兩個或多個餐飲旅館與旅遊組織之間、或一個餐飲旅館與旅遊組織與一或多個其它類型的組織之間，所建立的特殊長期關係。這類特殊關係的一個傑出實例，便是各國際性航空公司所實施的「聯營」，包括全美航空（USAir）與英航、西北航空與荷蘭航空之間的聯營，參見圖 8-6。合作者希望達成特定的長期性目標，乃是策略聯盟的主要特色之一。在西北與荷航的例子中，發展全球性

定期班機系統，是其追求的目標。

定位

　　有關定位技巧的出現乃是最近之事，且歸功於兩位廣告界主管
－Al Ries 與 Jack Trout。他們在 1972 年發表一系列文章後，共同撰
寫了一本《定位－意象戰場》（*Positioning : The Battle for Your Mind*）；
該書提到「定位乃是你對於前景的看法所準備的所有事項」。自此，
其他行銷專家也贊成他們的觀念，並依據這項原創概念加以擴展。

　　如前所定義的，定位指發展一種服務與行銷組合，促使該組織
在目標市場之潛在顧客們腦海裡，形成某種特定地位。換言之，行銷
人員著手創造特定之意象時，係藉由提供適切的服務，並採用與該意
象不相矛盾的作法，將其傳達給潛在顧客群。為了更易於瞭解這項技巧，各位只需想想克萊斯勒所擁有的 Thrifty 汽車出租公司所使用的廣告詞。「Thrifty」一詞事實上已經定義為費率低廉的公司；採用的口號「有史以來最低廉的費率」，益發使其定位更加明確。

圖 8-6：西北航空與荷蘭航空共
組策略聯盟。

實施定位的理由

實施定位的主要理由有三項：人類的知覺過程，日益激烈的競爭，及所有人每天都暴露於大量的商業廣告中。

1．人類的知覺過程

第四章曾提及，知覺是人類大腦為了整理其週遭事物的意象，而剔除不需要資訊時所使用的方式。當廣告傳達給顧客的是不明確、或混淆不清的印象時，行銷人員將會發現一項殘酷的事實，即這些訊息被顧客們像廢鐵一般排除在外。各種研究一再顯示：人們接觸的各種廣告訊息，有相當高的比例都將被遺忘。所以，明確、簡潔與易懂是訊息得以通過知覺防線的主要關鍵。這項原則加上定位完善的服務項目，便是定位的精髓所在。

2．日益激烈的競爭

本書一再提及餐飲旅館與旅遊業的競爭日益白熱化。定位便是賦予服務具有與競爭者截然不同之特性意象時使用的技巧。艾維斯租車公司便是 Ries 與 Trout 用來實証的代表案例之一。該公司坦承赫茲是租車界的領導者，而成功地將自己定位為該行業的第二把交椅；並且明確地將「它必須更努力，以讓所有客戶感到滿意」的觀念，灌輸給大眾。而漢堡王以「隨心所欲」活動，讓麥當勞的風采失色不少；溫蒂推出的幽默語「牛肉到哪兒去了？」的廣告，也對麥當勞造成某種衝擊。

3．商業廣告訊息的氾濫

在北美，人們每天暴露於數以百計的各種商業廣告中；部份是餐飲旅館與旅遊廣告，而絕大多數是其他廣告。任何人都不可能完

全吸收這些令人眼花撩亂的大量廣告訊息。如何在許多人稱之爲
「廣告氾濫」的情況下，獲得人們的注意與青睞，就只有靠有效
的定位才得以竟其功。除了必須傳達明確而不造成混淆的訊息之
廣告外，也必須獨樹一格，才可能脫穎而出。

有效定位的基本要素

當所有區隔市場已獲確認、且目標市場也被選定之後，便應該
對服務項目進行定位。下列所述便是有效定位的基本要素：
1.　關於目標市場中顧客的需求及其追求之利益的資訊；
2.　瞭解組織各項競爭優勢與弱點；
3.　熟悉競爭者的各種優勢與弱點；
4.　關於顧客如何知覺組織及競爭者的資訊。

各位應該已經了解，若要獲得這些重要資訊，就必須倚賴於行
銷研究。這些資訊，部份來自於形勢分析，其它則來自特殊的研究調
查。第六章曾提到 Ramada 公司及必勝客進行的研究調查之結果幫助
了這些連鎖企業的管理階層對其組織**重新定位**（亦即改變它們在顧客
腦海中的印象）。Ramada 也發現了顧客對其印象是「位於路邊的汽
車旅館」，且對其評價爲老舊不堪、極爲廉價的旅館。必勝客則發現
人們對其評價相當主觀，且質疑這家全國披薩連鎖店是否有能力生產
如當地家庭式披薩店一樣好品質的產品。1980 年代初期，Stouffer 旅
館發現自己在顧客心目中是混淆不清的印象；乃因其擁有許多不同類
型的旅館，又涉足冷凍食品業所致。根據一項 1987 年所進行的主要
客層調查結果，Club Med 明顯地改變了行銷策略。該項調查發現顧
客們對 Club Med 的知覺是：一家專爲單身及年輕成年人設立的渡假
中心，你將被強迫參與各項活動，且渡假村內限制甚多，無法享有自
己探索廣大原野的權利。

上述列舉的三個案例中，管理階層均決定針對企業存在的各項弱點進行審慎的研究與分析。這些企業在顧客們的腦海裡，都有著某種混淆不清、或是不利於長期發展的印象。要改變這些印象的作法不外乎：增加新服務或調整現有服務，推出各種新且不相互矛盾的促銷活動，及更著重於顧客的利益。現在，這些企業都已獲得更有效的定位。

傑出案例
隨著時代變遷而重新定位：
地中海渡假村（Club Med）

　　將在西元 2001 年歡渡成立五十週年的地中海渡假村（Club Mediterranee，簡稱為 Club Med），乃是全球首屈一指的渡假中心之一。它之所以有今日的傲人成就，主要歸功於該企業推出創新的全包式渡假套裝行程。就像其它行業巨擘一般，該公司預測了社會及旅遊趨勢的變遷，並且在最適當的時機比其它競爭者更早推出適切的「產品」。

　　1980 年代末期，Club Med 就開始致力於連鎖企業的定位，並且試圖吸引範圍更廣的目標市場─簡言之，「隨著時代變遷而改變」。在顧客調查中，雖然顯示一般人都有不錯的印象，但仍有一些負面印象；例如 Club Med 假期有太多限制，且遊客們會被強迫參與村內各項活動。此外，人們也認為 Club Med 的消費有些昂貴，且其經營較傾向於年輕及單身旅遊者。這種「單身主導」的意象雖然讓該公司在 1960 年代獲得不錯的成績，但「嬰兒潮」人口的年紀已漸長，並承受了更多家庭與其它責任。

　　Club Med 的全包式渡假套裝乃包含了所有可能的費用；包括機票、接送機交通費用、住宿、餐飲、娛樂、休閒活動與指導、及午晚餐的免費酒類供應。另行收費的項目，只有自選的附屬行程、潛水、

高爾夫球果嶺費、酒吧飲料、及購買衣服和紀念品等。自從 Club Med 首創這種全包式渡假套裝行程之後，便受到許多渡假中心的倣效，尤其是加勒比海地區。

在大部份的 Club Med 渡假村中，另一項獨樹一格的特色便是其奉行的政策：沒有太多現代化「使人分心的事物」；而且也不允許員工收取任何小費。所有客人一在 Club Med 的說法中，乃將其稱之為 GM（gentils membres，英文之意為「親切的會員」）一都可以全心享受他們的假期。渡假村內的各項指導說明與休閒規劃都相當傑出；都是由 Club Med 的所有員工一也就是大家耳熟能詳的 GO（gentils organisateurs，英文之意即為「志趣相投的一羣人」）一員責提供。這些人除了白天員責各項工作，例如各種運動項目的指導者或掌廚等等，在晚上的娛興節目中，每個人也都展現讓人刮目相看的拿手絕活。

既然 Club Med 渡假村內並沒有任何現金交易，那客人又如何支付酒吧內的各項飲料費用呢？答案便是典型而充滿創意的 Club Med 風格，透過各種塑膠代幣、彈珠、飲料券、或卡片等進行交易。

「連鎖」這個名詞對 Club Med 而言，似乎並不怎麼貼切。雖然基本包裝與規劃於所有渡假村中都大同小異，但每一個渡假村都有其獨具一格的佈置與建築風格。就像它所提供的套裝產品一樣，各 Club Med 渡假村基本上都是獨立自足的，包括為期一週或兩週的假期所可能使用到的每一項設施。各項客房設備亦會隨著所在地區而有所不同，且建築外觀通常都充份反映出整個地區或當地風格。與我們一般所見的高樓建築，幾乎完全標準化客房的旅館截然不同，Club Med 渡假村通常以各具特色的半平房式建築為主，組成數個小集羣。大部份的渡假村內都有網球場、室外游泳池、餐飲區、中央吧台緊臨著露天舞池或迪斯可場地、流行服飾專賣店、風帆活動、小艇巡航、潛水、浮潛、踏青等設施及活動。

如行業中許多「巨擘」一般，Club Med 展現了不可思議的能力於預測各種變遷，並改變其服務與設施以為因應。1980 年以前，Club

Med 已經在其渡假村內做了各種改變及其廣告方式，因此塑造了更廣義且闔家皆宜的吸引力。目前的廣告與簡介中，經常以兒童為其特色。許多渡假村也針對兩歲到十一歲的兒童，提供「迷你俱樂部」。針對初生嬰兒與學步期幼兒的「嬰兒俱樂部」，也於 1974 年在 Guadeloupe 首次登台亮相；目前 Sandpaper 與 Ixtapa 兩地也都有此類俱樂部。Club Med 以規劃及包裝上的創意，又再次將明顯的問題轉變成充滿商機的行銷機會。「迷你俱樂部」是一個特別針對兒童規劃，讓人刮目相看的實例。配置的 GO 與各項基本設施都包括一間電影院、遊戲室、美術與手工藝中心及滑水、航行、踏青等活動時段。家庭式渡假村中，孩子們還可以學習有關浮潛、體操、鞦韆、高空彈跳、戲法，及小丑化妝等馬戲團的各項技能。各渡假村中甚至提供針對兒童迷你俱樂部及嬰兒俱樂部所規劃的全包式套裝價格。剛出生幾週的嬰兒及五歲以內的幼兒都是免費。

　　Club Med 也了解週末與迷你假期是時勢所趨，於是提供渡假者自行配套的機會；即由 Club Med 提供陸上交通，而航空安排則由旅遊者自行處理。此外，Club Med 也注意到海上遊輪之旅的驚人成長率，於是決定介入此項業務。1990 年，Club Med 的第一艘船－Club Med 1－在加勒比海開始其遊輪服務。這艘五桅式、電腦操控的船舶－世界上此類型船舶中的最大者－擁有 191 個艙房，每個艙房都可容納兩個人。1992 年，它的姐妹船－Club Med 2－也下水營運。這兩艘船的總載客量為七百七十人。Club Med 2 每年有九個月航行於法屬波里尼西亞(French Polynesia)附近的水域上，另外三個月則在新蘇格蘭(New Caledonia) 地區提供服務。

　　Club Med 透過重新定位而提供了另一項新計畫，是所謂的「青春永駐」。這項產品是針對五十五歲以上客層所設計。參加者可於美國、墨西哥及加勒比海地區的特定 Club Med 渡假村中，享有一週套裝行程美金一百四十元的折扣。這項舉動已顯示出 Club Med 鎖定特定休閒旅遊市場時所採用的新方法，及為服務年長客層與家庭客層所

做的重新定位。

　　1992 至 1993 年，Club Med 便召集了高達一百二十四萬三千八百位的會員。1994 到 1995 年之間，就有為數超過八十萬、年紀十二歲以下的兒童，與父母們在 Club Med 共渡歡樂時光；並有十萬個年齡介於四個月到兩歲的幼兒，加入「嬰兒俱樂部」。目前，Club Med 的會員中有百分之五十均為已婚者，更有百分之四十是為人父母者。會員平均年齡為三十七歲，所有會員中有四分之三是介於二十五至四十四歲之間。這些統計數字証明了 Club Med 為服務範圍更多樣化之會員而做的重新定位，的確已獲得成功。

　　討論問題：

a.　哪些因素導致 Club Med 改變其行銷策略？

b.　Club Med 如何改變在市場區隔方面所使用的方法？

c.　Club Med 如何改變在潛在旅遊者心目中的印象？

d.　其它餐飲旅館與旅遊組織，可由 Club Med 的作法及新行銷策略中學到些什麼？

定位的５Ｄ

　　實際進行定位時有下列三項要件：（1）創造意象，（2）傳播顧客利益，及（3）區別自身與競爭者之服務品牌。另外一個重點則是：必須選擇組織能力所及之服務進行定位。舉例來說，如果一家公司提供的是品質拙劣的服務，那勢必無法成功地塑造出高品質的意象。一家航空公司自誇其班機擁有最佳準點記錄之前，最好先確定其航班確實能夠準時起降。如果提供的與承諾的內容大不相同時，定位只會產生反效果而已。

　　Ries 及 Trout 認為與定位有關的另一項重點是：必須決定你希望突顯與競爭對手之間的哪些差異。艾維斯的「我們更盡心盡力」係針

對赫茲而發，漢堡王的「隨心所欲」便以麥當勞爲目標，至於溫蒂的「牛肉到哪兒去了？」則是選中麥當勞與漢堡王爲對手。一些**定位聲明**（組織用來反映所要創造之意象時所使用的辭句）則是企圖區別組織與所有競爭者。舉例來說，文藝復興遊輪公司（Renaissance Cruises）－一家經營小型遊輪的公司－便指出其與大型遊輪公司「有所不同」；因爲它的船舶較小型而更爲親切，且提供獨一無二行程。而遊輪業中市場佔有率的領導者－嘉年華（Carnival），則相反地將本身定位成「全世界最受歡迎的遊輪公司」。

一種簡單的方法可牢記有效定位的各項步驟，那就是 5 D。

定位的 5 D

1. **考証**（Documenting）：確認有哪些利益對購買你提供之服務的顧客們是最重要的。
2. **決定**（Deciding）：決定你想要在目標市場的顧客心目中創造的意象。
3. **區別**（Differentiating）：鎖定你的競爭對手，並強調不同之處。
4. **設計**（Designing）：提出產品或服務的差異，並在定位聲明與行銷組合中傳播這些不同處。
5. **實現**（Delivering）：讓你所做的承諾能夠實踐。

定位方法

想在顧客們的腦海中建立起獨特的印象，有許多不同的方法可運用；包括「特定」與「一般」定位，及透過資訊宣揚意象的方式來做定位。所謂「**特定定位**」方式，是只選擇一項顧客利益，並集中全力進行。西北航空所使用的「票價低廉的航空公司」，及 Thrifty 租車公司所宣稱的「有史以來最低的費率」，便是此類的傑出例子。這些餐飲旅館與旅遊組織將重心全都放在費用上。採用此種定位方式的

其它例子還有 Alamo 租車公司的「所有哩數均免費」，及 Marriott 針
對其中庭旅館（Courtyard）所揭櫫的「專爲商務旅行者設計的旅館」。
至於「一般定位」方式，則承諾一種以上、但並非相當顯而易見的利
益。通常來說，顧客們必須仔細閱讀廣告及服務內容中所述的各種可
獲得的利益；參見圖 8-7。

圖 8-7：美國航空（AA）試圖讓它在所有國內航空公司中與眾不同。

　　定位可藉由陳述明確的、事實性的資訊來創造；亦可透過意象、
情緒、及象徵等途徑。這種事實性的廣告，包括航空界 Qantas 所使
用的「你惠顧 Qantas 的機會有多頻繁？」，及博奕渡假旅館業者（MGM
Grand）提出的「全球最大的旅館、賭場、與主題樂園」。至於透過
意像而在顧客腦海中佔有一席之地的例子，則以凱悅及四季兩家旅館
所使用的策略最爲人樂道。這兩家旅館業者訴求的都是一種最佳品

質、相當豪華與極具盛名的意象。以凱悅而言,是透過「感受凱悅所提供的體貼」計畫來營造這種印象;而四季藉由「四季旅館正是你所需要的」這項口號,來強調其高品質服務。

可使用的定位方法共有六種,分別敘述如下。

六種定位的方法:

1. 以特定的產品特色來做定位。
2. 針對各種利益、問題解決、或需求來做定位。
3. 依特定的使用時機來做定位。
4. 依使用者類別來做定位。
5. 對照其它產品來做定位。
6. 依產品等級的分離性來做定位。

1・以特定的產品特色來做定位

這種方式與先前所提到的「特定的定位」概念完全相同。通常都是在該項服務的某些方面與顧客的某種利益之間,建立起一種直接的關聯性。當然,也有可能使用一種以上的特色來做定位。

2・針對各種利益、問題解決、或需求來做定位

這種定位方式的例子,在旅遊文獻中可說不勝枚舉。假日旅館揭櫫的「你正與自己熟悉的某人共處」,及 Royal Caribbean 所宣稱的「你已獲得 Royal Caribbean 創新的服務」,便是此類實例。採用這種方式的定位聲明中都會使用到「你」這個字眼,以便和顧客的需求或問題產生密切的關聯性。

3・依特定的使用時機來做定位

這種定位方式係以顧客可能發現到使用該項服務的特定時機做為基礎。

4‧依使用者類別來做定位

這種方式係以確認、並和某種特定顧客團體產生關聯來定位。
Couples 是一家位於加勒比海地區的渡假中心，廣告中便宣稱它
是「專供夫妻渡假的場所」。Premier 遊輪公司在「巨大的紅色
遊輪」廣告中，則強調它與華德迪士尼世界的關係、及它針對擁
有孩子之家庭的營業導向；參見圖 8-8。

圖 8-8：Premier 遊輪公司強調
它與華德迪士尼世界之間的配
合。

5‧對照其它產品來做定位

這種方法的另一個名稱是「比較性或競爭性廣告」。前文中已提

及漢堡王對麥當勞，與艾維斯對赫茲的這兩個代表性實例。漢堡王在 1995 年的「讓你的漢堡物超所值」廣告活動中，就直接將它的漢堡大小與其中的牛肉餡、和麥當勞的產品進行比較。另一個發生於不久之前、在兩家業界龍頭之間所引爆的，便是威士卡（Visa）與美國運通卡（AE）之間的媒體大戰。威士卡在電視廣告中列舉美國運通卡不能接受的各種活動與自己吸引人之處。

圖 8-9：西北航空強調該公司與其它競爭者之間的確有所不同。此係有效運用產品等級之分離性的一個實例。

6・依產品等級的分離性來做定位

當組織決定使用這種方式時，便是要使它的各種服務展現出與競爭者截然不同之處。這已討論過一些實例，包括文藝復興遊輪公司與嘉年華遊輪公司。另一個傑出實例則是阿拉斯加航空（Alaska Airlines）在廣告中使用的大標題「我們的班機在飛行時還有另一組額外的機翼－服務更為貼心」。這個廣告所傳達的事實是：大部份的航空公司只配備三或四位艙服員，但阿拉斯加航空基本上都有五位空服員。另一個例子是西北航空運用一群企鵝來証明該公司與其它競爭者之間的確有所不同；參見圖 8-9。

行銷目標

在發展行銷組合之前的另一個步驟，是建立起每個目標市場的行銷目標。先前已定義過「**行銷目標**」，指餐飲旅館與旅遊組織在某段特定期間內，對某個目標市場企圖達成的某種可測度目標。

設定行銷目標的各種益處

沒有行銷目標的組織，就有如一架正在飛行，但卻沒有黑盒子（飛行記錄器）、也沒有駕駛員飛行日誌的航機一般。在餐飲旅館與旅遊組織之行銷系統的五項主要議題中，有兩項便是：「如何確定能夠達成目標？」及「如何知道已經達成目標？」。如果沒有行銷目標，則無法回答這些基本問題。行銷目標帶來的各種益處包括：

1.　提供行銷經理人員一種途徑，以測度其目標進展，並對其計畫做出適時的修正。
2.　提供管理階層一項判斷的標準，以測定其行銷計畫的成敗。

3. 提供基準點，以判斷每種可供選擇的行銷組合活動之潛在報酬率。

4. 提供一種參考架構，使所有直接參與行銷的人員做為依據。

5. 針對各種行銷活動的範圍與類型，提供在某段特定期間內所需要的路線與方向。

行銷目標的必要條件

在設定行銷目標之際，有兩項主要的風險須設法規避。第一：不可完全以先前的結果為基礎，來設定行銷目標。在這個行業中，如果有任何事情能夠信心滿滿地預測的話，便是「明天的狀況絕對不會與今天完全相同」。第二：各項目標絕不可建基於猜測、一廂情願的想法、或直覺上。行銷目標必須藉由透徹的研究與分析來設定，例如在第五及第六章中所探討的各種方法。此外，還有一項不可忽略的重點：各項目標必須與選定的行銷策略一致。

所有的行銷目標都應該：

1. **針對特定的目標市場**：所有的目標都應針對選定的目標市場來設定。這是確保投入於每個目標市場的資源都是適得其所的一項重要步驟。當某個目標進一步地細分為各項任務時，則追求某個特定目標市場所需的費用便能加以確定。之後，可再將這項數據與能夠創造的收益及利潤做一比較，進而獲得一項與每個目標市場之價值性有關的指標。

2. **結果導向**：所有的目標都必須以所欲獲得的結果來表示。在行銷學中，一項目標通常也代表著對現有狀況做出某種改善（例如銷售量、收益、或市場佔有率的增加）。對行銷經理人來說，在控制、測定、及評估各種行銷計畫的成敗時，這些標準便可做為基本工具。

3. **計量的**：所有的目標都應以數字來表示，使易於對進展與

結果進行測定。當各項目標以定性或非數字的條件來設定時，不僅不太可能進行測定、而且也會攙雜個人的主觀判斷。藉著數字來設定每項目標，行銷經理人便可以設定進展的分段點或「里程碑」，將實際的成績與欲獲得的成果做一核對。必要時，也能夠迅速地修正各項數據。當一項行銷計畫步入尾聲之際，主管人員便可以據此判斷成敗，並獲得實際成績與所欲獲得成果之間的差異。

4. **特定的期間**：所有的目標都必須針對特定的期間來設定。這段期間通常都是一年、或該項行銷計畫進行的期間；但是，也可設定為一季、數週或數個工作天、每天中的一段時間、或是數週及數個月的任何組合。

以下舉出特定期間之行銷目標實例，或許有助於對有效行銷目標的這些準則獲得更佳的了解：

1. **餐廳**－在一月一日到五月三十一日之間（**特定的期間**），將商業午餐（**目標市場**）的平均結帳金額（**結果**）提高百分之五十（**計量的**）。

2. **汽車旅館**－在 1992 年之內（**特定的期間**），將團體會議市場（**目標市場**）的住宿天數（**結果**）提高五千（**計量的**）。

3. **主題樂園**－在 1996 年秋季之內（**特定的期間**），將針對年長市民（**目標市場**）的門票銷售量（**結果**）提高一千（**計量的**）。

設定行銷目標是回答「希望進展的目標？」這項問題時的最後一個步驟。既然組織已經明確地知道它在未來的某段期間之內想要達到的目標，那也是該動手草擬一份特定計畫以完成其目標的時刻了。

本章摘要

　　每一個組織都必須決定它希望在將來能處於何種地位。根據市場區隔分析，它必須在各種可選擇的行銷策略、目標市場、行銷組合要素、定位方法、及目標之間做一抉擇。做出這些決定屬於規劃的一部份。某種服務的產品生命週期，及組織在競爭上的定位，均會在選取各種替代方案時發揮某種程度的影響力。行銷研究的資訊則提供了這些決策所需要的基礎。

　　擁有某種行銷策略就如同手中握有一份地圖般，可以幫助你抵達自己想去的地方；但是縱然有一份良好的地圖，有些人還是會迷路。因此，更審慎而詳盡地規劃，是抵達最終目的地不可或缺的要項。

問題複習

1. 如何定義「行銷策略」，「目標市場」，「行銷組合」，「定位」，及「行銷目標」？
2. 何謂「區隔化的行銷策略」？
3. 可供選擇的四種行銷策略為何，它們之間有何不同？
4. 在產品生命週期的四個階段中，行銷策略是否應有所改變？如是，則每個階段中能夠發揮最大功效的策略分別為何？
5. 規模較小或市場佔有率較低的組織，使用的行銷策略是否應該與業界的領導者相同？如否，那兩者間所使用的方法應有何差異？
6. 在目前的企業環境下，定位為何會變得如此重要？
7. 有效的定位需要何種資訊與步驟？

8. 定位的七種方法分別爲何？

9. 在有效的行銷中，行銷目標爲何如此重要？

10. 行銷目標必須具備的四種基本要件分別爲何？

本章研究課題

1. 請挑選出連鎖旅館、連鎖餐廳、航空公司、遊輪公司、旅遊目的地、連鎖旅行社、或其它餐飲旅館與旅遊組織中的三家市場領導者，並對其使用的行銷策略進行審視。他們使用的是哪一種行銷策略？他們的目標市場分別爲何？他們試圖創造的是何種意像？他們使用哪一種定位方法？在過去的五年中，他們的策略與定位有何種改變？請使用廣告實例或其它促銷活動來印証你的觀點。

2. 產品生命週期是一種不錯的通用準則，但並不見得永遠都能反映出事實。請藉由描述那些將其產品生命週期加以延長、或並未完全遵尋產品生命週期理論的公司、旅遊目的地、服務項目、或設施等，來探討這項論點。

3. 本章提及每一個行業中都包括了市場領導者、挑戰者、追隨者、及利基者。請挑選這個行業的某一部份，並確認出分別扮演這四種不同角色的組織。每一個組織用來改善或維持其競爭上之定位的策略與方法分別爲何？你可以使用全國性的範圍、或你置身的地方性社區做爲基礎。你選定的每一個組織在使用它所選擇的策略及相關方式後，獲致的成果分別爲何？

4. 某家小型的餐飲旅館與旅遊組織的老闆，請你幫助他發展各項行銷目標。對於目標的設定，你會建議使用哪些一般性的準則？請詳述你將如何幫助這位老闆發展這些目標。

請列舉你對該企業設定的一套假設的（或實際的）目標。

第九章

行銷計畫與8P

研讀本章後，你應能夠：

1. 定義行銷計畫這個術語。

2. 說明戰術性規劃與策略性規劃之間的差異。

3. 列出有效的行銷計畫所需具備的八項必要條件。

4. 說明擁有行銷計畫所能帶來的利益。

5. 敘述行銷計畫中的內容。

6. 敘述與準備行銷計畫的各種階段。

7. 列出餐飲旅館與旅遊之行銷的8P。

8. 列出設定行銷預算的四種方法，並分別說明每種方法的優缺點。

概論

　　如何才能達到目標？這個答案可藉由行銷計畫加以說明。在第三章，我們將行銷計畫比擬成一份能夠安全地引導駕駛員抵達其最終目的地的班機飛行計畫。本章係以「行銷計畫」之定義，並說明它在戰術性規劃中扮演的角色開始。不僅將列舉一份計畫應涵蓋的內容，並說明能帶來的各項利益。

　　本章接著提供的，是準備一份計畫時循序漸進之程序。這與先前討論過的各項概念有密切關係，包括：市場區隔、行銷策略、定位、行銷目標、以及行銷組合。在接下來的十章中，我們將以各個領域為重點，針對餐飲旅館與旅遊行銷的 8 P 分別進行探討。

關鍵概念及專業術語

競爭預算法（Competitive Budgeting）	人員（People）
權變規劃（Contingency Planning）	地點（Place）
餐飲旅館與旅遊行銷的 8P（Eight Ps of Hospitality and Travel Marketing）	價格（Price）
	產品（Product）
歷史預算法（Historical Budgeting）	產品／服務組合（Product / Service Mix）
執行計畫（Implementation Plan）	規劃設計（Programming）
行銷組合（Marketing Mix）	推廣（Promotion）
行銷計畫（Marketing Plan）	促銷組合（Promotional Mix）
目標與任務預算法（Objective-and-Task Budgeting）	立論基礎（Rationale）
	經驗預算法（Rule- of-Thumb Budgeting）
包裝（Packaging）	零基預算法（Zero-Based Budgeting）
合夥（Partnership）	

　　如果你知道某班航機的駕駛員根本沒有飛行計畫時，你是否還

會登上飛機呢？除非你是一位深愛冒險的人，否則答案應該是否定的。一個缺乏行銷計畫的組織，就有如一架沒有飛行計畫的班機；這兩者可能都知道自己目前置身何處、也很清楚他們將要前往的目的地，但對中間的過程究竟應如何進行，卻一無所知。一架班機可能會偏離預定的航線，並因油料耗費過多而使得最後抵達的並非預定之目的地。同樣地，一個毫無計畫的組織也可能會發現自己鑽入一連串的死胡同，而導致在完成目標之前，就已經將行銷預算耗費殆盡。就如一句我們常聽到的諺語：「毫無計畫者已註定其失敗之命運。」

行銷計畫的定義

本書中提到的「**行銷計畫**」，是一種書面的計畫，係針對一年或更短的期間，做為引導組織的各種行銷活動之用。它相當詳盡及明確，並有助於組織將行銷中的各個階段與人員做一統合。

戰術性規劃與策略性規劃的差異

行銷計畫是大部份專家們口中所謂的「戰術性」或短期的計畫。然而，僅有每年的行銷計畫仍是不足的；長期的、或「策略性」的計畫也是不可或缺。與戰術性計畫相較，這種涵蓋數年期間的計畫在內容上會較廣泛、而且不會鉅細靡遺；它們只是確保長期的行銷目標能夠加以掌握罷了。行銷計畫的各種策略與目標，與策略性行銷計畫（亦即涵蓋期間為五年或五年以上的長期性行銷計畫）的各種策略與目標之間必須密切「配合」。

行銷計畫對組織的行銷組合做深入的檢視，並包含詳細的預算與時間表。而策略性行銷計畫則較著重於中期與長期的各種外在的行銷環境、機會、以及挑戰。

有效的行銷計畫之各種基礎與必要條件

就像所有建築物都必須有穩固的基礎一般，行銷計畫也必須建基於審慎的研究與分析上。先前各章中已對形勢分析、行銷研究、市場區隔、行銷策略的選擇、目標市場的選擇、定位、以及行銷目標等進行過探討。行銷計畫便是建基在這些要素上，以提供管理階層一份行動的「藍圖」。

對於所有的藍圖，不論屬於建築方面、或我們目前檢視者，都有一些全球通用的準則。每一位設計師與建築經理人都知道原始的藍圖必須因應各種預期之外的狀況而做修正；要使一份紙上的計畫成為事實，必須要靠許多人的努力才得以竟其功。大家也同意所有的事情都必須經過審慎的策劃與排定時間表。在加蓋屋頂之前必須先建好牆壁，而在細部修飾之前也必須先完成基礎的工程。所有的建築專業人員也認同審慎的建築預算、權變規劃、以及目標設定所具有的重要性與價值。他們相當清楚事先選定材料與技術人員，是符合規格不可或缺的基本要件。

行銷計畫應具備的各種必要條件，與建築藍圖相當類似。行銷計畫必須符合下列各項標準。

1‧以事實為基礎

行銷計畫必須建基於先前的研究與分析。以管理者的「預感」為基礎而建立的計畫，就有如一棟由紙牌堆砌而成的房子－如果其中的某項關鍵假設証明錯誤的話，將導致整個計畫的瓦解。

2‧組織化與統合化

行銷計畫必須儘可能明確與詳細。它必須明確指出負責特定任務

的部門與人員，並詳述所需要的各種推廣活動及其它資源。此外，需具備的「技術」水準也應闡明，包括投入心力的品質與程度，以及所有相關的服務。

3‧妥善規劃

行銷計畫必須以書面編撰，以便所有活動都能審慎依序而行。在行銷中，時機可說是攸關成敗的重點。因此，行銷計畫須有詳細、階段性的時間表。

4‧編列預算

所有的行銷計畫都必須審慎地編列預算。事實上，在組織決定其最後金額之前，應該要備妥數種試算性的預算。

5‧彈性化

各種無法預見的事件都可能會發生。因此，所有的計畫不應該一成不變。假如已有跡象顯示設定的目標肯定無法達成、或是出現了預期之外的競爭活動時，則行銷計畫就應該要加以調整。因此，**權變規劃**必須涵蓋於行銷計畫中。這也意味著允許計畫存在著某些空間，以及行銷預算應考慮到某些預期之外的偶發事件。

6‧可控制的

與著手發展一項計畫相較，要使該項計畫能夠依據原先的設計發揮作用，困難度顯然更高。每一項計畫都必須包含各種可測度的目標、以及判定成效的方法，以便在該計畫的進行期間中，了解其過程是否正確地朝著達成這些目標的方向前進。此外，該計畫中也必須確認由誰來負責進展程度的測定。

7・內部的一致性與相互關連

在行銷計畫中，大部份都是相互關連的；正因為如此，所以必須前後一致。舉例來說，各種廣告活動與銷售推廣方法就必須緊密配合，以產生最大的影響力。

8・簡潔明瞭

詳盡並不代表深奧難懂。只有計畫的「設計者」能夠瞭解整個內容是不夠的；唯有集眾人之力，才能創造成功的行銷計畫。各項目標與任務，必須清楚地傳達給所有相關人員；各種可能造成重覆、混淆、或誤解的狀況，必須減至最低。

行銷計畫所能帶來的各種利益

對任何組織而言，行銷計畫是最有用的工具之一，這是無庸置疑的。擁有行銷計畫，將可為組織帶來下列五種主要的利益：

1. 使各種活動吻合其目標市場。
2. 使各項目標與其目標市場的優先順序取得一致。
3. 共同的參考條件。
4. 協助測定行銷的成果。
5. 與長期性的規劃相互連貫。

1・使各種活動吻合其目標市場

假設使用區隔化的行銷策略，則計畫中就應確保所有的活動都係針對選定的目標市場而發。在編寫該計畫時，便是以每個市場為基礎，詳述其行銷組合。也可以因而避免為了投合不具吸引力之目標市場而產生的預算浪費。

2‧使各項目標與目標市場的優先順序取得一致

計畫應擬定至何種程度才足以吻合各項目標之要求？是否每個目標市場都應投入相同程度的關切？可藉由一份良好的行銷計畫使這兩個問題迎刃而解；因為良好的行銷計畫可以確保投入的努力與每個目標市場的行銷目標、以及每個市場的相對規模取得一致。一般而言，當某項目標的順序越優先時，則需投入的努力也就越高。對組織來說，將行銷預算總數的百分之八十投入只能創造整體銷售額或利潤百分之二十的目標市場，很明顯不合常理；但是，這種情況卻屢見不鮮。雖然並不見得非要採用那種完全按比例的作法，但是依據某個目標市場在整體銷售額或利潤中所能創造的百分比來做預算的分配，則是我們應該使用的基礎。

3‧共同的參考條件

對許多置身組織內部或外界的人而言，行銷計畫都應將各種活動詳細列出。良好的行銷計畫應該能對所有人都提供一種共同的參考依據。它審慎地統合了所有人應付出的努力，改善負責行銷的所有人員之間的溝通，並在引導外界的顧問人員－例如顧問公司的人員－方面也有極大的助益。

4‧協助測定行銷的成果

對行銷管理階層而言，行銷計畫是其工具之一；因為它提供了控制各種行銷活動的相關基礎。它也有助於行銷經理人員評估行銷之成敗。換句話說，行銷計畫在回答下列兩項關鍵問題時，扮演著舉足輕重的角色：「如何確定能夠達成目標？」（控制）以及「如何知道已經達成目標？」（評估）。

5‧與長期性的規劃相互連貫

　　一個策略性行銷計畫是由數個行銷計畫構成。行銷計畫可以補充策略性行銷計畫之不足，並在短期與長期規劃之間提供一種聯繫。它們可以確保組織的各種長期目標不致出現偏離的現象。由於它們都經過審慎的研究印証及具備詳細的內容，因此縱然原先的計畫人員離開組織，這些行銷計畫仍具有效性。

行銷計畫的內容

　　行銷計畫是由三個部份構成，即「**執行摘要書**」、「**立論基礎**」、與「**執行計畫**」。**立論基礎**說明了行銷計畫所依據的各種事實、分析、以及假設；敘述針對某特定期間所選定的各種行銷策略、目標市場、定位方法、以及行銷目標。執行計畫則詳述行銷預算、員工責任、各項活動、時間表，以及控制、測度、與評估各項活動的方法。圖 9-1 所提供的，便是一份書面計畫的內容。各位將可發現：在詳盡的行銷計畫中，餐飲旅館與旅遊之行銷體系內的五項關鍵問題都以書面提出。

執行摘要書

　　這是一份計畫之簡化摘要表。其篇幅應該只有數頁即可，且要簡明易懂。將各主題扼要化，並依據它們在計畫中出現的先後順序來排列，是一種較佳的處理方式。

行銷計畫的立論基礎

　　雖然大部份的人都會記得要做些什麼，但卻很容易忘記為何要

這麼做。行銷計畫的立論基礎將依據的所有分析、假設、以及決策，都做一說明。它將我們先前已討論過的所有研究與分析，都呈現在紙上；並對那些整合後融入於未來之行銷計畫與策略性行銷計畫中的所有立論，提供一種歷史性的記錄。對於那些僅被要求處理某項特定任務的外界顧問人員來說，這種立論基礎可提供相當的幫助。

執行摘要書
行銷計畫的立論基礎
1. 形勢分析的各項重點（目前的處境？）： 　　a.　環境分析。 　　b.　地點與社區分析。 　　c.　主要競爭者分析。 　　d.　市場潛力分析。 　　e.　服務分析。 　　f.　行銷定位與計畫分析。 　　g.　主要的優點、缺點、機會、與限制。
2. 選定的行銷策略（希望進展的目標？）： 　　a.　市場區隔與目標市場。 　　b.　行銷策略。 　　c.　行銷組合。 　　d.　定位的方法。 　　e.　行銷的目標。
執行計畫
1. 各項活動計畫（如何才能達成目標？）： 　　a.　在目標市場中各項活動的每種組合要素。 　　b.　各項活動的相關負責人。

c. 時間表與活動行程。

2. 行銷預算（如何才能達成目標？）：

   a. 依據目標市場來編列預算。

   b. 依據行銷組合要素來編列預算。

   c. 以備不時之需的基金。

3. 各種控制程序（如何確定能夠達成目標？）：

   a. 對每項活動的預期成果。

   b. 進展報告與測定。

   c. 各種評估程序（如何知道已經達成目標？）：

   d. 測定的方法。

   e. 績效的標準。

   f. 評估時間表。

圖 9-1：行銷計畫的內容

1‧形勢分析的各項重點（目前的處境？）

形勢分析是對組織的各項優點、缺點、與機會所做的分析研究。第五章已強調過形勢分析在建構行銷計畫時扮演的重要角色。為何如此？因為這些計畫必須反映出組織的各種行銷優勢，並針對已確認的各項機會來做投資。

有些團體將形勢分析與行銷計畫結合在一項方案中，並呈現於一份單獨的文件內。本書的建議是：它們應該是兩個各自分開，卻有密切關連的實體。我們只需寫出形勢分析的各項重點，而不需要把詳細的工作底稿包含在內。

　　a‧環境分析　在外界的環境中，存在著足以對餐飲旅館與旅遊組織產生正面或負面影響的各種趨勢。這些趨勢包括整個業界競爭上、經濟、政治與法令、社會與文化、以及科技方面的因素。行銷計畫中應分別列出，並扼要地對各項主要機會與威脅

進行討論。它應說明在規劃期間中可以預期到的衝擊與影響。

　　b．地點與社區分析　在規劃期間中，我們對當地社區與周遭鄰近區域內預期的主要事件有哪些？新工廠的設立，企業的關閉或勞動力的減少，住宅區的開發，產業的擴張，以及新高速公路的建設或重新設計等，這些都只是對企業在短時間內造成相當正面或負面影響的諸多事件中之少數幾種例子而已。這些事件應該加以確認，並摘要於計畫中，同時也應對它們將造成的衝擊做一檢視。

　　c．主要競爭者分析　在未來的一年、或更短的時間內，預期自己最直接的競爭對手將會有哪些新的招數出現？這些對手是否會增加、或改善他們的服務？是否預期會有新的攻勢出現？這些都是行銷計畫中必須提出的主要議題。此外，也應強調出競爭上的各種優點與缺點。

　　d．市場潛力分析　對於過去與潛在的顧客群，導出的主要結論有哪些？為了固守過去的客戶，是否需要新的行銷活動？是否有方法可以鼓勵過去或現有的客戶更頻繁地使用我們的服務，或開發額外的目標市場？對於這些問題的答案，包括各種特殊行銷研究調查的重點，都應涵蓋於計畫中。

　　e．服務分析　在下一年度內將實施哪些方案，以改善組織的服務？有哪些研究結果或後續的分析可以為這些改變帶來動機？行銷計畫中應討論此類發展方案，以及如何將它們與其它行銷組合活動做一整合。

　　f．行銷定位與計畫分析　各位是否曾有過開車進入某個陌生城市後而迷路的經驗？你認為可重新引導自己去找到正確路線的最佳方法是什麼？沒錯，你可以詢問某位友善的警察或加油站的服務人員。但是，另一種可讓你找到正確路線、而且也是我們許多人都採用的方法便是：重新回到迷路時的原點。行銷計畫與定位分析做的正是如此；它仔細檢查我們以前所做的事情，以

便由其中學習可供未來規劃使用的重要教訓。在計畫中，應將組織目前在目標市場中的定位、以及先前行銷計畫中各項活動的有效性，都做一摘要說明。

　　g．主要的優點、缺點、機會、與限制　　在計畫中的此部份，相當類似一份摘要表。它可強迫行銷人員將所有關鍵性的形勢分析結果做一整合。它應該包含對各種已確認的優點、缺點、機會、與限制排出優先順位。

２．選定的行銷策略（希望進展的目標？）

　　行銷計畫立論基礎中的第二部份，便是詳述組織在下一階段中將遵循的策略。它必須對足以影響策略選擇的各種事實、假設、以及決策做一說明。

　　a．市場區隔與目標市場　　計畫應對分割整體市場時使用的區隔方法（單階段、兩階段、或多階段）與基礎（地理、人口統計、旅遊目的、心理圖析、行為、產品、或配銷管道）做一簡要審視。各個市場之規模、以及組織在每個部份之滲透程度或佔有率的某些統計數字，也應在計畫中提出。此外，應對選定的目標市場、以及為何選擇這些市場的原因進行探討。對於其它市場為何排除在外的理由做一簡要審視，也頗有助益。

　　b．行銷策略　　使用單一目標市場、集中式、一網打盡、或無差別化策略？產品生命週期的各階段、以及組織在其行業中的定位，會對策略的選擇造成何種程度的影響？計畫應對導致這些選擇的各種分析與假設做一說明。

　　c．行銷組合　　使用到行銷之８Ｐ（產品、地點、推廣、價格、人員、包裝、規劃、以及合夥）中的哪幾項，原因為何？行銷計畫應針對每個目標市場分別審視這些要素。至於一份更為詳盡的活動名單，則應包含在該計畫稍後的第二部份。

　　d．定位的方法　　組織是否企圖鞏固它在每個目標市場中

的形象，或是打算進行重新定位？使用到六種定位方法（針對特定的產品特色，針對各種利益／解決問題／需求，依特定的使用時機，依使用者類別，對照其它產品，或依產品等級的分離性）中的哪一種，原因爲何？行銷計畫中應提出這些問題，並說明定位的方法將如何反映於每種行銷組合要素中。

　　　ｅ．行銷的目標　針對每個目標市場所設定的各種目標也應列出。這些目標必須是以成果爲導向，以數字性的條件來陳述，並且針對特定的期間。某些專家們建議：將每項目標都區分爲數個「里程碑」。也就是說，將每項目標都分割爲數個具有特定截止期限的子目標（例如打算在整年內增加 6.5%，可以分割爲在第一季達成 2%，第二與第三季達成 10%，最後一季達成 4%）。

執行計畫

　　想要創造出一份成功的行銷計畫，不僅有許多詳細的安排必須執行，而且也會牽扯到許多不同的階段。執行計畫的作用便是將必須的活動、責任、成本、時程表、以及控制與評估的程序都詳細說明。許多行銷計畫之所以失敗，便是因爲它們不夠詳盡。如果那些負責各項活動的人員還必須對該項計畫做出無以數計的解釋或說明時，通常都會導致無法如期完成，毫無收益的支出，以及普遍的混淆。與內容過於簡略相較之下，在執行計畫的內容太過鉅細靡遺時，反而是一種更大的錯誤。

　　要牢記何者才是恰如其分的最佳方法便是：執行計畫中的內容應考慮何事、何處、何時、何人、以及如何這五項問題做出回答：

1.　有哪些活動或任務必須執行，以及有哪些資源將投入其中？（活動計畫）。
2.　這些活動將在何處實施？（活動計畫）
3.　這些活動將於何時開始、並於何時完成？（活動計畫）

4. 每項活動係由**何人負責**？（活動計畫）

5. 應**如何**對計畫進行控制與評估？（控制與評估的程序）

1‧各項活動計畫（如何才能達成目標？）

各項活動計畫係建基於選定的行銷組合。它可以針對每個目標市場的每種行銷組合需要的所有任務，提供相關特色。

a‧在目標市場中各項活動的每種組合要素　每個目標市場預期的所有活動，都應列出。在做這項工作時，最好針對每種行銷組合要素（亦即 8P）分別進行，並且將進行每項任務的時間，以年代紀序的方式安排。

b‧各項活動的相關負責人　在大部份的情況下，許多部門或單位、組織內的許多員工、以及某些外部的企業都會在計畫的執行中扮演某種角色。他們都必須知道自己被期待的目標為何。進行這項工作時可採用的一種方法為：將各種主要責任分別敘述於該計畫中，並在時間表與活動行程表中確認每個負責單位。

c‧時間表與活動行程　這是行銷計畫中最常被提及的一個關鍵部份。它應該顯示出每項活動的開始及完成時間，該項活動將在何處實施（例如在營業場所內部或公司外部），以及負責該活動的人員。圖 9-2 所示，便是這類時程表的範例格式。

2‧行銷預算（如何才能達成目標？）

在本章稍後的內容中，將對編列行銷預算時可選用的各種方法做一檢視；在諸多方法中，最受推崇者乃係「目標與任務預算法」。這是一種「反向而行」的作法，它以考慮每個行銷目標為開始，然後再編列每種相關「任務」或活動的費用。雖然有許多行銷預算都不夠詳細，但理想的方法則是將每種行銷組合要素以及每個目標市場需花費的金額都顯示出來。

ａ．**依據目標市場來編列預算**　　在每個目標市場中所要投入的行銷預算究竟該是多少？這是一項在行銷計畫中通常都被略而不談的問題；然而，它卻極為重要。所有的預算都應該大略地依據每個目標市場目前或預期在整體收益或利潤中所佔的比例來編列。許多組織常犯的錯誤是：在佔有率較低之目標市場中花費的金額，遠比對佔有率較大之顧客群投入的預算還高。

　　ｂ．**依據行銷組合要素來編列預算**　　所有的行銷經理人員也必須知道將對行銷之 8Ｐ的每一項要素投入多少費用。否則，將無法測定每種行銷組合要素的有效性，也無法做出與預算分配有關且有依據的未來決策。

時間表與活動行程：<u>銷售推廣及促銷</u>													
年度：1993													
頁數：1													
活動名稱	負責人員	1月	2月	3月	4月	5月	6月	7月	8月	9月	10月	11月	12月

本範例是針對１９９３年行銷計畫之銷售推廣與促銷之構成要素而做。

圖 9-2：時間表與活動行程的格式範例。

　　ｃ．**權變基金**　　千萬別忽略各種預期之外的事件。編列預算時，其總數都應較規劃的金額高。這麼做不代表超出預算是一件好事；事實上，超出預算絕對是無益的。從開始編列預算之際，就應該擁有一筆保留基金，以因應預期之外的競爭活動、媒體成本的增加、以及其它預料之外的行銷費用。基本上，應該編列一筆佔各項活動之預算總額 10%到 15%的權變基金，以備不時之需。

3．各種控制程序（如何確定能夠達成目標？）

對計畫加以控制是行銷管理階層的職能之一。為達有效控制，行銷經理人必須知道期望什麼（想要的結果）、期望的時間為何（進展程度）、期望哪些人（負責的人員／單位）、以及如何測定這些期望（測定的方法）。控制行銷計畫之財務可透過預算編列、以及將預算金額與實際支出做一比較的定期報表。至於監控各項目標的進展程度，則可藉由對銷售量（例如餐廳的滿座率、旅館的住宿率、服務的客戶數、機票的銷售量等）、收益、以及利潤等加以測定。有時候，也必須進行某些特殊的行銷研究調查。舉例來說，如果目標是要提高知名度或改善客戶對組織之服務的觀感時，就有必要進行此類調查。

a．對每項活動的預期成果　每項行銷活動對相關行銷目標的貢獻程度，我們的期望如何？舉例來說，在《會議與集會》（*Meetings & Conventions*）這本雜誌中所刊登的新廣告，對於提高團體會議廳 10%使用率的這項目標而言，是否能夠帶來 25％的貢獻程度？計畫中應以每項活動為基礎，針對此類問題進行檢視。

b．進展報告與測定　我們已提過「里程碑」這項概念。實際的里程碑顯示旅者與目的地之間的剩餘距離；本書提及的里程碑，則是引導我們達成某項行銷目標時的各種期中成果或子目標。我們必須做出如何測定這些目標、何時查核這些目標、以及如何提出各種報告等決策。

4．各種評估程序（如何知道已經達成目標？）

對行銷計畫之成敗所做的最後檢測，便是行銷目標的達成度。圖 5-11 顯示者（行銷定位與計畫分析的工作底稿），是如何對每項行銷組合要素之有效性進行評估的方法。除了此類分析之外，

還必須以每項目標為基礎，審慎地檢視相關成果。有效的評估需要有各種預期的成果、測定的方法、績效的標準、以及一份評估時間表。

　　ａ．**測定的方法**　應如何測定成敗？依據金額、顧客數、查詢次數、或知名度高低來進行測定？毫無疑問地，最好是讓這些標準與各種行銷目標產生直接的關連。

　　ｂ．**績效的標準**　在許多行銷計畫中，績效的標準是經常被忽略的議題。與目標之間的偏差值，哪些是可以接受、以及無法接受的？在行銷計畫中應詳細說明各種績效的標準，以便組織能對實際成果做一整體的判斷。

　　ｃ．**評估時間表**　關於行銷計畫的評估時機，應該要先有一腹案才對。為達最高之有效性，評估必須在規劃期間結束前就開始進行，以便提供資訊給下一階段的形勢分析與行銷計畫運用。

傑出案例

行銷計畫：溫哥華觀光局

　　溫哥華觀光局係負責加拿大大溫哥華地區之觀光行銷的組織。它的使命聲明書為「引領共同的努力，使大溫哥華地區在全球所有目標市場中，被定位成一個最受青睞的旅遊目的地；並藉此為整個社區及其成員創造更多機會，以分享經濟上、環境上、社會上、以及文化上的各種利益。」溫哥華觀光局的 1995 至 1997 年之「業務與市場發展計畫」，便是採用本章所建議之各項步驟來準備行銷計畫的傑出實例。

目 錄 表

實施摘要‧‧‧‧‧‧‧‧‧‧‧‧‧‧‧ 3

第一章　導言‧‧‧‧‧‧‧‧‧‧ 5
　　　　各項行銷目標
　　　　規劃過程
　　　　計畫的評估
　　　　溫哥華觀光局的業務單位

第二章　績效資料‧‧‧‧‧‧‧‧‧‧ 7
　　　　旅客數量
　　　　五年來的成長率
　　　　季節性
　　　　旅客的市場部份
　　　　業務與市場發展之回顧

第三章　行銷環境‧‧‧‧‧‧‧‧‧‧ 9
　　　　行銷的傳播溝通
　　　　基礎建設的發展
　　　　競爭環境

第四章　策略性的優先順序與立論基礎‧‧‧‧‧‧‧‧ 11

第五章　財務投資‧‧‧‧‧‧‧‧‧‧ 13
　　　　整體的投資
　　　　依活動所做的投資分配
　　　　人員比例的投資計畫
　　　　投資的比較－1995年與1994年
　　　　依據目標市場所做的市場發展投資

第六章　1995至1997年各項創新活動審視‧‧‧‧‧‧‧‧‧‧ 17
　　　　各種新方向的重點
　　　　各項創新活動的概觀
　　　　各種集會／團體會議
　　　　觀光及旅遊
　　　　獎勵旅遊
　　　　顧客層
　　　　傳播方式
　　　　會員資格
　　　　各種旅客服務
　　　　科技
　　　　各種頭字語的定義

第七章　各項活動的時程表‧‧‧‧‧‧‧‧ 37
　　　　時程表

第八章　溫哥華觀光局‧‧‧‧‧‧‧‧ 45
　　　　雇用員工
　　　　董事會，1994／1995
　　　　讀者服務卡

溫哥華觀光局這項涵蓋三年期間的計畫，是策略性市場計畫與行銷計畫的結合。我們對行銷計畫所建議的許多要素都包含在內，而且該項三年期的策略性市場計畫也每年都加以更新。這項命名為「截然不同」（*Making a Difference*）的計畫，於 1994 年 12 月公佈。這份計畫以**實施摘要**為開始，敘述了各項主要重點。緊跟摘要之後的，則是構成**行銷計畫立論基礎**的四個章節。這四個章節的前三者，分別是：導言，有關溫哥華地區在 1994 年之觀光績效之審視，以及溫哥華觀光局之行銷環境分析（即**形勢分析的各項重點**與**環境分析**）。該計畫的第四章則對「**策略性的優先順序與立論基礎**」加以確認。下列七項策略性的優先順序－可稱之為**行銷目標**－分別詳述在該計畫中：

1. 增加在會議行銷方面的投資，以吸引整個城市的企業、並善用溫哥華未來的產品發展。

2. 透過與各主要市場中的旅遊經營者之共同合作，將重點置於觀光旅遊之行銷；並繼續建立溫哥華與阿拉斯加之間遊輪乘客的業務。

3. 支持會員所推出的各項獎勵行銷活動。

4. 提高顧客行銷活動的效果，以彌補日益減少的核心基金。

5. 積極追求能夠使溫哥華之產品魅力獲得延伸的各種共同合作方案。

6. 提出各種回應市場之成長與蓬勃興盛的行銷創新活動，以發展各種有利可圖的業務。

7. 強化會員使用的業務手法及傳播計畫。

　　該計畫確認出四個目標市場（**選定的行銷策略**之一部份）：公會／團體的會議計畫者，旅遊交易，獎勵旅遊的購買者，以及獨立的旅遊者。在這四個目標市場中，每一個所使用的定位方法，是透過一系列的「關鍵訊息」。以「公會／團體的會議計畫者」這個市場為例，它的五項關鍵訊息分別為：架構一個充滿魅力的會議目的地，會議前

與會議後的各項活動，各項設施的品質，景色怡人與安全無虞，以及良好的價值。

溫哥華觀光局的**行銷組合**與**行銷目標**，是以 1995 至 1997 年這段期間、二十八項特定創新活動的計畫為基礎，這些活動大部份都與個別的目標市場有關。溫哥華觀光局這套「以創新活動為基礎來從事行銷」的手法，在 1994 年時即獲得採用，並被敘述於該計畫第六章「1995 至 1997 年各項創新活動的審視」。這些創新活動界定出溫哥華觀光局將實施的更廣泛計畫。舉例來說，針對「公會／團體的會議計畫者」這個目標市場所規劃的創新活動便有下列九項：

- 以各種運動觀光事件／會議所做的行銷。
- 加拿大之公會／團體會議的銷售與市場開發。
- 美國東北部地區之公會／團體會議的銷售與市場開發。
- 華盛頓特區／亞特蘭大之之公會／團體會議的銷售與市場開發。
- 美國西部、中西部、及南部地區之公會／團體會議的銷售與市場開發。
- 歐洲的各種會議之銷售與市場開發。
- 加拿大哥倫比亞省會議目的地之共同合作。
- 會議之財務支援的橋樑。
- 各種會議服務與會議籌備計畫。

為了配合這些創新活動，溫哥華觀光局的計畫針對每個目標市場所使用的行銷組合都分別加以詳述。舉例來說，在整個「公會／團體的會議計畫者」市場中的「美國東北部地區之公會／團體會議」這個部份，便透過廣告（直接郵寄）、個人銷售（業務拜訪）、以及業務推廣（貿易展覽）等方式來鎖定。下列三項針對美國東北部地區之公會／團體會議計畫者所訂定的行銷目標，也詳載於計畫中：

1. 確認並開發來自於美國東北部地區之公會／團體會議計畫者

的適當通路。

2. 增強美國企業認為溫哥華市乃係一會議目的地之印象。

3. 協助會員在市場中開發及敲定新的業務。

　　溫哥華觀光局確認了對此目標市場之行銷成敗的「主要測量值」
一即 1995 年二十四條引線、1996 年二十六條引線、以及 1997 年二
十八條引線；這些目標都是以成果為導向、計量性、而且針對特定時
間。溫哥華觀光局也指出在美國東北部地區之公會／團體會議市場的
合夥人；包括溫哥華貿易與會議中心、各會員旅館、目的地管理公司、
以及航空公司等。

　　溫哥華觀光局的**執行計畫**包括：一份各項活動表，一份行銷預
算，各種控制與評估程序，以及一份評估時間表。計畫中被稱為「各
項活動時程表」的**活動計畫**，則提供一份依據目標市場及行銷組合要
素為準、以月份為基礎之各項活動的名單；這些都顯示於計畫的第七
章。舉例來説，在 1995 年四月份，溫哥華觀光局便針對美國東北部
地區之公會／團體會議計畫者，規劃了兩項活動（CV3）－參與加拿
大領事館於匹茲堡所舉辦的一項貿易展覽中推出的「加拿大櫥窗」，
以及在匹茲堡對會議計畫者展開業務拜訪（直接銷售／洽談）。

　　該計畫包括了一筆總數為 $2,510,155 加幣的行銷預算，並分配
給目標市場做為「市場開發」之用，主要是各項推廣活動之費用。溫
哥華觀光局在 1995 年的總預算大約為加幣六百五十萬元。這筆行銷
預算也納入計畫的第五章，名稱為「財務投資」。在 1995 年的預算
中，對於每個目標市場的分配是：公會會議計畫者（$884,440 加幣、
或總數的 35%），團體會議計畫者（$151,254 加幣、或總數的 6%），
旅遊貿易（$662,043 加幣、或總數的 27%），獎勵旅遊購買者（$
186,106 加幣、或總數的 7%），以及獨立旅遊者（$626,312 加幣、
或總數的 25%）。該項預算亦根據來源地（加拿大、美國、歐洲、
以及亞太地區），季節性（旺季、平常、以及淡季），以及生命週期

（維持期、成長期、以及蓬勃期）來區分。

　　控制與評估程序包含在名為「計畫的評估」之章節中。這項 1995 至 1997 年的計畫，是在對先前之 1994 至 1996 年的計畫做過徹底評估以後，才發展出來的。這項評估導致下列各種結果：將創新活動由三十六項減為二十八項，以及其它許多細部計畫修正。二十八項創新活動的每一種，都指派給一位在溫哥華觀光局中任職的專家負責，他們可獲得一組人員的協助（**活動的負責人**）。兩種特定的控制程序分別是：「創新活動每月檢討會議」、以及「業務與市場開發報告」。創新活動每月的檢討會議包括：管理階層檢查達成預期目標之績效，檢討預算，以及討論各種新興機會。至於業務與市場開發報告則是將每月的、以及年初至當時的績效做一彙整，

第七章
各 項 活 動 的 時 程 表

下列時程表將每個部門於 1995 年之各項活動分別列出。雖然溫哥華觀光局會竭盡全力來完成每一項活動，但在全年內仍有可能出現時間上之變更、延誤、以及取消等狀況。

集會／團體會議與獎勵旅遊			創新	廣告／傳播	直銷／洽談	貿易展覽	銷售資料	推廣活動	國外郵寄／地點	研究／監督	旅遊媒體
一月	1	董事會：·CASE（加拿大）	CV2	■							
		·CASE（美國）	CV5	■							
		·GWASE	CV4	■							
		·ASAE	CV5	■							
	1	論壇雜誌	CV5	■							
	1	公會管理雜誌	CV5	■							
	5-8	ACOM 教育會議，奧蘭多	CV9			■					
	7-10	PCMA 亞特蘭大＊※	CV5			■					
	7-10	USAE 報紙（3x）	CV4			■					
	15	會議時程表	CV9				■				
	22-23	CSAE 冬季會議，多倫多＊※	CV2			■					
	24-27	推廣：多倫多，渥太華，蒙特婁＊※	CV2					■			
		地點／集群（整年持續進行，會議與獎勵旅遊）＊	CI#							■	
		直接郵寄（整年持續進行）	CV#	■							
		推廣項目（整年持續進行）	CI#					■			
二月	9	IACVB 目的地櫥窗，華盛頓特區	CV4			■					
	13	折疊式刊物	CV#					■			
	15	CSAE 貿易展覽，渥太華	CV2			■					
	17	新的引誘簡介	CV#					■			

三月	1	PCMA 董事會	CV5	■											
	1	論壇雜誌	CV5	■											
	1	加拿大領事館「加拿大櫥窗」，西雅圖＊※	CV5			■									
	2	加拿大會議場地，倫敦	CV6			■									
	7	加拿大領事館「加拿大櫥窗」，舊金山＊※	CV5			■									
	9	加拿大領事館「加拿大櫥窗」，洛杉磯＊※	CV5			■									
	19-21	USAE 報紙（4x）	CV4	■											
	19-22	ASAE 討論會，Opryland,，Nashville	CV5			■									
	21	問候卡與明信片	CV#					■							
	tba	業務拜訪，歐洲	CV6		■										
	tba	哥倫比亞省小組活動，芝加哥＊	CV7						■						
四月	1	公會雜誌	CV2	■											
	4	加拿大領事館「加拿大櫥窗」，亞特蘭大＊※	CV4			■									
	5	加拿大領事館「加拿大櫥窗」，休斯頓＊※	CV5			■									
	6	加拿大領事館「加拿大櫥窗」，達拉斯＊※	CV5			■									
	13	電算機械公會（會議建築），丹佛	CV9			■									
	25	加拿大領事館「加拿大櫥窗」，明尼亞波里斯＊※	CV5			■									
	26	加拿大領事館「加拿大櫥窗」，匹茲堡	CV3			■									
	tba	日本團體最終使用者公會（獎勵旅遊）	IN3											■	
	tba	業務拜訪，匹茲堡，費城	CV3		■										
五月	1	團體會議與獎勵旅遊雜誌	CV3	■											
	1	保險會議計畫者雜誌	CV3	■											
	1	聚合雜誌	CV5	■											
	1	論壇雜誌	CV5	■											
	1	Tagungs-Wirtschaft 雜誌	CV6	■											
	8	加拿大領事館，洛杉磯「遨遊加拿大」活動，新港海灘＊※	CV5			■									
	15	Blank Tour Shells	CV#					■							
	16-18	EIBTM，日內瓦，瑞士（獎勵旅遊）＊	IN1			■									
	23	USAE 報紙	CV4	■											
	29	黑與白商業中心地圖	CV#					■							
	31-Jun3	五星級推廣活動，蒙特婁（獎勵旅遊）	IN2			■									
	31	PCMA 基金會晚宴	CV5												■
	tba	MPI－日內瓦	CV6		■										

＊ 直接會員參與機會　　※ 必須直接登記爲發起人
CV# 所有的集會／團體會議創新活動　　　IN# 所有的獎勵旅遊創新活動
CI# 所有的集會與獎勵旅遊創新活動

　　然後再每兩個月做一次整理，提報給溫哥華觀光局的董事會。該計畫的評估必須在每個「年度規劃活動期間」內完成，對於所有活

動所做的檢視，則構成下一個計畫的基礎。

　　溫哥華觀光局的行銷規劃方法，為其它餐飲旅館與旅遊組織樹立一個良好的範例。該計畫的深思熟慮與確實執行，有朝一日或許真的如其願景聲明－「成為北美洲眾公認的最佳會議與旅客服務局」。

　　問題討論：

　　a.　本書對於準備行銷計畫所建議的各種方法，溫哥華觀光局遵循的計有哪些？

　　b.　溫哥華觀光局的計畫，與本章所敘述的程序有哪些不同？該局的計畫有無改進之處？

　　c.　其它的餐飲旅館與旅遊組織，可以由溫哥華觀光局所使用的行銷規劃方法，獲得何種經驗與啟示？

準備行銷計畫

　　各位現在已經知道行銷計畫有哪些內容了。一份良好的行銷計畫勢必會涉及到餐飲旅館與旅遊行銷系統的五項關鍵問題。你必定也注意到這份書面的計畫亦遵循著幾乎完全相同的系統化過程。概言之，在準備行銷計畫時涵蓋的步驟是：

　　1.　**準備行銷計畫的立論基礎**－檢視並彙總：

- 形勢分析
- 各種行銷研究調查
- 區隔化的方法與基礎
- 目標市場的選定
- 行銷策略
- 定位的方法
- 行銷組合

- 行銷目標

2. **發展一份週詳的執行計畫**－設計與詳述：
- 依據行銷組合要素針對目標市場進行的各項活動
- 各項責任（內部的與外界的）
- 時間表與活動時程表
- 預算及備不時之需的基金
- 期望獲得的成果
- 各種測定的方法
- 各種報告進展的程序
- 各種績效的標準
- 評估的時間表

3. **編寫執行摘要**：
圖 9-3 係以流程圖說明發展行銷計畫的各項步驟。

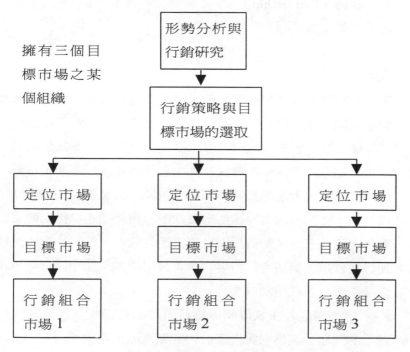

圖 9-3：發展行銷計畫的各項步驟。

餐飲旅館與旅遊行銷的 8 P

行銷計畫中有相當大的部份與組織如何運用餐飲旅館與旅遊行銷的 8 P（亦即行銷組合）有關。第十至第十九章將分別檢視每一種行銷組合要素。在開始深入探討每種要素之前，須對這些要素如何整合到行銷計畫做一簡單的審視。

餐飲旅館與旅遊行銷的 8 P：

1. 產品（Product）
2. 人員（People）
3. 包裝（Packaging）
4. 規劃（Programming）
5. 地點（Place）
6. 推廣（Promotion）
7. 合夥（Partnership）
8. 定價（Pricing）

1．產品

第十章將討論餐飲旅館與旅遊業中的產品開發。將介紹「**產品組合**」這個術語，以敘述個別組織所提供給顧客的各種產品或設施之種類。在本書先前的內容中已提及一項重點：餐飲旅館與旅遊的行銷是行銷學的一個單獨分支，它具有本身所需的獨特要件。傳統的行銷，大部份都將「人員、包裝、與規劃」和「產品」混為一談。雖然這四者的確都是餐飲旅館與旅遊組織提供的組合要素，但是前三者卻值得投入更單獨性的關切。第十一章的主題，便是餐飲旅館與旅遊行銷中的「人員」要素；第十二章則檢視包裝及規劃的各種相關概念。

應如何定義餐飲旅館與旅遊組織的產品呢？這是一個頗為棘手的問題，因為它與大部份的其他產品都不太相同－它並非一

種不具生命的物體。在「生產」的過程中，總是無可避免地會與人有關。再加上許多顧客於購買時，常會以個人的情緒為考量、而非建基於客觀的事實，這使得整個狀況讓人更難掌握。顧客們所購買的，與我們自認為銷售的項目常常有所出入！

2・人員

我們已討論過所有的員工與經理人員會與行銷計畫產生牽扯的各種方式，然而，還是要再次強調：行銷計畫必須將各種經過妥善規劃、能夠使這些重要的人力資源獲得最佳運用的方案包括在內。

3・／4・包裝與規劃

在許多情況下，包裝也意味著一種行銷導向。它們是在探索過顧客的需求與欲望之後，再結合各種不同的服務與設施，以達到滿足這些需求的結果。而規劃的相關概念也極具顧客導向的特性。

　　行銷計畫中應詳細說明在未來的一年或更短的期間內，各種繼續存在、以及新開發的套裝產品與方案。至於每種套裝產品與方案在財務上的可行性，以及這些項目應如何與各種推廣活動及定價／收益目標密切配合，也是行銷計畫不可或缺的內容。

5・地點

組織應如何規劃，以便與配銷管道中的其它互補團體共同運作？對供應者與運送公司來說，這意味著他們應如何運用旅遊業的中介者（旅行社、旅遊批發商、獎勵旅遊的計畫者等），以達成其行銷目標。對那些中介者而言，這代表著他們與其它的中介者、供應者、以及運送公司之間的關係。第十二章探討包裝與規劃，第十三章除了介紹「配銷組合」的概念外，亦將對旅遊業的中介者做一詳述。

6・推廣

行銷計畫亦需詳述如何運用促銷組合（廣告、個人銷售、銷售推廣、促銷、以及公共關係與宣傳）中的每項方法。這些方法都是彼此相關的，因此計畫中必須確定每種方法都能與其它方法產生互補之功用、而非相互掣肘。一般來說，推廣在行銷預算中所佔的比例會相當高，而且也會與外界的顧問人員及專業人員之使用有著極高的牽扯。因此，它必須經過鉅細靡遺的規劃，並以成本、責任、以及時機為主要的考量重點。第十四至第十八章將對所有的促銷組合要素做詳細的探討。

7・合夥

技術上而言，將合夥視為其它各P所涵蓋的一部份，並無可議之處。然而，為了特別強調出共同的廣告與其它各種行銷方案所具有之價值，本書乃在第十章進行個別討論。行銷計畫中亦應有特定篇幅探討各種共同性的合作、它們的成本、以及它們在財務上所能帶來的回饋。

8・定價

在行銷計畫中，定價通常都未獲得應有的考量。事實上，它的確值得賦予更高的關切；因為它不但是一種行銷技巧，也是決定利潤的主要因素。我們建議一種涵蓋範圍極廣的定價計畫，把未來某段期間內所有的優惠費率、價格、以及折扣方案都列入考慮。第十九章中所探討的，便是餐飲旅館與旅遊業的定價規劃。

行銷預算

所有的行銷計畫都應將一份詳盡、能夠描繪出每一項行銷組合

要素之花費的預算包含在內。究竟該分配多少費用供行銷之用，是組織面臨的棘手問題之一。良好的行銷預算應該符合下列四項原則：

1. **範圍廣泛**：所有的行銷活動都應列入考慮。
2. **具統合性**：所有項目的預算必須審慎地統合，以避免無謂的重覆，並使預算項目之間的綜效達到最高。
3. **具實際性**：預算中應詳述相關費用與人力資源來自何處。
4. **具務實性**：行銷預算的編列不能孤立於其它各種活動之外。它必須與組織的各種資源、以及在行業中的定位息息相關。

在編列行銷預算時，至少有四種方法可以使用。其中最為有效的，是大家耳熟能詳的「目標與任務預算法」。它係以零基預算法的觀念為基礎，也就是說，所有的預算在每年都是以零為開始，然後再依據每項活動來分別編列預算。它會使用到一種多階段的預算編列過程。關於四種預算編列方法的優點與缺點，分別如下所述：

1．歷史或任意預算法

這是一種相當簡單、而且機械式的方法；係以上年度的行銷預算為基礎，再增加某個固定的金額或比例。通常增加的預算金額會與經濟的通貨膨脹率有密切的關連性。由於上年度的預算已被考慮為一種既定的基礎，因此它並不屬於零基預算法。

在餐飲旅館與旅遊業中，這是一種廣被採用的預算編列方式；因為它相當簡易，也不需花費太多的時間與心力。然而，各位或許也能看出此方法的潛在風險。本書中一再強調控制與評估行銷計畫之結果的必要性；因為藉由這種系統化的過程，才能夠提出各種修正及改進行銷活動的方法；它可以突顯出組織的成功處與失敗點。然而，對那些使用這種歷史性方法的組織來說，他們很容易會讓毫無成效的行銷活動繼續存在，並導致他們無法成為業界的真正贏家。

餐飲旅館與旅遊業是一種相當動態的行業，不斷而且快速地變遷。每組織都應該儘可能地保持著因應各種改變所需的彈性與空間。保有一份行銷費用的歷史性記錄固然有其用處，但卻不應以過去的預算來做為編列日後預算的主要基礎。

2．經驗預算法

這種方法通常也稱為「營業額百分比預算法」。它係使用一種行之有年的行業平均值來做為計算行銷預算的基礎，通常都是總收益的某個百分比。舉例來說，旅館與汽車旅館業通常都是以下年度總預期銷售額的 3.5%至 5%來編列行銷預算。為何如此？這是我們在 PKF 顧問公司與史密斯旅遊研究中心所公佈之報告中發現的。同樣的，這種方法也不屬於零基預算法的範籌，因為它假定組織所花費的預算將會與業界的標準相當接近。

就如前述的歷史預算法一般，由於這種方式並不需要花費太多心力，而且能夠很快完成，因此也廣被使用。但是，它也和餐飲旅館與旅遊行銷系統的原則背道而馳。因為沒有任何兩個組織在目標市場與行銷組合上會完全相同。此外，行業的平均值有時候也會造成極度的誤導；它們是由涵蓋範圍相當廣泛的各種結果所組合而成。通常來說，那些試圖建立市場佔有率的新企業必須編列超過平均水準的預算金額；而那些根基穩固、已擁有大量高忠誠度與重覆使用率客層的企業，就可能在預算上大為精簡。而在不同的行業與地理區域中，競爭的程度也會出現極大的差異。每組織都應根據實際狀況，各自量身來編列預算。舉例來說，速食業的競爭就相當白熱化，因此需要鉅額的行銷預算以供全國性的電視廣告之用。1993 年，麥當勞在全美國所投入的廣告費用據估計就高達七億三千六百六十萬美元；在全美國的所有企業中，它已是排行高居第十三名的廣告客戶。從另一方面來看，連鎖的晚餐餐廳在競爭程度上就不至於如此激烈。

這種經驗預算法可說相當危險，應該儘量避免使用。它是一種極為草率、由餐飲旅館與旅遊業的前一輩行銷人員傳承下來的作法。因此，瞭解該行業之平均花費金額固然讓人深感興趣，但不應該以此做為編列組織之預算的主要基礎。

3‧競爭預算法

我們在第八章已檢視過「市場追隨者」使用的各種策略。對一個市場佔有率較低的企業而言，能夠模彷市場領導者的方式之一，便是在花費與行銷活動上和對方一較長短。有些人便將這種方式稱為「同等競爭預算法」。就像前述的兩種方法一般，這種方式使用上也相當簡易。它所需要的資訊只是競爭者投注於行銷上的預算金額罷了；而藉由研讀這些組織所公佈的各項資料、或透過對他們的年度報告進行研究，便可以獲得此類資訊。由於這種方法一開始就假定某些金額將會依據與某些競爭者之間的關係而被投入，因此它並不屬於一種零基預算法。

同樣地，競爭預算法之主要缺點，在於它忽略了每個組織在目標市場、行銷組合、目標、資源、以及市場定位上的獨特組合。對競爭者的各項行銷計畫保持密切的追蹤固然不可或缺的，但僅使用這種競爭預算法非本書作者所樂見。

4‧目標與任務預算法

這種方法就和字面上的含意完全相同－首先設定出各項行銷目標，然後再詳述達成這些目標所需的各種任務。在一開始並未編列任何預算，這意味著此種方法屬於零基預算法。因為組織係由零基開始建立其預算，而非以某個總金額做為起點、然後再決定如何來分配，因此有些人也將其稱為「建築」法。

與前述歷史、經驗、以及競爭預算法相較，使用目標與任務預算法將會花費較多的時間與心力。對前一年度之行銷計畫的

所有活動，都需事先加以審慎評估。在這種方法下，預算的編列是以達成每個目標市場之行銷目標時所必須進行的各項活動為主要基礎。

本章摘要

　　行銷計畫是一份行動的藍圖，說明了組織將如何達成各項行銷目標。該計畫將下一年度所要實施的所有行銷活動做一詳述。事實上是一系列的計畫，係針對八種行銷組合要素設定各自之計畫，然後再審慎地整合成一份整體性計畫。

　　一項計畫應該以書面寫出，但不該一成不變。組織必須監督計畫的實施，並在必要時加以調整。就像任何航機一般，沒有人能夠保証飛航時的天候完美無暇。計畫的草擬可能要花上數週、甚至數月的時間，但要使其儘可能有效地發揮作用，或許還得花上更多的時間與心力。

問題複習

1. 行銷計畫屬於戰術性或策略性的計畫？這兩種類型的計畫間，有何不同？
2. 「行銷計畫」在本書中如何定義？
3. 有效的行銷計畫應具備哪八種必要條件？
4. 行銷計畫能夠帶來哪些利益？
5. 行銷計畫的三個構成部份為何？
6. 行銷計畫是否應以書面寫出？原因何在？
7. 行銷計畫是否將餐飲旅館與旅遊行銷系統中的五個問題全

都提及？若然，是如何做到的？

8. 餐飲旅館與旅遊行銷中的 8 P 所指爲何？它們是否與行銷組合相同？

9. 編列行銷預算的四種方法爲何？哪一種方法最好，爲什麼？

本章研究課題

1. 你剛加入一個先前從未有過任何行銷計畫的非營利組織。董事會對於完成一項計畫所需投入的時間與金錢抱持相當懷疑的態度。你要如何將自己的觀點推銷出去，以完成該組織有史以來的第一份行銷計畫？你要如何爲準備這份計畫所需的時間與費用找到令人信服之理由？你會將哪些內容包含在計畫中？

2. 你剛接任爲行銷部門的新主管。使用目標與任務預算法之後，你計算出下一年度的行銷預算將比前一年高出百分之三十。公司過去一直都使用歷史預算法，每年都依據前一年度的費用增加百分之五至百分之十。你將如何爲自己的估算找到使人信服之依據？對於歷史預算法，你將強調的缺點有哪些？

3. 在你居住之社區中，有某家小型的餐飲旅館與旅遊業的老闆請你幫她準備行銷計畫。你會將哪些內容包含在這項計畫中？在準備這份計畫時你將向哪些人請益，你將使用的資訊來源有哪些？以圖 9-1 的內容爲導引，針對該項計畫做出一份更爲詳盡的內容表。你的計畫要花費多久的時間？計畫完成後你會將副本送給哪些人？

4. 選取某個餐飲旅館與旅遊組織。它是如何運用餐飲旅館與旅遊行銷中的 8 P ？這八項要素是否都受到同等的重視，或

其中有受到特別強調者？這八項中是否有任何一種被忽略掉？關於如何改進這八項行銷組合要素的使用，你會對這個組織提出哪些建議？請利用其它組織的實例，來支持你的建議。

第四部
執行行銷計畫

1 何謂行銷？

2 目前的處境？

3 希望進展的目標？

4 如何才能達成目標？

5 如何確定能夠達成目標？

及

如何知道已經達成目標？

第十章

產品開發與合作

研讀本章後，你應能夠：

1. 確認餐飲旅館與旅遊業的四種主要的組織。

2. 敘述這四種餐飲旅館與旅遊組織分別扮演的角色。

3. 探討這四種組織各種主要的當前趨勢。

4. 定義產品／服務組合。

5. 確認及敘述在組織的產品／服務組合中的六種構成要素。

6. 說明與產品開發有關聯的各個階段。

7. 定義合作（合夥）。

8. 說明行銷合作對餐飲旅館與旅遊組織所能帶來的各種潛在利益。

概論

　　餐飲旅館與旅遊業所行銷給顧客的，究竟是什麼產品呢？在開始探討之前，我們應該以「服務」取代「產品」這個詞。這個行業提供的服務，不僅種類繁多、而且極為多樣化；範圍可由超過一千間客房的大型旅館，乃至只有兩、三位員工的旅行社。對所有行銷經理人來說，瞭解這個行業的結構是必備的基礎。本章描述餐飲旅館與旅遊業的各種組織及資源做為開始；當前的各種供給趨勢亦在審視之列。

　　我們將介紹及說明「產品／服務組合」這個術語，並對它的每一項構成部份做一描述。本章將說明如何制定決策，修正組織的產品／服務組合。

關鍵概念及專業術語

自我相殘（Cannibalize）
運輸業者（Carriers）
目的地行銷組織（DMOs；Desti- nation Marketing Organizations）
水平整合（Horizontal Integration）
合作、合夥（Partnership）
產品／服務組合（Product / Service Mix）
產品／服務組合的縱深（Product / Service Mix Length）
產品／服務組合的橫寬（Product / Service Mix Width）
關係行銷（Relationship marketing）
供應者（Suppliers）
旅遊業中介者（Travel Trade Intermediary）
垂直整合（Vertical Integration）

　　你是否曾試過用手指按住一滴水銀？結果是可以準確預知的，不是嗎？每當你認為自己應該可以讓這滴水銀動彈不得時，它卻由你的指間中滑溜而過。對餐飲旅館與旅遊業進行敘述時，與這種情況極

爲類似。它是一個快速變遷的行業。如果你對它當前的現況做一速寫，可以確定這幅景象幾個月後就已經不合時宜了。當編纂本書時，我們蒐集了各種最新的統計資料；但在本書付梓出版後，這些資料或許又有許多改變。

有些人可能對旅館及**餐飲**業興致勃勃－另有人或許對航空與旅遊業最感興趣。另外一些人追求的可能又是其它領域，例如遊輪營運、主題樂園與其它吸引人之事物、會議與集會的規劃、鄉村俱樂部的管理、政府或公共團體的旅遊推廣、或滑雪勝地的管理等。不論各位青睞的是哪一種領域，你都會發現到本章的內容不僅引人入勝、還可讓你受益無窮。說不定你還可以發覺到各種新的成功機會正向你敞開雙臂呢！

在開始探討產品開發的決策之前，要先對整體的產業結構做一瀏覽。先以這種較寬廣的視野開始，有助於對各種不同類型的組織扮演的角色有更深入的瞭解。

餐飲旅館與旅遊業的結構

本書對這個行業的各個構成部份或部門進行檢視時，係以它們執行的功能爲基礎。舉例來說，**供應者**－包括遊輪公司、汽車出租公司、以及住宿、餐飲、賭博、與吸引人之事物的所有業者－提供旅遊業中介者批發（或包裝）及零售、以及顧客們也會直接購買的各種服務。**運輸業者**－包括各航空公司，以及鐵路、公路、與渡船等公司－則提供由顧客之出發點到其目的地的運輸。**旅遊業中介者**則將供應者與運輸業者所提供的各項服務加以包裝、並零售給旅遊者。各種**目的地行銷組織**將自己的城市、地區、州、以及國家等，向旅遊業中介者及個別旅行者進行推廣。本書要傳達的主要訊息之一是：所有這些業務及組織，都是相互關連的。第三章將這個行業稱爲「大系統」，將

個別的組織稱爲「小系統」。這種表達方式說明許多餐飲旅館與旅遊組織都是相互倚賴的。

供應者

在餐飲旅館與旅遊業中，供應者的組織可區分爲下列六類：

1.　住宿業者。
2.　餐廳與飲食服務業者。
3.　遊輪公司。
4.　汽車出租公司。
5.　各種引人事物的業者。
6.　賭博經營業者。

1．住宿業者

本行業，包含各式的經營類型。有位旅館界頗富盛名的專家便將住宿業者區分爲：供短暫逗留的旅館、渡假中心式旅館、會議式旅館、會議中心、汽車旅館、以及客棧等。另一種涵蓋範圍更廣的分類方式，則利用五種「發展標準」（價格、舒適性、地點、服務的特定市場、類型或提供內容上的差異）來區分各業者；參見圖 10-1。

1.　價格

- 預算式／經濟式旅館。
- 中間市場的旅館。
- 豪華旅館。

2.　舒適性

- 會議式旅館。

- 商務式旅館。

3. 地點

- 位於商業鬧區之旅館。

- 位於郊區之旅館。

- 位於高速公路／州際間之旅館。

- 渡假中心式旅館。

4. 服務的特定市場

- 商務會議中心。

- 有益健康的溫泉浴場。

- 渡假中心式旅館。

5. 類型或提供內容上的差異

- 全套房式旅館。

- 改良式／可轉換式旅館。

- 混合使用／焦點式旅館。

圖 10-1：根據發展標準對住宿業者的分類。

　　　a．連鎖業的支配優勢　在全美國的住宿業者中，客房數少於五十間雖然佔了約百分之七十三，但是由行銷的觀點來看，大型連鎖業者所擁有的旅館仍佔盡優勢。附錄 1-1a 與 1-1b 中，分別列舉美國與加拿大的各連鎖旅館業者。

　　　b．品牌區隔日益普遍　這種類型的住宿業區隔，已在目前的營業類型範圍內快速發展。在排名前十大的連鎖業者中，已有八家（餐飲旅館加盟體系，國際假日旅館，國際精選旅館，Marriott 企業，希爾頓旅館企業，Promus 企業，ITT 喜來登企業，以及卡爾登住宿集團）擁有兩種或更多的營業品牌。Marriott

的四個品牌是：Marriott 旅館／渡假中心／套房，Marriott 中庭（Courtyard），Fairfield Inn，以及 Residence Inn。另一個著名的品牌區隔支持者是國際精選旅館，它有七個品牌類型：Quality 客棧／旅館／套房，Comfort 客棧／套房，Clarion 旅館／套房／渡假中心，Sleep Inns，Econo Lodge，Rodeway Inns，以及 Friendship Inns。

在這些知名的連鎖企業中，並非所有業者都決定以增加新品牌的方式、來打入住宿市場的各個部份。例如四季與麗茲－卡爾登等高級旅館，便選擇將重點置於住宿市場中的高價位及奢華之客層。就如我們在第八章所討論過的，讀者應可看出各連鎖業者在行銷策略中選用了不同的產品開發方案。

　　c．各種合併及聯合行銷的計畫　縱觀本章，將可發現在本行業出現各種合併與共同合作方式。由數家公司聯合起來、以追求更佳的行銷「成果」，是 1970、1980、以及 1990 年代中極為普遍的產業趨勢。某些規模較大的連鎖住宿業者併吞了那些小型業者，而某些業者則是被各大航空公司併購。在這些大規模購併行動中，最引人側目者出現於 1987 年，聯合航空將名稱改為 Allegis，並把威士汀旅館、希爾頓國際企業、以及赫茲租車納入它的旗下（但 Allegis 隨後在 1988 年解體）。此外，在 1980 年代，假日旅館企業也購併了 Granada Royale Hometels、Residence Inns（後來又出售給 Marriott）、以及 Harrah 賭場旅館；在此同時，它們也拋棄了 Trailways 巴士路線與 Delta 輪船公司。後來，英國的 Bass PLC 又購下假日旅館企業，並將它的品牌歸入於兩個公司旗下：由 Bass 擁有國際假日旅館（包括 Holiday Inns、Holiday Inn Crowne Plazas、Holiday Inn Express、Holiday Inn Sunspree Resorts、與 Holiday Inn Garden Court），以及 Promus 企業（包括 Embassy Suites、Hampton Inns、Homewood Suites、與 Harrah）。其它較近期的例子則有雙樹旅館集團購併 Guest Quarters

全套房旅館集團（即目前的 Doubletree Hotels Guest Suites），以及四季集團購併麗晶國際企業。

旅館與航空公司的結合，存在歷史已超過四十年以上；而且大家都預期這種趨勢仍將繼續下去。除了上述 Allegis 這個例子外，其他如 Aer Lingus、法國航空（Air France）、荷蘭皇家航空（KLM）、以及北歐航空（SAS）等公司，不是擁由本身的連鎖旅館、就是與其它連鎖旅館有密切的配合。

某些連鎖旅館則藉由購併連鎖餐廳或其它飲食服務據點，使營業範圍更加多樣化。舉例來說，《全國餐廳報導》（Nation's Restaurant News）便將 Marriott 國際企業評定爲在前一百大的飲食服務企業中，其銷售額排名第三大，僅次於百事可樂與麥當勞。於 1994 年，其飲食服務的持有股份包括 Marriott 旅館、以及 Marriott 管理服務公司。

除了被其它組織併購之外，大部份的主要住宿業者目前都已是某個或多個聯合行銷集團、運輸業者與供應者預約網路、或旅遊常客獎勵計畫的一份子。舉例來說，國際假日旅館對於住宿其美國境內任何一家營業據點的客人，都提供數家美國主要國內航空公司的飛行常客哩程數做爲回饋。

d. **全套房式旅館**　在 1980 年代初期的諸多主要住宿趨勢中，全套房式旅館這項概念的出現便是其一；參見圖 10-2。這是一種提供截然不同之風格與產品的營業類型－所有的客房全都設計爲套房式。根據 1993 年的一項盤點顯示，於 1993 年在全美國所有全套房式營業據點中所提供的的套房總數，共達 166,000 間之多。而在 1992 年底，前十七家最大型全套房式連鎖旅館業者的營業據點共有 577 處，提供套房總數則爲 94,800 間。規模較大的全套房式連鎖旅館包括 Embassy Suites（爲 Promus 所有），Marriott 擁有的 Residence，國際精選旅館旗下的 Comfort Suites 與 Quality Suites，以及 Radison 旅館企業經營的 Radisson Suites。

圖10-2:在住宿業中,
全套房式旅館是成長
的一個主要領域。

包括希爾頓與 ITT 喜來登等其它數家連鎖住宿業的佼佼者,亦
擁有全套房式的旅館品牌。

　　e．住宿常客計畫　住宿業在 1980 與 1990 年代時另一種
顯著的趨勢,便是各種住宿常客計畫在數量與重要性上日益提
高;參見圖 10-3。這些計畫的出現可歸因於下列數種原因:(1)
用以確認經常住宿的客人,(2)將行銷費用投注於這些人身上,
(3)獎勵與提供特別服務給這些客人,(4)建立該連鎖旅館的
知名度。在 1990 年代初期,數家連鎖旅館業者藉由提供那些住
宿在其營業場所中、並且是各種俱樂部的會員們額外的飛行常客
哩程點數,以強化他們所推出的住宿常客計畫。在許多一流的連
鎖業者中,國際假日旅館、Marriott、以及喜來登,是率先對某
些特定的美國航空公司之飛行常客計畫提供哩程數回饋的業者。

圖 10-3：紅獅旅館與客棧提供了許多「額外回饋」給西岸的旅遊常客們。

　　f. **特別的服務與款待**　1980 年代讓人們最難忘懷的，或許就是住宿業者驕寵其所有客人。除了各種慷慨大方的獎勵計畫之外，業者也提供了許多新的服務與款待。尤其包括下列各項：

- 有線電視／免費電影。
- 免費早餐與雞尾酒飲料。
- 電腦化預約系統。
- 管理人服務。
- 商務樓層與休憩室
- 快速退房與入住登記。
- 免費報紙。
- 健身中心或各種運動設施。
- 各種健康概念的餐點。
- 慢跑路線的地圖。

- 禁菸樓層與禁菸區。
- 辦公或商務中心。
- 特別為婦女設計的各種設施。
- 電視會議。
- 視訊退房。
- 視訊雜誌。

　　在這十年內，極力推廣上述這些「額外服務」的兩家業者是凱悅與 Howard Johnson。凱悅推出一項以強調個人化特別服務為特色的廣告活動，包括：禁菸樓層、管理人服務、特別針對婦女的各種服務、以及健康餐點。Howard Johnson 則投入大筆經費推廣它的商務樓層概念；參見圖 10-4。

圖 10-4：Howard Johnson 以全方位服務的 Plaza Hotels 將目標鎖定商務主管級人仕。

2．餐廳與飲食服務業者

至於餐廳與飲食服務這個部份，也和住宿業相同，係由大型連鎖業者佔有主導優勢。附錄 1-2a 所示，是以 1994 年總營業額爲依據，排名全美國前二十五大的連鎖飲食服務業者。在 1994 年，這些業者的合計營業額爲七十四兆四千二百七十億美元；而前一百大連鎖飲食服務業者的總營業額，則是一百零九兆二千零十億美元。在排名前十大的業者中，有六家是販售三明治的餐廳（麥當勞、漢堡王、Taco Bell、溫蒂、哈帝、與地下鐵）。這前一百大連鎖飲食服務業者的總營業額，絕大部份都是提供速食或快速服務的營業場創造的。根據 1994 年銷售額比例的分析得知，主要的三種餐點分別是：三明治（41.7%）、披薩（10.3%）、以及晚餐屋（8.3%）。其它主要的餐廳類型還包括了家庭餐飲（7.8%）、炸雞（5.2%）、以及牛排（3.1%）。至於飲食服務營業額的其它剩餘部份，則來自餐飲承包與旅館內的飲食服務。

a．**餐廳已被各主要的企業併購**　全球知名的第二大可樂製造商－百事可樂公司，在 1986 年時已緊追於麥當勞之後成爲全美國第二大的餐廳企業。到 1994 年時，百事可樂以美金八十八億七千八百萬美元的年度總營業額，在飲食服務業中拔得頭籌。百事可樂公司的飲食服務部包括：肯德基炸雞、必勝客、Taco Bell、Hot'N Now、加州披薩廚房（California Pizza Kitchen）、以及 Chevy's。通用企業旗下則擁有紅龍蝦、橄欖園、以及中國海岸（China Coast）；並在 1994 年底時成爲全美排名第四大的飲食服務企業。這些「業界巨人」進入餐廳業後，不僅使競爭益發白熱化、同時也提昇了行銷計畫的水準。

b．**餐廳的分類**　《全國餐廳報導》這份雜誌依據業者提供的餐點或其位置所在，將全美國所有的餐廳及飲食服務連鎖業者區分爲下列十五種類別：

1. 三明治。

2. 雞塊。

3. 披薩。

4. 晚餐屋。

5. 家庭餐飲。

6. 牛排。

7. 餐飲承包。

8. 自助餐館。

9. 速簡餐。

10. 便利商店。

11. 旅館。

12. 主題樂園。

13. 各機構內部附設的飲食店。

14. 魚類。

15. 簡易餐食。

附錄 1-3 所列，便是以 1993 年總營業額為依據，這些類別中規模最大的前五名連鎖業者。

c．**餐廳業的各種主要趨勢** 第七章已對餐廳業的各種主要趨勢做過確認。它們包括：

1. 日益強調家庭外送服務。

2. 單一或雙線的「得來速」（drive-through）服務窗口更為普及。

3. 餐廳營運者對於餐飲菜色的營養品質更為注重。

4. 更多的餐廳專注於具有民族或地方風味的食物，特別是墨西哥食物。

5. 例如 7-Eleven 等便利商店，也開始涉足速食生意。

6. 某些食物項目日益普及（例如：未經加工的烘烤食物，

通心粉，沙拉，魚和海鮮類，家禽與其它無脂肪肉類）。

7. 低酒精含量的飲料日益流行（例如：淡酒類、清涼飲料、低酒精度啤酒）。

8. 特殊主題的餐廳日益受到歡迎（例如：針對五十歲以上客層的懷舊餐廳）。

d．**餐廳的加盟**　在整個經濟中，餐廳業亦是成長最快速之零售業之一。這項成長主要是因為加盟的廣泛使用造成的，尤其是速食這個部份。在所有速食餐廳中，大約有百分之七十五都屬於加盟型態；在與母公司簽訂合約的方式下，由獨立的營運者擁有及經營。這種合約通常都會產生兩層、或其它多層式的行銷計畫；也就是說，母公司會展開全國性的廣告活動，再由各種地區性或地方性的活動來補強。

3．遊輪公司

雖然定期遊輪屬於運輸型式的一種，但將遊輪公司歸屬供應者、要比納入運輸業者來得更為適當。就現今的遊輪與渡假中心相較，兩者的差別只在於「遊輪是一座可移動的渡假旅館」。附錄 1-4 中係依字母順序，列出服務北美洲地區為主的各主要遊輪公司 a．**快速發展的海上巡曳之旅**　在過去的二十五年間，海上巡曳之旅已成為餐飲旅館與旅遊業中發展最快速的部份之一；參見圖 10-5。據估計在 1994 年內共有四百六十萬名乘客進行過海上巡曳之旅，此數字約為 1970 年的九倍。1950 年代末期，橫越大西洋的定期遠洋班輪在歐洲與北美洲之間，運送的旅客人數超過一百萬人次。時至今日，這些定期班輪服務幾乎都已不復存在，所有的船舶都已專供海上巡曳之旅。

與北美洲大部份的餐飲旅館及觀光旅遊業不同的是：海上巡曳之旅是由外籍公司控制。在北美洲的遊輪業務中，北歐人經營的公司佔相當高的比例。

圖 10-5：嘉年華遊輪公司的廣告中，反映出朝向將陸上景點與海上巡曳之旅組合成套裝產品的趨勢。

　　隨著海上巡曳之旅在需求上的快速成長，遊輪載客容量也出現增加。據國際遊輪公司公會的估計，在 1995 年初服務於北美洲市場的 133 艘遊輪、其合計載客容量爲 105,062 個甲板下床位；這個數字幾乎是 1985 年可供應之床位容量的兩倍（參見附錄 1-4）。依國際遊輪公司公會的估計，到了 1999 年時，整個船隊的甲板下床位數量，將會達到 141,145 至 148,591 之間。

　　b．創意與目標市場的拓展　　海上巡航之所以能成功的關鍵，在於它被重新定位爲傳統渡假中心假期以外的另一種具發展力的選擇。所有遊輪現在都已被認爲是擁有完善的住宿、餐飲、休閒、以及娛樂設施的「海上璇宮」。對於開發各種別具特色的

海上巡曳套裝產品及計畫上，各遊輪公司莫不競相出奇致勝。除了傳統的套裝行程外，各式各樣在船上舉辦的特殊套裝產品－由保健到財務管理方面的各種討論會，目前都可供消費選擇。

遊輪公司也都很快地將焦點鎖定於各個新目標市場及已浮現的趨勢。大部份的業者目前都已擁有不可小覷的團體業務量，包括在船上舉行的各種會議與集會、以及各種獎勵旅遊。具創意的業者也已推出海－空、以及海－陸型式的套裝產品。針對週末時段推出的迷你型海上巡曳之旅，現在也變得相當流行。

c．**倚賴旅行社**　在我們這個行業，相互倚賴的一個最佳例子，便是遊輪公司與旅行社之間的關係。有超過百分之九十五的北美洲人，係透過零售旅行社來預約各種遊輪之旅。因此，各家遊輪公司也就必須高度倚賴旅行社的推薦。

d．**搭乘者在人口統計上的改變**　曾有段時間，遊輪之旅被認為是只有那些有錢有閒、上了年紀的銀髮族才有能力消費。但根據最近的研究顯示，自 1970 年代初期起，北美洲遊輪之旅的乘客不論是平均年齡或所得，都比以往出現了極為顯著的下降。

e．**旅館／渡假中心業者介入遊輪業務**　如果能夠成功地管理一座位於海邊的渡假中心旅館，那麼去經營一座海上璇宮又有何不可呢？Club Med 與 Radisson 便分別在 1980 年代末期與 1990 年代初期時，決定介入海上業務。它們由三艘船舶（Club Med 一號、Club Med 二號、與鑽石遊輪）組成的船隊，總共只有 1,126 個甲板下的床位而已，而且定位上是較傾向於專屬海上巡航之旅。預計到公元 2000 年，餐飲旅館與旅遊業的其它巨擘，極可能會因遊輪業務具有高度成長潛力，而開始涉足此一領域。舉例來說，華德迪士尼公司就正在建造一艘新的遊輪，以服務加勒比海的遊輪市場。

4・汽車出租業者

汽車出租業的成長也極為可觀。目前它已是一種高度競爭、營業額高達數十億美元的業務。1960 到 1987 年的這段期間內,全美國汽車出租業者的合計收益就已躍升十倍。這個行業的龍頭－赫茲公司,每年的營業額高達二十一億美元,旗下的車隊在全美國約有二十一萬五千部汽車。如圖 10-6 所示,這些主要的汽車出租公司都企圖將業務拓展到全世界、並在這個行業中成為真正全球性的知名品牌。附錄 1-5 所列,便是全美國最主要的十家汽車出租公司。

exactly*ism* #10

Water covers ⅔ of the world.
We cover the rest.

Hertz has over 5,000 locations—more than any other rental company. When your clients are dealing with foreign countries, it's nice to have Hertz' familiar and friendly service. We've got your clients covered— all over the world.

exactly.

圖 10-6:各汽車出租公司都朝向全球化發展。赫茲著名的黃色標誌幾乎已涵蓋全世界。

a . 營業額集中於少數佼佼者身上　在北美洲雖有數千家汽車出租公司,但大部份都是小規模的「家庭式」經營。整個營

業額的絕大多數，都是由少數幾家業者創造的。根據一項資料顯示，在 1993 年，排名前十六大的租車公司創造的總營業額，有大約 88%係由六家租車業者創造（赫茲、艾維斯、預算、全國、白楊、以及企業家）。

　　　b．倚賴航空公司及旅行社　汽車出租業者也是高度倚賴其它餐飲旅館與旅遊業者的另一絕佳實例。在所有的租車業務中有相當高的比例在機場進行，這使得所有業者深深倚賴各航空公司的航線及班次。旅行社在國內的航空訂位中佔有相當高的比例，而且旅客們經常也會同時要求代租汽車。有鑑於此，這些汽車出租公司也就成了旅行社所閱讀之專業雜誌的主要廣告刊登者，例如：《旅遊週刊》（*Travel Weekly*）、《旅行社》（*Travel Agent*）、以及《旅遊業》（*Travel Trade*）等。各主要業者也都極力向團體旅遊的經理人推廣其業務。

　　　c．參與各種旅遊常客計畫　所有主要的汽車出租公司都與各大航空公司及連鎖旅館業者結合成網路，以提供旅遊常客們各種回饋。大部份的業者都擁有自己的「租車常客」計畫。舉例來說，全國租車就推出「翡翠俱樂部」計畫。

5．各種引人事物的業者

　　對從事休閒的旅遊者而言，各種吸引人之事物通常都在引領人們前往該目的地時，扮演著關鍵的角色。例如加拿大多倫多北部的奇幻世界（Wonderland）、美國的大峽谷、洛磯山脈、以及美加交界的尼加拉瓜瀑布。其它還有一些以重大事件為導向、較不具永久性、以及在某些情況下會改變其地點者，例如奧林匹克運動會、泛美運動會、以及世界杯足球賽等。各種私人部門、政府機構、以及非營利性組織都在經營著這些吸引人之事物。他們的規模程度，有大如華德迪士尼企業、以至於小型的地方性博物館。

　　　a．主題樂園的業務蓬勃成長　於 1955 年開幕的迪士尼

樂園，是北美洲第一大主題樂園。自從迪士尼開啓這項概念的先河之後，許多其它的主題樂園也都競相開發，使主題樂園成爲1970及1980年代餐飲旅館與旅遊業成長最快速的部份。在1994年，北美洲前二十五大主題樂園合計遊客人數約爲一億零九百五十萬人次。在這些遊客中，有32%（約三千九百二十萬人）係造訪迪士尼位於加州與佛州的四個主題樂園；參見附錄1-6。

雖然有許多主題樂園都集中在氣候怡人、終年可營運的地區（例如美國的加州與佛州，澳洲的黃金海岸），但仍有許多規模較小、較傾向於區域性導向的樂園不斷開幕。位於北歐地區的歐洲迪士尼樂園就是一個雄心勃勃、打算服務多國市場的例子。除了那些包含各種設施的主題樂園外，還有許多水上活動樂園、家庭休閒中心、以及娛樂／「越野騎馬」的樂園。

6．賭博經營業者

賭博遊樂場所的日漸流行與廣受歡迎，不僅是美國觀光業的一項主要趨勢，全世界亦然。雖然有許多賭博經營業者是附屬在旅館／渡假中心的營業場所及遊輪之內，但全世界、以及美國境內的江輪與印地安區域內，各種獨立賭博場所的數量正在劇增中。

　　　　a．賭博經營業者的數量日漸增加　。美國在短短幾十年間，賭博場所的數量已從只有一州（內華達州）到兩州（內華達州與紐澤西州的亞特蘭大市）的範圍，迅速擴展到目前的好幾州。根據一項資料估計，1993年在十六州都設有賭博場所的情況，到了公元2000年將擴展到三十個州。這種成長似乎可歸因於下列兩項因素：一般民眾對賭博的態度已較爲軟化，以及賭博經營的高利潤與它們對觀光客的吸引力越來越得到認同。在美國一些較貧窮的地區中，賭博業的發展也被用來做爲一種經濟發展的策略。此外，在1980年代末期所通過的「印地安賭博管制法案」，更將印地安區域內經營賭博業的大門敞開，導致許多業者目前都

在該處大肆發展。除了美國之外,在歐洲、加勒比海地區、亞洲、以及澳洲等地的大城市與渡假區域中,都已將賭博經營業納入觀光設施組合的一部份。

b.**賭博場所已向水上發展**　在所有主要的現代化遊輪內,幾乎都已將賭博經營納入其各種娛樂設施組合的一部份。在美國及其它的國家,水上賭博場所也在各主要的內路河流體系內逐漸大行其道。尤其是近年來在密西西比河與俄亥俄河的江輪賭博營業,在美國更是引人側目。

c.**賭博渡假中心的多樣化**　1990 年代極受歡迎的趨勢之一,便是將賭博目的地與賭博渡假中心的經營重新定位,以吸引範圍更廣的各種市場－包括那些已有小孩的家庭在內。這種趨勢在內華達州的拉斯維加斯尤其明顯。當地既有的、以及新設立的渡假中心目前所提供的設施,可算是目的地渡假中心、賭場、以及主題樂園的組合。舉例來說,在 1993 年底新開幕的就有三家「巨型渡假中心」－MGM 大旅館(MGM Grand Hotel),Luxor 的賭博與主題樂園(Casino and Theme Park, Luxor)、以及金銀島(Treasure Island);而且還有其它幾家業者也預定在 1990 年代中期正式開幕,參見圖 10-7。

運輸業者

運輸業者係將顧客們由其所在地運送到目的地。在餐飲旅館與旅遊業,航空運輸業者是極為強勢的力量,而且他們的營運對旅遊中介者及供應者也有重要的影響。

The streets of Rome. The Land of Oz. The Wild West. Ancient Egypt. The future. The past. Whatever your client's wildest dreams, Las Vegas can deliver. New resorts. Entertainment, attractions and activities they've never even imagined. Shopping. Outdoor recreation. An unforgettable wedding. And just minutes away, the beauty of the Grand Canyon and the Great American Desert. Send your clients somewhere completely new. A world of excitement. In one amazing place.

A World Of Excitement. In One Amazing Place.

圖 10-7：拉斯維加斯強調它對於範圍更廣的市場具有吸引力。

1．航空公司

　　航空公司在餐飲旅館與旅遊業扮演著一種關鍵性的角色，這是因為他們的各種行動都會直接對許多旅遊業及供應者組織造成影響。雖然本書將航空公司歸類為運輸業者，但在其它的許多著述中則把他們本身的各種旅遊行程、以及提供與旅遊業中介者極類似的各種服務一併列入考慮，而將他們歸屬於這個行業的其它部份。

　　　a．合併與產業集中化　　在餐飲旅館與旅遊這個五花八門

的領域中，航空業務或許是最易生變的一個部份。根據航空運輸公會的統計，全美國十二大航空公司在 1984 年內的年度總收益就已超過十億美元（美國航空、Braniff 航空、大陸航空、達美航空、東方航空、西北航空、泛美航空、Republic 航空、環球航空、聯合航空、聯美航空、以及西方航空）。自 1985 到 1987 年的這段期間，許多航空業的專家們將其特色稱爲「合併熱潮」。營運極爲成功、而且具有預算概念的 People Express 購併了Frontier 與 Britt 這兩家公司。隨後，該公司又和紐約航空（New York Air）同時被大陸航空（係屬德州航空公司，Texas Air Corp.）所吞併。德州航空後來又採取一項大膽的作法－接收東方航空。其它的主要合併案還包括了：西北航空與 Republic 航空，達美航空與西方航空，美國航空與 AirCal，聯美航空與 Piedmont，環球航空與 Ozark，西南航空與 Transtar，以及阿拉斯加航空與JetAmerica。此外，聯合航空也買下了泛美航空的太平洋航線。自此之後，航空業界的兩大巨擘－東方航空與泛美航空就此消聲匿跡，德州航空公司也成了過往雲煙。

許多航空公司一蹶不振，再加上1980 年代各項併購及合併，導致美國境內主要的航空運輸業者出現重新洗牌的情況；參見附錄 1-7。雖然美國航空（AA）在業界已獨領風騷多年，但這個龍頭寶座近年來受到聯合航空（UA）的挑戰。全美國目前計有六家航空公司係屬於「巨型運輸業者」－美國航空、聯合航空、達美航空（Delta）、西北航空（NW）、大陸航空（Continental）、以及聯美航空（USAir）；他們共同控制了國內航空市場中的絕大部份。這六家航空公司合計起來，在 1992 年大約佔了全美國國內定期班機飛航的總乘客收益哩程數的 85%。姑且不論包括西南航空（Southwest）與美國西方航空（American West）在內的其它各家規模較小的航空公司在最近所表現出來的傑出成績這項事實，這些強勢而規模又較大的航空公司，在影響相關產業的

行銷及業務榮景方面，潛力的確是與日俱增。

圖 10-8：在北美洲已解除管制的
航空業，對來自紐西蘭的航空業
者展臂歡迎。

　　b．**地區性與通勤用途的航空公司數量日增**　1978 年的
航空公司解除管制法案，使美國航空業整個局面出現改變。它對
許多新的運輸業者敞開大門，使他們得以進入這個市場；參見圖
10-8。行業中的競爭變得更加激烈；可供選擇的票價在種類上呈
幾何級數增加，並有許多不同類型的票價折扣可取得。對航空業
者而言，由於有更寬廣的自由空間來選定他們的航線與班機時
刻，使大部份主要的航空公司都採用「中樞與輻射狀」系統，以
追求更高的效率。也就是說，除了老式的各種點對點的航線之外，
由較小型城市中起飛的所有班機也開始向某些規模較大、位處中
心地帶的「中樞」機場進軍。對於數量逐漸增加的各種地區性
與通勤為主的航空公司而言，這無異是一種極為有利的情況；尤
其是對那些與各大公司簽訂合作協議的業者而言，更是獲利良
多。這些小型的航空公司，在這種中樞與輻射狀的系統下，開始
提供各種小型城市間的支線運輸服務，並且為中樞機場帶來更多

供各種小型城市間的支線運輸服務，並且為中樞機場帶來更多的乘客－他們都是來自各主要航空公司並未提供服務的機場。

　　c．飛行常客計畫　　近乎狂熱的各種旅遊常客回饋計畫，是由各航空公司引爆的。第一個計畫係於 1980 年代初期時推出，而到目前為止，這些計畫的會員人數已達數百萬人之多；其中有許多人還擁有一家以上的航空公司之會員資格。在 1993 年針對商務旅客進行的一項調查顯示，有將近 78％的人認為當他們做旅行安排時，各種飛行常客計畫相當重要、或具有某種程度的重要性。由於商務旅客們使用此類計畫的次數過於頻繁，導致浮濫使用已成為許多團體旅遊經理人目前面臨的一項主要問題。航空公司已和許多供應者結合成一種網路，以便對那些經常旅遊者提供各種獎勵。這些計畫通常由某家主要的國內運輸業者，與一家或多家全國性的國內、國際、以及區域性航空公司，以及某家連鎖旅館與某家汽車出租公司共同組成。某些航空公司甚至還嘗試與各信用卡發卡公司、長途電話公司、遊輪公司、以及連鎖旅館／渡假中心（例如假日旅館、Marriott、喜來登等）合作，以進一步延伸獎勵計畫的涵蓋範圍。這種作法可說是行銷合作概念（餐飲旅館與旅遊行銷 8 P 的一項）的傑出實例。

　　d．策略聯盟　　1990 年代已然發展為航空公司行銷合作的紀元，某些業者已經將營運範圍延伸至全世界。我們平常所稱的策略聯盟，通常是指兩家航空公司之間形成特殊、長期性的行銷關係。在這些聯盟中，有些係由某家航空公司對另一家運輸業者投資（例如英國航空投資聯美航空及 Qantas，荷蘭航空投資於西北航空），有些則只是在部份特定城市簽訂密碼共用（code-sharing）協定而已。在 1993 至 1994 年間，美國各航空公司牽扯這種密碼共用協定的業者包括：聯美航空與英國航空，西北航空與荷蘭皇家航空，聯合航空與德國航空（Lufthansa），聯合航空與阿聯航空（Emirates）、達美航空與瑞士航空（Swissair）、
．

達美航空與大西洋維京航空（Virgin Atlantic），以及美國航空與 Qantas 航空等，參見圖 10-9。

圖 10-9：在策略聯盟中，由兩家航空公司結合其力量後形成「強勢團體」。

旅遊業中介者

　　這個行業的各種配銷管道是相當重要的一個議題，我們將在第十三章另做詳細探討。雖然如此，本章仍要對各種主要的旅遊業中介者、以及他們在這個行業的架構內扮演的角色做一簡略的檢視。圖 10-10 所列，是這些組織的八種重要功能。

1.　在旅行者方便的地點，零售供應者與運輸業者的各項服務（**零售旅行社**）。

2.　為各家供應者、運輸業者、以及其它的中介者擴展配銷網路（**所**

有的中介者）。

3. 針對目的地、價格、設施、時刻表、以及服務等，提供特殊化、專業性的建議給旅行者（**零售旅行社、團體旅遊經理人／代理商、獎勵旅遊計畫者、各種會議／集會計畫者**）。

4. 整合協調各種團體旅遊的安排，以使公司企業之旅遊支出效用達到最大（**團體旅遊經理人／代理商**）。

5. 將各個旅遊目的地以及供應者與運輸業者的各種服務結合在一起（**旅遊批發商**）。

6. 爲公司企業與其它團體專門設計各種獎勵旅遊的行程（**獎勵旅遊計畫者**）。

7. 爲各個公會、協會、以及其它組織整合及協調各種會議、聚會、與集會（**各種會議／集會計畫者**）。

8. 經營及導引各種團體旅遊行程（**旅遊行程經營者、以及旅遊行程領隊／導遊服務**）。

圖 10-10：旅遊業的各種功能。

1．零售旅行社

在過去的二十年內，旅行社數量上的成長可以用令人嘆爲觀止來形容。截至 1994 年年底，全美國的旅行社數量已超過三萬三千家，幾乎是 1970 年的五倍。毫無疑問的，這項成長反映出北美洲地區旅遊的全面成長，以及渡假套裝行程與其它各種特定渡假選擇日漸受到歡迎。

旅行社的收入（亦即佣金），幾乎完全倚賴運輸業者、供應者、以及其它中介者。在此同時，其它組織也有許多極度倚賴旅行社的推薦。這種雙向的關係與相互依賴，是餐飲旅館與旅遊行銷最與衆不同的特色之一；而且也爲合作這項概念提供了另一個實例。對大部份的供應者與運輸業者來說，旅行社可視爲一個

主要的目標市場，因此他們每年也都投入鉅額金錢來推廣旅行社的業務。大部份的運輸業者與許多供應者，都與各別的旅行社建立優先供應者的合作關係，以爭取旅行社之預訂業務的大部份。通常，這些合作關係會提供旅行社們較高的佣金抽成。

2・旅遊批發商與經營者

第十二章對於這個行業所發展出來、似乎是無以數計的套裝產品與計畫，有更深入的探討；其中許多是由屬於中介者組合及經營的。批發商與各家供應者及運輸業者洽談、並封鎖其「空間」；他們在所有的組成要素中都加上利潤，然後再決定出一個包含所有項目在內的價格。他們為自己的各種旅遊行程或套裝產品準備相關簡介，並透過旅行社配銷。

從事旅遊行程之組合的業者數以千計，但業務卻只集中在極少數公司身上。這些規模較大的業者，大部份都屬於美國觀光經營者公會的會員。1982 年巴士管制修正法案使巴士業得以解除管制，帶來了由巴士業者提供的無以數計的新旅遊套裝行程；這些業者大部份都屬於美國巴士公會、全國旅遊公會、或美國巴士擁有人聯盟的會員。大部份的供應者與運輸業者都有自己組合的旅遊行程與套裝產品，同時也都參與由旅遊經營者及批發商組合的各種行程與產品。

3・團體旅遊經理人及代理商

公司對於逐漸昇高的旅遊費用，都變得日益敏感。傳統的處理方式允許各別的部門、單位、甚至經理人員自行去預訂他們所需的班機、住房、以及租車。然而，為數日增的組織現在都已體認到這種處理方式缺乏效率，以及合併採購在財務上所能帶來的利益。

團體旅遊，已經成為包括旅館業者、航空公司、汽車出租

公司、以及各種會議／集會目的地與營業場所在內的許多供應者及運輸業者一個主要目標。在例如《團體旅遊》（*Corporate Travel*）及《商務旅遊報導》（*Business Travel News*）之類的特殊期刊中刊登廣告，已相當普遍。許多團體旅遊經理人，也都是屬於全國商務旅行公會的會員。

4・獎勵旅遊計畫者

雖然各種獎勵旅遊的行程通常都充滿休閒性，但是這渡假性質的套裝行程之購買者卻都是公司企業。越來越多的企業都已瞭解利用旅遊來獎勵那些表現傑出的員工、經銷商、以及其他人，在價值上日益重要。正因為如此，使得獎勵旅遊的業務由原本相當微不足道，頓時成長為營業額高達數十億美元的交易。許多連鎖旅館業者、航空公司、渡假中心、政府機構、遊輪公司、以及其它業者都已注意到這種趨勢，並且在組織內部加設獎勵旅遊的專門人員、或成立完整的獎勵旅遊部門。

除了組織內部的獎勵旅遊專門人員外，目前也出現數百家獎勵旅遊的專業規劃公司。在這些業者中，能夠提供全方位服務的行銷公司為數不多；包括卡爾森行銷集團、**Maritz**、以及 **S&H** 激勵公司。這些企業大部份都屬於獎勵主管旅遊管理協會的會員，該協會對於獎勵旅遊所做的定義如下：

> 一種用來達成各種特殊目標的現代化管理工具，是當
> 參與者完成不尋常目標後，提供一趟旅遊做為獎勵的
> 方式。

獎勵旅遊的計畫者都是真正專業化的旅遊經營者，他們直接對贊助的組織提供各種服務；他們在獎勵旅遊套裝行程的各種不同構成部份中加上利潤，做為自己的報酬。這些獎勵旅遊的行程，有相當高的比例是前往美國及加拿大以外的各個景點勝地。至於以遊輪之旅來做為獎勵受歡迎的程度，目前也正在提昇中。

5．各種會議／集會的計畫者

他們有些受雇於各主要的全國性公會、大型的非營利性團體、各種政府機構、教育團體、以及大規模的公司企業；其他人則在專業性的會議管理諮詢公司任職。這些專業人員有許多都屬於各種會議計畫公會的會員；包括國際會議計畫者、美國公會主管協會、以及專業會議管理公會等。

傑出案例

垂直整合：
卡爾森有限公司（Carlson Companies, Inc.）

由 Curtis L. Carlson 在西元 1938 年創立的卡爾森公司，到了 1990 年代初期，已成為全美國規模最大、而且也可能是垂直整合程度最高的一家餐飲旅館與旅遊組織。在 1994 年，該公司旗下的關係企業─全都屬於服務業─包括多家旅館（Radisson 旅館企業、與鄉村旅館），兩家連鎖餐廳（TGI 星期五公司、與鄉村廚房），一家全方位服務的獎勵旅遊行銷組織（卡爾森行銷集團），四家旅行社集團（卡爾森旅遊網路 Carlson Travel Network，其前身為 Ask Mr. Foster Travel Service、P. Lawson Travel、Neiman-Marcus Travel、與卡爾森旅遊 Carlson Tours）。卡爾森旅遊集團也在美國各地經營一個職業性旅遊學院網路。因此，該公司在這個行業中不僅是一家供應者（旅館與餐廳），而且也具有旅遊業中介者的功能（旅行社、獎勵旅遊、旅遊的批發與經營）。

雇用員工數超過十一萬兩千人，整個企業於 1993 年的收益高達美金一百零七億元，卡爾森公司被編制成三個集團─卡爾森行銷集團（包括各種獎勵旅遊的服務），卡爾森餐飲旅館集團（旅館、渡假中心、與餐廳），以及卡爾森旅遊集團（各旅行社、以及旅遊的批發與

經營）。

　　公司對於旗下每一家子公司的長期目標，是要使其成為市場的領導者。它將自己宣傳成是「一羣致力於顧客與市場、以及在實踐其企業使命時力求卓越非凡的公司」。不容置疑地，它的 Radisson 旅館企業以及它快速的國際性成長，已經使公司在住宿業中成為業界的領導者之一。

　　於 1962 年開始營運的 Radisson 旅館企業，到了 1994 年已擁有兩百七十五處營業據點；這項成長最主要發生在 1993 及 1994 年間。該企業在北美洲最大型連鎖旅館業者的排名不斷向前竄升，並且已是「品牌區隔」的領導者之一；目前計有下列各類型的營業場所：

- Radisson Hotels
- Radisson Plaza Hotels
- Radisson Inns
- Radisson Suites
- Radisson Resorts
- Country Hospitality Inns

Radisson 堅信在制定各種行銷決策時，將行銷研究做為一項工具的價值，以及親切友善服務的重要性。在該公司針對經常從事商務旅行的旅客們所進行的原始研究中，顯示這些旅客對於旅館員工在接獲客人要求某項較不平常的服務時所表現出來的典型反應，都深感不悅。藉由媒體廣告為後盾，「我可以做到」的員工訓練計畫也隨之推出。這項計畫在該行業中，可說是涵蓋範圍最廣的一種；並以訓練課程、技巧建立課程、以及每月舉行的小組會議為其特色。該公司很清楚地瞭解到高品質服務的重要性－亦即產品中的人員因素。

　　該公司在北美洲的擴展，也藉由一項積極的加盟計畫而更迅雷風行；國際化的擴張也同時在世界各地展開。

　　由於該公司旗下所屬的企業已跨足餐飲旅館與旅遊業的許多方

面，使得卡爾森已然具備足夠的潛力成為這個行業最具勢力的業者之一。該公司在觀念上已朝更進一步成長、以及擴張市場佔有率的方向來定位。

問題討論：

a. 卡爾森如何利用垂直整合的概念，刺激它在餐飲旅館與旅遊業的成長？

b. 由卡爾森用來提昇勢力與影響力的諸多方法中，其它組織可從中學到什麼？有那些特定的企業應該有能力遵循這些相同的處理方式？

c. 卡爾森如何運用旗下各個子公司，來提昇它在餐飲旅館與旅遊業的市場佔有率（例如住宿業、餐廳／飲食服務業、旅行社、獎勵旅遊、旅遊行程與套裝產品、以及海上巡曳之旅）？

各種會議／集會的業務是一個營業額高達數十億美元的市場，而且也顯現持續的高成長。有鑒於此，它也吸引了來自各種供應者（旅館、渡假中心、遊輪公司、汽車出租公司、聚會與會議中心），運輸業者（航空公司），其它中介者（旅行社），以及目的地行銷組織（各州的觀光局與會議／遊客服務處）高度的關切。例如《會議與集會》（*Meetings & Conventions*）、《成功的會議》（*Successful Meet-ings*）、以及《會議報導》（*Meeting News*）等期刊中，也都充斥著以這些計畫者為目標的各類廣告。

這些會議／集會的計畫者所負責的事情，範圍由高達數千名參與者的國際性大型會議、至只有數十人或更少參與者的小型集會。他們負責選定會議地點、安排住宿與會議／集會的各項設施、委任／贊助各種旅遊行程與計畫，以及確定正式的航空運輸業者等。在這些計畫者中，有相當高的比例也負責安排各種獎勵旅遊的行程。

目的地行銷組織

　　餐飲旅館與旅遊業的成長，吸引了許多政府機構及其它團體開始向休閒或商務旅行者行銷他們自己的景點勝地。在全美國的每一州以及加拿大的每一省，目前都有一個單獨的機構負責這項工作。就全國性的組織而言，例如美國觀光旅遊協會、加拿大觀光局、澳洲觀光委員會、以及英國觀光局等機構，都已在觀光的行銷及發展上投入數百萬美元的費用。有越來越多的城市、地區、以及區域等，都在建立自己的會議／旅客服務局，以處理此類的行銷。

1 · 聯邦與各州的觀光旅遊行銷機構

　　在美國，各州花費在觀光行銷上的費用已大幅增加。於 1993 到 1994 年間，全美國五十州中的四十八州（除了科羅拉多州與密西根州）在這方面的合計支出為美金三億六千四百四十萬元；與 1976 至 1977 年的花費相較之下，這個數字幾乎是六倍。這些金額的絕大部份，都是投入在針對其它各州的個人或團體休閒旅遊者的廣告中；參見圖 10-11。在 1993 到 1994 年間，各州旅遊局在此類預算上的前十名分別如下：

1.	夏威夷州	$31,522,337
2.	伊利諾州	27,474,100
3.	德克薩斯州	20,929,471
4.	麻塞諸塞州	14,665,000
5.	佛羅里達州	14,212,765
6.	賓夕凡尼亞州	13,299,431
7.	南卡羅萊納州	12,993,615
8.	路易斯安納州	12,084,853
9.	阿拉斯加州	10,916,100
10.	維吉尼亞州	10,220,516

圖 10-11：Little Rock 會議與遊客服務局在一個老式的 Volkswagen 廣告中投入經費，以期吸引各種會議與集會的市場。

　　聯邦政府在這方面支出的成長雖較為謹慎，但美國觀光旅遊協會在 1993 年的此類預算，仍攀升至大約一千九百萬美金之鉅。在例如澳洲、英國、以及加拿大等其它國家，投注於這個產業的支出則更為驚人。舉例來說，澳洲觀光委員會在 1993 會計年度內花費的金額就高達澳幣一億零四百九十萬元（約為美金七千萬到七千五百萬元）。

　　除了夏威夷州的觀光旅遊局是由私人營運外，這些機構大部份都屬於政府部門。他們各種行銷計畫的目標，針對包括個別的旅行者、以及旅遊業中介者。他們通常都會與供應者、運輸業者、中介者、以及其它的目的地行銷組織採取共同行銷的作法。其中也有許多會對其它目的地行銷組織推出的行銷計畫提供「投資資金」。

2．會議與旅客服務局

在北美洲中只要居民人口超過五萬人的所有社區，目前幾乎都已設有一個會議／旅客服務局。大約有四百個較大型的此類服務局，都屬於國際會議與旅客服務局公會的會員。根據該公會的調查顯示，它旗下 274 家會員在 1993 年合計總預算金額為美金五億八千五百萬元；或平均而言，每個服務局的金額約為美金兩百二十萬元。這些服務局試圖為他們所在的社區帶來更多的會議、集會、以及休閒旅客。他們代表著當地的許多供應者，而且通常也會獲得當地住宿及餐廳稅收的財務補助。就像許多政府機構一樣，這些服務局將注意力分別放在旅遊業－尤其是各種會議／集會的計畫者與旅遊行程的經營者／批發商－以及個別的旅遊者身上。

產品開發決策

各位現在對於餐飲旅館與旅遊業、以及構成該行業的許多不同組織扮演的多樣化角色，已做了頗為詳細的檢視。你應該也注意到審視這些資料時的五項關鍵要點。行銷經理人必須在這五種趨勢與產業現實環境背景下，制定產品開發組合的決策。

1. 所有的組織都在特定領域內增加營運範圍的廣度（例如住宿業的品牌區隔，航空公司的併購與合併），這已成為一種趨勢。這些活動的專業術語是「**水平整合**」，亦即發展或取得類似的企業。

2. 有為數越來越多的組織朝多元化邁進（例如食品企業，軟性飲料公司，以及其它托辣斯組織）。已置身這個行業的組織，也開始朝向配銷管道的上下遊相關行業拓展（例如航空公司／旅館的合併，旅遊經營者／旅行社的合併）。

這類的組合也就是我們所謂的「**垂直整合**」；卡爾森便是北美洲最佳的實例之一。它旗下的企業包括了 Radisson 旅館企業、卡爾森旅遊網路、P. Lawson 旅遊、TGI 星期五公司、以及卡爾森行銷集團。

3. 餐飲旅館與旅遊業正穩定地推出各種不同的新服務、設施、以及旅遊的選擇。

4. 在這個行業的某些部份中，雖然需求的成長正逐漸減緩，但是仍有許多大有可為的機會等待著各種不同的新服務、設施、以及旅遊服務。

5. 這個行業的競爭已變得日益激烈，迫使所有從業者必須不斷地提昇、或至少維持其服務水準。

產品／服務組合

餐飲旅館與旅遊業的「產品」可說是種類繁多且變化多端。每一個組織都有自己的「**產品／服務組合**」－亦即提供給顧客們的各項服務與產品的搭配。這種組合係由組織中每一項可見的要素構成，包括：

1. 員工的行為、外表、與服裝。
2. 建築物的外觀。
3. 設備。
4. 傢俱與裝潢。
5. 標幟招牌。
6. 與顧客及其它大眾的溝通。

當然，還有許多幕後的設施、設備、以及人員因素，也都不可輕忽。這些要素雖然在外表上不是那麼清晰可見，但卻會直接影響到顧客的滿意度，並且也是產品／服務組合中的一部份；參見圖 10-12。

就技術上來說，這項組合包括了由組織提供的所有服務、設施、包裝與規劃。本書中將後兩項（包裝與規劃）與前兩者加以分離，是因為它們在這個行業扮演獨特的角色。

圖 10-12：Portman 旅館以一種獨具特色的方式，來強調服務的重要性。

1．員工的行為、外表、與服裝

第十一章將針對行銷組合中的人員方面進行深入探討。在此，先讓各位瞭解到員工外表這個實際可見的部份在行銷計畫中必須審慎考慮，也就足夠了。

2．建築物的外觀

許多餐飲旅館與旅遊組織，是在一棟或多棟建築物內對客人提供服務。這些建築物的整體實際狀況與清潔，在顧客對組織的印象以及他們的滿意度方面，都會產生極大的影響。一棟看似老舊不

堪的建築物，是無法與豪華的定位相吻合的。在行銷計畫中應該
要提到組織正視這項問題以及打算如何強化建築物外觀的所有步
驟。

3 ‧ 設備

當顧客們進行評價時，有一部份是根據設備的維護與清潔。航空
公司、遊輪公司、汽車出租公司、巴士、火車、機場巴士／計
程車、以及各種吸引人事物的經營業者，是與這項要素有關的幾
個實例。許多旅館與餐廳也會使用到短程來回巴士的運輸，因此
他們對設備的維護與清潔應多加關切才是。在行銷計畫中，應該
提及對此類設備的改善、以及其它相關改變的時間表。

4 ‧ 傢俱與裝潢

對於建築物與運輸設備內的各種傢俱及裝潢的品質，有許多顧客
相當敏感。有許多業者，便是以傢俱及裝潢的高品質來支持大眾
對他們的高品質印象。在行銷計畫中，應有專門章節來陳述對傢
俱與裝潢所做的改善及改變。

5 ‧ 標幟招牌

這是產品／服務組合經常被忽略的部份。大部份的組織都有各
種不同的標幟招牌，包括廣告牌、方向指引標幟、以及建築物外
部的招牌。顧客們對於破損或維護不佳的招牌，通常會與低品質
及散漫的管理劃上等號。行銷計畫不但要提出具有廣告導向的室
外招牌，而且也不可忽略顧客們使用到的所有標幟。新的標幟招
牌也可用來反映組織採行的新定位方式，或代表公司在設施與設
備上所做的改變或更新；參見圖 10-13。

圖 10-13：最佳西方（Best Western）旅館的新招牌設計，傳達出其營業場所各項標準的重要改變。

6・與顧客及其它大眾的溝通

廣告、個人銷售、銷售推廣、促銷、以及公共關係與宣傳活動等，通常都被認為只是用來影響顧客購買的方法而已。然而，它們在影響顧客對組織的印象方面，卻扮演著更重要的角色。負面的宣傳能使大眾對組織的印象造成損害，而正面的宣傳則可加強這種印象。廣告的品質與規模、以及它所選用的媒體管道，可以帶給顧客們各種與組織之成長有關的心理暗示。推廣時所提供的贈品及獎金，必須與該組織的品質印象相互一致。

對所有產品／服務組合而言，如果的確有某種必要條件存在的話，那必然是：必須前後一致。顧客們會注意到那種不一致性。將所有相關方面都列入考量後，行銷計畫必須確保不同的構

成部份之間存在著連貫性。

產品開發的決策

　　大部份的組織都必須制定產品開發決策：（1）以整個組織為考量，（2）以個別的設施或服務為考量。

1．整個組織的決策

　　a．產品／服務組合的橫寬與縱深　當 Marriott 企業購併 Saga 時，它已將產品／服務組合的橫寬（即由提供的不同服務之數量）做一擴展。就行銷的術語而言，它已增加了一種「產品線」（product line）。當該企業在發展其「Marriott 中庭旅館」時，它也增加了產品／服務組合的縱深（即相關服務之數量）。同樣地，華德迪士尼公司也藉由東京迪士尼世界與歐洲迪士尼樂園的開幕，增加了產品開發上的縱深。當該公司成立迪士尼頻道、並且購併美國廣播公司（ABC）的電視網路之後，則使其產品／服務組合的橫寬得以延伸。

　　假日旅館企業也開發更經濟導向的 Hampton 客棧，這是延伸產品／服務組合之縱深的一種作法。該企業在住宿經營的層面，已由較豪華的 Crowne Plaza 旅館、延伸到更適合一般民眾的 Hampton 客棧。至於加入 Embassy 套房旅館這項選擇，則屬於「充實產品線」的決策。這些全套房式旅館，已將假日旅館企業在產品／服務組合中的縫隙加以填補。Ramada 所開發的文藝復興旅館則是另一個產品線延伸的例子；毫無疑問地，這個旅館在等級上遠高於它的其它營業場所。當泛美航空將其太平洋航線全數讓與聯合航空時，代表著產品／服務組合的一種刪減。

　　b．產品／服務組合的改善或現代化　有時候，公司會決定目前的時機是否該對產品／服務組合的全部或部份做一提昇；通常這都是透過形勢分析或行銷研究所獲得的結論。在這方

；通常這都是透過形勢分析或行銷研究所獲得的結論。在這方面，Ramada 再次成為一個良好的實例。據 1970 年代中期所做的顧客調查顯示，由於它的營業場所維護不佳、以及相當老舊的室內裝潢，使顧客們對其連鎖旅館有著頗為惡劣的印象。除了進行一項徹底的重新定位外，該公司也斥資數百萬美元來將現有的裝潢全部現代化。航空公司更是經常進行修繕；各位應時常見到整個機隊重新噴漆，或改變其內部裝潢、座椅佈置、以及機員制服。

　　c．品牌化　在餐飲旅館與旅遊業中，曾有一段時間對品牌毫不在意；但是，公司的名稱與服務是息息相關的。由於許多公司不斷地擴張產品／服務組合的橫寬與縱深，使品牌化變得日益重要。品牌化可提供下列各種好處：

1. 有助於企業區隔不同市場。
2. 提供企業吸引高忠誠度與高利潤顧客的潛力。
3. 如果他們推出的品牌能夠成功的話，可改善企業形象。
4. 有助於追蹤各種預約、銷售、問題、與投訴。

　　我們已多次提到品牌區隔在住宿業日益普及。這種方式可藉由提供更吻合顧客需求的各種營業場所，而為連鎖旅館業者帶來在特定目標市場中吸引更多客源的機會。本質上而言，可以因為每一種連鎖「品牌」所吸引到的不同客層，而使顧客基礎更為寬廣。

　　大部份的大連鎖住宿業者，目前都使用多品牌策略。雖然這種方式的優點相當顯而易見，但也有不少潛在的缺點。一種品牌可能會與另一個品牌出現**自我相殘**的情況－亦即會從公司的其它品牌中搶走某些顧客。舉例來說，某個城市的 Embassy 套房旅館，可能就會有一些原本打算住假日旅館的客人。最理想的情況是：讓新的品牌去和競爭者的某個品牌廝殺（例如讓 Embassy 套房旅館去搶食另一家全套房式旅館的業務）。

2·個別的設施／服務決策

產品／服務組合決策必須根據個別的旅館、餐廳、旅行社、或
其它餐飲旅館與旅遊通路而制定。這些決策會與提供的各種設施
及服務的品質、範圍、及設計有關。同樣地,在改變這些要素時,
形勢分析與其它的行銷研究調查應可提供相關的誘因。

合夥

近年來,在餐飲旅館與旅遊業,由於越來越多的公司已瞭解到
關係行銷(指和顧客、供應者、以及旅遊業中介者建立、維繫、與強
化各種長期性關係)所能帶來的各種利益,而使許多不同型態的行銷
合作變得更為流行。**合夥**是指由各種餐飲旅館與旅遊組織進行的共同
促銷、以及其它共同的行銷努力。其範圍可由「單次的」(短期性)
共同推廣,以至於各種策略性(長期)的聯合行銷協議;不論是何者,
都會與兩家或多家組織的產品或服務之結合有關。第十五至十八章,
將針對出現在這個行業的共同推廣做一探討。在本章,各位看到的是
較長期性的行銷合作。

在各種長期性行銷合作形式中,有一種已在本章內提及,那就
是:兩家或多家航空公司之間的策略聯盟。諸如此類的合作可提供許
多可能的利益,包括:

1·進入新市場的通路

策略性的合作或許能提供新的地理市場、或是其它新的目標市
場。舉例來說,在西北航空與荷蘭航空之間的策略聯盟,就提供
了這兩家公司得以跨足全球地理市場的通路。在卡爾森旅遊集團
與 Wagonlit 旅遊企業(是 Accor 集團中的一個部門)之間的協
議, 就為卡爾森進軍歐洲與世界其它地區之商務旅遊市場的

就爲卡爾森進軍歐洲與世界其它地區之商務旅遊市場的通路，帶來更高的可能性。

2‧產品／服務組合的擴張

藉由和另一個組織齊心協力，或許在花費較低成本的情況下，就能夠將產品／服務組合加以擴張。例如，卡爾森公司就使用它旗下的「Radisson 旅館」這個品牌名稱，簽訂了一份代表船東營運鑽石遊輪（SSC Diamond）的合約，而得以進入獲利極豐的海上之旅市場。

3‧提昇服務顧客需求的能力

當餐飲旅館與旅遊的組織或景點地區能夠「共用」他們的各種設施與服務時，那在滿足顧客的需求上，或許就能夠更臻完善。譬如，在某些彼此合作的航空公司之間簽訂的「密碼共用」協定，有助於旅客們從事國際性航空旅行時更爲簡單及方便。

4‧行銷預算的增加

當餐飲旅館與旅遊組織同意彼此合作時，對每一家個別的合作者而言，可運用於行銷的預算總金額也會相對增加。中美洲的數個國家與墨西哥的好幾個州，就聯合其力量向旅遊業及顧客們推廣「El Mundo Maya（瑪雅世界）」這個區域。藉由這項共同合作所形成的聯合力量，使六個國家得以產生更可觀的總行銷預算，來促銷歷史上充滿古瑪雅印地安文化的許多區域。同樣地，另外五個國家（奧地利、德國、義大利、斯洛伐尼亞、以及瑞士）也聯合其力量，來促銷他們都共同擁有的阿爾卑斯山區域。

5‧分擔各種設施與設備的成本

與其它組織同心協力的作法，也有助於讓每個合作者都能夠提供

及產生某些實質的設施。舉例來說，位於倫敦的英國旅遊中心，其辦公室的租金由好幾家合作者共同分攤；包括英國觀光局、威爾斯觀光局、英國鐵路局、以及其它組織。類似作法也被北歐的數個國家採用，他們共同出資來負擔位於紐約市的北歐觀光旅遊局的辦公室費用。

6 · 強化形象或定位

與其它組織建立合作關係後，或許還能改善組織的形象、或強化自己的定位。基於聯合行銷協議，華德迪士尼世界將達美航空指定爲它正式的航空公司後，使達美航空在前往佛羅里達州的旅客中獲得一種頗爲有利的競爭地位。

7 · 取得合作者之顧客資料庫

各位應該也瞭解到資料庫行銷的重要性日漸提高。共享合作者所專有的顧客資料庫，或許也是合作所帶來的一種有力優勢。舉例來說，航空公司、信用卡公司、長途電話公司、以及連鎖旅館之間結合而成的各種旅遊常客計畫，就提供了每一家合作者取得擁有高達數百萬筆個別顧客記錄之資料庫。

8 · 進入合作者之專業領域的通路

由於每一家參與合作的組織都擁有其它合作者所冀求的經驗或專業知識，可能會因此而形成一項合作。這些經驗或專業知識，可能已受到顧客們高度的肯定。例如，聯合航空在其班機上，就爲孩子們提供麥當勞的餐飲。麥當勞在調理及包裝兒童餐飲方面，擁有極專業豐富的經驗。這項服務對那些搭乘聯合航空的孩子們極具吸引力，並使該公司有機會一窺麥當勞在速食服務方面的多年經驗。

　　餐飲旅館與旅遊業是一個由彼此相關的各種公司企業、政府機構、以及非營利性組織形成的複雜組合。供應者、運輸業者、旅遊業中介者、以及目的地行銷組織，是四個主要的構成團體。這行業中的每個組織，都擁有獨特的產品／服務組合，並且必須定期地加以提昇、增加、或刪減。此外，也必須針對兩種不同的考量、制定相關的產品／服務組合決策：（１）以整個組織為考量，（２）以個別的設施或服務為考量。

問題複習

1. 餐飲旅館與旅遊業的四個主要組織團體分別為何？
2. 這些團體在餐飲旅館與旅遊業所扮演的主要角色分別為何？
3. 這四種餐飲旅館與旅遊的組織團體，目前主要的趨勢分別有哪些？
4. 本書中對於「產品／服務組合」所做的定義為何？
5. 產品／服務組合的六種構成部份分別為何？每個構成部份中又包括些什麼？
6. 產品開發的步驟有哪些？
7. 「合夥」這個術語的含意為何？
8. 行銷合作對餐飲旅館與旅遊組織帶來哪些潛在的利益？

本章研究課題

1. 你受雇於某家旅館、航空公司、遊輪公司、或旅遊業組織，該公司對於拓展國內與國際業務興致勃勃。你被賦予一項工作：對於達成這些成長目標所使用的各種行銷合作方案，分析其利益與可能的缺點。對於這些可能的合作案，有哪些優點與缺點你將提供給組織的資深主管？請引用這個行業中成功與失敗的行銷合作實際案例，來印証你的結論。

2. 選擇餐飲旅館與旅遊業中的某個特定部份。你所選定的這個產業團體，其結構在過去十年內出現何種改變？有哪些組織在產品／服務組合上，做出最重大的改變或改善？由提供的服務品質這個角度來看，哪一家公司可算是該團體的領導者？該公司在獲得這項殊榮時，所遵循的是哪一種方法？

3. 本章中已對餐飲旅館與旅遊業的四個不同部份做一確認（供應者，運輸業者，旅遊業中介者，以及目的地行銷組織）。請寫出一份報告，詳述每一個部份與其它部份之間的關連性。職司餐飲旅館與旅遊行銷的人員在開發方面不能落伍的重要性為何？

4. 某家小型的餐飲旅館與旅遊企業老闆，請你幫助他對該公司的各種設施與服務做一檢視。他們對於找出各種方法改善、甚或增加既有設施與服務，抱著相當高的興趣。請擬出一份企劃案，把你檢視時將採用的步驟做一概述。請明確敘述你在評估各項設施及服務水準時可能使用的技巧或方法。

第十一章

人員：服務與服務品質

研讀本章後，你應能夠：

1. 說明人員在行銷組合中扮演的關鍵角色。

2. 確認與餐飲旅館及旅遊行銷有關的兩類人員，並說明兩者間如何相互影響。

3. 敘述全面品質管理（TQM）這項概念與主要原則。

4. 說明員工的選用、指導、訓練、以及各種激勵計畫，對於傳遞服務品質的重要性。

5. 敘述員工賦權這項概念對顧客滿意度的重要性。

6. 說明服務品質模式（SERVQUAL）的五個面向，以及如何用來測定服務品質。

7. 說明關係行銷這項概念對於餐飲旅館與旅遊業為何如此重要。

8. 敘述顧客組合，並說明各組織為何必須加以管理。

概論

　　「人員」是餐飲旅館與旅遊行銷 8 P 的其中之一。本章強調人員在產生高滿意度的顧客上扮演的關鍵角色。在敘述「全面品質管理」（TQM）這項概念的內容中，也將對客戶－員工關係做一探討，並介紹改善服務品質水準的各種方法，以及建立顧客導向與各種客戶關係的技巧；此外，測定服務品質的方法亦在審視之列。本章並檢視「關係行銷」這項概念－即組織如何與個別的顧客們建立與維繫長期的關係。最後則對顧客組合做一檢視，以及這種組合如何影響組織的形象、及顧客獲得的服務品質經驗。

關鍵概念及專業術語

顧客組合（Customer Mix）
賦權（Empowerment）
外部顧客（External Customers）
內部顧客（Internal Customers）
成敗的關鍵（Moments of Truth）
人員（People）

關係行銷（Relationship Marketing）
服務遭遇（Service Encounter）
服務品質模式（SERVQUAL）
全面品質管理（TQM；Total Quality
　　Management）
口碑「廣告」（Word-of-Mouth
　　「Advertising」）

餐飲旅館與旅遊行銷中的人員

　　餐飲旅館與旅遊業有些什麼事物讓你感到青睞？又是哪些因素讓你對這個領域情有獨鍾？有些人或許會說「有機會經常旅遊」或「在讓人心曠神怡的場所工作」；此外，是否因為你喜歡與其他人一起工

作呢？有許多人所以會被這個行業吸引，是因爲能見到並爲各式各樣的人們提供服務；有時候這些人來自不同的國家及具有不同的文化背景。

在餐飲旅館與旅遊行銷中，共有兩種人員－客人（顧客）與服務人員（在餐飲旅館與旅遊組織工作的人員）。在我們的行業中，經營這項「客人－服務人員的關係」是主要功能之一；事實上，某些人認爲這是最重要的功能。本章主要焦點置於服務人員、以及他們提供的服務品質上。除此之外，還涉獵下列內容：如何經營與個別客人間的長期關係（關係行銷），以及客人們如何彼此互動（顧客組合）的重要性。

人員與服務業行銷

在第二章，已探討對服務業行銷及製造業行銷之間的各種一般性與結構性差異。該章強調提供標準化服務的高度困難性，以及服務品質與服務人員的關聯性。要帶給顧客一種「完美無瑕」的經驗，對服務業而言可說是難上加難；此乃服務交易中牽扯到人的因素。服務無法像產品一樣，可在某個工廠的生產線上進行大量生產；一次只能提供給一位顧客。服務會牽扯到人際間的交互作用，包括員工與顧客之間、以及顧客與其他顧客之間的相互影響。

如果說人員是造成服務業行銷中主要差異的一項因素，這與實際的情況相較，或許還只是一種頗爲保守的說法。服務業行銷事實上就是以人員爲主。服務業行銷的成功必須「一次只對一位顧客」來進行測定。雖然在本書後述的內容中，會提到更多有關傳播與促銷的概念；但是，餐飲旅館與旅遊組織的成功與生存，真正的根基還是在於雇用的人員、以及他們所服務的人們。組織如何選擇與對待這兩群人，對它最終的行銷成效，影響可能也是最大的。

服務品質的重要性

　　第一線的服務人員，在這個行業扮演著舉足輕重的角色；他們可以建立、或破壞一位客人的經驗。即使只是一種極爲平常的場合，卻也能因爲超乎一般的殷勤與關注，而變得格外特別。反言之，縱然是優越出眾的環境與設施，也會因爲拙劣、不友善、或不親切的服務而盡遭破壞。在餐飲旅館與旅遊的行銷中，人員－亦即服務的提供者－扮演中樞角色。沒有任何巧妙的廣告與投人所好的促銷活動，能夠彌補拙劣服務的不足。餐飲旅館與旅遊組織必須做好下列兩件事情，才能讓顧客們感到滿意：（1）提供良好的產品（例如餐飲、客房、飛機座椅、套裝假期、出租汽車等），及（2）提供良好的服務。在餐飲旅館與旅遊「產品」中的人員這個面向，雖然不易控制及標準化，但至少不可掉以輕心。大部份的行銷學著作，都忽略這項人員要素；但本書可不！

　　餐飲旅館與旅遊業所提供的，雖然牽扯到許多實際的設施與設備，但大部份的專家們堅信：導致失敗或得以成功的主要關鍵，在於提供的服務水準。而這正是行銷組合中的「**人員**」這項要素。傳統的觀念中，將行銷與人力資源管理區分爲兩種截然不同的管理功能。然而，這兩項功能在服務業卻有極密切的關聯性。那些擁有優秀人力資源、政策、以及策略的組織們，通常也都最爲成功。例如華德迪士尼公司、麥當勞、麗芝－卡爾登旅館企業、以及四季旅館等組織，都很清楚正面的服務經驗所能帶來的豐碩利益。多年前這些企業就已瞭解到：只有滿意的顧客才會再度光臨，而且正面的口碑「廣告」乃是吸引新顧客最有力的力量。

　　在這個行業中，如果有某種全球通行的事實，那必然是：沒有任何事物可以彌補拙劣的服務。絕佳的食物、裝潢精美的客房、或準

確的抵達時間，都不足以彌補不友善或不適當的員工服務所帶來的負面影響。根據 Horst Schulze 所言，他是麗芝－卡爾登旅館企業的總裁與執行長：「服務唯有靠人員才得以實現。一家旅館在裝潢上可以美侖美奐到令人摒息，在食物上也可以做到使人難以忘懷；但是，一位拙劣的員工卻能夠很快地毀掉這些經驗。」這行業中的許多業者，並未完全瞭解實際產品的品質（例如旅館、餐廳、飛機、船舶、巴士、菜色等）與服務品質之間所存在的那種牽連。顧客是以他們對這兩種要素的混合評價為基礎，來做出他們的整體評估。

在《美國服務業！在新經濟中發展業務》(*Service America！Doing Business in the New Economy*)之類的著作中，提到服務業正存在著某種危機。拙劣或冷漠的服務已是司空見慣，情況遠比我們預期的還要嚴重。在這種二流服務的年代裡，那些在員工雇用、指導、訓練、賦權、以及讓所有員工保持服務導向方面，投入的關注能夠超乎一般水準以上的業者，必然會擁有顯著的行銷優勢。

根據 Berry 與 Parasuraman 的說法，服務業行銷的精髓在於服務，以及服務品質是服務業行銷的基礎。因此，餐飲旅館與旅遊業者必須關注服務品質，而且還要確保組織在經營提供給顧客的服務品質上，有某種適當的進步。

全面品質管理（TQM）

全面品質管理－有時候也稱做 TQM－是 1980 年代獲得廣泛認同的品質管理概念。全面品質管理這項概念的推動力，主要歸功於多家日本製造公司，以及包括 W. Edward Deming、Joseph M. Juran、與 Philip Crosby 在內的多位品管專家。一項全面品質管理的計畫，在設計上是為了減少組織的「缺點」、判定顧客的基本需求、以及滿足這些基本需求。全面品質管理的五項主要原則為：

1‧對品質做出承諾

對於制定一項全面品質管理計畫的任何組織而言，必須做出以品質爲最高優先順位的承諾。組織的資深主管必須積極地支持、並且領導全面品質管理的程序。

2‧將焦點置於顧客的滿意度

所有採行全面品質管理的組織都已承認顧客對於品質相當在意，而且也竭盡全力找出顧客所希望的服務品質水準。當他們判定出顧客期望的服務品質水準後，便會盡其所能地達到或超越這些水準。

3‧組織文化的評定

組織必須對它現存的組織「文化」與各項全面品質管理原則之間的一致性進行檢視。通常藉著選定一群由高級主管與員工組成的團隊，並在數個月的期間內，執行這項評定。

4‧員工及團隊的賦權

組織雖然是由最高層主管來領導，但唯有透過「賦權」給所有員工來使每位個別顧客都感到滿意，才能使全面品質管理計畫獲致真正的成功。

5‧測定各項品質努力的結果

實施全面品質管理的組織，必須要有能力對它爲品質改進所做的各項努力之結果進行測定。也就是說，要能測定顧客的滿意度、員工的績效、組織之供應者的反應，以及其它各項與服務品質有關的指標。

各位在下文中將可看到麗芝－卡爾登旅館企業如何將全面

品質管理的概念應用於旅館營運上。這個實例說明了全面品質管理的五項主要原則如何能用於餐飲旅館與旅遊的組織中。

傑出案例

強化服務品質：
麗芝－卡爾登旅館企業
（Ritz-Carlton Hotel Company）

1992 年，麗芝－卡爾登旅館企業做到了一件美國連鎖旅館業者們前所未見的事情：它榮獲備受業界欽羨的 Malcolm Baldrige 全國品質獎（Malcolm Baldrige National Quality Award）。該獎項係以前任商業部長－Malcolm Baldrige－的名字來命名，於 1987 年由美國國會所創設，用以表彰那些使用各種品質改善計畫、而在產品或服務上獲致傑出成就的企業。總公司位於亞特蘭大的麗芝－卡爾登旅館企業，在為期僅有十年的經營之後，即獲得這項備受羨慕的榮譽。當 W.B.強生企業買下波士頓麗芝－卡爾登旅館後，即取得了使用這個知名旅館名稱的權利。到西元 1994 年，在美國、澳洲、墨西哥、西班牙、以及香港等地，已擁有三十家連鎖旅館。

麗芝－卡爾登採用全面品質管理中的多項原則。該企業在 1989 年，就已致力於爭取 Baldrige 獎。在 1983 年開始營運之初，就以自我標榜的「與生俱來」對高品質服務的堅持，而表現出對服務品質的高度重視。該公司在開始營運時，就秉持著兩項基本的品質策略：（1）對每一家新成立的麗芝－卡爾登旅館，採取「倒數七天」的策略，以及（2）「黃金標準」（Gold Standards）。在開幕之前的「倒數七天計時」策略中，由公司最資深的主管人員（連總裁也不例外）對每一家新旅館的所有員工，實施為期七天的密集指導與訓練。

在麗芝－卡爾登的品質訓練與保証計畫中的第二項重要策略，便是該公司的「黃金標準」。這項黃金標準的四個構成要素分別是：

（1）信條，（2）服務的三個階段，（3）麗芝－卡爾登的各項準則，以及（4）「由淑女與紳士來服務淑女及紳士」的座右銘。

信條：麗芝－卡爾登旅館是一個以付出真誠關心、讓客人們感到舒適為最高指導原則的營業場所。我們誓言要提供最優秀的服務與精良的設施，讓我們的客人永遠都能夠沉浸在一種溫暖、放鬆、而又精緻的境界中。麗芝－卡爾登的經驗可以使各種感覺生趣盎然，並注入寧靜詳和，甚至讓我們的客人各種期待之外的希望與需求都得以實現。

服務的三個階段：第一，溫馨與誠摯的寒喧。在任何可能的情況下，都應使用客人的姓名來稱呼。第二，對客人的各種需求預先設想、並加以配合。第三，親切的告別。給客人們一種溫煦的道別，在任何可能的情況下，都應使用客人的姓名來稱呼。

麗芝－卡爾登的各項準則：

1. 所有的員工必須對信條瞭解、認知、並灌入活力。

2. 我們的座右銘是：「我們都是淑女與紳士，並為淑女及紳士提供服務。」我們力行團隊合作與「兄妹般的服務」，以營造一種愉悅正面的工作環境。

3. 所有的員工都必須對服務的三個階段身體力行。

4. 所有的員工都必須成功地獲得訓練証明，以確保他們都瞭解如何在自己的崗位上執行麗芝－卡爾登的各項標準。

5. 每一位員工都必須瞭解在每項策略性計畫中，自己的工作領域及旅館的各項目標。

6. 員工都必須對他們的內部顧客與外部顧客（客人與其它員工）的各種需求瞭如指掌，唯有如此，才能夠提供對方所期待的各種產品與服務。應該要善用「客人偏好便箋」，將對方的特定需求記錄下來。

7. 員工都應該不斷地去察覺整間旅館內外的各種瑕疵。

8. 任何一位接到顧客抱怨的員工，都應該「承認」這項投訴。

9. 所有的員工都應確保能做到立刻安撫客戶。迅速做出回應、並立即將該項問題修正。並於二十分鐘後再以另一通電話進行追蹤，以確認該項問題已在顧客感到滿意的情況下獲得解決。竭盡你所能做到的一切事情，而不使任何一位客人流失。

10. 利用「客人偶發行為表格」來記錄、並傳達客人感到不滿意的每一項偶發事件。每一位員工都被賦權去解決該項問題，並避免同樣問題再次發生。

11. 在清潔程度上不容有絲毫的折扣，是所有員工應盡的責任。

12. 「面帶微笑－我們正置身於舞台上」。和客人的目光接觸時，永遠要保持堅定的眼神；與客人交談時，也應使用適當的字眼。（使用例如「早安」、「沒問題」、「我很樂意這麼做」、「這是我的榮幸」等用詞）。

13. 不論在工作場所內或外，都應扮演旅館的親善大使。與人交談時永遠都應以正面的態度回應，不該做出負面的議論。

14. 指引客人前往旅館的另一處區域時，應該陪著客人一同前往，而非只是告知路線方向。

15. 在回答客人的詢問時，應對旅館的各項資訊（例如營業時間等）瞭如指掌。在告訴客人們旅館之外的各項設施時，永遠都應先向客人推薦旅館內的各種零售、餐飲、以及飲料等服務通路。

16. 使用適切的電話禮貌。電話鈴響三聲內就應接聽、並以「微笑」回答。在必要時，應先徵詢來話者「是否可請您稍待一會兒？」。切記不可篩選電話。儘可能減少電話的轉接次數。

17. 制服必須乾淨清潔。穿上適當及安全的鞋子（必須乾淨明亮）、並配戴標有正確姓名的識別証。應保持自信的神態、

並注意你個人的外表（這方面必須與所有的修飾標準完全吻合）。

18. 確定所有的員工在遇到各種緊急狀況時都知道他們該扮演的角色，而且對火災與逃生的反應處理過程都相當清楚。

19. 當你面臨到各種危險、傷害、或需要協助時，應立即通知你的主管。熟悉各種節約能源的方式，以及旅館設備與財產的正確維修方法。

20. 保護麗芝─卡爾登旅館的資產，乃是每一位員工應盡的責任。

以下謹對麗芝─卡爾登各項準則中使用到的某些名詞與術語做一說明，這將有助於強調該公司對於高品質服務所投入超乎平常之關切。「Mr. BIV」係由錯誤（Mistakes）、修改（Rework）、故障（Breakdowns）、無效率（Inefficiencies）、與差異（Variations）所構成的一個頭字語；該公司將其轉變成一種看起來生氣蓬勃而又略帶詼諧的特色。該公司的所有員工都被提醒要不斷地去注意、並呈報在這些領域中所發現的任何瑕疵。而「兄妹般的服務」這項概念，意味著所有的員工都受到鼓勵去幫助同僚們─即使大家在不同部門工作；唯有如此，才能夠提供更高品質的顧客服務。

在麗芝─卡爾登的準則中，其它各種重要的名言還包括「在第一次執行的時候就應該正確無誤」、以及「對客人立即安撫」。這兩項彼此關連的觀念，牽扯到所有的員工要能對旅館營運中的任何瑕疵加以確認，並且盡其所能地讓遭遇困難或產生抱怨的客人們得到滿意的處理。麗芝─卡爾登將旅館內的工作區分為七百二十項，以使每天的品質管理報告能夠順利完成。所有的員工都必須完成這些報告，將可能會對服務品質及顧客滿意度造成負面影響的各種瑕疵或問題標示出來。所有的員工在接獲客人的抱怨後，也必須在十分鐘之內做出回應；並在二十分鐘之內再以另一通電話進行追蹤，以確認該項問題

已在顧客感到滿意的情況下獲得解決。每位員工都被允許－或「賦權」
－在花費不超過美金兩千元的額度內，使一位不滿意的客人變為心滿
意足。

　　不論你由任何一個角度來測定，由於麗芝－卡爾登採用的與眾
不同之處理方式，使得它在服務品質方面都是一個成功的範例。自從
該公司在 1992 年榮獲 Malcolm Baldrige 獎後，來自其它企業希望能
分享「成功秘訣」的要求，就如潮水般地不斷湧進。在這方面，就像
它對本身所有客人所提供的服務一般，該公司也愉悅而毫不吝嗇地回
應。

　　問題討論：

a.　麗芝－卡爾登企業如何將全面品質管理的五項主要原則應用
　　在它的營運上？

b.　由麗芝－卡爾登企業的作法中，其它餐飲旅館與旅遊組織可
　　學到些什麼？

c.　在麗芝－卡爾登旅館企業中，員工賦權對於產生高品質服務
　　的重要性有多高？

員工：管理內部顧客以追求服務品質

　　希望能改善服務品質的餐飲旅館與旅遊組織，其主要焦點必定
置於員工身上。組織必須依據特有的文化、定位、以及營運類型，來
發展一套選用、指導、訓練、激勵、獎賞、留任、以及賦權的人力資
源管理計畫。組織也必須堅定地要求所有員工固守與行為及個人修飾
有關的各項政策。

員工的選用、指導、與訓練

　　餐飲旅館與旅遊組織的所有員工，對服務的品質都可貢獻一己之力。因此，組織如果想要維持或改善服務品質的話，則達成這項高品質服務的起步點就在於雇用新進員工之際。能夠有成就的服務組織，都已承認雇用具有下列各項特質之人員的必要性：

1.　良好的人際溝通技巧。
2.　行為的適應彈性。
3.　同理心。

　　另一項產業資料則提到：「第一流的」服務員工擁有各種絕佳的客戶連繫技巧；這是由禮貌、溝通、對客人需求的回應、良好的判斷力、以及團隊合作所構成的一種組合。雖然我們可以要求所有新進員工填寫各種個性分析的表格，但仍有許多更先進的方法可提供更高的準確性。我們可藉由輔助視訊的方式，要求所有應徵者仔細觀看各種充滿問題的服務狀況之後，再對他們將採取的回應做一陳述。

　　不論他們選用何種方式，那些成功的服務企業必定會「不遺餘力」地召募最佳人選。舉例來說，麗芝－卡爾登旅館企業就花費了四年的時間、來發展出雇用新進員工時使用的「目標化遴選程序」。這項過程包括發展該企業每一職位所需具備的個性要求，其中有一部份是以麗芝－卡爾登每個職位中現有的最佳人員所表現出來的特性做為基礎。當然，這些特性包括禮貌、友善的個性與正面的態度、以及一種全心投入工作與認同工作環境的感覺。發展過程產生了許多以文字記載、於新進人員面談甄試時使用的面試準則。每一位應徵者都要由三個不同管理階層的人員進行面試。在每一處新成立的旅館中，所有接受面試的應徵者被錄用的機會還不到十分之一。

　　某些人在言行上，天生就具有一種服務導向；但仍需透過良好的指導與訓練計畫，使其更為精練。在那些對新進員工施以高度指導

及訓練的企業中，華德迪士尼世界便是其中之一；所有的新進人員都必須參加一項爲期一天、在迪士尼大學進行的「傳統」課程。這項計劃將迪士尼的各項經營與客戶服務哲學，傳達給所有新進員工。而麗芝－卡爾登旅館雇用的新進人員，則需接受一項爲期兩天的指導，以瞭解該公司的各項經營哲學與品質標準。更重要的是：在每家新開幕的旅館中，這項歷時兩天的指導過程是由該公司的總裁及營運主管親自主持。當某個組織要將服務品質的文化傳達給所有新進員工時，這些指導計劃是一項關鍵步驟。

在培養具有服務導向的員工時，訓練是繼選用與指導之後的第三項重要基礎。大部份的專家都同意：能夠進行一項受到監督、爲期數天或數週的在職訓練，乃是最佳的安排。然而，這並不是指那種將新進員工丟到全然陌生的環境中、讓他們自己去摸索學習的「任其自生自滅」的訓練。在麗芝－卡爾登旅館中，每位員工都必須接受至少 126 小時、針對該公司的各項品質標準所進行的訓練。

激勵與留住員工

保有高度驅動力、以服務爲導向的員工，則是業者面臨的第二項重大挑戰。下列幾種方法在許多公司似乎都發揮了不錯的成效，包括：

1. **與所有員工維持一種定期的溝通** 舉例來說，各大公司大多會發行一份內部的通訊報導。

2. **經常讚揚或獎勵員工** 主事者必須讓員工們感到自己很重要。大部份的公司都會採行「當月表現傑出員工」的獎勵活動。

3. **爲員工設定各種明確的目標與績效標準。**

4. **確保仍有各種晉昇的機會** 許多成功的企業都有各種「內部晉昇」政策，以及明確而計劃週詳的升遷管道。

5. 運用那些眞誠、開明、以及願意聆聽員工心聲的管理與監督人員。

6. 針對典型的顧客對組織的期望，向所有服務客戶的員工提供一項正確的敘述。

　　所有的組織都必須將員工視爲「**內部顧客**」，而將所有的客人視爲「**外部顧客**」。

賦權員工來使顧客感到滿意

　　對餐飲旅館與旅行業組織來說，一位不滿意的客人究竟有多大的價值呢？「難以言喻」或許是這個問題的最佳答案。不滿意的顧客通常也是不會再光臨的顧客，而且他們還會透過「口耳相傳」的方式，將自己這些負面的經驗告訴親朋好友。因此，如何使這些可能不滿意的客人們轉變爲心滿意足的客戶，乃是所有餐飲旅館與旅遊組織面對的一項重大挑戰。賦權所有員工可以「竭盡一切所能」來使客戶感到滿意，已被公認爲最有力的工具之一。「**賦權**」是指賦予所有員工在必要時有權「當場」確認及解決客人的問題與投訴，並且在工作過程中進行改善。你由各種服務組織的員工口中，曾聽過多少次例如「很抱歉，這不是我的工作」，「很抱歉，這是公司的政策」，或「很抱歉，我們都是以這種方式來處理」之類的回答？在一個能夠有效賦權給所有員工的服務企業中，你將不會聽到諸如此類的藉口。

　　「員工賦權」代表著不再將決定的權力集中於某些人身上，並且藉由讓那些第一線服務員工們擁有更大的權力，而使組織結構圖「扁平化」。賦權意味著經理人員必須對部屬更信任、並尊重他們所做的判斷。在本章前述的「傑出案例」中，各位已看到麗芝－卡爾登企業賦權所有的員工可以在花費不超過美金兩仟元的額度內，來使一位不滿意的客人變爲愉悅滿意。由於所有的員工都被賦予更大的權力來

使顧客感到滿意，相對地，他們也會被要求對客人的問題或抱怨視為「自己的責任」。這代表著當一位客人向某個員工述說遭遇到的某種問題時，這個員工就必須「處理」這項問題、並採取行動讓這位顧客感到滿意－即使這項問題發生在其它部門或單位中。

員工的言行、外表、與制服

對這個行業中例如華德迪士尼公司與麥當勞等領導者，你是否能回想起他們的員工所具有的任何一種特色？如果你提到的是員工、態度、言行、外表、及制服等，那就沒錯了。這些企業之所以能夠在諸多業者中獨佔鰲頭，乃是因為他們在「人員」上投入的時間與努力造成的。迪士尼甚至還有一項眾所週知的「迪士尼形象」（The Disney Look）的概念；此概念編寫在一份特別的簡介中，供所有新進員工研讀；參見圖 11-1。以下這段話係摘自該簡介，強調迪士尼的人員對其主題樂園具有的重要性：

> 迪士尼形象對於在迪士尼樂園、以及華德迪士尼世界渡假中心的整體展現而言，有其不可輕忽的重要性。我們所有的成員們所穿著的主題服飾及外表，已為我們贏得全世界人們的稱讚與認同。

以下的兩段話，則出自這兩家業界巨擘的已故創始者口中。每段話都扼要地歸結出他們認為人員有不容忽視的重要性。

> 我用來與競爭者對抗的方法，乃是那種正面的處理方式。強調出你的各項長處，將重點置於品質、服務、清潔、與價值（亦即 QSCV）；如此一來，當競爭者試圖與你並駕齊驅之際，它自己必定就會精疲力竭。（麥當勞企業已故的 Ray Kroc）。
>
> 你可以夢想、創造、設計、以及建立一個全世界最令人嘆為觀止的地方……但唯有藉由人員才能讓這個夢想成真。（已故的華德.迪士尼）。

圖 11-1：迪士尼形象。

　　在此類企業中，是不可能容許髒污的制服、怪異的髮型、或「隨興的」穿著。他們有各種服裝的規定，言行的準則，有時甚至會有一種每個人都瞭解並使用的獨特用語。這類公司都相當清楚：他們的人員可以大爲增強顧客們的印象。

　　至於那些在幕後工作的經理人員與其它員工，又如何呢？那些碗盤清洗人員、廚師、技師、清潔人員、會計人員、以及其它「後勤部門」的人員們，是否因爲客人們並不會直接看到他們，而就不屬於這項「產品」的一部份呢？我們的答案是：所有的經理人員、以及非

第一線的員工，毫無疑問地仍是這個服務品質團隊中的成員。那些在第一線直接服務顧客的員工，深深倚賴這些人員的配合。有效率的經理人員絕不會將他大部份的時間都耗費在辦公室。他們深知自己融入這個服務品質團隊的必要性－與顧客們會面、寒喧、並確保顧客能獲得他們期望及想要的。

許多行銷計畫都未曾提及各種員工與管理方面的方案，只將重心完全置於各種促銷、價格訂定、以及配銷活動上。某種「視為理所當然」的態度，似乎已凌駕有關於員工們應如何執行上。這是一項極為嚴重的錯誤，因為忽視了人員對組織的銷售與利潤所能帶來的強而有力之正面（或負面）影響。行銷計畫至少應詳述下列各項：

1. 員工制服的改善與改變。
2. 員工與管理人員的表揚方案。
3. 員工與管理人員的激勵與獎勵方案。
4. 銷售與客戶關係的訓練計劃。
5. 針對行銷計劃中的各項目標與活動而發的指導計畫。
6. 針對行銷過程與結果而發的溝通機制。

所有的餐飲旅館與旅遊組織，都必須對「他們的」人員品質加以關切。這可說是一項格外困難的挑戰，因為各個目的地行銷組織（DMOs）本身所雇用的人員，在數量上都相當有限；必須倚賴目的地許多其它組織們（例如旅館與渡假中心、餐廳、旅遊景點勝地）的員工提供的高品質服務。有些目的地行銷組織就為他們的會員與其它地方性組織，發展各種禮儀與服務的訓練計畫。而其它一些目的地行銷組織－例如舊今山會議與旅客服務局，則深信對那些為置身之社區的遊客們提供觀光旅遊服務的員工加以表揚，是有必要的；參見圖11-2。

Presenting 600 of the most memorable sights in the world's top travel destination.

圖 11-2：舊金山會議與旅客服務局讚揚該市所有觀光旅遊從業人員付出的努力。

服務品質的測定

　　高品質服務對於客人之正面經驗具有的重要性，長久以來已獲得認同，而且發展出許多專為改善服務品質的方法。在 1980 年代中期，以 Parasuraman、Zeithaml、以及 Berry 等人進行的研究為基礎，發展出「服務品質模式」（SERVQUAL）。這三位作者將服務品質定義為：顧客們對於提供某項服務的特定公司之績效與同行業中提供該項服務的所有公司之普遍期望相較後所獲得的一種認知。

「服務品質模式」，使用下列五種個別的「面向」來對顧客的期望與認知進行測定：

1. **有形資產**：係指餐飲旅館與旅遊組織的各種實質設施、設備、以及員工的外觀。

2. **可靠性**：指餐飲旅館與旅遊組織以可信任及精確方式來完成服務的能力。

3. **回應性**：指員工在幫助顧客與提供迅速服務方面的意願。

4. **確定性**：指員工的知識與禮儀，以及他們在傳達信任與信心方面的能力。

5. **同理心**：指餐飲旅館與旅遊組織提供給顧客個別關注的程度。

在原始的服務品質模式中，這三位作者尚提出其它七項要素（才幹、親切、禮儀、溝通、信用、確實、以及體貼／機伶）。而在新的模式中，這七項要素分別包含在「確定性」與「同理心」這兩個項目內。根據兩項不同的研究調查顯示，顧客們對於服務品質的期望，在排名上係以「可靠性」為最重要項目，次依序為「確定性」、「有形資產」、「回應性」、以及「同理心」。

以「服務品質模式」來測定服務品質，是藉著使用一份通常係由顧客們自己填寫的問卷調查表來進行（亦即店內調查）。該份問卷調查表包含二十二項陳述，反映出服務的五個面向。顧客們使用七個尺度、其中之一為「強烈不滿」的測定表，分別就他們的期望與認知，來對這二十二項陳述進行評等。舉例來說，在「有形資產」這個面向中，與期望有關的陳述之一是「他們的員工應穿著正式而且一塵不染的服裝」，而相對應的陳述是「ABC 這家組織的員工們在服裝上相當正式、並且看起來一塵不染」。在這五種服務面向中，每一個面向下的所有陳述所獲得的分數都加以平均；然後再把認知的平均分數減掉期望的平均分數，計算出「認知的品質分數」。簡單來說，這也代

表著「認知的服務品質」，即某個特定的餐飲旅館與旅遊組織所提供的服務品質、顧客們期望由類似的餐飲旅館與旅遊組織中所接受到的服務品質之間存在的差異（**認知－期望＝品質**）。

另一種用來調查服務品質的方法，是確認顧客與服務提供者之間、以及服務的遭遇中所出現的各種有利與不利的偶發事件。「**服務遭遇**」指顧客直接與某項服務產生互動的那段期間。Bitner、Booms、與 Tetreault 將「重要偶發事件法」使用於航空公司、旅館、以及餐廳的顧客中，確認出十二種有利及不利的服務遭遇之偶發事件。這些事件區分為三大類：（1）員工對於服務缺失的回應－即員工們如何回應顧客的各種抱怨與失望，（2）員工對於顧客各項需求與要求的回應，以及（3）不夠及時與不夠誠懇的員工行為。第一類包括對於無法提供之各項服務的回應，不合理的遲緩服務，以及其它主要的服務缺失。顧客的需求與要求則進一步細分為「特殊需求」的顧客（例如語言溝通有困難的客人），顧客的偏好，公認的顧客疏失，以及可能導致問題的其他客人。第三類則包括對顧客付出的關切，的確異乎尋常的員工行為，在文化規範背景下的員工行為，完行（Gestalt）評估，以及在各種不利狀況下的表現。圖 11-3 所列便是這些偶發事件的例子。

第一類偶發事件：員工對於服務缺失的回應	
偶發事件	
令人滿意	令人不滿意
A．**對於無法提供的各項服務之回應** 他們將我的訂房記錄遺失了，但那位經理卻讓我以同樣的價格住在貴賓套房內。	我們在那家旅館已事先訂房。但在我們抵達時卻發現沒有保留房間－沒有任何說明、任何致歉、而且也未協助我們去找另一家旅館。
B．**對於不合理的遲緩服務之回應** 雖然我並未對枯等一個半小時發出任何怨言，但那位女待卻不斷向我們致	航空公司的職員不斷地提供我們錯誤的訊息。原本說只有一小時的延誤，最後

歉、並說這頓飯由老闆請客。

G. 對於其它主要的服務缺失之回應
當我拿到所點的龍蝦雞尾酒呈半結凍狀態時，那位女侍向我們致歉，並且未對這頓晚餐收取分文。

卻變成長達六小時的枯等。

我的行李有一件幾乎完全變形，看起來就像是從三萬英呎高空被拋到地面一般。當我試著為這件受損的行李要求賠償時，那位職員卻拐彎抹角地暗諷我在撒謊，並試圖將行李箱扯開。

第二類：員工對於顧客各項需求與要求的回應

偶發事件	
令人滿意	令人不滿意
A.對於有「特殊需求」的顧客之回應 飛機上的空服員幫助我冷靜下來，並照顧我那暈機的孩子。	我那單獨搭機的年幼兒子在整個航程中都受到某位空服員的協助。但在飛機抵達 Albany 機場後，那位空服員把他獨自留在機場內，沒有任何人照料他如何去轉接下一班飛機。
B.對於顧客的偏好之回應 櫃台那位職員到處打電話，並為我找到水手隊開場賽的入場券。 外面正下著大雪－我的汽車又不幸拋錨了。我詢問了十家旅館，卻找不到任何空房。最後，有家旅館在了解我的處境之後，提供我一張床舖，並為我在他們那間狹小的宴客室中安置安當。	在一個大熱天裡，那位女侍者拒絕讓我由緊臨窗戶的餐桌換到其它位置；只因為在她負責的區域內，已沒有多餘的空位。 那家航空公司不准我把由夏威夷帶回來的潛水裝備帶上飛機，即使我以手提行李的方式隨身攜帶也不行。
C.對於公認的顧客疏失之回應 我將眼鏡遺失在飛機上。那位空服員為我找到它、並免費替我把眼鏡寄到我下榻的旅館中。	由於車子臨時故障，使我們無法趕上原先的班機。但那位服務人員卻未協助我們去找另一家航空公司的班機。
D.對於可能導致問題的其他客人之回應 那位經理不斷注意著吧台上那個看起來令人討厭的傢伙，以確定他不會對我們造成任何打擾。	那家旅館的員工不願意出面制止在凌晨三點時還在房內喧囂狂歡、擾人清夢的住客。

第三類：不夠及時與不夠誠懇的員工行為

偶發事件	
令人滿意	令人不滿意
A.對顧客所付出的關切 那位侍者待我如貴賓一般。他的確表	服務台那位小姐的表現，就像我們打擾

現出對我極度關切。

B. 的確異乎尋常的員工行為
我們每次旅行時都帶著那隻泰迪熊玩偶。當我們回到旅館房間時，看到那位侍者已將我們的熊布偶貼心地放在一張椅子上。泰迪熊兩手交叉在胸前、舒服地靠在那兒。

C. 在文化規範下的員工行為
那家餐廳的茶房緊追在我們身後，並將我男朋友掉落在餐桌下的那張五十元紙鈔還給我們。

D. 完形評估
整個經驗讓人感到愉悅無比‥‥所有的事情都是那麼的順利而完美。

E. 在各種不利狀況下的表現
櫃檯的那位人員很明顯地正承受著極大的壓力，但仍保持冷靜、並表現得相當專業。

了她。她正全神專注地看電視，她對電視的注意遠超過對旅館客人的關注。

我需要再花幾分鐘來決定晚餐要點些什麼。而那位女侍卻在一旁說：「如果你們可以將注意力放在菜單、而不是那張地圖上，你們就可以知道要點些什麼了。」

這家消費昂貴的餐廳的侍者以一種不屑的眼光看著我們，因為我們只是一群參加舞會的高中學生而已。

整個飛行過程有如夢魘一般。原本應是一小時的中途停留，卻變成長達三個半小時的枯等。空調設備也無法運作。駕駛員與空中小姐們也因為一場即將來臨的飛機空服員的罷工而吵起架來。降落的過程令人心驚膽顫。而在完成降落、飛機停妥之後，駕駛員及空服員還比乘客們更早下飛機。

圖 11-3：令人滿意與不滿意的服務。

所有的餐飲旅館與旅遊組織，都應該對整體的服務品質定期進行檢視。第三種方法，「顧客－服務評鑑尺度法」，可用來判定提供的服務之水準。可用下列三種不同的方式：

1. **自我評定**：係由所有的員工與監督者，來對他們自己進行評鑑。

2. **經理人員的評定**：由經理人員來對每位員工與監督者進行評鑑。

3. **群體分析**：由經理人員、監督者、及員工組成的小組，來共同完成這項評鑑。

在大部份的旅館及餐廳中所見到的那種典型的客戶意見表，已受到相當廣泛的抨擊，因為不足以指出客人對於服務品質之滿意度，因此目前已有多家公司透過針對以往客戶進行大規模的調查，來彌補這方面的不足。例如 Marriott 便以隨機方式由以往的旅館客人中選出許多受調者，並將問卷調查表寄到他們家中。麗芝－卡爾登也採取類似的作法，每年針對為數二萬五千名具有代表性的客人進行調查。

關係行銷：將顧客視為家人

在過去，餐飲旅館與旅遊業者有一種很明顯的傾向，即對於吸引新顧客極為重視。近年來，與目前及以往的顧客們培養更親近的個別關係，已然獲得更高度的注意。大部份的業者現在都已接受下列這項觀念：與「創造」新顧客相比較，去吸引舊有顧客再度光臨顯然在費用上要節省許多，這是**關係行銷**背後的一項基本概念。所謂的關係行銷，指建立、維持、以及強化與個別顧客之間的長期關係。在檢視這項觀念時，或許也可以看成一種把個別客人視為家人、而非統計數字的觀念。意味著對每位顧客都保持一種長期的關注與興趣，這也是某些人所謂的「顧客終生價值」（customer lifetime value），或將每個人都視為一項資產，而非一種商品。

關係行銷的最終目標，便是要讓每位客人都對組織忠心耿耿。這點對我們的業務而言格外重要，因為市場上存在著許多旅遊的常客，而且「口碑」的推薦也具有極高的影響力。留住那些忠心不二、再次光臨的顧客，對我們可說是攸關成敗的，因為人們很容易會在各運輸業者、供應者、以及旅遊業中介者之間隨意「轉移」。在關係行銷方面所做的所有努力，主要結果就是要使個別的顧客感覺到有所不同，並讓他們相信這個組織對他們付出的關切遠超過其它組織。這種親和力的目標，可透過下列程序來達成：

1. **管理各種服務遭遇**：訓練組織所有的員工，以個人化的方式接待顧客；例如使用顧客的姓名來稱呼，瞭解顧客的偏好與興趣等。

2. **提供顧客各種誘因**：給予顧客們各種激勵或誘因，使他們重覆使用企業的服務；例如飛行常客或住宿常客計劃，優先供應者合約等。

3. **提供各種特別的服務選擇**：對再度光臨「俱樂部」的會員們，給予特別的「額外服務」；例如，將其客房升等至旅館的商務主管樓層、航空公司的貴賓休憩室之使用資格、以及個人化的行李標籤等。

4. **發展各種價格制定策略以鼓勵長期使用**：給予重覆使用的顧客特別的價格或費率；例如主題樂園、博物館、動物園、以及其它需支付門票之景點的年度會員權利。

5. **保有顧客資料庫**：保有個別顧客的最新資料庫，包括他們的購買記錄、偏好、喜愛與厭惡之事項、人口統計學方面的資料等。

6. **透過直接或特殊的媒介與顧客聯繫**：利用非大眾媒體的方式直接與個別顧客聯繫；例如直接郵寄、會員通訊專刊等。

讓我們再回頭看看麗芝－卡爾登旅館這個例子，各位將會發現到該企業具體運用了這些程序中的某些部份。這家連鎖旅館保有一個為數超過二十四萬名個別客人的電腦化客戶歷史檔案。除了一般性的資料以外，這個資料庫還註記每位客人的偏好，以及喜愛與厭惡的事項。麗芝－卡爾登的所有員工都受過如何記住每位旅館客人在這方面資訊的訓練，以便記錄下來，用以提供更個人化的服務。每間旅館都至少設有一位「確認客人協調員」，這個職務的主要工作是確認出再度光臨的客人，並在客人離開之後的二十四小時內，將有關的各種新資訊記錄下來。當這些資料一旦輸入之後，此資訊便傳送到整個麗

芝一卡爾登旅館體系內的每一處營業場所。在客人們光臨另一間麗芝一卡爾登旅館時，該處的所有員工就已經對他們的喜好與厭惡瞭如指掌。許多賭博場所也都保有一套極為複雜、與客人偏好及他們的下注習慣有關的資料庫。

顧客組合

對餐飲旅館與旅遊組織而言，與人員有關的另一項重要決策便是顧客組合。「**顧客組合**」是指光顧或對某個特定的餐飲旅館與旅遊組織感興趣的顧客們之組合。對我們的行業來說，「組合」這個名詞是最恰當不過了；因為我們的客人會與其他人結合、並產生互動影響。當然，這項概念與第七章討論過的市場區隔有密切的關連；但顧客組合還需要對顧客之間的互動審慎管理，因顧客的類型毫無疑問會影響組織在現有及潛在顧客心中的形象。在某些情況下，特定類型的顧客會吸引類似的顧客群體；但不可否認的，也會讓某些客層裹足不前。顧客會直接影響到其他顧客所經驗到的服務品質。個別顧客的行為或言行（例如喧鬧不堪與粗魯無禮的客人，抽菸的客人，酒醉的客人等）也可能會對其他顧客造成干擾或侵犯，並導致顧客滿意度的降低。相反地，彬彬有禮與親切友善的顧客，可能會增強其他顧客獲得的服務經驗。

某些餐飲旅館與旅遊組織，在定位中就相當明確地界定出他們希望吸引與服務的是哪些顧客群體。舉例來說，康帝基假期（Contiki）在所有廣告與促銷活動中，就明確指出它是一家針對十八至三十五歲客層的旅遊公司；參見圖 11-4。在他們所有報導中附帶的照片，都是以這個年齡層的男女客人為主，以適切地強調康帝基那種「年輕形象」。Club Med 在 1960 年代與 1970 年代之間也使用類似的策略，許多照片都以年輕成年人為其特色；這種作法也讓人們對這家渡假中

心產生一種印象：這是一個專供年輕單身漢與夫妻們前往的地方。康
帝基也向潛在的旅遊贊助者保証，所有旅遊員工（旅行團的經理人、
司機、以及康帝基渡假中心的員工）的年紀全都介於十八至三十五歲
之間。如圖 11-5 所示，Club Med 在 1990 年代的廣告中，已試圖擺
脫先前所建立那種專供「年輕時髦者」前往的形象。

圖 11-4：康帝基的廣告突顯出以十
八至三十五歲客層為目標的特色。

"I've had clients who've gone as singles, come
home as couples and returned again as families."

Club Med
Like as it should be

圖 11-5：Club Med 顯示其顧客組合中所出現的改變。

某些會員制及高價位的渡假中心，都採取「不准兒童隨行」的政策，或不允許某個特定年齡以下的兒童。他們所持的理由是：他們典型的客人都不希望受到兒童的打擾，因為孩子們如果未受到家長的妥善監督，必然會吵鬧不堪。其它的一些渡假中心，包括加勒比海的 Sandals 渡假中心在內，在廣告中特別強調「只供夫妻前往」；這些業者在行銷策略中所選定的目標，只是那些成年人的客層而已；參見圖 11-6。相反地，為數越來越多的餐飲旅館與旅遊組織，例如威士汀（Westin）與他們推出的「威士汀兒童俱樂部」，正積極試圖將孩子們「拉攏」到他們的顧客組合中。其它此類例子還包括凱悅企業推出的「凱悅兒童營」計劃，帝王遊輪公司（Majesty Cruise Line）的「果凍石兒童營」，嘉年華（Carnival）的「嘉年華兒童營」，以及 Club Med 所推出的「嬰兒俱樂部」、「迷你俱樂部」、與「兒童俱樂部」等。

圖 11-6:Sandals 的顧客組合，毫無疑問以夫妻為目標。

　　對於那些喜歡前往海灘戲水或裸泳的客人們，某些公司也提供特殊的旅遊行程、渡假中心、或海灘區域來滿足他們的需求。另一個

特定顧客組合的例子，則是有為數日增的餐飲旅館與旅遊組織，將目標鎖定男同性戀者及女同性戀者的市場。舉例來說，亞特蘭提斯（Atlantis）便是一家迎合這個市場日漸成長的旅遊經營者。

本章摘要

顧客（客人）與員工（服務者）之間的互動，對於行銷的成敗具有極大的影響。尤其是提供的服務品質，對餐飲旅館與旅遊組織的成敗，扮演著決定性的角色。那些對員工投入超乎水準以上之關切的組織們，通常也能獲致最大的成就。那些成功的組織都極力訓練員工們能夠做到「第一次執行時就正確無誤」，並賦權員工去解決顧客的各種問題與投訴。餐飲旅館與旅遊組織必須經常對服務品質進行測定，也有許多不同的方法可用來完成這項測定。

所有的餐飲旅館與旅遊組織，都應該運用關係行銷這項概念。這意味著藉由使客人感覺到格外不同的各種個別化計劃，建立起長期性的顧客忠誠度。

組織的顧客組合也可能會影響到形象、以及個別顧客體驗到的服務品質。我們必須盡力管理這種顧客組合，這不僅為了獲利的理由，而且也為了使客人的滿意度達到最高。

問題複習

1. 哪兩群人會和餐飲旅館與旅遊行銷有關？這兩個群體之間，最重要的互動又是什麼？

2. 餐飲旅館與旅遊組織的所有員工，對行銷成效的重要程度有多高？

3. 「全面品質管理」（TQM）這項概念所指為何？主要的原則有哪些？

4. 有哪些方法可用來讓員工們對顧客提供更連貫與更高品質的服務？

5. 何謂「賦權」？對於提升服務品質有何貢獻？

6. 何謂「服務品質模式」（SERVQUAL）？如何用來對服務品質進行評估？

7. 還有哪些方法可用來測定服務品質？

8. 何謂「關係行銷」？餐飲旅館與旅遊組織應採取哪些步驟，以建立和個別顧客之間的長期關係？

9. 顧客組合如何對組織的形象、以及顧客們經歷的服務品質造成影響？

本章研究課題

1. 你受雇於某家服務名聲並不好的旅館、餐廳、旅行社、航空公司、或其它餐飲旅館與旅遊組織。你的工作便是對該組織的服務施以指導訓練、以及提昇監督人員與其他所有員工的服務品質。你會遵循哪些步驟達成這項目標？舉出行業中成功企業的例子，並試著提出幾項你自己創造出來的新點子。

2. 你接到老闆的指示，要求你發展出一套測定組織服務品質的計劃。你會建議使用何種方法來進行這項測定？撰寫一份報告給你的老闆，說明你的計劃、以及你要如何來執行這項計劃。

3. 選擇某家餐飲旅館與旅遊組織，並敘述你將如何為它發展一套關係行銷計劃。你要如何吸引、並確認那些再次光臨

的顧客？對於這些再度光臨的顧客，你會提供他們哪些特別的選擇或服務？你會發展何種資料庫，並且要如何來維護這個資料庫？你會以何種方法來和已往的客人們聯繫？

4. 詳述顧客組合這項概念對於某家餐飲旅館與旅遊組織的重要性。說明吸引的顧客類型會如何影響形象，以及顧客們所得到的服務經驗將如何增強或降低其滿意度。請針對應如何更有效地管理顧客組合，提出建設性的建議。

第十二章

包裝與規劃

學習目標

研讀本章後，你應能夠：

1. 定義包裝與規劃這兩個術語。
2. 列舉包裝及規劃在餐飲旅館與旅遊業日漸受到重視的各項原因。
3. 說明包裝及規劃導入市場時所扮演的五項主要角色。
4. 說明旅遊中介者發展出來的套裝產品與其它相關業者發展出來的套裝產品之間的各種差異。
5. 列舉並說明對套裝產品進行分類的四種方法。
6. 敘述發展有效的套裝產品時應遵循的步驟。
7. 敘述制定套裝產品之價格時使用的程序。
8. 說明包裝與規劃之間的關係。

概論

前文提過，餐飲旅館與旅遊服務是無法保存的；當服務的需求相當低迷時，則包裝與規劃的相關技巧便扮演著關鍵的角色。由於各種套裝產品可讓旅遊變得更容易、而且更便利，因此廣受顧客們的青睞。此外，與正常的費用相較，這些套裝產品通常也提供價格上的優惠。包裝與規劃可說是行銷概念的縮影，是爲了吻合特定顧客之需求與需要所量身訂製的各種提案。

餐飲旅館與旅遊服務的包裝是獨一無二的，與我們在雜貨店見到的各種消費性產品之包裝有顯著的不同。這個行業的套裝產品，通常都會與來自供應者、運輸業者、以及旅遊業中介者所提供之服務組合有關。由於必須要有數種行業共同努力才得以竟其功，因此它們也是行銷合作的傑出實例。

關鍵概念及專業術語

同質團體套裝產品（Affinity Group Packages）

包含所有費用的套裝產品（All-Inclusive Packages）

美國式計畫（AP；American Plan）

住宿與早餐（B & B；Bed and Breakfast）

專屬空間（Blocking Space）

損益兩平分析（Break-Even Analysis）

包租旅行（Charter Tour）

可退佣金的（Commissionable）

會議／集會套裝產品（Convention / Meeting Packages）

航空／汽車套裝產品（Fly / Drive Packages）

航空／鐵路套裝產品（Fly / Rail Packages）

海外自助旅遊（FIT；Foreign Independent Tour）

團體旅遊（Group Inclusive Tour）

獎勵套裝行程（Incentive Packages）

修正的美國式計畫（MAP；Modified American Plan）

包裝（Packaging）

合夥（Partnership）

目的地套裝產品（Destination Package）	設計、規劃（Programming）
導覽旅遊（Escorted Tours）	鐵路／汽車套裝行程（Rail / Drive Packages）
歐洲式計畫（EP；European Plan）	單人追加費用（Single Supplement）
特殊事件套裝產品（Event Packages）	特殊興趣套裝產品（Special-Interest Packages）
家庭渡假套裝產品（Family Vacation Packages）	變動或直接成本（Variable or Direct Costs）
固定成本（Fixed Costs）	綜效（Synergy）
航空／遊輪套裝產品（Fly / Cruise Packages）	旅遊需求製造者（Travel Demand Generators）

　　當你走進一家雜貨店時，見到的必定是數以千計的產品，各色各樣的包裝呈現在你面前。假如你選了某一盒麥片，你必定知道它與展示架上同一品牌的其它麥片都以相同的方式包裝。除非這盒麥片在外觀上已經破損，否則你根本不會多花時間去思考究竟該挑選哪一盒。雖然如此，這些消費商品的製造商為了攫取你的目光，花費在包裝設計上的費用可能高達數百萬美元之鉅。然而，餐飲旅館與旅遊業的包裝是完全不同的景象。它們的包裝並不是物質性的，而是關連到數種服務的組合，形成各種吸引顧客、讓顧客們感到便利的行程。

　　對這個行業而言，規劃是具有攸關成敗重要性的相關概念。許多特殊的事件與活動都擁有某種「牽引力」，可為服務提供附帶的重要性及吸引力。規劃對於在淡季時段創造顧客們的興趣、以及維持顧客們對該項服務的興趣，都相當有幫助。

包裝與規劃的定義

「配套交易」（package deal）是指賣方以一個總計的價格來將許多不同的產品包括在內；通常來說，這個價格會比單獨購買每一項產品所需的合計費用低廉。餐飲旅館與旅遊業提供的大部份套裝產品，都屬於這種「整批交易」。在我們這個行業中，**包裝**是將各種相關、而且彼此互補的服務加以組合，形成某種單一價格的產品。

規劃則是與包裝有密切關連的技巧，涉及發展各項特別的活動、事件、或計畫，藉以提高顧客的消費額，或為某種套裝產品或其它的餐飲旅館／觀光旅遊服務帶來附加的吸引力。

包裝與規劃是彼此相關的概念，因為在絕大部份的套裝產品中，都會與規劃脫離不了關係。舉例來說，許多以高爾夫球及網球活動為訴求的套裝產品，都會將球技指導包括在內。在這些套裝產品中的球技指導部份，便是此類渡假中心所安排的一項特別活動。在渡假中心內舉辦的各種電腦「研習營」，則是另一個實例，參加者將可獲得專家們提供有關使用個人電腦的建議。當然，並非所有規劃都出現在這些套裝產品中。在主題樂園中的各種遊行與假日慶祝活動，以及在各速食通路中的卡通人物表演等，便是此類少數幾個實例。

包裝與規劃廣受歡迎的原因

在過去的四、五十年內，對這個行業有重大影響的諸多概念中，旅遊的套裝產品也是名列其一。至今，顧客們所能獲得的套裝產品，在範圍與種類上可說不勝枚舉。是什麼原因導致它們在受歡迎的程度上有如此巨幅的成長呢？這些因素大致可歸納為兩大類：與顧客有關的因素，以及與參加者有關的因素。

1・與顧客有關的因素

各式的套裝行程與規劃是「使用者方便易用」的概念。它們可以回應各種不同的顧客需求，包括更爲便利的渡假計畫、更爲經濟划算的旅遊、以及更高度滿足各種特殊經驗的渴望。旅遊套裝產品能帶給顧客們的主要利益包括下列各項：

　　ａ．**更高的便利性**　雖然有些人在將他們的渡假、會議、或是獎勵行程中的許多不同片段加以組合時，可以經驗到無比的喜悅；但大部份的人仍偏愛購買套裝行程所能帶來的便利性。爲什麼呢？因爲旅遊的套裝行程並不需要你自己花費太多的時間及心力去計劃，參見圖 12-1。對日益增多的人們來說，時間已經變成一種比金錢更爲珍貴的資源。這種對節省時間之便利性有更高需求的趨勢，在第七章已強調過。隨著雙薪家庭的成長，這種套裝產品廣受歡迎的現象也將持續昇高。

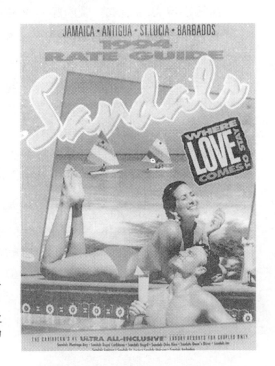

圖 12-1：Sandals 渡假中心以「物超所值」概念，提供顧客們各種極爲便利、包含所有費用在內的加勒比海套裝行程。

b．**更高的經濟性**　各種套裝產品不僅能讓旅遊及旅遊計畫變得更容易與花費更少的時間，而且也使人更能夠負擔得起。對於許多使用到航空運輸的套裝產品而言，整個行程的總費用甚至還可能會低於正常的來回機票費用。你一定會懷疑怎麼可能會有這種情況。難道那些運輸業者及供應者不會虧本嗎？有時候他們的確會賠錢，但通常來說還不至於如此。各種套裝產品對於這個行業來說，在財務上頗具吸引力。

　　由於下列三項原因，使套裝產品相當經濟。第一，假如旅遊中介者將它們結合在一起，便能夠大批購買，並在供應者及運輸業者處獲得折扣。然後，他們就可以將部份的折扣回饋給顧客們。第二，有許多套裝產品是在淡季期間由各供應者與運輸業者提供的。市區旅館在週末期間推出的套裝產品，便是一種最佳的實例。對於那些市區內、平常的工作日中忙著服務眾多商務旅客的旅館而言，每逢週五或週六時，住房率就會急遽滑落。因此，價格特別優惠的週末套裝產品，便有助於填補這段空檔。第三個原因則是業者都很清楚顧客之所以會購買各種套裝產品，部份的原因是他們想要獲得更多費用的節省。

　　c．**易於控制行程預算**　大部份的套裝產品都是「包含所有費用在內」，這也意味著顧客們在數週、甚至數月之前，就能夠知道他們必須支出的費用究竟多少。這就是爲什麼 Club Med 以及後起的彷效者推出的各種遊輪之旅與渡假行程會廣受歡迎的原因。Club Med 就提供了一種單一價位，包括來回機票、以及在餐飲中無限量供應免費茗酒的套裝行程；而且也將參加各種不同運動與指導的項目包括在內。唯一需要自費的項目，只有在酒吧中消費的啤酒與烈酒，各種自選的行程，以及在渡假中心的禮品店購買的紀念品。遊輪之旅在市場上受歡迎的急遽成長，是包含所有費用在內之假期的另一絕佳實例。基本上來說，這種遊輪之旅的套裝產品，已將機票費用、住宿、交通工具之轉換、餐飲、

在飛機上的招待、以及在船上各項活動與款待全都包含在內。就拿 Club Med 來說，在船上供應的大部份飲料，以及自選的陸上行程都是額外的附帶項目。這些套裝產品將所有費用全包的特質，可以讓顧客們消除自己究竟得花多少錢、以及他們在花下這些金錢後到底能獲得些什麼的疑慮。

　　ｄ．明確保証品質的一致性　各位不妨想想購買某種套裝產品之外的另一種選擇，那就是：顧客們必須自行將所有的部份做一組合。通常來說，他們所必須購買的是自己無法親眼目睹、而且也是先前從未嘗試過的各種餐飲旅館與旅遊服務。如果這些服務與自己期望的品質無法吻合時，最後的結果將會相當掃興。

　　組合各種套裝產品的這些旅遊中介者、供應者、以及運輸業者等，在這方面則擁有豐富的經驗，而且專業知識的基礎也更爲廣泛，是這個領域內的專業人員。通常來說，他們的專業性，深入透徹的知識與經驗，以及這些參與者在提供消費者預期結果的利害關係上，都是可以讓顧客們倚賴的。大部份的組織都承認口碑推薦（包括正面與負面）具有重大的影響力，以及重覆光臨的顧客具有的重要性。因此，在所有套裝產品的構成要素中提供一致的品質，便成爲他們最重視的長期目標。顧客們會注意到其中的不一致，而且很容易就會以那些最爲人詬病的部份來評判他們獲得的整體經驗。有鑒於此，所有套裝產品在餐飲旅館與旅遊的構成要素中，都會對品質的一致性提供更高的保証。

　　ｅ．滿足各種特殊的興趣　除了數量極龐大、較具普遍性的各種套裝產品之外，針對特殊興趣而開發的行程也如雨後春筍般在市場蓬勃發展；範圍可由週末的海灘之旅，以至於有專門導遊帶隊、探索中國與西藏藝術的旅遊行程。在《特殊旅遊指引：特殊興趣旅遊導覽》（Specialty Travel Index: Directory of Special Interest Travel）’這本每年出刊兩次的名錄中，便依字母順序排列，提供了涵蓋一百八十種以上之特殊興趣活動的資料；對於各

種與特殊興趣有關的套裝產品，這是一本相當不錯的導引。我們在第七章已提過為數越來越多的人們希望利用渡假時間來「重溫」或追求各種特殊的興趣，已然成為一種趨勢。

這類以特殊興趣為訴求的套裝產品，大部份都需要有相當程度的事前研究、審慎的規劃、以及專業的指導者或領隊。通常來說，顧客們不僅缺乏經驗、沒有時間，而且也缺乏將這些構成要素組合在一起的相關資源。而這些套裝產品則能夠提供各種量身訂做的替代選擇，滿足他們不同的需求。

f．旅遊及外食的層面更為寬廣 規劃可以讓各種餐飲旅館與旅遊的服務添加一種附帶的層面，有時候甚至是一種全新的魅力。主題樂園可說是規劃藝術的大師。這些主題樂園中，有許多都是高度倚賴來自當地居民的重覆使用。如果你必須銷售的事物基本上仍維持不變時，那你又如何能吸引顧客們重覆光臨呢？答案就在於規劃－也就是說，不斷地提供各種能夠創新及提高顧客興趣的嶄新娛樂、特殊事件、與活動。例如華德迪士尼世界與迪士尼樂園之類的主題樂園，便舉辦各種特別的遊行、生日及其它慶祝活動，以吸引那些原本不打算舊地重遊的舊有顧客們再次造訪。許多餐廳也成功地利用各種規劃來誘使顧客們更頻繁地再度光臨（晚餐劇院便是一個好例子，以及由餐廳業者提供的各種特殊主題的餐飲）。中古時代（Medieval Times）是美國一家連鎖餐廳，當顧客們在餐廳內享用晚餐的同時，還可以欣賞精彩刺激的馬上槍術比賽、劍術戰鬥、以及武士們的騎術表演等節目。這是藉由規劃而讓一頓平凡的餐飲轉變為使人記憶深刻經驗的傑出實例，參見圖 12-2。

規劃可以在顧客的經驗與計畫中提供新的刺激；它可以為各項服務帶來一種附帶的層面，而使顧客們感到相當具有吸引力。在各種會議與集會中提供的主題式晚餐或宴會，便是一個好例子。魔術（Magic）是一家以達拉斯為根據地的公司，專門為

那些會議／集會的計畫者安排此類特殊活動或事件。該公司獨創的宴會主題名單中，包括 M*A*S*H* 、遙不可及（the Untouchables）、偉大的蓋茲比（Great Gatsby）、Mardi Gras、以及朝代舞會（Dynasty Ball）。在這些事件中各種別具一格的活動與獨特的氣氛，為會議／集會的參加者提供了一項難以忘懷的經驗。

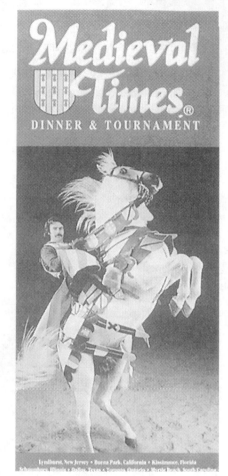

圖 12-2：中古時代餐廳提供了一
項將現代美食與古代武士技巧加
以結合的餐飲經驗。

2．與參與者有關的因素

包裝與規劃真正迷人之處，在於它們不僅能夠為顧客們、而且也
能為提供這些套裝產品／計畫的參與者帶來利益。這些參與者
包括旅遊業中介者（旅遊營運人、旅行社、獎勵旅遊的計畫人），
供應者（住宿業、餐廳業、汽車出租公司、遊輪公司、以及各種
觀光景點的組織），以及運輸業者（航空公司、巴士與鐵路公司

等）。不論是由哪些參與者構成的組合，各種規劃完善及具有行銷潛力的套裝產品與計畫，都有助於創造顧客數量、以及改善獲利力。

　　a．提高淡季期間的業務量　　組織參與各種套裝產品的諸多主要原因之一，便是套裝產品具有在淡季期間創造需求的能力。對許多餐廳與酒吧而言，每個星期一與星期二都是顧客人數最少的日子。大部份市區內的旅館，住房率最差的時段則是週末期間。Marriott 以降低百分之三十至百分之四十五的價格，在所有連鎖旅館推出的「雙人早餐週末假期」這項套裝產品的概念，便是提昇淡季期間（週末時段）業務量的傑出實例。各家航空公司載客率最低的時段，則是在週末、以及清早與傍晚等「尖峰」時段以外的時間。對大部份的渡假中心來說，則會隨著季節之不同而在業務量上出現明顯的起伏。良好的套裝產品與計畫，可藉著創造出讓顧客們使用各種服務的新理由，來幫助這些具有週期性的業務型態獲得平衡。

　　b．增強對特定目標市場的吸引力　　各種套裝產品與計畫可幫助參與者更專注於選定的目標市場。大部份的此類套裝產品與計畫，都是為了符合特定顧客群的需求與喜好而精心設計的。在渡假中心的業務裡便有無以計數的實例，例如專為喜愛高山及越野滑雪者所規劃的滑雪套裝行程；高爾夫球與網球的套裝行程；以及為深海潛水者、航海者、追求健康與舒適的顧客們所設計的各種套裝產品等。許多渡假中心也將專為團體組織設計的各種特殊的整批交易，與會議／集會及獎勵旅遊的行程加以結合。

　　c．吸引新的目標市場　　除了可穩固對目標市場的吸引力之外，餐飲旅館與旅遊的業者也可以利用各種套裝產品與計畫，來追求新的目標市場。遊輪公司的業務，便是此類的絕佳實例之一。長久以來一直讓旅客們感到高不可攀的遊輪之旅，現在已有為數越來越多的組織利用來做為各種船上集會、會議、以及獎勵

旅遊的方式。藉由向這些團體促銷各種套裝行程，遊輪公司已經開發出一個嶄新的目標市場。

　　ｄ．更易於進行業務預測及改善效率　許多套裝產品在顧客實際造訪之前，就已經預訂並付款。由於這項事實，使餐飲旅館與旅遊業者不僅在預估顧客數量時能夠處於有利的地位，而且在安排人員、供應品、以及其它資源時也能獲得更高效率。雖然如此，這種作法仍有一項相關的風險存在，那就是在接近出發日期的時候突然接到大批顧客取消行程的通知。近年來，餐飲旅館與旅遊業已採取無數措施，鼓勵顧客們「預訂」。尤其是航空公司，這種作法已司空見慣；而且也被各種套裝行程廣泛應用。舉例來說，皇家加勒比海公司（Royal Caribbean）推出的「事先購買優惠」計畫中，只要遊客們在一百八十天前預約，就可以享有高達百分之二十的遊輪費用折扣。

　　ｅ．運用各種設施、景點、以及重要事件來相互補強　本書不斷提到合夥這項概念（即由許多相關的餐飲旅館與旅遊服務業者共同行銷）。許多套裝產品與計畫，都對這種方式提供各種絕佳實例；這是因為各種不同的團體將他們的服務加以融合，而成為一種在市場上更受顧客青睞的綜合產品。

　　包裝與規劃提供以創意方式來利用各種旅遊需求製造者（亦即促成旅遊的主要原因）的良好機會。舉例來說，許多旅館與餐廳便將他們的服務與造訪當地主要的景點、重要事件、以及其它活動的行程結合在一起。例如巴克萊芝加哥旅館（Barclay Chicago Hotel）推出的 Neiman-Marcus 週末套裝產品，便包括採購行程、以及由某家著名商店贈送一件禮物。位於全國橄欖球聯盟之各大城市中的許多旅館，也提供包括球賽入場券在內的各種套裝產品。位於那帕峽谷（Napa Valley）的某些住宿業者，也把品酒之旅結合他們的套裝產品；這就如同紐約市的旅館業者將百老匯歌劇加入他們的套裝產品內一般。還有許多餐廳，也提供欣賞各

種別具特色之表演藝術的晚餐－娛樂套裝產品。

　　所有的運輸業者及旅遊業中介者，也可以由這些安排中獲得利益；其它領域的一些供應者，同樣也能藉此獲益。許多航空公司與鐵路客運公司，也依據城市中所擁有的各種特殊事件或吸引人之事物為基礎，而規劃出自己的各種套裝行程。舉例來說，加拿大的 VIA 鐵路公司（VIA Rail）就推出一項包括火車之旅、以及參觀多倫多藍鶲鳥棒球隊比賽的套裝產品。太陽遊輪公司（Sun Line）則把旗下 Stella Solaris 遊輪所進行的海上巡曳之旅，以及參加在 Rio de Janeiro 所舉行的嘉年華會之旅加以結合，而組成一種套裝產品。

　　f．具有利用各種新市場趨勢的彈性　　許多餐飲旅館與旅遊組織的實質設施及設備都是固定的，無法在短期內做明顯的轉變。包裝與規劃能夠讓這些組織在不需要做出所費不貲的實際改變下，就可以具有利有各種新市場趨勢的彈性。位於紐約州新帕爾茲（New Paltz）的莫翰克高山旅館（Mohonk Mountain House）提供的成人教育套裝產品，便是此類的傑出實例之一；參見圖 12-3 該渡假旅館建於 1869 年，並把經營重點置於越來越多的人想要利用渡假時間學習或強化教育水準的趨勢上。它提供了數種此類機會，包括策略制定、個人健康管理、室內樂（三重奏、四重奏、五重奏等）、語言潛修課程、以及照像術等特色的各種套裝產品。

圖 12-3：各種套裝產品與計畫，可幫助業者善用新的市場趨勢、並從中獲利。

g．刺激重覆及更頻繁的使用　這是先前提到的顧客利益之另一面。新的包裝與規劃能夠再點燃及提高顧客們對於該項服務的興趣。我們在前文中已提過，所有的主題樂園都是下列作法的強烈信仰者：藉由舉辦許多特殊事件，來使他們提供的娛樂保持新鮮感。許多餐廳也會推出各種主題式餐飲、美食與茗酒之夜、以及其它活動，藉以吸引顧客們更頻繁地重覆光臨。舉例來說，紅龍蝦（Red Lobster）每年都會舉辦別具特色的龍蝦節慶。藉由規劃與包裝而為服務帶來的附加層面，可讓顧客們及該組織都從中獲得利益。

h．提高每人的消費額與逗留期間　只要使用得當，這些套裝產品及計畫便可幫助餐飲旅館與旅遊組織達到提高顧客平均消費金額、以及平均逗留時間的雙重目的。同樣地，許多主題樂園在這項技巧的運用，都已臻於完美境界。藉由增加現場表演節

目、假日慶祝活動、或各種遊行，業者鼓勵遊客做更長時間的逗
留；而那些滯留時間越久的顧客，消費的金額當然也就越多；參
見圖 12-4。旅館及渡假中心推出的各種會議前與會議後的旅遊
行程，則是另一項傑出的例証。藉著提供參觀當地景點或參加重
要事件的各種附帶行程，這些套裝產品可讓參與會議／集會的
客人們延長居住的時間。

圖12-4：各主題樂園都利用現場的娛樂節目，來提高客人的逗留時間與消費金額。

　　　　i．獨特套裝產品對公共關係與宣傳的價值　　我們將在
第十八章，針對公共關係、宣傳、以及它們對餐飲旅館與旅遊組
織具有的長期價值做更詳盡的探討。通常來說，業者都會發現到
他們只有極少數具有新聞價值的項目，值得媒體大肆報導。獨具
一格與深具創意的套裝產品，將能夠攫取報紙、雜誌、電視、以
及廣播電台的注意。那些能夠掌握流行議題與趨勢的套裝產品（例
如：以保健／健康，個人電腦之使用，生活型態與壓力管理，

個人財務管理等為訴求的套裝產品），通常都能夠吸引媒體廣泛的注意。而其它的一些產品，例如週末星際旅行，則因為與眾不同的內容，而吸引了一般大眾的好奇心。只要運用得當，各種套裝產品都能夠相當有效地產生高度的宣傳價值。

　　　　j. **提昇顧客的滿意度**　包裝與規劃的底線，在於能夠對更高的顧客滿意度做出貢獻。這兩種概念都是行銷概念的真實反映。它們都是為了要符合特定顧客的需求、以及對旅遊者提供許多有用的利益而量身訂做的。

　　各位現在應該已能了解，導致包裝與規劃日漸受到重視的許多強而有力之原因，是來自顧客及參與者的觀點。圖 12-5 中將這些因素以摘要方式表列之。

包裝與規劃在行銷中扮演的角色

　　在餐飲旅館與旅遊服務的行銷中，包裝與規劃扮演的究竟是何種角色？由先前的各章，各位應該已明白它們是行銷組合的一部份，因此，也應該有本身的行銷計畫（切記「我們要如何才能達成目標？」這個問題）。在餐飲旅館與旅遊行銷中，包裝與規劃扮演下列五種主要的角色：

包裝與規劃扮演的五種主要角色：
1. 使業務量更平順。
2. 改善獲利力。
3. 有助於各種區隔化行銷策略的使用。
4. 補足其它產品／服務組合之構成要素。
5. 將相關的餐飲旅館與旅遊組織加以整合。

1．與顧客有關的因素：

    a. 更高的便利性。

    b. 更高的經濟性。

    c. 易於控制預算。

    d. 明確保証品質的一致性。

    e. 滿足各種特殊的興趣。

    f. 旅遊及外食的層面更爲寬廣。

2．與參與者有關的因素

    a. 提高淡季期間的業務量。

    b. 增強對特定目標市場的吸引力。

    c. 吸引新的目標市場。

    d. 更易於進行業務預測及改善效率。

    e. 運用各種設施、景點、以及重要事件來相互補強。

    f. 具有利用各種新市場趨勢的彈性。

    g. 刺激重覆及更頻繁的使用。

    h. 提高每人的消費額與逗留時間。

    i. 獨特套裝產品對公共關係與宣傳的價值。

    j. 提昇顧客的滿意度。

圖 12-5：包裝與規劃日漸受到重視的各項原因。

1．使業務量更爲平順

我們在第二章已將未售出的服務庫存比喻爲隨著下水道流走的水一般。也就是說，此類服務的銷售機會將永遠無法復得。包裝與規劃主要的任務之一，就是要把這個排水孔塞住，讓這個具有週期性之行業的高水位及低水位取得某種平衡。

2・改善獲利力

藉著使業務量變得更平順，包裝與規劃也能夠改善獲利力。此乃藉由下列方式使利潤得以增加：

1. 提高每個人的消費額。
2. 延長逗留的時間。
3. 創造新的業務。
4. 刺激更頻繁及重覆的使用。
5. 透過更精確的銷售預測來改善效率。

3・有助於各種區隔化行銷策略之使用

對於試圖讓提供的產品能夠與特定顧客群相互配合的市場區隔者來說，包裝與規劃是一種相當有用的工具。

4・補足其它產品／服務組合之構成要素

包裝與規劃是產品／服務組合中的一部份。對於包括各種設施、設備、以及其它構成要素而言，它們是一種重要的補足物。就某方面而言，就與產品及禮物的包裝相當類似－它們可以讓餐飲旅館與旅遊的各種服務更能夠吸引顧客們的目光。它們把其它產品／服務組合之構成要素「加以包裝」，而形成各種更具吸引力、更具行銷價值的產品。

5・將相關的餐飲旅館與旅遊組織加以整合

當你在思考包裝與規劃帶來的整體影響時，你或許會提出「綜效」這個名詞。所謂綜效是指由兩個或多個組織採取合併行動，產生一種任何個別組織都不可能單獨完成的成果。一項規劃完善、以專業方式促銷、而且執行良好的套裝產品，可以讓所有參與者都達到這項目標；它所產生的成果是這些參與者都無法以本身力量

完成的。包裝可以將旅遊業中介者、運輸業者、供應者、以及目
的地的行銷團體做一整合。

傑出案例

規劃：莫翰克高山旅館
（Mohonk Mountain House）

　　一家開幕於西元 1870 年的渡假中心，如何能成為在生活型態、
旅遊、以及休閒活動之現代思潮趨勢中的典範呢？以紐約州新帕爾茲
附近的莫翰克高山旅館為例，答案是：藉由將超過三十種以上、而且
每一種都設有技巧精湛之指導人員的渡假套裝產品與計畫做一創新的
各式組合後來達成。

　　莫翰克提供一些最有趣的計畫與套裝產品，包括:牙牙學語的高
塔（Tower of Babble）、神聖之路（Holistic Way）、歌唱的喜悅（The
Joy of Singing）、以及自我的平衡（Self in Balance）。牙牙學語的高
塔是由紐約州立大學的教授們負責指導的一項語言進修計畫；所提供
的語言種類相當多，由法文到中文都有。

　　莫翰克高山旅館也提供許多渡假中心都可見到的各種套裝產品
與計畫，包括網球活動營、暑期網球節目、以及完整的兒童計畫。它
也是「神祕謀殺」週末假期的創始者之一，這是在 1977 年才開始的
活動。大約有三百位客人參加過這些計畫，它們的演員與演說者包括
了 Stephen King、Martin Cruz Smith、以及 Donald E. Westlake。此外，
該旅館也提供一項名為「巧克力狂鬧」的套裝產品與計畫，特色是由
一位精神病理學家探討關於吃完巧克力後的焦慮減輕現象。

　　莫翰克高山旅館與其它大多數渡假中心不同的主要原因，在於
它的許多計畫都有高度的多樣性、以及主題上的要旨。在第七章，我
們已提過有為數日增的人們對於利用假期與休閒時間來改善他們本身
的學識或某種技能，都深感興趣。莫翰克高山旅館就有好幾種套裝產

品，可以符合這些需求。規劃也為這家旅館帶來一種更寬廣的層面，這是藉由創造出能夠滿足某些客層之特殊興趣的各種活動與事件達到的。

以下便是莫翰克高山旅館在 1994 年提供的各種主題計畫單：

一月七日至九日
　自我的平衡：婦女未來的展望
一月二十一至二十三日
　花園之夢
二月四日至六日
　冬季的樹林中有些什麼？
二月二十五至二十七日
　搖擺舞蹈週末
三月十一至十三日
　熱門景點：「火辣的島嶼」
三月二十五至二十七日
　莫翰克家庭節慶
四月八日至十日
　牙牙學語的高塔
四月十五至十七日
　輕鬆滑稽的場面：電影中的幽默
四月二十九日至五月一日
　神聖之路：永遠不老的指引
五月六日至八日
　春意盎然的大自然
六月十日至十二日
　桂冠／步行假期
六月二十六日至七月一日
　音樂週
七月五日至十日
　莫翰克一百二十五週年慶
七月十八至二十二日
　國際週
八月二十八日至九月二日
　花園假期
九月九日至十一日
　凡得彌爾網球大學之旅
九月二十三至二十五日
　哈德遜河谷收穫期
十一月十一至十三日
　牙牙學語的高塔

一月十六至二十一日
　牙牙學語的高塔週
一月二十八至三十日
　蘇格蘭週末
二月二十一至二十五日
　總裁人員特別節目
三月四日至六日
　神祕週末
三月十八至二十日
　製造新聞的人物與事件：與記者共渡週末
三月二十八日至四月三日
　兒童的復活節特別週
四月八日至十日
　Jane Austen 作品展
四月二十二至二十四日
　作家週末
五月二日至六日
　攝影人員的假日
五月八日至十三日
　徒步旅行者假期
六月二十至二十四日
　夏日大自然週
七月四日
　七月四日在高山中的啓蒙
七月八日至八月十九日
　莫翰克藝術節
八月十一日
　凝視白天與夜晚
九月九日至十一日
　哈德遜河谷－藝術家的靈感，歷史學家的寶藏
九月十六至十八日
　合唱歌手週末
十一月四日至六日
　文字的奇妙世界

十二月二日至四日 　交際舞 十二月九日至十一日 　冬季滑雪慶典	十一月十八至二十日 歌唱的喜悅 十二月九日至十一日 　檢視身體／放鬆心智：「瑜珈」週末 十二月十六至二十九日 　兒童假期特別計畫

　　以上的這份時間表，各位應該注意的是：對大部份的渡假中心來說，這些套裝產品與計畫通常都出現於傳統的淡季時段。它們是用來填補在一整年營運中業務量特別低迷的那些期間，而且大約佔整年顧客數量的 20％左右。莫翰克高山旅館的確是一個充滿藝術氣息的案例，它把旅遊與休閒的各種趨勢融入真正的商業經濟中。

　　問題討論：

a. 莫翰克高山旅館中提供的各項計畫，對於它的住房率與獲益性帶來了哪些利益？

b. 莫翰克高山旅館在設計這些計畫時，使用了哪些具創意的觀念？

c. 其它的住宿與觀光旅遊組織，可由莫翰克高山旅館採行的這些規劃與包裝中學到哪些啟示？

由業者提供的各種包裝概念

　　我們由餐飲旅館與旅遊業可獲得的套裝產品，可分為兩個主要的類別：

- **由中介者開發的套裝產品**　是指由許多旅遊業中介者，包括旅遊批發商與經營者、獎勵旅遊計畫者、某些旅行社、以及各種會議／集會計畫者，所組合而成的套裝產品。

● **由其它團體開發的套裝產品** 是指由供應者、運輸業者、目的地行銷組織、各種俱樂部、以及特殊興趣團體開發的其它套裝產品。這類套裝產品通常都可直接向來源處購買（例如：某家旅館所推出的週末套裝產品），而且或許也可以透過旅行社預約。在某些情況下，例如許多遊輪之旅的套裝產品，則只能透過旅行社預約。

此外，我們也可以使用四種不同的方式來分類套裝產品；這四種分類的基礎分別是：（1）套裝產品的構成要素，（2）目標市場，（3）套裝產品的期間或時機，以及（4）旅遊的安排或目的地。

1．依據套裝產品的構成要素來做分類

a．**包含所有費用在內的套裝產品** 旅程中必需支出的所有、或近乎所有的費用全都涵蓋在內－包括機票、住宿、陸地交通、餐飲、休閑、娛樂、稅金、以及小費等。遊輪公司與 Club Med，以及由許多海濱渡假中心與目的地所提供的套裝產品，便屬於此種類型。

b．**導覽旅遊** 指遵循某種事先就已決定好的行程，並有隨團領隊及導遊伴隨著。通常，這類的套裝旅行都已將所有費用全包，但仍可能會有某些自選項目（例如特殊的附帶行程）、或「自費」項目（例如安排你自己的餐飲或活動等）。大部份的汽車巴士套裝行程都屬於這類產品；費用包括汽車巴士交通、住宿、餐飲、以及參觀許多景點與使用娛樂設施的入場費。甚至於某些舉世聞名的組織，例如美國國立博物館、美國自然歷史博物館、國家地理協會等，也都介入此類的導覽旅遊業務。美國自然歷史博物館推出的「發現之旅」，便提供專業的導遊、住宿、餐飲、遊覽、以及專家演講。

c．**航空／汽車套裝產品** 指包括來回機票、以及目的地之租車在內的單一價格套裝產品。舉例來說，由德國航空／艾

維斯租車公司推出的「航空汽車經典之旅」，便提供了由美國至德國或奧地利的來回機票，再加上為期五天或更長時間的汽車租賃在內。對於那些喜歡在某個目的地區域內自行組合其旅遊計畫的旅遊者，此類套裝產品相當具有吸引力。

d．**航空／遊輪套裝產品**　包括往返啟航港口的來回機票、再加上一段遊輪航程。有許多遊輪公司都大做廣告，宣稱由某些「通衢」機場到啟航港口之間的機票，是「完全免費」或「價格極為低廉」。雖然如此，免費的航空機票事實上仍不多見。雖然機票的價格有折扣，但通常早就隱藏於整個套裝行程的報價內。

e．**航空／鐵路套裝產品**　是將航空與鐵路兩者加以結合。在美國，由 Amtrak 推出的「航空／鐵路旅遊計畫」便是此類例子；在所有費用全包的價格下，旅客們在行程中有一段路程是使用火車、而另一段路程則搭乘飛機。自從 1991 年初首度推出以來，此種產品很快地就成為 Amtrak 銷售狀況最佳的一種產品。

f．**鐵路／汽車套裝行程**　是一種使用鐵路交通、以及在目的地使用租賃汽車組合而成的產品。

g．**住宿與餐飲的套裝產品**　大部份的渡假中心與某些住宿業者，都致力於促銷一夜或多夜之住宿、再加上特定次數之餐飲的套裝產品。舉例來說，**美國式計畫**（AP）便是一種包括住宿與每日三餐－早餐、午餐、與晚餐－在內的價格。**修正的美國式計畫**（MAP）則是指包括住宿與每天兩餐－通常都是早餐與晚餐－在內的套裝行程。

至於只供住宿與早餐（B＆B）是指包括一夜的住宿以及隔天早餐的價格。由只供住宿與早餐之套裝產品形成的一種演變，即所謂的「大陸式計畫」（continental plan），這是一種提供大陸式（非熱食）早餐的產品。最後要提的則是**歐洲式計畫**（EP），

這是一種只提供住宿、而不包括餐飲在內的價格。

h. **特殊事件套裝產品** 每一年都有許多特殊、每年一度的慶典、娛樂及文化表演、或其它事件發生在北美洲與全世界。它們為我們這個行業帶來了相當可觀的各種包裝與規劃機會，其中包括奧林匹克運動會、冬季奧運會、泛美運動會、以及洲際競賽等各種運動錦標賽。此外，還有美洲杯、世界杯球賽、超級杯足球賽、世界聯盟棒球賽、以及各種 NCAA 大專院校的橄欖球錦標賽等。其它還有無以數計的大型節慶與慶祝活動，例如 Oberammagau、紐奧良的 Mardi Gras、巴西里約熱內盧的嘉年華會、以及愛丁堡節慶等。至於一輩子只能碰到一次的各種事件，例如觀賞哈雷彗星，也具有極高的包裝潛力。這類特殊事件套裝產品，可能只提供交通與入場券，但也可能將當地的住宿與餐飲都包括在內。

i. **針對特殊興趣規劃的套裝產品** 這類套裝產品最吸引人之處，在於由一家或多家參與者安排各種特殊活動、節目、以及重大事件。可以是各種運動與運動的指導（例如網球、高爾夫球、航海、沖浪、深海潛水、登山等）；各種嗜好或其它的消遣娛樂（例如美食烹調、茗酒品嚐、照相攝影、工藝美術等）；以及各種延續或自我進修的主題（例如電腦、金錢管理、處理壓力、文學、外語、文化歷史、醫學等）。就如同極受歡迎的電影「城市騙子」（City Slickers）中的情節一般，你可以在美國的西部地區，參加由許多農莊牧場所提供的此類服務，盡情地享受騎馬馳騁的樂趣。至於那些熱衷籃球的愛好者，則可以參加「夢幻籃球營」來滿足他們在「這個領域內」的各種夢想。一般來說，這類特殊興趣的套裝產品都是由住宿業者提供；是那些基本的、包含住宿與餐飲在內之套裝產品的一種延伸。

j. **地方性吸引人之事物或娛樂的套裝產品** 基本上，這類的產品並不包括住宿項目在內，而且是以當地的顧客為主要

目標。諸如餐廳／劇院、主題樂園／餐飲、以及旅遊／餐飲等
套裝產品，都是屬於此類的例子。

2 · 依據目標市場來做分類

這類的套裝產品，是為了滿足某些特定目標市場之需求而特別開
發的。包括：

　　a ． **獎勵的套裝行程或旅遊**　我們在第七章已提過，獎勵
旅遊已成為一種主要的成長市場。**獎勵的套裝行程**是由許多不同
的團體與個人組合而成，包括旅遊業中介者（全方位服務的獎勵
旅遊公司、專業的獎勵旅遊規劃公司、旅行社、團體旅遊經理人、
會議／集會計畫者），供應者（連鎖住宿業者、遊輪公司、與
某些主題樂園），航空公司、以及各種目的地行銷組織（政府的
某些觀光旅遊機構、與會議／遊客服務局）。這類行程係屬於
包含所有費用的套裝產品，而且所有的費用都已有人替參加旅遊
的團體或個人支付。各企業、公會、以及其它團體購買此類產品
的主要目的，通常都是用來做為對傑出的業績表現、新產品的推
出、或資金募集方面的一種獎勵。

　　b ． **會議／集會的套裝產品**　幾乎所有的渡假中心、旅館、
以及會議中心，都會提供此類產品，以吸引會議與其它集會。一
般來說，**會議／集會的套裝產品**已包含住宿與餐飲在內；但也
可能將某些當地的旅遊或景點參觀、或特殊事件或各種節目都包
括在內。通常，規劃是各種集會與會議的關鍵特色；在前文中，
各位已瞭解到在這些活動中所穿插的特殊主題。這些節目通常都
是休閒性的；渡假中心或旅館會為這些團體安排高爾夫球或網球
的分組比賽。Scottsdale 會議渡假中心便是這方面的一個有趣實
例，它設計了一項名為「3M 特別奧運會」的體育活動，來幫助
造訪該中心的主管級顧客們建立彼此間的團隊精神。

　　c ． **同質團體的套裝產品或旅遊**　指專門為具有某些共同

「特質」的團體安排的渡假套裝產品或行程；這種同質性通常是由一種親密的社交上、宗教上、或人種上的結合力所構成。專門為各種大學畢業校友會、教會團體、殘障人士、少數民族或人種、各種服務團體、以及其它社交性與休閒性的俱樂部或協會等所開發的套裝產品，都是這類的例子。

　　　ｄ．家庭渡假套裝產品　是指專為擁有小孩之家庭提供某些親子活動的渡假套裝產品。一般而言，這類產品會把專為兒童設計的各種特別規劃整合在內。舉例來說，包括首相遊輪（Premier）、帝王遊輪（Majesty）、與嘉年華遊輪（Carnival）在內的數家遊輪公司，其套裝產品中就包含專為兒童規劃的節目。同樣地，凱悅旅館推出的「凱悅營」這項概念，也提供了專為兒童設計的各種活動及招待；其中內容最豐富、涵蓋範圍最廣泛的，則是在夏威夷茂宜島（Maui）的威利凱悅旅館（Grand Hyatt Wailea）所提供的一處佔地達兩萬平方英呎的兒童活動中心。

　　　　ｅ．針對特殊興趣團體的套裝產品　在先前的第一種分類項目中，就已對這類產品做過討論。

３‧依據套裝產品的期間或時機來分類

　　對各種套裝產品進行分類的第三種方法，則是依據它們的期間或時機做為基礎。以下僅列舉某些相關實例：

1. 週末與短期渡假的各種套裝產品（指針對週末假期、或住宿期間少於六夜的假期所規劃的套裝產品）。
2. 假日的套裝產品（指針對公共假期或其它假日所規劃的各種套裝產品；例如聖誕節、新年、陣亡將士追悼日、勞工節等）。
3. 季節性的套裝產品（針對冬季、夏季、春季、以及秋季所規劃的各種套裝產品）。
4. 會議前與會議後的套裝產品及旅遊（指針對會議之前後

所規劃的各種附帶性套裝產品）。

5. 其它特定期間的套裝產品或旅遊（例如爲期一週或兩週的各種套裝產品）。

6. 淡季期間的特別產品（指各種價格低廉的旅遊套裝產品，通常都在淡季期間推出）。

4 · 依據旅遊的安排或目的地來分類

此外，我們也可根據套裝產品安排的方式來分類。舉例來說：

1. **海外自助旅遊（FIT）**：這是一種由顧客自行設計、再由旅行社或其它海外獨立旅遊專業人員協助安排的套裝行程，以吻合個別顧客在海外地區從事旅遊時的個別需求。

2. **團體旅遊（GIT）**：這是一種包含所有費用的套裝行程；必須達到某個最低成團人數（旅遊者的人數），行程中會包含一種或多種已排定時間的團體旅遊活動、或包租的飛機服務。

3. **包租旅行**：是指某家旅遊批發商、旅遊經營者、或其他個人或團體，將整架飛機或其它設備全部租用的一種行程或套裝產品。

4. **目的地套裝產品**：此外，我們也可根據行程中訴求的目的地來做爲套裝產品的分類基礎。針對旅行社所發行的各種雜誌，通常都會特別介紹前往夏威夷、佛羅里達、加州、加勒比海地區、百慕達、歐洲、南非、亞洲各國、以及其它目的地的套裝行程。

發展有效的套裝產品時應遵循的步驟

關於套裝產品爲何會如此廣受歡迎，它們扮演的角色，以及各

種套裝產品之類型，想必各位都已有了相當的瞭解。接下來的課題，是要對發展套裝產品的各種技術做一檢視。是什麼因素能讓一項套裝產品得以無往不利呢？這個答案其實很簡單，就像任何佳餚一般，祕訣就在於適當的成份，並儘可能以最佳方式來組合及調製，然後再用一種充滿吸引力、使人無法抗拒的方式提供出來。在我們開始逐步進行檢視之前，我們要先提出某些預備性的問題與關切事項。

與包裝有關的潛在問題及關切事項

某些套裝產品已証明無利可圖、或遠低於顧客們的期望。我們應該關切的兩個主要問題是：（1）財務上的生存與發展能力（即該套裝產品是否能夠創造利潤？），以及（2）喪失對顧客經驗的整體控制能力（即其它參與者提供的服務水準是否與我們的服務水準一致？）。由於大部份的套裝產品都會與價格折扣有關，因此供應者及運輸業者勢必會擔心出現某種「劣幣驅逐良幣」的現象－亦即那些支付正常費率與票價的顧客，將被那些偏愛低廉成本的顧客們所取代。

另一項風險則是**專屬空間**（指專為旅遊批發商或其它團體顧客們預留的某一群房間或某一區的座位）的問題；它可能會臨時取消、或低於原先的預期。這種情況經常發生，而對於這些被取消的空間，通常都沒有足夠時間再銷售出去。

另一項值得關切的問題是：這些套裝產品的顧客們與我們其它的目標市場並不具有相容性。將一群前往參加某項基督徒會議的代表們，與一伙前往拉斯維加斯從事賭博休閒之旅、或前去觀賞世界足球杯大賽的旅客們組合在一起以達到包機目的，並不是一項值得讚賞的主意。將一群參加狩獵之旅的遊客、與那些參加綠色和平組織會議的成員們安排同住一間旅館，似乎也是一種會造成許多問題的組合。

那麼，就我們選用的定位方式來說，包裝所產生的究竟是一種支撐或分散的效果呢？對於那些選擇提供各種豪華的餐飲旅館與旅遊

服務的公司們而言，這的確是一項相當實際的問題。他們是否會因為提供了價格有折扣的套裝產品，而使那些支付高價格的顧客們裹足不前呢？從另一方面來看，一家以經濟預算為導向的公司，是否能夠充份地修正其形象、並成功地將高價位的套裝產品導入市場呢？

雖然我打算將這些詭譎的問題留給各位自己去思考，但是，它們的確能帶領我們步入這項討論的重點所在。包裝與規劃必須要能和我們選定的行銷策略、目標市場、定位方法、以及行銷目標取得一致，而且還要能對它們產生支持的效果。當然，它們也必須符合行銷的基本目標－在有利可圖的情況下，使顧客的需求及欲望獲得滿足。

成功的套裝產品之構成要素

套裝產品通常都是由一家以上的相關組織共同提供。組合成功的套裝產品就如同烹調一般；假如其中存有某種品質低劣的成份時，通常都會使整體經驗的風味遭到破壞。以下所列的各項構成要素，可說是成功的套裝產品之品質証明。它們必須是：

1・包括各種引人的事物

所有的套裝產品都必須擁有一項或多項引人之處，可能是參觀紐約巨人隊的球賽入場券、或前往欣賞一票難求的著名歌劇。低廉的價格是最簡單的一項吸引力，而這也是許多旅館在週末套裝產品中使用的方法。例如導覽旅遊之類的某些套裝產品，則會把數種吸引人的事物或景點包括在內。

2・提供顧客們物超所值的內容

顧客們之所以會購買套裝產品，是因為他們認為與自己花費的旅遊支出相較下，他們可以獲得更高的價值。對許多人來說，這種價值感來自套裝產品的全部費用，要比他們分別購買單項產品所

需的正常價格之總金額來得低廉。有些人則是以套裝產品的內容及多樣性來做為價值的測量標準。舉例來說，茗酒的愛好者對於在套裝產品中包含有公認的品酒專家進行說明、以及免費的茗酒品鑑，會賦與相當高的評價。而那些熱衷「神祕謀殺」假期的顧客們，則會對某位知名作者的參與感到價值非凡。

幾乎所有的人都會被「免費」或「招待」等用詞深深吸引。對於不費分文而可以享受某些項目這件事，我們都會深感好奇與充滿興趣。因此，在套裝產品中出現某些「免費」或「招待」的項目時，便能產生附加的價值感與吸引力。

3‧在所有構成要素之間，提供一致的品質與調和性

成功的套裝產品，必定能在所有構成要素中提供一致的品質與調和性。我們在前文中已強調過，顧客們之所以會購買套裝產品，有一部份的原因在於他們期待會獲得這種一致性。如果在服務的水準、或各種設施的品質上存在著矛盾與衝突時，顧客們很容易就注意到這些現象。他們傾向於根據這種不一致的要素或服務品質，來對整個「套裝產品經驗」做出負面的評判。以下這個例子便足以証明這項論點。一對年輕的夫婦向某家素有提供高品質小型遊艇行程美譽的公司購買為期一週的加勒比海套裝產品，而他們也的確在遊艇上渡過了一段美好的時光。然而，他們前往啟航港所搭乘的航空公司，服務水準卻相當低劣。班機的起飛時間嚴重延誤，他們在機場中枯等的同時，也不見航空公司的任何人員出面向他們表示關切或致歉。由於這家航空公司的服務無法與他們在遊艇上所受到的高度禮遇及高品質服務相互契合，而使他們對這次的整體渡假期經驗大打折扣。

4‧良好的規劃與協調整合

優秀的套裝產品，必定會經過審慎的規劃與協調整合，以期儘可

能地與顧客的需求相契合。在這方面，Club Med 渡假村的概念再次提供我們一個傑出的實例。他們採行的基本概念、以及各種套裝產品，在規劃上都是為了讓渡假者能夠充份放鬆自己、並且將日常生活中的單調平凡或龐大壓力拋在腦後。在所有的 Club Med 渡假村中，你將看不到任何報紙、電視、收音機、以及電話。各種體育活動、指導、以及娛樂等，都經過相當精心地規劃與協調。事實上，這些項目在規劃上都是為了讓所有的 GM（高貴的會員－這是該渡假村對遊客們使用的稱呼）能夠獲得最大的享受。渡假村所有的 GO（殷勤的工作人員－這是該渡假村對其員工們所使用的稱呼）迎接遊客們的歡迎儀式，以至於為了確定所有的 GM 都能彼此認識而設計的座位安排，Club Med 所推出的各種渡假套裝產品在規劃與整合上，都是以提供儘可能讓人感到最愉悅的經驗為考量。

5・提供某種與眾不同的顧客利益

與顧客們自行分別購買各種餐飲旅館與旅遊項目相較之下，好的套裝產品都必定能夠提供顧客們某些前者無法獲得的事物。通常來說，這種與眾不同的利益所提供的便是一種物超所值的感受；例如 Marriott 提供的「雙人早餐週末假期」，就是此類實例之一。但是，低於正常水準的價格，並不見得就是最能夠吸引顧客的利益所在。它也可能是一張前往參觀某位知名藝人的表演、或某場運動比賽、或由某位著名作家或歷史學者演講的入場券，或某家豪華百貨公司所提供的贈品兌換券。這種吸引力的關鍵在於：這些特色或節目是單獨的顧客所無法自行取得的。這項套裝產品所提供給顧客們的，是某種獨一無二、而且相當便利的途徑，讓他們能夠獲得參觀這些節目或享有這些服務的通路。

6‧將所有的細節都涵蓋在內

在許多情況下，要組合套裝產品並非難事；不過，將那些看似平凡瑣碎、但卻可以讓該項套裝產品突顯其傑出性的細節詳加記錄，仍是我們不可掉以輕心的一件事。如果因為某些預期之外的狀況而使顧客們必須取銷預約時，將會發生何種情形？當你抵達滑雪行程的目的地後卻發現停止下雪時，該怎麼辦？如果你、或你的同伴突然打消前往行程中已排定的某個景點時，又該如何？在你的叢林探險假期中如果每天都是豪雨不歇，該如何是好？這些只不過是極有可能發生、而且是套裝產品計畫者必須列入考量之諸多問題中的少數幾項罷了。

確定所有的細節都已涵蓋在內，就彷彿假設莫非定律（「任何事情如果可能出錯的話，那它就必定會出錯」）將會取得上風一般，這對許多人來說是一種太過悲觀的看法。雖然如此，通常能產生最滿意之顧客以及正面口碑廣告的基本原因，也正來自對這些細節的關注。另一個例子則可証明這項觀點。一對年邁的老夫婦預訂了一項由某家知名旅遊經營者所提供、前往 Galapagos 島嶼及秘魯的導覽套裝產品。在行程中，一位醫師告訴這位老太太：參加前往位於祕魯安地斯山脈的馬丘比丘（Machu Picchu）之附屬行程，可能會對她的健康造成不利的影響。該旅遊批發商已預期到這種可能性，因此也把馬丘比丘行程的費用退還給她。這家批發商的周詳考慮與公平作法，讓這對夫婦留下深刻的印象；他們也把這家公司的專業態度、以及對個別顧客的高度關心告訴了許多親朋好友。這個例子証明了一項事實：一家公司所做的某些小事，對客戶而言通常都是意義非凡的。

將所有細節涵蓋在內時，有幾項關鍵要素是我們必須列入考慮的：

- 對於保証金、取消預約、以及退款等，必須有一明確的

政策。

- 在預約日期與自選活動項目上，應該要提供顧客們最高程度的彈性。

- 針對套裝產品的所有構成要素，提供完整的資訊；包括價格，並未包含在內的項目，必須準備的衣物或裝備，可允許的替代項目及可供選擇的自選活動，預約的程序，最少的出團人數（如果有此限制的話），單人房的差價（住宿單人房時必須支付的額外費用），與大人同行之兒童的相關政策及收費，遭遇天氣或其它問題時所做的臨時安排，以及其它特定資料。

7・創造利潤

套裝產品雖然是一種可讓顧客需求及欲望獲得滿足的極佳方式，但它們也必須要能創造利潤才行。由我們這個行業所提供的套裝產品，有許多到最後都演變成財務上的禍源。在大部份的情況下，套裝產品代表的確是一種價格折扣，因此也必須遵循相同的規則。我們稍後將對價格訂定進行詳細的檢視，但現在只要先告訴各位下列這項觀念，應該就足夠了：當某些服務的訂價比它們的變動（直接）成本還低時，就不應該把這些服務包含在套裝產品中。一般來說，提供各種套裝產品的最理想時機是：當其它的各種需求來源正處於最低點、或根本不存在時，以及不至於把能夠創造較高收益的顧客排斥在外時。

訂定套裝產品的價格

你要如何在提供顧客物超所值之產品的同時，仍然能夠創造可接受的利潤？這個問題的答案，係決定於在訂定套裝產品之價格時所使用的一種審慎仔細、按步就班的方法，該方法會運用到**損益兩平分**

析的技巧（制定價格時使用的一種方法，以固定成本、變動成本、顧客數量、以及毛利為考量基礎。）

1．確認固定成本，並以數字顯示

固定成本是指不論購買套裝產品的顧客人數多寡，依舊維持不變的各種成本。它們包括開發與郵寄特別簡介、媒體廣告、以及某些套裝產品構成要素（例如隨行領隊的薪水與旅行費用、包租的運輸設備、演說者的費用等）所需的成本。如果該項套裝產品並無隨行領隊，而且也不包括前往目的地的交通運輸時（例如典型的旅館週末套裝產品），那麼固定成本通常就只有製造與郵寄簡介，廣告，以及例如招待人員與各種入場券的固定支付額等要素而已。對旅館而言，週末套裝產品最迷人之處在於除了上述這些項目外，此類套裝產品只會增加相當少量的其它固定成本。在這種情況下，只要這些「先期」成本能打平，則旅館所必須擔心的就只有如何使變動成本獲得抵補了。旅館業者可能需要把少量的「總計」費用加在其它固定成本上，以抵補例如行政管理與維修等項目所需的成本。

2．確認變動成本，並以數字顯示

變動（或直接）成本是指那些會受到顧客人數多寡而直接變化的各種成本。就旅館的週末套裝產品而言，此類成本主要包括客房的清掃，提供的餐飲，「免費贈品」（例如酒類或香檳的數量、贈品券、水果籃、運物袋等），以及每個人或每間客房所消耗的其它物品。某些旅館的週末套裝產品是**可退佣的**（亦即支付佣金給那些為他們的客人預訂房間的旅行社），而且佣金費用會直接依據旅行社的訂房數量而有不同。

對旅遊批發商、旅行社、以及組合各種套裝產品與行程的其它組織而言，變動成本的範圍會更廣泛。基本上，這些成本包

括以下各項：

1. 旅館的客房費用。

2. 機票。

3. 餐飲。

4. 小費、或各種服務費。

5. 入場或門票費用。

6. 觀光景點的行程。

7. 稅金。

３．計算每個人的總計套裝產品成本

綜上所述，各位已得到兩種成本的預估值：（１）不論套裝產品的銷售數量多寡都必須支付的總固定成本，以及（２）會直接隨著客人數量改變的總變動成本。由於你的目標是要計算出每個人所需的套裝產品價格，因此你也必須將固定成本以這種基礎來表示。這種作法也意味著要對可能購買此項套裝產品的顧客人數做一預估。但是，你該如何預估呢？你應該使用最大值、最小值、或是中間值？風險最低、而且較受推薦的方法，當然是使用最小的期望值來預估；或是使用另一種方法，即做出你的最佳計畫，然後再將它削減約百分之二十五至百分之三十。當你一旦計算出預期的購買者數量後，便可將總固定成本除以這些人數。

４．加上利潤金額

利潤要如何創造，會隨著組織類型的不同而有差異：

1. 由旅遊業中介者開發的套裝產品：

   • 假如該項套裝產品的計畫者是一家旅遊批發商或獎勵旅遊的公司時，那麼到目前為止，該套裝產品中並無任何構成要素已能提供利潤。因此就必須加上某個百分比或是某固定金額的「利潤」。一般而言，這項利

潤只會依據「陸上部份」來做爲基礎；也就是說，不
會在機票部份再加上利潤。

- 至於那些自行組合套裝產品的旅行社，則可藉由該套
  裝產品之各種不同構成要素中所賺得的佣金做爲利
  潤。

2. 由其它組織開發的套裝產品：

- 由供應者與運輸業者開發的套裝產品，則藉由他們提
  供的各項構成要素 (例如客房、餐飲、機票、出租汽
  車、遊輪等) 來賺取利潤。當他們在計算這些套裝產
  品的構成要素時，就已經把利潤加入成本中。

旅遊批發商及獎勵旅遊公司推出的套裝產品中，利潤通常
介於百分之十到百分之三十之間。因此，這些公司便會以每個人
的變動與固定成本爲依據 (如果合適的話，則會將機票排除在
外)，再加上相等於這項百分比的金額，而計算出每個人所需的
最後套裝產品價格。

5 · 計算單人追加費用

大部份的套裝產品與行程，都是以雙人房或兩人一房來做爲銷售
的基礎，而且報價也以這種方式爲依據。爲了讓顧客們擁有最大
的彈性，所有的套裝產品通常也能在加收額外費用的原則下，接
受顧客們以單人房的基礎來預訂。在旅遊業，這筆額外的金額也
就是所謂的「**單人追加費用**」。這筆費用相當於：在以每個人爲
基礎的情況下，單人房與雙人房之差額乘上住宿天數，再加上稅
金、服務費／小費、以及利潤 (如果合適的話)。

圖 12-6 至 12-8，是旅遊業者在組合各種套裝產品時使用的
訂價範本。圖 12-6 與 12-7，適用於旅遊批發商及獎勵旅遊公司
的套裝產品；圖 12-8 由旅行社組合的套裝產品。

6.計算損益兩平點

計算損益兩平點是訂定套裝產品價格的最後一個步驟；是由賺得的總利潤，正好和總成本（固定與變動成本）及所希望獲得利潤的總數相等的那個點。在餐飲旅館與旅遊業中，傳統上都以顧客的數量，來表示這個損益兩平點。關於計算的正確公式，我們將在第十九章再探討。

Rosemont 鄉村俱樂部歐洲之旅

陸上行程費用：

	變動費用 （每人）	固定費用 （每次行程）
來自阿姆斯特丹業者的報價	$ 280.00	
由阿姆斯特丹到巴黎的單程火車票價	54.00	
來自巴黎業者的報價	267.00	
來自羅馬業者的報價	225.00	
旅行袋與啓程時的打包	7.00	
每人所需之陸上行程費用總額	$ 1,043.00	

贊助組織提供的免費行程：

前往總統俱樂部的機票，非團體包機	$ 800.00	
阿姆斯特丹業者的陸上行程費用，團體	0	
阿姆斯特丹至巴黎的火車票，15 人之團體	0	
巴黎業者的陸上行程費用，團體	0	
羅馬業者的陸上行程費用，團體	0	
旅行袋與啓程時的打包	7.00	
總統俱樂部的總費用		$ 807.00

旅遊經理人的費用：

薪資，每天 $ 75，共計十一天	$ 825.00	
以上所述各項變動的陸上行程費用	1,043.00	
單人房追加費用，淨額	130.00	
機票－非團體包機	800.00	
雜項費用－額外的餐飲等	300.00	
旅遊經理人所需的總費用		$ 3,098.00

促銷費用：

簡介，共計三仟份	$975.00	
直接郵寄	2,005.00	
促銷晚宴	595.00	
廣告	925.00	
促銷費用總估計金額		$4,501.00

總計： $1,043.00　　$8,406.00

摘要概述：

每人變動費用	$1,043.00
每次行程固定費用，以$8,406 除以最少 15 人之成團人數	+560.40
每人所需陸上行程總淨額	1,603.40
利潤：以總毛額之 25% 為利潤計算基礎，將總淨額$1,603.40 除以 0.75 = 陸上行程毛價格	2,137.87
加：機票毛價格	+800.00
零售總價格，陸上行程與機票	$2937.87

在 15 位團員之下的利潤狀況：

每人的陸上行程零售價格	$2,137.87
減：每人所需陸上行程淨成本	-1,503.40
每人的陸上行程利潤	534.47
每人的陸上行程利潤$534.47 乘以最低成團人數 15 人＝在至少 15 位團員的情況下，每次行程的陸上部份之利潤	8,017.05
加：機票佣金，$800 之機票毛價格乘上 11% ＝每人$88 x 預計最低成團人數 15 人＝機票總利潤	+1,320.00
在 15 位團員時的總利潤	$9,337.05

在 30 位團員之下的利潤狀況：

每人的陸上行程零售價格	$2,137.87
減：每人所需陸上行程淨成本	-1,503.40
每人的陸上行程利潤	534.47
每人的陸上行程利潤$534.47 乘以團員人數 30 人＝當團員人數達到 30 人的情況下，每次行程的陸上部份之利潤	16,034.10
加：機票佣金，$800 之機票毛價格乘上 11% ＝每人$88 x 團員人數 30 人＝機票總利潤	+2,640.00
加：因為該行程的固定費用已被第 1 位至第 15 位團員所分攤，而由 15 位額外團員（亦即由第 16 位至第 30 位團員）所造成的固定費用之節省；亦即$560.45 x 15	8,406.00
在 30 位團員之情況下的總利潤（陸上行程$16,043.10、加機票$2,640.00、加額外 15 位團員參加該行程後所造成的費用節省$8,406.00）	$27,080.10

＊＊ 請注意：當人數達到 30 人時，團員人數雖然是最低成團人數的兩倍、但利潤卻幾乎是原先的三倍；這是因為該行程在一開始時，即是以最低所需人數來預估的緣故。

圖 12-6：套裝產品價格訂定試算表。

		行程： ＿＿＿＿＿＿	行程日期： ＿＿＿＿＿
		擬稿： ＿＿＿＿＿＿	取消日期： ＿＿＿＿＿
		修正： ＿＿＿＿＿＿	使用通路： ＿＿＿＿＿

動成本（每人）：

基本機票價··· ＿＿	7. 加值營業稅 ＿＿	13. 打包費用·· ＿＿
附加費用···· ＿＿	8. 服務費用··· ＿＿	以（　）為基礎
機場稅····· ＿＿	9. 餐飲費用··· ＿＿	14. 保險費 ＿＿
轉運費用···· ＿＿	10. 餐飲稅及小費 ＿＿	15. 通知郵資·· ＿＿
行李小費···· ＿＿	11. 景點遊覽··· ＿＿	16. 雜項費用·· ＿＿
旅館房租···· ＿＿	12. 入場門票··· ＿＿	
人追加費用···· ＿＿		總計····· ＿＿

定成本（行程領隊）：

交通費用·· ＿＿	7. 景點入場門票費用·· ＿＿	12. 護照／簽証·· ＿＿
（住家／使用通路／住家）	8. 行李小費····· ＿＿	13. 預防接種·· ＿＿
交通費用（行程中） ＿＿	9. 保險費	14. 貨幣兌換·· ＿＿
機場稅···· ＿＿	10. 餐飲／旅館	15. 雜項費用·· ＿＿
旅館房租·· ＿＿	（行程之前／行程之後） ＿＿	16. 薪資···· ＿＿
餐飲、稅金、小費·· ＿＿	11. 旅行支票··· ＿＿	（每天）
轉運費用····		總計···· ＿＿

成本（團體）：

司租車輛 ＿＿	7. 節目欣賞··· ＿＿	13. 行政管銷費用· ＿＿
通行費／渡船費	8. 解說人員費用·· ＿＿	14. 雜項費用·· ＿＿
景點遊覽	9. 司機小費··· ＿＿	15. 說明會費用·· ＿＿
入場門票 ＿＿	10. 簡介費用··· ＿＿	16. 資金籌措 ＿＿
當地導遊	11. 促銷費用··· ＿＿	
轉運費用	12. 聯絡費用··· ＿＿	總計···· ＿＿

成團人數：
行程成本：
總變動成本·
總固定成本
（以團員人數）
A與B之總和··
利潤金額（％）
機票費用
C、D與E之總和
價格······

乘客的最低人數：	陸上行程之利潤（D）：
乘客的最高人數：	機票佣金：
	總淨額：
	（每人）

圖12-7：價格結構表：由旅遊批發商所開發的旅遊套裝產品。

包裝與規劃的關係

包裝與規劃是兩種相關的概念。許多套裝產品都涵蓋某些規劃，而且這些規劃對套裝產品來說，通常也就是它最主要的旅遊需求製造者。當然，在套裝產品中也可能不包括任何規劃。圖 12-8 所示者便是。

套裝產品不見得非要把規劃整合在內不可。舉例來說，可以只是包括住宿與餐飲的簡單套裝產品；就如圖 12-8 的左上方所示。Marriott 推出之「雙人早餐週末假期」套裝產品，便是使用這種概念的實例。該套裝產品的價格包括兩晚的住宿，以及在兩個連續週末早晨的兩人份美國式早餐。這項產品的主要魅力、以及它的旅遊需求製造者究竟是什麼呢？只不過是一種將價格降低、沒有任何附加雜項費用在內的產品罷了。有時候，你只要把價格壓低就足以將套裝產品銷售出去，而不需要再加入其它任何的規劃。

但是，規劃也的確能成為包裝的強力戰友，尤其在光靠低價位仍不足以讓顧客產生足夠興趣時。規劃可以成為旅遊需求的製造者，就如同在「神祕謀殺週末假期」中所使用者一般；它或許也可以成為套裝產品中不可或缺的一部份。就如圖 12-9 中所示，「神祕謀殺週末假期」、以及諸如由 Club Med 推出的各類以規劃為基礎的假期，都屬於這種規劃與包裝「相互重疊」的實例。

此外，規劃也可以獨自進行，而不必與包裝有關。在圖 12-9 中所示，於迪士尼樂園舉辦的遊行、以及在美國各酒吧與客棧推出的週一晚上橄欖球之夜，便是兩個此類的實例。

	價格	佣金／利潤
華盛頓特區與檀香山之間的來回機票	489.00	53.79
美國本土的離境稅	6.00	
檀香山旅館六夜住宿費用（每人每晚＄27.50）	165.00	16.50
稅金4％	6.60	
小費10％	16.50	
行李轉換搬運費－淨額	6.00	
迎賓花圈－淨額	3.00	
珍珠港遊覽－淨額	7.00	
六月十七日雞尾酒晚宴；每人淨額為＄7，外加4％稅金及15％小費	8.33	
六月十七日午餐；每人淨額為＄10，外加4％稅金及15％小費	11.90	
時裝表演（＄300除以75人）	4.00	
六月二十日雞尾酒晚宴；每人淨額為＄7，外加4％稅金及15％小費	8.33	
六月二十日自助式午餐；每人淨額為＄15，外加4％稅金及15％小費	17.85	
草裙舞－淨額	3.00	
	752.51	70.29
利潤：		
說明簡介成本（＄250除以75人）	3.33	
郵資與電話總計費用	1.00	
沖抵淨額項目的額外利潤，產生大約20％利潤	35.10	35.10
團體行程：每25人中有1人；僅適用陸上行程部份（機票與旅館免費）；（＄69.41×3）÷75人	2.78	
領隊費用** ＄360除以75人	4.80	
總計：	799.52	105.39
取整數後之銷售價格：	799.00	

** 領隊係以機票及住宿免費為計算基礎。每天薪資為＄40.0，每天費用為＄20.0。

單人追加費用：		
住宿六夜，每晚為＄40.0	240.00	
稅金4％	9.60	
小費10％	24.00	
單人房總成本：	273.60	
減：在前述成本中所顯示的雙人房費用之一半（＄165.00＋稅金＄6.60及小費＄16.50）	188.10	
使用單人房所需的追加費用	85.50	
四捨五入後之銷售價格：	85.00	

圖 12-8：訂定由旅行社開發之產品的價格。

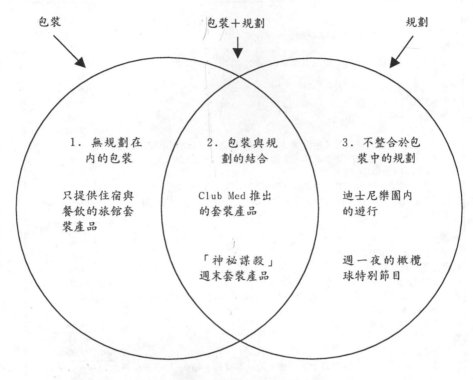

包裝　　　　　　　　包裝＋規劃　　　　　　　規劃

1. 無規劃在
　內的包裝

只提供住宿與
餐飲的旅館套
裝產品

2. 包裝與規
　劃的結合

Club Med 推出
的套裝產品

「神祕謀殺」
週末套裝產品

3. 不整合於包
　裝中的規劃

迪士尼樂園內
的遊行

週一夜的橄欖
球特別節目

包裝與規劃是兩種彼此相關的技巧。

它們能夠組合或單獨進行。

圖 12-9：包裝與規劃的關係。

本章摘要

　　餐飲旅館與旅遊業的包裝在型態上具有獨特性，而且包裝的日
益受到重視，已成爲過去數十年來產業主要的趨勢之一。導致這種趨
勢的部份原因，係由於包裝不僅能爲顧客、同時也能爲所有參與其中
的組織帶來各種利益。它們在顧客的需求與可獲得的服務之間，創造

一種更佳的「契合」。同時，藉著在低潮的淡季時段創造業務量，包裝也有助於我們這個產業處理「服務無法貯存」的問題。

　　規劃不僅是和包裝有關連性的一種概念，同時也能提昇餐飲旅館與旅遊服務的魅力。規劃經常會存在於包裝中，但也可以使用本身的形式來進行。

問題複習

1. 「包裝」與「規劃」這兩個術語代表什麼意義？兩者之間是否有關？若是，其關連是如何？
2. 在過去的三十年內，各種套裝產品與行程規劃為何會日漸受到重視？
3. 在將各種餐飲旅館與旅遊服務導入市場時，包裝與規劃所扮演的五種主要角色分別為何？
4. 在我們這個行業中與套裝產品有關的兩種主要類型分別為何？
5. 對套裝產品進行分類時，還有哪三種其它的要素可供使用？包括在這三個團體中的套裝產品分別為何？
6. 在開發有效的套裝產品時，應該遵循的七個步驟分別為何？
7. 在訂定某項套裝產品的價格時，有哪些程序是必須遵循的？
8. 規劃是否會常常出現在套裝產品中？若否，則請舉出某些「純屬」規劃的實例。

本章研究課題

1. 你是某家小型渡假中心的行銷主管。該渡假中心在夏季與冬

季的業績表現都相當出色，但在春季與秋季時的業務量則明顯下滑。你必須開發出五或六種能夠讓春季與秋季的業績蓬勃成長的套裝產品。在這些套裝產品中，你會將哪些構成要素包含在內？你將以何種價格做爲收費標準，以及你會以何種方式把這些套裝產品導入市場中？你選定的目標市場有哪些？你要如何測定每項套裝產品的成功與否？

2. 前往某家旅行社、並收集五或六種具競爭力的套裝產品之簡介（例如：遊輪假期、渡假中心套裝產品、旅館週末套裝產品等）。並對每項套裝產品的構成要素進行比較。它們是否完全相同？如果不是的話，差別在何處？它們之間的價格相較下有何不同？這些套裝產品中是否都包含有特殊的節目規劃？你認爲哪一種套裝產品最好？爲什麼？你要如何改善這些套裝產品的內容？

3. 你居住社區的某家餐廳或旅遊景點的老闆，請你提供某些有助於提昇業務量的可行計畫。在發展規劃的觀念時，你會遵循哪些步驟？請提出五或六種可使用的計畫。並請藉由獲利之提高，來証明這些計畫增加的額外成本是值得投入的。這家餐廳或旅遊景點如何能因爲提供這些計畫而得到利益？

4. 本章中已說明各種套裝產品，可依據包裝的構成要素、目標市場、期間或時機、或旅遊的安排或目的地，來對它們進行分類。請進行某些調查，並針對這四類套裝產品，分別舉出至少三個以上的實例（但不得與本章已提過的重覆）。你可以從自己居住的地區中選取這些實例，或挑選行業中某個特定部份（例如：渡假中心、或航空公司）來找出實例。並請針對你所找到的每項套裝產品，分別做一敘述。

第十三章

配銷組合與旅遊業

學習目標

研讀本章後，你應能夠：

1. 定義配銷組合與旅遊業這兩個術語。
2. 說明餐飲旅館與旅遊業的配銷組合為什麼與其它行業不同。
3. 列舉主要的旅遊業中介者。
4. 說明每一種旅遊業中介者分別扮演的角色。
5. 列舉旅遊業展開行銷的各種步驟。

概論

　　將各種餐飲旅館與觀光旅遊服務送交給顧客時，何者才是最佳的方法？除了某些食品提供外送到家的服務之外，這個行業並不存在著實體配銷系統。服務是無法觸摸的；不能夠從A點運送到B點。所有的公司或直接把服務提供給顧客們，或透過一家或多家旅遊業中介者來間接地提供。

　　這個行業的配銷系統不僅複雜，而且極為獨特。獨特係由於旅遊中介者能夠對顧客的選擇造成影響。複雜是因為牽扯其中的組織極多樣化、而且彼此之間又都有關。本章將對這個行業的各種配銷管道、以及牽扯的各種主要組織扮演的角色，做深入的檢視。

關鍵概念及專業術語

指定（Appointed）

配銷管道（Channels of Distribution）

佣金「上限」（Commission「Caps」）

會議／集會的計劃者（Convention / Meeting Planners）

團體旅行社（Corporate Travel Agencies）

團體旅遊經理人（Corporate Travel Managers）

專辦遊輪行程的旅行社（Cruise-Only Agents）

直接配銷（Direct Distribution）

配銷組合（Distribution Mix）

獎勵旅遊（Incentive Travel）

獎勵旅遊的計劃者（Incentive Travel Planners）

間接配銷（Indirect Distribution）

內部工廠（inplants）

優先供應者（Preferred Suppliers or Vendors）

零售旅行社（Retail Travel Agents）

衛星票務發行處（STP；Satellite Ticket Printers）

旅遊業（The Travel Trade）

旅遊經營者（Tour Operator）

旅遊批發商（Tour Wholesaler）

交易廣告（Trade Advertising）

旅遊業中介者（Travel Trade Intermediaries）

沿著高速公路行駛時，你必定可以看到許多貨運卡車將產品運送到各零售店、批發倉庫、或是其它場所，以供進一步加工及製造。對任何一處大型機場稍做觀察，必然能夠注意到正有不少的貨運機起飛或降落。如果你居住的小鎮剛好有鐵路通過，你或許也能敏銳地注意到似乎有綿延不絕的貨運火車隆隆駛過。你見到的這些景象，是北美洲許多大規模企業對他們的產品進行實體配銷。然而，因為產品無法觸摸，使得餐飲旅館與旅遊業的配銷系統無法目視。你所能見到的表面景象，很可能只是居處附近的一家或數家旅行社罷了。

雖然我們這個行業的配銷系統幾乎無法目視，但是其構成要素的重要性，絕不亞於製造業之配銷系統。在配銷系統中的旅遊業中介者，不僅能對所有顧客、也能對其它團體提供許多利益。他們的專業知識與意見，使顧客們能夠由旅遊中獲得更滿意、更愉悅的經驗。他們的各項服務、零售通路、以及促銷活動等，大大地提昇了運輸業者、供應者、以及目的地的業務量與知名度。

配銷組合與旅遊業

本書已對行銷組合、促銷組合、以及產品／服務組合做過探討。**配銷組合**與這些概念相當類似；係指餐飲旅館與觀光旅遊組織為了要使顧客們知道、預訂、以及交送其服務，所使用的一種由直接配銷與間接配銷管道構成的組合。當組織本身承擔起促銷、預約、以及提供服務給顧客們的所有責任時，便是**直接配銷**。一般來說，它適用於供應者及運輸業者並未與任何**旅遊業中介者**（這些中介者統稱為**旅遊業**）共同合作的情況。舉例來說，某些旅館的週末套裝產品，就只能直接由顧客來預訂。所謂的**間接配銷**，是指把促銷、預約、以及提供服務的部份責任，交付給一家或多家其它的餐飲旅館與觀光旅遊組織來承擔；這些其它的組織通常就是指那些旅遊業中介者。至於**配銷管**

道，是指供應者、運輸業者、以及目的地行銷組織使用的各種直接或間接的配銷安排。

圖 13-1 中把直接配銷與間接配銷的概念，以關係圖表示。它同時也突顯出下列五種主要的旅遊業中介者：

1. 零售旅行社；
2. 旅遊批發商與經營者；
3. 團體旅遊經理人與旅行社；
4. 獎勵旅遊的計劃者；
5. 會議／集會的計劃者。

現在，就來對這些中介者做更詳細的檢視，以進一步說明配銷組合的概念。如圖 13-1 所示，運輸業者及供應者可說是餐飲旅館與觀光旅遊配銷系統的基礎，這是因為它們提供了顧客所需的各種運輸及目的地服務。個別的運輸業者及供應者，在配銷組合中通常都會使用超過一種以上的配銷管道，而且也會使用到直接配銷與間接配銷。舉例來說，大部份的航空公司除了會直接向個別的休閒或商務旅客促銷其服務外，同時也會向企業或其他團體顧客們展開促銷活動。如果顧客們要求的話，這些航空公司也會接受直接來自顧客的訂位、簽發機票。

旅客們也可以選擇透過零售式旅行社來預約，並由這些代理商交付訂購的機票（對航空公司而言，這是一種間接的配銷管道）。對大部份的旅行社而言，這種作法在業務量中佔了重要的比例。航空公司也經常透過其它四種中介者，利用其專業化雜誌以直接促銷業務，並且參與由旅遊批發商／經營者、獎勵旅遊計劃者、團體旅遊經理人／旅行社、以及會議／集會的計劃者所產生的各種套裝產品。同樣地，這些作法對航空公司而言，是屬於間接的配銷管道。

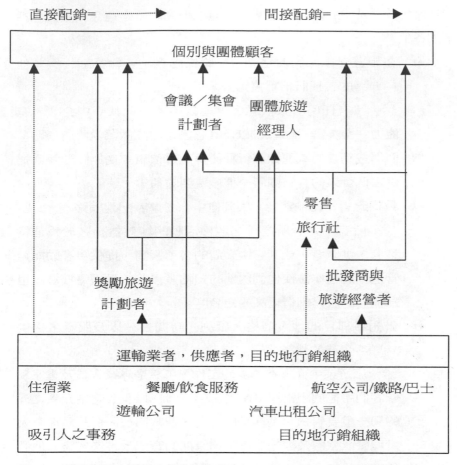

直接配銷= ┈┈┈▶   間接配銷= ───▶

┌─────────────────────────────────────┐
│   個別與團體顧客   │
└─────────────────────────────────────┘

會議／集會   團體旅遊
計劃者   經理人

零售
旅行社

獎勵旅遊   批發商與
計劃者   旅遊經營者

┌─────────────────────────────────────┐
│   運輸業者，供應者，目的地行銷組織   │
├─────────────────────────────────────┤
│ 住宿業   餐廳/飲食服務   航空公司/鐵路/巴士 │
│   遊輪公司   汽車出租公司   │
│ 吸引人之事務   目的地行銷組織   │
└─────────────────────────────────────┘

圖 13-1：餐飲旅館與觀光旅遊的配銷系統。

　　連鎖住宿業者也一樣。你可以直接向旅遊目的地的旅館預訂客
房、或利用該連鎖業者的中央預約系統。當然，也可以間接透過旅行
社或航空公司來預約。最後，你或許也可以間接透過某家旅遊批發商
／經營者、獎勵旅遊計劃者、團體旅遊計劃者、以及會議／集會的
計劃者，來完成預約。這些供應者與運輸業者為什麼不完全使用直接
配銷呢？答案很簡單：一般來說，運用數種配銷管道與中介者，可以
讓組織內部的各種行銷計畫之影響力及有效性更為寬廣。這些中介者

的功能，幾乎就等於是外部的業務人員；他們的特定角色與利益包括下列各項：

- 在旅遊者極便利的地點中，將供應者、運輸業者、與其他中介者的各種服務零售出去。

  沒有任何一家供應者、運輸業者、或其它中介者，有能力在全美國、加拿大、以及其它國家設立數萬處零售通路。而那些獨立的或連鎖旅行社便負起這項重要功能，並藉此提供這個行業的其它團體一種極重要的利益。

- 為供應者、運輸業者、與其他中介者擴展配銷網路。

  所有中介者所進行之各種活動的純效益，在於為運輸業者、供應者、或其它中介者的各項服務，提供更多的配銷管道。這種作法使他們內部的預約／預訂容量獲得擴展，也為他們的服務創造更高的知名度。

- 針對各種目的地、價格、設施、時間表、以及服務，提供給顧客專業的建議。

  旅遊業中介者在本身的工作，可算是專業人員及專家。顧客們將他們視為運輸業者、供應者、以及其它中介者之外的另一重要管道。尤其是旅行社，通常都被人們認為擁有大量與餐飲旅館及觀光旅遊服務有關的資訊及專業知識。他們的專業建議，能夠影響到顧客對於供應者、運輸業者、以及其它中介者的選擇。對其它業界團體來說，與旅行社保持正面的關係通常都能夠獲得相當豐碩的報償。

- 統合團體旅遊的安排，使企業的旅遊支出發揮最大效益。

  負責團體旅遊的部門、以及那些統合團體客戶的旅行社，通常都能為他們服務的組織創造豐富的利益。他們對商務旅行者而言可算是「內部的」建議者，執行的功能就和旅行社為休閒旅客們提供的服務是類似的。

- 包含所有費用，將許多目的地、供應者、以及運輸業者提

供的服務組合成各種渡假套裝產品。

　　第十二章已強調過，套裝產品對顧客、以及餐飲旅館與旅遊業的許多團體所能帶來的利益。某些旅遊中介者，尤其是旅遊批發商與經營者們，可說是執行此類工作的專家。他們藉著為顧客量身訂做吻合需求的各種假期，使供應者與運輸業者提供的服務對顧客產生更高的吸引力。旅行社藉由將各種海外的獨立行程與套裝產品做一組合（例如海外自助旅遊），來達到幫助個別與團體旅行者的功能。

- 為企業與其它組織量身設計各種獎勵旅遊的行程。

　　獎勵旅遊的計劃者是發展這些特殊行程的專業人員。他們藉由為那些潛在的接受者們「製造出」相當引人的各種經驗，來滿足公司與其它團體的需求。同樣地，那些參與此類獎勵旅遊套裝產品的供應者與運輸業者，會發現到運用中介者的專業知識，可讓他們的服務更吻合客戶的需求。

- 為各種公會、協會、企業、與其它組織統合及準備會議與集會等。

　　企業、公會、協會、政府、以及其它會議／集會的計劃者們，為他們所隸屬的組織「組裝」供應者與運輸業者提供的各項服務。就像那些組合各類渡假及獎勵套裝產品的專業人員一樣，這些專家們在他們所屬組織的需求、以及各種餐飲旅館與觀光旅遊服務之間，提供了一座橋樑。

- 運作及引導團體旅遊。

　　旅遊中介者可提供導遊及領隊的服務。在這種作法下，可讓旅遊者獲得的經驗更豐碩。

　　五種旅遊中介者雖然在上述八項角色中各有專擅之處，但仍有許多組織提供一種以上的功能。例如，旅遊批發商在組合渡假套裝產品方面雖居於主導的地位，但是美國的旅行社大約有十分之七也能夠

做到這種旅遊批發的功能。另一個扮演多重角色的實例，則是團體旅遊經理人也可同時扮演該企業的會議計劃者。所以說，餐飲旅館與觀光旅遊的配銷系統相當複雜。這個行業中某些「巨擘」的組織架構，便可以充分說明這種複雜性。例如美國運通（AE）、卡爾森蓬車旅遊（Carlson Wagonlit Travel）、以及美麗茲旅遊（Maritz Travel）等企業，每一家都擁有數個部門分別執行不同的旅遊業中介者角色；包括旅行社、獎勵旅遊的計劃、以及旅遊批發等。

個別的旅遊中介者

零售旅行社

第十章已強調過，北美洲的旅行社業務正出現驚人成長。在 1995 年中期，全美國的旅行社總數已高達 33,489 家之多；而在 1970 年，只不過是 6,700 家而已。除了這 33,489 家的旅行社之外，在 1995 年中期，美國境內營業的還有為數達 12,872 家的**衛星票務發行處**（satellite ticket printer, STP；指備有一部有專人照顧、或無專人照顧的航空公司票務機器的某家旅行社分據點），此類營業場所在 1986 年時僅有 304 家而已。自 1960 年代起，旅行社通路已被預期為擴張最迅速、以及雇用人員成長最高的零售部門之一。在 1980 年代末期與 1990 年代初期，當這種衛星票務發行處的數量快速增加之際，傳統旅行社通路的成長率則出現明顯的遲滯。

為什麼旅行社這個領域將持續成長呢？原因在於商務及渡假旅行勢必繼續成長，因此是一個未來具有高度潛力的零售業務部門。另一個原因是預約及價格系統日益複雜，這種現象對國內與國外的航空運輸業者尤其明顯。在缺乏旅行社之專業化資訊、線上預約系統、以

及相關專業知識的情況下，要讓旅遊的行程達到最適安排，已經變得越來越困難。絕大多數的旅行社目前都已電腦化，並且和主要的航空公司之訂位系統完成連線作業。根據《旅遊週刊》（*Travel Weekly*）所做的一項「1994 年美國旅行社調查」顯示，在 1993 年全美國的旅行社有百分之九十六都已採取自動化作業（亦即已和某家航空公司的訂位系統完成連線）。

對航空運輸業者、遊輪公司、以及旅遊經營者與批發商而言，旅行社是相當重要的。大約有 80%至 85%的美國國內航空客運量、95%的遊輪業務量、以及 50%的汽車出租業務量，都來自旅行社。在北美洲的連鎖旅館，由旅行社安排的訂房比例也正在增加中；目前這項比例應該已佔了整體住房率的 25%至 40%之間。舉例來說，凱悅旅館企業估計其 1992 年的業務量有 35%來自旅行社。對鐵路業者而言，旅行社也是一個重要的預約來源。譬如，Amtrak 就估計該公司於 1993 年的總營業額有 39.8%來自旅行社。只要稍加檢視供應者在專業化的旅行社雜誌中不惜花費鉅資刊登各類廣告（即大家熟知的「交易廣告」），就足以瞭解與這些中介者善處的重要性日益昇高。

近年來，旅行社對所有運輸業者、供應者、以及旅遊目的地之重要性與日俱增，也造成了「優先供應者」這種關係的建立，以及對個別旅行社承諾其具有某種特殊地位。「**優先供應者**」關係是指運輸業者（主要是航空公司）與供應者（例如旅館業者、汽車出租公司、遊輪公司）所建立的特殊安排，通常都是以高於一般水準的佣金比率來支付給特定的旅行社，做為他們達到預訂某一業務量後的酬謝。其它計畫包括已被牙買加、紐西蘭、以及北歐各國的許多旅遊目的地使用的各種方案，當個別的旅行社達到某項標準之後，便可以獲得一種「專家的」或「優先的」地位。

零售旅行社係直接在供應者、運輸業者、以及其它旅遊業中介者身上賺取佣金（在汽車出租與住宿業的預約中，基本上都以 10%來計算佣金）。一般而言，顧客們並不需要對旅行社提供的服務支付

任何費用。自從美國國內航線的機票業務推出所謂的佣金「上限」制度後，旅行社業者逐漸出現一種針對其服務收取費用的趨勢。在 1995年二月，經營美國國內航線的各主要航空公司，都針對他們在支付給零售旅行社之國內機票的佣金部份，推出所謂的**佣金「上限」**制度。也就是說，各家航空公司不再一成不變地根據機票費用的 10% 來支付佣金。達美航空是首先發起這項佣金政策的始作俑者，該公司對於金額超過美金伍佰元以上的來回行程機票，訂出了支付美金伍拾元之佣金上限。對那些零售旅行社來說，這項制度的立即影響是收入的減少，以及國內航空機票的平均佣金比例下滑。根據航空公司公報組織（Airlines Reporting Corporation）的調查顯示，國內航空機票的平均佣金比例已由 1995 年一月份的 10%，下降到 1995 年六月份的 8.9%。

　　旅行社必須受到特定公會或其它團體的**指定**才可收取運輸業者與供應者的佣金。譬如，國內航空班次的佣金，就必須要有航空公司報告委員會（ARC；Airlines Reporting Commission）的指定。國際航班的佣金，則需要有國際航空公司旅行社網路（IATAN；International Airlines Travel Agent Network）的指定。至於遊輪與鐵路旅遊的佣金，則需要有國際遊輪公司公會與 AMTRAK 的指定。旅館、出租汽車、或其它供應者的預約，則不需要指定。

　　雖然一般旅行社的規模都相當小，雇用的員工平均只有六、七位；但現在已有許多雇用人數高達數千人的「超大型旅行社」。由總收益的角度來看，這類超強旅行社的佼佼者是美國運通，其 1994 年的毛營業額為美金七十一億元。屬於 Radisson 旅館之姐妹公司的卡爾森蓬車旅行社，則是第二把交椅；1994 年的營業額為美金三十三億元。在 1994 年總營業額超過一億美元的其它大型旅行社，包括美國 BTI（BTI America）、Rosenbluth、美里茲旅行社（Maritz Travel）、以及自由旅行社（Liberty Travel）。雖然根據統計數字顯示，排名前五十大的旅行社約佔 1993 年總業務量的 30%，其影響力仍持續穩定增加；而且對所有的供應者、運輸業者、與其它中介者來說，也代表

著一個具有無限潛力的強勢聯盟。由通路數量的角度來看，那些小規模、只有單一部門的旅行社仍具有絕對的優勢；於 1993 年，在全美國的旅行社營業據點中，這類旅行社大約佔了 70%左右。

在北美洲，有幾個主要的業界公會代表所有旅行社；包括美國旅行社協會、零售旅行社公會、以及加拿大旅行社聯盟。

在零售旅行社與團體旅遊管理之間，也有某些重要的交集。其中之一便是所謂的「**內部工廠**」，這是指在一家團體客戶的營業地點中，由某家零售旅行社設立辦事處。根據航空公司報告委員會（ARC）的資料顯示，於 1980 年代，全美國的內部工廠之數量有逐漸下滑趨勢。原因是各企業都轉向其它可供選擇的管道，包括他們本身的旅行社機構、以及外部的團體旅行社。美國 BTI 與美里茲旅行社便是擁有數量極爲龐大之內部工廠的兩家「超大型旅行社」。對各公司行號與政府機構而言，另外一種選擇便是將旅行安排的所有責任，全都交付給**團體旅行社**（也被稱爲「外部工廠」；指那些擅長於－不論是部份或全部－處理團體或政府客戶的那些旅行社）。在這類旅行社中，有極少部份的業者－例如灑脫旅行社（Sato Travel）－甚至是完全專注在政府旅遊的市場。

另一個高度專業化的例子是「**專辦遊輪行程的旅行社**」。在美國，這類旅行社由專辦遊輪旅行社全國公會代表他們。

在結束對零售式旅行社的討論之前，讓我們先來談談航空公司的訂位系統。這些系統對於旅行社的業務有極大的影響，這種影響之深已使那些尚未完成連線作業的旅行社們無法有效運作。此外，這些系統對於包括汽車出租業、旅館業、旅遊景點業、以及遊輪業等供應者的預約及銷售，影響力也與日俱增。根據旅遊週刊在 1993 年進行的一項調查顯示，全美國所有實施自動化作業的旅行社據點，係透過爲數高達十八萬一千四百部的終端機，來與下列四個主要系統連線：軍刀系統（Sabre；約佔 32.4%），阿波羅系統（Apollo；約佔 32.2%），全球系統（Worldspan；約佔 19.6%），與系統一號（System One；

約佔 15.8%）。

旅遊批發商與經營者

如第十與第十二章強調過的，旅遊批發商與經營者是渡假套裝產品的兩個主要來源。所謂的「**旅遊批發商**」是指計劃、準備、行銷、以及供應各種旅遊套裝產品的公司或個人；通常是把數家供應者及運輸業者提供的服務做一組合。一般而言，旅遊批發商不會把各種套裝產品直接銷售給顧客；這項功能應該是由零售旅行社來執行。就像零售產品的大盤商一樣，他們由運輸業者與供應者處「大批」購買，然後再透過零售旅行社的通路「再次銷售」。這些批發商的功能，可能會或不會包括「經營」該套裝產品或行程；也就是說，提供地面上的交通運輸、導遊、以及領隊等服務。而「**旅遊經營者**」是指那些經營各種套裝產品或行程（亦即提供必要之地面交通運輸及導覽服務）的旅遊批發商、其它的公司或個人。雖然在這個行業中，「旅遊經營者」及「旅遊批發商」這兩個術語常常被人們交替使用，但與旅遊經營者執行的功能相較，旅遊批發商的範圍廣泛多了。

在全美國，旅遊批發商與經營者的數量雖然有數千家之多，但業務卻高度集中化。大部份的收益都掌握在為數不超過五十家手中。這些高營業額的企業有許多屬於美國旅遊經營者協會的會員。要想加入美國旅遊經營者協會－其會員數在 1995 年共有四十家－至少要營運三年以上，而且不論是旅客數量或旅遊營業額都必需達到某特定的最低標準，此外還必須投保一百萬美元的消費者保障。在業界屬於這個部份，還有其它兩個公會，分別是全國旅遊公會與美國巴士公會。隸屬於這兩個團體的許多會員，有許多是大型巴士的旅遊批發商與經營者。全國旅遊公會與美國巴士公會每年都會各自舉辦一次大型商展，在展覽會場中，所有的供應者、運輸業者、以及目的地行銷組織都可以將商品銷售給旅遊批發商與經營者。

藉由進行審慎的行銷研究，旅遊批發商們才著手開發各種套裝產品與行程；通常來說，至少在第一次旅遊行程出發的一年以前，就已開始進行這些行銷研究。大約在十二到十八個月之前，這些旅遊批發商們就會開始和各運輸業者與供應者洽談相關的訂位、票價、以及費用等事宜。然後，再制訂各套裝產品或行程的價格，並準備相關簡介發送給所有旅行社。這些簡介可能由批發商們自行設計開發，或是與運輸業者、供應者、其它的中介者、或目的地行銷組織聯手完成。批發商所使用的其它促銷方式，還包括：派遣業務代表親自拜訪各大旅行社，在消費性的旅遊雜誌上刊登廣告，以及**交易廣告**（也就是在專供旅遊業閱讀的雜誌或期刊中刊登相關廣告）。

團體旅遊經理人與旅行社

根據 1987 年一項針對團體旅遊經理人所做的調查顯示，基於下列三項理由，產生了特殊的組織內部旅遊部門、或以其它方式統合旅遊安排。這些原因分別是：

1. 縮減商務旅行的費用。
2. 提供更好的服務給旅行者。
3. 提昇團體的購買能力。

處理團體旅遊的傳統方式，是讓每一個部門、單位、甚至個別的經理人自行計畫及預約。這種方式的問題在於：旅行者們不見得能夠趕上最便利的旅遊時程，能夠享受最適切的服務品質，或獲得最經濟的票價與費率。由組織的觀點來看，這種作法讓他們與運輸業者及供應者進行議價的潛在力量蕩然無存。在北美洲經歷經濟蕭條期間，迫使許多企業、政府機構、以及大型的非營利性組織，竭盡一切可能地削減各項成本。對旅行採取更高度的統合協調與更嚴格的控制，也成為策略之一。在美國的所有企業中，大約有 35%都設有一位旅遊

經理人／協調者；而且有 26％還設有專門的團體旅遊部門。那些規模較大、每年編列有超過五百萬美元之旅遊與交際費用的企業，更可能擁有這種設立組織內部編制的能力。在符合這項標準的企業中，有 80％都設有團體旅遊經理人／協調者，而 67％則設有專門的團體旅遊部門。

雖然許多企業對於「使旅遊更合理化及效率化將為企業帶來豐碩的利益」這項觀點都深表認同，但採行的方法卻各有千秋。就如我們稍早曾提過的，某些公司使用內部工廠，其它企業則將此類業務完全委由團體旅行社（也時候也被稱為「外部工廠」）承包。至於其它的公司則會使用全方位服務的旅行社，或自行設立旅行社來處理相關事宜。

團體（或商務）旅遊市場相當龐大的。1991 年，美國運通估計全美國商務旅行者的旅遊與交際總支出，即高達 1250 億美元。這項總數字中，花費在航空旅行上有 510 億美元、使用於住宿方面則是 271 億美元。大型的美國企業，例如通用電子（General Electric）、國際事務機器（IBM）、迪吉多（Digital Equip-ent）、惠普（Hewlett-Packard）、聯合科技（United technologies）、以及嬌生公司（Johnson & Johnson）等，編列的旅行預算就高達數仟萬美元。旅遊業中介者、運輸業者、以及供應者對於這個團體市場的競爭可說異常激烈。團體旅遊經理人是領導其所屬組織之旅遊部門的人員，在將整個組織的旅遊需求加以整合後，就可以發揮極為可觀的議價力量。根據一項針對團體旅遊經理人所做的調查顯示，這些經理人有高達 96％的比例，都親自與各運輸業者及供應者（在團體旅遊的業務中統稱為「賣方」）來洽談相關的費用。可退佣這項概念，也印証了這些公司擁有的市場能力。當某家旅行社將賺得佣金的某個比例退還給該公司時，就是所謂「退佣」。

這種集中管理團體旅遊安排的趨勢，對於餐飲旅館與旅遊業所產生的其它改變，具有正面意義。舉例來說，對於「超大型」旅行社、

團體旅行社、各種代理人的合作社與公會及協會、還有加盟旅行社團體的發展，都造成一種鼓舞的效果。此外，也激勵了大型旅行社、航空公司、聯鎖旅館、汽車出租業者、以及其它團體推出的各種針對團體旅遊經理人而發的全國性廣告活動。

與團體旅遊經理人有關的兩個公會，分別是全國商務旅行公會、及團體旅遊經理人公會。大約有兩仟位的會員隸屬這兩個公會，兩家公會也都舉辦年度會議及商展，提供所有旅館業者、航空公司、汽車出租業者、連鎖旅行社、以及其它團體一個絕佳的機會，向那些最具影響力的旅遊經理人展開促銷活動。

對於團體旅遊部門而言，航空公司的訂位系統也具有相當大的影響力。絕大多數的大型組織都擁有這種連線作業的能力。同樣地，這種現象也突顯出這些系統對於航空公司，以及對供應者，尤其是旅館業者與汽車出租公司的重要性，因為他們的資訊可以列於這些網路中。

獎勵旅遊計劃者

第七章提及獎勵旅遊是成長最明顯的商務旅行部份。**獎勵旅遊**已被為數日增的企業用來為一項激勵的工具，藉以獎賞那些能夠達到或超越各項預訂目標的員工、經銷商、以及其他人。

什麼原因造成這種趨勢呢？最基本的原因，是這種以旅遊來為獎賞的承諾，對潛在的接受者已變得日益具有吸引力。傳統上，此類獎勵旅遊是表揚公司員工、經銷商、或配銷者之傑出銷售表現的一項工具；但是，運用上的多樣性也正不斷地擴展。其它的各種理由還包括：提高產量，鼓勵對顧客提供更佳的服務，改善工廠的安全性，推出各種新產品，推銷新的顧客，以及強化士氣與向心力。

許多不同的組織都已參與此類獎勵旅遊的規劃。某些公司是由本身的團體旅遊部門、會議／集會計劃者、或是其他管理人員，自行

處理所有相關工作。雖然如此，外部的專家們－例如提供全方位服務的獎勵旅遊公司、專業的獎勵旅遊規劃公司、或涉足這個領域的旅行社或旅遊批發商等－來設計開發這些獎勵旅遊的套裝行程，已成為一種日益普遍的趨勢。截至目前為止，在全美國就有大約四百到五百家的專業化獎勵旅遊規劃公司；他們大部份是屬於獎勵旅遊主管人員協會的會員。

獎勵旅遊計劃者是相當專業化的旅遊批發商；唯一區別在於他們都是與團體客戶直接接洽，參見圖 13-2。他們針對顧客需求來組合各種量身訂做的套裝產品，其內容包括交通、住宿、餐飲、特別的功能、主題式聚會、以及遊覽行程等。就像旅遊批發商一樣，他們也和運輸業者與供應者洽談最佳的價格及「專屬空間」。他們當然也會加上應有的佣金利潤，做為他們規劃這些服務應收取的費用。一般來說，將這些獎勵行程促銷給潛在接受者的所有費用，都是由那些出資的團體客戶支付。

在北美洲、歐洲、與亞洲地區，獎勵旅遊正穩定成長。這類獎勵計劃的原始概念－讓那些表現最優異的員工（通常都是業務人員）以團體方式前往充滿異國情趣的旅遊目的地－已經擴大包括非業務人員、「個人的獎勵」、遊輪之旅的獎勵、以及涵蓋數個目的地之行程。獎勵旅遊出現的成長，已吸引許多供應者、運輸業者、以及目的地行銷組織的注意。圖 13-3 所示，便是新加坡航空公司設計、針對獎勵旅遊計劃者推出的廣告。

圖 13-2：這份由行銷革新者
（Marketing Innovators）設
計的廣告，說明了獎勵旅遊計
劃者的各項服務

會議／集會計劃者

　　各種會議與集會，是北美洲商務旅行一個主要部份。根據《會
議與集會》（*Meetings & Conventions*）這份雜誌所進行的調查顯示，
1993 年花費在會議的總支出，就達到前所未見的 404 億美元之鉅。
會議／集會計劃者，負責規劃及統合他們所屬組織的各項外部會議活
動。他們為各種公會、協會、公司企業、大型的非營利性組織、政府
機構、以及教育團體工作。有些組織把會議／集會的規劃、與團體旅
遊安排的工作結合在一起，其它一些組織則是把這些工作加以區分。
基本上，會議／集會計劃者們會與下列工作有關：

圖 13-3：新加坡航空公司向獎
勵旅遊計劃者們促銷亞洲地區別
具異國情調的各個旅遊景點。

1. 編列預算。
2. 選擇會議的地點與設施。
3. 洽談與住宿、航空及地面交通有關的團體費用。
4. 設計會議的節目表與議程。
5. 為參加者安排各項預約及訂位。
6. 設計會議的說明書、並爭取集會的場地。
7. 安排及統合協調各種招待。
8. 規劃所有餐飲工作。
9. 統合印刷品與影音視像支援材料的供應。
10. 管理會議地點的秩序。

　　這些計劃者吸引許多供應者、運輸業者、其它旅遊業中介者、
以及目的地行銷組織的注意。針對他們而發的促銷活動，會在各種特

殊的會議計劃者雜誌中刊登廣告〔例如會議與集會（Meetings &
Conventions）、成功的會議（Successfull Meeting）、以及會議報導
（Meeting News）〕，在各種商展中進行展示，以及對個別的計劃者
展開個人銷售等方式。

對旅遊中介者進行行銷

　　爲供應者、運輸業者、以及目的地行銷組織創造業務方面，旅
遊業中介者扮演相當重要的角色。他們對顧客的影響力是如此深遠，
在行銷計劃中值得我們特別注意。所有的供應者、運輸業者、以及旅
遊景點，都必須將他們視爲目標市場。

　　應該對所有旅遊中介者從事行銷，或僅選定其中幾種？並非所
有的旅行社、旅遊批發商、團體旅遊經理人、獎勵旅遊計劃者、以及
會議／集會計劃者們都完全相同的。他們的地理位置、業務量或預約
量、服務客戶的種類與數量、專業化的領域、透過優先供應者關係而
存在的合作加盟關係、以及其它都存在著差異。供應者、運輸業者、
以及目的地行銷組織，必須對每個交易「部份」進行審慎的研究，才
能夠判定哪些公司最可能使用他們提供的服務。

　　對這些中介者從事行銷時，應該使用一種三階段的程序：（1）
進行研究並選定「區隔市場」，（2）決定定位方法與行銷目標，以
及（3）建立一種針對旅遊中介者的促銷組合。

進行研究並選定「特定區隔市場」

　　對「交易行銷」而言，內部的預約與登記記錄通常都是資訊的
最佳來源。對住宿業者來說，登記的資料可顯示顧客們居住與工作的
地點，以及爲客人們做此預約的旅遊公司。我們應該要經常對登記資

料進行分析（或透過電腦化的顧客及旅行社資料庫來執行自動更新），藉此判定：

1.   屬於主要「供食者」（feeder）的市場區域－亦即能夠提供最高顧客量的城市或區域。那些最重要的旅遊中介者位於這些城市或區域的可能性相當高。

2.   主要的團體旅遊與會議／集會客戶－那些能夠產生最大顧客量的企業、公會、協會、政府機構、以及非營利性組織。必須要與這些組織維持著經常性的聯繫，才足以保証爭取到他們未來的生意。

3.   能夠提供生意的旅遊批發商、以及獎勵旅遊計劃者。

電腦化訂位系統是一種相當出色的工具，可鎖定及評估各種旅遊中介者的價值。新成立的餐飲旅館與觀光旅遊組織，以及那些第一次鎖定旅遊業為目標的組織，勢必處於較艱困的狀況。他們並沒有任何內部記錄可用來制定決策，必須進行初級研究（或稱原始研究）後才能找到最佳的旅遊業潛在客戶。這項研究的起始點，應該是組織選定的各個目標市場，尤其是他們的地理區域、以及人口統計學上的特性。在鎖定主要的地理市場之後，這個組織才能對其中的旅行社、團體旅遊經理人、以及會議／集會的計劃者們展開調查，並判定何者對未來的業務發展具有最高的潛力。至於其它的各種線索，則可以在現有競爭者所做的生意，以及旅遊批發商、旅遊經營者、各種會議／集會團體、以及獎勵旅遊的計劃者們目前所使用之目的地看出一些端倪。

定位方法與行銷目標之決定

在旅遊業務上，每一個供應者、運輸業者、以及目的地區域都

面臨極嚴苛的競爭。組織在旅遊業建立一種獨特的形象與定位之重要性絕不亞於在顧客群建立起類似的形象與定位。同樣地，我們也應該考慮使用下列六種定位方法的其中一種：

1. 特定的產品特色；
2. 各種利益、問題的解決、或需求；
3. 特定的使用場合或時機；
4. 使用者的類別；
5. 與其它產品的對立性；
6. 等級的分離性。

　　假日旅館在各種旅遊業雜誌中刊登大量廣告，而且這些廣告許多是運用上述第一種定位方法。向旅行社促銷的特定產品特色，是它的「旅行社佣金計劃」。這項計劃保証會將旅行社應得的佣金，正確準時地支付給他們。這些佣金以極便利的方式，由某個中樞據點寄送出去，而不是由個別的營業場所分別寄送。在旅遊業的行銷中，第一種定位方法（特定的產品特色）似乎最受歡迎；因為一般人都認為旅遊業中介者在制定各種決策時，傾向使用確實的資訊、而不是其他顧客的推薦。

　　針對每一個鎖定的「區隔市場」分別設定行銷目標，是非常重要的。唯有採取這種作法，組織才能夠實際規劃各種促銷方案，並對這些計劃的成敗進行評估。我們可藉著把先前已建立之各項目標（在第八章探討）的某些比例分配給特定的旅遊業「區隔」。舉例來說，某家旅館可能會以休閒旅客人數有 5%的成長為整體目標。在細部的方案中，或許會把這項總數的 40%分配給旅行社；也就是說，分配給旅行社的成長比例是 2%。

建立針對旅遊中介者的促銷組合

促銷組合由刊登廣告、業務促銷、個人銷售、以及公共關係／宣傳等方法所構成。第十四章將對這項概念進行深入的探討。供應者、運輸業者、以及目的地區域應針對旅遊業發展出單獨的促銷組合。

1・交易廣告

交易廣告是由供應者、運輸業者、目的地行銷組織、以及其它中介者以付費方式，在專業性的旅遊業雜誌、期刊、以及報紙上所刊登的廣告；參見圖 13-4。附錄 2-1 所列者，是主要刊物之部份名單。直接郵寄也是廣泛使用的一種方式。在這些媒體上刊登廣告，應遵循第十五章討論的各項準則與步驟。

圖 13-4：旅遊業中介者與旅遊刊物。

在刊登交易廣告時,有一項非常重要的考量因素,那就是時機。如果設定的讀者群是各旅行社的話,那他們就必須對這些服務事先有所瞭解,如此才能把正確而完整的資訊提供給客戶。在這種情況下,交易廣告的刊登時機應該要比消費者廣告更早才行。

2・名錄與電腦化資料庫

由於可供選擇的旅遊行程多如牛毛,使得旅行社與其它中介者不得不倚賴專業名錄與電腦化資料庫。這些業者們不可能對所有設施及服務都瞭如指掌。除了提供各項設施與服務的詳細名單外,有些名錄還可以讓業者刊登廣告。附錄 2-2 所列便是旅遊業使用的各種檢索名錄。

電腦化資料庫,包括各種餐飲旅館與觀光旅遊設施及服務,在數量上也日漸增加。其中幾種,都會與較大型的航空公司訂位系統有關。由於旅行社對於「線上」資訊的倚賴程度與日俱增,對印刷資料的依賴日益降低,使得所有供應者、運輸業者、以及目的地行銷組織之資料能夠出現在這些訂位系統中,也變得更為重要。此外,可供個人電腦使用的其它線上資料庫,數量上也逐漸增加。

傑出案例

對旅遊業的行銷:
北美洲的遊輪業

北美洲地區成長最快速的旅遊項目之一,便是海上巡曳之旅。這種成長主要是歸功於下列兩項因素:遊輪業者提供的包含所有費用的渡假產品日益受到歡迎,以及遊輪公司使用創新的行銷手法。另一項主要原因是遊輪公司與零售旅行社之間的傑出「合作」。

成立於西元 1975 年的國際遊輪公司公會，擁有三十一家遊輪公司會員以及目前總載客容量的 97％。預估北美洲搭乘遊輪的乘客數量，將會由 1994 年的 460 萬人增加到公元兩千年的 800 萬人。根據該公會的估計，自 1970 年以來，曾參加過兩天或兩天以上遠洋遊輪之旅的乘客，總數應有 5300 萬人次。根據國際遊輪公司公會的研究顯示，年收入超過美金兩萬元、而且年齡在二十五歲以上的成年人，大約有 25％對於搭乘遊輪進行海上之旅都深感興趣。此外，該公會也預估大約有 37％的成年人、或接近 4400 萬人，在未來的五年內肯定會或可能會參加遊輪之旅。在遊輪業者們讓這項可能性成為具體事實的過程中，來自於零售旅行社的協助相當重要、甚至攸關成敗。在超過兩萬兩千家旅行社的協力合作下，國際遊輪公司公會旗下的遊輪業者們似乎在達成這項目標上已做好妥善的定位。

　　在北美洲預約的海上遊輪之旅，超過 95％到 97％的比例透過零售旅行社來安排。遊輪公司對旅行社賦予高度支持是有目共睹的，而且在他們進行的促銷活動中，都明確地建議顧客們「請向你的專業旅行社洽詢細節及安排訂位」。當航空公司提供的佣金在旅行社的收益中仍佔有相當重要的一席之地時，自遊輪公司賺得的佣金正呈現快速成長。在 1993 年，遊輪公司提供全美國旅行社營業額的 15％（140 億美元）一這是旅行社第二大個別收益來源。於 1995 年初，當許多美國航空公司陸續推出所謂的「佣金上限」政策後，遊輪公司對旅行社的獲利，似乎也就變得更為重要。

　　銷售遊輪之旅對旅行社具有的吸引力，主要來自兩方面：賺取的佣金金額，以及佣金的比例。遊輪之旅將所有費用全包含在內，意味著旅行社由這項套裝產品的所有構成要素中都能夠賺得佣金；這些要素包括機票、住宿、餐飲及娛樂、以及自費參加的岸上遊覽行程。旅行社的佣金比例，是以遊輪套裝產品價格的 10％為標準；但是對於那些「有優先供應關係的」旅行社來說，這項比例有可能高達 14％至 16％。因此，如果某家「優先供應的」旅行社銷售給某對夫妻

一項八天七夜、每人費用為美金兩千元的遊輪之旅；在 15％的佣金比例下，就可以為該旅行社賺得六百美金的收入。

　　各遊輪公司提供的船舶與行程相當多樣化，造成遊輪套裝行程的價格有極大的差別。每位乘客每天的成本，可由美金 75 元至 100 元的低廉價格，以至於某些豪華遊輪行程所需的美金 1000 元以上的高昂價位。這些費用基本上都包括前往啟航港口的來回機票。每一艘遊輪都有各種頭等艙房與甲板等級，因此既使搭乘同一艘遊輪，價格也會有相當明顯的差異；這完全取決於選擇一般艙房還是高級套房。所有遊輪公司也會依據他們本身的船舶設計、服務乘客的類型、海上之旅的主題、以及行程的種類等，而做出不同的定位。1994 年十二月出版的「旅行社／海上巡曳之旅」（Travel Agent／Cruise Desk），就將遊輪業者的市場區分為四個：**流行的渡假類型**（約佔所有床位承載容量的 54.7％），**獎勵的渡假類型**（32.7％），**冒險／探險之旅**（8.2％），以及**豪華享受之旅**（7.8％）。「佛德海上之旅與靠泊港」（Fodor's Cruises and Ports of Call）這本刊物則將遊輪之旅區分為：**傳統的、宴會的、文化的、銀髮族的、遊覽的、冒險的、主題式的、以及經濟型的**。

　　就這個行業的一般標準而言，遊輪載客容量的利用率可說相當高。國際遊輪公司公會相信，這項使用率應為 90％左右；與北美洲大部份地區之旅館及渡假中心的平均住房率相較下，這項比率要比後者高出大約 20 個百分點。這種「成就的巔峰」，乃是藉由各種出色的旅遊交易與消費者促銷之組合，並且提供了讓人感到興奮與經過高度規劃之渡假經驗後，才得以達到的。事實上，遊輪公司提供給使用者們的各種套裝產品與規劃，通常都是餐飲旅館與旅遊業最具新意的。舉例來說，挪威遊輪（Norwegian）推出的「海上運動」計劃，就是以各種主題式運動的海上之旅為特色，項目包括摩托車運動、足球、高爾夫球、網球、冰上曲棍球、籃球、滑雪、棒球、以及排球等。在這些各具特色的海上旅遊行程中，都會邀請與每一項運動有關的知

名運動員來說明、表演、或指導。

　　遊輪公司運用了促銷組合的每一項構成要素，以期吸引並支持各旅行社。例如旅行社（Travel Agent）及旅遊週刊（Travel Weekly）等主要的旅行業刊物中，通常都會出現來自例如嘉年華（Carnival）、皇家加勒比海（Royal Caribbean）、公主（Princess）、美國荷蘭（Holland America）、以及挪威（Norwegian）等遊輪業界中各領導者所刊登的廣告。遊輪業者們在刊登交易性與消費者廣告上的支出，正逐漸增加中。業界的龍頭老大嘉年華遊輪公司－該公司目前也擁有美國荷蘭、Windstar、Seabourn、以及 Epirotiki 的所有權，於 1993 年花費在廣告上的支出就高達 4190 萬美元之鉅，使它名列全美國前兩百大廣告刊登者之一。遊輪公司逐漸嶄露頭角，可由 1994 年的世界盃足球賽獲得証明；在球賽進行期間，有數百萬人都親眼目睹挪威遊輪公司所推出、讓人耳目一新的商業廣告：「你在此將可體驗到截然不同的經驗」。

　　遊輪公司在媒體所刊登的廣告，內容包括範圍極廣的各種銷售促銷、以及針對旅行社而發的人員推銷。大部份的主要遊輪業者，都會運用區域性銷售小組與各個旅行社保持聯繫，並且協助這些旅行社進行各項廣告與銷售促銷活動。在皇家加勒比海遊輪公司的廣告中，就利用一項以「偵察」為訴求的主題，鼓勵旅行社使用該公司提供的「區域銷售經理人」之各項服務。這些業務代表經常幫助個別的旅行社進行

特別的促銷活動，例如「遊輪之夜」－亦即邀請可能參加遊輪之旅的

顧客們前往某個「公開展示處」，以便對相關內容有更多的了解。此外，遊輪業者也會經常透過各種以熟悉為訴求的考察行程或「港內的」海上行程，邀請旅行社「親自體驗」他們在船舶上提供的各項服務。

　　簡介小冊是遊輪公司使用的主要促銷工具，它們都會展示於各旅行社最顯眼的地方。這些小冊的製作通常都相當精美，而大部份的旅行社也都認為這些簡介可讓遊輪行程「更容易銷售出去」。除了展現業者使用之船舶、以及行程中各目的地多采多姿的形象外，這些小冊通常也都會顯示船上每一層甲版的配置，對每一個房間以及每一項設施的相關位置都詳細標明。

　　所有的旅行社都直接向遊輪公司預訂。某些遊輪業者也開始讓他們尚未銷售出去的艙位，可透過航空公司的電腦化訂位系統（CRS）來預約；例如公主遊輪的「愛之船連線」、以及皇家加勒比海遊輪的「公元兩千年海上搭配」等計劃，就可以透過電腦化訂位系統來預約。因此，遊輪之旅對旅行社來說，不僅銷售上不困難、而且訂位上也相當簡易；這完全拜這些遊輪公司使用的預約／訂位系統之賜。

　　遊輪之旅所以會在旅行社廣受歡迎的其它原因，還包括：顧客們對於遊輪行程的滿意度通常都相當高，而且再次安排海上之旅的比例也相對較高。根據國際遊輪公司公會所做的一項調查顯示，第一次從事遊輪之旅的顧客中有 90％、而經常從事遊輪之旅（乃是指在過去六年內參加過三次或三次以上遊輪之旅）的顧客中有 83％，對於

他們參加的遊輪行程都感到「極度」或「非常」滿意。有 80%經常
從事遊輪之旅的顧客、以及 58%第一次從事遊輪之旅的顧客,都表
示在未來的兩年內,他們一定還會再參加另一次海上之旅。遊輪公司
在與過去顧客維持良好關係與從事資料庫行銷上,都有傑出的表現。
所有乘客在下船前,通常都會被要求提供聯絡地址、並且填寫某些問
卷調查表。藉由這種作法,這些乘客們很自然就成了該遊輪公司「同
樂會」的成員,並會接到公司定期印發的最新通訊、以及提供的各種
特價優惠。

Introducing The
First Cruise Line
On-Line
With Apollo
LeisureShopper

　　總而言之,遊輪公司與北美洲各旅行社之間的關係,是互蒙其
利與相互倚賴的一種最佳實例。對於其它餐飲旅館與旅遊業之產業內
部的「關係行銷」而言,更是一個讓人眩目的最佳例証。隨著載運容
量已超過兩千位以上乘客的「超大型遊輪」陸續進入市場,我們可預
期旅行社與遊輪公司之間的連結性,極可能日益強化。毫無疑問的,
在遊輪載客容量預期增加 40%至 50%、而且到公元兩千年乘客數量
預計會達到八百萬人的情況下,零售旅行社必將成為主要的功臣。

問題討論：

a. 北美洲地區的旅行社如何幫助遊輪業者達到高度的乘客成長率及船舶利用率？

b. 在針對旅遊業所從事的行銷中，遊輪業者們使用了哪些獨特的方法？

c. 從遊輪業者們針對旅遊業所從事之行銷的角度來看，其它餐飲旅館與觀光旅遊組織可學到些什麼？

３・交易促銷

應列入考慮的另一個項目，則是針對旅遊業中介者而發的各種特別的銷售促銷活動。包括下列各種：

1. **以熟悉瞭解為訴求的考察行程（FAMS）**：這些是由供應者、運輸業者、以及目的地行銷團體提供給旅行社及其它中介者的各種免費、或超低價格的行程。就促使中介者對於所提供之設施與服務能有某種直接的判斷與瞭解而言，這些行程可說是一種相當出色的促銷作法。

2. **各種競賽與彩金**：為了要爭取到旅遊業的生意－尤其是來自旅行社的業務量，各種競賽與彩金的提供也是這個行業中經常使用的作法。在 1993 年，美國運通便推出一項彩金式、針對消費者而發的交易廣告計劃，藉以讓消費者們了解零售旅行社扮演的角色，並且去使用這些旅行社。參加這項彩金活動的消費者們，有機會贏得免費前往國外景點的旅遊行程，而且他們使用的旅行社也可以獲得美國運通所贈與、面額為美金一仟元或五佰元的旅行支票。

3. **特殊的廣告「贈品」**：指其上附有出資者名稱、用來免費贈送給旅行業中介者的各種物品。舉例來說，希爾頓旅館就製作一種內崁金質紅蘿蔔的紙鎮，用來送給那些對交易廣告

做出書面回應的獎勵旅遊行程計劃者；參見圖 13-5。

4. **貿易商展**：許多旅遊業的公會或協會，也會舉辦年度商展，讓所有的供應者、運輸業者、目的地行銷團體、以及中介者能夠進行展示。某些展覽會場也成了參與者彼此會談或討論的一處「市場」。在北美洲所舉行的某些主要商展，乃是由美國旅遊公會、美國旅行社協會、美國巴士公會、以及全國商務旅行公會等團體舉辦。此外，也有許多由私人出資舉辦的旅遊展覽，藉以讓旅行社及其他團體能夠對其它組織提供的服務獲得更深入的了解。

圖 13-5：希爾頓運用「紅蘿蔔」來吸引獎勵旅遊的計劃者。

4・親自拜訪與電話推銷

最有效的促銷方法之一，則是針對選定的旅遊中介者進行個人式

的業務拜訪。第十七章將對個人銷售深入檢視。這個行業的個人銷售，大部份是針對旅遊業而發，可分為兩個主要方向－實地銷售、以及電話銷售與服務。有許多供應者、運輸業者、目的地行銷團體、與其它中介者都雇用全職的業務人員，將他們全部或部份的時間投入於拜訪旅行社。大部份的航空公司、遊輪公司、連鎖旅館／渡假中心、旅遊批發商、汽車出租業者、以及鐵路客運服務業者，都採取這類作法。這些業務人員也經常拜訪包括團體旅遊經理人、各種會議／集會計劃者、以及旅遊批發商。

透過電子方式來進行銷售與服務，也成為相當重要的一部份。對那些涉足旅遊業的所有組織來說，提供一個免付費的 080 電話號碼做為查詢資訊及預約訂位之用，目前幾乎已成為不可或缺的基本項目。在住宿業，假日旅館企業與 Ramada 企業已成為對所有旅行社提供出色之電話預約／資訊服務的兩家主要領導者。當然，各主要航空公司透過他們的電腦化訂位系統，而與各旅行社及團體旅遊部門之間有著最精密的連結。

5‧促銷與簡介手冊

旅行社也屬於零售通路，透過此種通路，使不同的供應者、運輸業者、目的地行銷團體、以及旅遊批發商的各種服務與設施得以有計劃地銷售出去。每一家旅行社都備有內容相當廣泛的各式旅遊小冊、海報、以及展示窗與其它的促銷展示。毫無疑問地，其它組織最感關切的事情，是讓配合的旅行社都能夠保有足供使用的精美簡介手冊、海報、展示品、以及其它銷售工具。

6‧公共關係與宣傳

在餐飲旅館與旅遊業的其它公司，只要能與旅遊業維持著公開而真誠的關係，便可享有龐大的既得利益。為了發展及維繫這種正面關係而設計的各項活動，絕對不可草率為之；它們應屬於經過

審慎考慮之公共關係計劃的一部份。我們將於第十八章再針對公共關係與宣傳做更詳盡的探討。典型的公共關係活動包括：定期向旅遊業的各種雜誌發佈新聞稿，參加各種由旅遊公會舉辦的會議及討論會，及開發可供媒體與個別公司使用的印刷作品和「庫存」照片。

7．共同行銷

旅遊業促銷組合最後一項構成要素，是與選定的中介者共同出資進行各項行銷活動。舉例來說，航空公司、旅館與渡假中心業者、以及目的地行銷團體，通常都會共同分攤發送給旅行社及顧客們之簡介小冊所需的開發成本。至於那些以熟悉瞭解為訴求的考察行程所需的費用，通常都是由旅行社以外的相關組織來分攤；針對旅遊創造區域所推出的聯合「銷售奇襲戰術」所需要的成本，也以這種原則分攤。至於共同出資舉辦的各種消費者旅遊展，則是另一個實例。

本章摘要

餐飲旅館與旅遊業的配銷系統，與其它所有產業的配銷系統截然不同。所有的中介者，通常也稱為「旅遊業」；包括零售旅行社、旅遊批發商與旅遊經營者、團體旅遊經理人及旅行社、獎勵旅遊計劃者、以及會議／集會計劃者。旅遊業扮演數種關鍵角色，包括廣泛散播各種服務與設施的相關資訊。他們也藉由讓餐飲旅館與觀光旅遊服務更易於被顧客取得及更具有吸引力，來達到幫助其它組織的功能。

對旅遊業從事行銷是值得在行銷計劃中賦予單獨關切的。基本上，對中介者應該視為單獨的目標市場，應有本身使用的策略、定位方法、以及促銷組合。

問題複習

1. 「配銷組合」及「旅遊業」這兩個術語，各代表何種意義？
2. 餐飲旅館與旅遊業的直接配銷及間接配銷存在著哪些不同之處？
3. 餐飲旅館與旅遊業的配銷系統以何種特性而不同於其它行業的配銷系統？
4. 在這個行業中，旅遊業中介者扮演的八種角色分別為何？
5. 五種旅遊業中介者扮演哪些角色？
6. 對旅遊業從事行銷時，應遵循的三項步驟分別為何？
7. 對旅遊業的促銷組合中，構成要素通常會有哪些？

本章研究課題

1. 選擇一家運輸業者、供應者、或目的地行銷組織，並檢視其配銷系統。它是否同時使用直接配銷與間接配銷？它是以哪一種旅遊中介者為目標？定位方法為何？對旅遊業的促銷活動有哪些？它應該如何擴展或改善對旅遊業的行銷？
2. 你是某家新開幕之連鎖旅館、主題樂園、遊輪公司、汽車出租公司、旅遊批發商、或航空公司的行銷主管。你將會以哪些旅遊業中介者為目標？你如何確認特定的旅遊業公司值得你全力投入？你是否會使用區隔化策略？你會採用哪幾種定位方法？你如何向這些旅遊業進行促銷？
3. 某家小型的當地旅館、渡假中心、或觀光景點業者，請你針對如何向旅遊業從事行銷，提供一些專業建議。這家業者以

往幾乎不曾接到來自中介者的生意，但是該業者認為這項來源應該有相當不錯的潛力。你會建議他們遵循哪些步驟？對於和中介者打交道這件事，你將如何敘述優點及缺點？你會建議他們應該鎖定哪一種中介者為目標？原因何在？你建議的促銷組合之構成要素及活動有哪些？

4. 本章已對旅遊中介者扮演的八種角色做一概述。請分別敘述這些角色，並舉出至少兩家扮演這些角色的組織為印証的實例。在提供服務給顧客時與其它組織共同合作，其重要性究竟如何？你選擇的組織，是否已有效地履行他們扮演的角色呢？

第十四章

傳播與促銷組合

研讀本章後，你應能夠：

1. 定義促銷組合。

2. 列舉促銷組合的五種構成要素。

3. 列舉並說明傳播過程的九項構成要素。

4. 說明內隱傳播與外顯傳播的差異。

5. 詳述顧客購買過程的階段與購買決策的類別
   如何影響促銷活動的效果。

6. 列舉促銷的三項首要目標。

7. 說明促銷組合與行銷組合之間的關連性。

8. 定義廣告、人員銷售、銷售促銷、展售、公
   共關係、以及宣傳。

9. 分別列舉促銷組合之五種構成要素的優點及
   缺點。

概論

　　餐飲旅館與旅遊組織，究竟要如何把它獨特的魅力及利益傳播給所有的顧客呢？答案是：透過促銷，以及所謂的促銷組合之各種技巧。本章一開始，先說明促銷與傳播的關係，並對促銷的各項目標做一檢視。

　　接著，再對促銷組合的五種構成要素加以定義，並分別探討各項要素的優點及缺點。此外，本章中也將說明顧客購買過程的階段、服務或產品的類型、以及產品生命週期等因素，如何影響選擇的促銷方法。

關鍵概念及專業術語

廣告（Advertising）
商業來源（Commercial Sources）
傳播過程（Communications Process）
譯碼（Decoding）
直接行銷（Direct Marketing）
直接反應的廣告（Direct-Response Advertising）
編碼（Encoding）
外顯傳播（Explicit Communication）
曝露（Exposure）
回饋（Feedback）
內隱傳播（Implicit Communication）
互動式媒介（Interactive Media）
媒介、媒體（Medium）
商品展售（Merchandising）

訊息（Message）
雜訊（Noise）
人員銷售（Personal Selling）
促銷組合（Promotional Mix）
宣傳（Publicity）
公共關係（Public Relations）
接收者（Receiver）
反應（Response）
銷售促銷（Sales Promotions）
社會來源（Social Sources）
來源（Source）
代替性暗示（Surrogate Cues）
口碑（Wold of Mouth）

身為各種產品與服務的消費者，在你的一生裡，每個星期都將暴露在數百、甚至數千種以上的促銷活動中，包括來自電視與收音機的商業廣告，報章雜誌上刊登的各種廣告，各式各樣的廣告看板，五花八門的折扣優惠券，郵寄廣告，商店中展示的促銷品，大眾媒體報導的各類宣傳訊息等等。人類的頭腦不可能把所有這些訊息都加以吸收，事實上我們會對這些資訊進行過濾篩選、而只保留極少部分。對所有餐飲旅館與旅遊組織來說，都面臨兩項事實：可供選用的促銷方式不勝枚舉，但不論選擇的是哪一種方法、被顧客注意到的機率卻都是相當渺小。因此，對這些組織而言，遭遇的最大挑戰是：如何選擇能夠發揮最大效用的促銷技巧，並以最有可能吸引顧客注意力、進而產生購買行為的方法來運用這些技巧。

促銷與傳播

「促銷」屬於行銷的傳播部分。在許多情況下，可說是第五章至第十三章檢視過的所有研究、分析、以及決策的一種極致表現。促銷是在有事實根據、以及充滿說服力的方式下，提供顧客各種資訊與知識。藉由這種方式，讓我們的服務銷售出去。這些資訊與知識，可以運用下列五種促銷技巧而傳播出去：廣告，人員銷售，銷售促銷，展售，以及公共關係與宣傳。整體來說，這些技巧可統稱為**促銷組合**（指由餐飲旅館與旅遊組織在某特定期間內，使用的刊登廣告、業務促銷、展售、人員銷售、以及公共關係與宣傳構成的組合）。

傳播的過程

你是否曾發現過下列這種情況：別人解讀你所說的話，與你真正想要表達的意思有截然不同的含義？這種情況你碰過多少次了呢？當

然，這些人的確聽到你所說的話，但他們卻以不同的方式詮釋這些內容。這種現象的發生，是因為傳播係一種發訊者及接收者之間的雙向互動作用。餐飲旅館與旅遊的行銷人員們（即來源）若想要設計出有效的促銷訊息，首先就必須對目標市場（即接收者）與**傳播的過程**有所瞭解。

餐飲旅館與旅遊業的傳播過程，共有九項主要的構成要素。它們分別是：

1. 來源
2. 編碼
3. 訊息
4. 媒介
5. 譯碼
6. 雜訊
7. 接收者
8. 反應
9. 回饋

1．來源

來源指那些將資訊傳遞給顧客的人或組織（例如：連鎖旅館、航空公司、旅行社、餐廳、政府的觀光旅遊部門等）；共有兩種主要來源－**商業的**與**社會的**。商業來源指那些由各家公司與其它組織設計的各種廣告及其它促銷資料。社會來源（也稱為「口碑廣告」）指各種人際間的資訊管道，包括朋友、親戚、業務上的夥伴、以及意見領袖等。

2．編碼

所有的來源都非常清楚他們所要傳播的是什麼，但是還必須將這些資訊轉換或**編碼**成以文字、圖像、色彩、聲音、動作、甚至肢體語言的排列。舉例來說，美國加州的葡萄促銷局想提醒人們葡萄有益於身體健康。它的廣告代理商就將這項簡單的訊息編碼成一段以卡通化的葡萄人物為特色，在列隊行進時高唱著「我聽到葡萄藤在向我召喚」的電視廣告。

3．訊息

訊息指來源想要傳播給接收者，並希望他們能夠了解的各種資訊。
就拿溫蒂漢堡在其深具代表性的「牛肉在哪裡？」這項廣告，所要
傳播的訊息便是：溫蒂只會使用百分之百新鮮、而非冷凍的牛肉。
而在讓人印象深刻的「必勝客家族」這項活動中，所要傳播的訊息
則是：食用披薩是一件讓人愉快的事情，而且必勝客提供的披薩最
棒。

4．媒介

媒介（或**媒體**）指各種來源為了將訊息傳遞給接收者時所選擇使用
的各種傳播管道。大眾媒體－例如電視、收音機、報紙、以及雜誌
－是各種商業性來源所經常使用的媒介。雖然如此，這項媒介也可
能只是在某位業務人員與某位潛在顧客之間所展開的雙向傳播而
已。因此，媒介可以與個人無關（例如大眾媒體），或來自人際關
係（例如：由某家旅行社、旅館、或航空公司的業務人員所做的說
明，或來自某位朋友、親戚、同事、或意見領袖的推荐）。

5．譯碼

當看見或聽到某項促銷訊息時，你會對它進行**譯碼**－也就是說，你
會以某種能夠讓這些訊息對自己而言具有實際意義的方式，來對促
銷訊息進行解釋。當然，所有的來源都希望你能夠聽到或注意到他
們所編碼的訊息、並且不會把它排除在外（各位應該還記得我們在
第四章提到的「認知過濾」與「選擇性曝露」吧？）。當然，這些
來源也希望你能夠以他們想要的方式來解釋該項訊息（第四章提到
「認知偏見」）

6 · 雜訊

你是否曾經有過下列的經驗：你試圖收聽某家廣播電台的節目，但卻因為該頻道出現太多靜電干擾或訊號失真而使你放棄？這是雜訊的問題，使你無法聽清楚該電台的節目。在傳播的過程中，雜訊也是一項實際上會使人分心的因素；就如同你試著調整某家電台的節目一樣。在面對面或透過電話進行的交談中，當背景環境的雜訊過多時，很可能會造成來源與接收者對於同樣的訊息產生不同的認知。在大眾媒體中，這種雜訊又是另一種狀況。某個來源想要傳播的訊息，會與來自其它競爭者提供的訊息、以及其它服務或產品進行的促銷活動相互較勁，以期吸引接收者的注意。

7 · 接收者

接收者指注意或聽到由來源處編碼之訊息，並對此訊息進行譯碼的那些人。

8 · 反應

所有促銷活動的最終目標，是為了要對顧客的購買行為造成影響。許多餐飲旅館與旅遊的廣告刊登者，藉由一種稱為「直接反應式」的廣告，來進行這項工作。顧客被要求撥出某個免付費的電話號碼、或寄回某張填妥的優惠券。1995 年，德州商業部的觀光旅遊局便在各種消費性旅遊雜誌刊登如圖 14-1 所示的廣告。讀者只要把附於雜誌內頁廣告的明信片填妥寄回，就可以免費獲得一本厚達二百七十二頁的「德州旅遊導覽」。這種促銷活動，很容易就能激勵顧客採取行動。這種作法不但有助於促銷者更有效地對廣告效果進行評估（計算回擲的明信片或接到的電話數量），而且還能提供一份潛在顧客的郵寄名單。

圖 14-1：德州商業部利用這份附有回函明信片的全頁式雜誌廣告，來激勵回覆率。

9・回饋

回饋指接收者傳送給來源者的反應訊息。在兩個人之間進行的傳播，要判斷回饋並不困難；接收者可以提供來源者口語或非口語（即肢體語言）的回饋。但是利用到大眾傳播時，要對回饋進行評估可就困難多了。很明顯地，回饋最終所表示的乃該項促銷對銷售產生的影響。通常要對透過大眾媒體進行之各種促銷活動－尤其是廣告活動－的效果加以判定時，必須實施特別的行銷研究調查。近年來，餐飲旅館與旅遊的促銷，已逐漸出現一種明確的趨勢：更著重各種直接反應式的促銷，通常也統稱為**直接行銷**。這些促銷方法（包括直接郵寄、電話行銷、直接反應式的廣告、以及人員銷售）要求顧客藉由電話、郵寄、或是親自反應的方式來提供回饋。所謂「**直接反應的廣告**」，是直接行銷的形式之一；鼓勵顧客採取立即行動、或直接對廣告刊登者立即做出反應。

圖 14-2 所示，便是傳播的過程。它以圖說明促銷（一種傳播形式）以某個來源者為開始、並以接收者提供回饋做為結束的一種系統。它也証明了我們欲表達的訊息（即我們所說的話），通常都會與收到的訊息（即聽到或瞭解的）有所不同。接收者所得到的真

正訊息，是經過他們認知上的偏見與譯碼之後產生的結果。那些為了造成最大影響而編碼的訊息，是促銷者試圖藉由刊登廣告、銷售電話、優惠折扣促銷、新聞發佈、或其它促銷工具表達的內容。

　　檢視圖 14-2 的模式時，還有一件很重要的事：瞭解社會資訊來源對於傳播造成的影響。根據研究顯示，**口碑**「廣告」（即顧客之間口語相傳的資訊）可以進一步傳播及強化這些訊息。當顧客購買各種餐飲旅館與旅遊服務時，與直接曝露於大眾媒體的訊息相較之下，社會網絡（例如朋友、親戚、同僚、意見領袖）的各種人際間資訊顯然具有更大的影響力。這就是業者為何會對於各種能夠造成公眾話題－尤其在意見領袖之中－的促銷活動賦予高度關切的原因。

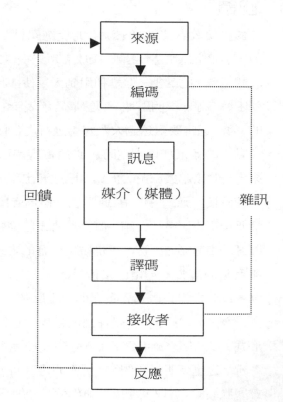

圖 14-2：傳播的過程。

與這個模式有關的另一項重點是：顧客開始進行譯碼之前，必須要能夠先注意到這些訊息。因此，餐飲旅館與旅遊的促銷者運用第四章提到的各種激勵因素，儘其所能地攫取顧客的注意。這些因素不僅使用於編碼各種訊息，而且也透過該項服務本身、或藉由文字與圖畫以一種象徵性方式，將它們表達出來。以下僅列舉數種有效的方法：新奇性（例如在廣告中「突然跳出來」的部分，上下倒置的廣告），員工們穿著別具特色的制服，強度（例如整頁的廣告，以低沉厚重的聲音說話），對比（例如在電視廣告中使用靜音方式，在印刷廣告中運用空白部分），以及移動（廣告招牌中可轉動部分）；參見圖 14-3。即使在這些作法下，行銷人員也有如在高空繩索上行走一般，充滿著相當高的風險。他們使用的刺激程度必須恰到好處才行。各種促銷的訊息，如果衝擊性過於強烈、或刺激性內容太多，也會造成所謂的「內部的雜訊」（internal noise；指一種會抑制顧客去吸收該項訊息的心理狀態）。如果顧客受到「過多的刺激」，他們很可能會忽視、或忘掉該項訊息的主要重點；而且這項促銷的可信度可能會蕩然無存。

圖 14-3：該是白色的部分改以「黑色」代替，美國西方航空公司運用這種不常見的方式，以期吸引旅行社的注意。

　　在此，我們必須對「**雜訊**」這項概念再進一步說明。雜訊的主要來源可歸類爲四種：

1. 直接競爭的各種促銷活動。

2. 非相互競爭的各種促銷活動。

3. 促銷訊息的刺激程度。

4. 顧客的預備狀態。

當潛在顧客收看某個晚間電視節目、或閱覽一本旅遊雜誌時,他們或許會曝露於過多競爭的廣告中,以至於並未注意到某家特定旅館業者或航空公司的廣告。這種現象純粹是數量過多的競爭雜訊造成的。由其它非競爭的各種促銷活動造成的「雜亂現象」,也會嚴重地侵蝕顧客的耐心、注意力和吸收各種訊息的能力。目前已有不勝枚舉的實例,証明顧客已對商業性促銷活動不勝其擾。許多人會利用電視廣告時間,到冰箱裡去找些吃喝的東西、或趁機上個洗手間;其他一些人在收到郵寄廣告後,毫不考慮就順手丟進垃圾桶。另一種雜訊的來源,是顧客曝露於促銷活動時的生理狀態。舉例來說,與剛吃飽飯的人相較,饑腸轆轆的顧客注意到速食店招牌的可能性必定更高。就像我們先前提到的,某些促銷訊息因為過於複雜(提供過多的刺激),而產生「內部的雜訊」。如何使促銷訊息的內容簡單、而又能提供必要的資訊,的確是一大挑戰;參見圖 14-4。

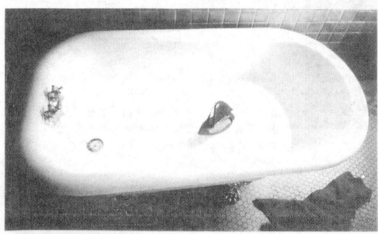

圖 14-4:一項簡單的訊息,反而可以做出最佳的傳播。

外顯傳播與內隱傳播

外顯傳播與內隱傳播，是各種促銷訊息傳送給顧客的兩種基本方式。**外顯傳播**指透過語文的使用－不論口頭（例如透過電視、收音機、電話、或人員銷售），或以書面的形式（例如透過廣告作品、或銷售企劃案）－將各種促銷訊息明白地提供給顧客。語言的作用，是用來促進銷售者與潛在購買者（或來源與接收者）之間某種共同的瞭解。廣告、人員銷售、業務促銷、展售、以及公共關係與宣傳（這些都是促銷組合的構成要素），即用來把明白的訊息傳送給顧客。

內隱傳播指透過肢體語言（例如臉部表情、手勢、或身體的動作）將各種促銷的「暗示」訊息傳送出去。當然，它們也可以藉由其它非言語的方式，包括：

1. 產品／服務組合存在的固有本質（例如：設施與服務方面的品質及多樣化，室內裝潢，員工的制服，彩色的圖表等）。
2. 價格、費率等。
3. 配送的管道。
4. 促銷時選用的媒介。
5. 傳送促銷訊息的媒介工具（例如：雜誌、報紙、電視台、廣播電台的知名度，以及節目的類型等）。
6. 採取共同促銷時選擇的合作夥伴。
7. 套裝產品及各種節目的品質。
8. 管理與提供服務的人員。

在使用這種內隱傳播或促銷時，選用的業務人員、產品／服務、價格、以及配送管道等，本身就已經將某種言外之意傳給顧客。這就是第二章提過的「証據」（evidence），對於服務業而言是相當重要的一環。顧客通常都會藉著觀察設施、服務、價格、以及配送管道方面的線索加以觀察，而做出他們對各種服務的決定。高價位通常都意味著高品

質，而且也經常被用來傳播這種服務或設施的水準。富麗堂皇的中庭大廳（例如凱悅的連鎖旅館中所見）、充滿東方色彩的地毯、大理石材質、玻璃裝潢、銅製或黃銅製設備等，都暗示出一種高品質旅館、餐廳、以及其它餐飲旅館／旅遊業者的訊息。一家位於車水馬龍、人潮洶湧之商業中心地段的旅館、餐廳、旅行社、或零售商店，與另一家位於低所得社區的相同業者，傳送給顧客的是一種截然不同的訊息。旅行社擅長的套裝產品及旅遊行程，或主要配合的遊輪公司與供應者，也都會傳送出某種明確的弦外之意。舉例來說，如果某家旅行社的客戶有許多人購買 Seabourn 的遊輪之旅、或 Abercrombie & Kent 的旅遊行程，那麼這家旅行社帶給人的印象將是：它服務的對象都以高所得、追求豪華享受的客層為主。

代替性暗示指產品或服務具有的各種特色無法提供使用上的直接利益，只能傳送出一種與提供者有關連的訊息。業者或連鎖企業所使用的名稱、以及規模大小，通常都傳送出某種確定的意象。就以住宿業為例，經濟旅館（Econolodge）與節儉旅館（Thriftlodge）之類的名稱，給人的印象便是一種費用相當低廉的住宿場所。節儉租車（Thrifty）與經濟租車（Payless）這兩家汽車出租公司所傳遞出來的，也是類似的意象。

規模大小則是另一種重要的代替性暗示。當顧客住宿在一家擁有四百間客房的旅館時，他們對於更多以及更特別之各種設施的期待，自然要比投宿在一家只有二十個房間的汽車旅館來得更高。一般來說，當規模越大時，顧客期望能獲得的服務當然也會越多。舉例來說，在一家全國性的連鎖旅館中，大部分的旅行者都預期能夠得到某種住宿常客的獎勵計劃；但是對規模較小的業者或獨立旅館，他們絕對不會抱著相同的期望。

在前文所述關於各種「非口語的」、內隱傳播清單中，你是否還注意到其它事情呢？如果你已瞭解到「除了促銷之外，還包括了其它所有七種行銷組合之構成要素」，那你的表現就值得讓人讚賞。那麼，你

認為代表何種意義呢？同樣地，假如你的答案是「行銷組合中所有的八項構成要素，都必須一致地傳播相同的訊息」，那就要恭喜你－因為你已經掌握到正確的方向了。這些內隱傳播如果無法對各種外顯傳播提供支持，則此類促銷活動必將喪失可信度。舉例來說，「熱騰騰」（Hot'n Now）這家連鎖漢堡店的名稱與它的廣告活動，是藉由極易到達的店面位置、以及透過雙線「得來速」（drive- through）通路提供快速服務，而得到必要的支持。如果這家漢堡店提供多樣化、需要花上好幾分鐘才能準備好的各種產品，那麼在其外顯傳播（即各項促銷訊息）與內隱傳播之間，它就會產生一種引人注目的矛盾。反之亦然－也就是說，廣告與其它的促銷活動，必須要能夠支持促銷組合中的其它七項構成要素、並且前後一致。

促銷與顧客的購買過程

如何決定搭乘哪一家航空公司的班機，或前往哪一家速食餐廳購買午餐呢？關於爭取顧客的注意、以及確保顧客能夠以我們希望的方式來銓釋促銷訊息，各位現在都應該有所了解。此外，關於顧客如何決定對各種促銷訊息做出反應，是否會去注意，以及如何闡釋（譯碼）這項訊息，都會受到每個人的個人特性之影響。雖然如此，在顧客的購買過程中，還是存在著其它重要因素。

顧客的購買過程

各種促銷會影響顧客是否決定購買，而其影響力會隨著顧客處於購買過程中的不同階段而異。第四章已列舉五種不同的階段，它們分別是：

1. 對需求的察覺。

2. 資訊的蒐尋。

3. 各種替代選擇的評估。

4. 購買。

5. 購買後的評價。

1 · 對需求的察覺

每天接觸到的所有促銷資訊，只有極少數能夠進入到你的短期記憶；能夠再深入長期記憶的，則屬鳳毛麟角。就這方面而言，人類腦部的功能和個人電腦類似。在一項訊息能夠對某人的信念、感覺、意圖、或行動造成影響之前，必須先通過四個階段。

a . 階段 1 ：注意力的過濾　每一位顧客都會使用認知上的篩選與成見，把不需要或不想要的資訊排除在外。因此，傳送的訊息必須要能造成刺激（但卻不能過於強烈）、與競爭對手的促銷內容有所不同、使人感興趣、以及具有足以通過這個階段的價值。除非你在個人電腦中輸入正確的指令，否則資料是無法儲存下來的。同樣地，除非促銷活動能夠「正中顧客的下懷」，否則這些訊息甚至沒有任何機會進入顧客的短期記憶中。

b . 階段 2 ：短期的記憶　當訊息能夠通過注意力的過濾這一關，它們就進入顧客的短期記憶。但是，就像大部分的個人電腦儲存容量上有限制一般，人在短期記憶的能力上也相當有限。同一時間裡，只有極少量的觀念能夠被容納。這也代表著所有的促銷訊息，必須儘可能簡單而又讓人印象深刻。即使訊息能夠進入我們的短期記憶，它被保存的機會仍是微乎其微；這是由於剛剛提到的容納能力有限的問題，以及直接競爭者與非直接競爭者的各種雜訊形成的騷擾現象。因此，簡短、一針見血的定位聲明或主題，讓人過目不忘的詞句，以及其它簡單、但又使人印象深刻的各種方法，才能在短期記憶中擁有最佳的存活機會。

c . 階段 3 ：長期的記憶　要使訊息能夠進入顧客的長期記

憶中，就如同要把某項資料或程式儲存在磁片、光碟片、或是硬碟中一般；這些資訊被儲存在這些地方之後，便可供日後的使用及處理。顧客就和個人電腦的使用者一般，他們會針對要讓這些資訊保存幾個小時、幾天、甚至更久的時間，做出考慮後的決定。

在這方面，以電腦的比喻暫時不適用。除非操作者把這些資訊由硬碟、磁片、或光碟片中刪除，否則電腦絕不會「忘記」這些資料或程式的；但是，人類的大腦卻無法發揮這種效果－它在經過一段時間之後就會漸漸淡忘這些資訊。各種相互競爭的訊息會進入顧客的意識裡，並對記憶中的特定訊息造成干擾。此外，當訊息進入長期記憶之後，如果沒有立刻處理，就會被顧客遺忘。

d. 階段 4：中樞的處理　最後一個階段，就如同把某項指令輸入個人電腦中，而以某種選定的程式來進行處理一般。毫無疑問地，你會選擇某個確定的時間、並且做出一項意識上的決定，來進行這項電腦的處理過程。同樣地，人類的大腦也會選擇適切的時間與地點，來對那些儲存於長期記憶中的資訊進行處理。至於是否要處理這些資訊、以及在什麼時間進行處理，則決定於需求上的迫切性、購買過程的階段、與購買決定別分類（即例行性的、受到限制的、或是廣泛的）。

除非顧客已經存在著相關的需求，否則某項促銷訊息要進入長期記憶與中樞處理的機會，可說微乎其微。顧客的需求雖然會受到各種促銷訊息的影響，但行銷人員卻無法控制這些需求。事實上，並沒有任何促銷活動可以讓一個人產生對某種服務的需求。雖然如此，促銷活動所能做到的則是改變此種需求的方向，讓它轉為使用某家餐飲旅館與旅遊業者所提供的特定服務。

在顧客購買過程的第一個階段，所有行銷人員必須把全部的重點放在爭取目標接收者的注意力、以及儘可能的提高**曝露**程度（指閱讀者／收視者曝露於某項促銷訊息、並且有可能注意到這項訊息的次數）。在這個階段，廣告－尤其是透過大眾媒體進行的廣

告，將會特別有效。

2 · 資訊的蒐尋

當顧客對自己的特定需求有所察覺之後，他們就會開始尋找解決辦法。一般而言，他們所做的第一件事就是去查詢自己的長期記憶（即內在的蒐尋）。在某些情況下，他們並無法找到自己需要的資訊，因此就必須開始進行外部的蒐尋。這類蒐尋的程度或範圍，決定於購買決定的類別，個人特徵（包括需求與動機、認知、學習、個性、生活型態、與自我概念），以及人際間的影響（包括文化／次文化、參考團體、社會階級、意見領袖、還有家庭）。這些因素都會影響到顧客對自己所做的最後決定是否具有信心（即這項決定的重要程度如何，這些資訊必須擁有多高的精確性），以及知覺到的風險（即進一步蒐尋的價值與付出的努力之間的一種交換）。

餐飲旅館與旅遊業的各種特色（例如業者的聲譽、地點、價格範圍、可供選擇的數量、可獲得的資訊、「品牌」的差異），也會影響知覺到的風險。有時候，因為可獲得的替代選擇數量過多（例如航空公司與班機航次），使顧客對於「超量」的資訊望而卻步，反而只會以相當有限的資訊為基礎來做出決定。

至於這種資訊蒐尋的程度或範圍，也會受到顧客的購買決策類別（指購買決策之類型，它會受制於下列各項因素：產品／服務的類型，先前由這項產品或服務得到的經驗，有時候還牽涉到購買數量的多寡）之影響。在第四章，我們已對不同的決策過程做過探討，但在此還是要稍做複習。

a．解決涵蓋範圍廣泛的問題（高度切身性的決定）　有些時候，顧客需要審慎考慮各種新的旅行決定（例如：前往他們從未去過的地方進行商務旅行、或從事生平第一次的海外渡假）。第四章將這類的決定歸屬於解決涵蓋範圍廣泛的問題；它們需要學習。一般來說，這種類型的產品或服務具有下列特性：

1. 高度的切身性（例如：會影響到一個人的身份、地位）。

2. 在許多截然不同的競爭業者或目的地當中做一選擇。

3. 處於產品生命週期的初期階段（例如：導入期）。

4. 相當複雜。

5. 第一次購買。

6. 相當昂貴。

7. 不常購買。

在這類情況下知覺到的風險相當高，所以顧客會進行廣泛的資訊蒐尋。規劃一趟生平頭次前往中國大陸的行程，便是最佳的例子。這類行程很明顯地會牽涉到某種身份地位與切身性（一般而言，只有那些充滿冒險精神、而且還要頗爲富裕的人，才會前往中國大陸旅遊）。顧客可以由數種已經事先安排好的旅遊套裝產品中做一選擇，或要求旅行社爲他們規劃一趟量身訂做的海外自助旅遊。對那些頭一次前往中國大陸的旅遊者來說，這些替代性的選擇完全不同。前往中國大陸並在境內從事旅遊，目前仍屬於初期的發展階段；老實說，它的幅員實在過於寬廣、而且又充滿多變性。旅遊受到中國政府觀光局高度的控制。旅行者也必須考慮到簽証、甚至於各種免疫的問題。從規劃一趟行程的觀點來看，中國大陸是一個相當複雜的地區，它與前往佛羅里達截然不同。當然，前往中國大陸旅行也所費不貲，而且對第一次前往的大部分旅客來說，這或許也是他們一生中遊覽該地的唯一機會。

諸如此類實例包括：選擇蜜月假期的套裝產品，選擇重要的國際性或全國性會議的舉行地點，決定生平首次的長程遊輪之旅，爲自己子女的婚禮選擇喜宴場地，或選擇具有減輕體重效果的溫泉渡假中心。

顧客在做這類決定時，並沒有任何經驗，手中的資訊也相當有限。因此，社會性、以及商業性資訊來源對他們就相當重要，而

且兩者都會被使用到。

針對購買過程的階段，行銷人員應該把重點放在傳送出適當數量與類型的資訊上，作為顧客決定之依據。透過收音機或電視來進行的廣告，價值上相當有限；因為它們只能夠傳播相當少量的資料。要把大量的資訊傳送出去，在報紙與雜誌上刊登廣告可說更為有效；但是這種途徑仍然不盡理想。我們必須把重點放在能夠傳送出更詳盡資訊的各種促銷方法上，尤其是簡介小冊，「專業的」中介者（例如：零售旅行社、獎勵旅遊計劃者、旅遊批發商），以及業務人員的說明介紹等。

b．解決例行性的問題（低切身性的決定）　當然，並非所有的購買決定都如此複雜。解決例行性的問題是顧客經常面臨、而且屬於低切身性的決定。譬如我們每天必須做出的各種決定，包括：到哪裡吃午飯，在哪裡搭公車，走哪一條路線去上班或上學，或喝普通或低咖啡因咖啡。做這些決定時，既使需要、也不過是極少量的額外資訊罷了。這些服務或產品通常都是：

1.　以前曾經購買過，而且在好幾個不同的時機或場合中購買。

2.　處於產品生命週期的成熟期或衰退期。

3.　可以由所有競爭的業者中購得，提供的服務品質大同小異，而且至少都能夠吻合大部分顧客的需求，並使其感到滿意。

4.　在購買時，知覺到的風險低。

5.　會經常購買。

6.　費用並不會太高。

7.　不至於太複雜。

就這類服務而言，顧客都已擁有足夠的確實資訊，而且能夠迅速地做出決定。類似的例子在餐飲旅館與旅遊業，可用速食餐廳

為例。對居住於北美洲大部分的人來說，連鎖速食業者提供的是價格不太高、簡單而又不複雜、且都是能夠預知並值得信賴的產品；在飲食業界（例如漢堡連鎖店），各公司之間的產品與服務不會有太大差異。對那些經常出外從事商務旅行的顧客來說，並不需要花費太多時間選擇航空公司、住宿旅館、或汽車出租公司；尤其是他們前往的地點是以前多次造訪過的地區。

低切身性的決定，往往聽從習慣性的行為。當顧客嘗試過某種特定的服務後，可能會做出某種意識、或是潛意識的評價。他們在吸收資訊的時候，並不會使用到高度意識去瞭解或主動的過濾。事實上，顧客在意識中通常都不知道自己正在處理這些資訊。他們在認知防衛方面相當低，而且不會仔細地去評估接受到的資訊。他們對於接收大量的資訊絲毫不感興趣，這點和那些必須解決涵蓋範圍廣泛之問題的顧客是完全不同的。因此，那些能夠將簡單的觀念迅速而有效傳送出去的促銷方式－例如電視與收音機的廣告最適當。這些廣告，並不需要花太多時間來對這項服務提供詳細說明；因為顧客對這些事實早就已經瞭如指掌。

麥當勞大部分的電視廣告，便是典型的例子。他們運用一種「生活片段」的型式，而且在氣氛上總是「熱鬧快活」及讓人感到愉悅。它的觀念就是要人們與麥當勞共享美好的事物與歡樂的時光。暗示性的廣告對麥當勞來說，也能夠發揮不錯的效果。他們針對 McDLT 所做的廣告，明確地指出：當漢堡夾有萵苣與番茄時，就必定會有一面是熱騰騰的、另一面則是冷的。由於觀眾們已經接受這項主張、並認為是一種事實，因此這種作法很容易就達到預期的效果。他們不會刻意地對廣告的內容、或麥當勞主張中的妥當性進行詳細檢查。

這些低切身性服務的行銷人員，必須對購買者的數種特性了然於胸；它們包括：

1. 由原本使用某家速食店、航空公司、旅館、或其它業者，

轉變為使用其它競爭者提供的服務或產品，乃司空見慣。品牌忠誠度很難建立。

2. 各種折扣優惠券、價格的降低、以及其它銷售促銷，很快地就能夠吸引到試用的購買者。

3. 視覺的輔助相當重要，因為資訊會在我們腦中的視覺部分（非邏輯部分）加以處理。這類的例子包括各種已獲得高度識別的標誌（例如麥當勞的金色拱狀標誌，參見圖 14-5），以及立刻就可以辨認的商店設計與廣告招牌（例如必勝客、Chi Chi's，以及麥當勞）。

4. 銷售點（促銷）的展示與密集的配送（即擁有儘可能多數的營業據點或配送管道）相當重要；因為這類低切身性或衝動性的服務或產品，通常都可以藉由認同或辨識而造成購買。

圖 14-5：麥當勞的金色拱狀標誌，是一個已獲得高度識別的企業標誌。

透過大眾媒體進行促銷時，焦點應該置於吸引顧客的注意力、以及提昇公司或「品牌」名稱的知名度。

3・各種替代選擇的評估

專家們把那些解決涵蓋範圍廣泛的問題，稱為「學習的層級」

（learning hierarchy）－也就是說，顧客們先學習、然後是感覺、最後再採取行動。至於那些低切身性的決定、或稱為「低切身性」的層級則有所不同－也就是說，顧客們先學習、然後是採取行動、最後再去感覺。在這類低切身性的決定中，關鍵是顧客在購買及使用這些服務後，才會對它們做出評價。

而在那些高切身性的決定中，一旦有許多可供替代的選擇被確定後，顧客就會先對每一項進行審慎地評估，做後再從中選擇其一。如果顧客對這些服務感到滿意的話，這類的決定通常都可以導致品牌忠誠度。除非顧客對第一次的經驗不滿意，否則他們不會想要再花費龐大的精力與時間去逐一調查那些替代的選擇。舉例來說，顧客或許會對他們第一次參加的嘉年華遊輪之旅、或 Maupintour 提供的旅遊套裝產品感到十分滿意，而使得他們從事第二次、以及往後的旅遊時，都會找上這些公司。

在評估的階段，顧客會利用各種客觀的（即可觸知的）、以及主觀的（即不可觸知的）因素來做出選擇。此刻，大眾媒體的廣告並不會具有太大的重要性，而是其他人的意見才會對顧客的決定造成高度影響。知名人士的各種推薦促銷，能夠相當有效地左右顧客的決定。例如著名的鄉村音樂歌手 Tanya Tucker，便是田納西州觀光旅遊局的一位優秀代言者；參見圖 14-6。同樣地，對於公主遊輪針對其船舶所做的「它不僅是一艘遊輪，它還是一艘愛之船」之主題訴求而言，在電視影集「愛之船」（*The Love Boat*）中飾演船長的 Gavin McLeod，便是一位最適當的代言者。

4 · 購買

當顧客做各種低切身性的決定時，由於通常都會把評估的階段暫時略過，因此關鍵在於激勵試用性的購買。置身於某個陌生城市時，很少人會去研究哪一家計程車公司的服務最快速或最親切；考慮的關鍵只在於是否隨時都能夠便利地召來某家公司的車輛。因此，計

程車業者應該在工商名錄上刊登廣告，嘗試與機場或旅館團體簽訂優先服務合約，並保証該公司在主要的地點隨時都有大量的計程車提供服務。

圖 14-6：田納西州的廣告傳送出與豐富音樂內涵有關的明確訊息。

5．購買後的評價

購買後評價決定於該項服務的實際表現與顧客的期望。當顧客採取購買的行動後，會試著降低兩者間存在的不一致性，以對自己所做的決定感到合理。雖然如此，當服務明顯不佳時，會使他們下次購買時，去尋找新的替代選擇。舉例來說，那些對旅遊景點的怡人氣候與多彩多姿的夜生活言過其實的渡假簡介，通常都會對旅客們造成影響深遠的不滿反應、抱怨、以及負面的評價。

促銷的目標

　　促銷的最終目的，是要透過傳播來修正或改變顧客的行為。要達
此目標，就必須在購買過程的不同階段對顧客提供幫助，使他們購買或
再次購買某特定服務。如圖 14-7 所示，促銷是藉由告知(inform)、**說服**
(persuade)、以及**提醒**(remind)－即促銷的三項主要目標－來達成這項目
的。通常所有促銷活動都可歸屬於這三種類型之一；或以提供訊息為訴
求，以說服為訴求，或以提醒為訴求。

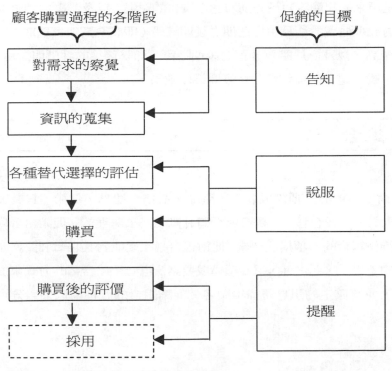

圖 14-7：促銷的目標與購買過程的階段。

對於各種新推出（即產品生命週期的初期階段）的服務或產品、以及處於購買過程初期階段（即需求的察覺與資訊的蒐集）的顧客來說，以提供訊息為訴求的促銷活動發揮的效果最好，這是因為此種促銷活動，很容易就可以把和服務之主要特色的各種資料或觀念傳送出去。**以說服為訴求**的促銷活動，在命中率就顯得困難多了。它們主要的目標，是要顧客在眾多競爭的產品與服務中，選擇某特定公司或「品牌」、並且實際地採取購買行動。針對競爭者的服務進行比較的廣告，以及大部分的銷售促銷等，都是屬於這種類型。對於那些處於產品生命週期之中／後期階段（即成長期與成熟期）的服務或產品、以及處於購買過程之中／後期階段（即各種替代選擇的評估與購買）的顧客來說，這種以說服為訴求的促銷活動發揮的效果最好。至於**以提醒為訴求**的促銷活動，則是用來喚起顧客對於先前看過之廣告的記憶，以及激勵他們再次購買。對於那些處於產品生命週期之後期階段（即成熟期與衰退期）的服務或產品、以及處於購買過程之後期階段（即購買後的評價與採用）的顧客來說，這類的促銷活動可發揮最佳效果。

促銷組合

　　行銷組合中的八項構成要素（產品，價格，地點，促銷，包裝，規劃，人員，以及合夥），是發展行銷計劃時必須處理的。促銷組合只不過是行銷組合的一項構成要素；促銷組合必須要能對其它七個要素產生互補的效果。除此之外，這七項構成要素，也必須以含蓄的方式來提昇服務，並將確定的訊息傳播給顧客。促銷組合的五種構成要素分別為：

1.　廣告。
2.　人員銷售。
3.　銷售促銷。

4.　展售。

5.　公共關係與宣傳。

廣告

　　廣告是促銷組合最廣泛可見、而且最易辨認的構成要素；大部分
的促銷費用，也都花在廣告上。

1・定義

　　廣告是「透過各種媒介之付費的、非個人式的傳播；是公司行號、
非營利性組織、與個人，希望以某種方式讓自己在廣告訊息中能夠
被確認，以及希望藉此告知與／或說服某一群特定成員。」在上述
的定義中，關鍵字是「付費的」、「非個人式的」、以及「被確認」。
所有餐飲旅館與旅遊組織，都必須為廣告付出費用；不論是以金錢
或使用某種以物易物的形式（例如：由某家餐廳以提供免費餐飲的
方式，來交換一段在收音機播出的廣告）。從另一方面來看，宣傳
則是免費的。廣告使用的方法是非個人式的－也就是說，不論是出
資者或代表人，都不會實際現身來把這項訊息傳播給顧客。至於「被
確認」這個字眼，是指該付費的組織在廣告中會被明確地確認。

　　廣告中的訊息，不見得都以創造銷售為直接訴求。有時候，
出資者的目標只是為了要傳遞一種對該組織是屬於正面的觀念、或
一種有利於該組織的形象而已（也就是我們常說的「公益性」廣
告）。可口可樂在兒童的特殊奧運會（Children's Special Olympics）
期間，便出資贊助廣告；麥當勞也推出以他們的羅蘭麥當勞之家
（Ronald McDonald House；為住院治療之兒童的家屬們提供的住
宿處）這項概念為中心的廣告。

2．優點

廣告有下列優點：

a．**每個接觸對象的平均成本低廉**　雖然各項廣告活動的總成本動輒高達數百萬美元之鉅，但是與其它可選擇的替代性促銷方式相較之下，廣告在每個接觸對象身上所花費的成本，其實相對較低。一段為時三十秒、於黃金時段在電視上播放的廣告，通常都需要花費數十萬美元；雖然如此，收看到這段廣告的觀眾卻可能高達數百萬人，這使得每一位曝露於這項廣告中的收視者之成本，將只有幾分錢美金而已。

b．**延伸業務人員無法涵蓋之地點與時間**　對業務人員來說，他們不可能在開車回家時還帶著客戶同行，然後再花上一整個晚上的時間陪著顧客說明或介紹；他們也無法每天早上都在客戶的大門口等著顧客出門，更不可能把自己塞進客戶的郵箱內。然而，廣告在顧客的日常生活中，卻具有一種無孔不入的能力。它們可以在業務人員無法涵蓋的地點與時間接觸到顧客。

c．**具有更寬廣的空間來創造訊息的多變性與戲劇性**　廣告可以提供毫無限制的機會，讓促銷訊息以更具創意及更引人注目的方式傳送出去。藉由雜誌廣告內使用的明亮色彩來展現某個旅遊景點令人摒息的風光景致，或透過一首古老民謠或搖滾樂曲的再現－例如凱悅旅館使用的「你已獲得了神奇的共鳴」，以及牙買加所使用的「到牙買加來感受美好的事物」，都可以達到這種效果。由於現今的廣告數量實在讓人目不暇給，因此廣告就必須做到「鶴立雞群」或「與眾不同」，才能發揮預期效果。圖 14-8 中所示，是挪威遊輪公司以「這是個截然不同的地方」為主標題所做的引人注目之廣告。它使用粗獷明顯的黑色、與眾不同的內文排列、以及明確的照片意象，都有助於讓這個廣告與其它遊輪公司刊登的廣告有著截然不同的風格。

d．能創造業務人員無法營造的意象　對於在顧客腦海中
創造出各種意象而言，廣告具有極佳的能力。就這方面來說，電視
挾其音效、色彩、以及動作的運用，效果尤其明顯。在 1994 年，
澳洲航空便利用一首廣受喜愛的澳洲歌曲－「我仍然視澳洲爲家
鄉」，再搭配上例如雪梨歌劇院與中國萬里長城之類的著名景點，
在電視廣告中營造出一種懷舊之情的意象。美國航空則在電視廣告
中採取另一種不同的策略，強調該公司所有飛機的安全性。

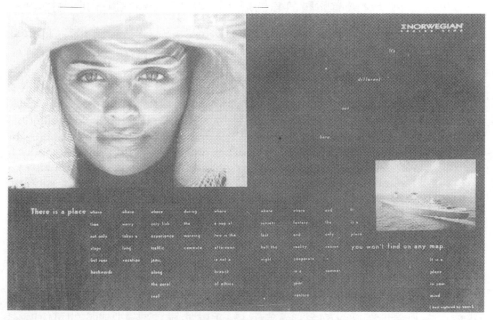

圖 14-8：挪威遊輪公司引人注目的印刷廣告－利用明確的照片意象及與眾不同的內文排
列，與其它遊輪公司刊登的廣告區隔。

　　e．本質上不具有威脅性的非個人式介紹　你是否有過下
列經驗：在你剛踏進某家商店時，立刻就有一位相當積極的業務人
員迎面而來，而且很明顯表現出想藉由你的購買行動來賺取一筆佣
金的那種態度，向你做出極生硬簡短的寒喧之後，通常就緊接著問
道：「我是否能幫助你找到你想要的東西呢？」。在遇到這種情況

時，大部分的人都會覺得是一種壓力或威脅，或至少會產生一種防衛心理。這是一種面對面的傳播方式，帶有強迫你必須立刻做出回答、或做出決定的意味。從另一方面來看，廣告是一種非個人式的傳播形式；顧客不會覺得被迫必須立刻做出反應、評價、或決定。由於顧客不會興起「防範之心」，因此當其它促銷活動被顧客排斥在外的時候，這些廣告出資者提供的訊息通常都能在意識或潛意識中悄悄進入顧客的腦海。

　　f．具有重覆訊息的潛力　對某些促銷訊息而言，如果顧客能夠多次曝露，它們就能夠發揮相當好的效果。舉例來說，你正驅車前往某個渡假景點的路途上；假如你並未做任何的計劃，那麼你必然需要尋找一家旅館或汽車旅館、進餐地點、或可供短暫停留的景點。那麼，當你在沿路上見到的某家汽車旅館、速食餐廳、或遊覽景點的廣告招牌數量越多時，你對它們的瞭解、以及使用它們的機會必定也會越高。

　　g．大眾媒體廣告帶來的名氣聲望與深刻印象　廣告，以及你選擇的廣告媒介，都能夠對餐飲旅館與旅遊組織的名氣及可信度產生增強的效果。為數越來越多的旅館業者，都相繼推出全國性的電視廣告，做為該公司已臻於「大聯盟」水準的一種訊號。當某家旅遊批發商在《美國國立博物館》（Smith sonian）、《國家地理》（National Geographic）、或是《財富》（Fortune）等雜誌上刊登一篇跨頁的全彩廣告時，幾乎就能夠立刻建立起它的可信度。根據研究顯示，當一家公司或某種品牌刊登全國性廣告的次數越頻繁時，則認為是一項高品質產品或服務的顧客人數也會越多。

３．缺點

廣告所具備的強大勢力、高度說服力、以及無遠弗屆的本質，是不容否定的。雖然如此，它還是存在著某些限制與缺點。

　　a．不具有「完成」交易的能力　廣告在創造知名度、提高

瞭解（理解力）、改變態度、以及創造購買意願，的確具有相當大
的效果；但是，它很少能夠獨自完成所有的工作。也就是說，它很
少能夠「完成該項銷售」（即達到說服顧客做出預約、買票券、支
付訂金）。就完成銷售這點而言，人員銷售要比廣告有效；尤其是
對那些高切身性（即解決涵蓋範圍廣泛的問題）的決定而言，這種
情況更是明顯。換言之，如果沒有其它促銷組合構成要素的協助，
則廣告通常都無法導引顧客走完購買過程中的所有階段。

　　ｂ．廣告的「騷亂」現象　　對廣告而言，它的機會可說是毫
無限制的；這雖然是一種優點，卻也是一項缺點。為什麼呢？因為
人類的「個人電腦」（即大腦）在記憶能力與儲存容量上都相當有
限。然而，有無數的廣告充斥於許多不同的地方，而使得它們成為
雜亂無章的商業訊息。它們在數量上實在過於龐大，以至於我們無
法去注意、消化。而促銷組合中的其它構成要素，尤其是人員銷售，
提供的則是一種更個別化、更人際性的訊息介紹。

　　ｃ．顧客可以不理會廣告訊息　　在接觸目標接收者這方
面，雖然廣告的刊登者可以得到相當的保証，但是否每個人都會注
意到這些訊息，則是無法獲得充份保証的。許多人會原封不動地把
各種直接郵寄的廣告信函隨手丟進垃圾筒；當電視與收音機節目播
放廣告時，很多人會趁機做些其它事情；許多人在閱讀雜誌時，會
略過廣告部分，直接跳到主要的文章。這些潛在的顧客之所以會發
展出這種「迴避」廣告的習慣，完全是因為受夠了各種商業訊息的
疲勞轟炸。他們都很清楚：這些廣告全都是「預設立場」偏向出資
者；因此，他們甚至不讓這些訊息有任何通過注意力過濾的機會。

　　ｄ．不易獲得立即的反應或行動　　廣告雖然也能讓顧客迅
速做出反應、或採取立即的行動；但就這方面來說，促銷組合的其
它構成要素－尤其是銷售促銷與人員銷售－通常都可以發揮更好
的效果。先前曾提過，餐飲旅館與旅遊的促銷者對於直接反應式的
廣告日益重視，可幫助這個行業克服這項問題。

ｅ．缺乏獲得迅速回饋與修正訊息的能力　在缺乏行銷研究之情況下，要想判定顧客對於廣告的反應相當困難。在蒐集相關資訊的同時，各種毫無效果的廣告或許還繼續進行著。從另一方面來看，人員銷售則可以提供組織立即的反應，並調整訊息以吻合潛在顧客之需求。於顧客購買過程的初期階段中，廣告在影響顧客方面的確具有相當強大的能力；但是在較後期的各個階段裡，廣告的影響力就不如促銷組合的其它構成要素。各種直接行銷的技巧與互動式媒介在使用上日益普遍，也讓廣告刊登者能夠獲得顧客更即時之回饋。所謂的「互動式媒介」，指由電子裝備與通訊設備所構成的的一種組合（例如電視、個人電腦、電話線路等），可以讓顧客和餐飲旅館與旅遊組織的資訊或預約服務系統產生互動。舉例來說，互動式電視預期將會成為一種日益普及的設備，它可以讓顧客在自己的家裡藉著選擇及安排旅遊預約，來進行所謂的「在家購物」。隨著電視中各種特殊旅遊節目的數量日益增加，以及顧客使用以文字為基礎的各種線上電腦服務－例如 CompuServe、America Online、與 Prodigy－日漸普及，這類直接預訂的機會也必定會逐漸成長。

ｆ．不易測定廣告的效果　影響顧客購買行為的變數不勝枚舉，以至於要單獨測定廣告的影響力，通常也相當困難。一般而言，最讓人感到困擾的議題是：廣告究竟是否具有直接導致完成交易的能力，或只能夠提供協助。

ｇ．「浪費」的因素相對較高　所謂的「浪費」，是指讓那些不屬於目標市場的人，去看到、聽到、或閱讀到這些廣告。對大部分的廣告而言，通常都會出現相當明顯的「浪費」。舉例來說，報紙雖然具有涵蓋範圍廣泛（即有許多人都會閱報）的優點，但無法有效吸引特定目標市場（除了地理性的目標市場之外）。就針對特定市場而言，直接郵寄的廣告是最佳的廣告媒介。

人員銷售

1．定義

人員銷售牽涉到口語交談。是由業務人員與潛在顧客以電話或面對面的方式進行的一種銷售方式。

2．優點

a．**具有「完成」交易的能力** 人員銷售最強而有力之特色，在於完成交易的能力。業務人員會想盡一切辦法說服顧客（或「潛在顧客」）、並使他們做出某種決定。至於促銷組合中的其它構成要素，則顧客會有完全不理會，或購買決定出現不確定延遲的可能。

b．**具有掌握顧客注意力的能力** 在掌握顧客的注意力方面，沒有其它方法會比面對面的交談更為有效。當這些訊息是以促銷組合中的其它四種構成要素（即廣告、銷售促銷、展售、以及公共關係與宣傳）來傳送時，顧客則可以隨心所欲地完全不理會。

c．**立即的回饋與雙向溝通** 使用人員銷售來完成交易比較容易成功的原因，有一部分是雙向溝通的運用、以及能夠獲得顧客立即回饋的能力。至於促銷組合的其它四種構成要素在傳送訊息時使用的方法，全都屬於非人際性的。人員銷售可以根據顧客的反應隨時做出調整；其它四種促銷組合構成要素，就缺乏這種彈性。

d．**針對個別需求提供量身訂做的說明** 人員銷售所提供的說明，是配合潛在顧客的需求與要求而量身訂製的。顧客可以提出問題、並且獲得答案。假如他們有任何異議的話，業務人員也可以直接說明。

e．**具有精確鎖定目標顧客的能力** 人員銷售如果能事先做到有效的預估（即選對潛在的顧客來進行銷售說明），那麼造成

的「浪費」將會相當有限。事實上，優秀的業務人員在安排面對面
的訪談之前，都會審慎地先對顧客進行過濾與評定（即確認是否爲
潛在的購買者）。其它促銷組合的構成要素，通常都會導致較高的
「浪費」。

　　　　f．具有培養關係的能力　在人員銷售的方式下，業務人員
可以和這些潛在的顧客發展一種持續的關係。這並不代表我們建議
業務人員去成爲所有潛在顧客最好朋友－事實上，這種情況是我們
所不樂於見到的。我們真正的意思是：藉由這位業務人員，能夠讓
這些潛在的顧客與公司建立起一種更親和的連結。與廣告及其它促
銷方式相較，擁有這種親和的傳播管道對顧客來說，通常也會是一
項促使他們重覆購買的有力誘因。

　　　　g．具有產生立即行動的潛力　就如前文所提到的，廣告
只能間接地引導銷售、或讓購買的反應稍後發生。但人員銷售通常
都具有讓潛在的顧客產生立即行動的潛力。

3．缺點

　　　　a．每個接觸對象的平均成本昂貴　與另外四種促銷組合
的構成要素相較下，人員銷售的主要缺點在於每個接觸對象的成本
相當昂貴。在其它大部分的促銷方式中，每個接觸對象所需成本通
常都不會高於數美金；但在這種實地推銷介紹的作法下，通常也意
味著需要花費一百美元以上的薪資與交通成本。某些形式的人員銷
售較爲有效。舉例來說，店內推銷與電話推銷等，就不需要花費實
地推銷介紹時必須支出的交通成本。

　　　　b．缺乏有效接觸某些顧客的能力　顧客或許會拒絕業務
人員的協助或說明，即對人員銷售採取防衛態度。他們對來自於例
如廣告、銷售促銷、展售、以及公共關係與宣傳等非個人方式所傳
播的訊息，防衛心態就不會這麼強烈。此外，這些潛在的顧客或許
因爲其它原因而「難以接近」；例如他們居住的地理區域，以及時

間上的配合等。

銷售促銷

1．定義

銷售促銷指提供某種短期的誘因給顧客,讓他們做出立即的購買。
譬如:各種折扣優惠券,競賽與彩金,樣品,以及獎品等。

2．優點

　　a．**可將廣告與人員銷售的某些優點做一組合**　就產生立
即購買的能力來說,銷售促銷也分享了人員銷售具有的這項主要優
點。然而,與人員銷售相較下,銷售促銷還有一項額外的優勢－可
以大量地傳播及配送。舉例來說,各種折扣優惠券不僅能夠透過郵
寄的方式發送,顧客也可以直接從雜誌或報紙上剪下來。

　　b．**具有提供迅速回饋的能力**　許多銷售促銷所提供的誘
因,都是必須在某個短期間內提出要求;大部分的折扣優惠券,都
必須在某個特定日期之前使用才有效。一般而言,各種競賽、彩金、
以及獎品等,也都會有截止時間的限制。顧客必須立刻做出反應,
因此,出資者可以獲得迅速的回饋。

　　c．**具有添加某項服務或產品之刺激性的能力**　充滿想像
創意的銷售促銷活動,可以為餐飲旅館與旅遊的服務添加刺激性。
在 1993 年,國泰航空公司（Cathay Pacific）就使用一項創新的彩
金計劃,藉以刺激所有的旅行社。這些旅行社必須填寫一份縱橫字
謎,使用的線索則是該公司在服務上與其它亞洲航空業者截然不同
的各種特色。這項彩金計劃以色彩鮮活、橫跨四頁的廣告篇幅,並
做為《旅遊週刊》（Travel Weekly）之封面主題的方式來促銷。

　　d．**可提供傳播的額外途徑**　銷售促銷可以提供一種與顧客

之間的額外傳播管道。「撕取式」折扣優惠券可以附加在各種外帶或外送食物的包裝上。當然，你也可以把菜單及折扣優惠券設計成可掛在門把上的形式。

　　e．使用時機深具彈性　　另一個與銷售促銷之彈性有關的例子，是它們能夠以短期通知的方式來運用，而且也可以使用在任何時機。尤其在淡季的時段，它們對於增加銷售的助益可說特別明顯（例如：在每週一與週二晚間推出的「一人付費，倆人用餐」的促銷活動）。如果其它促銷組合構成要素表現不佳時，或許就可以運用某種「最後一分鐘」的銷售促銷方式來填補買氣的不足。這時候，你將再次發現：銷售促銷在短時間內使銷售額激增的能力，的確是它主要的優勢。

　　f．效率　　銷售促銷也相當有效率。廣告與人員銷售都會有大筆的固定成本。另一方面，銷售促銷的初期投資不大（例如：印製折扣優惠券）。各種額外的成本則會隨著利用這項促銷活動的顧客人數，出現直接的變化（例如：折扣優惠券實際使用人數，要求兌現飛行常客或住宿常客計畫之獎勵的顧客人數）。

３．缺點

　　a．短期的利益　　銷售促銷最誘人之處，在於能夠讓銷售量在短期間內立刻激增。下列說法或許有些自相矛盾，但這項優勢卻同時也是它的主要缺點－通常銷售促銷都無法導致長期的銷售提昇。銷售促銷很容易增加短期的收益，但促銷活動結束後，銷售量又回到平常的水準、甚至低於平常的水準。此外，當一家公司提出數量過多的銷售促銷時，也會造成顧客對服務的價值產生持久性低估的風險。

　　b．建立對公司或「品牌」的長期忠誠度之效果甚微　　對那些「品牌游離者」－指根據哪家公司提供的條件最有利，而在相互競爭的服務間不斷更換的那些人－而言，各種銷售促銷可產

生極大的吸引力。這種方式在發展真正的品牌忠誠度方面，可說毫無成效。由於大部分的組織較關切的，是如何建立長期性的顧客基礎；因此，就這方面而言，銷售促銷的效果就遠不如其它各種促銷。

　　ｃ．就長期而言，若缺乏其它促銷組合要素的配合，則沒有單獨使用的能力　以長期的觀點來看，銷售促銷如果能與其它促銷技巧配合、並獲得它們的支持，那麼將是最有效的一種方式。各種常客優惠計畫，必須要以廣告方式為之，將其「銷售」給團體客戶，並以小冊或簡介的方式詳述。Marriott 推出的「速配假期」（Instant Match-Up Vacations），以及麥當勞推出的「專賣」（Monopoly）計畫，都必須藉助明顯的媒體廣告才得以發揮效果。

　　ｄ．經常被誤用　銷售促銷經常用來做為各種長期性行銷問題的「快速修復」手段。某些全國性連鎖餐廳，似乎總是不斷地推出各種銷售促銷，以期將顧客由其它競爭者的手中爭取過來。事實上，這些業者應該採取的作法是：藉由改善菜色的內容與多樣性，重新設計餐廳的裝潢璜或重新賦予不同的概念，重新進行定位，或提昇服務與餐飲的品質等，把重點放在吸引具有忠誠度、長期性的顧客上。

展售（購買點廣告）

　　將展售歸類於銷售促銷的技術，是常見的實務，因為它並不會牽扯到媒體廣告、人員銷售、或是公共關係與宣傳。在本書中，將展售與其它銷售促銷方式分開討論，是因為展售具有的獨特性、以及它對這個行業的重要性。

1．定義

　　展售，或稱為購買點「廣告」，指為了激勵營業額所使用的各種內

部材料；這些材料涵蓋例如菜單、酒類名單、直立式桌上型菜卡、招牌、海報、展示品、以及銷售點內的其它促銷物品。

2．優點

展售的優點與所有銷售促銷的好處都相當類似。包括：

- 可將廣告與人員銷售的某些優點做一組合。
- 具有提供迅速回饋的能力。
- 具有添加服務或產品之刺激性的能力。
- 可提供傳播的額外途徑。
- 使用時機深具彈性。

　　各位不妨回想一下最近前往某家超級市場或服飾店的經驗。你可能因為看到了某個特別設立的專賣走廊或其它展示區，而在「一時衝動下」購買了許多雜貨物品。你在服飾上的支出或許也超出原先的預算，只因為那家商店有個極吸引人的櫥窗展示區或特殊擺設。當然，你可能最近也曾光臨某家餐廳，原因只是它與眾不同的菜單、或令人垂涎三尺的菜色描述；它們使你暫時將節食計畫拋在腦後。在購買的地點中，這些展售可以讓你的視覺感到興奮不已，並因而造成銷售量的提昇。展售的兩項額外優點是：

　　ａ．可激勵「衝動性購買」，以及更高的每人平均消費額　你可能會因為某家旅行社針對一家遊輪公司或渡假中心所做的極吸引人之展示，而對這家旅行社產生高度興趣、並購買它提供的產品。當你置身餐飲旅館與旅遊業的營業場所時，視覺上的促銷或許會讓你的實際支出遠比自己所計畫的高。

　　ｂ．對各種廣告活動提供支持　當顧客在購買的地點中，如果能接收到一種「視覺上的提醒」時，將會使廣告活動的效果大為提高。速食連鎖業者可說是善用這項技巧的專家。透過電視廣告，大肆促銷價格已包括某種玩具在內的兒童餐飲「套裝商品」，

或顧客只要購買任何產品後、就能再以極低價格添購該玩具的其他方案。各種極具吸引力的內部展示,都能夠迅速地讓孩子們想起這項商品的存在,並使他們的注意力集中於此。

3・缺點

展售與其它銷售促銷技巧之間的主要差別,在於展售並不見得會提供顧客財務上的誘因。而且某些展售產生的影響也可能是長期性的。一份出色的菜單,可以延續使用數年之久;在商店裡的展示,或許也能夠適用好幾個月;至於其它的海報、桌上型直立式菜單、以及簡介小冊的展示亦然。

展售雖然可能帶來持續期間較長的正面影響,但是在建立長期性的「品牌」忠誠度上,它的成效依舊相當有限。雖然它在缺乏其它促銷組合構成要素的支持下,還是可以運用;但如果能將展售與人員銷售及廣告加以結合的話,效果必然更明顯。

某些展售可能造成「視覺上的擾亂」(visual clutter),是它的第三項缺點。對某些人來說,他們對那些放置在餐桌上的直立式菜單會感到不勝其擾,而刻意或下意識地不去理會這些訊息。

公共關係與宣傳

1・定義

公共關係指餐飲旅館與旅遊組織,爲了維持或改善自己與其它組織及個人之間的關係,而採行的所有活動。**宣傳**則是一種公共關係的技巧,指與某個組織的服務有關,但並不需要付費的各種資訊傳播。

２．優點

　　　　ａ．成本低廉　　與其它的促銷組合構成要素相較之下，公共
關係與宣傳的成本相當少。然而，仍有一種普遍的誤解存在，認為
它是完全免費的。要使公共關係與宣傳能夠發揮成效，需要審慎的
規劃、週詳的管理、以及大量的人力時間才得以竟其功。

　　　　ｂ．由於未被視為商業訊息，因此會比較有效　　各位在前
文中已瞭解到，廣告被認為是一種帶有偏袒成份的傳播形式。但是
人們對於在收音機與電視中、以及在報紙與雜誌文章中出現的公共
關係訊息，並不會抱持類似的懷疑；原因在於對這些服務進行敘述
的是一個獨立的團體。顧客對於這些資訊，並不會採取他們對媒體
廣告的方式－隨時都已做好「拒於門外」的準備。宣傳具有滲透而
越過認知防衛的能力。

　　　　ｃ．具可信度與「暗示性的保証」　　當一位旅遊評論家對
某個目的地、旅館、或餐廳發表對其有利的正面看法時，這種訊息
傳送出來的可信度，要比付費廣告高出許多。顧客也會覺得他們收
到了該報導者提供的保証。

　　　　ｄ．具有大眾媒體報導所能帶來的名氣聲望與深刻印象
宣傳與廣告都是透過大眾媒體來傳送。因此，宣傳也和廣告一樣，
能夠享有大眾媒體報導所能帶來的名氣聲望與深刻印象。

　　　　ｅ．可添加刺激性與戲劇性　　若撰稿者善用語言上的寓
意、或播報人員或攝影人員運用其技巧，都能夠使餐飲旅館或觀光
旅遊組織提供的利益與特色更為醒目。旅館或餐廳業者所安排的充
滿戲劇性、引人注目的開幕儀式，新船的下水典禮、或航空公司新
航線的首航儀式等，都是讓各種服務的刺激性更為突顯的實例。

　　　　ｆ．可維繫一種「公開的」參與　　各種公共關係的活動，
可以確保組織在各種「群眾」中維持一種持續的、正面的參與。這
些「群眾」包括了當地的、媒體的、金融的、員工的、以及相關業

界等部分。

3．缺點

a．**在安排上不容易維持一貫性**　要想獲得正面的宣傳，通常是一項「缺乏穩定性」的工作。因為這些報導完全操之於媒體人員的手中。在時機的控制上，無法像其它的促銷方法擁有同樣的精確度。

b．**不易控制**　在缺乏控制方面，另一個相關問題是：沒有能力確保報導與陳述的內容，與你希望的完全一致。播報人員可能無法將關鍵性的要素或銷售觀念涵蓋在訊息中，甚至可能會曲解某些用辭及觀念。

傑出案例

促銷組合：
Chi Chi's Restaurnts

　　具有民族特色及外國風味的美食日益受到歡迎，已經成為美國、加拿大、以及世界各地的一種主要趨勢。墨西哥食物更是其中的佼佼者，不論在速食業的領域中（例如 Taco Bee 之類的連鎖店）、或在例如 Chi Chi's 與 El Torito 等企業所經營的晚餐場所裡，都是備受歡迎的寵兒。對於如何善用墨西哥美食在市場上迅速廣受歡迎的時機而言，Chi Chi's 餐廳的成長與發展便提供了一個絕佳的實例。此外，該公司也對各種促銷組合構成要素做了相當出色的運用，來把它各種獨特的風味美食傳播給顧客。

　　第一家 Chi Chi's 餐廳，係於 1976 年在明尼亞波里斯（Minneapolis）開幕。目前，該餐廳在美國、加拿大、歐洲、以及中東等地，已經擁有二百二十三家營業據點。在這些 Chi Chi's 餐廳的絕大部分─大約有二百零八家，所有權都由該公司擁有。Chi Chi's 餐廳使用的初期

策略，有一部分將重點集中在美國中西部、以及東部；在這些地區，墨西哥食物的普及程度尚不及加州與西部各州那麼流行。當時，競爭對手們—尤其是 El Torito—也已經在西岸地區建立相當好的基礎。該公司在連鎖據點的發展，於 1980 年代初期達到高峰，在 1983 至 1986 年間遭遇許多財務上與管理上的問題；當然，部分的原因是急遽的發展速度。

1994 年 1 月，Chi Chi's 餐廳脫離聖地牙哥（San Diego）的母公司，Food-Maker，歸入一家新成立、以加州 Irvine 為根據地、名為芳鄰餐廳企業（Family Restaurants, Inc.）旗下的一部分。芳鄰餐廳的旗下包括了一個「芳鄰部門」（Family Division），是由大約四百家全都以 Coco's 及 Carrows 為名稱、位於西部地區的家庭式咖啡店所構成。此外，在西部地區就擁有一百一十四個營業據點的 El Torito 餐廳（El Torito Restaurants）也納入芳鄰企業。該企業旗下還有一個「傳統晚餐屋部門」（Traditional Dinnerhouse Division），由三十家以啤酒為導向的晚餐營業據點構成。

在 Chi Chi's 餐廳與 El Torito 餐廳的聯合勢力下，芳鄰餐廳在全國共有三百個以上的營業據點，主導著整個墨西哥晚餐屋市場。這兩家連鎖餐廳又併成墨西哥餐廳部門（Mexican Restaurant Division）。Chi Chi's 餐廳在擴張的速度開始緩慢下來，但自從與 El Torito 合併之後，大約十家的 El Torito 餐廳轉為使用 Chi Chi's 的名稱（這些餐廳分別位於伊利諾州的芝加哥，紐澤西州，以及華盛頓特區等地方）。對

於現有的 Chi Chi's 餐廳，該公司把注大筆的資金重塑其造型，以便讓這些營業場所看起來更明亮、新穎、與現代化。

Chi Chi's 餐廳專門提供各式各樣帶有輕微辣味的墨西哥式 Sonoran 食物；它並未提供那些口

味相當辛辣的德州墨西哥式（Tex-Mex）食物、以及西岸墨西哥式（West Coast Mexican）食物。至於一般大眾對新鮮材料的要求日益提高，Chi Chi's 餐廳並未忽視。該餐廳所供應的食物，都是各營業地點在當天準備，絕不使用冷凍材料。在某些連鎖據點中，最受歡迎的菜色包括：Chajitas（這是 Chi Chi's 餐廳的招牌菜；是一種把切成條狀的碳烤牛肉、雞肉、蝦、或豬肉等，放在一個熱騰騰的長柄淺鍋中供顧客食用），Taco salads（花枝沙拉），Chimi-changes（這是一種填滿牛肉與乾酪、雞肉與乾酪、或海鮮後再經過徹底油炸，並配以一種特別醬料及帶有酸味之奶油），Mexican Torte 開味菜（這是一種在三層麵粉玉蜀黍餅之間加上牛肉、雞肉、或海鮮的食物）。該餐廳提供的墨西哥菜大約有八十種左右，其中還包括數種組合式菜色。

就在最近，Chi Chi's 餐廳也對其菜色重新設計，不僅加入一項充滿新意的每月拿手菜，而且還推出四種低脂肪的「清淡」菜色。該公司的產品開發小組藉由媒體廣告與店內的展售促銷，也發展出許多口碑極佳的主菜，例如「兩次燒烤式碳烤」。Chi Chi's 餐廳另一項極為成功的廣告活動，則是它推出的「超值組合餐」，這項產品的特點是把三種極受歡迎的菜色組合成一大盤，並附送免費冰淇淋。除此之外，該公司也不斷對它現有各種主要產品精益求精；例如花枝，enchila-das（一種以辣椒來調味的墨西哥菜），米飯，豆類等。

Chi Chi's 餐廳之所以能夠如此成功，有一部分也歸功於適當的價位與充足的份量。除了免費招待的薄片玉蜀黍餅與 salsa 之外，大部分的主菜都可以另外再由西班牙式米飯或油炸莢豆中選擇其一。

Chi Chi's 餐廳在它的晚餐室與休息室，也供應酒精類飲料。在一家典型的 Chi Chi's 餐廳，這些飲料的銷售佔相當重要的比率，大約為總營業額的 33%；光是 margaritas〔一種由龍舌蘭酒加檸檬汁所調成的雞尾酒〕，就佔了所有飲料銷售額的 60%。至於「jumbo margarita」這項產品，則被視為該餐廳的招牌飲料。由於 Chi Chi's 餐廳販售的 margaritas 太受歡迎，使得目前在大部分的烈酒專賣店都可以買到瓶裝

的產品。Chi Chi's 餐廳的所有員工，都受過建議式推銷的良好訓練。舉例來說，他們都會向光臨的顧客詢問是否需要點 margaritas 來搭配主餐。

　　Chi Chi's 餐廳對於各種促銷組合構成要素的運用也相當傑出。除了剛提過的人員銷售技巧外，Chi Chi's 餐廳在廣告、銷售促銷、以及展售方面，都展現出一種極高的水準。首先，從所有建築物外部的田園風格設計、以及引人注目的雨蓬搭配，就可看出端倪。員工穿著的制服與室內設計，更傳播出那種墨西哥格調。Chi Chi's 餐廳使用的彩色菜單，也是一種極出色的促銷工具。可供選用的多種菜色組合，對於那些想嚐試各種墨西哥佳餚的用餐者來說，不僅是一種吸引力，更提供了一項便利。至於桌上型的直立式菜單，也經常用來做為促銷各種特殊菜色或飲料，而且在製作上也有相當高的水準。該公司在折扣優惠的運用上也頗為廣泛，尤其當推出各種新菜色與組合套餐時。在每一家 Chi Chi's 餐廳靠近大門口處設置的特產品商店（Momento Shops），則是該公司巧妙運用展售的另一個實例。在這裡，顧客可以買到 Chi Chi's 餐廳特有的 margarita 瓶裝組合，margarita 酒杯，各式各樣的 salsa、薄片玉蜀黍餅、Ｔ恤、以及禮品証明書等。

Chi Chi's 餐廳與荷美爾食品公司（Hormel Foods Corporation）簽訂了一項獲利甚豐的特許合約，同意該公司使用 Chi Chi's 的商標來包裝及銷售各種墨西哥風味的食物。於 1993 年，荷美爾食品公司出版了一本名為《在家中自製 Chi Chi's 墨西哥美食》的烹飪教材，並在市場上零售。這本書大為暢銷，截至目前為止已印行數版。

藉助於色彩華麗、充滿創意，而又以幽默寓意為特色的電視廣告，使得 Chi Chi's 餐廳與它的各式菜色聲名大噪。此外，Chi Chi's 餐廳在規劃與公共關係上，也投入相當的努力。於 1994 年，該公司花費了極可觀的時間與心力來促銷 Cinco de Mayo Mexican 假期；在它旗下的每一家餐廳，都舉行了一項為期兩天的慶祝活動。在中西部與東部地區的大部分市場中，都接收到有關於這項假期的說明與介紹。在社區的參與方面，Chi Chi's 餐廳不論地方性或全國性的活動中都頗踴躍，也持續對白血球過多症患者協會提供支持。在白血球過多症患者所期盼的「公元兩千年療養計劃」（Cure 2000）中，該公司也被視為主要團體捐助人之一。

就像本書中討論過的成功企業一般，Chi Chi's 餐廳深信行銷研究對調整其菜色、以及其它各項服務與設施上所具有的價值。除了在餐桌上放置客戶意見卡之外，該公司每一年也都會在選定的地區中，利用焦點團體來蒐集顧客滿意度的反應。

撇開大部分年輕企業在成長過程中會遭遇到的各種痛苦不談，就運用促銷組合、與善用北美洲人們在口味上的各種新趨勢而言，Chi Chi's 餐廳是一個極為傑出的實例。其成功的最佳証明，便是它廣受顧客喜愛這項事實。於 1994 年，由《餐廳與公共團體》（Restaurant and Institutions）雜誌所舉辦的「年度最佳連鎖業者」票選活動中，Chi Chi's 餐廳又再度（這已是五年內的第四次）榮獲「全美最受歡迎的墨西哥式餐廳」殊榮。

問題討論：

a. Chi Chi's 餐廳使用哪些促銷組合要素？該公司在運用這些要

素時，採用何種獨特的方式？

b.　當人們表現出對於不同國家／民族風味之食物的偏愛日益提高時，Chi Chi's 餐廳如何利用這項趨勢？

c.　由 Chi Chi's 餐廳使用的促銷方法中，其它的餐飲旅館與旅遊組織可學到些什麼，以及能做何種應用？

影響促銷組合的各種因素

各位對於促銷組合中每一項構成要素的優點及缺點，應該都已有所瞭解。由上文中，各位也見到了顧客的購買決策過程（對需求的察覺、資訊的蒐集、各種替代選擇的評估、購買、購買後的評價），購買決策的類別（解決涵蓋範圍廣泛的問題、解決受到限制的問題、解決例行性的問題），以及產品生命週期的階段（導入期、成長期、成熟期、衰退期），會如何對促銷選擇造成影響。此外，還有其它的因素也會影響促銷組合決策，包括下列各項：

目標市場

促銷組合的五種構成要素，其效果會依目標市場而異。舉例來說，當一家住宿業者促銷它的會議／集會設施時，可能會發現針對會議計劃者採取人員銷售的方式，要比刊登廣告來得有效。另一方面，運用人員銷售來吸引個別的休閒旅客，就不是一種可行的方法了。一般而言，當某項服務的複雜性越高時，則人員銷售所能產生的價值也就越高。

潛在顧客置身的地理區域，也具有某種影響力。當這些顧客相當分散時，廣告或許就是與他們接觸的最經濟、最有效之方式。

行銷目標

促銷組合應該依據對每個目標市場設定的行銷目標而直接產生。舉例來說,如果目標是要建立某個百分比的知名度,那麼重點就應該放在媒體廣告上。另一方面,假如目標是要在短期內讓銷售量明顯增加,那麼我們的焦點就應該放在銷售促銷上。

競爭與促銷策略

在餐飲旅館與旅遊業的某些部分,存在著一種明顯的趨勢:對大部分相互競爭的組織來說,他們在促銷組合都會使用相同的「主導要素」。連鎖速食業者會將主要的焦點置於電視廣告,旅館及航空公司則會鎖定各種旅遊常客的獎勵計畫來做為主戰場,而遊輪業者則會把主要重心放在對旅行社的人員銷售上。就這方面而言,競爭者若想要「標新立異」或「獨樹一格」,不僅相當困難、而且也有極高的風險。

可取得的促銷預算

很明顯地,可供促銷使用的資金對於促銷組合構成要素的選擇,也具有直接的影響。那些規模較小、預算受到較高限制的組織,通常都會把重點置於成本較低的各種促銷方式上,例如宣傳與銷售促銷。規模較大的組織,使用媒體廣告與人員銷售的能力上也會較高。

本章摘要

促銷指組織與顧客之間的所有傳播。在促銷組合中,外顯的促銷包括五種構成要素:廣告,人員銷售,銷售促銷,展售,以及公共關係

與宣傳。促銷組合是行銷組合的八項構成要素之一；至於其它的七項構成要素，則會以含蓄暗示的方式，將有關組織的資訊傳播給顧客。

在選擇適用於即將到來之某個期間的促銷計劃時，需要相當審慎的研究及規劃。目標市場與行銷目標雖然可以做爲各種促銷選擇的基礎，但其它相關要素仍不可輕忽。這些要素包括：顧客購買過程的各種階段，購買決策的類別，產品生命週期的不同階段，競爭者與他們所使用的促銷策略，以及可取得的促銷預算。

問題複習

1. 促銷組合的五種構成要素分別爲何？
2. 行銷組合是否爲促銷組合的構成要素之一，或恰好相反？請說明。
3. 在發展促銷組合的五種構成要素時，是應該分別進行、還是讓它們彼此間有所關連，何者會有更佳的效果？爲什麼？
4. 傳播過程的九種構成要素分別爲何？
5. 外顯傳播與內隱傳播之間，有哪些不同之處？促銷組合是屬於何種？外顯的促銷與內隱的促銷是否有關？
6. 對餐飲旅館與旅遊組織而言，在規劃各種促銷方案時，將顧客購買過程的階段、以及購買決策的類別列入考慮，是否有其重要性？請說明。
7. 促銷的三項主要目標分別爲何？促銷的最終目的是什麼？
8. 促銷組合的五種構成要素之優點與缺點分別爲何？
9. 有哪些因素能夠影響促銷組合構成要素的選擇？

本章研究課題

1. 請思考下列四種餐飲旅館與旅遊服務的購買：

   - 在某個主題樂園內參與一項化妝成小丑臉孔的活動。

   - 在只有三十分鐘的午休時間裡，選擇一個吃中飯的地方。

   - 選擇一家餐廳來慶祝你結婚二十五週年。

   - 決定要加入哪一家鄉村俱樂部或健身中心。

   以上這四種購買，何者可歸屬於高切身性（即解決涵蓋範圍廣泛的問題）的決定？哪些是屬於低切身性（即解決例行性的問題）的決定？每一種決策最適用的促銷方法是否相同呢？如果不是，它們之間又會有何不同？

2. 在餐飲旅館與旅遊業，選擇你最有興趣的部分（例如：旅館業、航空公司、餐廳、旅行社、主題樂園、渡假中心、旅遊營運等）。假設你剛被聘雇為該公司的行銷副總裁。你的組織對於它以往各項促銷活動的成效並不滿意，你被要求提出更有效的促銷方式。你應該要如何提出？在你的建議中，必須確定你已針對促銷組合的五種構成要素、並分別敘述相關的優點與缺點。

3. 本章一再強調讓促銷訊息保持簡明的重要性。請針對餐飲旅館與旅遊組織的各種促銷活動－不論是地方性或全國性－進行檢視。請找出、並敘述至少五個使用簡明方式來傳播的促銷實例，以及五個你認為內容過於複雜的實例。你覺得在後者的五個實例中，如何分別改進傳送的訊息？

4. 外顯傳播與內隱傳播，都會影響顧客對於組織所提供各項服務的認知。請選擇在你居住社區內的三個組織、或三家全國性企業，並針對他們在這兩項因素上的使用進行分析。在每個案例中，其外顯傳播與內隱傳播之間的一致性如何？在三個案例中，何者的

一致性最高？每一個組織可以做出何種改變，以創造更高的一致性？你認為是由於這種一致性、或因為缺乏這種一致性，才使得這些組織的成功受到影響？請對你的答案加以說明。

第十五章

廣告

學習目標

研讀本章後，你應能夠：

1. 敘述規劃廣告作品時所牽涉及的各個階段。

2. 列舉三種廣告目標。

3. 說明消費者廣告與交易廣告的區別。

4. 列舉並說明廣告的各種創意格式。

5. 說明選擇廣告媒體時應該考慮的七項要素。

6. 列舉各種可供選擇的廣告媒體。

7. 敘述各種廣告媒體的優點及缺點。

8. 說明餐飲旅館與旅遊業往往如何利用廣告。

9. 敘述廣告代理商扮演的角色，以及他們能帶來的好處。

概論

　　在所有促銷組合的構成要素中，廣告或許最具滲透性、最強而有力。本章以強調所有促銷組合之構成要素統合規劃的必要性做爲開始，接著再敘述發展廣告計劃時應採行的循序漸進法。此外，也分別針對各種可供選擇的媒介進行詳細檢視。廣告在餐飲旅館與旅遊業中的使用，也屬於本章的探討範圍。最後，則對廣告代理商扮演的角色做一說明。

關鍵概念及專業術語

廣告（Advertising）
廣告代理商（Advertising Agency）
主要影響的區域（ADIs；Areas of Dominant Interest）
廣播媒介（Broadcast Media）
名人推荐（Celebrity Testimonials）
發行量（Circulation）
集群（Clutter）
比較式廣告（Comparative Advertising）
消費者廣告（Consumer Advertising）
合作式廣告（Cooperative Advertising）
原稿綱領（Copy Platform）
每千人成本（CPM；Cost Per Thousand）
資料庫行銷（Database Marketing）
直接郵寄（Direct Mail）
直接行銷（Direct Marketing）
直接回應式廣告（Direct-Response Advertising）
優勢（Dominance）
恐懼（Fear）
頻率（Frequency）
總評分（GRP；Gross Rating Point）

互動式媒介（Interactive Media）
前置時間（Lead Time）
網際網路（Internet）
媒體工具（Media Vehicles）
訊息格式（Message Format）
訊息觀念（Message Idea）
訊息策略（Message Strategy）
氣氛（Mood）
合作（Partnership）
傳遞率（Pass-Along Rate）
耐久性（Permanence）
說服力（Persuasive Impact）
事後測試（Posttesting）
事前測試（Pretesting）
印刷媒體（Print Media）
接觸範圍（Reach）
生活片段法（Slice-of-Life Approach）
插播的廣告（Spot Advertising）
推荐式廣告（Testimonial Advertisement）
風格（Tone）
交易廣告（Trade Advertising）

首頁（Home Pages）	浪費（Waste）
整合式行銷（Integrated Marketing）	全球資訊網路（WWW；World Wide Web）

　　西元 1993 年時，全美國廣告總支出高達美金 1380 億元。這筆龐大費用與 1992 年相較，成長了 5.2%；和 1986 年對照，成長幅度幾乎為 35%。在所有促銷組合構成要素中，廣告是最具滲透性、最普遍可見的一種。不論是電視、廣告牌、巴士、以及建築物內外，都可以見到它。在信箱中，每天至少都會出現一次。你可以由收音機聽到，在各種報紙、雜誌、期刊、傳單、海報、與其它印刷媒介中見到。北美洲的人們對於廣告可說有點走火入魔，以至於他們甚且願意付費在自己的衣服上傳遞各種廣告訊息！各位只需要稍微注意耐奇（Nike）運動衫廣受歡迎的情況，就足以了解。

　　可供選擇的廣告媒介及廣告工具，數量上幾乎不勝枚舉。選擇最有效的方式來做廣告，不僅極為複雜、而且通常也是使人相當為難的一種過程。就如行銷所有其它狀況一般，審慎的規劃是有效廣告的關鍵所在。這個行業所花費的廣告支出，有許多都浪費掉了；這是因為缺乏事前規劃及明確的廣告目標所造成的。

廣告與促銷組合

　　廣告是促銷組合的五種構成要素之一，可定義為「透過各種不同的媒介所採取的付費的、非個人式的傳播；它是由各公司、非營利性的組織、與個人，以某種方式讓自己在廣告訊息中能夠被確認，並且希望能藉此告知／說服某一群成員。」當人們想到促銷時，首先進入腦海的，或許就是這種具有高度多樣化的促銷工具。

　　在許多情況下，其它促銷組合要素對於銷售所能產生的影響，要

比廣告高。第十四章中已說明過,這些選擇必須建基於對下列各項要素審慎考慮:目標市場,行銷目標,顧客購買過程的階段,購買決策的分類,競爭對手與其採用的促銷策略,以及可供促銷使用的總預算。

首先對促銷組合做一計畫

當各種行銷目標設定後,就應該針對每一項促銷組合要素分別進行檢視。如果能把這五種促銷組合要素都發展成相互支援、彼此互補的情況,必定會使促銷達到最高的效果(例如:確定所有書面促銷資料的色彩、圖表、以及定位聲明等,都是類似的)。另外,可運用廣告來創造知名度,並且提醒顧客們各種與短期銷售促銷有關的訊息。在詳細計劃促銷組合每一項要素之前,規劃促銷組合的工作應先完成。涵蓋範圍較廣的促銷目標應先於各種廣告目標。最後的廣告預算決定前,暫時性的促銷預算也應該先發展出來。近年來,「**整合式行銷**」這個術語開始被用來做為規劃與統合所有促銷組合要素之用。此外,整和式行銷也用來表示餐飲旅館與旅遊組織的促銷顧問與建言者之間更密切統合;他們包括廣告代理商、銷售促銷公司、以及公共關係顧問等。

規劃廣告作品

組織應該針對包括廣告在內的每一項促銷組合要素,分別擬定一份書面計畫。在發展及執行廣告計畫時,會有下列十個階段:

廣告規劃的各個階段:

1. 決定廣告目標;
2. 決定使用內部的廣告人員或外部的廣告代理商;
3. 提撥一筆暫時性的廣告預算;
4. 考慮使用合作式廣告;

5. 決定廣告訊息的策略；

6. 選擇廣告媒介；

7. 決定刊登廣告的時機；

8. 事前測試廣告；

9. 準備最後的廣告計畫與預算；

10. 測定及評估廣告成功與否。

決定廣告目標

就如同所有計畫一般，在開始一項廣告計畫時，最佳的途徑便是先決定廣告目標。目標所使用的標準，必須與第八章討論過的整體行銷目標所使用的類型。就如行銷目標一般，廣告目標也提供雙重的作用：不僅是規劃時的準則，同時也可用來測定及評估實施成效。

第十四章提過，促銷的三項主要目標是：通知，說服，以及提醒顧客。所有的廣告目標通常都可歸屬這三種之一。圖 15-1 中列舉實例；這些例子都以一般性用詞來陳述。當然，如果要達到最有效的運用，就應該以更計量性的方式來表達。

除了那些只從事零售的旅行社之外，大部份的餐飲旅館與旅遊組織都會涉及兩種截然不同的廣告。包括：

- **消費者廣告**－指針對那些實際上將會使用各種服務的顧客。

- **交易廣告**－指針對那些能夠影響顧客之購買決定的旅遊業中介者。

1．以提供資訊為訴求的廣告

- 創造新推出服務的知名度（例如：新的班機路線，遊輪套裝產品，旅館，或菜色等）。

- 說明新服務具有的特色（例如：一條新班機路線中起降的城

市，一項新遊輪套裝產品中所停靠的港口，一種新的菜色中所提供的材料）。

- 通知顧客關於價格上的調整。
- 修正對於組織所提供服務的錯誤印象。
- 吸引新的目標市場。
- 降低顧客購買產品時所可能產生的焦慮、不安、與恐懼。
- 建立或增強組織的形象。

2．以說服爲訴求的廣告

- 提高顧客對於組織所提供之服務的青睞程度。
- 提高顧客對於組織或「品牌」的忠誠度。
- 鼓勵顧客由原先所使用的某家競爭者之服務做一轉移。
- 說服顧客購買目前已提供的各項服務，或預約即將推出的各種服務。
- 改變顧客對於組織所提供之服務品質或服務類型的認知。

3．以提醒爲訴求的廣告

- 提醒顧客在何處可以購買或預約某項服務。
- 提醒顧客關於組織的設施或服務與眾不同之處。
- 提醒顧客應該在何時預約這些服務。
- 提醒顧客關於某項服務的存在。

圖 15-1：根據促銷目標對廣告目標所做的分類。

　　所有的目標都應該要以這兩類廣告爲基礎，做一明確的界定。地中海渡假村在 1993 年推出的一項廣告中，便以下列字眼做爲主標題「它們看起來並不像其它的渡假廣告。地中海渡假村的確不同於其它的假期。」，並刊登於各種旅遊業雜誌。它是屬於交易廣告的實例；雖然這

項廣告帶有提供訊息的意味，但目標還是以說服爲主。這個廣告是要說服旅行社認同下列這項主旨：與其它所有可供選擇的產品相較下，地中海渡假村提供的假期截然不同（這是以產品等級的分離性做定位的形式）；參見圖 15-2。

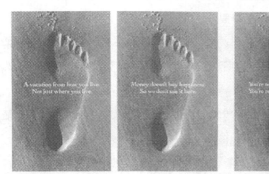
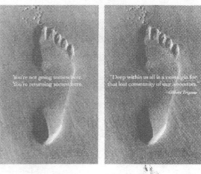

圖 15-2：這些在沙灘上留下的腳印，將某些來自地中海渡假村的重要訊息傳播給所有的旅行社。

決定使用內部的廣告人員或外部的廣告代理商

中等規模與大型規模的業者大部份都會利用外部的廣告代理商來發展及安排其廣告。這些代理商提供的服務，稍後再做探討。很明顯地，這種作法是單次、非年度的決定。組織在選擇所時，通常都會以該代理商先前規劃的廣告活動是否成功爲基礎。

提撥一筆暫時性的廣告預算

　　第二十章將對所有可供運用的預算編列方法做一詳盡敘述。「目標與任務的預算法」是本書建議使用的方法；是指先決定要達成行銷目標時不可或缺的各項行動（即任務），然後再編列預算。這原本是一種極為可取的方法，但行銷人員如果認為他們每次都必須獲得自己所需的促銷經費時，那當然會覺得這種方法不夠實際。每一個組織除了行銷之外也還有其它不同的優先處理項目，可供行銷與促銷使用的經費當然也就會受到其它活動的影響。

　　開始應該先設定了一個暫時性的行銷及促銷總預算。這筆總預算指定給促銷組合使用的部份，應該要先以一種暫時性的基礎分配到每一項要素中。要素的所有詳細計畫都擬妥之後，則應該估定其所需的成本，並與暫時性的預算分配做一比較。然後，每一項個別的計畫或許必須修正與重新計算成本，讓暫時性的預算分配能夠與該計畫所需的成本有更好的配合。簡言之，對於促銷組合以及它的每一要素，我們所建議的乃是一種多階段式、而非單階段式的預算編列過程。

考慮使用合作式的廣告

　　要把令人滿意的經驗傳送給顧客，本書明確地強調許多餐飲旅館與旅遊組織之間密切關係的重要性。就某個意義來說，這些組織在滿足顧客的需求與欲望時是處於一種「合夥者」的狀態。這種合作（即共同行銷）的機會被認為是一項攸關成敗的要素，因此成為餐飲旅館與旅遊行銷組合的 8 P 之一。包括廣告在內的所有促銷組合要素，合作都是有可能的。所謂合作式的廣告，是指由兩家或更多家的組織共同分攤廣告或廣告活動之成本的情況。

　　在餐飲旅館與旅遊業，存在著許多合作式廣告的傑出實例。這項

作法的主要關鍵在於：找出這些「合夥者」都感興趣、並可從中受益的各種目標市場與廣告目標。美國運通企業就與幾乎所有的運輸業者及供應者有一項共同的目標：鼓勵更多人從事旅遊，並附帶地使用美國運通發行的普通卡、金卡、或白金卡來做行程的預訂與費用支付。基於這項原因，許多連鎖旅館、汽車出租業者、航空公司、以及遊輪公司刊登的廣告中，美國運通卡的標誌明顯地展示出來。另一個例子是在 1993 年後期，由業者與政府推出的聯合廣告活動，藉以吸引遊客們前往夏威夷旅行。這項命名爲「鎖定夏威夷」的廣告活動共耗資三百萬美金；分別由夏威夷觀光旅遊局，商業、經濟發展、與觀光部，美國運通旅遊服務部，金元租車（Dollar Rent a Car），以及其它運輸業者、供應者、與中介者共同出資贊助。這項涵蓋電視、報紙、以及雜誌廣告的活動，是在前往夏威夷旅行的遊客人數出現大幅下降時推出的。

合作式的廣告具有許多優點，包括：

1. 提高可供廣告使用的總預算。它可以有更多的廣告配置，使用較昂貴的媒體，增加廣告的版面尺寸，或提昇廣告的說服效果。

2. 增強廣告客戶之形象或定位的效果。舉例來說，與美國運通共同合作的連鎖旅館，便可以藉由吸引更多的商務及休閒旅行者，而使其形象提昇。

3. 可以在顧客們的需求與合夥者的服務之間，傳播一種更佳的契合度。由於這些合夥者或各個景點目的地所提供的服務具有一種便利的「套裝特性」，而使得這些廣告更具說服力。

雖然這些優點都極爲強而有力，但不可否認的，合作式廣告也有某些限制。

- 在設計廣告時需要更多的時間，才可以讓所有合夥者感到滿意。

- 每一個出資贊助者，都必須放棄對於廣告訊息策略（即如何發

展及使用這些廣告）的絕對控制權。

- 每一個合夥者都會喪失單獨「展示」其服務或目的地景點的機會。

- 或許還需要達成某些其它的妥協，而且也必須審慎地權衡所有的促銷目標及廣告目標。

圖 15-3 所摘要者，就是這個行業許多共同促銷的「合作」機會。

決定廣告訊息的策略

在發展廣告計畫的第一個步驟，便是決定訊息策略。訊息策略的組成部份，可能有不同的名稱，但主要部份脫離不了下列幾項：（1）訊息觀念，（2）原稿綱領，以及（3）訊息格式。

1・訊息觀念

「**訊息觀念**」是指廣告中所傳播的主題、訴求、或利益。例如圖 15-2 中由地中海渡假村推出的交易廣告，訴求的焦點便集中在下列這項觀念：地中海渡假村所提供的行程，與其它所有的渡假類型都截然不同。

2・原稿綱領

「**原稿綱領**」指完整敘述出訊息觀念；用來做為廣告原稿的基礎。內容上可能會多達滿滿的一頁，而且通常都是由廣告代理商準備的。原稿綱領應該涵蓋下列七個項目：

1. 一個或多個目標市場（即：哪些顧客是要鎖定的目標？）
2. 主要的訴求或利益（即：訊息觀念是什麼？）
3. 可提供支援的資訊（即：有哪些統計數據或其它的資訊，可用來支持廣告客戶的主張？）

4. 定位的方法與聲明（即：出資者與競爭對手相較之下，想要讓自己獲得何種的認知？）

5. 風格（即：使用情緒的或理性的方式來將主要訴求或利益表達出來？是否要提及競爭對手？要以何種強度把這項訊息傳送出去？）

6. 理論基礎（即：如何把前述的五個項目做一整合，以達到設定的廣告目標？）

7. 與其它的促銷組合要素做一連結（即：如何讓這項廣告與促銷組合的其它要素相互配合？）

上述這些概念的大部份，前文都已有所涉獵，但更精細周詳的考慮仍是不可或缺。第八章已對六種可供選擇的定位方法做過概述，分別是以（1）特定的產品特色，（2）針對各種利益、問題解決、或需求，（3）特定的使用時機，（4）使用者類別，（5）對照其它競爭的服務，以及（6）產品等級的分離性來做為定位的基礎。在清楚地表示出所選擇的定位方式、並使其能夠被傳播給顧客這方面，原稿綱領提供的便是第一個步驟。所謂的「定位聲明」是指一段能夠將選用的定位方式做一摘要概述的簡短、而又讓人印象深刻的片語或句子。

廣告的**風格**是指在傳播廣告訊息時所使用的基本方式。係以下列各項要素做為基礎：在各種理性與情緒的訴求之間做一選擇，提到競爭者的各種服務或完全不提及，以及訊息的強度等。

理性的訴求或利益，是指那些以事實為基礎，並且對人們在理智上、生理上、以及安全上的需求有關鍵性影響的項目。情緒上的訴求是指各種心理上的需求（例如：歸屬感／社交性，受尊重，以及自我實現等）。對大部份的餐飲旅館與旅遊服務而言，使用情緒上的訴求來傳播，應該會更為有效。雖然如此，例外的情況必定存在；就交易廣告為例，大部份的人認為使用理性的訴求與資訊來

傳播，效果應該會更好。要在理性或情緒的風格之間做出抉擇，基本上取決於組織的個別狀況，包括：它的受訊者（顧客或業者）、產品生命週期的階段、以及提供之服務類型。一般而言，在產品生命週期的幾個初期階段，理性訴求被可以獲得較佳效果；而在較後期的幾個階段，情緒訴求則能夠發揮較佳的成效。

　　此外，使用**比較式的廣告**（即刻意提到競爭對手的廣告）能獲得的好處，存在著極為激烈的爭辯。就這個行業而言，這種方法常見於速食業、航空公司、以及汽車出租業者的廣告中。前文中提到的第五種定位方式－對照特定競爭者提供的產品或服務－是最直接、也最極端的一種。這種方法通常都是由業界中排名第二、或等級較低的公司對抗市場上的領導者時所採用的（例如：漢堡王對麥當勞，艾維斯對赫茲，西北航空對美國航空或聯合航空等）。這種方式在住宿業並不多見。雖然如此，於 1992 至 1993 年間，一系列以「擺脫假日旅館，光臨 Ramada」為主題的旅遊業廣告中，餐飲旅館加盟體系（Hospitality Franchise Systems）便把它所能提供給旅行社的服務與假日旅館做一比較。

　　訊息應該要達到何種激烈度或可信度？一般人或許認為：訊息如果越強烈，獲得人們注意、以及說服人們相信的可能性也會越高。然而事實並非如此，效果決定於選用的定位方法。廣告的強烈度，必須要與可信度相調和。假日旅館在 1980 年代初期透過印刷媒体與廣播電台推出的廣告活動，便是絕佳實例；它所用的主題是「沒有使人驚訝之處，便是最讓人驚訝的」（The Best Surprise Is No Surprise.）。這項訊息可說是相當強烈－意味著置身於任何一處假日旅館，絕對不會發現出乎你預期之外的驚訝之處；也就是說，絕對找不到任何服務上或維護上的瑕疵。但是，這項廣告活動並不成功；為什麼呢？因為這項主張不僅缺乏可信度，而且所有的假日旅館內也都做不到。它使用的風格太過於強烈，內容上有些言過其實。因此，在使用強烈的訊息時，如果要發揮最大的成效，就必須

在目標受訊者的心中具有相當高的可信度才行；也就是說，你必須
要有能力做到自己承諾的事項。

目標市場	促銷的類型	可能的合作者
1. 個別的顧客	• 簡介小冊 • 媒體廣告 • 直接郵寄 • 銷售促銷 • 消費者旅遊展覽	• 航空公司 • 旅遊經營者 • 旅遊批發商 • 旅行社 • 旅行公會或協會 • 政府的觀光旅遊行銷機構 • 其它協力性的觀光旅遊事業
2. 團體	• 簡介小冊與各種特別印製的資料 • 各種專業雜誌上的廣告 • 親自前往的業務拜訪 • 在各種針對企業及團體市場的刊物中刊登廣告	• 航空公司 • 組織內部的旅遊經營者 • 旅行社 • 其它協力性的觀光旅遊事業
3. 旅遊業	• 簡介小冊與各種以旅遊爲導向的印刷資料 • 親自前往的業務拜訪 • 直接郵寄 • 各種銷售促銷與資料 • 產品的介紹，代理商的訓練與接待 • 在業界的刊物中刊登廣告 • 爲旅行社、旅遊經營者、與旅遊作家們安排的以熟悉瞭解爲訴求的考察行程（FAMS）	• 航空公司 • 旅遊經營者 • 旅遊批發商 • 旅行公會或協會 • 政府的觀光旅遊行銷機構 • 其它協力性的觀光旅遊事業

圖 15-3：餐飲旅館與旅遊業各種合作式促銷的機會。

3．訊息格式

發展訊息觀念的下個步驟，便是選定訊息格式；指用來把訊息觀念
傳播給目標受訊者的創意方式。在這些方法中，某些會與特定的廣
告代理商、以及代理商的主管人員有關。以下針對數種較受到認同
的訊息格式做一敘述。

a．推荐　　所謂「推荐式的廣告」，是由知名人士、權威人物、滿意的顧客（可能真有其人或虛構）、或持續性的特色來對某項服務或產品進行推荐或其它方式的「背書」。這種方式經常被使用於餐飲旅館與旅遊業。**名人推荐**的例子包括：Jerry Seinfeld 為美國運通旅行支票做的推荐，Joan rivers 為洛杉磯市做的宣傳，以及 Paul Hogan 在「鱷魚先生」（*Crocodile Dun-dee*）這部影片中為澳洲做的廣告。知名人士的出現，可吸引人們對該廣告的注意，而且也可以在眾多促銷活動中脫穎而出。此外，這些名人如果與該項服務有某方面的關聯，他們也能夠對廣告主張產生支持效果；例如在「愛之船」（Love Boat）這部影片中飾演船長的 Gavin MacLeod 為公主遊輪公司做的廣告。然而，當同一位知名人士出現在許多不同組織的廣告中時，可能會使廣告的效果比預期低。

　　權威人物，例如公司的總裁，通常都能傳遞極為有效的推荐。在餐飲旅館與旅遊業，這種方法已被使用過許多次；例如 Dave Thomas 為溫蒂食品做的保証，Bill Marriott 為 Marriott 企業做的保証，以及 Richard Branson 為亞特蘭大聖女企業（Virgin Atlantic）做的推荐等；參見圖 15-4。

圖 15-4：Richard Branson 對亞特蘭大聖女企業的乘客們傳送親自服務與在意顧客的訊息。

推荐的第三種類型是利用實際的顧客（或旅遊業的員工）、或演員來扮演顧客的角色。1993 年時，美國運通旅遊服務部的廣告中，便使用下列的標題「那些使用美國運通卡的團體旅行者，在行程中永遠都充滿信心」，說明某家旅行社的團體客人，對於使用美國運通卡來支付他們的旅行與交際費用，都感到相當滿意。

持續性的特色是最後一種推荐。這個行業對此類型的運用，包括澳洲航空使用的無尾熊，大使套房旅館（Emba- ssy suites）使用迦菲貓，以及麥當勞企業使用麥當勞叔叔等；參見圖 15-5。

圖 15-5：無尾熊與澳洲航空：運用一種持續性的特色。

b．生活片段　是藉由展現一段取自「日常生活」的短劇，來証明提供的服務或產品能夠解決顧客的困難。這個行業的最佳實例是由美國里奧‧伯尼特（Leo Burnett USA）廣告代理商為麥當勞製作的許多廣告。伯尼特製作的廣告都有愉悅而快樂的結尾，與美國中部的「一般民情」相當契合。舉例來說，有個年輕的小男孩離開自己居住的鄉下小鎮，前往某個大誠市中找他同校的一些好朋

友；而這些朋友則邀請他到當地的麥當勞共享美食與歡樂時光。由於可信度與顧客遭遇的典型問題和關切事項有極為密切的關聯性，使這種格式廣受歡迎。

c．**類推，關連，以及象徵**　這種格式係運用各種類推、關連、或象徵，把可獲得的利益傳播給顧客。青睞旅館（Preferred Hotels）推出的一系列平面廣告，便是傑出實例；參見圖 15-6。在「你會青睞何者？」（Which Do You *Prefer*？）的這個標題下，其中的一項廣告將該旅館的營業場所比喻成精純的珍貴寶石；其它的廣告則使用精美的印刷與高級的名車做為象徵。傳播的訊息相當明確－青睞旅館所有營業據點都是與眾不同的，擁有相同的高品質服務及設施。

圖 15-6：青睞旅館的每一處營業據點都是珍貴的寶石：在廣告中使用象徵的一個實例。

d．**攝影技巧或誇張的狀況**　　這種方法最常使用於電視的商業廣告、以及印刷的平面廣告。它運用攝影上的「技巧」、特殊效果、或各種誇張的狀況，來強調或闡釋廣告訊息。位於喬治亞州松樹山（Pine Mountain）、一家名為高威花園（Callway Gardens）的渡假中心刊登的一項雜誌廣告，便是此類的傑出實例。在「豪華客床」（Deluxe Guest Blooms）的主標題下，廣告中展示一張由盛開的花朵製成的客床，床上的枕頭以藍天為背景的雲絮構成，床頭板則以帆船的風帆來代表；參見圖 15-7。很明顯，這個廣告是要強調該渡假中心除了以藍天大海為基礎的各種美景之外，還有經過修整與維護良好的美麗花園。

圖 15-7：高威花園運用不尋常的攝影效果，將訴求傳播出去。

e．俏皮話（雙關語）以及修飾語　　這種格式主要使用於平面式的印刷媒體（例如雜誌與報紙），藉由有趣的或幽默的俏皮話、雙關語、或修飾語，吸引顧客的注意或興趣。一般來說，這些用詞或短句都會出現在廣告標題內，而且經常會與某個圖片共同出現，以達到「相映生輝」的效果。1980 年代中期時，澳洲觀光委員會便運用這項技巧而獲致極高的成效。其廣告使用有趣的標題，包括「Dolls and Cente（元與分）」，「Yeggowan？（You going？ 你要來嗎？）」，「Icon Ardly Bleevit（I can hardly believe it，我幾乎無法置信）」，「Emma Charthay（How much are they?，要多少錢？）」，「The Grade Owd Oars（the great outdoors，絕美的戶外景致）」，以及「Dopeys Prize(Don't be surprised!，別感到訝異！）」；參見圖 15-8。

　　f．誠實迂迴　　這種格式是由市場領導者之外的企業們使用的一種方法。該廣告客戶首先就毫不隱瞞地把本身的問題傳播出來（例如：艾維斯租車公司所用的「當你只是第二號人物時」），然後再以迂迴方式將這項問題「轉變」爲一項優點（例如「你就必須更努力。否則將無法生存」）。

　　g．恐懼　　是運用負面的情緒訴求來使顧客們感到震驚，並因而引起購買的行動或改變其態度。這種格式通常都被使用於推銷保險、旅行支票、與那些已被社會所接受的主張或運動（例如：愛滋病的防制、禁菸、反對濫用藥物與反對酒後駕車的訊息等）。在一項雜誌的廣告中，領域航空公司（Frontier Airlines，目前已隸屬大陸航空旗下）就描繪出一位身穿西裝、臉上卻帶著小丑面具的商務人士。這項訊息乃是針對那些會議／集會的計劃者而發，並引起了他們對於規劃不佳的重要事件、以及此類事件所衍生之不良後果的恐懼。因此，他們被建議使用由領域航空公司爲會議計劃者們所推出的特別服務。對於這種以恐懼爲訴求的應用，專家們有著相當複雜的感受。如果這項訊息太過於強烈的話，則目標顧客們或許會

對它採取不予理會的態度。

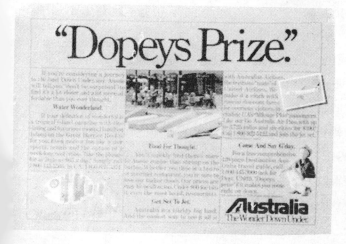

圖 15-8：經過修飾的短句、加上 Paul Hogan 的出現，為澳洲帶來一種獨特的魅力。

h．對照（比較）　是一種與競爭對手進行直接比較的一種格式。

上述這些格式，某些可以相互組合。舉例來說，美國運通旅行支票的廣告，就使用了一種「生活片段」的迷你劇（人們在國外遺失支票）來做恐懼的訴求。藉著使用幽默與情緒上的訴求，可以讓廣告的效果獲得提昇。

選擇廣告媒介

選擇廣告使用的媒介，一般而言，是最難抉擇的部份；因為可供選用的媒介與**媒體工具**（即特定的報紙、雜誌、期刊、索引名錄、電視台、以及廣播電台等）種類實在太多了。媒體可區分為兩個主要類別－印刷媒體與廣播媒體。「**印刷媒體**」是指能夠用來刊登廣告的各種報紙、雜誌、直接郵寄、室外廣告、以及其它印刷資料。至於「**廣播媒體**」是指藉由電子方式展現的各種廣告；範圍涵蓋電視（包括有線電視）、收音機、錄影帶、以及利用電腦製作的圖像介紹。

媒體的選擇程序

選擇最佳的廣告媒介，可說廣告計畫攸關成敗的要素之一，必須以下列七項考慮因素做為基礎：

1．目標市場，以及他們的閱讀、收視、與收聽習慣

透過行銷研究，組織應該要能確立選定之目標市場的媒體習慣。如果潛在的顧客居住於特定範圍的大都會區域內，那麼，地理性的媒介－例如地方性的報紙、收音機、電視、直接郵寄、以及室外廣告等，或許是較適合的選擇。另一方面，如果目標是旅遊業中介者時，那麼專業性的旅遊雜誌是較適切的傳播形式（即交易廣告）。至於那些有特殊興趣－例如高爾夫球、網球、或深海潛水等－的顧客

們，透過各種以特殊興趣為導向的雜誌，或許是最有效的接觸途徑。

2・定位的方式，促銷的目標，以及廣告的目標

選用的媒介與媒體工具，必須對組織想要傳送的形象、促銷目標、以及廣告目標提供支持。例如，若公司要塑造豪華導向的定位時，可選擇在《美國國立博物館》（*Smithsonian*）之類的雜誌上刊登「高級的」雜誌廣告。

傑出案例

廣告：
加拿大哥倫比亞省觀光局
（Tourism British Columbia）

對於像加拿大哥倫比亞省這樣一個地區，要如何描述它的優美景致？如果我們使用「景色絕佳，渾然天成的加拿大哥倫比亞省」，你認為如何？多年來，這是加拿大哥倫比亞省觀光局、以及它的廣告代理商 Cossette 傳播行銷公司使用的主題（定位聲明）。這項廣告活動曾多次贏得許多大獎。

造訪加拿大哥倫比亞省的遊客們大部份為年紀較大、教育程度較高、及較為富裕。在這種已知狀況下，Cossette 與加拿大哥倫比亞省觀光局便決定將大部份的媒體廣告預算，投入特定目標市場的消費者雜誌。雜誌廣告的六項主要優點，分別是：（1）可觸知性，（2）高度的受訊者選擇性，（3）高印刷品質，（4）壽命長與良好的傳遞率，（5）聲望名氣與可信度，（6）具有傳播詳細資訊的能力。根據 Cossette 的看法，「雜誌有較長的展現期；可以提供傑出的多色印刷品質，將這些產品最出色部份完全展現出來；並且能夠和人口統計特性密切吻合。」

基於廣告效果的考量，遊客又區隔為旅遊／都會型、以及戶外／探險型的遊客。為了接觸這些旅遊／都會型旅客而選擇的雜誌，包括各種主要的消費者旅遊刊物，例如：《旅遊與休閒》(*Travel & Leisure*)、與《國家地理旅行者》（ *National Geographic Traveler* ）；針對銀髮族旅行者選擇的雜誌，包括《現代銀髮族》（ *Modern Maturity* ）－由美國退休人員公會（ AARP ）出版、以及《成熟的眼光》（ *Mature Outlook* ）；以大城市為導向的刊物則有《洛杉磯》（ *Los Angeles* ）、與《德州月刊》（ *Texas Monthly* ）；以及包括《讀者文摘》（ *Reader「s Digest* ）、《夕陽》（ *Sunset* ）、《發現》（ *Discovery* ）、與《原動力大地》（ *Motorland* ）等雜誌。對於那些戶外及探險導向的遊客，選擇的雜誌包括了：《運動圖解》（ *Sports Illustrated* ）、《田野與河川》（ *Field & Stream* ）、《奧都邦》（ *Audubon* ）、《戶外》（ *Out- side* ）、《山脈》（ *Sierra* ）、與《鄉紳》（ *Esquire* ）等。在接觸那些居住加拿大東部的人口方面，則透過飛機上提供的雜誌，以及《時代》（ *Time* ）、《麥克林》（ *Maclean「s* ）、《節氣》（ *Equinox* ）、與《加拿大地理》（ *Canadian Geo- graphic* ）等定期刊物。由此得知，加拿大哥倫比亞省採行的是一種多階段的區隔策略，使用了地理、人口統計、旅遊目的、產品、以及生活型態的區隔構成的組合。

　　至於使用的廣告，則以提供資訊為訴求；廣告目標則是營造並維持「加拿大哥倫比亞省是一個旅遊目的地」的高知名度。

　　該省政府與代理商已發現：最有效的雜誌廣告是只涵蓋一張「不具集羣性」（ uncluttered ）的照片，一個極為明顯的標題，以及內容儘量降至最少。同時，推出的「路線」（ routes ）廣告亦遵循儘可能簡單明瞭的重要性。它使用的主題「為數日增的美國人正在加拿大哥倫比亞省發掘他們的路線」極為醒目、也相當與眾不同。照片本身非常簡單、並具有高度的專業水準，展現出加拿大哥倫比亞省沿海觀光旅遊地區的絕佳自然美景。文字內容並不冗長、並置於廣告的最上方，以期吸引最多讀者的注意力。這項廣告的獨特性與簡單性，已獲致預期

的效果。它的配置相當引人注目且與眾不同，足以引起雜誌讀者的注意。

　　在「路線」活動的其它廣告中，也以優美照片的吸引力、以及深具創意與引人注目的標題為特色。

　　對於那些戶外／探險類型的遊客而言，最出色者是一張以「最接近的汽車吵雜聲：140 公里以外」為標題，顯示出一位垂釣者涉過淺灘、正在一處景致優美的河畔等待魚兒上鉤的廣告。對於那些滑雪的

愛好者，「廣闊的白色世界」廣告清楚地描繪該省擁有多處壯闊的高山滑雪地區。另一項以「鄉村假期；城市渡假。當你來到此地，只需跨越這座大橋即可兼得」為標題的廣告，強調溫哥華地區並存的那種城市複雜性與優美鄉野景致。對那些團體旅遊的市場而言，「為了迎接各種不同年齡層遊客的到來，我們已將所有訊息加以區隔」這項訊息傳送出溫馨感覺，也藉由一張原住民切割圖騰柱的精美照片，而明顯的強調。當然，在所有的廣告中，都很明確地陳述相同的主旨：「景色絕佳，渾然天成的加拿大哥倫比亞省」。

在加拿大哥倫比亞省觀光局的所有促銷資料，也都以同樣具創意的方式來傳播，並為它帶來額外的一致性優勢。舉例來說，在「加拿大哥倫比亞省：最佳全國導覽」（ *British Columbia : First Nations Guide* ）的封底也使用了以「你的下一趟探險行程為什麼應該前往圖騰之地」為標題及相同的「圖騰柱」廣告。

加拿大哥倫比亞省推出的這些廣告，不僅深具創意、針對各項廣告目標來執行鎖定目標任務的一個傑出實例，同時也反映在發展廣告之前必須完成事前準備工作的重要性。加拿大哥倫比亞省觀光局對於行銷研究的價值堅信不移，並且在制定與廣告訊息策略、媒體選擇及規劃有關的決策之前，也投入相當多的經費來進行研究。這種審慎研究與高品質廣告構成的傑出組合，為該省帶來了無比豐碩的回饋。在過去的十五年內，觀光旅遊的收益成長了幾乎兩倍。

問題討論：

a. 加拿大哥倫比亞省觀光局的旅遊廣告所以如此出色，是哪些因素造成的？

b. 由加拿大哥倫比亞省觀光局使用的廣告方法中，其它觀光旅遊目的地可以學到些什麼？

促銷目標與相關的廣告目標，將可決定廣告媒介的適當性。舉例來說，電視已被公認為所有媒體中最具說服力的一種；如果促銷目標以說服為訴求、而且廣告目標是要提昇顧客們對於組織各項服務的偏愛度，那麼就可以選用電視做為媒介。如果促銷目標是以提供資訊為訴求、而廣告目標是要說明某項新推出之服務的各種特色時，那麼以直接郵寄做為媒介可能會獲得更好的成效。

３．評估媒介的標準

組織應該要使用一套有系統的標準，來評估每一種可供選擇的媒介與促銷目標及廣告目標之間的適切性。這些標準可能包括以下所列的其中一種或數種：

ａ．**成本**　這是指廣告的總成本，以及每一位讀者、收視者、或收聽者的平均成本。一般而言，後者是以**每千人成本**（CPM）的基礎來測定。

ｂ．**接觸範圍**　媒介的**接觸範圍**是指至少會有一次曝露於某廣告的潛在顧客之數量。報紙或雜誌的**發行量**（即訂閱某種特定雜誌或報紙的家庭數量）是用來測定廣告接觸範圍的方法之一。對印刷媒體而言，會擁有「原始的」及「從屬的」讀者群（即發行量的**傳遞率**）。舉例來說，大部份的雜誌都會經由原始的訂閱者或購買者傳遞到其他人手中；這種情況也導致了額外的「接觸範圍」。

ｃ．**頻率**　是指潛在的顧客曝露於某廣告或廣告活動的平均次數。某些作者也把頻率這個名詞用來表示「一種特定的媒介能夠被使用於某段既定時間內的次數」。

ｄ．**浪費**　是指「曝露於某項廣告中，但又不屬於目標市場的顧客人數」。舉例來說，報紙被多種不同類型的人們取得，以至於經常會面臨極為可觀的發行量浪費。

ｅ．**前置時間與彈性**　前置時間是指「在設計廣告與該廣告實際出現在某媒介之間的時間間隔」。某些媒介的前置時間相當長

（尤其是雜誌），一些媒介的前置時間非常短（特別是報紙）。當前置時間越短時，這項媒介的彈性（即必要時對廣告活動進行修正，使更能切合顧客需求的能力）也會越高。

　　f．集群與優勢　　集群是指在報紙或雜誌中、或收音機或電視節目裡所出現的廣告數目。在較一般性的認知裡，這個名詞用來敘述顧客每天所接觸到、數量極龐大的廣告訊息。至於「優勢」是指廣告客戶於某特定時間內，在某特定媒介中占有主要地位的能力。在高度集群化的媒介中，這種情況通常不太可能出現。

　　g．訊息的耐久性　　訊息的耐久性，是指它的生命期間以及重覆曝露給相同顧客的可能性。在某個人潮洶湧、車水馬龍的通衢大道上設置的廣告牌，會有相對較長的生命期間，而且也可能會受到相同通勤者的多次注意。另一方面，收音機與電視廣告的生命期間就非常短暫；大約只有十五秒至六十秒而已。

　　h．說服影響力與氣氛　　與其它媒介及媒體工具相較之下，某些會有較高的說服影響力（指廣告說服顧客呼應廣告刊登者設定的目標能力）。舉例來說，由於電視能夠運用多種刺激（聽覺與視覺），因此通常有較高的說服影響力。氣氛是指某特定的媒介或媒體工具為廣告提供的附帶增強效果、或刺激的感覺。同樣地，電視可以運用各種音效、動作、以及其它視覺刺激，因此也很容易營造高度的附帶刺激效果或「氣氛」。

4．相關優點與缺點

　　當組織由上述八項要素名單中選定標準後，就應該針對每種可供選擇的媒介分別評估其優缺點。舉例來說，在一份以特殊興趣為導向的雜誌中（例如《高爾夫文摘》刊登廣告，與在一份日報上（例如《紐約時報》）刊登同樣的廣告相較之下，前者的接觸範圍必定會較小。

5 · 創意上的要求

選用的創意格式以及它將使用的特定方式,也會影響媒介與媒體工具的選擇。舉例來說,大部份的旅遊景點廣告,都必須藉助色彩以及視覺上的展現,才能夠產生最高的影響力。就這方面而言,雜誌、電視、以及直接郵寄的簡介小冊,都可以發揮相當好的效果;收音機與報紙的廣告,就無法營造相同的刺激或氣氛。

6 · 競爭者的媒體配置

每個組織都必須不斷注意本身及競爭對手的行銷計劃。一般而言,市場的領導者能夠運用的廣告預算也最龐大,因此也會試圖支配某種特定的媒介。其它的公司則會被迫在這些媒介中做出某種程度的回應(例如漢堡王、溫蒂、哈帝等,在電視廣告中對麥當勞做出的反擊)。

7 · 可取得的廣告總預算之估計

分配給廣告使用的暫時性促銷預算,對於刊登的廣告數量、以及能夠選用的媒介,都會造成實際的限制。許多小規模的餐飲旅館與旅遊業者,預算金額都相當有限,他們必須使用成本最經濟的媒介與媒體工具(例如報紙與收音機)。

決定刊登廣告的時機

應於何時、以及使用何種頻率刊登廣告,有多種不同的方法可供選擇,主要取決於顧客們的決策過程與廣告客戶的廣告目標。對這些方法進行檢視之前,須先瞭解兩種決策:大時間表(macro scheduling)與小時間表(micro scheduling)。所謂的「大時間表」指在哪個季節或月份刊登廣告;「小時間表」是指特定的哪一個星期與哪一天。共有下列

三種時間排定方法可供選擇：

1．階段式

在一段特定期間內，以間歇方式刊登廣告。在每個階段中刊登的廣告數量可能平穩或不平均的。遊輪公司便可能運用這種方法，因為他們在一年內的某段特定期間強調各個不同的航行區域（例如加勒比海地區與阿拉斯加地區）。

2．集中式

所有廣告都集中於規劃期間的某特定部份，而且不會出現在其它時段。那些只在某個季節才開放的渡假中心與各個陡坡滑雪區，都使用這種方法；藉著將廣告全部集中於這幾個月，以引入他們的尖峰營運時段。

3．連續式

所有的廣告以連續性的方式配置於整個規劃期間內。對於包括旅館與餐廳在內的那些需要有某種穩定、全年不斷之顧客流動量的餐飲旅館與旅遊業者來說，便傾向於使用這種方法。

事前測試

組織要如何才能知道它的廣告活動是否能切合廣告目標呢？這個問題的答案是：我們無法百分之百確定，但仍有一種方法可降低這項風險。「事前測試」是運用行銷研究的技巧來發掘廣告將資訊傳播給顧客時，是否以廣告客戶希望的方式為之。雖然事前測試使用於許多情況中，最大的價值在於判定選擇的創意格式與媒介的效果。

事前測試提供三種功用：（1）發展出最後定稿的版本前，對「草擬的」廣告加以測試；（2）將這些廣告於媒體中刊登之前，對「最後

定稿的」廣告進行測試；以及（3）當廣告活動中擁有數種廣告版本時，決定每一廣告版本的使用頻率。有許多行銷研究方法可供事前測試之用，包括：直接評比（是把某項或多項廣告展示給顧客，請他們對做一評比），測試（把某項或多項由廣告客戶提供的廣告、以及其它非來自該廣告客戶的廣告展示給顧客們，並請他們對自己記得的廣告做一簡單敘述）。另一種方法是「劇院／實驗室的測試」（例如：讓顧客們置身於播放電視廣告的劇院中，並利用電子式的手動撥號裝置來表達他們的情緒）。選擇測試方法應以廣告目標為基礎，而廣告目標本身會與顧客購買決策過程的階段、以及購買決策的分類有關。

準備最後的廣告計畫與預算

事前測試可以為準備最後定稿的廣告、以及敲定廣告計畫與預算打開一條大道。如同行銷計劃一般，廣告計畫必須將各項目標，研究結果，以及導致最終選擇、預算金額、與實施時間表的相關假設，明確地陳述出來。此外，也必須把訊息策略的概要包括在內。在這個時刻，詳細的廣告成本應該已經清楚，而且也必須與暫時性的廣告預算做一比較。這項比較或許會對該計畫、以及其它促銷組合要素的相關計畫做更進一步的修正。

測定及評估廣告的成功與否

既使計畫已完成定稿，廣告的規劃仍不能算是大功告成。還必須對每一個廣告、以及所有廣告活動的成功與否進行審慎地監督與測定。由於這些廣告活動的費用通常都高達數百萬美元之鉅，因此必須持續追蹤。銷售結果呈負面反應的廣告活動，大部份的公司都會在原規劃的結束日之前「斷然取消」。同樣地，行銷研究也有助於這類決策的制定。

事後測試是經常用於行銷研究方法的術語，可在廣告開始刊登之

後判定效果。選擇事後測試方法，仍舊以廣告目標與使用的媒介為基礎。然而，以下舉的各項標準也是可以運用的：

1. 曝露的測定－（有多少潛在顧客曝露於這項廣告中？）
2. 處理的測定－（顧客們對於這項廣告有何種回應？）
3. 傳播效果的測定－（顧客們是否依廣告目標冀望的方式做出反應？）
4. 目標受訊者行動的測定－（那些目標顧客是否採取了我們所希望的行動？）
5. 銷售額或市場佔有率的測定－（是否達到了自己想要的銷售額或市場佔有率？）
6. 利潤的測定－（是否獲得了自己想要的利潤？）

此外，還有許多特定的行銷研究與測定技巧，可用於上述六種測定方法中。總評分（GRP）便是一種相當有用的曝露測定方式。係以下列方式計算：將接觸範圍的百分比（即目標市場的顧客們曝露於某項廣告中的比例）乘以頻率（即接觸到的每位目標市場顧客之平均曝露次數）。至於回想測試則是處理測定之實例；係以顧客們能夠記住該項廣告的情形來評估。

可供選擇的廣告媒體

可供選擇的各種主要媒體包括：（1）報紙，（2）雜誌，（3）收音機，（4）電視，（5）室外廣告，以及（6）直接郵寄。當然，還有其它數種媒介也是我們能利用的，包括工商名錄、以及各種專業名錄（例如：美國汽車公會的旅遊書刊、以及《旅館與旅遊索引》）。

1．報紙

根據支出的總金額來看，報紙在美國的廣告中是最受歡迎的一種媒體。餐飲旅館與旅遊業的某些組織－尤其是航空公司，對於報紙廣告的使用有相當高的比重。這種現象其實不足為奇，因為有三分之二的美國人每天都會閱讀一份報紙，而且在全美國的家庭中有 74％會固定地購買報紙。報紙廣告的優點包括：

　　a．高接觸範圍　報紙所接觸的總人口數可以達到相當高的比例。閱讀報紙的人口包括男性及女性、所有年齡層、任何收入或職業類別的群體、以及所有的人種民族。就某些主要的日報而言，每天的閱報人口可能超過 100 萬人以上。

　　b．高地理集中性　報紙可以讓廣告刊登者選擇他們所要接觸的地理性市場。在某些主要的大城市，至少都會有一份主要的日報發行。於 1993 年，根據美國廣告代理商公會的調查顯示，在全美國共有 1338 種報紙，其中 45 種的發行量可達 25 萬份以上；在這類報紙中，僅有極少數屬於全國性日報－例如《紐約時報》（*New York Times*）。絕大部份的報紙都只是地方報。對那些以地理性來區隔的組織而言，報紙應該是可以列入考慮的媒體工具。舉例來說，大部份的餐廳所吸引的大部分都是當地的顧客。因此，報紙是一種相當有效的媒體。

　　c．良好的頻率　大部份的報紙都是每天發行，而且其頻率（即人們曝露於某項廣告的平均次數）幾乎與發行的份數相等。因此，對於那些必須重覆數次才能達到最高影響力的訊息來說（例如某家航空公司宣佈一條新航線），報紙是不錯的媒介。

　　d．可觸知性　報紙是可觸知的。讀者們可以由報紙上剪下、並保存各種廣告、折扣優惠券、或其它特價訊息，並展示或提供給其他人。如果要讓顧客能夠獲得某種銷售促銷的折扣優惠券，或填妥一份問卷以提供更多資訊後才能獲得某種折扣優惠券時，報

紙是一種相當有用的媒介。

　　e．短前置時間　最後定稿的廣告完成之後，只需要極簡短的通知，便可刊登於報紙上。雖然刊登的速度主要決定於廣告本身以及原稿中美工要求的精緻程度，但一般而言，報紙的廣告最多只需要幾天便可完成製作與出刊。因此，對於各種「號外」、價格異動、或是最新資訊的宣佈而言，報紙是相當不錯的選擇。

　　f．相對較低的成本　與許多可供選擇的主要媒介相較之下，報紙可說是成本相對較低的媒體。基於這項原因，報紙廣告在那些小規模與中型規模的組織之間極受歡迎。

　　g．具有傳播詳細資訊的能力　與其它媒體（例如電視、收音機、廣告牌等）相較，報紙廣告可以傳送更詳盡的資訊。某些較大型的廣告刊登者，甚至獨自或和選定之合夥人共同合作，利用「獨立的傳單」（FSI，freestanding inserts；亦稱夾報）來傳送更多的資訊。這是一種單獨、事先印妥、而且包含好幾頁的版面，夾於日報或週日版報紙內。

　　h．具有刊登在最適當位置的能力　大部份的報紙都會涵蓋好幾個專業性版面，廣告刊登者可從中選擇一個最適合其目標市場的版面來刊登廣告。許多週日發行的報紙都會有旅遊版－對於這個行業的許多組織而言，這相當適合刊登廣告的位置。某些報紙則會有每日或每週一次的美食及娛樂版，對於那些餐廳業者與休閒景點的廣告刊登者來說，這也是頗理想的廣告刊登處。至於那些以商務旅客為目標的業者們，通常都選擇商務版面。

　　i．具有排定特定日期的能力　對餐飲旅館與旅遊服務而言，在每週的特定日期刊登廣告，效果要比其它日期來得明顯。舉例來說，各種吸引人之事物、重大事件、以及提供外食的業者們在星期四與星期五所刊登的廣告，效果很明顯比在星期一與星期二所登的廣告好。廣告刊登者們在利用報紙來做廣告時，可以擁有完全的彈性來選擇最適合的日期。

各種限制

與其它媒體的強勢處相較下，報紙廣告當然也有其限制。主要限制包括：

a．**高浪費因數與缺乏鎖定目標的能力**　由於報紙能夠接觸的人數實在太多，使利用區隔化策略的組織將會面臨相當高的浪費因數。對於那些運用區隔化標準－除了地理區隔之外（例如人口統計特性，或心理圖析區隔）－的組織來說，他們會發現就鎖定目標市場而言，報紙是一種頗拙劣的媒體。

b．**創意的格式受到限制**　其它的媒體（尤其是電視）可以讓廣告刊登者在格式的選擇上擁有較高的彈性。然而，報紙就無法讓生活片段的格式獲得最有效的運用，而且也不能使幽默或其它的情緒有效地利用。缺乏聽覺上的傳播、以及不具有展現動作的能力，是報紙與雜誌共有的缺點。這兩種印刷媒體，沒有一種能夠做到「人與人的交談」。

c．**相對拙劣的翻印品質**　與其它（視覺）媒體相較，報紙在翻印的品質上相對較拙劣。雖然報紙在印刷技術上有極快速的進步，但鮮明度與色彩的變化，仍無法與雜誌、電視、甚至廣告牌上的廣告相提並論。

d．**集群**　由於報紙廣告過於普遍，導致為了爭取讀者注意而激烈競爭。所有的報紙版面都充斥著許多廣告，使得只有篇幅最大者才能夠突顯出來；小型的廣告很容易人們忽略。

e．**短的生命期間**　人們通常都會以相當快的速度來閱讀報紙，而後便棄置一旁。因此，報紙中的廣告只有相當短的時間贏得讀者們的注意。在考量創意方面，更突顯出能夠與諸多競爭者有所不同的概念之重要性。此外，報紙的傳遞率（即生命期間的延續），也不如雜誌那麼高。

f．**涵蓋全國範圍的成本極高**　利用報紙來進行全國性的

廣告,成本可能比透過網路電視的商業廣告昂貴。雖然報紙的廣告費用相當合理,但由於必須使用到的報紙數量實在過多,使得所需的總成本可能高達數十萬美元之鉅。

2.雜誌

全美國的雜誌購買量達數億本之多。許多餐飲旅館與旅遊組織─尤其是觀光景點地區、旅館與渡假中心、以及航空公司,都在這項媒介上投入極可觀的金額。主要吸引人之處包括:特殊讀者群體,良好的翻印品質,以及高聲望名氣。

在最近的幾十年裡,發行的雜誌數量呈現出快速增加的趨勢。涵蓋的範圍可說無所不包,由各種全國性消費者刊物─例如發行量超過 1400 萬冊的《電視導覽》(TV Guide)與《讀者文摘》(Reader's Digest),以至於特殊性的商業期刊─例如發行量還不到十萬冊的《旅遊週刊》(Travel Weekly)與《旅行社》(Travel Agent)。

由於雜誌也是一種印刷媒體,因此某些優點及缺點,與報紙相同。但是就某些方面而言,例如較高的翻印品質與較佳的鎖定目標能力,雜誌都比報紙出色。但是與報紙相較下,雜誌在接觸範圍與頻率上則較低,而且前置時間也較長。雜誌廣告的主要優點包括:

a.可觸知性　就像報紙一樣,雜誌是可觸知的、而且保存相當容易。各種廣告與折扣優惠券都能剪下及保存,或者傳送給其他人。

b.高度的受訊者選擇性　雜誌雖缺少報紙擁有的高接觸範圍及頻率的優點,但卻能提供更具選擇性的受訊者。浪費的發行量較低,而且非常適合採取各種區隔化行銷策略的組織使用。許多雜誌的訂閱者,都具有涵蓋範圍相當廣範的人口統計特性;這種現象也讓廣告刊登者們能選擇讀者群的特性與目標市場最相似的各類

雜誌。

　　此外，雜誌也各有專精。商業導向的雜誌有《商業週刊》
（Business Week）、《財富》（Fortune）、以及《富比士》（Forbes）
等，可供想要接觸商務旅客的組織運用。屬於消費性旅遊刊物包括
《旅遊與休閒》（Travel & Leisure）、《假日旅遊》（Travel-Holiday）、
《國家地理旅行者》（National Geographic Traveler）、與《康迪
納斯特旅者》（Conde Nast's Traveler），都可用來提供資訊給那
些以渡假為主的讀者們。還有許多雜誌則以吸引各種特定運動、嗜
好、以及其它休閒活動的熱愛者為訴求，例如《田野與河川》（Field
& Stream）、以及《高爾夫文摘》（Golf Digest）等。對於迎合特
定興趣之客層為訴求的組織來說，此類雜誌相當受他們歡迎。最後
要提的是，還有許多以服務旅遊業為主的「交易雜誌」可供運用。

　　c．良好的翻印品質　　雜誌的翻印品質是報紙望塵莫及的。
雜誌廣告擁有鮮明而多變的色彩，視覺上極吸引人。對於大部份餐
飲旅館與旅遊的廣告刊登者來說，色彩是一項非常重要的刺激要
素。不論是加勒比海地區的湛藍海水、某座重山峻嶺的深沉灰黯、
或一份燒烤牛排的的焦黃外表，色彩都是特別有效的傳播因素。對
於營造我們想要傳播的某個目的地或服務的認知來說，色彩可以發
揮極高的影響力。

　　d．長的生命期間與良好的傳遞率　　與報紙相較，人們會
以更悠閒的心態來閱讀雜誌。雜誌保存於家中或辦公室的時間會較
長，而且人們也傾向於在某段時間內、以間歇方式來閱讀它們；這
與在極短時間就將某份報紙瀏覽而過，有顯著的不同。雜誌在親
戚、朋友、以及同事間傳閱的機會，比報紙更頻繁；因此也為雜誌
帶來一種「從屬的」（secondary）發行量。這種附帶產生的讀者群，
也使雜誌的生命期間以及接觸範圍都獲得延伸。

　　以上這些因素造成的結果是：一則雜誌廣告可以有較多的時
間被人們注意、閱讀、以及吸收。如果這份雜誌能夠被重覆閱讀的

話，更可能產生高於一次以上的曝光機會。

　　　　e．聲望名氣與可信度　　由於雜誌的價格、翻印的品質、以及內容與編輯報導的本質都比較高等因素，使雜誌具有提供聲望名氣的能力，這點是與報紙廣告不同。與其它媒介－尤其是電視－相較，顧客們也會認為雜誌的內容更具可信度。對於那些想要營造某種具有威信之形象、以及吸引「上流階層」或收入豐厚之客層的廣告刊登者而言，是一種特別有效的媒介。例如《國家地理雜誌》（*National Geographic*）；這份雜誌已發行多年，而且內容上也受到極高的重視與推崇。事實上，它在該領域可說是一種權威的象徵。除了發行量快達到一千萬份之外，該雜誌的讀者群也有相當高的比例被認為在經濟上是頗為富裕的。在《國家地理雜誌》上刊登廣告的業者們，也都披上了這種聲望名氣與可信度的色彩。

　　　　f．具有傳播詳細資訊的能力　　就像報紙一樣，在傳送較詳細資訊時，雜誌是一種不錯的選擇。因此，當顧客們需要更多的資料時（例如解決涵蓋範圍較廣泛的問題、具有高切身性的購買等），它們會比其它的某些媒介（例如：電視、收音機、室外廣告）更為有效。

　　　雜誌雖然擁有上述六項令人矚目的優點，但還不足以成為所有餐飲旅館與旅遊組織的最佳媒體選擇。雜誌只是比較適合於那些「高價位」的項目、以及那些必須解決涵蓋範圍較廣泛的問題－即購買決策會拖延較長時間的那些狀況。與其它媒體－尤其是電視－相較之下，雜誌廣告在說服力、以及急迫感方面都較為遜色。有鑑於此，速食業者很少採用雜誌做為廣告媒體，他們青睞電視廣告的說服影響力與急迫性。

各種缺點

　　　雜誌廣告的主要缺點包括：

ａ．**創意格式受到限制** 雜誌在傳播各種情緒導向的訊息，效果雖比報紙好；但是在「生活片段」的格式與幽默的運用方面，成效和報紙一樣乏善可陳。同樣地，由於雜誌也缺少聽覺訊息與動作，使得創意上也受到限制。

ｂ．**集群** 雜誌也面臨與報紙相同的「集群」問題，雖然困擾程度或許不如報紙廣告那般激烈。由於在這種媒介上刊登廣告極為普遍，那些篇幅較小的廣告很可能被人們忽略。

ｃ．**低接觸範圍** 與報紙相較下，雜誌雖然擁有更特殊化的讀者群，但這也使得接觸範圍不如前者般寬廣。對於服務與產品上擁有相當廣泛之訴求對象的廣告刊登者而言，例如速食業者，會發現雜誌的訴求對象過於狹隘。

ｄ．**低頻率** 由於大部份的雜誌每月發行一次，使其頻率比電視、收音機、以及報紙廣告低許多。對於需要較高重覆性的訊息（例如：特別的提供物），以及顧客的決策過程相當短的情況（例如：與解決例行性問題有關的選擇，像是前往哪一家速食店購買午餐等），其它媒體就會比雜誌更為適合。

ｅ．**長前置時間** 報紙廣告可以在幾天內完成設計與刊登工作，但是雜誌廣告通常都得花上好幾個月。設計與準備時不僅耗時較久，而且刊登的截稿日期通常是在發行前的兩個月，甚至更早。這種限制再次証明了雜誌廣告較適合那些「高價位」的購買項目（例如渡假套裝產品）、以及具有季節性的各類服務。

ｆ．**費用較昂貴** 雜誌廣告很明顯要比報紙廣告昂貴。在極少數的特殊情況下，成本甚至超過黃金時段電視商業廣告的費用。

ｇ．**想要鎖定地理性目標會遇到困難** 就地理分佈而言，雜誌的讀者們相當分散；這種現象使那些想要以特定區域及城市為目標的組織，產生許多困擾。其它媒體，則可以讓廣告刊登者運用地理上的區隔。

ｈ．**缺乏排定特定日期的能力** 雖然有些雜誌每週出刊，

但大部份以月刊的方式發行。由於無法讓人們每天都獲得－就像是報紙、收音機、以及電視一般，而使它們的廣告不具有利用每週中特定日期的能力。

３．收音機

就像使用電視一般，收音機廣告也能夠透過「網路」或地方廣播電台，來做全國性的播放。雖然如此，與電視不同的是：大部份的收音機廣告是藉由地方電台、而非網路電台做傳送。收音機的廣告刊登者能夠在購買插播時段、或在網路與地方電台播放的各種節目中做一選擇。**插播廣告**是指節目與節目之間播放的廣告；節目的**贊助客戶廣告**是指在某個特定節目中播放的廣告。

除了合理的成本之外，根據節目來鎖定特定聽眾群，也是收音機廣告的主要優點之一。也就是說，每一種格式都可以吸引特定的群體。最受歡迎的八種節目格式如下所述：

1. 現代的－例如「熱門 20」排行榜，對年輕人極具吸引力。
2. 搖滾、急進、或以唱片為導向的搖滾（AOR）－例如搖滾音樂，對年輕人極具吸引力。
3. 中庸的（MOR）－非搖滾音樂，包括節目主題曲、老式的歌曲、流行音樂、以及新聞與資訊等；與搖滾及當代音樂相較，可吸引範圍更廣的聽眾，而且對年紀較長者極具吸引力。
4. 優雅的音樂－例如老式的歌曲、節目主題曲、古典音樂、以及大部份的管弦音樂；對年紀較長、擁有較高收入及教育程度較高者極具吸引力。
5. 鄉村與西部的－即各種鄉村音樂與西部音樂；對於居住在鄉下地區，屬於中、低收入的成年人極具吸引力。
6. 古典的－例如那些很少出現中斷的古典音樂；對於所得較高、教育程度較佳的成年人極具吸引力。

7. 脫口秀及所有的新聞－即那些沒有音樂、而是持續不斷的新聞與訪談；主要以吸引年紀較長的銀髮族爲主。
8. 民族性／少數族群的－乃是指專門爲特定民族及少數族群規劃的節目，例如西班牙裔美國人。

收音機廣告具有幾項優點，包括：

a．**相對較低的成本** 對所有不同規模的組織來說，收音機是他們最有能力負擔的數種媒介之一。在所有媒介中，收音機是每千人成本（CPM）最低的一種媒體。

b．**良好的受訊者選擇性** 收音機可以根據節目格式，提供區隔化的受訊群體給廣告刊登者。對於以十幾歲青少年與年輕成年人爲目標的組織，可說特別有效；因爲這些族群是搖滾（AOR）節目的主要聽衆。由於廣播電台所服務的是地方區域，這使得地理區隔也成爲可行的方法。與電視比較之下，大部份廣播電台涵蓋的是較小型的地理區域，這也使他們在鎖定地理性的目標時能夠獲致更高的精確度。

c．**較高的頻率** 與其它媒體相較之下，收音機廣告，幾乎都能夠以更頻繁的密度重覆播放。因此，收音機廣告在接觸範圍上雖不如電視，但這項缺點可以利用每位聽衆接受到較多曝露次數來彌補。

d．**短前置時間** 收音機廣告可以在極短暫的通知下完成製作，一般而言只需要幾天的時間就足夠了。廣告刊登者們只需提供廣播電台一份廣告草稿，或一段事先錄好的訊息即可。

e．**具有排定特定日期以及特定時間的能力** 收音機廣告在時間上具有極高的彈性，使廣告客戶能充份利用每週中的特定日期及特定時間。舉例來說，餐廳業者可以選擇在用餐時段之前「播放」他們的廣告，藉以激起食慾。各種吸引人之事物的業者可以在週末期間強力推銷其入場券的折扣優惠方案，汽車出租公司也可以

對週租特價措施大肆宣傳。

對於低切身性（即解決例行性的問題）決策的服務與產品的廣告刊登者而言，收音機廣告似乎是最佳選擇。藉由收音機提供的重覆性，這類產品與服務似乎也能從中享受到最大的利益。但是在傳播詳細的資訊、或必須透過某種視覺展現才可獲得效果的服務與觀光景點而言，收音機就不是理想的媒介了。

各種缺點

收音機廣告的主要缺點包括：

ａ．全無視覺上的傳播　　其它的所有媒介，都能夠提供某種視覺上的資訊；但是收音機則無此能力。對於要把餐飲旅館與旅遊服務－包括各種觀光旅遊景點區域、以及許多引人的事物－導入市場，可說是一項主要的缺點。例如色彩與動作等重要的刺激，在收音機中完全無法提供；這也使得它在營造意象時會倍顯困難。

ｂ．缺乏傳送複雜訊息與詳細資訊的能力　　對於傳播複雜的訊息與詳細的資訊而言，收音機不能算是良好的媒介。因此，在刊登各種相對上較昂貴（即高切身性）的服務時，例如遊輪之旅與渡假套裝產品等，收音機廣告無法讓人滿意。

ｃ．短的生命期間　　一段收音機廣告的生命大約只有一分鐘、甚至更短。如果聽眾只聽過一次，很容易就遺忘。為了要引起注意，收音機廣告通常都必須重覆播放相當次數才行。

ｄ．集群　　雖然播放的廣告數量會隨著不同的電台、以及節目而有差異，但一般而言，收音機仍是一種相當集群性的媒體。因此，就這方面來說，它有著與報紙及雜誌相同的缺點。

ｅ．注意力的分散　　收音機廣告的另一項致命傷是：對大部份的聽眾來說，收音機並非注意力的主要焦點。也就是說，聽眾們常常會將注意力同時分散於其它活動上，例如開車、做家事、或煮

飯等。在這種情況下，廣告刊登者所要傳播的訊息很容易會被忽略。

4．電視

目前而言，電視是最具說服力的一種媒體。除了嗅覺刺激之外，它可以迎合並吸引其它所有的感覺。此外，電視也可以讓廣告刊登者們運用包括生活片段在內的所有可能的創意格式。對於想要將接觸範圍及全國市場的企業來說－例如連鎖速食業者，電視廣告似乎已成了最受青睞的選擇。

就像使用收音機一般，電視的廣告刊登者們可以經由地方電台，或美國境內透過四家網路業者〔包括美國廣播公司（ABC）、哥倫比亞廣播公司（CBS）、美國國家廣播公司（NBC）、以及福斯影業公司（Fox）〕來購買廣告時段。這四家網路業者都擁有穩定、所屬的地方電台「會員」，並由他們提供節目給這些會員；這些會員帶給網路業者的，是一種幾近完整的全國性涵蓋範圍。透過這些網路業者刊登的廣告、將會在他們的節目中出現，並因此在全國播放。同樣地，廣告客戶也可以購買插播廣告（在不同的節目之間播放）、或在節目中播出的廣告。

在美國，電視的收視觀眾可依據地理特性而區分為各種「**主要影響區域**」（Areas of dominant influence； ADIs），或稱為「指定的市場區域」（DMAs；Designated Market Areas）。這些「地方性」的收視區域要比無線電廣播電台涵蓋的區域更寬廣，這也使得它們在鎖定地理目標這方面，無法提供相同的精確度。電視廣告的主要優點包括下列各項：

a．**高度接觸之潛能**　超過百分之九十五以上的北美洲家庭都至少擁有一台電視，許多家庭還擁有一台以上的電視。網路式的商業廣告在高度接觸範圍上具有極大的潛力，它們可以深入數百萬的家庭。居住在北美洲的人，雖然每星期都會花許多時間收看電

視，但是要讓每一個人都能看到某段只播出一次的插播廣告之可能性卻相當低。因此，唯有藉著選擇許多高收視的市場區域、以及連續數週內於「黃金時段」將這些廣告重覆多次播放，才能使接觸範圍達到最大程度。在 1980 與 1990 年代，有線電視的廣告快速成長。於 1992 至 1993 年間，花費在網路電視上的廣告支出成長約 1.3%；在此同時，有線電視廣告的支出則是大幅攀昇 46.4%。在這段期間，由旅行社、旅館業者、以及渡假中心所播出的有線電視廣告，成長率更是驚人－高達 68.6%。對美國的所有家庭而言，緊跟在上述領域之後的則是各種互動式電視網路；例如於 1994 年開始的時代華納全方位服務網路。

　　b. **高度的說服影響力**　電視廣告具有極高的說服力，這是因為具有運用各種創意格式的能力，並且能夠充份利用各種情緒與幽默感，以獲得收視者的注意及提供附加的「氣氛」。對於利用實例來展示各項服務與產品而言，電視也是一種極為傑出的媒介。

　　c. **可推出整齊劃一的全國性報導**　例如麥當勞、漢堡王、與溫蒂等全國性企業，對於電視廣告的運用可說相當普遍；這是因為他們可以很方便地推出全國性報導。這些企業幾乎都可以得到下列的保証：他們的廣告將會以整齊劃一的方式、於相同的時間內（根據不同的時區）在全國各地播放。對於那些具有高度標準化服務、以及以廣大群眾為訴求的組織而言，這顯然是一項－－投其所好的特色。

　　d. **具有排定特定日期或特定時間的能力**　電視廣告在時間的排定上，可以選擇一天的不同時段、以及每週的某些日期來播出。就這方面來說，具有和收音機相同的優點。

　　e. **可提供某些地理上及人口統計上的選擇性**　電視可以讓那些市場區隔者（乃是指使用區隔化行銷策略的組織）依據選擇的地方電台、主要影響區域（ADIs）、以及節目格式，而鎖定某些地理上及人口統計上之目標。雖然如此，其它媒體通常也都可以

提供相同、甚至更佳的鎖定目標之功能。

各種缺點

電視廣告也存在著某些缺點。主要缺點包括：

ａ．**昂貴的總成本**　電視廣告所需的每千人成本雖然相當合理，但以必須支出的絕對最低成本而言，卻使得許多小型與中型的企業無法利用這項媒介。在刊登電視廣告時，必須考慮的主要成本項目有下列兩者－製作成本以及購買網路或地方電台的時間成本。製作成本方面雖然有極大差異，但其影響卻也相當深遠。舉例來說，於 1993 年，製作一段歷時三十秒的全國性電視插播廣告，平均成本約為美金二十二萬兩千元。至於播出一段為時三十秒的網路電視廣告，其成本雖會根據選擇的節目而不同，但在黃金時段播出的插播廣告，通常都得花費七十五萬美金以上。在例如世界杯足球賽之類的重大活動期間，播出的成本甚至高達數百萬美元之鉅。

ｂ．**短的生命期間**　就像收音機廣告一般，電視廣告也相當短暫－通常都只持續六十秒、或更短。它們必須重覆播放多次才能產生效果，這也會造成成本上巨幅的增加。

ｃ．**缺乏傳送詳細資訊的能力**　由於播出期間相當短暫，使得傳送詳細資訊的成效極為有限。就這方面來看，其它媒介－特別是直接郵寄、雜誌、以及報紙，效果顯然更為出色。

ｄ．**集群**　電視屬於高度集群性的媒體，每個鐘頭都會有數十種廣告相互競爭、以期吸引收視者的注意。由於許多人對電視廣告過於氾濫已深感厭惡，他們會利用廣告時間轉換收視電台、或起身做些其它事情。因此，電視廣告必須非常出色，才可能脫穎而出。

ｅ．**相對較高的浪費因數**　對於所有的市場區隔者來說，電視並非高精確性的媒介。因此，造成的「浪費」相對也較高。

5．室外廣告

室外廣告可分爲下列四種：（1）海報，（2）彩繪佈告板，（3）特殊巨型看板，以及（4）路旁或建築物上的招牌。前兩類也包括廣告牌。特殊巨型看板是指大型且昂貴的展示板，通常都備有照明燈飾、並且含有動態部份；它們通常只會出現於交通流量極高的地區。許多餐飲旅館與旅遊業者，會利用各種位於路旁、以及在建築物上或附近的各式招牌，使顧客們能夠確認其營業地點。另一種變化的室外廣告，則是所謂的「移動式廣告」（即在巴士與計程車上做的廣告，以及在公車招呼站見到的廣告）。

室外廣告之所以會在餐飲旅館與旅遊業扮演頗爲重要的角色，部份原因在於引導旅客前往他們並不熟悉之地點。事實上，美國主要的室外廣告刊登者，有某些來自這些行業（例如：麥當勞、假日旅館企業、餐飲旅館加盟體系、以及達美航空等）。

室外媒介具有下列各項優點：

ａ．**高度的接觸範圍與良好的頻率**　人們曝露於室外廣告的時間、平均來說雖然都相當短暫，但卻擁有高接觸範圍與頻率；參見圖 15-9。每一位開車經過某個廣告牌的人，都會曝露於該廣告訊息下（即接觸範圍）。譬如，如果廣告牌放置在某人每天必定經過一次的路線時，則一個月下來便可以產生多次的曝露（即頻率）。

ｂ．**具有地理上的選擇性**　室外廣告的放置地點，幾乎與地理上的目標市場完全吻合。舉例來說，以服務某個地方市場爲目標的餐廳，可以將廣告牌、以及其它招牌放置在該區域內。

ｃ．**相對上較不具集群性**　與其它媒體相較－尤其是收音機與電視，室外廣告在「集群」的程度，通常不會那麼嚴重。雖然在高速公路的某些範圍內，看起來似乎散置著不少廣告牌與其它的招牌，但是這些廣告訊息的數量通常比其它媒體低許多。

圖 15-9：這個廣告牌所出現的雙眼與簡短文字，可以輕易地、很快地引起駕駛者的注意。

d．長的生命期間 與大部份的媒體相較，室外廣告顯然較為持續耐久。許多招牌事實上是可以長久存在，或者至少持續數年之久。各種海報看板（廣告牌）也能夠以按月的方式預約；彩繪佈告牌則可永久存在、或定期搬移到其它地點。

e．大型的尺寸 廣告尺寸的大小能夠對潛在顧客造成正面影響的視覺刺激。舉例來說，全頁式的報紙及雜誌廣告，影響力肯定比那些篇幅較小的廣告高。室外的招牌在尺寸上可以相當龐大，這種顯眼壯觀的尺寸就足以吸引過往行人的目光。海報看板（廣告牌）的尺寸大約都是十二英呎乘十二英呎的規格，彩繪佈告牌則更大－達到十四英呎乘四十八英呎。

對大部份的室外廣告來說，真正的功能是傳播簡短、讓人印象深刻的各種訊息。對於那些牽扯解決例行性問題、以及受到限制之問題的各種服務而言，例如速食業、其它的餐廳、以及選擇旅館等決定，這類廣告的效果尤其明顯；參見圖 15-10。

（a）

（b）

圖 15-10：（a）風格獨特的建築物與招牌，讓必勝客顯得與眾不同。（b）紅龍蝦所使用的室外招牌相當簡單又引人注目。

各種限制

除了某些室外廣告會受到高度限制、甚至在某些地區不合法之外，室外廣告也有其它諸多限制。主要缺點包括：

a．**高度的浪費因數、與缺乏鎖定目標的能力**　室外廣告雖然具有鎖定地理目標的能力，卻無法符合其它任何區隔的要求。就象刊登在報紙上的廣告一般，這些室外訊息也會被各式各樣的人們所目睹；這對於那些並非使用地理性做為區隔標準的分割者而言，會造成相當高的浪費因數。與其它媒介相較，尤其是雜誌、直接郵寄、與收音機，室外廣告不是一種能夠高度鎖定目標的媒介。

b．**相對較長的前置時間**　大部份的廣告牌與招牌，在設

計、彩繪、以及安置上，都需要花費一段不短的時間；這段期間或許是好幾個星期，也可能是好幾個月。此外，在可供設置廣告牌與彩繪佈告牌的地點，也呈現供應不足的現象；這意味著廣告刊登者們可能要等上一段時間，才能夠租用到中意的地點。

　　c．缺乏傳送複雜訊息或詳細資訊的能力　透過室外廣告而能夠有效傳送的訊息，只有簡短的幾個字而已。各種象徵符號經常會用來取代文字，而且訊息也必須簡潔扼要、一針見血；美術上的設計必須有強烈的視覺吸引力。因此，對於那些高切身性（即解決涵蓋範圍廣泛之問題）的購買決策來說，它並非一種合適的媒介。

　　d．不具聲望威信　就廣告所能產生的聲望威信來看，廣告牌與佈告板顯然比雜誌及電視遜色許多。事實上，許多人認為在高速公路旁設置廣告是一種缺乏美學素養的作法，而且也會破壞了環境的自然景觀。

　　e．創意的格式受到限制　室外廣告也無法讓廣告刊登者運用所有創意格式。如果要利用幽默感或其它情緒上的訴求、或生活片段的格式時，室外廣告可說全無用武之地。事實上，許多室外廣告純粹以提供資訊為主，並非以說服為訴求（也就是說，它們是用來支持其它的媒體廣告）。

　　f．缺乏排定特定日期以及特定時間的能力　除了某些能夠經常改變的招牌屬於特例之外，室外廣告通常都不具有利用每週中特定日期、以及每天中特定時間的能力。就這方面而言，它們與雜誌廣告有相同的限制。

6．直接郵寄

直接郵寄的廣告，是所謂「直接行銷或直接回應式行銷」的一種。「直接」是指並未使用任何中介者。服務或產品的製造者直接向顧客進行促銷，接受顧客的訂單或預約，以及直接「配送」這些服務

或產品。直接行銷主要的構成部份是直接郵寄與電話行銷（即透過電話來從事銷售）。其它各種直接行銷的形式，還包括藉由電視（透過「資訊廣告」與有線電視節目）、以及收音機產生的回應。透過**資料庫行銷**，使直接行銷的效果日益提高。係根據全國資料庫行銷中心的定義，資料庫行銷是一種「以即時的方式，運用電腦化資料庫系統，來管理與現有顧客、詢價、以及潛在顧客有關的最新資料，以確認最可能做出回應的顧客；然後再藉著發展出各種模式讓業者所希望的訊息在適當的時機、以適當的形式傳送給適當受訊者的，而發展出高品質、長期性重覆業務關係的目標」。資料庫行銷在精密方面的提昇－這主要是電腦科技造成的，使得直接郵寄廣告的各項優點更為增強。

餐飲旅館與旅遊業使用的直接行銷便是直接郵寄廣告。由於直接郵寄通常以印刷格式為之，因此具有許多與報紙及雜誌相同的特性。主要優點包括：

ａ．**受訊者的選擇性**　由於直接郵寄廣告可以讓區隔者在最少浪費情況下鎖定目標市場，故具有高選擇能力。這也是它在餐飲旅館與旅遊業極受青睞的原因。尤其是在使用地理區隔，以及潛在顧客能夠區分為各種特殊群體（例如旅行社、會議／集會計劃者、或是滑雪愛好者）的情況下，效果更是顯著。直接郵寄中最有影響力之寄送名單是組織對已往顧客所做的內部記錄、以及各種詢問。另外，也可以由其它組織（例如會員名錄）、或商業郵寄名單的經紀人手中，獲得許多專業性名單。這些公司的名單能夠以付費的方式租用，也能在標準費率與資料服務公司（Standard Rate & Data Service Inc.）出版的檢索目錄中找到。

ｂ．**極高的彈性**　其它所有媒體都會牽扯到實體、以及時間上的限制，但是直接郵寄廣告不會如此嚴重；舉例來說，所有的廣告配置都必須在媒體公司設定的截止期限前完成。印刷與室外廣告都必須符合尺寸上的限制，而且廣播廣告也有相當確定的時間限

制。直接郵寄的廣告雖然也受到各種郵政法規的實際管控，但在設計與「配置」方面，有更大的自由與彈性。

　　ｃ．相對上較不具集群性　　與其它廣告相較，直接郵寄是相對上較不具集群性的媒介。每一份直接郵寄廣告都是獨立的、而且也會與其它的廣告完全隔離；相較之下，在大部份的報紙與雜誌中，會同時存在著許多廣告。雖然如此，當顧客們收到數量極為龐大的直接郵寄廣告後，這種集群性便會出現。

　　ｄ．高度的個人化　　其它所有媒介都是非個人化的，而且也無法在一對一的基礎上，對顧客進行有效地傳播。然而，直接郵寄則可以進行更為個人化的傳播。這種特性可說是最有效的直接郵寄函件（而且也是良好的信件問卷調查）的註冊商標。當直接郵寄函件的個人化程度越高時（例如在信封上黏貼郵票，親自簽名的信件，以及在寒喧時使用收信人的姓名－例如「親愛的伯朗小姐」），則收件人拆閱的機會也會越大。

　　ｅ．具有測定回應的能力　　要對直接郵寄廣告的影響力進行測定並非難事。寄發者知道自己究竟寄出多少份廣告（即曝露的數量），因此也能夠以各種不同的方式監控相關的回應（例如答覆卡之數量，已被兌換的折扣優惠券之數量）。使用其它媒介－尤其是電視與收音機，要想評估廣告的回應則較困難。

　　在餐飲旅館與旅遊業的廣告中，利用這類直接回應式的作法在比例上已日漸成長。使用這類廣告的主要目的，通常是為了發展資料庫或客戶詢問的郵寄名單。當這些詢問一旦產生之後－透過例如免付費電話或郵寄折扣優惠卡等方式－促銷者通常都會以寄發例如遊客指南、簡介小冊、各式地圖、或錄影帶等「附帶的」資料，來「完成」這項詢問。圖 15-11 中所示，便是澳洲觀光委員會運用這項技巧的傑出實例。於 1993 年在《康迪納斯特旅行者》（*Conde Nast's Traveler*）所刊登的廣告中，讀者們只要撥某個 800 的免付費電話、或將一份填妥的折扣優惠卡寄回，澳洲觀光委員會便可提

供一份厚達一百三十六頁的旅遊計劃手冊。各位只要稍加檢視圖
15-11 的這張折扣優惠卡，就可以發現澳洲觀光委員會也試圖藉此
建立一套與地理特性及旅遊偏好等資訊有某些關連的詢問資料
庫。

圖 15-11：澳洲觀光委員會運用消費者旅遊雜誌的廣告來產生詢問、並藉以建立資料
庫。

　　　　f．可觸知性　　直接郵寄可以提供顧客們某些可觸知的事
物，讓他們能夠實際地觸摸、感覺、保存、或傳遞給其他人。就這
方面而言，它與報紙及雜誌廣告有異曲同工之妙。

　　　　g．低廉的最低成本　　雖然直接郵寄以每千人成本（CPM）
來考量時，通常會被視為一種成本相對較高的媒介，但以所需的最
低成本而言，它仍然相對較低。在使用報紙、雜誌、電視、收音機、

以及室外廣告時，都會存在著某種最低的相關費用；然而，這些最低的費用對規模較小的組織來說，有時候仍舊過於昂貴。如果我們只寄發數量有限的直接郵寄廣告時，其成本可能還不會超過一百美金；這對於任何規模的組織來說，都在足以負擔的範圍內。

h. **短的前置時間** 直接郵寄的廣告在寄送出去的幾天之後，便可以到達潛在顧客的手中。從寄發者完成郵寄名單的整理、到做好寄送出去的準備，這段前置時間相當短暫。

各種缺點

直接郵寄的廣告當然也有缺點存在，分別是：

a. **「垃圾郵件」併發症、以及高拋棄率** 垃圾郵件是我們對於以「親愛的住戶」或「敬啓者」為收件人的直接郵寄廣告慣用的一種名稱。由於收到這類廣告實在太多，因此常常在未拆封或閱讀的情況下，就當做「垃圾」處理（拋棄）。很不幸地，這種否定的心態已擴展到所有直接郵寄廣告；這也代表著你的廣告必須要能具有高度個人化特色、或與眾不同的風格，才可能逃過立即被丟進垃圾筒的厄運。

b. **相對較高的總成本** 雖然所需的最低成本相當低廉，但由每千人成本（CPM）的基礎來看，卻是一種相對較昂貴的媒介。為了避免看起來像是「垃圾郵件」，這類廣告通常必須避免使用印刷品寄送。以目前的郵資費率而言，寄發一千份的廣告時，會產生美金三百二十元的最低每千人成本，而且還要再加上郵寄廣告本身、租用名單、以及與郵寄有關的其它費用。即使是以大宗郵件方式來寄送，每千人成本也明顯高於大眾媒體的廣告－尤其是電視。

c. **創意格式受到限制** 與報紙及雜誌廣告相較，直接郵寄受到的限制雖然較少，但仍然只能算是視覺上的媒介而已。它無法利用生活片段的格式，也不能有效地運用各種情緒上或幽默感的方

法。

　　對各種傳統媒介討論之後，可知科技的進步帶來許多嶄新的廣告可行性。它們包括各種不同的技巧，也就是「**互動式媒介**」（指利用電視、個人電腦、或電話線路所構成的媒介組合，以獲得關於各種餐飲旅館與旅遊服務的資訊、或對這些服務進行預訂）。由於消費者對於「在家購物」的需求日增，使得這些可供選擇的新媒介將會變得越來越有吸引力。舉例來說，希爾頓與喜來登旅館的客房、以及地中海渡假村的渡假行程，目前都已透過個人電腦與數據機，而直接在家中進行預訂。許多餐飲旅館與旅遊組織，也都透過**全球資訊系統（WWW）**、而在**網際網路**上提供相關資訊給所有顧客。這些組織都已發展出含**首頁**的網站，讓網際網路的使用者任意瀏覽。電腦使用者們在自己感興趣的主題上用滑鼠「**輕點**」一下，就能夠自動地轉換到與這些主題有關的資訊內容。在 1995 年末，已有許多目的地行銷組織、旅館與渡假中心業者、航空公司、以及其它旅遊企業，在全球資訊系統上建立起自己的網站。其它一些組織則利用光碟片（CD）來提供相同類型的資訊。此外，在網路及有線電視台中，各類旅遊節目在數量上也呈現成長的趨勢；其中包括《旅遊頻道》（*The Travel Channel*），這是一個全天候播放的有線電視網路。這些特別的節目也為餐飲旅館與旅遊的廣告刊登者提供許多新的機會。

餐飲旅館與旅遊業所做的廣告

　　既然對每一種媒介的優缺點都已了解，或許你也很想知道更多關於這個行業如何利用這些媒介的細節。這個行業的廣告存在著某些顯著不同的型態；包括各航空公司對於報紙廣告的高度強調，以及速食業者將焦點置於電視廣告。屬於同一領域的不同企業，媒體的使用也會有截

然不同的型態。

　　某些餐飲旅館與旅遊企業，已擠身全美國排名前一百大的主要廣告刊登者之列；參見附錄 1-8。它們包括麥當勞、Marriott 國際企業、達美航空公司、溫蒂國際企業、以及美國航空公司。於 1993 年，麥當勞的廣告支出在這個行業中居所有業者之冠，金額高達七億三千七百萬美元。至於其它一些隸屬規模較大之母公司的部，也都足以擠身廣告刊登者的排行榜中。這些企業包括華德迪士尼公司（渡假中心與主題樂園），漢堡王（大都會的子公司），肯德基炸雞、必勝客、以及 Taco Bell（這三家全都是百樂可樂的子公司），紅龍蝦（通用企業的子公司），以及 ITT 喜來登旅館（ITT 企業的子公司）。

　　附錄 1-9 提供這個行業的許多領導者在 1993 年廣告支出的一份詳表。

廣告代理商扮演的角色

　　大部份中大型的餐飲旅館與旅遊組織，都會使用廣告代理商提供的服務，來發展及刊登他們的廣告。**廣告代理商**提供下列五種服務：

1・廣告的規劃設計

　　大部份的廣告代理商都能夠為組織進行整體的廣告計畫，包括在前文所敘述的十種步驟。雖然這項服務是存在的，一般而言，廣告客戶應該要自己執行步驟 1 至 4，並將訊息觀念的相關指示提供給代理商。

2・各種創意的服務

　　創造各種成效卓著的廣告絕對是一項藝術，廣告代理商聘用那些才華洋溢的人員來完成這項工作。代理商發展廣告的原稿綱領、決定

訊息格式、並選擇廣告的媒介與媒體工具。在電視、收音機、報紙、以及雜誌的廣告中，他們最常被要求來執行這些工作；事實上，廣告代理商並非自己發展這些廣告，而是以訂定合約的方式，將這些任務分包給其它專業公司。

3・各種媒體的服務

廣告代理商也提供選擇媒體、以及「購買」時段或版面的工作。事實上，代理商們所賺取的利潤，主要來自媒體公司支付的佣金。這項佣金的比率，通常以總金額的 15%為基準。此外，代理商們也負責對廣告的進程加以監督及控管。

4・各種研究的服務

除了規模極小者之外，所有的代理商也都提供各種行銷研究的服務，尤其廣告的事前測試及事後測試。同樣地，這項研究通常也都以分包的方式、在代理商的監督下，由專業研究公司執行。

5・銷售促銷與展售的服務

許多代理商也提供與銷售促銷有關的各種創意服務。由於這類的促銷通常都需要各種特別廣告活動的支持，這種安排可以使運作更為方便。

　　對餐飲旅館與旅遊組織來說，在產生及刊登廣告時至少有四種選擇：（1）由組織內部人員執行，（2）使用一家廣告代理商來負責所有的廣告，（3）部份由組織內部的人員執行，部份則委託一家或多家代理商負責，（4）使用一家以上的代理商或專業公司。麥當勞企業採用的便是上述的第四種方法。於 1993 年，麥當勞企業使用美國里奧·伯尼特公司（Leo Burnett USA）、以及 DDB 尼德翰全球公司（DDB Needham Worldwide）做為它的兩家主要代理商；同時還有其它的三家公司，專門針對非洲裔美國人、西班

牙裔美國人、以及銷售促銷的作品負責。

　　本書建議所有餐飲旅館與旅遊組織－除了規模相當小之外，都應該使用廣告代理商。好處包括：

1. 由於代理商都擁有相當廣泛的客戶基礎，這使他們得以將最佳的創意概念運用於廣告中，並使個別的客戶獲得最大利益。

2. 藉由為各式各樣的客戶提供服務，使這些代理商累積了相當豐富的經驗，因此擁有比客戶更寬廣的見解。他們是獨立的團體，對客戶所能掌握的各項機會與面臨的各種問題，能夠以更超然、更客觀的態度視之。

3. 與廣告代理商簽約，事實上還可能讓出資者在費用上獲得節省。雇用一位全職的、屬於內部編制的廣告專業人員，在成本上通常都比利用代理商的員工來得昂貴。

4. 代理商們對於各種媒介與媒體工具的熟悉度，通常都會比廣告客戶高。

本章摘要

　　廣告是最具說服力的一種促銷組合要素，並被各種類型與規模的組織所使用。如果能妥善的研究、審慎的規劃、以及創意的執行，成效將極為可觀。大部份的廣告媒體都充滿「集群性的」，如何發展出能夠引人注意、而且印象深刻的廣告，成為業者們面臨的主要挑戰。

　　廣告本身是個「小系統」，它係以確立廣告目標開始，以測定成果做為結束。有效的廣告，必須以研究、分析、以及由形勢分析、行銷研究的結果、行銷策略、定位方式、與行銷目標等獲得的決策為基礎。廣告計畫也是整體行銷計畫的一個組成部份。

問題複習

1. 當我們在發展一份廣告計劃時,應遵循的十種步驟為何?
2. 廣告目標的三種主要類別為何?每一種應該在何時使用?
3. 消費者廣告與業界交易廣告的差異為何?對這兩種廣告而言,最適合的媒體工具分別有哪幾種?
4. 訊息策略由哪些部份組成?
5. 最常使用於廣告中的創意格式有哪些?所有可供選擇的媒體在使用這些格式時,效果是否都完全相同?請對你的答案加以說明。
6. 在選擇廣告媒體時,應考慮的七項要素分別為何?
7. 可供選擇的各種主要廣告媒體,優點與缺點分別為何?
8. 餐飲旅館與旅遊業在媒體的使用上,是否完全一致?請對你的答案加以說明。
9. 廣告代理商通常提供的五種服務分別為何?使用代理商的好處有哪些?

本章研究課題

1. 在餐飲旅館與旅遊業中,選擇你自己最感興趣的部份;並在這個領域內,選取五至六家企業。然後再觀看、收聽、或蒐集每一個組織在最近推出的廣告。仔細地研究這些廣告,並判斷這些廣告客戶使用的訊息觀念與創意格式。使用的方法是否相當類似?如否,則存在著何種差異?你認為何者最為有效,原因何在?這些組織是否傾向於使用同類型的媒介與媒體工具?
2. 你在一家以餐飲旅館與旅遊企業客戶為主的專業廣告代理商

擔任主管。一家新的潛在客戶（連鎖餐廳或旅館，航空公司，主題樂園，政府的觀光旅遊部門，或其它組織）向你求教，請你針對應該用何種媒體提出建議。你提議使用的選擇標準爲何？你要如何根據這些標準來對每種可供選擇的媒介進行評估？你會推荐哪種特定的媒介與媒體工具？

3. 在你居住的社區中，某家小型餐飲旅館與旅遊組織的老闆請你爲他發展一份廣告計劃。當你在發展這份計劃時，會遵循哪些步驟？在準備這份計劃時，你會將哪些事項包含在內？請針對這份計劃擬出一份詳細的概要，並在可能的情況下，對每個特定步驟分別提出明確的建議（例如：使用的媒介、訊息策略、時間、合作式廣告的數量或金額等）。

4. 本章中特別強調合作式廣告的重要性。請找出五種合作式廣告的傑出實例，不論其合作屬全國性、區域性、或地方性。訪問參與合作計劃的相關組織，並判定他們對於這種聯合促銷的感覺究竟如何。這些組織認爲這種廣告能爲他們帶來的利益有多少？這種方式有哪些限制或問題？請針對每一種廣告或廣告活動進行敘述。根據你的分析，你認爲在我們這個行業是否會有更多的組織投入這種合作式的廣告？請對你的答案加以說明。

第十六章

銷售促銷與展售

學習目標

研讀本章後，你應能夠：

1. 定義銷售促銷與展售這兩個術語。

2. 說明銷售促銷與展售扮演的六種角色。

3. 敘述與發展一套銷售促銷及展售計畫的各個
   步驟。

4. 說明特別的傳播方法與特別的提供物之間的
   差異。

5. 列舉各種銷售促銷的方法。

6. 說明每一種銷售促銷的方法所扮演的角色與
   優點。

概論

　　銷售促銷與展售是兩種有關連、並能對銷售量產生影響的促銷組合要素。本章以定義這兩個術語及說明它們扮演的角色開始。同樣地，本章也特別強調這兩項活動應該事前審慎規劃，而且應該與其它的促銷組合要素－尤其是廣告－相互配合。

　　緊接著，本章對各種銷售促銷與展售方法做一敘述；同時也對它們扮演的角色及優點進行審視。此外，本章中也針對一種循序漸進、能夠用來規劃與執行銷售促銷的程序提出概述。

關鍵概念及專業術語

競賽（Contests）
連續性計畫（Continuity Programs）
折扣優惠券贖回率（Coupon Redemption Rates）
折扣優惠券（Coupons）
以熟悉為訴求的考察行程（Familiari zation Trips）
飛行常客計畫（Frequent-Flier Programs）
住宿常客獎勵計畫（Frequent-Guest Award Programs）
夾報（FSIs；Freestanding Inserts）
遊戲；比賽（Games）
展售（Merchandising）
獎品（Premiums）

價格折扣（Price-offs）
酬謝計畫（Recognition Programs）
銷售促銷（Sales Promotions）
免費樣品（Sampling）
成本價促銷品（Self- Liquidators）
特別的傳播方法（Special Communication Methods）
特別的提供物（Special Offers）
特製品廣告（Speciality Advertising）
抽獎（Sweepstakes）
交易促銷（Trade Promotions）
交易展覽（Trade Shows）

身為眾多商品與服務的消費者，你對於銷售促銷與展售的實際瞭解程度，可能比自己認為的高出許多。當你在住家附近的購物中心閒逛時，充斥在你四周的便是無數的促銷與商品展示。它們包括商店櫥窗內擺設的服裝模特兒，擺滿整條走道兩側的展示品，引人注目的海報，甚至還有專門為獲取你注意而設計的活動物品。當你在信箱拿出報紙或信件時，也會發現許多提供特惠價格的折扣優惠券，項目可說琳瑯滿目，從披薩到牛仔褲都有。在你購買的產品中，有許多會附有回饋優惠券。如果你經常前往速食店消費的話，那麼你家中的玻璃杯、餐盤、或孩子們的玩具等，數量上必定會明顯增加。這些都是日常生活中常見的各種銷售促銷與展售的實例－即讓你採取購買行動的各種視覺及實質上的誘因。

全美國花費在銷售促銷與展售上的總金額，正以比媒體廣告支出更快的速度成長著。根據一項 1992 年的調查顯示，在 1991 年的銷售促銷總費用，已超過了 1400 億美元；這比同年度花費在廣告上的 1260 億美元的總支出，顯然高出許多。究竟是什麼原因，造成這種由媒體廣告轉變為以銷售促銷及促銷為重心的趨勢呢？學者專家們似乎對下列三項理由抱著認同的看法：第一，媒體廣告的成本快速增加，迫使公司必須尋找其它的方式來促銷他們的產品與服務。其次，由於高度的「集群性」、以及許多廣告目前的高品質水準，使得在廣告中要展現出與眾不同的特色已變得日益困難。第三，銷售促銷的成果是可以測定的，而廣告的效果很難使用計量方式判定。

銷售促銷、展售、與促銷組合

定義

　　銷售促銷是廣告、人員銷售、以及公共關係與宣傳之外的方法；在這種方法下，顧客會獲得一種短期的誘因，而使他們做出立刻購買的行動。屬於銷售促銷的項目包括：折扣優惠券、免費樣品、以及遊戲比賽。**展售**或稱購買點「廣告」，包括了在組織內部被用來刺激銷售量的各種材料（例如：菜單、酒類名單、桌上直立式菜單、招牌、海報、展示品、以及置於銷售點的其它促銷項目）。

　　這兩種方法密切關聯，有某些作者還把展售認為是一種銷售促銷的方式。由於促銷在「零售」餐飲旅館與旅遊服務中具有極高的重要性，因此本書中便將這兩種促銷組合的要素分開討論。

首先對促銷組合做一計畫

　　並非所有的組織都把銷售促銷與展售視為廣告之外的另一種替代選擇。這三種促銷組合的要素，通常都是傳播活動的組成部份；它們可以在同心協力下，形成一種強而有力的「三重效果的組合」（three-punch combination）。廣告可以創造知名度，營業場所內的展售可以刺激顧客的記憶，而銷售促銷則能夠誘導購買。速食業居領導地位的業者，對於這種三階段的方法就運用得相當完美。電視廣告讓顧客知道銷售促銷的存在（例如：以較低的價格即可購買到某種兒童玩具，

一人付費兩人用餐，或其它價格折扣等）；室外的招牌、以及室內的展示與海報，則可以讓顧客想起這項廣告；而在餐廳中可取得的這些提供物，則創造了這項銷售。由服務人員在營業地點對這項提供物所做的（人員）促銷，則可以進一步提昇促銷的效果。

所有的促銷組合要素如果都能夠前後一致、並經過審慎整合，就可以產生高度的聯結性。當然，這必須仔細規劃與掌握適當時機。同樣地，這也意味著所有的促銷組合要素，不應該各自獨立規劃；應該儘可能地做到互補不足、相得益彰。

銷售促銷與展售扮演的角色

許多作者在銷售促銷之著作中，都曾提及銷售促銷與展售這種方法經常被誤用。對於那些需要依賴長期解決方案來處理的各種狀況，經理人員很容易就會以銷售促銷做為「快速修復」的方法。舉例來說，某個組織可能有著相當嚴重的行銷問題，例如不適當的行銷策略、錯誤的定位方法、狼籍的名聲、缺乏效果的廣告、或不符合時宜的服務與產品；由於銷售促銷可以產生快速、正面的結果，使得這些長期性的問題隱而不見。各種促銷活動不僅能夠迅速導入市場，而且只要管理階層一聲令下就可以立刻執行。當銷售量隨著各種促銷方案擴張時，經理人員見到的是短期的一片榮景。如果每一項銷售促銷以接踵而至的方式、密集連續地推出時，管理階層甚且還會對存在的各項嚴重問題一無所悉。等到他們發現實際情況想要修正或彌補時，很可能為時已晚。

在運用銷售促銷之技巧─尤其是折扣優惠券時，有許多人甚至還不清楚這種方法是一種價格競爭。當競爭以價格做為基礎時，通常都會惡化並變質成「價格戰爭」；當這種情況出現時，則無所謂的贏家，反而會造成顧客永遠都在期待更低價格的推出。它會腐蝕顧客對

於特定公司與品牌的忠誠度，鼓勵顧客成爲廉價品的追求者。

　　然而，銷售促銷與展售的最適切角色究竟是什麼呢？最簡單的答案是：它們應該以發揮主要長處（第十四章已列舉說明）的方式來運用，尤其在配合短期目標方面。另一方面，銷售促銷不應該被用來建立對公司或品牌的長期忠誠度。

　　由於並非所有的銷售促銷都相同，因此上述的這些必然也有例外情況。通常折扣優惠券與價格折扣並無法改變顧客對於某家公司或其「品牌」的基本態度；它們無法激勵顧客長期使用。然而，提供顧客免費的樣品（例如：免費試吃新推出的菜色或試飲新酒，免費「升等」試用某種新的服務水準）則有可能改變他們的態度，而且他們最後可能變成具有忠誠度、長期性的顧客。

　　銷售促銷與展售應該以「有必要才爲之」、非連續性的方式來使用。就這方面，不同於廣告、人員銷售、以及公共關係；因爲後者需要連續性、長期性的使用。它們應該以間歇或週期性的方式導入市場，以迎合下列所述的短期目標：

1 · 讓顧客嘗試一種新的服務或菜色

　　當餐飲旅館與旅遊業者推出各種新的服務時，這經常是他們訴求的一項目標。英國航空公司贈送免費的「男女兩用」睡衣給搭乘頭等艙的乘客，做爲嘗試該公司在橫跨大西洋、於飛機上過夜之航程的新型頭等艙服務的獎勵之一。肯德基炸雞則利用配套價格、廣告、以及營業場所內的促銷，以美金十四元九毛九的家庭號「超值套餐」價格，來促銷它的上校烘烤雞塊。羅馬貴族披薩（Noble Roman，s Pizza）則利用獨立式傳單（夾報，FSI）所附的折扣優惠券，來促銷新產品「披薩炸彈」；參見圖 16-1。

圖 16-1：羅馬貴族披薩利用折扣優惠券來促銷它的新產品「披薩炸彈」。

2‧提高淡季的銷售量

這是銷售促銷的第二項主要任務，而且也經常被餐飲旅館與旅遊業運用。於 1980 年四月，聯合航空面臨傳統的低載客量期間，因而推出一項名為「起飛」（Take-off）的遊戲比賽（這是一種利用刮刮樂彩券的比賽遊戲）。該公司依據來函要求，總共寄出四百萬張的刮刮樂彩券；其中有一萬五千個機會，可獲得在 1980 年六月一日至十二月十五日這段期間內的免費行程。聯合航空在這項促銷中共花費兩百五十萬美元，且獲得相當顯著的成效。贏得免費行程（只提供一人而已）的這些人，有許多是攜家帶眷、或與朋友們結伴而行。

3 · 在與各種重要事件、假期、或特殊場合一致的期間內，提高銷售量

每一年都有許多重要事件與渡假期間，可讓業者運用各種創意性的銷售促銷及促銷活動，將銷售量提高到遠超出於平常的水準之上。以耶誕假期為例；各家商店在這段期間內為了爭取顧客的消費而挖空心思推出各種特別活動。速食餐廳在某些特定的季節與假日裡，尤其是聖誕節，也會更密集地推出各種銷售促銷活動。速食業者開始將其銷售促銷與各種新上映的兒童電影或適於闔家觀賞的電影做一整合，也逐漸成為一項新的趨勢。舉例來說，麥當勞與派拉蒙電影公司便於 1993 年簽訂一項合作計畫，來配合「小鬼當家第二集」與「亞當的家庭價值觀」這兩部影片的發行。在這項耗資一億美金的聯合促銷活動中，前往麥當勞消費的顧客只要購買任何一種大型的漢堡，就能夠以美金五塊九毛九的低廉價格，在小鬼當家、亞當的家庭、魔鬼（*Ghost*）、或是夏洛特之網這幾部片子中，任意挑選購買。這項合作式的廣告與銷售促銷計畫，選擇時機是與感恩節及聖誕節這兩個假期相互配合。

有時候，重要的運動比賽、新影片的上映、或公司的週年慶等，也都是適當的場合或時機。例如夏季或多季奧運會、世界杯足球賽、世界杯橄欖球賽、世界杯棒球賽之類的大規模運動比賽，則通常都會與銷售促銷相互連結。「在非洲的一位好人」（A Good Man in Africa）這部影片於 1994 年底上演之前，就由葛蘭默西影業公司與旅遊頻道在網際網路上推出一項創新的抽獎促銷活動。此外，包括美國非洲航空公司、非洲旅遊公司、以及日本五十鈴在內的業者，也提供互動式網路（Interactive Connection）的使用者只要「填寫」一份線上的地址，就有機會贏得一部五十鈴的吉普車，或五種非洲狩獵之旅的一項行程。

4．激勵旅遊中介者致力於銷售各種服務

各種**交易促銷**經常以此為目標。航空公司、汽車出租業者、遊輪公司、以及其它企業，都會提供額外的佣金點數、免費行程、以及其它獎品給旅行社－只要他們能夠提供業務或客戶「引線」給促銷活動的出資者。第十三與第十四章提到美國運通與國泰航空的抽獎活動，以及希爾頓的「金質紅蘿蔔」贈品（參見圖 13-5）。此外，各位也知道所謂的「優先供應者」關係，這是一種提供旅行社額外的佣金比率、以爭取客戶生意的作法。

5．幫助業務人員爭取潛在顧客的生意

銷售促銷可以用來幫助業務人員「完成銷售」。一般而言，公司會以親自交遞或郵寄方式，提供潛在顧客各種「贈品」項目。這種作法通常也被歸類為一種「公司特製品廣告」（即附有公司名稱的各種物品）。

6．幫助中介者進行銷售

運輸業者、供應者、與目的地行銷組織，都會提供旅行社各式各樣的促銷資料，以幫助他們推銷這些服務。這些資料包括簡介小冊、海報、各種展示品、以及公司特製品廣告物品（例如原子筆、汽球、背袋等）。

規劃銷售促銷與展售

　　就像廣告一般，應該要準備一份書面的銷售促銷與展售計畫，並使成為行銷計畫的一部份。準備這份計畫的基本程序，與草擬廣告計畫的程序一樣。

規劃銷售促銷與展售時應遵循的各項步驟：
1. 決定銷售促銷與展售的目標。
2. 選擇利用組織內部的人員或代理商來進行。
3. 確定暫時性的銷售促銷與展售預算。
4. 考慮使用合作式的銷售促銷。
5. 選擇銷售促銷與展售的方法。
6. 選擇銷售促銷使用的媒介。
7. 決定銷售促銷及促銷的時機。
8. 對銷售促銷與展售進行事前測試。
9. 擬定銷售促銷與展售的最後計畫及預算。
10. 測定及評估銷售促銷與展售的成效。

決定銷售促銷與展售的目標

　　所有的銷售促銷與展售活動，都應該以一項或多項明確的目標做為基礎。與廣告目標相較之下，這類目標通常都是更為短期性。銷售促銷及促銷也必須遵循所有行銷目標的四項基本原則；第八章中已對這些原則做過探討。一般而言，銷售促銷與展售的目標都屬於以說服為訴求。它們係藉由下列方式來誘發短期銷售：

1. 說服新的顧客去嘗試各種服務與設施,或說服更多的旅遊業中介者去推薦這些服務與設施。
2. 激勵現有的顧客及旅遊業者更頻繁地使用這些服務與設施。

因此,一項「活動」內的廣告、銷售促銷、促銷、以及人員銷售之目標,通常都是彼此緊密整合的。換句話說,銷售促銷與展售目標很少會是以無中生有的方式設定;它們應該與較長期性的廣告目標或人員銷售目標產生密切的關連性。

選擇利用組織內部的人員或代理商來進行

組織必須在下列兩種選擇中做一決定:究竟是運用組織內部的人員來產生這些銷售促銷與展售的資料,或利用外界的公司來發展這些資料。大部份中大型的企業,都會選擇與廣告代理商或其它促銷專業人員簽訂合約。至於這兩種方式的優缺點,與廣告中提過的優缺點完全相同。

確定暫時性的銷售促銷與展售預算

我們也應該由整體的暫時性促銷預算中,提撥一筆大略的分配金額給銷售促銷與展售使用。這筆金額是用來選擇及設計銷售促銷與展售活動的依歸。當掌握到這些活動的實際成本後,就可以對這筆暫時性的預算進行重新分配。

考慮使用合作式的銷售促銷

　　餐飲旅館與旅遊業存在著許多合作式銷售促銷的機會，就如同廣告的促銷也存在著許多合作機會一般。舉例來說，以熟悉爲訴求的考察行程（"fam" trips），便是提供給旅行社及旅遊批發商的各種免費、或價格極低的旅遊行程，以激勵他們推荐或使用出資組織提供的各項服務。一般來說，這類行程的成本是由供應者、運輸業者、以及目的地行銷團體共同分攤。

　　與不屬於餐飲旅館及觀光旅遊業的公司展開交互促銷的活動，也是可行的方法。在本章前文中，各位已知道由麥當勞與派拉蒙電影公司採取的聯合促銷活動。另一個實例，則是由必勝客與卡通書籍出版商非凡娛樂集團（Marvel Entertainment Group）聯手推出的合作促銷方案。在這項以美金 470 萬元做爲後盾的廣告活動中，其銷售促銷包含由必勝客推出的四種特別產品，以及最暢銷的卡通連載漫畫－「X人（X-Men）」。鎖定三至十一歲的兒童爲目標，這項聯合促銷的目標是激勵他們在 1993 年爲期八週的某段期間（平均每兩個星期就會出版一冊新漫畫），重覆前往必勝客消費。

選擇銷售促銷與展售的方法

　　接下來要考慮的問題是：在完成這些目標時，哪一種銷售促銷或促銷的方法最有效。可供選用的方法相當多。雖然並非完全一致，但選擇銷售促銷與展售的最適當方法，與選擇廣告使用的最佳訊息格式，原則是大同小異。

　　大部份的餐飲旅館與旅遊組織，都會同時使用針對消費者與業者的銷售促銷。某些銷售促銷計畫與資料是直接針對顧客，而其它的一些則以旅遊業中介者爲訴求對象。交易促銷通常也稱爲「推動策略」

（push strategy），它是指藉由向中介者實施促銷、再由中介者轉爲向顧客實施促銷，來達到「推動」銷售量的目標。而「拉動策略」（pull strategy）是以顧客爲促銷目標，再藉由他們的需求以「拉動出」配送管道中的服務及產品。在餐飲旅館與旅遊業，大部份的業者似乎都青睞「推動策略」，主要原因是：與潛在顧客相較，旅遊業中介者數量上要少許多。在某些情況下，例如餐廳業者，由於並未使用到中介者，而使得這種「推動策略」並不適切。在結束這項主題的討論之前，必須瞭解一點：這並不是單純的「二選一」。組織很可能會運用到某種由交易促銷（即「推動策略」）與消費者促銷（即「拉動策略」）構成的組合。

餐飲旅館與旅遊組織，會利用各種促銷活動來強化人員銷售的效果。這種方式歸類爲「人員」（sales-force）促銷。

另一種可用來區分各種使用方法的途徑，則是「嘗試」（trial）與「使用」（usage）的促銷。舉例來說，讓新顧客嘗試一項服務或產品，各種折扣優惠券與免費樣品都是相當有效的作法。另一方面，要誘使現有的顧客或旅遊業中介者更頻繁地使用各種服務時，則競賽與抽獎活動就不失爲良好的方式。同樣地，組織也可能使用由「嘗試」與「使用」之促銷構成的組合。

銷售促銷與展售的方法，可以區分爲兩大類：（1）**特別的傳播方法**，以及（2）**特別的提供物**。第一類方法，可以讓促銷者對潛在顧客及旅遊業中介者進行傳播時，有額外的選擇。

所謂「特別的提供物」是指提供給顧客、旅遊業中介者、以及業務人員各種短期的誘因。通常，當顧客與中介者要使用這些特別的提供物時，都必須做出購買或預訂的行爲。若非如此，至少要採取某些明確的行動（例如填寫並寄回一份完整的抽獎券）。這些提供物包括：價格折扣、贈品、免費的行程與餐飲、以及提供給中介者及業務人員的額外佣金等。

1 · 特別的傳播方法

　　a．**公司特製品廣告**　公司特製品廣告指提供給潛在顧客或旅遊業中介者的免費物品。這些物品上通常都會顯示廣告客戶的名稱、企業標誌、或廣告訊息；而且一般都是屬於辦公用品，不然就是與眾不同的各種贈品。這些物品包括：原子筆、鉛筆、帽子、玻璃杯、鎮紙、紙盒裝火柴、文具用品、煙灰缸、鑰匙圈、背袋、汽球、Ｔ恤衫、以及其它五花八門的物品。我們在許多旅館客房內見到的客人用盥洗用品（例如香皂、洗髮精、牙膏、針線包、浴帽等），也是屬於這類的廣告品；至於某些航空公司免費提供給乘客的「隨身盥洗包」，同樣可歸屬這類物品。最有效的特製品廣告物，應該符合下列四項標準：

1. 依據特定的目標市場或旅遊業中介者之需求，而且這些物品必須要能夠吸引這些人、或對他們有實際的用處。
2. 必須以特定的促銷目標為基礎。
3. 必須與其它促銷組合要素有密切的關連。
4. 在設計上必須充滿創意，並能讓接受者長期使用、或具有長期性的價值。

　　由希爾頓旅館推出的一項創新促銷活動，就足以例示特製品廣告物如何能完全符合這四項標準。於 1986 年，希爾頓運用一項由銷售促銷、廣告、以及人員銷售構成的組合，來提高獎勵旅遊方面的銷售量。該公司在獎勵旅遊計畫者與會議／集會計畫者經常閱讀的各種業界雜誌中刊登廣告，使用的標題為「讓你使用希爾頓來做為規劃獎勵計畫的一項小誘因」；這項廣告鼓勵那些有興趣的對象們，只要將一份優惠券寄回希爾頓的獎勵銷售部門，便可收到一個內含鍍 23 K 黃金紅蘿蔔的紙鎮。這項計畫有特定的目標市場（即獎勵旅遊行程計畫者），有特定的促銷目

標（即發展銷售引線資料），與其它促銷組合要素有密切關連（即廣告及人員銷售），在設計上極具創意（紅蘿蔔），而且可以被接受者在辦公室內長期使用。這個紙鎮同時將該公司的整體定位聲明傳送出去－即「美國的企業象徵」；參見圖 13-5。

使用上極具彈性也是這類公司特製品廣告物品的諸多優點之一。它們可以提供給潛在顧客、或旅遊業中介者、或組織內的業務人員。它們可以在交易及旅遊展覽會場中發送出去，也可以透過郵寄、或業務人員在實地拜訪時發送出去。

ｂ．**免費樣品**　免費樣品是指為了激勵銷售量而贈送出去的各種免費物品，或以某種方式安排人們嘗試一項服務之部份或全部的一種方法。這種作法對於產品的製造商而言更容易實施，因為他們必須推銷的是可觸知、而且能夠以郵寄或親自遞送方式提供的物品。大部份的餐飲旅館與旅遊服務，都是不可觸知的。因此，當然也無法以郵寄或親自遞送的方式提供。要讓它們有機會獲得測試，則必須在免費、或「不加收額外費用」的基礎下，邀請顧客或旅遊業中介者來嘗試這些服務。

這個行業唯一的例外，是提供食物與飲料的各種營業場所。餐廳、酒吧、以及休憩中心等，在遵守特定的法律限制下，都可以提供顧客各種菜色或飲料的免費樣品；參見圖 16-2。一般而言，這種作法都是在推出某種新項目、或為了提高在用餐期間的銷售量、或為了刺激某些食品或飲料（例如早餐、點心、開胃菜、酒類、調和式雞尾酒等）的銷售量時採用的。

由旅行社提供的以熟悉為訴求的考察行程，則是免費樣品的第二種絕佳實例。至於「免費升等」，則是另一種免費樣品的技巧；指由某家航空公司、汽車出租業者、或旅館業者，允許旅客們享受到更高水準之服務的作法。

圖 16-2：Chick-fil-A 有效地運用免費樣品來吸引顧客光臨其餐廳。

　　c．**交易展覽與旅遊展覽**　許多餐飲旅館與旅遊組織，都會在各種旅遊的交易展覽、博覽會、或集會中參加展示；參見圖 16-3。此時，這個行業的所有業者（例如供應者、運輸業者、中介者、以及目的地行銷組織）都會聚集在一起。北美洲每年舉行的主要展覽包括：

- 全國旅遊公會的「觀光與旅遊展」（Tour & Travel Exchange）。
- 美國巴士公會的「商展」。
- 美國旅遊經營者協會的「年度會議與旅遊市集」（Annual Conference & Travel Mart）。
- 美國旅行社協會的「全球旅遊會議」（World Travel Congress）。
- 獎勵旅遊與會議主管人員展覽。

圖 16-3：旅遊／交易
展覽的實例之一。

傑出案例

銷售促銷：Chick-fil-A

各位是否知道，創先推出無骨雞胸肉三明治與雞塊的，究竟是哪一家公司呢？大部份的人或許都會回答是「麥當勞」；但正確的答案卻是以亞特蘭大為根據地的連鎖速食企業－Chick-fil-A。該公司的總裁與創始者－S. Truett Cathy，於 1946 年在亞特蘭大的郊區成立「侏儒屋餐廳」（Dwarf House Restaurant），並於 1967 年在亞特蘭大的大型購物中心內成立 Chick-fil-A 的第一處營業據點。到了 1988 年，成長為在全美國 31 州擁有 365 家餐廳的連鎖企業，並且在專精於雞類產品的

連鎖企業中排名前五大。

　　Chick-fil-A 將它的成功歸因下列三項要素：（1）與旗下的餐廳經營者之間保有一種獨特的企業關係；（2）對產品品質所做的保証；以及（3）營造一種足以吸引並保有顧客之商業氣氛。

　　它最引人注目的特色之一，是星期日不營業。但是，該公司在發展上最與眾不同的特點，或許是它如何建構新開幕之營業場所。只需要美金五千元，經營者就可以在該公司餐廳內設立屬於他們的加盟店；若在購物中心，他們可以向母公司承租所需營業場所。他們提撥毛銷售額的 15％、以及營運利潤的 50％給 Chick-fil-A，做為回饋此項承租與其它由總公司提供的服務。Chick-fil-A 採行的策略，有一部份是將重點置於在區域性大型購物中心內的發展，讓這些顧客成為其食品的一個「專屬」市場。到了最近，該公司開始致力於經營獨立型態之營業據點。

　　當任何一位經營者公佈的年度銷售額與前一年相較，如果有 40％ 的成長（或高容納量的餐廳中利潤達到美金 20 萬元），就可以享有在一年之內、免費使用八種福特汽車中任何一種的權利。更吸引人的是，如果下年度仍舊能夠維持這項業績，就可以獲得這部汽車的所有權。所有經營者與其配偶，也可享有一趟不需支付任何費用、前往某個豪華渡假中心參加該公司舉辦為期五天的年度業務討論會之招待行程。自 1973 年起，Chick-fil-A 提撥了超過一千萬美金的預算，設置每人金額為一千美元的獎學金，提供給那些在 Chick-fil-A 工作兩年以上、每週平均工時達二十小時、仍在各大專院校就讀的工讀生。

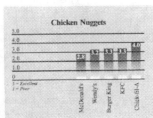
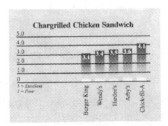

該企業之所以能夠有如此傑出的成就，另一項原因是使用的銷售促銷方案，在速食業可說最積極、而且別具特色。與速食業的領導者將重點完全置於全國性廣告活動不同，Chick-fil-A 將主要的促銷活動置於地方性市場。在它採用的銷售促銷方案中，最成功的兩種便是免費樣品、以及「貴賓卡」的運用。Chick-fil-A 藉著在這些大型購物中心裡提供免費試吃樣品，來刺激這些購物者的味蕾。在嚐試過這些樣品的人們，有相當高的比例會直接前往、或下次購物時光臨其餐廳去購買雞堡三明治與其它產品。至於「貴賓卡」，則是第十六章討論的禮品兌換券的例子。這些都是店舖經營者與公司主管們免費提供的贈品，以誘發接獲此卡者能去嚐試他們的雞肉三明治。當這些客人們試吃過之後，公司希望他們能夠再度光臨、並向其他人做正面的推薦。

　　Chick-fil-A 的獨特管理與促銷方法，造成的結果不只是銷售量與營業據點的快速成長而已。根據各項獨立的調查顯示，該公司的各種雞肉產品在同業的競爭中也深受青睞。在一項由「餐廳與公共團體」雜誌進行的「全美最佳連鎖業消費者滿意度調查」中，Chick-fil-A 在過去的六年內，有四次被評等為全國最佳的雞肉連鎖業者。Chick-fil-A 的獨特風味，是歸功於該公司的「秘方」調味配料，以及在油炸時使用花生油。透過免費樣品及免費試用券的廣泛運用，Chick-fil-A 得以確定潛在顧客都能夠有機會親自嚐試該公司風味獨特、廣受歡迎的各種產品。

　　問題討論：

　　a. 在販售雞肉產品的餐廳中，Chick-fil-A 的地點策略與銷售促銷計畫，與最相近的競爭者之間有哪些相異處？

　　b. 對 Chick-fil-A 而言，免費樣品是一種極成功的銷售促銷方法。其它餐飲旅館與旅遊組織，可以如何運用免費樣品來提昇他們的業務量？

　　c. 與特別的提供物相較之下，特別的傳播方法在創造更高的業務量方面是否會更有效？就這方面來說，這個案例帶給

- 平價集會博覽會與會議（Affordable Meetings Exposition & Conference）。
- 美國公會主管協會的「年度集會與博覽會」（Annual Meeting and Expo-sition）。
- 加拿大蘭迪佛斯展覽。
- 美國巴士擁有人聯合組織「巴士博覽會」（Bus Expo）。
- 全國商務旅行公會的「年度會議」（Annual Convention）。
- 零售旅行社公會的「年度遊輪行程會議」（Annual Cruise Conference）。

　　國際間的各種主要旅遊展覽包括：在倫敦舉行的全球旅遊市集（World Travel Market），在德國柏林舉行的 ITB，在義大利米蘭所舉行的 BIT，以及其它許多活動。

　　在一場交易展覽會進行展示，與建構一個「小型促銷組合」（minipromotional mix）並無不同。某些參展者會發送各種直接郵寄的資料（即廣告）給中介者，邀請他們參觀其攤位。攤位中展示著（即展售）許多相當吸引人之服務的簡介，而這些展示內容也可能與最近才推出的廣告活動有密切的關連。攤位上「工作」的業務人員會發送各種簡介、以及其它「附屬品」，並會嘗試開發相關的銷售引線資料（即人員銷售）。他們或許也會發送各種公司特製品廣告物（即銷售促銷）。當交易展覽結束之後，參展者通常都會以個人式的郵件（即直接郵寄的廣告）、電話、或親自前往拜訪等方式來進行追蹤。

　　這些交易展覽的費用相當昂貴，因為牽涉到出差旅行成本、登記費用、展示佈置費用、以及其它各項成本。雖然如此，卻能

夠提供所有參展者一群高度區隔化的目標受訊者,以及一種有效的途徑來取代直接對數以千計的潛在顧客進行業務拜訪。

在各主要城市與整個北美洲,也有許多私人舉辦的交易展覽;亨利・戴維斯交易博覽會(Henry Davis Trade shows)便是此類例子。此外,所有的餐飲旅館與旅遊組織,也都能在無以數計的消費者旅遊展、休閒娛樂展、以及體育活動展中進行展示。在這些場合,是直接對顧客進行促銷,而不是以中介者為對象。這種場合的規模,可以是大型購物中心舉辦的小型「展覽會」,以至於由私人機構舉辦、擁有數千家參展者的大型體育及休閒展。

d.購買點的展示與其它的促銷材料　展示促銷在這個行業有其重要性,並由於這種促銷方法用於購買點產生的效果最高,因此也經常簡稱為「購買點」(P-O-P;point-of-purchase)的廣告。我們能夠利用的展示物品與表面配置,種類不勝枚舉。在食品與飲料業,菜單、茗酒與飲料的名單、以及直立式桌上型菜卡等,都是主要的工具;參見圖 16-4。某些餐廳與酒吧,也會在建築物外部懸掛各式旗幟、或運用能夠經常更換的招牌,來傳播各種特別的促銷方案;參見圖 16-5。有些餐廳則發送「迷你型菜單」、或在入口處張貼完整菜單。簡介小冊、海報、以及窗戶上與直立式的展示物,是零售旅行社普遍使用的方法。至於旅館業者使用的促銷方法就更為廣泛了,包括在客房內提供的各種目錄,客房服務的菜單、電梯間與大廳中的展示物,以及各種簡介小冊等。

e.購買點的實地示範　由於服務無法觸知,進行實地示範時會顯得困難重重;但這種示範對於具體產品而言,就容易多了。例如業務人員實地示範吸塵器的清潔功能、或果菜切割器的鋒利特色。那麼,該如何以可觸知的方式,來對這些看似無法觸知的事物進行實地示範呢?越來越多的旅行社使用的方法,是在

營業場所內的電視上播放各種旅遊促銷的錄影帶。其它類似的可行作法，包括實地示範烹調方法、或在餐廳與酒吧中實地調製各種雞尾酒；參見圖 16-6。

圖 16-4：菜單是餐廳最主要的展售工具。

圖 16-5：溫蒂食品運用充滿吸引力的購買點展售。

圖 16-6：Cinnabon 的麵包製作
實地示範，讓人們食指大動。

  f．**指導性的討論會與訓練計畫** 餐飲旅館與旅遊業在這
類型的銷售促銷上投入相當龐大的金額，藉以告知及指導旅遊業
中介者。各家航空公司、遊輪公司、旅遊批發商、以及目的地行
銷團體，都經常出資贊助這類針對旅行社舉辦的討論會、研習會、
招待會、以及訓練計畫。主要目的是為了傳送更詳盡的資訊、並
幫助旅行社將這些服務銷售給客人。就像各種交易展覽一般，這
些活動通常都在全國各地舉辦，因此費用也相當昂貴；但它們也
能夠提供給所有贊助者－群高度目標化、並極具影響力的受訊
者。這類計畫的傑出實例，是由北歐各國在美國境內舉辦的一系
列討論會。

  由北歐觀光旅遊局負責籌劃，並獲得北歐航空、芬蘭航空、
以及冰島航空共同贊助，這一系列由北歐旅行社註冊局所舉辦的

討論會，以免費方式讓所有旅行社自由參加。參加這項討論會的
旅行社，可以獲得關於北歐五國的資訊及銷售協助；參見圖 16-
7。

圖 16-7：參加一系列由北歐
旅行社註冊局舉辦的討論會
之後，旅行社也成了北歐各
國更稱職的銷售代理商。

　　g．**提供給業務人員的視覺輔助材料**　餐飲旅館與旅遊
服務的不可觸知性，也為那些進行「實地拜訪」的業務人員造成
一種困擾。他們無法於潛在顧客的工作地點實地展示這些服務。
這時，讓潛在顧客對組織提供之各種服務的品質與多樣化有所瞭
解，視覺上的輔助材料便扮演一種關鍵性的角色。可供使用的材
料包括：內裝各式照片的三環式卷宗夾，幻燈片，錄影帶，直立
式展示架，高空鳥瞰圖，以及其它各種資料。

2．特別的提供物
這是為了讓人們以某種特定方式付諸行動－通常就是購買行為－

而提供的各種短期誘因。這些提供物通常都會與某項媒體廣告活動有關，而且需要購買點促銷活動的支持。

a．折扣優惠券 折扣優惠券是最常見的銷售促銷方法之一，在餐飲旅館與旅遊業已廣泛使用，尤其是餐飲業。各位或許會對下列這項事實深感興趣：它們也是最受到錯誤使用的一種方式。「折扣優惠券」是指賦予顧客或中介者對券上所載之產品或服務，可享有某種價格折扣的權利。讓人們嘗試各種服務或產品，折扣優惠券是僅次於免費樣品的第二種最佳工具。

居住於北美洲的人，必定深深感受到各種折扣優惠券的泛濫情況。它們在郵件中、報紙上、雜誌內、佈告板中，甚至於披薩包裝上都隨處可見。根據 NCH 促銷服務公司所做的調查顯示，1993 年在全美國發送的各式折扣優惠券，數量竟然高達 2958 億份。與 1983 年的數字相較，足足高出了 88%。而顧客使用的折扣優惠券則有 68 億份，價值約為美金 40 億元（平均面值為美金五毛九分五）。每年至少會兌現一張折扣優惠券的家庭，在全美國家庭總數佔的比例相當高；根據一項 1992 年所做的調查顯示，這個比例大約為 99%。在創造嘗試使用方面，折扣優惠券的效果僅次於免費樣品；這是因為大約 15%至 20%人會在接受免費樣品後採取購買行動。

稍後將提到，折扣優惠券贖回率（即所有折扣優惠券被顧客使用的百分比）依何種方式發送而不同。餐飲旅館與旅遊業使用的折扣優惠券在發展與配送上都是直接以顧客為對象，並不透過旅遊業中介者。配送折扣優惠券共有四種主要的方法：

1. 直接對顧客配送（郵寄或挨家挨戶投遞）。
2. 媒體配送（透過報紙、雜誌、週日增刊版）。
3. 隨商品配送（置於產品包裝之內或外）。
4. 特殊配送（附於發票、或自動提款機收據背後的折扣優惠券，以及其它別出心裁的方法）。

折扣優惠券爲何會顯現如此的成長與普及？可分爲兩方面來說明。首先，顧客對於價格，已出現前所未有的關切；折扣優惠券藉由價格降低的形式提供價值。第二個原因是：競爭日益激烈，單靠廣告通常無法提供足夠的競爭優勢。就滿足下列三項促銷目標而言，折扣優惠券是最有助益的一種方式：

1. 激勵顧客嘗試各種新推出的服務。
2. 創造暫時性的銷售額。
3. 增加媒體廣告的刺激性與吸引力。

其它的價格折扣促銷方案大部份都可以在這三項目標上發揮不錯的成效。此外，專家們也建議使用折扣優惠券來與其它競爭者之促銷活動相抗衡。當然，從長期的觀點來看，這絕不是一種值得推荐的方式；但是，它的確可以減低競爭者在廣告與銷售促銷上的成功機會，並讓顧客流向自己。在餐飲旅館這個行業，這種方法已導致許多「相互模仿」的促銷活動在不同的領域中出現。時至今日，幾乎所有全國性航空公司都有各種飛行常客計畫，大部份的主要旅館業者也都有住宿常客的獎勵計畫，幾乎每一家披薩連鎖店都會發送各種折扣優惠券，而且所有大型的漢堡連鎖店也都會定期推出各種贈品。各種競爭的壓力，似乎已迫使所有業者不得不長期間使用這些方法；但這些計畫究竟能否爲這些業者或整個業界帶來長期利益，目前仍是個未知數。換言之，這些公司如果不使用這些方法，或許財務上反而更豐裕；但由於競爭者不斷推出各種計畫，而使所有業者被迫繼續維持下去。

折扣優惠券能夠以許多不同的型態爲之；參見圖 16-8。舉例來說，餐飲業者使用的折扣優惠券，至少有十四種不同的形式變化：

圖 16-8：六旗美國世界主題樂園使用的「買一送一」方式。

1. 以折扣價格提供組合套餐。

2. 多種產品合購時的折扣。

3. 買一送一。

4. 針對特定尺寸的產品提供折扣。

5. 以小份的價格即可購買大份的產品。

6. 某項單一產品的折扣。

7. 達到特定購買數量時的折扣。

8. 提供給年長者與學生的折扣。

9. 購買某項產品時免費贈送另一項產品。

10. 兒童免費用餐。

11. 免費贈送的產品。

12. 提供早起用餐者的折扣。

13. 預訂時間的折扣優惠券。

14. 隨貨附送的折扣優惠券。

　　以上這些形式中，有些還需要進一步說明。所謂「預訂時間」的折扣優惠券，是指在某段期間內的特定日期、特定週數、或特定月份內才能夠使用的折扣優惠券。Taco Bell 在推出的「九月再見」（See You in September）這項活動中，使用的就是這種方法。這項由戳記與折扣優惠券組成的計畫，在九月份的四個星期中，以折扣價格提供許多不同的菜色。

　　至於「隨貨附送」的折扣優惠券，則是企圖讓顧客能夠再次光臨的一種提供物。提供給顧客時，可以使用黏貼、裝訂、或置於包裝內的方式。達美樂披薩便使用這種方式，把隨貨附送的折扣優惠券黏貼於披薩的包裝外盒上；參見圖 16-9。

圖 16-9：達美樂利用披薩的包裝外盒來發送「隨貨附送」的折扣優惠券。

爲了要達到最大的效果，折扣優惠券應該符合多項原則，包括：

1. 能夠支持更大規模的廣告與銷售促銷計畫。
2. 運用能夠產生最高贖回率的配送方法。
3. 擁有一個或多個明確的目標市場。
4. 對於折扣優惠券的兌現者與未兌現者，都能造成影響。
5. 有一個明確的截止日期。
6. 使用前應事先測試。

　　b．價格折扣　**價格折扣**指單純在價格上的降低。這些折扣通常都只侷限特定的服務（例如菜色、飛航路線、遊輪行程），目標市場（例如商務旅行者、銀髮族、兒童），地理區域，或期間。它們是由促銷活動所支持的一種價格降低形式。由於各種價格折扣幾乎可以立即推出市場，使得在業界相當盛行。

　　很不幸地，價格折扣也會很快就演變爲「價格戰」；也就是說，每一家競爭者都會根據其它競爭對手推出的價格來削價，不斷地推出市場上的最低價格。這種情況除了最常發生在地方性的加油站外，各航空公司之間也屢見不鮮。價格折扣在使用時不應該單獨爲之，應該做爲一項經過審慎規劃之活動的部份促銷要素。推出各種新的服務，以及經過一段較長時間後、再於某段短期間內使用時，它們都可發揮最佳的效果。

　　c．獎品　「**獎品**」是指在購買各種服務或產品時，以某種較低價格或免費方式提供的商品項目。它們與公司特製品廣告有所不同，因爲它們需要在盡到某種明確的購買義務後才可以享受的。獎品的種類相當繁多，包括成本價促銷品（是指爲了彌補贊助者支出的成本、而以某種價格出售的商品）、以及免費的獎品（可透過郵寄，置於包裝內的方式爲之）。

　　要使獎品發揮最顯著的成效，就應該在多種項目的購買、

或多次的購買之後再提供；換句話說，它們應該是一種「經常性」或「連續性」的促銷方法。顧客必須光臨同一家公司一次以上，收集到必要的「點數」、或提供已購買多次的証明後，才可享有這項權利。與獎品有關的另一項準則是必須與出資者的形象（即定位）及目標市場相互一致。這點和第二章討論的「証據」概念不謀而合。一種廉價而品質低劣、於使用數分鐘後即四分五裂的玩具，與大部份速食餐廳所訴求的高品質意象是不搭調的。相反地，那些經濟實惠導向的組織，使用上等品質的獎品來促銷，似乎有些格格不入。

獎品也應該視爲用來傳播定位、以及和目標市場產生關連的另一種途徑。使用兒童玩具做爲獎品，與連鎖速食業者吸引及倚賴兒童的定位相互一致。總言之，獎品必須具有下列特質：適當的品質與耐久性，能引人興趣。並且讓特定顧客群產生高度的認知價值。

d．競賽、抽獎、與遊戲 幾乎所有的人，對於贏得獎品與遊戲都深感興趣；參加各種競賽、抽獎、或遊戲，的確讓人感到刺激而興奮。它可以提昇人們對某項主題、產品、或服務的興趣。**競賽**係屬於銷售促銷的方法之一，是指參加者表現出要求的技能，以贏得獎項。**抽獎**也是銷售促銷的方法之一，它是指參加者提供姓名與地址，然後再依據機率、不需要任何技能而選出獲勝者。至於**遊戲比賽**是與抽獎相當類似的銷售促銷活動，但會使用到各種比賽「道具」，例如刮刮樂的彩券等。

各種競賽、抽獎、以及遊戲的運用，可增加廣告的可讀性。在傳播各種關鍵的利益、獨特的賣點（USPs；unique selling points）、以及其它的資訊方面，這些方法都可以發揮相當的助益。而在提振知名度與提醒人們關於廣告客戶的各種服務上，也可以有極佳的表現。業者可以把這些競賽、抽獎、以及遊戲的對象，集中在顧客、旅遊業中介者、或業務人員身上。

抽獎與遊戲比賽有多種形式，包括：

1．**抽獎**：

- 直接（參加者以郵寄或親自交付的方式提供姓名與地址，然後再以隨機方式抽出得獎人）。

- 限定資格：（1）有計畫的學習－參加者必須先閱讀一份廣告訊息，然後再回答特定的問題；以及（2）自行登錄的折扣優惠券－參加者需填寫折扣優惠券的資料欄。

2．**遊戲**：

- 配對中獎（參加者必須把遊戲的道具與另一道具配成一對）。

- 刮刮樂（參加者領取刮刮樂彩券後，再將其中某個特定區域刮除，以確定是否中獎）。

　　如何讓更多的旅行社閱讀你的廣告，強調出主要的推銷訊息，並且建立你要使用的旅行社名單呢？關於這點，前文中提過由國泰航空公司推出的抽獎活動，便是一個傑出的實例。國泰航空要求旅行社根據廣告中提供的資訊，來完成一份縱橫字謎。那些能夠完成字謎、並將兩個關鍵單字－國泰（Cathay Pacific）－確認出來的旅行社，還必須將答案郵寄到國泰航空的加州辦公室，以取得參加抽獎的資格。獎項包括：兩人同行、免費搭乘頭等艙前往香港的特獎，以及其它兩百五十項「神祕」獎品。這是把「有計畫的學習」這種抽獎技巧運用於交易促銷上的傑出實例。

　　e．**提供給旅遊業中介者的誘因**　旅遊業中介者可以成為供應者、運輸業者、以及目的地行銷團體強而有力的盟友。正因如此，他們也成了許多組織積極拉攏的對象，而且有時候也被提供各種「誘因」、以爭取他們的預約。

　　旅行社、會議／集會計畫者、以及團體旅遊經理人，是旅

遊業中介者中最受到廣泛重視的對象。各種優先供應者的關係、以及提供高於一般水準的佣金，已成為運輸業者與供應者為了從旅行社爭取更多業務時慣用的方法。會議／集會計畫者與團體旅遊經理人，通常也都擁有足夠的議價能力來迫使所有的供應者、運輸業者、以及目的地行銷組織為了爭取到他們的生意，而必須提供各種價格折扣或其它的「優惠條件」。

使用在交易促銷中的其它「誘因」形式包括：各種公司特製品廣告，以熟悉為訴求的考察行程，抽獎活動，以及指導性的討論會。

　　f．酬謝的計畫　酬謝計畫是指針對那些提供某種程度業務量的旅遊中介者、業務代表、或顧客，給與獎賞的一種銷售促銷方式。這可能與金錢有關，也可能以非金錢的方式為之。事實上，許多專家都認為非金錢的獎勵，通常反而會是一種更理想的激勵。換言之，運用例如免費旅遊、獎杯、錦標、匾額、或在知名雜誌期刊上公佈照片等方式，反而可以獲得更佳的效果。各種飛行常客計畫或住宿常客獎勵計畫，便是酬謝計畫之實例。假日旅館推出的「優先權俱樂部」（Priority Club），便是這類；它是該企業提供的一種住宿常客計畫，也是住宿業第一項此類型的計畫。自 1980 年代初期推出之後，這項計畫也經歷多次改變。於 1993 年，緊跟在 Marriott 旅館規劃的某項做法之後，假日旅館也開始提供「優先權俱樂部」的會員們下列酬謝內容：只要在任何假日旅館住宿一夜，就可以在三家美國航空公司（達美航空、西北航空、以及聯合航空）中，任選一家來累積飛行常客計畫的哩程數；參見圖 16-10。

圖 16-10：假日旅館對「優先權
俱樂部」進行修正，以提供會員
們飛行常客計畫的累積飛行哩
數。

　　g．連續性計畫　連續性計畫，是要求人們進行好幾次購
買的銷售促銷方式，有時候會持續一段頗長的時間。各種飛行常
客與住宿常客計畫，便屬於連續性的酬謝計畫。旅客們必須在某
家連鎖旅館中住宿過好幾次、或累積特定數量的飛行哩數，才能
夠獲得這些獎項。通常連續性計畫之目標無非是激勵更頻繁的購
買、或建立對某家公司或某種品牌的長期忠誠度。對於建立長期
性的業務而言，它們已被認為是最佳的銷售促銷方法之一。

　　連續性計畫並不是一種截然不同的技巧，事實上，它能夠
和前文中所述的任何一項銷售促銷方式共同使用。舉例來說，「連
續性獎品」要求顧客必須購買好幾次後，才能夠收集到「整套」
商品（例如一套包含四個玻璃杯的獎品，以每星期提供一個的方
式推出）。

　　近年來，各信用卡與電話公司也開始參與餐飲旅館與旅遊

業提供的連續性酬謝計畫。舉例來說，屬於西北航空之「環宇遨遊」（World Perks）飛行常客優惠計畫的會員，只要透過 MCI 打電話，便可累積飛行哩數。同樣地，美國航空之「優惠計畫」（AAdvantage）的會員們，只要使用花旗銀行發行的威士卡支付費用，也可以獲得額外的飛行哩數。除了本身是銷售促銷的一種之外，對於將餐飲旅館與旅遊服務和業界的其它各種服務共同導入市場，也是這類合作的絕佳實例。

　　　　h．禮品兌換券　禮品兌換券是指由廣告客戶選擇性免費發送，或出售給顧客供他們當做禮物再次轉送其他人的各種有價兌換券。兌換券可以激勵接受者嘗試這些服務，因此功能上和折扣優惠券相當類似。這種方法也經常被餐飲業者使用；參見圖 16-11。尤其在連鎖速食業更為明顯。

選擇銷售促銷所使用的配送媒介

　　再來要考慮的就是選擇的促銷方法要以何種管道配送。配送方法非常重要，因為會影響到在鎖定的目標群體中，究竟有多少比例的人會利用到這項銷售促銷。

　　折扣優惠券的贖回率便是一個實例。根據 NCH 促銷服務公司所做的調查顯示，1992 年在美國贖回的所有折扣優惠券中，有 63.5% 起初係以獨立傳單（FSIs；或稱「夾報」）的方式，隨著星期天發行的報紙發送出去；參見圖 16-12。這些折扣優惠券是以單獨存在的方式附隨在整份報紙中配送。第二種最普遍使用的管道是把折扣優惠券附隨在包裝內；在所有贖回的折扣優惠券中，這種方式約佔 19.2%。

圖 16-11：發送給餐廳顧客
的禮品兌換券。

配送媒介	1992 年在美國所有折扣優惠券被用到的百分比
印刷媒介	
獨立的傳單（FSIs；夾報）	63.5
直接郵寄	5.0
報紙	0.8
雜誌	1.2
銷售點的媒介	
附於包裝上	19.2
於店內發送	10.3
其它方式	0.1

圖 16-12：折扣優惠券的趨勢—美國 NCH 促銷服務公司

決定銷售促銷及展售的時機

　　銷售促銷與展售的各種計畫都傾向於短期性。它們通常用來「因應」業務不振的淡季，這似乎也是它們最有效的運用方式。但是，在時機方面事實上還可分為兩種不同的問題：（1）什麼時候才是使用銷售促銷的最佳時機？以及（2）它們在使用時應該以何種頻率為之？過度使用銷售促銷，不僅會讓企業的獲利大為降低，而且也會為組織帶來不利的形象。使用過於頻繁可能帶來的危險包括：

1. 它們或許可以導致增加暫時性的銷售量，但卻會使存在於行銷與促銷組合要素中的長期性問題隱而不宣。換另一種方式來說，它們是「只能治標，而無法治本」。

2. 本質上來說，以各種特別提供物（例如折扣優惠券與獎品）所進行的銷售促銷，屬於價格競爭的一種形式（第十九章中將會談到相關內容）。使用價格競爭，會有兩種基本問題：（1）其它競爭者極易倣效，以及（2）長期而言，會喪失影響力。

3. 各種銷售促銷都能夠迅速推出，而且也幾乎可以產生立即的成果。正因為如此，常常未考慮清楚對於其它促銷組合與行銷組合要素產生的影響就匆匆運用。

　　因此，最好把銷售促銷視為一種對廣告與人員銷售提供支持的工具。所以說，促銷的時機應該以廣告及人員銷售活動的時間表為依據。只有在行銷人員確信銷售促銷能夠幫助達成各項推銷與廣告目標時，才應該使用它們。

對銷售促銷與展售進行事前測試

同樣地，在推出各種銷售促銷與展售材料之前對它們進行事前測試，也是相當重要。我們應該使用第十五章所述，以及廣告所運用的行銷研究技巧來執行這項工作。

擬訂銷售促銷與展售的最後計畫及預算

在完成事前測試之後，就可以擬訂最後的銷售促銷計畫與預算。在計畫中，應該詳述各種銷售促銷的目標、研究結果、導出各項決策的相關假設、預算、以及實施時間表。然後，把詳細的成本與暫時性的預算做一比較，並做必要的修正。

測定及評估銷售促銷與展售的成效

由於銷售促銷的結果較立即可見，而且是短期性，因此，密切監督它們的成效顯得更為重要。應該使用包括事後測試在內的各種行銷研究技巧，來判定各種銷售促銷的目標是否達成。

本章摘要

銷售促銷是一項強而有力、但經常被誤用的促銷組合要素。它的強處在於能夠提昇幾乎立即可見的銷售量，這對於淡季期間特別有幫助。然而，過度使用銷售促銷卻會帶來各種嚴重的危險，包括顧客

忠誠度的腐蝕與獲利的降低。

　　銷售促銷應該審慎規劃，使能夠與廣告及人員銷售的活動一致、並發揮輔助的效果。對其它促銷組合要素來說，它應該扮演支持的角色；唯有如此，才能使銷售促銷的最大利益獲得實現。

問題複習

1. 本章如何定義「銷售促銷」與「展售」這兩個術語？
2. 在餐飲旅館與旅遊服務的行銷中，銷售促銷與展售扮演的六種角色分別為何？
3. 各種銷售促銷最好用來支持廣告與人員銷售。這是否為一項正確的陳述？請加以說明。
4. 「特別的傳播方法」與「特別的提供物」這兩種促銷方法，有哪些不同之處？
5. 哪些銷售促銷的方法，是餐飲旅館與旅遊的行銷人員能夠運用的？
6. 每一種銷售促銷方法的優缺點分別為何？
7. 在發展銷售促銷與展售計畫時，應該遵循的十項步驟分別為何？

本章研究課題

1. 在餐飲旅館與旅遊業中，選擇你最感興趣的部份。然後再花數星期或數月的時間，對這個領域內的五或六家領導者

使用的銷售促銷及促銷活動進行追蹤。蒐集他們使用的項目，例如折扣優惠券、獎品、以及競賽／抽獎／遊戲的資料。這些公司使用的方法是否相同？如果不是，又有哪些差異存在？在你選定的這些公司中，是否覺得有任何一家對於銷售促銷的使用太過頻繁？這些銷售促銷是否都和廣告及人員銷售有著密切的關連？你認為哪一家公司的銷售促銷計畫最有效？為什麼？

2. 你在某家旅行社、旅館或渡假中心、航空公司、遊輪公司、餐廳、或其它的餐飲旅館與旅遊組織中負責行銷規劃。傳統上屬於銷售淡季的某個期間即將到來，而你決定採用某種或數種銷售促銷活動來提振銷售量。你會選擇使用哪些方法？原因何在？當你在規劃、執行、以及評估這些活動時，你遵循的步驟有哪些？你要如何讓這些銷售促銷活動與廣告及人員銷售密切配合，以發揮最大的影響力？

3. 某家小型餐飲旅館與旅遊組織的老闆，正在考慮使用折扣優惠券來促銷，並且請你提供意見。關於折扣優惠券的各項優點及缺點，你會和他討論的內容有哪些？你會建議他使用哪種折扣優惠券？這些折扣優惠券應該在何時、以及如何使用？對於這些促銷方案的成效，你如何測定及評估？

4. 銷售促銷可區分為兩大類：（1）特別的傳播方法，以及（2）特別的提供物。請針對這兩種的優點與缺點，寫出一份摘要報告。對於一家以往從未使用過這些方法的餐飲旅館與旅遊組織，你會推荐哪種方法、以及哪些特定的技巧？你如何建議該組織使用這些方法與技巧，以發揮最大的效果？

第十七章

人員銷售與銷售管理

研讀本章後，你應能夠：

1. 定義人員銷售這個術語。
2. 說明人員銷售扮演的角色。
3. 列舉人員銷售的三種類別。
4. 敘述人員銷售的五種主要策略。
5. 說明銷售過程的各個階段。
6. 敘述完成銷售可供使用的七種策略。
7. 定義銷售管理這個術語，及說明其各項功能。
8. 敘述成功的銷售人員應具備的各種特質。
9. 敘述銷售計畫的內容以及扮演的角色。
10. 說明人員銷售在餐飲旅館與旅遊業的四種特性。

概論

　　由於人員銷售具有引發銷售量的能力，許多人都認爲是促銷組合要素中最強而有力的要素。本章以定義「人員銷售」開始，然後探討人員銷售在促銷組合中扮演的角色。

　　人員銷售的重要性，會隨著餐飲旅館與旅遊業的不同部份而異。本章亦對造成這些差異的原因，以及銷售在特定的產業中扮演的角色做一說明。

　　此外，人員銷售過程中的各個階段亦在本章討論範圍內。最後，則以檢視銷售計畫與銷售管理，做爲本章的結束。

關鍵概念及專業術語

注意、興趣、欲望、行動法則（AIDA Formula）
接觸、接近（Approach）
盲目尋找（Blind Prospecting）
事前備妥的銷售簡報（Canned Sales Presentations）
完成、結束（Closing）
陌生拜訪或兜售（Cold Calling or Canvassing）
田野銷售（Field Sales）
處理異議（Handling Objections）
內部銷售（Inside Sales）
引線式尋找（Lead Prospecting）
人員銷售（Personal Selling）
事先接觸（Preapproach）
尋找（Prospecting）
資格確認（Qualifying）
銷售奇襲戰法；集中式兜售（Sales Blitz；Concentrated Canvassing）
業務拜訪（Sales Call）
銷售闡釋（Sales Demonstration）
銷售引線（Sales Leads）
銷售管理（Sales Management）
銷售管理的審核（Sales Management Audit）
銷售計畫（Sales Plan）
銷售簡報（Sales Presentation）
銷售過程（Sales Process）
潛在顧客（Sales Prospects）
銷售配額（Sales Quotas）
業務代表（Sales Representative）
銷售責任區（Sales Territories）
建議式銷售（Suggestive Selling）
電話銷售（Telephone Selling）
順勢銷售（Upselling）

你是否曾經進入某家商店後，購買的東西遠比原先預估的多了許多？是否因為某位侍者的推荐，而大快朵頤地享用了一份高熱量的餐點？是否經常聽到服務人員問你「是否還要來些炸薯條？」，最後終於禁不住誘惑？你購買的新車、音響、或服飾，價格是否比自己原先預算的還要高出一些？對於上述這些問題，如果你的答案中有任何一項肯定的話，那麼你就能明白人員銷售是如何有效了。

廣告、銷售促銷、以及展售，都屬於非個人式與「大量」的溝通形式。不論使用這些方法的企業如何努力，都無法掌控你。當收音機或電視播放廣告時，你可以隨意將音量調低；廣告時間很容易就成了人們用來上洗手間、或到冰箱找零嘴的時段。你可以把各種折扣優惠券與直接郵寄廣告隨手丟入垃圾桶。你甚至可以對營業場所那些「花招百出」的促銷活動完全視若無睹。但是，你無法如此輕易地當面「拒絕」另一個人。人們之所以會去購買那些額外的餐點與炸薯條，就是因為很難當面拒絕那些銷售人員。這便是人員銷售的影響力：具有與顧客進行一對一交涉，以及發展融洽性與個人關係的能力。

人員銷售與促銷組合

定義

「人員銷售」指業務人員與潛在顧客之間進行的各種口語交談，不論以電話或面對面的方式。不同於廣告、銷售促銷、以及展售，這項促銷組合要素係屬於個人傳播的形式；它有某些獨特的優點與潛在的問題。

由於人員銷售具有高度個人化的特質，使得成本通常都會遠高於其它大眾傳播方法。行銷人員必須判定這項額外增加的費用是否有

其價值，或是只需把潛在顧客視爲一整個群體，就可以達成設定的行銷目標。下文中將會提到，餐飲旅館與旅遊組織，對於人員銷售的偏愛會遠高於其它組織。對這些組織而言，這種方法所帶來的潛在利益，遠超過支出的額外成本。換句話說，人員銷售的各種優點對某些組織而言，要比對其它組織更爲重要。

首先對促銷組合進行規劃

　　同樣的，你「首先」要知道：將人員銷售當做廣告、銷售促銷、展售、或公共關係的一種替代選擇，是不正確的觀念。所有的方式都應該視爲構成一道佳餚不可或缺的材料。在佳餚中的每一種材料，都可以爲整道菜色添加某種特殊的風味。如果把這些材料的份量稍做更改，就會使整道菜的色、香、味改變；假如忘了某種重要的材料，很可能會使整道菜令人難以下嚥。選擇促銷組合，道理就有如烹調一般。對組織來說，它可以選擇本身使用的促銷組合要素、並加以組合。就像某種配飾品一般，人員銷售很容易對促銷組合產生一種「畫龍點睛」之妙；業務代表們可以突顯已透過大眾媒體傳播的各種訊息。

　　第十六章曾提過廣告、銷售促銷、以及展售構成強而有力之「三重效果組合」（three-punch combination）。這三項要素都相互倚賴。當這種方法以人員銷售來做爲「結尾」時，在創造銷售量方面可以發揮更強的力量。舉例來說，許多郵輪公司會利用雜誌與電視廣告構成的組合，讓潛在乘客們知道航次的啓程時間。這種媒體運用方式，還必須獲得包括簡介小冊、交易展覽、提供給旅行社的指導討論會與「以熟悉爲訴求」的考察行程、以及對零售旅行社的展示等各種不同形式之銷售促銷與展售的支持，才有最大效果。最後的一項成份、也是能夠真正「完成」遊輪行程銷售的要素，則是零售旅行社進行的人員銷售。這些學有專精的人員，可以向潛在顧客針對遊輪之旅相對於其它渡假形式的各種優點，做一充份說明；他們也可以讓客戶對於某一家

遊輪公司提供的行程，產生躍躍欲試的心理。為了確保旅行社對產品內容都相當熟悉、而且銷售這些產品都興致勃勃，所有的遊輪公司也都會有自己的業務人員，負責拜訪全國各地的旅行社。不論是大型的遊輪公司或試圖提高酒類銷售量的小型餐廳，都必須審慎規劃人員銷售方案，再結合廣告、銷售促銷、展售、以及公共關係的運用，才得以獲致最大的成就。

人員銷售扮演的角色

人員銷售在行銷與促銷組合中扮演什麼角色呢？在餐飲旅館與旅遊組織中，人員銷售都扮演著某種任務，只不過相對重要性有所差異罷了。為何如此？因為此行業屬於服務業，因此要將良好的服務與有效的人員銷售做一明確劃分，事實上相當困難。當一位櫃台人員、侍者、訂位人員、或是旅行社在言談上相當得體、而讓顧客感到非常高興時，這不僅是一種良好的服務、也屬於一種人員銷售。顧客之所以會再度光臨，主要還是因為良好的服務。

在餐飲旅館與旅遊業，人員銷售扮演多種重要的角色。其中最重要的六項角色分別為：

1.　確認決策者、決策過程、以及符合資格的購買者。
2.　向公司、旅遊業、或其它團體從事促銷。
3.　在購買點創造更高的銷售量。
4.　提供詳盡與最新的資訊。
5.　與主要的顧客維持一種個人的關係。
6.　蒐集各種與競爭對手之促銷活動有關的資訊。

確認決策者、決策過程、以及合格的購買者

以企業、公會、以及其它團體為目標時，要確認出合格的購買

者（即最有可能購買各種旅遊服務的人）、關鍵的決策者（即對旅遊決策擁有最後決定權的人）、以及使用的決策過程（即旅遊決策的各個階段），一般來說都相當困難。透過業務代表們對各組織的詢問、以及進行的業務拜訪，便可蒐集到這些重要資訊。在這種方法下，就能夠避免各種所費不貲的錯誤；舉例來說，在某個不適當的時間（例如在整個決策過程中未能掌握時機）與某位錯誤的對象（即非決策者）聯繫，或在銷售簡報中訴求不相干的需求。

向公司、旅遊業、或其它團體從事促銷

許多組織都已發現，對企業的旅遊經理人、會議／集會計劃者、旅遊批發商／經營者、以及零售旅行社的決策者與影響者從事促銷時，人員銷售是最有效的一種方式。這些人的決定會對許多個別旅行者的旅遊計畫造成影響，他們的購買力讓人印象深刻。而且這些關鍵人相對數量上也非常有限，這使得我們花費在人員銷售上的額外費用能夠發揮物超所值的效果。

在購買點創造更高的銷售量

若能在購買點有效運用人員銷售，則可以讓顧客採取購買行動的可能性、以及消費金額都顯著增加。那麼，在餐飲旅館與旅遊業，哪些地方才算是「購買點」呢？它們包括旅館訂房部（例如銷售更高級的客房），汽車出租公司的接待櫃台（例如銷售費用更高的汽車款式），餐廳的「現場」（例如銷售更昂貴或額外的菜色及飲料），以及旅行社的辦公室（例如在預約機位的同時、也預訂旅館與租車）。另一個重要的「地點」是回答客戶之電話詢問以及接受客戶預約時。對服務人員與預約人員施予人員銷售的訓練，通常都可以讓銷售量提昇。各位只要回想前文中提到「非必要的」餐點與炸薯條，就可以証

明這一點。

提供詳盡與最新的資訊

在大部份的廣告與銷售促銷形式中，能夠傳送的資訊在數量上都相當有限；就這方面，直接郵寄的廣告效果最佳。而人員銷售不僅能夠讓組織傳送出更詳盡的資訊，並可立即處理潛在顧客關切的事項及疑問。對那些倚賴旅遊業中介者來獲得部份、甚至全部業務的組織而言，可說特別重要。為了有效地與客戶進行溝通，這些專業人員對組織的服務能充份了解，是相當重要的。

與主要的顧客維持一種個人的關係

在人員銷售這個術語中，關鍵字是「人員」、而非「銷售」。這項透過業務代表與訂位人員來傳播的促銷組合要素，本身提供了一種「個人性質」，這點是大眾媒體無法有效創造的。因為如此，所以他們必須反映組織的定位與品質水準。

當對方聯繫我們的時候，使用一種個人的態度來進行時，大部份的人都會做出較為善意的回應。對個人的需求與要求給予審慎的關注，或許是餐飲旅館與旅遊業最強而有力的一種行銷形式。人員銷售是一種「人性化行銷」。對顧客來說，當他們接獲專業性的業務代表與訂位人員提供的那種個人關注時，感覺的確相當窩心。一般而言，這種情況所獲得的結果必然是銷售量的增加與重覆的使用。

蒐集各種與競爭對手之促銷活動有關的資訊

銷售人員會不斷地與潛在顧客「進行交往」，而這些顧客也正是其他競爭者極力爭取的對象。許多潛在顧客會自動把與競爭對手促銷活動有關的各種資訊提供給銷售人員。因此，這些業務人員也就成

了「競爭者情報」的一項重要來源。

人員銷售的類別

在餐飲旅館與旅遊業，人員銷售共有三種主要的類別：田野銷售、電話銷售、以及內部銷售。內部與電話銷售幾乎是每一個組織都會運用的，某些組織則會使用到所有這三種方式。

1 · 田野銷售

田野銷售亦稱爲「外部銷售」（external selling），指在餐飲旅館與旅遊組織的營業地點之外所做的人員銷售。通常也稱爲**業務拜訪**，也就是對潛在顧客做的各種當面的簡報或說明。包括：對公司與會議／集會計劃者進行拜訪的旅行社外勤銷售人員及旅館的業務代表；對旅行社進行拜訪，隸屬各航空公司、遊輪公司、旅遊批發商、以及汽車出租業者的業務代表。這是最昂貴的一種類型；因爲牽涉到業務人員的聘用，以及出差費用。此外，也必須有額外的資金來供應各種支援銷售的材料，例如：幻燈片、錄影帶、以及附有照片的簡介手冊等。

2 · 電話銷售

凡是透過電話來傳播、並直接或間接導致銷售的任何方法，均屬於**電話銷售**的範圍。利用電話來傳播，在人員銷售的許多方面扮演日漸重要的角色。對潛在顧客進行**尋找**（即確認具有發展潛力）與**資格確認**（即確定顧客的潛在價值與等級）時，電話是相當有效的方式。電話可用來安排業務拜訪的會面時間，在進行田野業務拜訪之前蒐集重要的背景資訊，對已承諾的資訊進行追蹤，以及對潛在顧客的需求進行確認。在某些情況下，尤其當組織認爲

進行田野拜訪並不划算時，通常都會用電話銷售來取代親自拜訪。

　　在這個行業中，電話的另一項重要角色是接受預約、以及處理客戶的詢問。電話雖然尚未廣泛認為是一種銷售工具，但是與電腦結合之後，在餐飲旅館與旅遊組織間的配送業務上，卻扮演重要的角色。訓練員工如何處理客戶的電話、使其成為銷售力量的延伸，收穫絕對會比扮演單純的「訂單處理者」來得亮麗；透過免付費電話來提供資訊與接受預約，也可以獲得顯著成果。

３・內部銷售

　　內部銷售，是指在組織的營業地點內，為了提高銷售、或增加顧客的平均花費水準所做的各種人員銷售活動。前文得知，區分良好的服務與有效的內部銷售相當困難。雖然如此，**建議銷售**或**順勢銷售**，是已能夠識別的內部銷售形式；這是指員工向顧客建議或推荐額外、或價格較高的各種產品或服務的一種作法。在購買點的每一種「零售」狀況，都提供進行此類銷售的機會。

人員銷售的策略

　　當業務代表或其他員工涉入田野銷售、電話銷售、或內部銷售時，可由下列數種銷售策略做一選擇。主要策略包括：（１）刺激與反應，（２）心智狀態，（３）公式化，（４）滿足需求，以及（５）解決問題。

刺激與反應或事前備妥的銷售簡報

　　這種方法最常用於內部銷售與電話銷售。所有員工都被要求熟

記某些特定的問題、措辭、或風格。藉由施予顧客一種刺激（例如某種問題、措辭、或行為），期望獲得一種預料中的回應。舉例來說，各家餐廳都會訓練服務人員詢問顧客：「是否容我向您推荐本餐廳的精美點心之一？」，或「您是否還需要來些……？」，並期望這種建議的力量能夠刺激顧客點些額外的菜色或餐點來回應。同樣地，旅行社向客人問：「是否需要我們同時為您預訂租車及旅館房間？」時，也很可能因此賺到更多的佣金。

　　人員銷售的策略雖然忽視了顧客之間的個別差異，但在這個行業發揮相當不錯的成效。至於**事前備妥的銷售簡報**，也可以運用於田野銷售，以確保所有業務代表都能將同樣的關鍵訊息傳播給潛在顧客。雖然如此，某種具有彈性的作法在田野銷售中仍是不可或缺的；唯有如此，才能夠因應每位顧客的需求與要求。

心智狀態的策略

　　使用這種方法的假設是：顧客採取購買行動之前，必須經過某種連續的「心智狀態」（mental states）。第四章與第十四章，將它們稱為「購買過程的階段」。業務拜訪與後續追蹤在規劃與時機的選擇，都應該要符合購買過程的五個階段（即對需求的察覺、資訊的蒐尋、各種替代選擇的評估、購買、購買後的評價）。這種方法主要使用於田野銷售，以及購買的金額相當龐大、或對顧客相當重要的情況下（例如：高切身性、解決涵蓋範圍廣泛之問題的各種決定）。屬於這種情況的例子包括：協助客人規劃海外渡假的旅行社，以及企圖由某個公會或某個團體客戶手中「爭取」到年度會議的旅館業務代表。

公式化的銷售

　　這是由「心智狀態法」演變出來的策略，係假設顧客的決定與

銷售過程都會經歷各種可事先預知、而且連續的階段。根據這些階段，業務代表就可套「公式」（即事先規劃的銷售過程）。

　　銷售過程的模式，係以業務代表必須遵循的各個階段為焦點。一般而言，共分為四個階段：（1）接觸，（2）銷售簡報或展示，（3）處理顧客的問題與異議，以及（4）完成銷售。我們將在稍後再對這個模式進行詳細探討，目前應該注意的是：這是一種最適合於田野銷售、以及高切身性之購買決策的方法。

　　注意、興趣、欲望、行動法則（AIDA Formula）指出業務代表必須執行四件事情分別是：（1）獲得潛在顧客的注意（A），（2）刺激潛在顧客對組織提供的服務產生興趣（I），（3）讓潛在顧客對這些服務產生欲望（D），以及（4）讓潛在顧客預訂或購買這些服務（A）。

　　注意、興趣、欲望、行動法則
　　注意（Attention）→興趣（Interest）→欲望（Desire）→行動（Action）

　　注意、興趣、欲望、行動法則最適合於田野銷售、以及各種高切身性之購買決策的另一方法。業務代表可以採行下列做法：

- 展開業務拜訪之前，先進行審慎的接觸工作（例如：針對潛在顧客，進行「事前準備」工作）。
- 刺激興趣（例如：在業務拜訪中，透過簡報簡報的使用）。
- 藉由處理疑問與展示提供的服務，來創造及維持這種欲望（例如：對潛在的中介者提供各種招待的行程）。
- 利用數種方法之一，來完成銷售（例如：要求潛在顧客做出某種行動導向的決策）。

滿足需求法

前述的三種策略都假設：所有潛在顧客多少都有些相似。滿足需求法較複雜，會調整銷售方法來因應每一位潛在顧客的個別需求與要求。它是一種低壓迫性、協商性的個人銷售形式。這種方法特別適合於那些扮演顧客之顧問角色的餐飲旅館與旅遊組織，例如旅行社與獎勵旅遊計劃者。這種滿足需求法在其它情況也可發揮極佳的效果，例如顧客需要相當程度的行前規劃（舉例來說，某個公會規劃一項重要的全國性或國際性會議）。這種方法的四個階段為：

1. 透過討論與提出問題，確定顧客的需求；並將需求做一彙總。
2. 提出各種量身訂做的服務，來滿足雙方發現的需求。
3. 獲得顧客對於這些服務能夠滿足其需求的認同；並提出任何仍舊存在的關切事項或疑問。
4. 完成銷售；確定顧客的需求已獲得滿足。

各位應該能立刻辨認，上述這些階段可說是行銷概念的「迷你模式」。因此，是一種極為有效的銷售策略；但也需要投入相當可觀的時間與心力、以及對細節相當注意的一種策略。

解決問題法

就像滿足需求法一般，解決問題法也是假設「每個顧客的需求都是獨一無二的」。然而，要使這項方法發揮成效，需投入更多的時間與心力。業務代表是藉著向潛在顧客証明其面臨某種問題，來做為開始。現在，讓我們假設這個潛在顧客是一家企業。面臨的問題或許是在員工旅遊、或某個特定的旅遊要素上花了數量不少的非必要支

出；例如住宿、機票、租車、或其它陸地交通方面。業務代表可以將
這位潛在顧客的實際支出、與「典型」狀況下的支出做一比較，來証
明這一點。要確認出客戶的問題，通常需要進行背景研究、並與客戶
進行數次會談。這種方法的五個階段為：

1. 發現、界定、並以實例向潛在顧客証明這項問題。
2. 確認出可用來解決這項問題的替代方案。
3. 建議選擇最適解決方案時應遵循的準則。
4. 根據準則來評判各種替代方案；並推荐一種解決方案。
5. 完成銷售；確定購買這些服務能夠滿足顧客面臨的問題。

各位應該可以看出這種方法與滿足需求法的不同之處：在業務
代表們與潛在顧客聯繫之前，他們通常對自己面臨的問題一無所知。
在某些情況下，這些潛在的顧客即使已經知道這項問題，但他們並未
做一界定或進行研究。在這種方法下，業務代表在研究及界定問題時，
必須獲得潛在顧客的大力配合才行。

但是，上述這五種人員銷售的策略中，究竟何者最理想呢？答
案是：完全看個別的情況而定。截至目前為止，並沒有任何一種通用
的人員銷售方法，能夠適合所有情況。組織與它的業務代表在決定使
用策略之前，必須先對每一個銷售機會與潛在顧客進行審慎的評估。

在選擇銷售策略時，最具影響力的因素包括：餐飲旅館與旅遊
服務的類型，目標市場，以及該項購買的規模與複雜性。舉例來說，
速食業與其它餐廳，很可能會使用成本最低而且最單純的刺激反應
法。他們乃提供具有市場吸引力的菜色，費用上相對較便宜，而且也
是日常會被購買的產品。另一種截然不同的情況是團體旅遊經理人手
中統合運用的旅遊預算，通常可高達數千萬美元。因此，在他們做出
相關決定時，不僅相當複雜、也會牽扯極龐大的金額。在這種情況下，
例如「滿足需求」或「解決問題」這類成本較高、費時較久的方法，
顯得更為合適。同樣地，運輸業者、供應者、以及其它的旅遊業中介

者向旅行社從事銷售時，可能也會發現這兩種策略最適當。

銷售過程

　　各位已對人員銷售中使用的特定方法有所認識，再來就該對田野銷售應遵循的一般步驟、以及電話銷售的某些類型進行檢視。與內部銷售相較之下，**銷售過程**的步驟通常更爲精密。銷售過程係由下列階段構成：

銷售過程的各個階段：

1. 尋找潛在顧客、並確認其資格。
2. 展開業務拜訪前預做規劃。
3. 簡報各項服務。
4. 處理各種疑問。
5. 完成銷售。
6. 完成銷售後繼續追蹤。

尋找潛在顧客、並確認其資格

　　對於挖掘金礦以及其它各種貴重金屬，我們還可以用什麼字眼來形容？在銷售過程的第一個階段，與挖掘金礦相當類似－業務代表必須探索與進行研究，以找出最有可能的業務來源。**尋找**或稱爲確認潛在顧客，包括業務代表鎖定潛在顧客時使用的各種方法與技巧。要成爲潛在顧客（通常也稱爲「**銷售引線**」），必須符合下列三項標準：

1. 對於這些服務具有現存或潛在的需求。
2. 有能力負擔購買這些服務的費用。
3. 已被授權可購買這些服務。

就在許多潛在顧客自己找上旅行社的同時，對餐飲旅館與旅遊的組織而言，更常見的狀況是他們必須走出自己的營業場所、或藉由電話來尋找潛在顧客。尋找可分為許多種類型。所謂「**盲目尋找**」指利用電話簿與其它名錄來尋找潛在顧客。「盲目」這個詞係指業務代表對於名單中的人們毫無所悉，也不知道他們是否能成為真正的潛在顧客。對於一家新開幕旅館，一家企圖吸引地方性俱樂部與團體旅遊業務的旅行社，或一位正在尋找對於規劃獎勵行程感興趣之公司的獎勵旅遊計劃者來說，或許就會使用這種方法。

陌生拜訪或**兜售**，則是另一種方法。各位如果在應門之後，發現某位向你銷售某種產品的人時，那必定知道什麼叫做「陌生拜訪」。陌生拜訪實際上就是以「田野拜訪」的方式來做盲目的尋找。它並不是一種系統化的方法，但通常卻頗為有效。對於是否能成為真正的潛在顧客，業務代表事先都毫無概念。這種方法的基本假設是：如果拜訪人數夠多的話，這些人之中必定有某些會成為潛在顧客。至於**銷售奇襲戰法**，或稱奇襲戰、或集中式兜售，指由好幾位業務代表在相同的特定地理區內，同時進行陌生拜訪的一種方式。這種奇襲戰法通常都只是單次的活動，或以極罕見的頻率重覆進行。

各位或許會深感不解：像本書這樣一本極系統化的著作，為什麼會推荐這種非系統化的方式來進行潛在顧客的尋找呢？那我們在行銷上採用的不正是一種「散彈槍」的方法嗎？對於各位的疑惑，答案是：在進行尋找時的確還有許多更好的方法，但在某些情況下，盲目的尋找與陌生拜訪仍不失為最佳的方式，包括：當餐飲旅館與旅遊企業或服務是新推出時－也就是說，組織與潛在顧客彼此不甚熟悉時。此外，當潛在的購買金額相對較大時（例如：非常龐大的潛在銷售量），則這些方法也較為適合。另一種情況是，當組織試圖由某個完全陌生的地理區或「責任銷售區」爭取銷售量時，使用這些方法也較為適當。

進行尋找時，最受青睞的方法便是以各種「銷售引線」做為開始。有些人也將這種方式稱為「**引線式尋找**」，即與那些成為潛在

顧客具有高可能性的個人或組織進行聯繫。獲得這類引線有許多來源可供使用，其中包括表 17-1 所述的各種來源。

---

1. 推薦（指由現有顧客或對該項服務相當熟悉的人推荐的潛在顧客）。

2. 連鎖推薦（指業務代表央請潛在顧客或已往的顧客提供可能會對這些服務感興趣的其他人）。

3. 推薦信與推薦卡（指業務代表央請已往的顧客以撰寫推薦信、或填寫特別印製的卡片，將組織提供的服務推荐給潛在顧客）。

4. 親朋好友。

5. 各種工商名錄（指在公開發行的各種名錄中尋找潛在顧客）。

6. 業界刊物（指能夠提供關於這個行業的組織及個人資訊之雜誌及期刊）。

7. 交易與旅遊展覽（指那些參觀此類展覽、並表現出有興趣接受進一步資訊的人們）。

8. 電話行銷（指透過電話尋找、並確認其資格的潛在顧客）。

9. 直接回應式的廣告（指透過電話、信函、傳真、電腦、或親自造訪等方式，對廣告活動的各種詢問）。

10. 電腦資料庫（指透過電腦資料庫確認的潛在顧客）。

11. 陌生兜售（指針對潛在顧客的群體進行陌生拜訪）。

12. 建立網路組織（指建立並維護那些在將來有可能會提供潛在顧客之資料的聯繫人群體）。

13. 由非銷售人員進行的尋找（指由非銷售人員對潛在顧客所做的確認）。

表 17-1：銷售引線的來源。

並非所有潛在顧客都值得去追求；因此，就必須運用下一個階段－**資格確認**，把名單的範圍縮小到剩下那些最有可能的購買者。由於一般的田野業務拜訪所需成本都在美金一百元以上，這項過程不論由財務或行銷的觀點來看，都具有相當的意義。資格確認指運用事先已選定的標準來確認出最佳的潛在顧客。用來對潛在顧客進行資格確認的典型問題包括以下各項：

- 如果這些潛在顧客是已往的客戶時，他們能夠提供的業務量有多少？
- 這些潛在顧客是否使用提供的服務後，需求就能夠滿足？
- 這些潛在顧客是否擁有採取購買行動的權力？
- 這些潛在顧客是否有財務能力來支付所需的費用？
- 這些潛在顧客是否已經和某個競爭對手簽訂長期的合約？
- 這些潛在顧客能夠帶來的銷售量有多少？他們的生意能夠創造何種程度的利潤？

　　一種相當常見的方式，就是把潛在顧客與已往的顧客區分爲不同的「客戶類型」（account types）。舉例來說，「Ａ」級的客戶或許是指那些能夠創造出最高銷售量或利潤水準的個人或組織。而「Ｂ」級的客戶則是銷售量或利潤水準屬於次一級的個人或組織；依此類推。每一個客戶的等級，通常也決定了進行銷售追蹤的頻率、以及是否要安排田野銷售或採取電話銷售的方式。

　　「資格確認」可視爲市場區隔的一種。業務代表運用連續性的研究計劃，來確認他們的「目標市場」，以供後續的銷售行動使用。很明顯地，與顧客之銷售量有關的各種內部記錄，在這個階段是相當重要的一項資料。對於已往顧客之外的潛在顧客，由輔助研究（次級研究）與透過電話或親自拜訪來進行的個人詢問構成的組合，是通常會運用的方式。目前已有許多相當出色的發行刊物，提供公司行號、公會、協會、以及非營利組織的各種資訊。表 17-2 是記號旅館（Signature

Inns；這是一家位於中西部，以商務旅客爲導向的連鎖汽車旅館）在田野銷售中用來蒐集「合於資格」者之資料的表格。各位應該可以發現到，第 9 及第 10 項問題就是一種連鎖推薦，以獲得相關的銷售引線。此外，在第 8 項問題中各位也可以注意到，完成這份表格的業務代表會尋找機會來「展示」公司提供的住宿服務。透過輔助研究（次級研究）與原始研究（初級研究）蒐集到的銷售引線資料，都應該記錄於個別的潛在顧客檔案中、並且不斷更新。

在展開業務拜訪前預做規劃

不論是透過電話聯繫或業務拜訪，都必須經過審慎的事前規劃與準備。就這方面而言，與求職面談相當類似，必須事先想好面談時應該說些什麼才行。業務拜訪的事前規劃共有兩項要素：（1）**事先接觸**，以及（2）**接觸**。事先接觸的階段中，業務代表必須對每一位潛在顧客的檔案、以及相關資訊做一仔細審視。如果缺少檔案，就必須利用前述「資格確認」中所討論過的資訊蒐集過程。這個階段的目標，是要熟悉潛在顧客的狀況，以便在進行業務拜訪時能夠與潛在顧客建立融洽的關係，並以此爲基礎來進行銷售簡報。

記號旅館市場調查

一般資訊：（請附上名片）

姓名：_____　　職稱：_____
公司：_____　　決策者姓名：_____
地址：_____　　電話：( )_____ 分機：____
第二行（地址）：_____　　目前費率：_____
城市：_____　　市場部份：_____
州，郵遞區號：_____　　潛在顧客或客戶：_____
電話：( )_____ 分機：____　　膩稱：_____
傳真：( )_____ 分機：____　　製表人：_____ 日期：_____

市場調查／銷售資訊：

(1)　　該公司營業項目為：_____
(2)　　其他的聯絡人／電話：_____
(3)　　在你當地的記號旅館內住宿天數（一年內）：_____
(4)　　在你當地市場的旅館內住宿天數（一年內）：_____
(5)　　在記號旅館的連鎖店內住宿天數（一年內）：_____
(6)　　目前使用的旅館與費率：_____
(7)　　可能住本旅館的其它城市（以區號碼顯示）：_____
(8)　　在選擇旅館時的重要考量因素：_____
(9)　　訂房時偏愛的方式：____旅館直撥電話____免付費電話_____透過旅行社
(10)　　旅行社：_____
(11)　　旅行社聯絡人：_____
(12)　　電話：( )_____ 傳真：( )_____
(13)　　費用包含 10%佣金、或淨成本價格：_____
(14)　　偏好的旅館名錄：_____
(15)　　使用的訂房系統：___Amadeus___Apollo___Sabre___System One___Worldspan
(16)　　參加的旅行社公會：_____
(17)　　旅行社的其他客戶：_____
(18)　　會議室聯絡人：_____(19)電話#：( )_____傳真：_____
(20)　　使用頻率：每天__每兩週__每月__每季__半年__每年__其它：__
(21)　　平均的團員人數：_____
(22)　　天數／時間：_____
(23)　　會議時需要的住宿房間數：_____
(24)　　說明在簡報時應使用的銷售工具－以量身定做的簡報來符合他們的住宿與會議室之需求。

備忘記錄／意見：

_____
_____
_____
_____

（接反面）

表 17-2：記號旅館用來產生銷售引線的表格。

傑出案例

人員銷售：
記號旅館（Signature Inns）

　　對一家正在發展、但尚未打開知名度的連鎖住宿業者來說，它如何能夠成功地和假日旅館、Ramada、以及 Marriott 等業界巨擘一較長短呢？在記號旅館這個案例中，答案是：透過創新的方法來服務商務旅客，運用涵蓋範圍極廣的內部銷售／服務計畫，以及在地方性的社區團體中採取積極的人員銷售活動。

　　第一家的記號旅館，係於 1981 年在印地安納波里斯市（India-napolis）開幕。到了 1995 年，這家公司在美國中西部的六個州內（伊利諾州、印地安納州、愛荷華州、肯塔基州、俄亥俄州、與田納西州），已擁有二十四家營業據點。於 1990 年代中葉，記號旅館將位於密西根州的一處營業據點出售。在這個行業裡，記號旅館是保持著最高經營水準的業者之一；這不僅是因為它對旗下所有旅館都擁有管理上的控制權，也由於在它並沒有任何獨立的加盟者。事實上，所有的旅館都是關係企業的合夥人所擁有、

而非公司所擁有，藉以讓該公司的投資風險處於最小。記號旅館的業務中，有絕大多數來自下列五個市場：（1）商務顧客；（2）社會性、軍事／政府、教育性、宗教性、與互助性的組織及團體（簡稱 SMERF）；（3）大型巴士業者；（4）特殊活動或事件的參加者；以及（5）休閒顧客。

提供給商務旅客的各種特別設計特色包括：在每間客房都有一個燈光明亮、寬達十二英呎的工作台與一張舒適的躺椅，一份免費的大陸式豪華早餐（稱為「早餐快車」），免費的早報（週一至週五），

免費的市內電話，以及擁有電影頻道的免費有線電視。此外，可供客人利用的服務還包括：設有打字機、計算機、以及在電話機上配備有可供手提電腦使用之數據機連接埠的客戶辦公室，可供一對一進行會議的私人「電話工作中心」。每一家記號旅館也都提供五間大小不等的會議室，容納人數可由五人到八十五人之多。對於訂房數達到十五間或以上的團體，該旅館提供一間免費的會議室供其使用。旗下所有旅館，除了一間專門提供「早餐快車」的小餐廳外，都沒有附設任何餐廳或酒吧設施。旗下的每一間旅館都與當地的許多餐廳訂有合約，記號旅館的住客們只要在用餐時出示他們的客房鑰匙，就可以享有優惠的價格折扣。

由於記號旅館的所有客房在價格上都頗為適中，而且以價值導向的旅客為訴求對象，因此採取費率折扣的機會也就相當有限；提供的折扣僅限於銀髮族〔美國退休人員公會（AARP）的會員〕，美國汽車公會（AAA）的持卡人，以及延長住房天數的客人。凡是年齡在十七歲或以下、與父母親共住一間客房的未成年者，都可享有免費的優惠。此外，該旅館的團體銷售與行銷部門也代表旗下每一家旅館，與《財富》雜誌排名前五百大的企業及旅行社公會進行協商，提供他們特別的優惠價格。總之，記號旅館的客房費用總是維持在中等價位的範圍內。

根據估計顯示，為了吸引一位新顧客而花費的成本，至少要比保留一位既有的客人高出五倍以上。因此，記號旅館透過「難以置信的服務」（Legendary Service）計畫、以及讓客戶服務更為精進的強烈欲望，要求總經理與客戶服務部的職員每天都必須與許多現有客戶聯絡（例如：感謝他們的支持，熟記每位顧客的名字，詢問各公會團體是否有可能的生意上門等）。該公司相信：有效的內部銷售與日復一日執行的服務計畫，對於積極的外部銷售工作而言，是其不可或缺的必要條件。

各種人員銷售的活動，係集中於每一家旅館的所在社區、以及

鄰近社區。每一家記號旅館都設有一位副總經理，他每天至少要完成十五件的外部業務拜訪，每週也必須寄發數量相當龐大的促銷小包。此外，凡是當地的所有企業－不論規模大小，都必須聯繫。各種不同的資訊來源也用來產生公司所需的銷售引線，包括：各種商會、當地的報紙、企業名錄、以及工商名錄等。舉例來說，在報紙上刊登的各種訂婚與婚禮通告，便會被用來做為寄送信函給這些待嫁新娘的基本資料，鼓勵她們安排參加婚禮的外地賓客住宿在記號旅館。

　　這位副總經理還有一項每個月都必須嚴格執行的任務：針對上個月訂房天數排名前十大的客戶，進行服務拜訪（電話或親自拜訪）。於 1993 年，旗下的每一家旅館內都裝設一套馬波羅物業管理系統（Marlboro property management system）。所有客人的特性與歷史資料，都儲存於系統中。這套系統可幫助旅館確認出訂房天數的主要客戶，但功用還不只如此。藉由仔細地分析這些資料，記號旅館也明確地制定出各種更精密的行銷與銷售計畫，以吸引那些具有類似特性、居住在該公司的主要地理區範圍內，但尚未成為記號旅館之客戶的潛在客源。最近，該公司更啟用一套名為「魔幻通訊」（TeleMagic）的自動化銷售與尋找系統，以更精確地管理每一家記號旅館的銷售過程。

　　這位副總經理每星期都必須進行一項調查（ Reader Board Survey），拜訪當地的所有競爭對手，並找出哪些組織將要舉辦會議、以及其它慶典或宴會。一般來說，記號旅館的總經理與副總經理必須決定係以何種特定類型的組織為目標市場（例如：當地的教會、不動產業者等），然後再由這位副總經理以親自拜訪或電話聯繫的方式，對這些組織進行陌生拜訪。此外，一份名為「業務同儕信函」（business colleague letters）的信件，也會寄發給鄰近社區所有規模較小的企業，內附有簡介小冊、以及其它促銷資料。各種簡報函也廣泛運用，以創造更多的銷售引線。每一位受到親自拜訪的潛在顧客，都會被問及在他們認識的人，是否還有其他人也可能會對記號旅館的服務感興趣（請

參見表 17-2）。然後，這些由市場調查獲得的資訊，便會輸入「魔幻通訊」系統內，以供後續追蹤之用。甚至在客房內的客戶意見卡也會問到類似的資訊。

在簡報與展示記號旅館提供的各種服務時，也使用到許多方法與工具。它們包括：附有旅館各項特色之彩色照片的手冊，與包含有簡介小冊、樓面配置規劃、費用表、以及其它印刷資訊組合成的活動資料簿。該公司深信最具特色的賣點之一，在於客房的設計，以及提供給商務旅客的其它各種特別服務。但是，如何才能讓這些特色獲得最佳的展示效果呢？該旅館終於決定最有效的方法是：邀請潛在的客戶在總經理、副總經理、或是客戶服務部經理的帶領下，親自參觀它們的旅館。

該旅館的副總經理在進行業務拜訪時，會利用一套與本章所敘述之銷售過程相當類似的「五階段的簡報」：（1）準備行動；（2）開場白；（3）市場調查；（4）簡報說明；以及（5）完成。各種牢記在腦海的說辭，會使用於簡報說明、處理客戶的疑問、並且用來幫助完成銷售。記號旅館深信範圍廣泛的售後追蹤能帶來的效果。各位在前文中已知道該旅館每個月針對排名前十大客戶所做的「禮貌性拜訪」。客戶服務部的經理也必須在會議室的使用者結束會議後的第二天，與他們進行聯絡，以瞭解整個會議的進行是否相當順利、以及是否還有預訂任何後續會議的機會。此外，該旅館也會定期舉行重要客戶的聚會，一方面對客戶表示感謝之意，一方面也希望藉此吸引新顧客。

至於在團體客戶方面，該旅館也會進行額外的銷售工作，將重點置於各主要的旅遊交易展覽（例如：由全國旅遊公會舉辦的「觀光與旅遊交易展」、以及由全國商務旅行公會舉辦的年度展覽等），以及連鎖性的企業客戶身上。旗下的每一家旅館，也會進行一些跨越區域的促銷活動；主要對象是那些已安排行程將經過旅館所屬區域的旅行社及旅遊巴士公司。

高水準的專業化，已成為所有記號旅館的品質保証，而且也是成長的主要原因。精心設計的各個營業據點，嚴格的維修與清潔計劃，以及親切友善的員工，是該連鎖企業與眾不同的幾個實例。此外，該旅館使用的人員銷售程序，以及

對於當地團體、客房住客、與會議室租用者的高度重視，也都是它成功的關鍵。記號旅館雖然也和其他業者一樣，有一份涵蓋範圍極廣的銷售指南做為參考之用，但大家都認同下列這種說法：由於其業務團隊（包括副總經理、客戶服務部經理、以及總經理）所付出的人性化接觸，使該公司的服務與其他業者相較之下，帶給人們截然不同的感受。

問題討論：

a. 記號旅館如何發展獨特的方法，並用於內部與外部的銷售？

b. 這種方法如何幫助記號旅館在地方市場，與那些規模較大的連鎖旅館一較長短？

c. 由記號旅館使用的人員銷售方法中，其它餐飲旅館與旅遊組織可以學到些什麼？

緊跟在後的接觸，指導致銷售簡報的所有活動，這些活動包括：安排和這些潛在顧客或他們的秘書見面，設法在業務拜訪時即建立起融洽的關係與信任，在展開銷售簡報之前先核對所有準備好的細節。在接觸過程中，業務代表有下列三項主要目標。你將會發現到，這些目標的後兩項與我們先前提到的「注意、興趣、欲望、行動法則」的前兩個階段完全相同。

1. 與潛在顧客建立融洽的關係。

2. 捕捉對方全部的注意力。

3. 創造對這項產品或服務的興趣。

認清下列事實是重要的：某些餐飲旅館與旅遊組織，並沒有機會進行尋找、資格確認、或事前規劃。因為當他們初次見到顧客時，也正是顧客自行進入該公司營業場所內。大部份的旅行社都會面臨到這類自行造訪或電話詢問的顧客帶來的問題。在這種情況下，當客人向該旅行社要求提供某些資訊時，就必須進行資格確認。仔細地向這些客戶提出疑問與進行試探，便能夠判定這些發問者的需求、以及他們做出預訂的可能性。與田野業務拜訪或電話銷售相較下，餐飲旅館與旅遊業的其它內部銷售機會需要的事前準備少得多了。這時，使用刺激與回應、建議式銷售策略通常就綽綽有餘了。

簡報與闡釋各項服務

「接觸」之後，業務拜訪的下一個階段便是銷售簡報與闡釋。銷售簡報指業務代表提出各項事實與其它資訊，來証明提供的服務能夠滿足潛在顧客的需求、或解決潛在顧客遭遇的問題。在「銷售闡釋」中，業務代表會以實際例証的方式來顯示組織的各種服務具有迎合潛在顧客之需求、或解決其問題的能力。由於餐飲旅館與旅遊服務本質上具有不可觸知性，這種以實際例証來說明的機會也就相當有限。因此，各類視覺輔助材料，以熟悉為訴求的考察行程，以及在營業據點中的檢視參觀等，就扮演著相當重要的角色（參見表 17-2 的問題 8）。

在銷售簡報的過程中，業務代表會提供各種與組織及服務有關的資訊；潛在顧客的各種需求及問題也會相互討論、並加以確認。這時，對業務代表而言，仔細聆聽的重要性與表達意見是同樣重要的。潛在顧客會得到各種口頭上的說明，來証明這些服務如何能夠滿足他

們的需求。這種銷售簡報的目標，應該是以說服為訴求，於潛在顧客的心中創造出購買、或預訂服務的欲望。以下僅列舉成功之業務拜訪與銷售簡報的某些關鍵，以供業務代表參考：

1. 對業務拜訪與銷售簡報進行事先規劃。
2. 每次的業務拜訪都有特定的原因與目的。
3. 對每次的業務拜訪，手中都擁有完整的相關資訊。
4. 清楚地對自己做一介紹。
5. 正確地針對潛在顧客。
6. 簡潔地敘述服務如何符合潛在顧客的需求。
7. 潛在顧客表達意見時，應仔細聆聽、而且不中途打岔。

上述的第一個階段－對銷售簡報進行事先規劃－是最重要的。事先規劃好的簡報內容，不僅能夠節省業務代表與潛在顧客的時間，確保簡報內容能夠完全表達，而且有助於業務代表對各種可能的問題與異議做一預期，並事先演練如何應對。

在進行銷售簡報時，至少有下列五種方法可供使用，包括：

1. **事前備妥的銷售簡報**（即業務代表事先把自己要說的內容全都牢記在心）。
2. **大綱式的銷售簡報**（即業務代表事先對自己所要說的內容，先擬出一份書面大綱）。
3. **節目式的銷售簡報**（指在循序漸進的簡報中，使用例如照片簿或圖表之類的資料來做為線索）。
4. **視聽式的銷售簡報**（即在簡報中使用幻燈片、附旁白的幻燈片、或錄影帶等）。
5. **多階段的銷售簡報**（通常在解決問題的方法中才會用到；必須要進行好幾次的業務拜訪）。

處理各種疑問

　　當主要的銷售簡報完成之後，潛在顧客或許會提出某些問題。這些異議會以各種形式出現，甚至透過肢體語言表達。當然，對業務代表來說，在進行事先規劃及銷售簡報時，如果能夠預期到各種具有代表性的不同意見，那是最好不過了。否則的話，業務代表就必須能夠辨認、並處理這些異議，而不是以置之不理的態度應對。潛在顧客提出的問題範圍由價格、特色、服務的時間，以至於目前在經濟上沒有能力購買這些服務等。

　　有多種有效的方法可用來**處理異議**。其中一種是將異議重述一次，然後再以技巧性的手腕來証明它並非對方想像地那麼重要。另一種方法則是「同意、並使其無效」，或是「正確、但是～」的方法。也就是說，業務代表先是對這項問題表示同意，但緊接著則向客戶証明這項異議事實上是毫不相干、或並不正確的。不論你使用哪一種方法，都必須以面對面的方式加以處理。如果你不這麼做的話，很可能會使一位原本可以爭取到的客戶，悄悄地溜過。在這個階段，傾聽是關鍵的技巧；這包括仔細聆聽對方所說的內容、以及觀察對方的身體語言。

完成銷售

　　如果潛在顧客的各種問題都能有效處理，接下來要做的就是試著完成這項銷售。所謂**完成**指獲得潛在顧客的認同與承諾，通常都意味著確定的銷售或預約。在多階段式的簡報中，或許會有後續拜訪或其它額外討論機會的承諾。並未完成銷售的業務拜訪是功敗垂成的。所有的業務代表都必須「要求獲得生意」、或至少獲得雙方可繼續對話的承諾。然而，研究顯示，在大部份的業務拜訪中，銷售人員通常

都會對「否定」的答案產生恐懼、並因而無法完成銷售。若想做到有效的人員銷售，最基本的要件便是克服這項心理的障礙。

知道何時、以及如何完成銷售，是獲致成功的關鍵。就像處理異議一般，若想達到這項目標，就要仔細注意潛在顧客的言談及肢體語言。業務代表們必須對下列足以顯示潛在顧客幾乎已經做出決定的各種口語及非口語的暗示仔細觀察：

1. **口語上的完成暗示：**

   - 問題（例如：「餘額必須在什麼時候付清？」，「我們要多久才能夠收到你的書面企劃案？」，「你什麼時候才能給我們有關這項訂位的確認？」）

   - 認同（例如：「聽起來似乎真得不錯！」，「我們對於這種類型的行程已經盼望好久了。」，「你們公司提供的服務的確和我們的需求相當契合。」，「你們的價格和我們的預算相當吻合。」）

   - 要求（例如：「我們必須獲得你們所能提供的最低團體價格才行。」，「這項提議還必須獲得我們財務部的同意才行。」，「行程的出發日期必須和我們的假期吻合才行。」）

2. **非口語上的完成暗示：**

   - 點頭傳播出接受及同意的訊號。

   - 對於提供之服務感到極大興趣的姿勢變化（例如：身體前傾、並且更仔細地聆聽，雙手置於兩頰，表現出高度放鬆的其它訊號－例如雙腿不再交叉、兩手攤放、以及更詳細地檢視銷售文件等）。

當業務代表們注意到上述任何一種訊號出現時，他們應該馬上運用下列七種可供選擇的完成銷售策略之一。它們分別是：

1·試探性的結束

運用這種策略，是藉由提出可用來判定潛在顧客是否有購買意願、或可幫助他們做出某種明確決定的問題，來「測試整個情況的成熟度」。此外，這種試探性的結束也有助於讓潛在顧客提出任何心中仍存有的異議。舉例來說，一位旅行社的業務代表可以問：「那我是否要替你查核一下機位的狀況呢？」，一位旅館的業務代表則可以問：「你是否需要我們公司的其他同事替你安排夫妻同行的計畫呢？」

2·假設性的結束

這種策略與試探性結束相當類似；業務代表們會提出一項假設潛在顧客已經願意購買的相關問題。例如：「你打算以現金、支票、或信用卡來支付這筆費用？」，或「你是否要我們直接把帳單寄給你？」等。

3·彙總各項利益的結束

業務代表使用這項策略時，會把簡報內容的主要重點或主要利益再向潛在顧客重述一次。他們會將整體的「大架構」加以組合，使這項購買產生一種更具有說服力的主張。在做出這項彙總之後，緊接著便是提出與預訂或購買有關的要求。

4·特別權利的結束

這種策略指業務代表提供某種特別的誘因給潛在顧客，以吸引對方做出預訂或購買。誘因通常都是某種進一步的折扣、或有特定時間的優惠價格或費率。舉例來說，一位旅行社的業務代表在1995年底時，可能會向潛在顧客提到：「如果你在1996年2月14日以前預約公主遊輪的海上行程，那麼就可以省下高達美金

一千六百元的費用。」

5 · 消除單一異議或最後關切事項的結束

這種策略適用於業務代表使出渾身解數後，仍因為某項重要的異議未獲解決、而無法完成銷售的情況。在使用這項策略時，你可以這麼說：「假設我們能夠為你解決僅存的這項問題，那麼我們是否就能夠獲得你的預約呢？」。國際遊輪公司公會在「遊輪行程顧問訓練計劃」中，就建議使用下列的方法，來解決客戶最後關切的價格問題：

客戶：「我還無法確定在今年的假期中，是否有能力花費這麼高的一筆費用。」

顧問：「假如我們能為你解決最後這項問題，那我們是否就可以直接替你預約呢？」

另一種方法則是強調目前只剩下僅有的一項問題尚未解決，然後再進行其它的嘗試，以消除這項異議。

6 · 有限選擇的結束

剛開始時，業務代表可能會提供許多替代方案給潛在顧客選擇（例如：各種套裝渡假行程，不同的出發日期，或各式的宴席菜色等）。當潛在顧客顯示某種接近承諾的訊號時，這位業務代表就可以把這些替代方案加以縮減，使可供選擇的數量變得較為有限；這種作法讓潛在顧客更容易做出決定。

7 · 直接訴求的結束

這種策略並無任何神祕可言：業務代表坦率地要求潛在顧客採取購買行動或進行訂位。

完成銷售後繼續追蹤

即使成功地完成銷售，整個銷售過程仍未結束。相反地，這個時候才是引導潛在顧客做出額外購買的另一個循環開始。除非業務代表能夠確定承諾提供給顧客的各種服務都已付諸實行，否則工作仍不算完成。在某些情況下，這項工作的涵蓋範圍相當廣泛；例如組織某個重要公會舉辦的會議，或規劃各種獎勵旅遊的行程。

此外，我們也建議所有業務代表都應該提供潛在顧客某種形式的再次保証，以消弭第四章探討過的「認知失調」。向潛在顧客所做的決定致上一封簡單謝函，在大部份的情況下通常都足敷所需。

許多旅行社會在行程結束之後，立即以電話聯繫客人，以了解他們在行程中感到滿意及不滿意的項目。某些旅館業者也會與他們的主要團體客戶進行每個月的「定期聯繫」，以確定這些顧客對住宿服務是否感到滿意。這不僅是維繫客戶基礎所不可或缺的作法，而且也是另一種形式的「尋找」。當淘金者找到一處金礦時，他們必定會遵循特定的步驟來挖掘，以便蘊藏量得以完全利用。與過去的顧客保持密切聯繫，道理也相同：你付出的努力越多，得到的回饋也會越多。

銷售計畫與銷售管理

各位已經瞭解針對廣告與銷售促銷分別做個別計劃的重要性；我們也建議應該要做出一份人員銷售或**銷售計畫**。所謂「銷售計畫」指針對人員銷售的目標，銷售的預測，銷售人員的責任，各種活動，以及預算進行詳細敘述的書面計畫。銷售計畫除了是整體行銷計畫相當重要的一部份之外，也是**銷售管理**（指為了達成各項銷售目標，而對銷售人員與活動所做的管理）的一項重要工具。

準備銷售計畫的工作，通常落在業務經理的身上；負責的各項

任務包括：（1）銷售人力的配置與職能；（2）銷售規劃；以及（3）評估銷售績效。銷售管理的內容要比準備銷售計畫來得廣泛。

銷售人力的配置與職能

1．召募、挑選、與訓練

首要工作便是雇用有才幹的人員來擔任各項職務。銷售職務基本上可分為三大類：

　　a．**訂單爭取者**　這些也就是業務代表。他們便是負責銷售過程的人員。他們必須尋找顧客與確認其資格，做好業務拜訪的事前準備，簡報與展示各項服務，處理各種異議與問題，完成銷售，以及執行銷售後的追蹤。他們的主要工作之一，便是以具有說服力的方式來促銷組織的各項服務。在餐飲旅館與旅遊業，這些業務代表的大部份時間，都花費在田野拜訪、以及某些電話銷售上。

　　b．**訂單處理者**　訂單處理者也就是所謂的內部銷售人員；在我們這個行業，這些人的工作在編制上或許不是歸屬銷售部門。例如餐廳的服務生，速食通路中的服務人員，旅館內的櫃台人員，航空公司的機票代理商，以及旅行社、旅館、汽車出租公司、遊輪公司、旅遊批發商、與航空公司的預約訂位人員等。他們的主要任務是接受預約、訂單、或詢問，以及處理這些預約或提供購買的服務。

　　雖然這些人在主動說服的責任上，與業務代表必須承擔的程度有所不同，但他們必須接受內部銷售技巧的良好訓練；例如建議式銷售、或順勢銷售等。此外，再次重覆先前曾提過的一項關鍵重點：這些人員提供的服務品質－即使他們只是透過電話與顧客聯繫，將有助於「銷售」往後、重覆的生意。

ｃ．支援人員　　第三類則包括那些通常稱爲「宣導人員」
或「銷售工程師」的銷售人員；他們直接由銷售部門聘用。宣導
人員的工作，是把關於各種新服務的資訊傳送出去，並對這些服
務的特色進行敘述。他們並不需要像業務代表去從事銷售簡報。
銷售工程師則是指那些具備特定技術知識的人員，在必要時，會
伴隨業務代表一同進行業務拜訪。

與包括高科技產品（例如製藥業）的製造商在內的其它產
業相較下，餐飲旅館與旅遊業在這類支援人員的運用，顯然少了
許多。在這個行業，與宣導人員最接近的一種狀況，是那些拜訪
各旅行社，試圖讓這些旅行社「轉移陣線」，說服更多客戶使用
其所屬的航空公司、汽車出租公司、旅館或渡假中心、遊輪公司、
套裝產品或旅遊行程、以及其它旅遊服務的業務代表。這些業務
代表雖然時常進行銷售簡報，但他們通常都不會刻意去完成交
易。因爲在這種情況下，與客人們完成交易是旅行社的任務。

那麼，組織應該由何處找到這些人員呢？尋找新進銷售人
員的管道包括：組織內部的人員，其它相關組織（例如競爭者，
顧客群，其它供應者、運輸業者、旅遊業、或目的地行銷組織），
餐飲旅館與旅遊學校，職業仲介顧問與職業簡報所，以及自願性
的應徵者。在餐飲旅館與旅遊業，直接雇用來自各大專院校、並
無任何銷售經驗的社會新鮮人來擔任必須進行田野拜訪的業務代
表，這種情況尚不多見。較常見的實務是：讓這些剛入門的新鮮
人擔任訂單處理者，然後再以內部晉昇的方式將適任者提昇爲業
務代表。此外，雇用來自競爭對手與相關外界組織的銷售人員，
也是相當普遍的作法。舉例來說，拜訪各旅行社的業務代表，有
許多人原本就是在旅行社工作。由於近年來日益強調行銷及銷售
的重要性，使得許多餐飲旅館與旅遊組織也開始雇用在其它行業
具有銷售經驗的人來擔任業務代表。

成功的銷售人員，應該具備哪些特質呢？長久以來，人們

都一直認為：必須天生具有銷售才能，而且這些必備的技能是無法經由後天學習而獲得。事實上，這種情況已經改變了。許多人都寫過關於如何判定人員銷售是否能夠成功的著作，但下列這三項特質似乎才是決定性的關鍵所在：

1. **銷售性向**：指執行某項特定銷售工作的能力範圍；係由下列要素組成：

   * 心智能力（例如：整體的智力，口語的溝通技巧，智力，心智的推理能力，以及數學方面的能力等）。

   * 人格特性（例如：體諒，自我驅策，社交性等）。

2. **技巧水準**：指人際溝通的各項技巧，以及各種服務的知識；可透過下列途徑獲得：

   * 銷售訓練。

   * 先前的銷售經驗。

3. 個人特徵：

   * 人口統計上的特徵，包括教育背景。

   * 心理圖析與生活型態上的各種特徵。

   * 身體上的外貌與特性。

關於一個人在人員銷售方面是否具有成功的潛力，這些要素通常都可提供良好的指引，但並不是成功的絕對保證。根據研究顯示，目前並沒有任何一套關於身體上的特徵、心智上的能力、以及人格上的特性之標準，可用來預言在所有的銷售狀況中都可以做到無往不利。分派的實際任務、以及在何種產業「環境」下運作，對於銷售人員的成功具有更大的決定性。舉例來說，某個人在負責訂單處理工作時，或許有相當傑出的表現，但在擔任田野拜訪的業務代表後，每次的結果可能都是鎩羽而歸。同樣地，當一位田野拜訪方面表現極為傑出的業務代表被調派為內部銷售人員後，也可能會出現相同的情況。此外，研究也顯示：在召募

業務代表時，挑選那些能夠與顧客的特徵相契合的人員，結果並不見得會特別有效。

若要使人員銷售的成功持續下去，各種銷售訓練計畫是相當重要的。對於新進與現有的銷售人員，這類計畫的典型目標包括以下各項：

- 降低銷售人員的流動率。
- 改善與現有顧客及潛在顧客之間的關係。
- 提高士氣。
- 產生各種更有效率的時間管理技巧。
- 改善對於銷售人員的掌控能力。

由於田野銷售必須付出高昂成本，使得上述最後兩項目標在銷售成本的控制方面，扮演了關鍵性的角色。

針對新進人員的銷售訓練計畫，主題通常都會包括下列各項：對組織、所屬產業、與目標市場做一熟悉，對提供的各種服務、以及責任區的管理（如果適於這麼做的話）做一詳細敘述。訓練中可能使用到方法包括：演講、討論、實例說明、角色扮演、錄影帶、在職進修，或構成的組合。

２・領導、激勵、與報酬

就像其他經理人員一樣，業務經理也必須是有效率的領導者，而且還要獲得所有銷售人員的的敬重與信任。業務經理必須對各種激勵理論（第四章討論過）有所了解，並提供各種金錢上與非金錢上的獎勵，讓銷售人員的動機永遠都維持在巔峰狀態。銷售人員表現出來的熱誠，很快地就會傳染給現有顧客與潛在顧客。金錢上的獎勵包括：薪資與佣金，以及例如免費渡假、保險計劃、與各種「福利」。在我們這個行業，免費旅遊也是一種相當重要的「福利」，尤其是對旅行社及航空公司的員工而言，更是如此。至於非金錢上的報酬包括：各種獎賞／酬謝計畫，以及工作上

的昇遷機會。

　　至於金錢上的報酬，有許多不同的選擇。「固定薪水制」指支付固定的薪水，沒有任何的佣金。根據研究顯示，所有的服務機構－包括那些在餐飲旅館與旅遊業的服務組織，對這種方法特別青睞。由於我們這個行業中進行的田野拜訪，有相當高的比例以旅遊業為對象，而並非以最後的顧客為目標，因此這種固定薪水的報酬方式也就顯得名正言順。此外，這也是一種最適合內部銷售人員的方法。第二種是所謂的「佣金抽成制」，完全以銷售成果來做為支付報酬的基礎。在餐飲旅館與旅遊業，這種方法相當少見。雖然如此，最常見的一種則是旅行社雇用的「外勤銷售人員」，他們係根據創造的業務量賺取佣金。這類佣金抽成制，最適合那些規模較小、無法負擔成立銷售部門所需成本的公司，以及那些並不需要進行太多「宣導」銷售的小型企業。

　　第三種、也是最普遍的方法，是所謂的「組合方式」，即基本薪資加上佣金與／或紅利。「佣金」與銷售人員創造的業務量或利潤有直接關係；而「紅利」則是在達到事先設定的銷售量與利潤、或達到「銷售配額」後的支付。第三種方法最適合銷售以最後的潛在顧客為對象、以及銷售成果主要來自業務代表的遊說努力。

　　另一項可運用的動激因子，是針對銷售人員的銷售促銷。我們在第十六章曾強調過，若想達成各種短期目標，促銷活動通常都可發揮相當顯著的效果，但且我們並不建議把這些促銷使用於長期性目標上。在激勵業務代表更加努力時，各種形式的競賽是相當常見的作法。尤其是當組織企圖達到下列目標時，這種競賽的作法更會經常運用：（1）爭取新的顧客或旅遊業的「通路」，（2）提昇某些特定服務的銷售量，（3）使每次的業務拜訪都能產生更大的銷售量，（4）在淡季時擺脫低銷售量的夢魘，以及（5）將各種新的設施或服務導入市場。我們在第七章中所提

「以獎勵旅遊做爲傑出銷售績效之獎賞」的作法，有日漸吃重的趨勢；當然，這種作法也可用來做爲那些銷售競賽獲勝者的獎勵。

非金錢的「報酬」在激勵銷售人員的作法中，也和激勵大部份員工時扮演的角色一致，都具有相當重要的份量。一般而言，它們包括由業務經理在正式的銷售人員集會中頒發的各種証書、區額、或獎杯。

3‧監督與掌控

對業務經理來說，要對銷售人員－尤其是那些從事田野拜訪的業務代表－實施監督與掌控，困難度遠高於大部份的其他經理人對手下員工的監督及掌控。與母公司的營業場所相距甚遠，經常性的離家出差，高度的獨立性，以及爭取最高績效的持續壓力，都會使監督的工作顯得更爲複雜。銷售人員在費用上的浮報，以及高於平均水準的酗酒比例，是監督上相當常見的兩項問題。

業務經理可運用的監督方法與技巧，包括：與個別的銷售人員定期舉行面對面的會議，透過電話進行交談，業務拜訪的報告與其它書面通信，各種報酬計劃（尤其是與佣金及紅利有關的計劃），銷售責任區，銷售配額，費用支出，以及銷售管理的審核。至於業務會議、集會、或「激勵大會」等，也提供另一種相當不錯的機會，來實施銷售人員的訓練與進行其它的溝通。在北美洲地區所舉行的所有會議與集會，這種類型便佔了相當高的比例。

所謂的**銷售責任區**指分派給業務代表或分公司負責的特定區，通常以地理性做爲基礎。當然，這些區可以根據地理性、顧客群、服務或產品、或上述三者的某種組合爲基礎。對那些以服務地方市場爲訴求的小規模組織而言，例如大多數的餐廳及旅行社等，通常都不需要設定這類的責任區。然而，對那些以服務區性或全國性市場較大型企業，銷售責任區能夠帶來下列各項利

益：

1. 降低銷售成本。
2. 改善對業務代表的監督、控制、與評估。
3. 適當的涵蓋所有的潛在市場。
4. 改善與個別顧客之間的關係。
5. 提高銷售人員的士氣與效率。
6. 強化對銷售結果的研究與分析。

　　如果各位對人員銷售所能產生的各種利益記憶猶新的話，必定很快能瞭解責任區的銷售管理具有的優點。在上述這些利益中，有兩項以精確地鎖定目標、以及培養與潛在顧客之間的關係為主。對那些有效率的業務代表來說，他們在自己的責任區內擁有足夠的時間，來使他們與顧客、以及旅遊業合作夥伴之間的關係獲得更強化的發展。在北美洲的全國性航空公司，大部份以這種方式來組織業務人員。至於區性的經理人，則會在某個「運輸中樞」或主要機場內的區性總部，對業務代表構成的小組進行監督。

　　另一項主要優點是銷售人員的出差費用能夠達到更高的效率。派遣一位業務代表到某特定的地理區，與分別派遣兩位或更多業務人員到同樣的區，花費很明顯降低許多。

　　所謂的「**銷售配額**」指定期針對業務代表、分公司、或地區所設定的各種績效目標。這些目標有助於業務經理來對所有業務人員實施激勵、監督、掌控、以及評估。這類的配額可以根據銷售量，活動次數（例如在某段時間內進行的業務拜訪總次數、針對新的銷售潛在顧客所做的拜訪等），財務成果（例如創造的毛利或淨利），出差費用與銷售量之間的比率，或上述這些方式構成的某種組合為基礎。除了這些由人力資源的觀點顯而易見的各項利益之外，配額也可以反映出下列各項事實：並非所有責任

區都完全相同，以及對於所有營業據點或業務代表，並不能期望他們的績效都完全達到相同的水準。

銷售規劃

　　銷售規劃的精髓乃在於銷售計畫，是業務經理運用銷售人員所提供的資訊，定期性準備的一份計劃。它的內容與廣告計劃、銷售促銷／展售計劃、以及公共關係計劃的內容相當類似。銷售計畫應對人員銷售的目標、銷售活動、以及銷售預算等都有詳盡的敘述。通常它與其它促銷計劃的不同之處，只在於銷售人員的責任、負責區、以及配額等部份。對於那些規模較大的組織，通常會把所有的廣告、銷售促銷、以及公共關係的工作，全都外包給外部的代理商及顧問公司來負責。只有編制在銷售部門的「內部」促銷人員，才是這些組織必須直接考慮的對象。

1‧銷售量的預測

　　人員銷售的目標，通常以下列方式設定：在期望的銷售水準下，所能夠產生的銷售量或其它的財務目標（例如毛利或淨利）。然而，銷售量的預測並不是人員銷售的唯一目標；各種非財務目標也相當重要。它們包括活動的各項目標，例如業務拜訪的次數、新潛在顧客轉為實際顧客的數量、或對客戶詢問完成圓滿答覆的數量等。

　　這種銷售量的預測對那些不屬於銷售部門的其他人來說，是相當有用的資料。事實上，它對整個組織而言，可說是一種關鍵性的規劃工具。預期的銷售水準會對其它部門的人力配置與財務來源，造成某種程度的影響。

２．銷售部門的預算

由於人員銷售的成本相當高，因此這項預算在規劃與掌控銷售活動就扮演關鍵性的角色。基本上，銷售預算係由下列各部份組成：

1. **銷售量的預估**：指某段即將到來的期間內，預期的費用與／或銷售量。

2. **銷售費用的預算**：指銷售人員的薪資、福利、佣金、紅利、以及出差費用。

3. **銷售的管銷預算**：指銷售部門所屬的區域及總公司所需的薪資、福利、以及行政管理成本。

4. **廣告與銷售促銷的預算**：指花費在各種促銷活動（例如競賽、各種酬謝與獎賞計劃），以及直接用來支援各種銷售活動的廣告之費用。這些費用通常也會在廣告及銷售促銷預算中加以確認。

３．分派銷售責任區及配額

一般而言，業務經理是根據整體的銷售量預估，設定以金額為基礎的各項配額。他們會使用已往的責任區績效與市場指數（market index；指以兩種或多種與某個市場有關的要素為基礎，所獲得的某個百分比）構成的組合，將配額分派給每一個責任區。

評估銷售績效

銷售管理的第三種功能，便是測定及評估銷售績效。但是，想要改善組織的人員銷售活動時，這種銷售管理的審核應該列為第一個階段來考慮，而不該視為一系列步驟的最後一個階段。

銷售管理的審核，指對銷售部門的各項政策、目標、活動、人員、以及績效的定期分析。「銷售分析」則是最常被用來代表績效

評估的術語。我們可藉由對整體的銷售量或責任區達成的銷售量，服務或設施的類別，或顧客群進行考量，來完成這項分析。在進行評估時最重要的基礎之一，便是把實際的成果和銷售量的預估及預算加以對照，以做出最後的判斷。

餐飲旅館與旅遊業的人員銷售

在餐飲旅館與旅遊業裡，人員銷售是經常使用的方法。最後，我們以摘要方式把幾項重點做一彙總。

1．人員銷售的重要性各有不同

對於所有餐飲旅館與旅遊組織而言，人員銷售的重要性並不是完全相同。那些規模較小、較偏重地方性的企業，會傾向於把銷售活動侷限在內部銷售上。大部份的餐廳與許多旅行社，都屬於這種類型－即業界的零售部份。

人員銷售在促銷組合的重要性，會隨著組織的規模大小，目標市場的地理範圍，以及組織對於旅遊業與能夠對團體旅遊行為產生影響的其他那些決策者的倚賴程度而遞增。擁有負責田野拜訪之業務代表小組的組織，大部份屬於下列這些類型：

- 旅館、汽車旅館、渡假村、會議中心、以及其它住宿業。
- 會議與遊客服務局、以及會議／交易展覽中心。
- 航空公司、遊輪公司、鐵路客運公司。
- 汽車出租業者。
- 獎勵旅遊的規劃公司。
- 全國與州政府的觀光促銷機構。

此外，其它一些組織也會運用到銷售人員。他們包括某些

旅行社、旅遊批發商、以及巴士旅遊的經營者。

2・內部銷售與服務水準的關係密切

在這個行業，要把提供給顧客的高品質服務與內部銷售做一明確劃分，實在相當困難。就如第十一章強調的，服務的品質可以決定顧客的滿意度。雖然建議式銷售屬於人員銷售的一部份；但是在創造顧客滿意度與重覆使用時，高品質的服務或許更爲重要。

3・關於銷售人員的任用並無廣泛被接受的資格標準

在餐飲旅館這個行業，銷售人員通常並不是毫無經驗者就能擔任的職務。能夠成爲業務代表之前，必須對營運或預約的相關作業相當熟悉。理由是：唯有在組織中經歷過某項指派工作的實際操作之後，才可能對「產品」、現有顧客、以及潛在顧客有更深入的瞭解。

　　但是，這個行業面臨的一項嚴重問題是：對於行銷人員與銷售人員的雇用，缺乏廣泛接受的認定資格或標準。在此同時，完全專注於餐飲旅館與旅遊之銷售及行銷的教育指導計畫，目前也並不多見。因此，整個業界、以及各種公會，必須針對這方面建立一套標準化的原則才是。

4・「宣導」工作的重要性

第十三章已對旅遊業中介者扮演的重要角色，做過特別的強調。某些中介者本身就是決策者，而其它的一些中介者則是決策的影響者。舉例來說，團體旅遊的經理人、以及會議／集會的計劃者，便是屬於「決策者」。至於零售旅行社、旅遊批發商、以及獎勵旅遊的計劃者，則屬於「決策的影響者」。對這兩種中介者使用的銷售方法是不同的。對決策的影響者來說，讓他們接受、並獲得最新的資訊－也就是執行「宣導」工作－可說最重要；但

是對決策者而言，採取說服式的銷售則更為恰當。由於各種服務、費率、價格、以及設施的急遽變動，使宣導的工作在我們這個行業變得相當重要。

本章摘要

在爭取銷售量方面，沒有任何方法比執行人員銷售更為有效。與拒絕來自廣告或銷售促銷活動所傳播的非個人訊息相較下，要斷然拒絕面對面的親自簡報顯得困難多了。雖然如此，人員銷售－尤其是田野拜訪的銷售活動－在費用上相當昂貴。審慎管理各種人員銷售的活動（即銷售管理），實具有攸關成敗的影響力。銷售計畫便是銷售規劃與銷售管理的精髓所在。

在銷售過程中，遵照各種循序漸進的方法來執行，通常都可以產生最佳的成果。這必須靠事先的規劃、使用各種有效的簡報技巧與方法、以及後續的追蹤，才能達到預期的目標。這些技巧是可以經過學習而擁有；不再是某些「天生的」業務人員才具備的能力。

問題複習

1. 本章中對於「人員銷售」與「銷售管理」這兩個術語如何定義？
2. 人員銷售在餐飲旅館與旅遊服務的行銷中扮演何種角色？
3. 人員銷售有哪三種類別？
4. 在進行人員銷售時，可供使用的五種策略分別為何？它們之間有哪些不同？
5. 銷售過程可分為哪些階段？階段之間有何關連？

6. 完成銷售時可供使用的七種策略分別爲何？與每種策略有關的是什麼？

7. 銷售管理具有哪些功能？

8. 「有效的銷售必須具備某些特定的天賦才能。」你認爲這句陳述是否正確？請說明你的答案，並舉出成功的銷售人員應具備的特徵做爲佐証。

9. 銷售計畫扮演何種角色？應該涵蓋哪些內容？

10. 餐飲旅館與旅遊業中的人員銷售，與其它行業是否有任何不同之處？請說明你的答案，並舉出我們這個行業在銷售方面的四種獨特特徵。

本章研究課題

1. 選擇你在餐飲旅館與旅遊業最喜愛的一個組織，並安排一天與該組織的某位銷售人員共同進行田野拜訪。在這天結束之後，對這位銷售人員的績效進行評估。這位業務代表是否遵循銷售過程所述的各個階段？這位業務代表是否成功地達成目標？你是否注意到有任何完成銷售的情況出現，他使用哪一種結束策略？這位業務代表使用的方法中，你最欣賞的有哪些？你覺得最反感的又有哪些？對於這位業務代表使用的方法與技巧，你是否可做出某些改進？你要如何做？

2. 選擇一家旅行社、旅館、或餐廳，並安排一天去觀察該組織在內部銷售與電話銷售所使用的程序。這天結束後，對該組織在這兩個領域所使用的銷售技巧進行評估。該組織對於所有內部銷售與電話銷售的潛在機會，是否已做到最完全的利用？或員工在這些領域上，還必須接受更進一步的訓練？你是否見到任何順勢銷售或建議式銷售的實際証明？你有哪些

建議可提供給該組織的管理階層，以使這兩個領域的銷售情況能夠提昇？

3. 假設你被某家餐飲旅館與旅遊組織聘為新任的業務經理。請寫出你個人對這項職務的工作內容敘述。你認為自己必須承擔的責任有哪些？你會使用哪些程序來處理（1）銷售人力的配置與職能，（2）銷售規劃，以及（3）評估銷售績效？請在內容上儘可能明確。

4. 你在某家餐飲旅館與旅遊組織中擔任業務經理。請針對那些進行田野拜訪的業務代表，準備一份書面的指示，並在內容上儘可能地明確。關於尋找潛在顧客、以及確認其資格方面，你概述的階段有哪些？你將會使用何種廣告與促銷組合，來支持這些業務代表？

第十八章

公共關係與宣傳

研讀本章後，你應能夠：

1. 定義公共關係與宣傳這兩個術語。
2. 說明公共關係與宣傳在餐飲旅館與旅遊行銷中扮演的角色及重要性。
3. 列舉餐飲旅館與旅遊組織所服務的群眾。
4. 敘述發展公關計畫的各個階段。
5. 確認與敘述公共關係與宣傳的各種技巧及工具。
6. 說明與媒體發展良好關係的各個階段。
7. 敘述公關顧問扮演的角色，並說明公關顧問能帶來的各種利益。

概論

　　在這個具有代表性的年代裡，所有餐飲旅館與旅遊組織都會與各式各樣的群體及個人往來。由於提供的是各種無法觸知的服務，而且對口碑廣告倚賴極深，因此與所有這些外部人員維持正面良好的關係，重要性自然不言可喻。本章以定義「公共關係」及「宣傳」這兩個術語為開始，接著說明它們在餐飲旅館與旅遊業具有的重要性，然後再確認公共關係與宣傳活動的各個目標－也就是所謂的「群眾」。

　　本章亦對準備公關計畫應遵循的程序、以及可供使用的各種技巧及媒體工具，提供概要說明。此外，本章也檢視各種媒體組織的架構、以及如何與這些組織的關鍵人物建立良好關係。至於專業化的公關顧問扮演的角色、以及他們能夠帶來的各項利益，也在本章的審視範圍之內。

關鍵概念及專業術語

社區參與（Community Involvement）
專欄報導（Feature Stories）
媒體（新聞）百寶箱〔Media（Press）Kits〕
媒體工具（Media Vehicles）
記者招待會〔Press（or News）Conferences〕
新聞稿〔News（Press）Release〕
新聞價值（Newsworthy）

開幕前的公共關係（Pre-opening Public Relations）
宣傳（Publicity）
公共關係（Public Relations）
公關顧問公司（Public Relations Consultants）
公關計畫（Public Relations Plan）
群眾、大眾（Publics）

你是否曾經對你不認識或任何一位你不喜歡的人，表現出相當親切友善的態度？你這麼做的用意是什麼？為何要刻意投入這些時間？你是不是因為發現到與這些人維持良好的關係，將會為你帶來某些長期性的利益？或你已經體會到：如果你在日後還打算回到原點的話，那麼「過河拆橋」就不是一種可取的作法。雖然你可能對此一無所知，但事實上你已經在使用自己本身的品牌進行公共關係。當你想到這種作法時，你正扮演著自己的「私人外交官」。

讓我們再從另一個更寬廣的角度來思考；你是否曾聽過下列這些說法：「那不過是一種公共關係而已」，或「那不過是一種宣傳手法罷了」。你所聽到的這些，都是對那些「組織的外交人員」－他們是負責協調統合各種公共關係與宣傳活動－所做的負面陳述。對大部份不屬於行銷的人們來說，似乎對公共關係的角色有所誤解。這些人幾乎都把公共關係與宣傳視為隱藏公司的祕密、或產品及服務的拙劣品質為目的之「障眼法」－也就是巧妙操縱媒體與社會大眾而採行的促銷活動。

雖然這是常見的認知，但對於促銷組合最後這項要素而言，卻是短視及誤導的看法。事實上，公共關係與宣傳是極具價值、而且非常重要的活動，它有助於確保所有餐飲旅館與旅遊組織在激烈競爭下能長期生存。

公共關係、宣傳、與促銷組合

定義

「公共關係」是指某個餐飲旅館與旅遊組織，為了維持或改善自己與其它組織及個人之間的關係而採行的所有活動。「宣傳」則

是公共關係的諸多技巧之一，是指與某個組織的服務有關，但不需要付費的各種資訊之傳播（例如新聞稿與記者招待會）。

公共關係與宣傳和其它四種促銷組合要素完全不同；因為當組織使用這項要素促銷時，必須完全放棄對這項促銷的主控權。除了這項缺點之外，對任何規模的組織而言，公共關係都是成本相當低廉、而且大家都有能力負擔的促銷工具。具有相當高的說服影響力，則是公共關係與宣傳另一項主要優點，因為人們通常不會視之為「商業化的訊息」。

首先對促銷組合做一規劃

首先應該瞭解的一點是：公共關係與宣傳並不能取代廣告、銷售促銷、商品展示、或人員促銷。公共關係的現代化見解也強調：它並非一種選擇性的行銷活動，而是每個組織－不論規模多小－都必須參與的活動。公共關係會受到其它四種促銷組合要素的影響，反之亦然。然而這種關係剛開始時，並不像廣告與銷售促銷之間的關係那麼顯而易見；舉例來說，良好的公共關係可以使廣告、銷售促銷、商品展示、以及人員促銷變得更加有效。但是，管理拙劣的公共關係，通常也會帶來相反的影響。同樣地，這段簡短說明也是要向各位証明一件事：所有這五種促銷組合要素，在規劃時必須合而為一、不能個別單獨為之。

公共關係與宣傳所扮演的角色

在行銷及促銷組合中，公共關係與宣傳扮演的究竟是何種角色呢？現在先回顧第二章提到將服務與產品導入市場時的三種相異處：服務具有無法觸知性，服務具有較高的情緒性購買吸引力，以及服務更強調帶給顧客的形象與意像。在第四章，敘述各種社會來源的「口

碑」資訊，對於餐飲旅館與旅遊組織具有高度的重要性。別人的觀點對於正在選擇餐飲旅館與旅遊服務的顧客而言，的確具有高於平均值以上的影響力。顧客在購買這些服務之前，並無法進行測試。親朋好友、公司同事、意見領袖、以及例如旅行社之類的專業顧問，都是顧客所高度倚賴的各種「社會性」意見來源。各種公共關係活動之目的就是要確保這些意見對組織有利。因此，在餐飲旅館與旅遊業，公共關係與宣傳扮演的三項最重要角色是：

1 · 維持一種正面的「群眾」地位

公共關係的主要功能，是為了保証能夠和組織直接接觸（例如顧客、員工、其它餐飲旅館與旅遊組織）及間接接觸（例如媒體、教育機構、地方上的一般民眾）的個人與群體，保有持續、正面的關係。凡是在目前、或未來能夠對組織的行銷成就具有某種影響力的所有個人及群體，全都包括在內。

2 · 處理負面的宣傳

當組織試圖強調營運上的所有正面優點時，不論如何殫精竭慮，在整個過程中必定都會遭遇到負面宣傳的經驗－即使發生的次數並不多。例如：餐廳遭到客戶食物中毒的申訴，旅館發生祝融之災，旅行社的顧客被運輸業者「放鴿子」，航空公司的墜機意外，或公司的服務品質在媒體的評等報導中列為不合標準。對所有服務業的組織而言，由於這類口碑資訊來源具有極高的重要性，組織特別容易因為負面宣傳而受到傷害。某位作者曾說過：公共關係可分為兩種不同的面向－主動性（proactive）與反應性（reactive）的公共關係。在「主動性」這方面，採取的各種措施都是為了創造正面、有利的公共關係。至於反應性的公共關係、或稱為「易受抨擊的關係」（vulnerability relations），則是指如何處理各種負面、不利的公共關係。這種「反應性的公共關

係」，其關鍵在於擁有一套制度可用來處理這些大家所不願見到的狀況，並已想好藉由哪些方法來處理這些狀況。

3・強化其它促銷組合要素的效果

第十七章，將促銷組合比喻成一道使用適當材料、並以正確比例調製的美味佳餚。在許多情況下，良好的公共關係管理也可以使其它四種促銷組合要素變得更加「美味可口」。有效的公共關係可以藉由讓顧客對廣告、銷售促銷、商品展示、以及人員促銷所傳播的說服訊息產生更高的接納度，而達到為這四項要素披荊斬棘的作用。它可以讓這些以說服為訴求的促銷活動，具有更高的可能性通過顧客的認知防線。

餐飲旅館與旅遊業的羣眾

在公共關係中「公共」這個字眼，所指的究竟是什麼意思呢？它是否意味著一般大眾？如果是的話，那這個令人難以捉摸的用詞又有什麼意義呢？這些問題的答案是：公共關係會牽扯到與各式各樣的群體及個人之間的溝通、傳播、以及其它各種關係，而這些群體及個人則包括內部的與外部的。所謂的群眾（或大眾），是在稱呼那些與某個組織具有互動關係的所有相關者時，所使用的簡便名稱。管理組織與所有「群眾」之間的各種關係與溝通傳播，是有效的公共關係之基本要件。餐飲旅館與旅遊業的群眾，可分為下列兩大類：

內部的群眾：

1. 員工與員工家屬。
2. 工會。
3. 股東與所有人。

外部的群眾：

4. 現有顧客與潛在顧客。

5. 其它互補的餐飲旅館與旅遊組織。

6. 競爭者。

7. 業界團體。

8. 地方團體。

9. 政府部門。

10. 媒體。

11. 金融團體。

12. 餐飲旅館與旅遊學校。

1 · 員工與員工家屬

如果在組織中的所有經理人與員工身上，都繪有一幅組織的企業標誌、或貼有一張組織的廣告時，那將會產生多大的影響力？與所有員工及他們的家屬維持良好的關係，就彷彿擁有許多「會說話的活動看板」。這些人會把他們對於組織的熱誠，傳遞給遇到的其他人。良好的人力資源管理不僅能夠產生滿意度更高的員工，而且還能使行銷的效果大幅提高。

2 · 工會

在餐飲旅館與旅遊業，許多都有工會組織；因此，管理階層必須盡力與這些由員工組成的團體維持和諧的關係。在証明這一點的重要性時，各位不妨想想工會與管理階層意見不合而讓航空公司面臨的窘境，或旅館業者因為工會團體罷工而造成的不便與損失。這類事件對於公司的業績、以及「顧客信心」，都會產生災難性的短期衝擊。在 1979 年，聯合航空（UA）便因為一場自四月份開始、為期六十天的罷工行動，而蒙受相當慘重的損失。

在這次罷工結束、重新開始營運後的三個星期內,該公司靠著提供每位乘客一張在 1979 年七月至十二月間搭乘聯合航空班機可享半價優惠的折扣券,才使其業績回復原先的水準。

3‧股東與所有人

所有企業都必須對它們與股東及其它合法參與者之間的關係,表現高度的關切。這些人指望公司能夠爲他們的投資帶來相當的報酬,但他們也必須因爲自己與公司之間的這種關係感到驕傲才對。對非營利性組織與政府機構來說,這種狀況就有些微的不同。例如公會與基金會之類的非營利性組織,就必須與所有的會員、貢獻者、或是捐助者保持良好的關係。政府機構則必須關心他們在所有市民、以及政治人物心中的形象。

4‧現有顧客與潛在顧客

行銷之實施主要是爲了現有的顧客與潛在的顧客。因此,與他們保持適切的關係不只是明智的作法,也是不可或缺的。

5‧其它互補的餐飲旅館與旅遊組織

第十三章介紹了旅遊業中介者對於供應者、運輸業者、以及目的地行銷組織的重要性。除了將顧客與供應者、運輸業者、以及目的地行銷團體做一連結之外,旅遊業團體也是餐飲旅館與旅遊組織促銷上的重要目標。另外,旅行社、規劃獎勵旅遊的公司、以及旅遊批發商等「具有影響力」的中介者,也必須與供應者、運輸業者、以及目的地行銷組織維持良好的關係。因此,這個行業的公共關係,是一種雙向的過程。

6‧競爭者

爲何要對競爭者表示關切?他們不正是我們處心積慮、想要除之

而後快的眼中釘嗎？沒錯，這種說法通常都是正確的；但是在某些情況下，彼此合作反而更能帶來長期的利益。有些時候，原本是相互競爭的組織也必須攜手合作，才能夠滿足特定客戶的需求（例如：某個需要數家旅館提供客房的大型會議團體）。為了解決某項可能會為所有競爭者帶來負面衝擊的問題時，共同的努力與規劃是有其必要的（例如：一個機場的關閉，打算拆除一棟深具歷史意義的重要建築物，或準備開徵某項新地方稅捐的提案等）。換言之，我們應該避免與競爭對手處於一種水火不容的敵對狀態。與競爭者之間的各種溝通管道應該保持暢通，如此才能發掘未來對雙方都有利的各種領域。

7 · 業界的團體

餐飲旅館與旅遊業，存在數量相當龐大的各種業界公會或協會；第十章已對大部份的這類組織做過陳述。這些公會或協會為會員們提供許多重要的服務－例如：針對不利的立法案進行遊說，提昇專業技術水準，將該行業的重要性告知其它團體，以及舉辦定期性的會議與交易展覽等。對組織而言，至少應該參加一種主要的業界公會。從公共關係的角度來看，組織如果能夠表現更主動，那是最好不過了。舉例來說，企業的經理人或許可以在公會內擔任某種職務，或在各種研討會與會議中擔任演講者。

8 · 地方團體

對許多餐飲旅館與旅遊組織－包括大部份的旅行社與餐廳、以及許多旅館在內－而言，他們在客源上極度倚賴營業場所附近的地方性團體。至於其它的組織，例如會議與旅客服務局等，則必須擁有極強的民眾與政治支持，才可能獲得成功。對我們這個行業的大部份組織來說，扮演積極主動而高度關切的地方團體成員是必要的。一般而言，這也意味著組織的管理階層應該參加各種地

方公益團體與公會，例如：商業公會、會議與旅客服務局，以及諸如扶輪社、獅子會、與 Kiwanis 之類的服務俱樂部。

傑出案例
公共關係：
麥當勞企業的「羅蘭麥當勞之家」

「羅蘭麥當勞之家」（Ronald McDonald House）這項計畫，是持續性的公共關係活動。這項計畫可歸屬於「社區參與」的範疇，麥當勞企業與旗下的經銷商則是這項計畫的熱心擁護者。此一家喻戶曉的計畫始於 1974 年，在費城金鷹橄欖球隊的協助下，於費城設立了第一所羅蘭麥當勞之家。這個構想來自費城金鷹隊的前任後衛球員佛烈德·希爾（Fred Hill），並得到麥當勞在費城之經銷商的廣告代理人－愛克曼廣告公司（Elkman Advertising）創意上的大力協助。佛烈德·希爾的愛女 Kim，因為患有白血球過多症而必須接受住院治療；因此，他希望能夠對那些有同樣狀況的其它家庭提供一些幫助。這家在費城當地的經銷商，透過一項名為「荷蘭翹搖奶昔」（Shamrock Shake）的促銷活動，為第一所羅蘭麥當勞之家籌募了四萬美元的基金。第二所羅蘭麥當勞之家在 1977 年、於麥當勞的大本營－芝加哥地區正式啓用。至於設立第二所羅蘭麥當勞之家所需的資金，絕大部份也是由當地的麥當勞經銷商透過名為「橙色奶昔」（Orange Shake）的促銷活動籌措而得；橙色是芝加哥黑熊橄欖球隊使用的顏色之一。當然，在這項促銷活動的過程中，芝加哥黑熊橄欖球隊也助了一臂之力。到了 1995 年，分佈於美國、加拿大、英國、澳洲、紐西蘭、香港、巴西、法國、德國、荷蘭、奧地利、瑞士、以及瑞典等地的

羅蘭麥當勞之家，總數已高達一百六十五家之多。

　　這個案例之所以值得一提，原因在於那些罹患重疾、需要住院治療的孩子們，以及他們的家人。對那些生病的孩子們和他們的家人而言，任何一所「羅蘭麥當勞之家」都是孩子們接受治療時的「住處」。雖然許多人都對羅蘭麥當勞之家並不陌生、而且也知道它提供的各種服務，但大部份的人對於羅蘭麥當勞之家的成立方式不是很清楚。

　　羅蘭麥當勞之家是由地方非營利組織的志工團體來負責規劃、發展、以及經營。這些組織接受「羅蘭麥當勞兒童慈善基金會」所提供之創辦資金。羅蘭麥當勞兒童慈善基金會是為了紀念雷‧柯洛克（Ray Kroc），在 1984 年成立的。該慈善基金會資助補助金給包括羅蘭麥當勞之家在內的那些在健康看護與醫療研究、教育與美術、以及市民與社會服務等領域中對兒童們有所助益的各種團體。在 1984 到 1994 年間，羅蘭麥當勞兒童慈善基金會、以及它位於北美洲與世界各地的一百一十家以上的地方分會，對那些服務兒童們的非營利性組織，總共提供了一億美金以上的補助。在羅蘭麥當勞之家這項計畫中，申請的團體若想要取得資金補助，就必須符合下列各項標準：

1. 羅蘭麥當勞之家必須要有來自當地醫院的醫療顧問，而且這些顧問還必須在該處過夜，以因應那些住家與治療中心相距甚遠、並有小兒科病患之家庭的不時之需。

2. 必須要有一個志工團體，它通常是由那些子女患有嚴重疾病而必須接受治療、或子女正在附近醫院接受這類疾病治療的家長們組成的。此外，這個組織也必須有來自各種社區組織，當地企業、或市民領袖等其它志工願意參與。

3. 該項計畫必須獲得當地麥當勞經銷商的支持。

　　位於十三個不同國家、總數達到一百六十五家以上的羅蘭麥當勞之家，合計的客房數超過兩千五百間；每所羅蘭麥當勞之家的客房

數平均是十五間。規模最大的一處位於紐約市，共有八十四間客房；而最小的一處則位於俄亥俄州的青年鎮，只有五間客房已。羅蘭麥當勞之家都座落在一間大醫療中心附近。根據麥當勞的估計，在特定的期間裡，都會有二十家新的羅蘭麥當勞之家處於各種不同的發展階段。自 1974 年起，這些羅蘭麥當勞之家服務過的家庭總數，已超過兩百萬戶。麥當勞的各家經銷商與顧客，對於這些極具價值的計畫也做了相當可觀的貢獻；根據估計，在 1974 至 1994 的二十年之間，募集來支持這些計畫的資金就超過美金四千萬元之鉅。

在日常運作的監督方面，地方性的非營利團體會雇用一位房舍經理來負責。使用這些設施的家庭，如果有能力負擔的話，也會支付一筆由美金五元到二十元不等的小額每日捐款。這些捐款與其它獻金，全數做為羅蘭麥當勞之家的維修及改善費用，或做為抵押貸款的分期償還之用。此外，所有在羅蘭麥當勞之家住宿的家庭成員，都會扮演「臨時義工」的角色，共同分擔清掃、洗衣、烹飪、以及採購日常用品的工作。

麥當勞相信：這項「羅蘭麥當勞之家」計畫，是每個營業據點為社區「提供回饋」的具體反映。毫無疑問的，羅蘭麥當勞之家這項概念，是這個行業在社區參與方面的傑出實例之一。雖然麥當勞企業與所有經銷商對於正面的公共關係所能帶來的有利影響都瞭然於心，但我們仍不可忘記一件事實：這項羅蘭麥當勞之家的概念，在最初是由第三者提出的。

9．政府部門

各種不同層級的政府部門－包括市、郡、州或省、以及全國性的機構，都會對餐飲旅館與旅遊組織造成影響。遵守各種立法規定與管制措施，是不可忽略的基本原則。此外，把組織的各種發展隨時知會主要官員，以便與他們維持良好關係，也是相當重要的

一種作法。

１０．媒體

媒體－包括報紙、雜誌、電視、以及廣播電台－是各種宣傳活動的首要目標。與他們建立公開及誠摯的溝通，是公共關係最重要的功能之一。至於「媒體關係」這個主題，本章稍後再詳細探討。

１１．金融團體

銀行、信託公司、以及其它貸款經營業者，對大部份的企業與許多非營利組織來說，是短期與長期資金的重要來源。與目前的出借人、以及未來可能提供融資的其他團體保持正面的關係，重要性自然不在話下。

１２．餐飲旅館與旅遊學校

在北美洲地區，目前大約有五百家學院、大學、以及私人學校，以提供專業化的餐飲旅館與旅遊教育課程為主。這些學校涵蓋的範圍，由專門訓練旅行社訂位人員的學校，以至於在各大學開設的博士課程。餐飲旅館與旅遊組織，每一年都會更強調雇用那些在這個領域受過正式訓練及教育的新進人員。對這些組織來說，如果能夠獲得這類課程的學生與教授之青睞或正面口碑的話，將會相當有利。

規劃公共關係的各種活動

所有的餐飲旅館與旅遊組織，不論規模如何小，都必須有一份明確的公關計畫。就像廣告計畫、銷售促銷計畫、以及銷售計畫一

般，所有的組織都應該定期準備新的公關計畫，而且至少要每年更新一次。但是，由於缺乏明確的截止期限（這方面與廣告相同）、以及通常未指派某特定員工專門負責，使企業界忽略這項更新的機會。許多組織都錯誤地未賦予公共關係相當高的順位，只是以零星稀疏的方式來從事各種公共關係的活動；通常他們只把它用來做為反擊負面宣傳的一種工具而已。本章強調的重點之一是：不論組織是否擁有內部的公共關係專家，或使用組織外的顧問，或兩者都付之闕如，公共關係都必須是持續進行的活動。

在準備公關計畫時，會與下列九個階段有關，包括：

在規劃公共關係與宣傳時的各個階段：

1. 設定公共關係的目標。
2. 決定使用組織內部的公關人員或代理商。
3. 確定暫時性的公共關係與宣傳預算。
4. 考慮使用合作式的公共關係。
5. 選擇公共關係與宣傳使用的方法。
6. 選擇公共關係與宣傳使用的媒體。
7. 決定公共關係的實施時機。
8. 編列最後的公關計畫與預算。
9. 測定與評估公共關係的成敗。

設定公共關係的目標

著手進行任何計畫之前，都應該先有一套明確的目標。整體的行銷目標是依據目標市場來設定的（如果組織採取區隔化策略）。同樣地，在設定公共關係目標時，最好也是以組織的每一種「群眾」為依據。這種作法可以確保所有群眾都會持續受到關注。

一般而言，公共關係的目標是以告知爲訴求，將與組織有關的口頭、書面、或視覺資訊，提供給一種或多種群眾。它屬於一種「軟性銷售」（soft-sell）的促銷形式，主要以強化組織的形象爲目標。當某家餐廳決定改善在當地社區的形象時，就是設定公共關係目標的例子。同樣地，在設定公共關係目標時，最好採用那些可測定的目標－雖然實務上相當困難。這種作法是爲了在實施公關計畫之前與之後，都可以獲得相關的測定值。剛才所提的餐廳例子，或許會牽扯到進行地方性的調查，以測定該餐廳的形象在實施各種新的公共關係活動之前與之後，究竟有何不同。

決定使用組織內部的公關人員或代理商

　　第二個決定與「指派誰負起實施這項公關計畫的責任」有關。就這方面而言，餐飲旅館與旅遊業有許多可供選擇的替代方法，包括：

1. 由企業的經理人或所有人承擔全部的責任。
2. 將公共關係的責任，指派給由許多部門組成的委員會來負責。
3. 將公共關係的任務，併入行銷部門中某位經理人員的責任範圍內（例如：由行銷或業務經理來負責）。
4. 在行銷部門中，指定一位全職的公關經理來負責。
5. 雇用一位組織外的公關顧問或公關代理人來負責。
6. 將上述的 2、3、4、與／或 5 做一組合。

　　在選擇方法時，主要決定於組織的規模大小。當組織的規模越大時，則雇用全職的公關總監、或使用外部專業人士的可能性也越高。一般而言，規模較小的組織運用前面的三種方法之一。

確定暫時性的公共關係與宣傳預算

目前普遍存在的錯誤認知是「公共關係與宣傳是完全免費的」。事實上，組織中如果有一位全職的公關總監與支援人員，就會牽扯到相關的人事成本。外部的公關專業人士也會針對他們提供的服務，向組織收取顧問費。即使這些公關活動是由組織內部某個委員會、業務經理、或其它經理人員負責，他們為了這些活動而投入時間，事實上也有某些成本存在。此外，當組織在招待媒體、推出各種公關活動、以及準備新聞稿時，也都會產生某些成本。舉例來說，新旅館開幕前舉行的各種公關活動，通常需要花費數十萬美元。

同樣地，在設定公共關係與宣傳的預算時，使用兩階段的過程是最理想的作法。首先，在總促銷預算中先暫時提撥一部份的金額做為公共關係與宣傳的預算。當然，在提撥之前，必須先以設定的各項目標為基礎，針對即將到來的某段期間內的所有公關活動進行詳細規劃。當這份計畫一旦擬訂之後，就可以估算出每項活動所需的成本，最後的預算也能夠據此確定。

考慮使用合作式的公共關係

在公共關係與宣傳中，存在著許多合作促銷的機會；所有的組織在決定「獨自進行」之前，也應該先將這些機會列入考慮。同一特定地區的許多供應商與目的地行銷團體、共同出資贊助一項在某個大城市舉行的媒體招待會，便是這方面的良好實例。那些具有互補功能的餐飲旅館與旅遊組織，也可以使用集思廣義的方式，針對他們即將共同推出的各種新服務，準備一份相關的新聞稿。

選擇公共關係與宣傳所使用的方法

可供所有餐飲旅館與旅遊組織使用的公共關係與宣傳方法可區

分為三種類別：（1）連續性的公關活動，（2）事先規劃的短期活動，以及（3）無法預知的短期活動；參見表 18-1。

連續性的公關活動：

---

1. 社區的參與。
2. 業界團體的參與。
3. 時事通訊、報紙、與企業雜誌。
4. 員工關係。
5. 媒體關係。
6. 媒體百寶箱與照片。
7. 和股東、所有人、及金融團體的關係。
8. 和餐飲旅館與旅遊學校的關係。
9. 和各種互補組織與競爭組織的關係。
10. 政府關係。
11. 顧客關係。
12. 廣告。

事先規劃的短期活動：

---

1. 新聞稿。
2. 記者招待會。
3. 慶典、開幕儀式、或重大活動。
4. 宣佈發表。
5. 專欄報導。
6. 新聞界與旅遊業的討論會。
7. 行銷研究。

無法預知的短期活動：

---

1. 處理負面的宣傳。
2. 媒體訪問。

表 18-1：公共關係與宣傳的各種方法

1‧連續性的公關活動

從事公共關係必須掌握一項重點：它必須是持續進行的，而不是只有在發生緊急狀況或具有新聞價值時，才偶爾爲之。任何餐飲旅館與旅遊組織，必須與它的每一種「群眾」維持著持續的關係；也就是說，它必須要有一種持續性的「群眾地位」。舉例來說，只有在出現某種不錯的報導消息時才去拜訪媒體，是絕對不夠的，必須使用一種持續進行的計畫與媒體保持接觸。

與群眾相處，就類似於處理一個銀行帳戶。假如沒有把錢存到帳戶裡，自然無法由這個帳戶中提款。同樣地，組織如果沒有和每一種群體都建立、並且持續地維持一種關係，當然也就不能期盼能帶來「善意」的回應。定期將錢存入銀行帳戶，你知道自己將來能夠有錢可領，而且還可以賺到利息。組織必須持續地與它的每一種群體進行溝通，藉以建立彼此間的善意與親切感；而且在必要時，還可以請求他們提供特別的支持。舉例來說，一家旅館就必須認識當地的報社、電視台、以及廣播電台的所有關鍵人員（例如編輯、記者、以及播報員）；這項目標或許可藉由定期與這些人共進午餐或晚餐的方式來達成。此外，還應該經常提供各種通告與報導（甚至於還可以寄送節日卡與生日卡）給所有關鍵人員，讓他們能夠不斷地知道該旅館發生的最新事件。藉由與媒體人員建立這種開誠佈公及持續性的溝通管道，這家旅館的新聞稿與各種公告被報導出來的可能性也會隨之提高。當然，在每一種媒體刊登付費廣告，也有助於獲得額外的「免費」宣傳。

餐飲旅館與旅遊組織能夠持續進行的活動，究竟有哪些類型呢？以下所述便是幾種主要類型。

a. 社區的參與　所有的餐飲旅館與旅遊組織在它提供服務的社區中，都應致力成爲模範「市民」。所謂的社區參與，也代

表著對各種具有價值的地方問題或慈善活動提供財務上或義務上（例如免費的服務）的捐助；成為當地各種團體與公會（例如商會、扶輪社、會議與旅客服務局、歷史古蹟或博物館的委員會）的會員，並積極提供服務；以及對社區的各種利益（例如經濟發展、社會問題、或環保問題等）給予支持。

b. **業界團體的參與**　成為各種主要業界公會的會員、並積極參與其活動，是另一種必要的作法。這種方法所能帶來的立即回饋或許不多，但重要性卻不容置疑。它們有助於讓該行業的所有成員都獲得改善。組織可藉由下列各種方式來達到參與的目的：參加各種年度會議，在委員會或理事會中任職，參加並支持各種專業性的發展與教育訓練計畫，在各種會議與討論會中發表演說，在業界的各種重要議題上扮演發言人的角色。

c. **時事通訊、報紙、與企業雜誌**　要想和員工及其他群眾維持穩定的意見傳播與溝通交流，時事通訊是一種相當傑出的方式。許多餐飲旅館與旅遊組織，都有「組織內部」的時事通訊或報紙，並會發送給所有員工。此外，也有定期出版的時事通訊或雜誌，是以提供給顧客及其它外部群眾為主。皇家加勒比海遊輪公司發行的「王冠與錨」（Crown & Anchor），便是這類以顧客為對象之時事通訊的實例。這份刊物定期寄送給公司目前與以往的客人；參見圖 18-2。至於飛機上提供的雜誌，則是另一個傑出實例。對那些出資印製這些雜誌的航空公司來說，它們不僅提供一種公共關係的工具，而且也是一種廣告的工具。

d. **員工關係**　在組織內部發行的時事通訊與報紙，是人力資源管理使用的數種技巧之一。其它各種具有明確公關價值的方法還包括：各種員工酬謝計畫（例如：當月傑出員工獎），強調各種重要日期（例如：生日與週年紀念日）的卡片或禮物，各種獎勵計畫（例如：獎勵旅遊行程、紅利、其它特別獎賞），以及職務晉升。快樂的員工自然願意提供更好的服務，而這也會造成

滿意度更高的顧客、以及口碑相傳的廣告效果。

圖 18-2：皇家加勒比海遊輪
公司發行的「王冠與錨」，
是以顧客為對象之時事通訊
的實例。

　　e. 媒體關係　在許多情況下，這點就相當類似於組織擁有
某種制度來與重要的以往顧客及潛在顧客保持聯繫。此外，也應
該依據事先決定的間隔時間來進行後續的追蹤；這種作法可以在
媒體業者的辦公室、或組織的營業場所內，以面對面的會談方式
進行。

　　f. 媒體百寶箱與照片　對組織來說，如果能預期到媒體會
要求提供相關資訊與照片（參見圖 18-3），與最後一刻才手忙
腳亂地蒐集這些資料相較下，顯然要好得太多了。舉例來說，旅
館業者準備的媒體（新聞）百寶箱中，應該包括如表 18-4 列舉
的所有項目。在這些項目中，有些雖然只需要撰寫一次，但其它
項目則必須不斷更新，以充份反映出設施、服務、與其它要素出
現的改變。

圖 18-3：這是一張主題樂園在進行一項公共關係活動時使用的媒體照片。

- 總經理、以及其他主要管理人員（例如：大廚）的自傳。
- 有關餐廳、酒吧、與休憩室的敘述，或許可用新聞稿的格式來撰寫。
- 對該旅館所在區位的敘述。
- 有關各種特殊的設施、服務、以及特色的敘述（例如：建築上或設計上的特色，針對特定目標市場提供的獨特設施，其他特殊服務）。
- 先前撰寫的新聞稿（如果內容仍然適用、而且正確無誤的話）。
- 各種內部陳設與外部景觀的精選照片。

圖 18-4：一家旅館業者的媒體百寶箱之內容。

g. 和股東、所有人、與金融團體的關係 基於法律、稅賦、以及財務管理上的理由，所有餐飲旅館與旅遊組織都必須準備各種年度報告、以及其它的財務報表。這些報告與報表也具有明確的公關價值。此外，與主要的股東、所有人、以及目前的和可能的貸款提供者舉行定期會議，對於建立正面的關係與公開的溝通管道也相當重要。

h. 和餐飲旅館與旅遊學校的關係 許多餐飲旅館與旅遊組織，都已認清與教育機構保持聯繫的價值。在學校中維持正面的形象，不僅能帶來立即的回饋（例如召募新進員工），而且也能產生長期利益（例如教授與畢業生會散播有關組織正面的、口碑的資訊）。由於教授與畢業生具備這個行業的專業知識，因而通常都會成為這方面的意見領袖，或在說服其他人使用某種服務時，會比其他人們更具影響力。

能夠充份掌握這項概念的餐飲旅館與旅遊組織中，華德迪士尼公司便是一個最佳實例。該公司旗下的迪士尼世界，以定期方式在佛羅里達州的奧蘭多市舉辦一項「教育學者公開討論會」，邀請北美洲這類學校的教授、以及海外的專業人士與會。在討論會結束、參加的教育學者離開之前，華德迪士尼公司會在他們的手提箱貼上一張有米奇老鼠標誌的感謝狀，藉以強調公司對他們的謝意；參見圖 18-5。

一份事實陳述表（例如：旅館的名稱、地址、電話號碼；總經理的姓名；客房、餐廳、酒吧、與休憩室的數量；會議室的資料；可供使用的其它特殊設施）。

i. 和各種互補組織與競爭組織的關係 對所有的供應者、運輸業者、以及目的地行銷團體而言，與旅遊業中介者保持良好關係，是基本的要件。由近幾章的內容中，各位應該已瞭解這會與下列各項有關：在業界雜誌中刊登廣告，實施以中介者為導向的銷售促銷，以及從事人員促銷。然而，要想建立良好而持

續的關係，所需進行的絕不只是這些而已。應該把下列各種方法全包括在內：參加各種旅遊業的公會，在旅遊業的集會中發表公開演說，寄送時事通訊給那些個別的旅遊業組織，以及扮演各種旅遊業團體的擁護者。

圖 18-5：華德迪士尼世界在教育學者的公開討論會結束後，發給所有與會者的感謝狀。

j. 政府關係　所有餐飲旅館與旅遊組織，都必須遵守那些對它有影響的法律及規定。如果無法遵從這些法規，通常都會導致一種不利的負面宣傳。然而，在與政府機構打交道時，應該採取比遵從法規更積極的作法。目前已有許多政府機構都介入餐飲旅館與旅遊業的促銷及發展，且設有旅遊或觀光的促銷部門。對這些政府機構在這方面的努力給予支持，肯定能夠為餐飲旅館與旅遊組織帶來直接的利益。組織可以為各種觀光旅遊顧問部門提供服務，幫助政府機構宣傳餐飲旅館與旅遊業對經濟的重要性，以及在這些機構要求增加預算時給予精神上的支持。

k. 顧客關係　顧客是每個餐飲旅館與旅遊組織的生計來源；因此，能夠改善與顧客之間關係的各種方法，對組織的長期生存是極為重要。然而，要在公共關係活動、以及廣告、銷售促銷、與人員促銷之間畫出一條明確的分界線，卻相當困難。舉例

來說，當業務代表寄送節日卡給已往的顧客和潛在顧客時，這應該算是公共關係、還是人員促銷的一部份？一份由企業出版的雜誌，究竟屬於廣告的一種形式，或屬於公共關係的活動之一？麥當勞推出的那些強調其產品營養價值極高的廣告活動，究竟只是單純的廣告、或具有某種公共關係的作用在內？

這些問題的答案並不單純，但暗示一項事實：只是以說服為訴求的促銷活動，並無法保証長期的成功。對顧客做些「貼心的小動作」，也同樣重要；例如記住他們的生日、並在當天致上祝福－但這些事情通常無法獲得立即的回報。

1・廣告

如何確定媒體報導你提供的公關訊息時，完全以你希望的方式來進行？最好的方式是：讓它以付費廣告的方式為之。1994 年，在發生好幾次嚴重墜機事件後，聯美航空推出了一項以含蓄方式強調該公司班機的安全性、但卻具有強烈公共關係意味的廣告活動。本書也數次提及麥當勞推出的以營養成份為導向的廣告。在加拿大的麥當勞企業，也使用付費廣告來傳播它先前雇用的員工在事業上獲致的傑出成就。1995 年初，美國旅行社協會透過付費廣告展開一項重要的公共關係活動，使旅客們在新推出的航空公司佣金「最高限額」的風潮下能夠安心；參見圖 18-6。

2・事先規劃的短期活動

這類公共關係與宣傳活動也都是事先規劃好，差別在於屬於短期性、而非持續性。例如餐廳、旅館、或旅行社的隆重開幕儀式，以及航空公司針對某條新航線的首航典禮所做的各種宣傳活動，都屬於這類例子。另一個實例是我們所說的新聞稿；雖然所有的組織在創作這些文稿時必須以持續原則進行，但在準備每一份個別稿件時，則屬於短期的活動。

圖 18-6：透過付費廣告，美國旅行社協會展開一項重要的公共關係活動，使旅客在新推出的航空公司佣金「最高限額」風潮下能夠安心。

　　a. 新聞稿　　新聞稿是指與組織有關的簡短文稿，希望能藉此吸引媒體的注意，達到使媒體對該新聞稿進行報導的目的。它是在不需要的情況下，用來和群眾進行溝通傳播的一種創造宣傳工具。準備新聞稿可能是最受歡迎、而且最普遍常見的公關活動。

　　圖 18-7，是紅龍蝦發佈的一篇新聞稿。我們可以用下列這段簡短的韻文，對一份有效新聞稿的內容做一彙總：
我有六位忠實可靠的侍從人員；
他們提供我相當好的服務。
他們的名字是何人（Who）、何事（What）、何時（When），
以及何處（Where）、爲何（Why）、與如何（How）。

　　撰寫新聞稿時，應該以一段能夠對該篇新聞報導之重點進行扼要說明的段落、或以陳述「由何人在何時、基於何種原因、以及在何處做了何事」的方式，來做爲開始。在紅龍蝦所發佈的新聞稿中，使用的標題是「紅龍蝦率先提出協助保護我們居住環

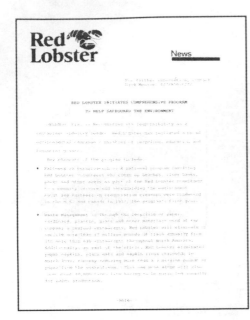
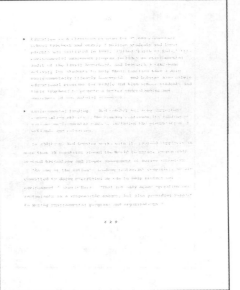

圖 18-7：紅龍蝦發佈的一篇新聞稿，係以該公司對環境保護的關切做爲宣傳重點。

境的計畫」（參見圖 18-7），對於如何使用這種方法做了良好的示範。該標題中的「何人」是紅龍蝦，「何事」則是該公司提出的保護居住環境的活動，「何時」則是在 1991 與 1992 年，「爲何」則是紅龍蝦身爲餐飲業領導者體認的社會責任，至於「何處」則是紅龍蝦旗下的所有營業據點以及某些小學。在這段充滿指示性的標題之後，該篇新聞稿則進一步說明應該「如何」使這項計畫發揮效果。

還有許多其它的細節，也是準備新聞稿時應該遵循的，包括：

- 必須具有報導價值；也就是內容上要有「新聞價值」的最新資訊。
- 必須有一個日期。
- 必須列出一位聯繫人、以及聯絡電話。

- 每次都應該註明「請立即發佈」的字樣。

- 繕打內容時應該以雙間隔（double-space）的格式爲之。

- 應該有一項標題（例如：「希爾頓飯店提供星期五免費的促銷活動，招徠持有記號旅館貴賓卡的客人」）。

- 應以經過特殊設計、專供新聞稿使用的紙張來印製，而且在每份新聞稿上都要有某種一致的上款標題。

- 應儘可能精簡，一般來說以不超過兩頁爲原則。

- 內容不可有文法或印刷上的錯誤。

- 內容應該極爲平實真確，避免不必要的「咬文嚼字」與華而不實的語句。

- 在新聞稿若引述其他人的言談時，必須事先獲得這些人同意。

- 一般來說，在結束時應該使用某種「記號」（例如：－30－，＃＃＃＃，－0－，或 END）。

　　新聞稿中所列的這位聯絡人，必須做好回答媒體各種後續問題、以及可能要接受某個新聞評論或新聞節目之專訪的充份準備。在傳播與組織有關的資訊時，新聞稿的重要性究竟如何？根據某項可靠來源的估計，報紙上所有報導中，大約有 50％到 75％的比例，都是受到新聞稿的唆使才刊登的。

　　b. 記者招待會　　記者招待會是指各種事先已安排好的會議，而且在會議中會向接受邀請的所有媒體人員提出各種已備妥的介紹說明。舉行這類會議的機會並不多見，通常只有在組織的確有某些相當重要的事情必須向所有媒體宣佈時才會召開。在開幕前的各種公關活動中、以及當組織的設施與服務做出重大改變時，記者招待會便扮演極爲重要的角色。連鎖旅館宣佈一項將要在某個特定城市中建造一家新旅館的計畫，主題樂園的老闆宣佈

將再增建一座設備更齊全的新主題樂園,某家遊輪業者公佈將再建造一艘新型豪華遊輪的計畫,或旅行社對外宣佈新開幕的分公司等,都是召開記者招待會的良好時機。

在挑選負責簡報介紹的人員時,必須謹慎爲之。如果這些人本身就具有吸引媒體注意的條件,那最好不過。這類人選包括:公司的總裁,市長、其他重要政治人物、觀光旅遊局的官員、以及知名的運動選手或影視明星。在正式的簡報介紹後,除了要有機會讓媒體人員發問之外,還應該提供他們一份與這項新聞報導有關的書面摘要。在準備這份書面摘要時,可以用新聞稿的格式、或以事實陳述表的形式爲之。

各位不妨回想一下總統定期召開的記者招待會中,其說明內容展現出來的有條不紊與精確詳實。那麼,你應該很快就能了解到:這些活動必須經過妥善規劃,才能使媒體報導的訊息與實際的狀況完全一致。

c. 慶典、開幕儀式、或重大活動　當一艘新建好的船舶舉行下水典禮時,會以打開什麼來博得好采頭?當一家新落成的餐廳在舉行開幕儀式時,會以剪斷什麼來慶祝?當一座新的主題樂園宣佈動工時,會以挖掘什麼來做爲象徵?如果你的答案是香檳、彩帶、以及土地的話,那就沒錯了!這些活動都是傳統慶祝活動的一部份,是推出各種嶄新、或擴大的餐飲旅館與旅遊設施與服務時使用的。伴隨這些重大事件而推出的所有「慶祝活動」,對於創造一種正面的第一印象而言是相當重要的;此外,在建立知名度方面的效果也不容忽視。這類活動使用的汽球、彩帶、以及旗幟等,都是相當明確的公共關係與宣傳標的－藉此來開始建立與所有群體之間的正面關係。

現在,就以一家新旅館「開幕前的公共關係」做爲例子。這家旅館應該使用一套先後順序經過審慎考慮的活動計畫,內容包括:破土或奠基儀式(在開始動工建築時),「落成」儀式

（當這棟建築完工時），「簡單的」開幕儀式（只邀請新聞記者參加），剪彩儀式，「宣傳的」開幕儀式（邀請所有新聞界參加），隆重的開幕儀式（於實際開幕後的一個月再舉行），以及餐廳的開幕儀式。藉由上例來瞭解下列事實，對我們而言是非常重要的：各種公共關係的活動，必須在正式開始營運的好幾個月、有時候甚至要在數年以前，就開始運作。在許多情況下，這就與政治人物在能夠獲得最後當選之前，所必須採取的所有階段極為類似。以一種近乎軍事要求的精確性，這些政治人物先採取發表演說、注重形象、處理各種爭議、以及進行其它活動的作法，然後在選舉日逐漸逼近之際，再以一種漸次加強的方式來營造這些活動。

d. **宣佈發表**　是指各種簡短的新聞報導，內容通常都與某個組織的一名或數名員工有關。會採取宣佈發表的典型事件包括：人員的內部晉昇，雇用新經理人，以及管理階層或其他員工的傑出表現或獎勵等。在宣佈發表中，通常會把相關人員的個人照片刊登出來；而且組織可能也必須付款給刊登這則內容的平面媒體業者。除了有助於公共關係的發展之外，這種宣佈發表在人力資源管理的領域中，也扮演著一種相當重要的角色。

e. **專欄報導**　專欄報導是指那些讓人們深感興趣的各種文章或報導，它能夠達到娛樂、告知、或教育讀者、收視者、或聽眾們的目的。與新聞稿相較，在篇幅上會較冗長、而且立即性的新聞價值也較低。換言之，它們不太可能出現在報紙的頭版，或成為廣播電台或電視新聞報導的頭條新聞。這類專欄報導較可能刊登在報紙的副刊中（例如旅遊、美食、或休閒娛樂版），出現在某份雜誌內，或用來做為某個廣播節目的「背景報導」或「人物特寫」。

專欄報導可分為兩種：由廣告客戶製作，以及由媒體製作。前者是指那些由贊助廣告的組織自行製作的專欄報導；後者

則是指由媒體自行發展出某種報導計畫後，再邀請某個組織參與。在例如《旅遊與休閒》（*Travel & Leisure*）、以及《旅遊假期》（*Travel Holiday*）等雜誌中所出現的許多描述不同旅遊景點之特色的文章，便是屬於「由媒體製作」的實例。至於由「廣告客戶製作的」專欄報導，種類則有許多變化，包括：企業創辦人的生平事蹟，公司的歷史與介紹，以有趣的或重要的顧客做為「背景報導」，對各種重要的慈善活動或有價值事件提供持續性的捐助，以及其它獨特特色與重大事件。

　　f. 新聞界與旅遊業的討論會　這是指那些出資贊助的組織用來傳播詳細資訊的各種集會，進行時間要比記者招待會更長。雖然由旅遊業舉辦的討論會無疑是銷售促銷的形式之一，但也具有公共關係的價值。舉例來說，某個渡假中心或旅遊批發商打算對新推出的某種渡假套裝產品進行介紹時，或許就會舉辦這種旅遊業的討論會。

　　g. 行銷研究　當組織想要証明某群眾對它的看法是「正面」態度、以達到公共關係與宣傳目的時，就必須使用到行銷研究。舉例來說，由於歐洲與中東地區恐怖份子的暴行、載客率陡降的國際航空公司，可能就會對以往的乘客進行調查，來向其他遊客証明他們的恐懼是一種誤導的結果。餐廳也可以藉著公佈調查結果，來証明它的某項食品在該地區已獲得最佳的口碑。

3・無法預知的短期活動

並非所有的公關活動都能事前審慎規劃；因此，組織都必須要有隨時迎接各種突發狀況的心理準備。管理階層可能被要求針對各種新聞事件、或接受「由媒體製作的專欄報導」訪問。此外，不論組織如何努力嘗試，總是會有機會出現各種讓人感覺不快的公共關係與宣傳。雖然這類事件在本質上的確讓人無法預知，但組織仍應做好事前規劃、並訓練員工如何處理這類狀況。

a. 處理負面的宣傳 處理負面宣傳的最佳方法是什麼？是否應該以「不予置評」的方式來回應，或採取攻擊性與激烈的否認態度來反擊？同樣地，就這方面而言，也可以藉由觀察政治人物是以何種方式來回應這類不利的宣傳，而獲得一些啟示。他們的典型答覆是：表示已經知道有這類謠言或事件在散播，以及：

- 正由他們的助理人員對此進行調查瞭解；
- 已成立一個特別委員會或任務小組調查這件事；
- 正試圖透過其他人的協助，來判定這些謠言或事件的真確性。

當然，這些政治人物可以公開否認這些謠言，或抨擊那些散播此類謠言的媒體與政治對手。但是，採取立刻反擊通常都不是最佳策略。由理查·尼克森（Richard Nixon）與蓋利·哈特（Gary Hart）的事件，可以了解到：紙包不住火。就長期而言，誠實以對才是最好的方法。如果尚未掌握到相關的事實証據，那麼前面列舉的三種方法不失為最佳的選擇。

面臨負面宣傳的餐飲旅館與旅遊組織，也必須以「政治上的處之泰然」（political aplomb）來因應。以下所述，是某些「可以做」以及「不能做」的事項：

- 應該實話實說，不可欺騙媒體。
- 不要試圖掩蓋真相。這種作法會讓媒體想要更進一步去挖掘出實情。
- 蒐集與這個事件有關的所有事實，並傳播給媒體。
- 藉由正確、完整地陳述所有事實，使謠言不攻自破。
- 表現出願意為事件結果採取必要行動的態度。

如果說這類情況完全無法預知，那又該如何事前規劃呢？截至目前為止，最佳的方法只有：負責公共關係的人員應該要能

預想到各種可能會遭遇的不利狀況，並針對這些狀況構思出某些可行的回應方法。

b. **媒體訪問**　媒體訪問雖然有一部份的確是由事先規劃的公關活動直接形成的結果，但仍有許多並非如此。就如前文所見，某些媒體訪問是負面宣傳所造成，而有些媒體訪問則是「由媒體製作的」專欄報導，或某個組織的經理人被邀請在新聞報導中提供「專業看法」時產生的。

對某些人來說，媒體訪問很容易讓他們感到緊張不安，尤其在那種電視攝影機強烈燈光造成的刺眼環境下。在一段訪問中，如果想要有神色自若與口齒清晰的表現，就必須倚賴仔細的規劃與充份的練習。以下所述是與這方面有關的各個階段：

1. 當你被邀請參加訪問時，應該儘可能取得與訪問型態、主持者、以及將被問到的各項問題有關的詳細資訊。它是屬於立即轉播的現場訪問，還是錄影型態的訪問？它將會出現在報紙的哪一個版面、或電台的哪個節目中？對方為什麼會選擇你做為訪問的對象？

2. 蒐集在這項訪問中必須使用到的所有事實資料，並且讓這些資料在訪問的過程中處於一種「隨手可得」的狀態。

3. 針對你能預想到的其它問題，做好答覆的充份準備。這些答案必須簡短、確實；要避免脫離主題的情況出現。

4. 要求某人扮演記者的角色，對你的答案進行練習；在角色扮演的練習結束之後，對你準備的答案做必要的修正。

5. 確定你的儀容整潔清爽。

6. 在正式訪問開始之前，與主持者建立某種默契。

選擇公共關係與宣傳使用的媒體

就像在廣告遇到的情況一樣，當組織要把資訊傳播給群眾時，會有許多媒體工具可供選擇。包括：廣播媒體（收音機、網路及有線電視），報紙（日報、週報、以及商業報紙），雜誌（消費者雜誌與商業雜誌）、以及各種組織內部的工具（企業的時事通訊、報紙、雜誌、影片、幻燈片的介紹、以及錄影帶等）。第十五章已針對媒體工具說明過相關優缺點。同樣地，在選擇使用的媒體時，應該以針對的目標群眾、以及公共關係的各項目標做為依據。舉例來說，如果想要在某個地方性社區接觸到數種不同的群眾，那麼日報的涵蓋範圍或許就是最佳選擇。從另一方面來看，當你的目標是旅遊業中介者時，那麼例如《旅遊週刊》（*Travel Weekly*）、以及《旅行社》（*Travel Agent*）之類的業界雜誌，將是最適當的選擇。如果你希望對所有的員工進行傳播時，則一份由公司製作的時事通訊，或許就是最佳的管道。

於廣告中會出現的各種預算限制問題，在這裡並不會出現。舉例來說，在我們打算寄新聞稿的名單中，將某份雜誌增列進去所增加的額外費用，與在雜誌中刊登廣告所需的成本相較之下，可說微不足道。這種現象也意味著：組織在選擇宣傳所使用的媒體時，並不需要像刊登廣告時那麼挑三揀四。

媒體關係

由前文中，各位已經明白與媒體建立長期良好關係，以及經常提供他們各種真實、正確的資訊對組織的重要性。維持良好媒體關係的另一關鍵是：不可表現出對任何一家電台、報紙、或雜誌特別偏袒的態度。當有某份新聞稿或其它「報導」要公佈時，通常都應該在同一時間內、同時發送給所有媒體。接下來，是否要對這篇新聞稿進行立即、完整地報導，那就是這些媒體本身的權利了。當然，某些時候

也會有向某家報社、電台、或雜誌提供「獨家」新聞的情況出現。這時，必須謹記的原則是：選擇使用的媒體，必須能夠最吻合組織想要鎖定的目標群眾。

那麼，在不同的媒體組織中，究竟應該針對哪些聯絡人來發展這種媒體關係呢？在回答這項問題之前，你必須對各種媒體組織的架構有更深入的瞭解才行。

1·報紙

例如《紐約時報》（*New York Times*）與《今日美國》（*USA Today*）之類的全國性報紙，都擁有人數眾多的編輯群，包括具有下列頭銜的人員，例如：編輯、副編輯、執行編輯、新聞版編輯、週日版編輯、地方版編輯、地方版助理編輯、以及電訊與電報編輯等。此外，在報社中通常也會有許多「部門」，每一個部門都有本身的編輯群。舉例來說，報社的組織中可能會有一位美食與休閒娛樂版編輯，旅遊版編輯，體育版編輯，商業版編輯，婦女版編輯，家庭／生活資訊版編輯，以及其它各類編輯。通常在整份報紙的不同版面見到的各種資訊，都是由這些分屬不同部門的編輯人員負責提供。此外，所有報紙也都會有全國性與地方性的各種專欄作家，他們定期撰述的專欄報導，通常都會以相同的主題為範圍。例如地方美食或名酒評論家，便是這類實例。

和這些編輯人員進行接觸之前，先對他們扮演的角色有所瞭解，是相當重要的。地方版的編輯對於報導各種突發的全國性、區域性、以及地方性的新聞，擁有完全的權力。因此，餐飲旅館與旅遊組織有一篇具有立即新聞價值的報導時，應該先聯絡地方版編輯，而不是屬於這類編輯人員之下的採訪記者。當重要的全國知名人士或演藝人員使用了組織提供的服務、而且獲得當事人對於發佈這項消息的同意時，便是屬於這類具有立即新聞價值的例子。

然而，這個行業產生的大部份報導，通常都不適合出現於報紙的頭版新聞。一般而言，這類報導較適合出現在各種專業性的觀光旅遊、美食品評、休閒娛樂、週末活動、或生活資訊等版面。在這種情況下，應該先聯絡的是那些適當部門的編輯人員。

　　首先應該聯絡何人，也會受到報紙的類型與規模的影響。如果只是小鎮的一家報社時，則主編或許就是負責指派所有採訪記者的唯一人選。如果是大城市的日報時，正確的程序應該先聯繫地方版編輯－就像我們剛才所討論的。

２・電視

第十五章提過，電視台可分為網路電台、地方電台、以及有線電視台三種。當你看完某個新聞節目後，在轉換電台之前，不妨注意一下節目最後顯示出來的製作群與頭銜。你應該可以從中知道製作人、執行製作人、新聞導播、編輯、撰文者、以及採訪記者的姓名。在爭取電視報導時的主要聯絡人，應該是那些任務編輯人員。他們負責排定各項報導、採訪記者、以及攝影人員。這項工作通常會由兩位人員共同分攤－晨間的任務編輯與午後的任務編輯。

　　取得電視台對於某事件（例如一場記者招待會）進行報導，是指直接與這家電視台聯絡，或讓這項事件被列入「電訊服務日程表」之中；後者是指一種所有新聞導播與任務編輯人員經常會查核的電訊式新聞表單。

３・收音機

電台經理與新聞導播，是廣播電台的關鍵人物。由於安排及播放廣播新聞具有直接與即時特性，使得收音機對於電視與報紙在稍後所做的報導而言，很容易就成為它們的資訊「提供者」。因此全國性電訊服務業者，在傳送各種全國性的新聞報導扮演著舉足

輕重的角色。至於那些地方性新聞,應該直接和各家廣播電台的電台經理與新聞導播進行聯繫。

4‧雜誌

各種雜誌所刊載的「突發」新聞,數量遠比報紙、電視、以及廣播電台少許多。在雜誌所傳遞的資訊中,許多屬於專欄報導的形式。某些每週發行的全國知名雜誌,例如《時代週刊》(*Times*)與《新聞週刊》(*Newsweek*),其內容報導的各類當前新聞,數量上顯然比每月、隔月、或每季發行的雜誌來得更多。包括《旅遊週刊》(*Travel Weekly*)、《旅行社》(*Travel Agent*)、以及《全國餐廳報導》(*Nation's Restaurant News*)在內的數種商業雜誌,都是以週刊方式發行,而且內容中也涵蓋較多的新聞。每份雜誌在架構上雖然各有不同,但是相關的聯絡人及職稱,通常都會出現於每本刊物的頭幾頁。大部份的雜誌都會包含下列資訊:出版商,主編或資深編輯,執行編輯,以及好幾個部門的編輯人員。舉例來說,在《旅行社》(*Travel Agent*)這本雜誌中,就有專門負責航空公司、遊輪公司、旅館業者、佛羅里達州、加勒比海/巴哈馬/百慕達/拉丁美洲、汽車出租公司、美國旅遊、國際旅遊、休閒旅行、以及商務旅行的編輯人員。同樣地,在選擇應該最先聯絡的正確負責人時,也應該以雜誌社的規模、以及它的編輯部門爲依據。

決定公共關係的實施時機

並非所有公關活動在實施前都可以排定精確的時間表。有些狀況是預料之外的,卻必須立刻處理。此外,在促銷組合的要素中,存在著一種持續性的成份,包括下列各項活動:每月發行一份組織內部的員工時事通訊,與媒體保持接觸,以及參加由公會定期舉行的各種

會議等。在這些無法預期及持續性的活動之間，還存在著例如新聞稿、記者招待會、宣佈發表、與專欄報導等事先規劃的短期活動。因此，在一份公關計畫中，必須將各種具有持續性、以及事先規劃的短期活動之明確時間表包括在內。當然，也必須包括一份「偶發性」計畫，以處理各種預料之外的狀況。

　　另一項不容忽視的重點是：組織無法像掌控媒體廣告的時機一般，來完全掌握宣傳的時機。舉例來說，當寄出新聞稿之後，或許就必須立刻進行後續的追蹤；否則可能要等上好幾個星期才會報導出來。有關報導的時機、報導的份量、以及這則新聞或專欄在媒體節目或刊物中所佔的位置，完全由媒體掌控。與廣告相較之下，這正是宣傳的一項缺點；即使如此，組織仍得接受這些事實－因為它並未對這項報導付出分文。

編列最後的公關計畫與預算

　　滿足各項公共關係目標所需要的相關活動與媒體工具既然都已選定，接下來便是草擬最後的公關計畫與預算。同樣地，在編列預算與進行整體規劃時，如果能夠先設想到各種預料之外的狀況、並分配特定的人員與資金來處理這些狀況，會是一種明智的作法。

測定與評估公共關係的成敗

　　寫完計畫最後一個字時，並不代表公共關係的規劃過程已告結束。瞭解這份計畫所有公共關係與宣傳活動的效果也極為重要。每種群體對於組織的看法或印象，是否改善或維持不變或更惡化？有多少家報紙、雜誌、廣播電台與電視台，曾報導過我們的新聞稿與製作專欄報導？我們還得到過哪些其它的報導？這些雜誌與報紙的發行量如何？收聽該項廣播節目或收看該項電視節目的人有多少？以上所舉

的，只不過是測定與評估的階段中，應該要回答出來的少數幾個代表性問題而已。目前至少已有六種不同的方法，可用來評估各種公關活動的成效，它們分別是：

1‧由負責承辦者來評估

我們可依據公關總監、委員會、或代理商的意見與判斷，來進行這項評估。老實說，我們並不建議只使用這種方法，因為負責評估的人員肯定會希望獲得正面的評價。雖然如此，還是可以和其它五種方法的任何一種或多種來結合運用。

2‧可見性

這種方法係以接獲的宣傳數量做為測定基礎（例如：發出與被報導的新聞稿，其它的正面報導等）。這種標準也有其考慮不周之處，因為只著重公共關係的宣傳部份，而且經常會忽略負面宣傳引發的反作用情緒。同樣地，它也不應該單獨使用，而應該和其方法結合運用。

3‧組織的實力

當負面宣傳或其它危機狀況出現時，那些公關人員在可供差遣及準備就緒的程度上究竟如何？對組織來說，公關小組隨時處於蓄勢待發與能夠處理緊急情況的狀態，實具有攸關成敗的影響。他們處理這些突發狀況的能力，絕對值得做為評估的標準之一。

4‧藝術的標準

公關小組是否遵循公共關係專家普遍認可的各項原則、程序、以及慣例？如果一份妥善準備的新聞稿並未獲得任何媒體的青睞時，該如何處理？如果因為某項具有全國影響力的新聞事件突然發生，使得召開的記者招待會只引來寥寥無幾的媒體時，該怎麼

辦？換句話說，組織或許已完全遵循所有正確步驟，卻由於突發狀況超出控制的範圍，使效果不如原先預期。因此，在進行評估時，不僅要考慮到哪些目標已達成、哪些目標尚未完成，同時也要把公關小組如何處理每項活動的過程列入考慮。

5・看法、態度、印象、以及爭議上的改變

這種評估與實施該項計畫或其中某項個別活動之前、以及之後的群眾民意測試有關。它會使用到行銷研究－通常以調查的方式為之－來判定人們對於特定爭議在立場上的轉變，或人們對於組織與提供的服務，在看法、態度、或印象方面的改變。這是一種相當有價值的測定與評估方法，尤其與後述第六種方法共同使用時，價值更不容小覷。

6・依據各項目標來評估

這項計畫是否能夠切合它的各項目標？到目前為止，這是測定公關計畫的成敗時，最好的一種方法。就如本書一貫強調的，所有的目標都應該以計量的方式設定，然後再針對這些目標來獲得各種測定值，藉以評估成敗。我們究竟希望人們對組織的態度改善到何種程度？使用這項公關計畫後，是否能達到我們期望的改變程度呢？進行公共關係的評估，最佳的途徑就是將第 5 及第 6 種方法組合運用。至於其它四種方法，應該只做為補強。

公關顧問公司

公關顧問公司扮演的角色，與廣告代理商相當類似。這類公司會雇用擁有豐富經驗與純熟技巧的專業人員。這些公關方面的專業人士，大部份都屬於美國公共關係協會的會員，並且遵守該協會的「公

關實務專業標準守則」。

就像廣告代理商一樣，這些公關公司會負起選擇、發展、以及實施組織的部份或全部公關活動的責任。由於這類公司在規模、薪資結構、以及專業程度具有的優勢，使得他們能夠吸引、並雇用某些全國最佳的公關專業人士。某些公關公司屬於廣告代理商旗下的專屬部門。

這些外界的專家們，會協助餐飲旅館與旅遊組織規劃各種公共關係與宣傳活動。他們提供的服務包括下列各項：

1. 協助界定公共關係的各項目標；
2. 選擇各種公共關係活動、以及使用的媒體工具；
3. 運用本身與媒體聯絡人之間的良好關係，使他們的客戶能夠獲得媒體的報導；
4. 提供各種具有創意的服務，來發展不同的資料、計畫、以及活動（例如：開幕前的各種公共關係計畫、新聞稿、記者招待會、專欄報導等），參見圖 18-8；
5. 進行研究，以測定及評估各種公關活動的效果、以及群眾們對於組織在各方面的印象；
6. 提供專業協助，與特定的群眾進行溝通（例如：準備組織內部的員工時事通訊，與媒體保持聯絡，處理與政府機構之間的關係，以及準備提供給股東們的各種報告）。

那麼，對餐飲旅館與旅遊的組織而言，是否有必要聘雇一家公關顧問公司呢？答案就和是否要聘用廣告代理商完全相同：如果組織有能力負擔這筆顧問費用，最好還是能夠擁有這類顧問公司提供的服務。許多規模較大的組織，雖然都設有自己的公關部門、而且還編制了一位全職的公關總監，但是，他們仍然會使用這些外部的專業人員來執行這項工作。這些組織之所以會選擇這種作法，道理其實很簡單：因為與組織內部的公關部門相較之下，這類專業化代理商在客觀

性、媒體關係、以及經驗方面，都比前者強得多。

圖 18-8：公關代理商
準備的新聞稿範例。

本章摘要

與其它的促銷組合要素相較下，公關活動必須注意的焦點顯然更為廣泛。它們涉及組織與它的所有「群眾」之間的關係，而不只侷限於顧客及旅遊業中介者。公共關係的重要性，是基於下列的假設：就長期的觀點來看，與組織有所接觸的所有個人及群體，都足以對組織的成敗形成某種影響。

在進行公關活動時，必須要有一份計畫做為指引。這份計畫應包含三種活動：持續性活動，事先規劃的短期活動，以及無法預知的短期活動。此外，因應各種負面宣傳、以及其它預料外狀況的偶發性計畫，也應該包括在內。

與媒體建立融洽的正面關係，是組織能夠適時宣傳的關鍵所在。運用外部的公關代理商提供的服務，或許有助於建立這種良好的媒體關係。

問題複習

1. 在本章中，「公共關係」與「宣傳」的定義分別為何？
2. 在餐飲旅館與旅遊的行銷中，公共關係與宣傳扮演何種角色？
3. 對所有餐飲旅館與旅遊組織而言，公共關係與宣傳具有何種重要性？請對你的答案加以說明。
4. 餐飲旅館與旅遊業所接觸的十二種群眾分別為何？
5. 在發展公關計畫時應該遵循的九個階段分別為何？
6. 應該包含於公關計畫的三種基本活動分別為何？
7. 與所有群眾維持正面關係，可以運用的方法有哪些？

8. 從事公關活動時可使用的媒體工具有哪些？每一種媒體工具應聯絡的又是哪些人？

9. 餐飲旅館與旅遊組織應如何發展良好的媒體關係？

10. 公關代理商與公關顧問公司扮演的角色有哪些？使用這類公司能帶來的好處有哪些？

本章研究課題

1. 選擇一家在你居住區域內的餐飲旅館與旅遊組織，並訪問它的老闆或經理。請這個人根據他的看法來對公共關係或宣傳做一定義。與本書的定義相較，他的定義是否有不同之處。該組織目前採取的公關活動有哪些？使用的方法及媒體工具有哪些？這個組織是否備有公關計畫？由誰在負責公共關係？根據你進行的訪問，對於該組織在公共關係與宣傳上所使用的方法，你是否能提出改進的建議？若是，內容為何？

2. 在我們這個行業，有個組織正計畫於某個地區推出新的服務（例如：成立一家新的旅館、餐廳、旅行社、或汽車出租公司；或是推出一條新的飛航路線或遊輪行程），該組織並邀請你為它整合一份公關計畫。你會將哪些要素包含在這份計畫中？你在規劃時會遵循哪些階段？計畫中會牽扯到哪些群眾？你要如何來處理與媒體之間的關係？你會使用哪些特別的活動（如果有的話）來宣傳這項新的服務或設施？你如何評估這項計畫的成功與否？

3. 選擇餐飲旅館與旅遊業的某一個部份，並對該領域居領導地位的三家組織採行的公關活動進行檢視。他們是否擁有自己的公關部門？他們係以何種組織架構來處理公共關係

的工作？他們是否使用外部的代理商或顧問公司？它們使用的公關技巧與媒體工具有哪些？這些組織中，是否有任何一家最近面臨必須處理負面宣傳的情況？若有，他們是如何處理的？這些組織所使用的方法中，你是否發現某些相似之處；或者他們使用的方法截然不同？你認為哪個組織在公共關係的表現最出色，原因何在？

4. 本章建議組織必須事先做好處理負面宣傳的相關規劃。假設你在我們這個行業擔任某個組織的公關總監。請舉出你認為可能會對組織帶來負面宣傳的五種可能狀況；請儘可能的明確詳述！請針對每種狀況寫出一套處理程序，敘述你自己、以及組織中的其他人，應該如何處理這些狀況。換言之，你如何因應這些狀況？

第十九章

訂價

研讀本章後，你應能夠：

1. 敘述訂價的雙重角色。

2. 說明訂價做為一種內隱的促銷要素時扮演的角色。

3. 列舉並敘述各種單純的與複雜的訂價方法。

4. 說明目標訂價法這項概念。

5. 敘述損益兩平分析，以及如何利用它來做出各種訂價決策。

6. 敘述在推出新服務時，可供使用的各種訂價方法。

7. 說明多階段訂價法，並列舉出這項過程中訂價的 9 C。

8. 說明金錢的價值這項概念，以及它與訂價之間的關係。

概論

　　訂價是行銷組合最後一個要素。本章一開始先說明訂價不僅是獲利力的一項直接決定因素,而且也是一種強而有力的促銷工具。此外,訂價二元性(雙重性)存在的某些固有衝突,也在本章中逐一確認。

　　某項服務的價格與顧客認為自己應獲得的金錢價值之間,原本就會存在某種差異。本章也對「金錢的價值」這項概念加以敘述。接著,本章強調餐飲旅館與旅遊業會使用到各種單純、以及複雜的訂價方法。某種備受推崇、以成本為基礎的訂價方法,也會在本章加以探討。最後,我們檢視餐飲旅館與旅遊業的不同部份所使用的某些訂價策略,做為本章的結束。

關鍵概念及專業術語

損益兩平分析(Break-Even Analysis)	滲透(Penetration)
競爭訂價法(Competitive Pricing)	削價(Price Cutting)
邊際貢獻(Contribution Margin)	價格區隔(Price Discrimination)
成本加成訂價法(Cost-Plus Pricing)	價格基線(Price Lining)
折扣(Discounting)	利潤最大化(Profit Maximization)
需求彈性(Elasticity of Demand)	促銷訂價法(Promotional Pricing)
固定成本(Fixed Costs)	心理訂價法(Psychological Pricing)
跟進訂價法(Follow-the-Leader Pricing)	擷取精華、刮油(Skimming)
哈伯特法則(Hubbart Formula)	目標訂價法(Target Pricing)
直覺訂價法(Intuitive Pricing)	傳統(經驗)訂價法(Traditional or Rule-
特價品訂價法(Leader Pricing)	of-Thumb Pricing)
多階段訂價法(Multistage Approach to	金錢的價值(Value for Money)
Pricing)	變動成本(Variable Costs)
訂價 9C(Nine Cs of Pricing)	利潤管理(Yield Management)

你是否曾收看過極受歡迎的遊戲節目「猜猜正確價格？」（The Price Is Right？）。如果是的話，那你必定知道許多參加者在遊戲中會試圖去猜出各種不同產品的價格，範圍由日常家用品、以至於價值不斐的活動汽車屋。某些人猜的價格幾乎分毫不差，有些人則離譜得很。這個節目與行銷又有什麼關連呢？我們的答案或許會讓你大為吃驚－幾乎是毫無瓜葛！當餐飲旅館服務的訂價成為一種猜測遊戲時，它的價格絕對不正確。所有的價格都必須經過審慎研究。當組織為產品或服務訂定價格時，必須考慮的不僅是它們對於利潤產生的影響，而且還包括對於其它行銷組合要素可能造成的衝擊。

　　訂定價格的方法有好有壞。所謂「價格戰」這個名詞與航空公司、遊輪公司、以及旅館業者在訂定價格時所使用的策略有關。就像在其它戰爭中所有的參與者一樣，在「價格戰」中，有些公司就此消聲匿跡，有些則傷痕累累，只有幸運者才能夠全身而退。在整個交戰的過程中，無辜的旁觀者有時候也會受到某種傷害。舉例來說，旅行社發現由於航空公司的價格折扣越演越烈，使他們賺取的佣金日益減少。雖然如此，如果組織對本身的成本結構與利潤潛力充份認識的話，並非所有的價格折扣都是那麼不利。

訂價的雙重角色

　　訂價的固有問題之一，在於它有相互矛盾的角色。如果你曾研習過基礎會計或經濟學的課程，那你應該知道：除了成本與交易量之外，訂價也是影響獲利力的一項直接決定因素。屬於一種內隱的促銷組合要素，則是訂價的另一項角色。就某種程度而言，價格的作用就如同一塊磁鐵－當它在推掉某些顧客的同時，也會吸引其他一些顧客。人們對於各種服務與產品的認知，很容易就會以價格做為部份的基礎。此外，在廣告活動或促銷中（例如一項「買一送一」的促銷活動，從另一個角度

來看也等於是對這兩項商品分別提供 50%的折扣），價格也扮演重要的角色。

　　某些作者曾說過：訂價兼具「交易性」與「資訊性」的構面。在銷售某項服務時提供的金額，便屬於價格的交易性構面。傳統的知識提供給我們的建議是：當某項服務的價格越低時，銷售的數量也就越多。經濟學把這種關係稱爲「下傾斜率需求曲線」（downward－sloping demand curve）。如圖 19-1 所示，當價格提高時，需求的數量就會減少；但是在價格下跌時，需求的數量則會增加（圖Ａ）。圖 19-1 的曲線之傾斜度會隨著服務的需求彈性而有所不同。需求彈性是指「當服務的價格發生改變時，顧客需求會反映出來的敏感性」。在低彈性的需求（inelastic demand）狀況下，顧客對於價格變化通常都不會過於敏感。

因此，這條需求曲線的傾斜度也就會相當陡直（圖Ｂ）。另一方面，在高彈性的需求（elastic demand）狀況下，顧客對於價格的變化相當敏感。因此，需求曲線的傾斜度就會相當平坦（圖Ｃ）。

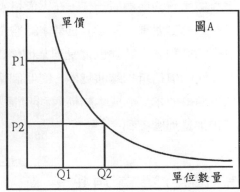

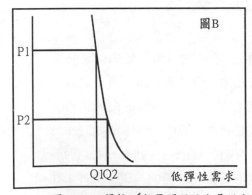

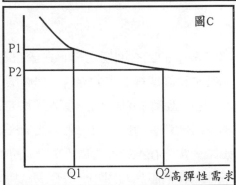

圖 19-1：價格／數量關係的交易性觀點。

圖 19-1 的三種圖形，是以一大假設做為基礎。首先，假設顧客對於所有的旅館、航空公司、餐廳、遊輪公司、旅遊套裝產品、旅遊目的地、或其它類型的餐飲旅館與旅遊服務，都已擁有相當充份的資訊。雖然這種假設對於旅行社之類的專家來說可能是正確的，但對大部份的消費者而言並非如此；事實上，後者無法擁有各種競爭價格的完整資訊。第二個主要假設是：顧客在蒐集資訊時，並未考慮到競爭者所提供之服務的相關價格。換句話說，他們得到的只是單純的價格而已，從中無法得知與服務的品質或特色有關的任何資訊。但事實並非如此；顧客都傾向於「仔細研究」各種競爭項目的價格中所包含的內容。高價位通常都會與高品質相連，而低價格則具有相反的內涵。

　　假設你正規劃一趟歐洲的行程，而且試著在倫敦市內選擇一處下榻的地點。在一長串可供選擇的旅館名單中，除了名稱、地址、客房數目、以及客房價格外，並無法獲得關於每一家旅館提供的服務品質之完整資訊。你根據自己在該市中想要瀏覽的景點，將這份名單過濾到只剩下五家在地點上最接近的旅館。只根據旅館擁有的客房數目，實在無法對這五家旅館有更深入的瞭解。在這種情況下，要如何選擇呢？各位或許都已經猜到答案了，那就是：根據價格來做決定（客房價格）。

　　假設上述的五家旅館中，有一家每晚的房價是 150 英鎊，有三家介於 80 到 90 英鎊之間，另外一家只要 35 英鎊。對於收費 150 英鎊的旅館、以及只需 35 英鎊的旅館，你會做出何種臆測呢？你是否預期這兩家旅館提供的服務品質與設施水準都大同小異呢？對於另外三家又會抱著何種預期呢？你是否認為它們提供的服務與設施會有極大的差別？

　　在上述這個假設性例子中，各位對每項問題的回答，應該能讓自己對於訂價扮演的「資訊性」角色以及做為一種內隱的促銷組合要素所發揮的功能，獲得某些瞭解。由於缺乏更詳盡資訊，使得你只能利用價格來對品質做一猜測。現在來看看各位會怎麼做。你是否認為那家收費 150 英鎊的旅館，整體上必定是較豪華的等級，而且應該提供一流水準

的服務以及一應俱全的設施與招待？對那家收費最低廉的旅館，在認知上是否覺得它是一家品質較低，而且也不可能提供在昂貴旅館中所能獲得的相同「禮遇」？至於那三家收費介於 80 到 90 英鎊之間的旅館，則無法明確分辨出它們之間的差別呢？

所有的研究都不斷顯示下列現象：顧客很容易就把較高的價格與較高水準的服務及設施聯想在一起。尤其在下列情況下，這種趨勢更為明顯：

1. 顧客缺乏足夠的資訊或沒有先前的經驗，可讓他們進行比較。就像倫敦旅館的例子，顧客只能使用價格做為比較的唯一根據。

2. 當那些服務在人們的認知上屬於相當複雜、而且有極高的可能做出拙劣的選擇時。各位或許還記得在前面提過的關於解決涵蓋範圍廣泛的問題、以及高切身性的決策。同樣的，倫敦旅館的例子，就是屬於這種情況。對大部份的人來說，安排一趟前往倫敦或歐洲其它地區的行程，會牽扯許多相當複雜的決定，而且也會有極高的風險去選擇到一家令人不滿意的旅館。

3. 當那些服務在人們的認知上具有特定的「身份象徵」、並且能夠傳達出某種社會聲望時。在人們購買的各種產品中，你是否能舉出動機是為了彰顯自己的「身份象徵」、而非以它們本身固有的品質為首要考慮的任何一種產品？你覺得例如勞斯萊斯、保時捷、寶馬、以及賓士等高級汽車，是否屬於這類產品呢？或許你會認為鱷魚牌運動服、或勞力士手錶也屬於這類產品吧。以倫敦旅館的例子來說，那些以聲望為首要考慮的遊客們，或許會選擇那家 150 英鎊的昂貴旅館。

4. 當相互競爭的服務在價格上的差異相當微小時。在這種情況下，顧客可能會選擇價格最高的服務，這是因為他們在認知上會覺得其品質較有保障。以倫敦旅館的例子來說，那三家旅館之收費分別是 87、88、以及 89 英鎊時，你或許就會選擇價格

最高的那一家。

　　圖 19-1 所示的三種圖形都顯示同樣的結果：價格較高時導致較低
的需求，較低的價格則會產生較高的銷售量。這是屬於訂價的交易性觀
點（transactional view）。由於訂價是內隱的促銷要素時所造成的影響
（亦即它扮演的「資訊性」角色），而使得這種狀況並非永遠都正確。
對於以聲望地位爲主要訴求的產品或服務而言，它的需求曲線應該更接
近圖 19-2 的圖形。當價格上昇時，需求事實上反而會增加到某個特定
點。也就是說，當這些服務或產品的價格越高時，對某些顧客群而言，
反而顯出更高的排他性與聲望地位。

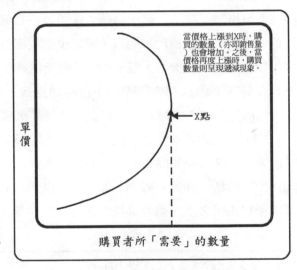

當價格上漲到X時，購
買的數量（亦即銷售量
）也會增加。之後，當
價格再度上漲時，購買
數量則呈現遞減現象。

單
價

X點

購買者所「需要」的數量

圖 19-2：以聲望地位爲主
要訴求的餐飲旅館與旅遊
服務的需求曲線。

　　訂價這種兩面本質，不僅反映出交易性與資訊性的角色，而且也
能在餐飲旅館與旅遊組織中造成各種的矛盾。舉例來說，業務代表或許
會感受到一種增加銷售量的內在壓力（例如：提高班機的載客率、或增
加旅館的住房率等），但卻不會高度關切獲益性。就獲得額外的業務量
而言，價格的確可以成爲強而有力的促銷工具；但在只有數量增加的情
況下，不見得就能使組織的利潤增加。換言之，那些採取「購買」行動

的顧客對組織來說，並不見得都可以創造利潤。當美國航空（AA）在1979年仿效聯合航空（UA）推出適用於當年度往後航班的50%折扣優惠券計畫後，便蒙受高達五千萬美金的損失。聯合航空因為勞資爭議導致一場為期三個月的罷工行動，而被迫採取這種促銷方式。但是對美國航空來說，並沒有這項問題。美國航空最後還是放棄了這項折扣優惠券的計畫，改以飛行常客計畫取代－這也是美國的航空業者推出的第一批此類計畫。

對餐飲旅館與旅遊組織的經理人而言，當自己管理的旅館、餐廳、遊輪、或班機之使用率只達到實際容量的一半時，必定心急如焚、坐立難安。就某些方面來看，這種關切不無根據。第二章提過的，餐飲旅館與旅遊服務的「存貨」無法儲藏；它們幾乎立刻就會「腐壞」。那麼，對這些經理人與業務代表而言，與其讓這些座位或客房閒置、並且永遠喪失銷售與使用的機會，還不如以任何可能的價格把它們銷售出去，那不是更好嗎？讓我們先回顧一下行銷的定義，或許有助於回答這個問題。包括訂價在內的所有行銷活動，是設計來滿足顧客的需求以及組織的目標。對許多組織而言，主要目標就是「獲取利潤」。因此，這種「不計成本、只求填滿閒置空間」的想法，事實上與行銷的定義牴觸；而且顯示出來的是一種銷售導向、而非行銷導向的心態。一般而言，與提供低廉價格相較之下，擁有某些「未使用的存貨」反而更有利潤。

訂價與金錢的價值

這個行業的許多知名專家，都提到現在的旅客們變得越來越有價值意識（value-conscious）；他們要的是**金錢的價值**。這句話的意思究竟是什麼？金錢的價值在定義上有下列這種說法：「指顧客將自己付出的金額，與獲得的服務及設施品質加以比較的一種方式」。因此，對某些具有價值的事物來說，它們不見得就一定是以某種最低價購得的廉價

商品。價值只存在於擁有者的眼中而已。某些服務對特定的顧客而言，認知上具有相當高的價值，但在其他人的眼中可能就不是這麼一回事。舉例來說，有些人願意支付高價來使用以奢華為導向的旅遊服務，而且在認知上覺得自己付出的錢是物超所值。但對其他的人而言，或許會認為經濟導向、或提供價格折扣的旅遊服務（例如費用相當經濟的旅館），才算是具有價值。

這和訂價又有什麼關連呢？答案其實很簡單：價格必須能把「金錢價值」的感覺，傳遞給所有的顧客。顧客必須要能被說服、並且相信：他們獲得的服務與設施品質，與他們付出的金額相互一致。如果這兩者存在著不一致，必定會造成顧客的不滿。

訂價的各種方法

如何知道何者是「適當的價格」？從第八章起，本書不斷強調設定各種目標，以及依據這些目標為基礎、來為每一項行銷組合的要素擬定相關計畫的重要性。因此，適切的訂價方法當然也要以一套明確的訂價目標做為開始。在訂價時會有三個階段，分別是：

1. 設定訂價的目標；
2. 選擇訂價的方法；
3. 測定與評估訂價的成敗。

設定訂價的目標

大部份訂價的目標，都可歸屬三種類別。它們分別是：（1）利潤導向，（2）銷售導向，以及（3）現狀導向。

1．利潤導向

價格的設定可以是爲了達到特定的利潤水準（亦即**目標訂價法**），或創造最高的利潤金額（亦即**利潤最大化**）。在目標訂價法之下所設定的價格，通常都會以投資報酬率、或銷售量的某個特定百分比來表示。本章稍後將介紹旅館業者使用「哈伯特法則」的訂價技巧；它是以設定的投資報酬率來做爲基礎。在各種可運用的訂價方法中，目標訂價法可說是最理想的一種。至於使用「利潤最大化」這種方法的組織，是以成本與顧客需求的預測值做爲基礎，來設定能夠爲公司帶來最大利潤的價格。利潤最大化的目標，通常使用於短期的情況下；而目標訂價法則較適合應用在各種長期性的狀況。

2．銷售導向

在銷售導向的訂價法中，對銷售量的強調更甚於利潤的追求。使用這種方法的公司，把價格用來做爲將銷售量增加至最高點或某個設定的目標水準、或在市場中取得更高佔有率的一種工具。本章前文，已提到：銷售導向的訂價法並不見得能夠導致利潤的增加。姑且不論這項警告的實際必要性，在過去的數年裡，這類銷售導向的訂價法在某些公司已証明獲致相當傑出的成效。實例之一便是那些提供極有限的服務、以大宗方式進貨、並以實質折扣來銷售各種商品的連鎖雜貨店。西北航空則是我們這個行業使用銷售導向爲目標的一個實例。在低票價以及「不要花招」的政策下，西北航空成爲 1990 年代初期、全美國國內航空公司營運上獲利的少數幾家業者之一；參見圖 19-3。

銷售導向的訂價目標，可以是長期、也可以是短期；參見圖 19-4。在六號汽車旅館（Motel 6）的案例中，低費率是他們長期訂價方法的一部份。至於短期的各種運用，則包括促銷使用的許多方法，詳細內容已在第十六章探討過。舉例來說，折扣優惠券的使用，

通常與為了增加短期銷售量而採行的價格折扣有關。許多餐飲旅館與旅遊服務存在著季節性的需求波動，這也會迫使許多公司在淡季期間使用價格做為刺激銷售量的誘因。

圖 19-4：低價策略是 Rent-A-Wreck 租車公司使用的長期訂價方法。

圖 19-3：西北航空以低票價訴求，來迎合搭機乘客的需求。

傑出案例
訂價：Rent-A-Wreck 租車公司

某些餐飲旅館與旅遊業者，在一開始就打算永遠使用低價策略。美國 Rent-A-Wreck 租車公司，就是成功運用這種長期性低價方法的一個傑出實例。

Rent-A-Wreck 租車公司出租的各種車輛（包括一般汽車、豪華轎車、休旅車、以及卡車等），價格大約只有其它租車公司的 50％ 到 75％。在這種收費下，它怎麼能夠生存下去呢？答案便是：它所購買及出租的都是二手車。一般來說，車齡在兩年到四年之間的所有車輛，運作狀況都還相當良好。這些車輛絕對不是廢鐵。該公司使用的定位聲明—「你別被這個名稱給騙了」，就是為了確定顧客不會因為它的名稱而產生錯誤的印象。

Rent-A-Wreck 租車公司的原始構想，係由 David Schwartz 於 1970 年代初期時，在西洛杉磯提出的。Schwartz 在這項業務有個相當有趣的背景，當他就讀於加州大學洛杉磯分校（ U. C. L. A. ）時，就已經為朋友們買賣汽車。他在這家公司一直擔任駕駛的工作，並且繼續在洛杉磯地區經營一家相當成功的經銷商。藉由一項在 1978 年提出的加盟計畫，該公司目前在美國、澳洲、加拿大、荷蘭、挪威、紐西蘭、以及阿拉伯聯合大公國等地，已擁有超過四百家的營業據點。該公司也成了一家股票公開上市的企業。

在 1994 年，Rent-A-Wreck 租車公司提供的每日租車費用，介於美金 25 至 30 元之間；每週的費用則介於美金 119 至 149 元之間。而其它各租車公司的每日租車費用，幾乎都在美金 40 元以上。根據該公司行銷副總裁 Lori Shaffron 的說法，該公司採用這種方法的基本哲學其實很單純。他說：「每個人在自己家裡開的也都是舊車，既然如此，當你在出外旅行時租部二手車又何妨？它可以讓你每星期省下高

達一百美元的費用！事實上，你由其他租車公司中租到的也都是舊車——我們公司的車在車齡上或許比他們的多了幾年，但這些車輛都相當清潔、保養也很好，而且性能絕佳。」

Rent-A-Wreck 租車公司有兩個截然不同的目標市場。第一種是那些因為商務、休閒、或個人因素而離家從事旅行的人們；這些人也就是本書所針對的旅行者。此外，該公司也提供那些本身沒有車輛、正準備搬家、以及其它各種理由的人們短期與長期（三個月到一年不等）的租車服務。該公司宣稱，美國境內的租車業務，每次出租的使用期間平均約為三天半；但是由 Rent-A-Wreck 租車公司租出去的車輛，每次的使用期間平均約  為九天。很明顯，該公司已經吸引了那些對價格較關切的租車者，以及那些必須較長期租車的人們。

傳統上而言，Rent-A-Wreck 租車公司的辦公室不會設在各個機場，而是旗下各個加盟者的營業據點；這些加盟者，有許多都是二手車或新車的銷售商。同樣地，這種方法也有助於降低該公司必須支出的總經費；因為如此，該公司也才能夠繼續提供這種低廉的租車費率。

在餐飲旅館與旅遊組織中，Rent-A-Wreck 租車公司可說是運用銷售導向的訂價目標、以及藉由維持低營運成本來進行低價競爭的一個傑出實例。

問題討論：

a. 與大部份的競爭者相較下，Rent-A-Wreck 租車公司使用的訂價

方法有何獨特之處？

b. 哪些類型的顧客最可能受到吸引？

c. 就你所知，餐飲旅館與旅遊業還有哪些公司也是使用這種低價位的方法？他們又如何讓自己在市場上佔有一席之地呢？

３．現狀導向

使用這種目標的公司，避免產生大規模的銷售量變動，並設法維持它與競爭對手及旅遊業中介者之間的相關定位。這種方法最常被那些試圖讓自己的價格與競爭對手的價格儘量保持接近（亦即**競爭訂價法**）的公司所使用。在我們這個行業的某些部份（例如連鎖速食業），市場佔有率較低的公司，會將他們的價格調整到與市場領導者儘量接近的水準；例如漢堡王、溫蒂、與哈帝等業者，會追隨麥當勞在價格上的變化來做改變－也就是所謂的**跟進訂價法**。

選擇訂價的方法

目標確定之後，組織就可以在數種方法中，做出有根據的選擇。這些訂價方法可區分為三種類別：（１）單純法，（２）複雜法，以及（３）多階段法。

１．單純法

這種方法之所以單純，是因為對於研究與成本考量的倚賴性，遠低於對經理人員的直覺。一般而言，沒有人會建議使用這種方法；我們在此之所以會討論，是因為它們的確出現在我們這個行業。

　　ａ．**競爭訂價法**　就如前文所見，它屬於一種維持現狀的訂價方法－也就是說，以競爭者的價格做為本身訂價的基礎。由於競爭者的價格變動一旦公開後，所有的價格也會隨之波動，而使它很

容易演變成一種反應式或「走著瞧」的方法。在目前這種高度競爭的餐飲旅館與旅遊市場中，當組織在訂定其價格時，將競爭者列入考慮固然不可或缺，但這絕對不是唯一的考慮要素。每一個企業組織都有它與別人不同的成本／利潤結構與顧客基礎。某種價格水準或許為一家公司帶來可觀的利潤，但對另一家公司而言卻可能無利可圖、甚至虧損。

　　b．跟進訂價法　　這是把競爭訂價法修正後演變的方法；使用這種方法主要都是那些市場佔有率較低的公司。同樣的，它也是一種反應式、而非事先規劃的方法。那些規模較小的公司，會等待市場領導者推出各種新價格，再將本身的價格緊盯住這些新價位。一般而言，市場價格會隨著大型企業的走向（不論調漲或降價）而變動。對大部份的小規模組織來說，由於他們在經營上能獲得的利潤邊際都要比市場領導者（他們享有極可觀的經濟規模）微薄；因此，盲目追隨市場領導者將是相當危險的一種作法。由於市場領導者在銷售數量佔有優勢，較有能力承受價格上的大幅下降；此外，當價格小幅上揚時，他們所能賺得的總利潤也會較高。

　　c．直覺訂價法　　這是一種最不科學的方法，因為完全不牽扯到成本、競爭價格、或顧客期望。有些人稱為「狹隘感覺法」，因為幾乎完全決定於經理人員的直覺。因此，這是一種不足取的方法。

　　d．傳統或經驗訂價法　　經過多年的時間，餐飲旅館與旅遊業的不同部份也發展出某些訂定價格的傳統方法。有些時候也稱之為「經驗法則」（rules of thumb）。以住宿業為例，於1970年代，業者都認為客房的費率應該以投資於這間客房的總金額做為計算基礎；其標準是每一千美金的投資額，就應該收取一美金的費用（亦即投資額的千分之一）。舉例來說，如果旅館每間客房的建造總成本是美金十萬元，那麼每間客房的住宿費用就應該是美金一百元；對另一家投資美金十五萬元來建造一間客房的旅館而言，收費就應

該是美金一百五十元。但是，目前有許多人都認為不合時宜了；因為旅館的建築成本已快速上昇，而激烈競爭又造成客房費率的下降。在 1970 年代，由於所有餐廳業者提供的餐點中，材料成本佔售價的 40% 是廣泛使用的計算基礎；因此，將每道菜的材料成本乘以二點五倍做為實際售價，也就成了一種普遍的經驗法則。這種方法幾乎毫無技術可言－你只要找出廣泛被接受的經驗法則，然後再套入你自己的數字就行了。但是，這種方法的嚴重瑕疵是並未對顧客期望與競爭價格進行相關研究或考慮。

以上所述四種單純法，都存在著共同的特徵。第一，它們都只根據極少量的研究（甚至並未進行任何研究）做為基礎。第二，許多會對價格造成影響的因素中，只把其中一項列入考慮－亦即：競爭對手的價格。第三，並未把每個組織具有的不同成本／利潤結構或顧客期望與偏好列入考慮。

在開始探討複雜性較高、以研究為基礎的訂價方法之前，應先對各種影響價格的因素有更多的瞭解。下文便是對這些因素的討論。

顧客的特性（Customer characteristics）

在決定價格時，顧客的特性應該扮演關鍵的角色。有些顧客對於價格極度敏感，甚至於只是些微的價格改變，都足以產生立即的反應（還記得稍早提過的「高彈性需求」嗎？）。有些人則不會改變他們的購買習慣，既使價格出現巨幅變化亦復如此（應該還沒忘記「低彈性需求」吧？）。或許還記得在前幾章中所討論過的「高切身性」與「低切身性」的購買決策。毫無疑問的，當你想要訂定高價格、以及做出較大的價格調漲時，如果對象是那些高切身性的顧客，自然容易多了－因為他們對於價格的敏感度本來就比較低。

根據選定的目標市場，可運用**價格區隔**（亦稱為區隔訂價法或差

別訂價法）。它是指某些服務爲了吸引特定的目標市場，使顧客取得這些服務時付出的價格要低於其它市場中的顧客所支付的價格。各航空公司將機票費率分爲經濟艙、商務艙、與頭等艙；以及大部份的大型旅館訂定不同的客房費率（例如：一般「散客」、商務旅客、旅行團、政府官員、以及航空公司空服員的住房費率），都屬於這種價格區隔的實例；參見圖 19-5。至於利潤管理（或收益管理）這個術語，與價格區隔的運用有關。所謂的**利潤管理**是指由各航空公司、旅館業者、遊輪公司、汽車出租公司、以及其它組織使用的一種收益管理方法；此作法係以控制價格與容納能量，使那些無法儲藏（此乃服務的特性之一）的存貨在銷售量方面能夠達到最高。以更口語的方式來說，「利潤管理」的意思就是：在適切的時間、使用適當的價格，來把適切的存貨單位（例如機位、客房、艙房、或車輛）推銷給適當的顧客（亦即目標市場）。

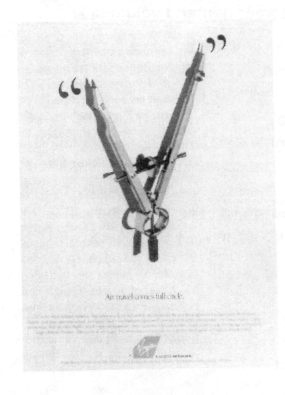

圖 19-5：大西洋維京航空以實例証明價格區隔在航空公司也是可行的作法；該公司的商務艙成爲「高級的座艙」。

企業的目標（Corporate objectives）

由於價格是獲利性的一項直接決定因素，使得訂定價格的責任通常不會完全授權給行銷經理來執行。價格的制定必須以第三章探討過的整體企業目標為基礎。舉例來說，這些目標可能是利潤水準、市場佔有率、或銷售量。

企業的形象與定位（Corporate image and positioning）

價格應該和整體的公司形象與定位相互一致。舉例來說，當旅館業者或遊輪公司選擇傳達出聲望或豪華的形象時，訂定的價格就應該遠高於市場的平均水準。從另一方面來看，強調經濟性時，訂價就應該採取相反的策略。

顧客需求的數量（Customer demand volumes）

另一項重要因素是顧客需求的可能數量。對大部份的餐飲旅館與旅遊服務來說，需求會隨著季節、月份、星期、每週的特定日期（亦即週末與非週末）、甚至於每天中的特定時段，而出現劇烈的浮動。由於這些服務幾乎立刻就會「腐壞」，因此所有經理人員必須承擔另一種額外的壓力：如何填補淡季期間的需求。依據不同時段來實施價格區隔，是這個行業廣泛使用的工具，讓需求型態不至於暴起暴落。這類例子包括：餐廳推出「早起的鳥兒」特價活動，大都市的旅館實施週末住宿優惠，針對特定航線促銷的淡季特惠機票，遊輪業者與渡假中心訂定的旺季前優惠價格，以及汽車出租公司週末採行的價格折扣措施等。

成本（Costs）

成本也是在訂定價格時另一項重要考慮因素，在稍後會再詳細討論。單純的訂價方法中，大部份都有下列這項缺點：缺乏對各種潛在成本的適當關切。在有效的訂價中，對所有可能成本進行研究，是不可或

缺的必要條件。

競爭（Competition）

我們並不建議只單獨使用競爭訂價法；對任何公司而言，如果未參考競爭對手之價格水準，應該是無法制定其價格。在餐飲旅館與旅遊業的所有部份，認清業界的競爭狀況是不容忽視的。此外，顧客的價值意識也變得日益明顯。對公司而言，使用「主動」的方法來預期當自己公司的價格出現變化時會對其它競爭者的價格造成何種影響，絕對要比使用「走著瞧」、或反應式的方法更為有效。

管道（Channels）

需要透過旅遊業中介者銷售的各種服務在訂定價格時，佣金絕對必須列入考慮。各航空公司、旅館業者、汽車出租公司、旅遊批發商、以及其它透過旅行社銷售的組織，他們真正的收益，要比顧客表面上所看到的價格為低。舉例來說，國內航空公司所能收到的大約只有票價的九成，因為必須支付給旅行社 9.9%佣金。

各種互補的服務與設施（Complementary services and facilities）

某種產品的價格會對其它產品的銷售量造成何種影響？這是另一個不可忽略的考量因素；因為在這個行業，大部份的公司都會以不同的價格來銷售各種服務與設施（例如不同的飛航路線，遊輪行程目的地，住宿設施的「品牌」，餐點菜色，汽車的等級，觀光與渡假的套裝產品等）。有一種可能性是大家都關切的：當某種產品的價格降幅過大時，很可能會搶走一些高利潤服務的銷售量。換言之，公司在訂定價格時必須採取「組合法」（portfolio approach），而不是以個別的基礎來訂定每項產品的價格，而忽視了它們對其它產品可能造成的衝擊。

與行銷組合要素及行銷策略的一致性（Consistency with marketing-mix elements and strategy）

還記得行銷的傳統 4 P：產品、價格、地點、與促銷？本書不斷強調應該讓這四種行銷組合要素儘可能一致。舉例來說，如果提供的是某種豪華奢侈、或與眾不同的服務時，那麼較高的價格似乎較妥當；至於那些「平凡無奇」的服務，就比較適合使用以經濟為訴求的價格。

這九種會對價格造成影響的因素中，是否有任何獨特之處呢？它們是否存在著某些共同的特點？假如你已經注意到這九項要素都以 C 為起頭的話，別吝於給自己一些掌聲。如果你把它們當做是「訂價的 9 C」，那麼會更容易牢記在腦海中。

2．複雜法

上文中學到的重點是：訂價與審慎地將各項要素做一均衡考量有關。你現在已經知道：只對其中一項要素進行檢視－例如競爭者的價格是不夠的。通常只有當公司已經對各種訂價決策會產生的影響做過審慎研究之後，才會使用較複雜的訂價方法。

a．目標訂價法 在利潤導向的訂價方法中，目標訂價法是其實例之一。這項目標通常是以達到某個投資報酬率為基礎。在某些情況下，這項目標也可能以某個銷售量的百分比來表示。

住宿業最常見的目標訂價法便是哈伯特法則（Hubbart Formula）。這是一種用來制定客房費率的方法；它係由零點來開始訂定一份損益表，以決定必須在何種客房費率下，才能夠達到事先設定之投資報酬率。表 19-6 所示，便是如何以哈伯特法則來計算客房費率的例子。這種方法求得的費率，並未包括旅行社的佣金、以及提供給特定目標市場的折扣。在獲得最終、可對外宣佈的費率之前，還必須把這兩項成本列入考慮。表 19-7 所示，是此類計算的一個假設例子。

希望達到的稅後投資報酬率

加

      所得稅
      利息費用
      保險費
      不動產稅
      折舊
      行政管理與一般費用
      行銷費用
      水電費用
      營業場所的運作與維修費用

減

      餐點與飲料部門的收益
      電話部門的收益
      其它部門的收益

加

      餐點與飲料部門的費用
      電話部門的費用
      其它部門的費用

等於	必要的客房利潤
加	客房的費用
等於	必要的客房收益
全部除以	規劃的客房住宿天數
等於	在折扣與佣金扣除後,每間客房每晚的平均費率

表 19-6:目標訂價法舉例:使用哈伯特法則來決定客房費率。

必要的客房收益 $\underline{\$555,476}$

計畫的住房數＝   (客房總數×365／年)×住房率％
                 住房率＝0.65   11863

每間客房每晚的平均淨費率目標＝ $46.83

第二階段:計算每個目標市場的特定住房費率

目標市場	住房天數	百分比	提供的折扣	每間客房平均人數
一般商務旅客	593.13	5%	5.0%	1
享有企業費率的商務旅客	593.13	5%	12.5%	1
參加會議／集會的團體	4745.00	40%	20.0%	1.5

巴士旅行團	1779.38	15%	25.0%	2
休閒旅客	4151.88	35%	15.0%	2.5
總計	11862.50	100%		1.5

在折扣之前的必要平均費率為 $ 64.70

以目標市場為依據的必要平均費率	折扣前的必要平均費率	減去折扣	平均費率	單人房費率	雙人房費率
一般商務旅客	$ 64.70	5%	$ 61.46	$ 61.46	—
享有企業費率的商務旅客	$ 64.70	13%	$ 56.61	$ 56.61	—
參加會議／集會的團體	$ 64.70	20%	$ 51.76	$ 49.26	$ 54.26
巴士旅行團	$ 64.70	25%	$ 48.52	—	$ 48.52
休閒旅客	$ 64.70	15%	$ 54.99	—	$ 54.99

目標市場	住房天數		平均費率		收益
一般商務旅客	593.125	x	$ 61.46	=	$ 36,456
享有企業費率的商務旅客	593.125	x	$ 56.61	=	$ 33,578
會議／集會的團體（單人房）	2372.500	x	$ 49.26	=	$ 116,868
會議／集會的團體（雙人房）	2372.500	x	$ 54.26	=	$ 128,731
巴士旅行團	1779.375	x	$ 48.52	=	$ 86,343
休閒旅客	4151.875	x	$ 54.99	=	$ 228,331
客房總收益	11862.500	x	$ 53.13	=	$ 630,307

表 19-7：一家旅館使用哈伯特法則來計算客房費率的例子。此例說明如何處理折扣與佣金這兩項成本。

例如哈伯特法則之類的目標訂價法，是相當有效的方式，因為已將訂價的９Ｃ之多項因素列入考慮。它們包括：

- 成本與利潤水準的詳細預測（成本）。
- 需求的預估（顧客需求的數量）。
- 個別目標市場的價格偏好（顧客的特性）。
- 財務目標的詳細敘述（企業的目標）。
- 支付給旅遊業中介者的佣金預估（管道）。

當目標費率計算出來之後，可能還需要根據競爭對手提供的價格、或為了與企業的形象／定位取得更佳的一致性而稍做調整。

ｂ．**折扣與價格區隔**　折扣是餐飲旅館與旅遊業常見的一種訂價策略；係指實際的票價、費率、或價格，都比廣告中刊登的金額爲低。**區隔訂價法**屬於折扣的一種形式。一般而言，在區隔訂價法與折扣中，業者都會以較低的價格將服務出售給某些顧客；參見圖 19-8a 與 19-8b。雖然如此，這種價格差距並不代表在提供這項服務時，其成本會有任何實質上的差異。以下僅列舉幾個實例：

 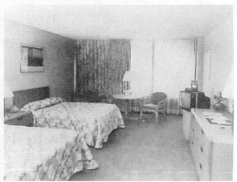

圖 19-8：爲什麼需要有價格折扣與價格區隔？（ａ）價格折扣或許可以填滿這些空位。（ｂ）價格區隔或許可以吸引人們住進這間客房。

- 許多連鎖速食業者提供折扣給年長的市民（業者通常會要求顧客出示身份証或其它相關証件）。

- 某些航空公司與連鎖旅館業者，會有專供銀髮族旅客參加的俱樂部。支付一筆合理的會員費用後，這些旅客們在機票價格、以及相關服務上（例如旅館住宿與租用汽車），都可以獲得折扣優惠。聯合航空推出的「超値銀翼優惠旅遊俱樂部」，便提供年滿六十歲以上的乘客可依據票面價格享受折扣優惠。每日旅館推出的「每日旅館九月俱樂部」，則提供年滿五十歲以上的顧客享有客房費用、餐飲、旅遊行程、以及主題樂園費用的折扣。包括精選旅館、霍華強森、以及 Marriott 在內的其它連鎖住宿業者，也都提

供類似的折扣計畫給那些銀髮族旅客。

- 大部份的汽車出租公司也都有各種「企業費率」的折扣計畫。參加此類計畫的商務旅客們,租車時可自動享有折扣費率。

- 幾乎所有的旅館與渡假中心,都有一份多層級的費率表。截至目前為止,企業費率是最普遍的折扣費率,效果就和汽車出租業者使用的計畫相當類似。其它各種「低於檯面價」的費率,則包括提供給政府官員、航空公司空服員、旅行團、參加會議/集會的客人、銀髮族、以及運動團體的費率。

折扣與區隔訂價法可以依據四種不同的標準做為基礎,分別是:目標市場、提供服務的形式、地點、以及時間。

1. **目標市場** — 例如以銀髮族及商務旅客做為目標市場。

2. **提供的服務形式** — 是指不提供服務,但是提供的折扣比刪除之服務項目的成本高出許多。舉例來說,某家已提供折扣的航空公司,等到登記時間開始之後才會將登機証發給乘客們。

3. **地點** — 是指價格會依據設施與服務的地點而不同。舉例來說,某些渡假中心會對面海的客房收取較高的費率,但其它房間還是能以較低的價格取得。

4. **時間** — 依據時段來提供折扣是一種相當普遍的作法;這是「腐壞性」這項因素造成的。位於都會區的旅館所提供的各種週末套裝產品,便是此類的實例。這些旅館的業務量傳統上都集中在週一至週五,因此就會以折扣來吸引週末時段的休閒旅客。各餐廳推出的「早起的鳥兒」折扣活動,則是另一實例;那些在「尖峰」時段以前的客人,可以享有價格優惠。

由航空公司率先推出的「利潤管理」策略，是根據以上所述標準中的數種做為基礎的區隔訂價法實例。各位或許知道，在 1980 年代中期，事先預約（advance-booking）、以及不可退費（non-refundable）的機票在美國境內大為流行。據估計在 1991 年全美國售出的所有機票中，有大約 80% 的比例都受到某些類型的訂位限制。除了三種艙等制度（經濟艙、商務艙、與頭等艙）之外，各種代表性的限制包括：啟程的日期，在目的地的住宿天數，週六的住宿滯留，以及更改或取消行程的權利等。

　　這些降低價格的作法，與那種對競爭者的價格變動做出回應的**削價**（或稱為「盲目砍價」），是完全不同的。折扣經過審慎研究與事先規劃，為了達到各項特定目標而設計；是在徹底檢視將會對成本與利潤造成的衝擊後，以相關資料為根據制定的。大部份的折扣計畫，通常都要經過好幾個月、甚至於好幾年的調查後才付諸實施。

　　在確定各種折扣計畫時，最有用的一項技巧便是**損益兩平分析**；它會發展各種能夠顯示成本、顧客需求量、以及利潤這三者間關係的圖表。這些圖表可以幫助經理人員判定當價格或顧客需求量位於哪個特定水準時，才能夠平衡所需的所有固定成本及變動成本。這些特定的水準點，便是所謂的「損益兩平點」（break-even points）。**固定成本**是指不會因為銷售量多寡而改變的各種成本（例如：建築物的財產稅、設備貸款的利息費用）；**變動成本**則是指會隨著銷售量多寡而改變的各種成本（例如：銷售量增加 10% 時，屬於變動成本的項目也會提高 10%）。在「生產」過程中使用的勞動成本與材料成本，都屬於變動成本。餐廳提供的餐點中，原料成本就是變動成本的例子。

　　圖 19-9 是一種假設狀況下的損益兩平圖。顧客購買的總數量以橫軸表示，成本與收益則顯示於縱軸。當總收益曲線與總成本（固定成本加變動成本）曲線相交時，交叉點就是損益兩平點。該圖以

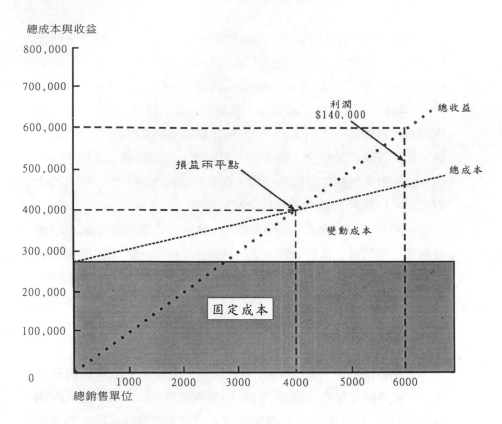

總成本與收益

圖 19-9：損益兩平圖例

下列條件為假設：

- 銷售一單位的變動成本是美金三十元。
- 單位售價美金一百元。
- **貢獻邊際**（是指每單位的銷售價格與每單位的變動成本之間的差額）為美金七十元（亦即一百元減去三十元）。
- 總固定成本為美金二十八萬元。

計算損益兩平點的公式如下所述：

$$損益兩平點（單位數量） = \frac{總固定成本}{貢獻邊際}$$

$$= \frac{總固定成本}{每單位售價 - 每單位變動成本}$$

在圖 19-9 這個例子，損益兩平點為 4,000 個單位（可以是旅館的住房天數，或航空公司或遊輪公司的乘客人數）。4,000 這個數字係依據下列公式計算而得：

$$損益兩平點（圖 19-9） = \frac{\$280.000}{\$100 - \$30} = \frac{\$280.000}{\$70} = 4,000 （單位）$$

如果圖 19-9 的售價低於美金一百元時（例如美金六十五元），會出現何種情況？你可能已經猜到結果：損益兩平的單位數量將會增加。事實上，這個數字將會激增一倍－由 4,000 增加到 8,000 個單位（＄280,000／＄65－＄30）。

上述圖形除了有助於確認損益兩平點之外，也可以用於目標訂價法。如果公司知道自己必須創造多少利潤、才足以達到希望的投資報酬率或銷售報酬率時，就可以判定出必要的銷售單位數量與銷售金額。假設該公司必須創造美金十四萬元的利潤，才能夠達到設定的投資報酬率。在判定損益兩平點時，將會使用到下列公式：

$$\text{損益兩平點} \atop \text{（利潤為\$140,000時）} = \frac{\text{總固定成本} + \text{目標利潤}}{\text{每單位銷售價格} - \text{每單位變動成本}}$$

$$= \frac{\$280000 + \$140,000}{\$100 - \$30}$$

$$= \frac{\$420,000}{\$70} = 6,000 \text{單位}$$

因此，要達到利潤為美金十四萬這項目標，所需要的銷售金額便是美金六十萬元。

進行損益分析時會有某些限制，必須有所認識。首先，這類分析假設：在任何銷售量水準下，每銷售一單位所增加的變動成本都完全相同。但事實是：某些成本項目並不會直接隨著銷售量的增減而等比例改變（例如銷售單位增加一倍時，導致的成本增加或許只有 60%、而不是 100%）。第二，損益兩平分析假設：在任何生產量水準下，固定成本都維持不變。事實上並非完全如此，因為當銷售量達到某種水準時，固定成本可能會增加（例如需要更多的設備，因此必須籌措額外的資金，導致利息費用的增加）。第三，價格對市場需求毫無影響，這項假設令人置疑。姑且不論上述這些限制，就分析成本、價格、顧客需求量、以及利潤之間的關係來說，損益兩平分析的確是相當有用的工具。

c. **促銷訂價法** 促銷訂價法是指利用短期的價格降低來刺激暫時性的買氣，使銷售量得以增加。許多促銷（第十六章），都可歸屬這個範疇：例如買一送一、或各種折扣優惠券等。

d. **成本加成訂價法** 成本加成訂價法是指在實際成本或估計成本之外、再加上某個固定金額或比例，做為最後價格，這個

固定金額或比例便是貢獻邊際。由先前的討論，各位應該可以了解：我們並不建議使用傳統、經驗法則的訂價法。此外，單獨使用成本加成訂價法也並非理想的方式。如果能夠把成本加成訂價法與其它技巧（例如損益兩平分析）結合使用，並將訂價的 9c 中除了成本之外的其它要素一併列入考慮，效果必定會更好。

　　e．**新產品訂價法**　許多公司都發現到，可以依據提供的服務與設施之產品生命週期，對價格做出適當的改變。第八章已說明過，將新服務導入市場時，計有四種潛在的策略可供運用，分別是：（1）迅速擷取精華策略，（2）緩慢擷取精華策略，（3）迅速滲透策略，以及（4）緩慢滲透策略。價格上採用**擷取精華**（也稱做「刮油」）作法時，必定會刻意以高價位做收費的標準；因為有某些顧客會願意支付這個價格，讓自己成為這項服務的首批使用者。這種價格是人為的，因為最終還是必須降低下來。舉例來說，與後來的乘客相較下，第一批搭乘協和客機（Concorde）橫渡大西洋的旅客，就支付了一筆頗為高昂的額外費用。至於**滲透式**訂價法的作法剛好相反；也就是說，係以低價位推出新服務，以便攫取市場佔有率。前文提到的西北航空那個案例，就是一個實例。該公司藉由提供折扣票價的方式，以期在國內的航空市場掌握可觀的佔有率。使用滲透訂價法的公司，有可能打算長期使用；當然，也可能只是短期的運用。

　　f．**價格基線**　價格基線是取自零售業－尤其是服飾業經銷商－的技巧；它是指一家公司預定認為可吸引顧客的各種價格基準。舉例來說，一家餐廳由以往的經驗中或許發現它所提供的各式主菜，最受歡迎的價格分別是 $ 7.95、$ 9.95、以及 $ 11.95 三種。因此，在改變菜單時，就會尋找那些能夠以這三種價格來銷售、並能提供讓人滿意之利潤的各種菜色。旅行社為了滿足各種顧客之需求而推出不同價位的渡假套裝產品，則是另一實例。

　　g．**心理訂價法**　是指利用訂價技巧制定價格後，再稍做修

改，以提供附加吸引力的方法。使用這種方法的基本策略是：避免
使用整數來訂定價格，例如＄10、＄100、或＄1,000 等。換言之，
心理訂價法也就是運用稍微低一點的價格，使顧客在認知上覺得價
值已獲得增加的一種作法。圖 19-10 所示、由赫茲租車推出的這項
廣告，就是使用心理訂價法的一個實例。該公司所列的價格中，不
會出現整數、或以十元為倍數的價格；它會使用例如＄44.90 與＄
69.00 之類的價格。各位或許也注意到，許多價格大多會使用奇數
表示（例如：四角五分、四角九分、九角五分、九角九分、或是九
塊九）。業者們之所以使用這類數字，係基下列信念：與整數，甚
至於例如五角、一元、或一百元之類的數字相較下，奇數反而能夠
帶來更高的銷售量。

圖 19-10：赫茲租車在刊登
於雜誌的廣告中，便使用了
心理訂價法。

h．**特價品訂價法**　　**特價品訂價法**屬於促銷訂價法的形式之一，是指在某段特定的短時間內，以低於實際成本的價格提供一種或多種服務或產品。這些項目也就是所謂的「特價商品」(loss leaders)。除了在零售店相當常見之外，這種特價品訂價法也會被某些餐飲旅館與旅遊組織所使用。舉例來說，某些披薩外送業者便會提供免費的可口可樂給購買披薩的顧客（這時，可口可樂就是所謂的特價商品）。這些低價推出的項目，任務就是要誘發其它主要商品的銷售量能夠增加（在上例中，披薩就是主要商品）。

3．多階段法

本章已介紹了許多不同的訂價方法；有些相當單純，有些在技術上較精確。在進行訂價時應該審慎考慮九項要素（亦即訂價的９Ｃ－企業的目標，顧客的特性，企業的形象與定位，顧客需求的數量，成本，競爭，管道，各種互補的服務與設施，以及與行銷組合要素及行銷策略的一致性）。因此，一種**多階段的方法**對有效的訂價來說是有必要的；以下所述，就是這種方法的各個階段：

1. 決定公司的目標、以及特定的訂價目標（亦即企業的目標）。
2. 確認並分析目標市場（亦即顧客的特性）。
3. 針對相關的目標市場，對公司的形象與定位進行考慮（亦即企業的形象與定位）。
4. 預測在不同的價格水準下，顧客對於這些服務的需求（亦即顧客需求的數量）。
5. 確定提供各種服務的成本（亦即成本）。
6. 評估競爭者對於各種價格所可能的反應（亦即競爭）。
7. 考慮這些價格對旅遊中介者造成的影響或衝擊（亦即管道）。

8. 考慮這些價格對各種互補的服務與設施之銷售量會造成的影響（亦即各種互補的服務與設施）。

9. 考慮這些價格對其它的行銷組合要素、以及行銷策略的其它方面會造成的影響（亦即與行銷組合要素及行銷策略的一致性）。

10. 選擇並使用一種訂價方法，得出最後的價格。

使用這種多階段方法，可幫助所有組織決定出哪些訂價方法、以及哪些價格水準對他們最適當。當你完成一個階段後，可能採用的價格與訂價方法在範圍上就會逐漸縮小，這將使你更容易做出訂價決策。

測定與評估訂價的成敗

選用的訂價方法，究竟會對銷售量產生何種影響呢？雖然價格與銷售量的改變都極易測定，但要單獨分辨出完全是因訂價造成的影響卻相當困難。其它各種因素，例如組織採用的非價格促銷、顧客消費型態的改變、競爭、地方產業活動的型態、甚至於天氣，也都可能對銷售量造成影響。因此，在測定訂價的成敗時，對這些其它因素－尤其是競爭對手的價格－進行追蹤、並評估它們對於銷售量造成的影響，是相當重要的。舉例來說，在第十五到第十八章，各位就已學到某些可以用來對每項促銷組合要素的成敗進行測定與評估的方法。

同樣的，在評估訂價的成敗時，最佳的方法仍是透過行銷研究。藉由各種妥善設計的研究調查，可判定新的顧客是因為價格而受到吸引，還是有其它更重要的因素。至於那些並未光顧的人們也可以做為調查的對象，以瞭解新訂價為何無法吸引他們光臨。不論選擇何種研究計畫，最重要的一點就是：必須進行徹底的研究與分析，以澄清對於價格與銷售量之變化所做的測定。

本章摘要

　　不論基於行銷或獲利性的考量，制定適當的價格對所有餐飲旅館與旅遊服務來說，都相當重要。各種單純與複雜的訂價方法，在餐飲旅館與旅遊業中都有業者使用。

　　多階段的方法可以獲得最有效的訂價；這是因爲已把下列九項要素都列入考慮－企業的目標，顧客的特性，企業的形象與定位，顧客需求的數量，成本，競爭，管道，各種互補的服務與設施，以及與行銷組合要素及行銷策略的一致性。在得出最適當的價格時，「金錢的價值」也是另一項必須評估的重要概念。

問題複習

1. 訂價扮演的兩種角色分別爲何？這兩種角色存在著哪些固有的矛盾？

2. 價格如何扮演「內隱的促銷要素」角色？

3. 哪些方法屬於單純的訂價方法，爲何不建議使用？

4. 哪些方法屬於較複雜的訂價方法，爲何比較好？

5. 「目標訂價法」所指爲何？

6. 何謂「損益兩平分析」，如何用於訂價中？

7. 推出各種新服務時，是否有不同的訂價方法可供使用？分別有哪些？

8. 多階段訂價法所指爲何？考慮到哪些因素？

9. 「金錢的價值」這項概念會如何影響訂價？

本章研究課題

1. 安排拜訪一家地方性的餐飲旅館與旅遊組織，並訪問該公司的經理人或老闆。請這個人對該公司使用的訂價方法做一敘述。你認為屬於單純、或複雜的訂價法？在訂價的９Ｃ中，該公司考慮了哪些要素？是否使用了多階段的方法？是否運用到折扣、目標訂價法、或損益兩平分析？你會對該公司的管理階層提供哪些建議，以改善使用的訂價方法？

2. 你在某家公司擔任行銷經理，負責一項新推出的餐飲旅館與旅遊服務（例如旅館、餐廳、飛航路線、旅行社、或其它服務）。為這項業務設定最初的價格結構時，你會遵循哪些步驟？你會將哪些特定因素列入考慮？你會採用何種價格？你如何讓資深的管理階層接受你提出的價格？

3. 在餐飲旅館與旅遊業中，選擇你最感興趣的部份；並對它們使用的訂價方法進行分析。在你能夠確認的各種方法中，你將它們歸類在哪一種範疇內（例如單純法或複雜法）？它們使用了哪些特定的方法？在訂價的９Ｃ中，你認為有哪幾項要素對價格水準有較大的影響？對於使用不同訂價方法的其它組織而言，你認為它們是否還有涉足這個行業的空間？請對你的答案加以說明。

4. 選擇一家這個行業的地方性組織，並証明它可以如何運用目標訂價法或損益兩平分析，來做出更有效的訂價決策。請利用數字化的實例，來証明你提出的各項建議。你如何把這些建議「推銷」給該公司的老闆？

第五部

行銷計畫的控制與評估

1 何謂行銷？

2 目前的處境？

3 希望進展的目標？

4 如何才能達成目標？

5 如何確定能夠達成目標？

及

如何知道已經達成目標？

第二十章

行銷管理、評估、與控制

學習目標

研讀本章後，你應能夠：

1. 定義行銷管理，並列舉五項構成要素。

2. 說明行銷管理能帶來的利益。

3. 敘述組織行銷部門的五種方法。

4. 說明配置與管理行銷人員的各種階段與程序。

5. 列舉設定行銷預算的單純與複雜方法，並確認出最有效的方法。

6. 敘述設定行銷預算時的漸進程序，並說明能帶來的利益。

7. 定義行銷控制與行銷評估這兩個術語。

8. 敘述控制行銷計畫的過程。

9. 列舉並說明行銷評估的各種方法。

概論

　　本章探討各種行銷活動的管理－通常簡稱為「行銷管理」，並對有效的行銷管理能帶來的各種利益做一確認。本章特別強調下列觀念：只有一套行銷計畫是絕對不夠的。即使是最完美的計畫，也可能需要修正、以因應各種突發狀況。因此，行銷管理的五項構成要素－規劃、研究、執行、控制、與評估，也就成了本章強調的重點。

　　本章也檢視組織一個行銷部門的替代方法，並對人員的配置與監督進行探討。此外，本章也說明各種設定行銷預算的方法，並把數種最佳的方式建議給讀者。

　　餐飲旅館與旅遊行銷系統的最後兩項問題－「如何確定能夠達成目標？」、以及「如何知道已經達成目標？」，也在行銷控制與行銷評估的說明中加以討論。最後，探討數種有用的評估技巧，做為本章的結束。

關鍵概念及專業術語

可負擔預算法（Affordable Budgeting）
任意預算法（Arbitrary Budgeting）
預算編列（Budgeting）
行銷預算的漸進程序（Building-Block Procedure for Marketing Budgets）
同等競爭預算法（Competitive Parity Budgeting）
轉變率（Conversion Rate）
效率比（Efficiency Ratios）

邊際經濟預算法（Marginal Economic Budgeting）
行銷審核（Marketing Audit）
行銷控制（Marketing Control）
行銷成本與獲利性分析（Marketing Cost and Profitability Analysis）
行銷評估（Marketing Evaluation）
行銷管理（Marketing Management）
市場佔有率（Market Share）

80/20 法則（The 80-20 Principle） 冰山效果（Iceberg Effect） 資訊高速公路（Information Superhighway） 整合式行銷、整體行銷（Integrated 　Marketing）	目標與任務預算法（Objective-And-Task 　Budgeting） 營業額百分比預算法、經驗預算法 　〔Percentage-of-Sales（Rule-of- 　Thumb）Budgeting〕 銷售分析（Sales Analysis） 零基預算法（Zero-Based Budgeting）

　　是否有過下列這種經驗：在新年度剛開始時，信誓旦旦地擬定了一套年度計畫，卻在實施幾個星期或幾個月之後，終究無疾而終？你不必爲此感到難堪；這種情況很正常，因爲大部份的人都和你一樣！另一方面，你是否曾經在一年又告尾聲之際，發現自己持之以恆地執行了一項或多項計畫？你是怎麼辦到的？這或許需要高度的自我砥礪，其他人的鼓勵，以及不斷將焦點集中於目標上。你可能也必須訓練自己去修正某些習慣或行爲，例如：節制飲食、增加運動次數、戒菸、或每天固定閱讀幾個小時等。此外，你可能也必須對自己的時間、金錢與其它資源做一規劃及「預算」。最重要的是：與年初相較，你必須讓自己的這種決心與付出在這一整年內獲得更嚴苛的鍛鍊。也就是說，你必須要「管理」你自己。

　　以上所說的，和行銷及行銷管理又有什麼關連？你制定的這些年度新計畫，和組織的行銷目標與行銷計畫相當類似。它們在理論上看起來相當可行，而且可能也經過審慎研究。但是，就像某位知名詩人說過的：那些精心設計的「捕鼠計畫」，到後來通常都會失敗。怎麼會這樣呢？這是因爲當我們殫精竭慮地擬定這些目標與計畫後，很容易就會想要放鬆一下。發展這些計畫已經快耗盡我們的精力，因此，當我們完成後所剩的精力也不多了。然而，「管理行銷計畫」在行銷的重要性，絕對不亞於擬思及寫出這些計畫。就像我們個人擬定的年度計畫一樣，成功的行銷管理也會牽扯到預算編列、激勵、訓練、改變人員的行爲、以及持續地查核，以確保這些目標都在我們的監視中、並逐漸達成。各種行銷管理的活動，就是設計來幫助組織能夠達成這

些目標；並在必要時對這項計畫進行修正，使其能夠適應不斷改變的各種狀況。

行銷管理—定義與構成要素

對行銷工作進行規劃、研究、執行、控制、以及評估等活動，都屬於行銷管理的範圍。第四章到第十九章所探討的是前三項功能：規劃（P）、研究（R）、與執行（I）。將這些功能結合之後，就產生行銷策略與計畫。雖然如此，在發展及執行各種行銷策略與計畫時，會涉及下列活動：組織設立，人員配置，以及管理行銷部門、該部門的人員、與外部顧問人員（例如廣告代理商與公關顧問公司）。因此，行銷經理人也必須對所有的行銷工作進行控制（C）與評估（E），以確保這些策略與計畫能夠按照預期的方向執行，並對其成敗進行測定。

行銷管理能帶來的利益

完善的行銷管理能帶來的主要利益包括：

1. 使所有的行銷工作都能夠在妥善規劃、有系統的方法下完成。
2. 展開適度的行銷研究及獲得其它行銷資訊。
3. 各種行銷弱點可以立刻發覺、並加以修正。
4. 供行銷使用的所有資金與人力資源能夠儘可能有效率、有效能地加以運用。
5. 所有的行銷工作都會不斷地受到仔細的查核。一般相信這些工作必定還有再改善的空間。

6. 整個組織處於較佳的狀態，可以因應顧客、競爭情況、以及整個業界發生的改變。

7. 能夠使行銷更完善地整合到組織的所有活動、以及各個部門。

8. 行銷人員與其他所有員工都將獲得更高的激勵，共同朝向達成各項行銷目標而努力。

9. 對於行銷的成果、優劣、以及成敗的原因，都可以獲得更清楚的瞭解。

10. 可以對行銷賦與明確的責任。

行銷組織

　　編制適當的行銷組織，是確保能夠達成各項目標與策略所不可或缺的基本要件。有許多不同的替代方法可供選擇，主要決定於組織提供的服務、組織的規模大小、以及地理涵蓋的範圍。一般而言，行銷組織或行銷部門的組成，可使用下列五種標準之一做為依據：

1. 行銷與促銷組合的構成要素。
2. 設施與服務。
3. 地理性。
4. 顧客群。
5. 以上的各種組合。

1．行銷與促銷組合的構成要素

　　第十到第十三章、以及第十五到第十九章，已提供每一項行銷與促銷組合構成要素的相關資訊。因此，我們何不依據這些要素的每一項，把組織中的專家做一區分呢？舉例來說，你或許可以指派不同的經理人員分別負責產品開發與合作（參見第十章）、服

務與服務的品質（參見第十一章）、包裝與規劃（參見第十二章）、配銷組合與旅遊交易（參見第十三章）、廣告（參見第十五章）、銷售促進與商品展示（參見第十六章）、人員銷售（參見第十七章）、公共關係與宣傳（參見第十八章）、以及價格訂定（參見第十九章）。在餐飲旅館與旅遊業，有許多行銷部門是以這種方式設立；尤其是那些規模較小的組織、以及只有單一營業據點的公司（例如一家獨立的旅館業者）。某些擁有許多營業據點的連鎖業者，也以這種方式來組織總公司的行銷部門。在這種編制下，每一位經理人員都直接向行銷主管或行銷副總裁提出報告。

對於區分行銷的工作來說，這雖然是符合邏輯、而且相當方便的作法，但也存在著某些缺點。首先，像前文中一再強調：所有的行銷與促銷組合構成要素都是彼此相關的；假如能夠以整體性的觀點來規劃，必定能夠發揮更佳的效果。目前，已有人把這種作法稱為「整合行銷」或「整體行銷」（是指對所有的促銷組合構成要素進行規劃與統合，讓它們能夠儘可能一致及相互支援）。當組織把各項行銷責任分派給不同的經理人及其部屬來負責時，他們在作法上會有較強的「獨善其身」趨勢，而無法有效發揮同心協力的功能。第二，規模較大的組織，都會有一種以上的「產品」。可能是各種不同的「品牌」（例如許多知名的連鎖旅館業者，），也可能是類型迥異的餐飲旅館與旅遊業務（例如企業旗下擁有一家航空公司、一家旅館、以及一家汽車出租公司）。這些同屬於該母公司旗下的各種「產品」，極可能需要有各自不同的行銷方法；因此，成立各自的行銷組織也就成為必要的作法。

2 · 設施與服務

第二種方法是以「品牌」或部門來設立組織，讓每一種特定類型的設施或服務都有各自的行銷部門。這種方法較適合於那些規模較大的組織，包括那些擁有數種品牌（例如大型的住宿與餐廳連

鎖業者）、以及多元化的餐飲旅館與旅遊企業。舉例來說，美國
運通在它的旅遊相關服務（Travel Related Services）的各個部門中
－包括美國運通的普通卡、金卡、以及白金卡在內，都分別設有
副總裁。

　　與第一種方法相較，這種方法的優點在於：每一種品牌或每
一個部門，都會有一套單獨、而且範圍廣泛的行銷計畫。潛在缺
點則是：由整個企業的觀點來看，個別的品牌或部門可能在利用
各種聯合行銷的機會上，無法充份發揮。

3・地理性

第三種方法是以地理性的方式來區分行銷團隊。對那些擁有跨國
分支機構的餐飲旅館與旅遊組織來說，這種方法特別重要。這類
的實例包括了許多國家的政府觀光旅遊機構，例如美國觀光旅遊
協會、加拿大觀光局、英國觀光局、澳洲觀光委員會等，都在許
多不同的國家設有行銷辦事處。在這種情況下，各個辦事處都必
須要有個別的行銷策略與計畫。

　　第十七章已提過，地理性也經常用於業務人力的規劃；也就
是說，每位業務代表都被分配到某個特定的負責區。

4・顧客群

第四種方法，則是依據特定的目標市場，將行銷人員做一區分。
要確保每一個目標市場都能受到各別注意的最佳方法之一，就是
以這種方式對行銷組織做一區隔。舉例來說，許多規模較大的連
鎖業者們都會以會議／集會團體的類型為依據（例如全國性的公
會或各州的公會），將他們的銷售人員加以區分。

5・組合法

將上述四種方法加以組合運用是我們常見的。其中最具代表性的

一種安排是：以顧客群、促銷組合構成要素、或「產品」為依據，來組織行銷部門；然後再依據地理區來劃分，讓所有銷售人員都有各自的負責範圍。

當母公司涉足加盟體系時，是另一個需要用到這種組合方法的情況。在餐飲旅館與旅遊業，加盟制度是相當普遍的作法；尤其是餐飲、住宿、旅行社、與汽車出租業者，這種情況更是常見。這些公司通常都會有一套由總公司行銷部門準備的全國性行銷計畫，以及每一個營業據點的個別行銷計畫。此外，在大城市或區性領域內的所有加盟商，也可能會結合成一個群體，以發展適合他們地理區的行銷計畫。

不論選用哪一種方法，以下這項原則是必須遵循的：行銷組織對於所有的行銷與促銷組合構成要素，應該要負起完全的責任、或至少是共有的責任。但是，某些業者卻違反了這項基本原則。舉例來說，某些旅館業者就分別設置了銷售部門與公關部門，或銷售主管與公關主管。就這方面而言，本書的建議是：讓所有的促銷組合構成要素都配置在同一個部門，並歸屬同一位主管或經理人的管理之下。

行銷組織的人員配置

行銷管理的另一項功能，則是雇用與留住那些合格的適當人選。那麼，餐飲旅館與旅遊業要到哪裡去找這些人員呢？很不幸地，這個問題的答案並不明確－因為針對這項主題的研究並不多。雖然如此，我們還是可以提供某些一般性的建議。

這個行業存在著下列這種強烈的趨勢：要求銷售與行銷人員必須具有某些作業經驗，不論是在同樣的組織、或相關的領域。換句話說，

這代表銷售與行銷工作並不是剛入行的新鮮人能勝任的職務。由於這個行業迅速擴展,使得某些組織也開始雇用那些來自不相關行業的銷售及行銷人員。雖然有些學校與專業機構正朝這個方向努力,但截至目前為止,擁有餐飲旅館與旅遊行銷方面之學位與專業頭銜的人並不多。同樣地,在各大專院校的課程、以及各種企業檢定計畫中,很明顯可以看出其導向幾乎都以培訓作業人員為主,而非行銷的職務。

　　就接受行銷概念這方面來說,餐飲旅館與旅遊業已落後其它行業甚多;參見圖 20-1。在其它的行業,那些擁有行銷學位的畢業生們,通常都可以在不需要具有任何作業經驗的情況下,直接進入組織的行銷部門中任職。但是在我們這個行業,或許需要數年、甚至於數十年的時間,才能夠在這方面有所改變。這種現象証明了一件事情:在這個行業,普遍認為作業的技能與知識要比行銷的技能與知識更有價值。

圖 20-1:Jeff O'Hara,美國
紅龍蝦企業的總裁;他是我們
這個行業中,擁有行銷學正式
學歷的少數企業總裁之一。

行銷人員的管理與監督

　　由於本書並非以監督及管理人力資源為目標，所以並不適合在文中對這兩項主題做深入探討。然而，在此還是要告訴各位一個重點：各個不同階層的行銷經理人員－由企業的副總裁、以至於行銷經理，不僅要負責召募與雇用適當的人選，還必須有效地激勵、協調、統合、以及和這些人員進行溝通。他們必須明智而正確地將各種權力與責任委派給部屬，並建立一種同心協力以達成各項行銷目標的氣氛。在餐飲旅館與旅遊業，因為人員都會與提供客戶服務有著高度的關連性，使這種共同目標的意識顯得更為重要。一般而言，那些在激勵、以及與員工溝通方面有卓越表現的組織，也會是提供傑出服務的組織。

決定行銷預算

　　行銷管理的另一項重要功能是預算編列－是指對執行各種行銷計畫所需要的人力資源與金錢做一分配。第十九章曾提過，價格訂定有各種複雜與單純的方法可用；同樣地，在預算編列也是如此。

1．單純法

　　a．任意與可負擔預算法　這兩種都涉及行銷經理或公司老闆的個人判斷。許多規模較小的公司，都會使用可負擔預算法－亦即花費金額完全以本身能承擔的範圍為限。至於任意預算法，是指編列的行銷預算，幾乎與先前各年度的金額完全相同。

ｂ．**營業額百分比或經驗預算法**　這種方法係以去年度的
總營業額或下一年度預期總營業額的某個百分比，做為編列行銷
預算的基礎。業者之所以會選用這種百分比的數字，通常是因為
它們是餐飲旅館與旅遊業的經驗法則。一般而言，這些百分比，
都是以某個範圍來表示。舉例來說，有數種可靠的來源都建議住
宿業者編列的行銷預算，應該是以總營業額的 2.5%到 5%做為標
準；而在餐飲服務業，這項範圍通常都介於營業額的 1%到 8%。
基本上，這些經驗法則都是以代表該行業之「平均值」為基礎。
但是，各位由學過的統計學或許已了解到，這種「平均值」（亦
即算術平均數）很可能因為某些極高或極低的個別數字，而出現
相當明顯的誤導與「曲解」。

ｃ．**同等競爭預算法**　這種方法相當直率、毫無技巧可言－
找出競爭對手在行銷上支出的費用，然後再以大致相同的水準來
設定自己的行銷預算。那麼，要如何找到這些資訊呢？由各公司
公佈的年度報告，是獲得這類統計數字的絕佳來源。其它的來源
包括：由相互競爭的組織所發表的各種文章，以及各類的年度報
告－例如由《廣告時代》（*Advertising Age*）針對美國前兩百大廣
告刊登客戶所做的一系列報導。

使用這三種預算方法，究竟有哪些優點呢？答案是：它們的
單純性，以及可以迅速決定。在使用這些方法時，行銷經理並不
需要進行太多研究。那麼，是否能指出這些方法可能產生的問題？
如果無法立即回答，那就讓我們再回到第八章討論的行銷目標。
由該章開始，本書就建議：這些目標是構築行銷計畫不可或缺的
「積木」。也就是說，在擬訂行銷計畫時，是以達成各項行銷目
標為明確目的。那麼，上述三種單純的預算方法究竟遺漏了什麼？
它們無一將行銷目標列入考慮。那麼，在發展一份詳細計畫時又
為何必須以這些目標為基礎，然後再依據銷售量或競爭來決定出
某筆預算呢？到目前為止，以下這個結論應該顯而易見：我們所

需要的是一種以行銷目標為基礎的預算程序。

　　那麼組織對於競爭者所做的事情應該視若無睹嗎？或應該為了讓行銷得以執行，而毫無限制地付出費用，卻不考慮資金運用上的優先順位嗎？對於這兩個問題，答案是絕對的否定。在確立行銷預算時，競爭以及組織可運用的整體資源，絕對必須列入考慮。然而，卻不應該是最主要、以及唯一的基礎。

2．複雜法

事實上，那些最傑出的預算方法，都會使用類似圖 20-2 所示的「漸進」程序。這種程序的各個階段分別是：

1. 將某筆暫時性的預算分配給行銷或行銷部門使用。
2. 確立行銷目標。
3. 以整體的行銷目標為基礎，針對每項促銷組合構成要素分別設定其目標。
4. 以暫時性原則，將前述預算在促銷組合、行政管理、以及其它行銷費用之間做一分配。
5. 將上述所分配到促銷組合的暫時性預算，再分配給廣告、銷售促銷、人員銷售、以及公共關係與宣傳。
6. 擬訂行銷計畫，將廣告、銷售促銷、人員銷售、以及公共關係與宣傳的所有活動及任務詳細明述。
7. 以行銷計畫中的所有活動為依據，決定供廣告、銷售促銷、人員銷售、公共關係與宣傳、行政管理、以及其它各項要素使用的最後預算配額。這時或許還需要進一步修正，讓這些配額能夠與最初分配給行銷使用的預算金額或競爭者在這方面的支出，有更洽當的配合性。

　　由上文中，可瞭解到：設定行銷預算必須經過妥善研究與審慎規劃的按部就班過程。讓我們再對圖 20-2 做一檢視，各位是否

發現它有如堆砌一座磚牆呢？砌牆時，必定是由最底部開始往上
堆砌，仔細地用水泥把每一排磚塊與下方的磚塊固定在一起。設
定行銷預算就與砌牆相當類似－每個階段都必須以先前的階段做
爲基礎，並使用必要的資訊與準則來分配金額。省略掉其中某些
階段，就如同磚匠在砌牆時偷工減料一般；結果不言可喻－牆終
究會由於不夠穩固而倒塌。這種「漸進式」程序，有一部份就反
映出一種名爲「目標與任務法」的複雜預算編列法。

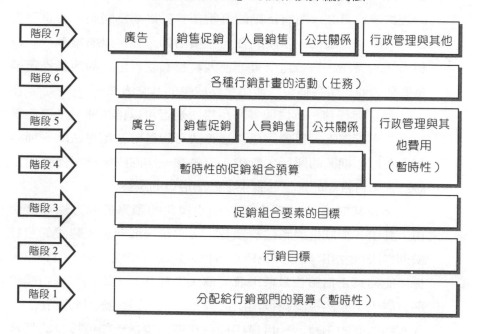

圖 20-2：發展行銷預算的「漸進」程序。

　　a．**目標與任務預算法**　這種方法先設定各種目標，並擬思
要達成這些目標時有哪些項目必須執行（亦即「任務」），然後
再估計完成這些任務（或活動）需要的成本。第十五到第十八章，
就是使用這種三階段的方法來決定廣告、銷售促銷、人員銷售、
以及公共關係與宣傳所需的最後預算金額。這是本書建議使用的

預算編列方法。

　　b．**零基預算法**　一般企業都會存在著下列現象：並未嚴格評估是否值得重覆進行前一年度的各種活動。這種現象的原因其實很單純：擔心若中止那些對成果有貢獻的活動後，將會使績效下滑。這種心態通常會導致下列結果：不再有生產力的各種活動依舊延續下去。零基預算法對這種習慣提出挑戰；要求行銷計畫的每一項活動（或「任務」），若要繼續執行，都必須有正當的理由。換言之，所有活動的行銷預算都以零爲開始。在這種方法下，並不保証前一年度的任何一項活動，都可以繼續執行。這種方法的優點在於強迫所有經理人員都必須對已往的活動進行嚴格評估，並思考各種可以產生更佳成果的其它方法。

　　目標與任務預算法與零基預算法是否可以結合運用？答案是肯定的。事實上，目標與任務預算法可說是零基預算法的一種應用。在每個期間的開始，行銷人員先讓一切回歸原狀，然後再由設計來切合目標的各種活動中，做出最後的選擇。

　　c．**其它方法**　還有其它一些複雜的預算編列方法可供使用；其中一種就是邊際經濟預算法（它是一種理想主義式的預算編列方法；是指廣告客戶花費在各項促銷組合構成要素上的費用，係以能夠真正爲銷售量帶來收益爲決定基準）。這種方法由經濟理論導出。雖然被認爲技術上最具正確性，但要應用於實務上，卻有相當高的困難度。目標與任務預算法也是一種可接受的替代方法，而且使用上容易多了。

　　有些專家建議使用不同的計量統計模式，來決定這些預算金額。在考慮各種不同的假定所產生的影響時，這些方法的確相當有用；但是，這些方法並不適合單獨使用。

　　有效的預算編列就和價格訂定一樣，可以使用複雜與單純的方法構成的組合。只使用一種方法是絕對不夠的。必須列入考慮的關鍵要素包括：行銷目標，行銷計畫的各種活動，可負擔能力

（即實際上能夠分配給行銷運用的金額），以及競爭對手的支出水準。

行銷控制與評估

如果從不測定進展，到了最後也未對照成果的話，那又為何要制訂考慮周詳的行銷計畫與預算編列過程呢？行銷控制包括在行銷計畫進行的過程中用來監督與修正整個計畫的所有措施，以及為了確定能按照原訂計畫執行而選用的各種程序。行銷評估是指分析成果、以判定行銷計畫之成敗的各種技巧。行銷控制可幫助我們回答「如何確定能夠達成目標？」，行銷評估則回答「如何知道已經達成目標？」。

「80/20 法則」與「冰山效果」

在開始探討各種控制與評估的技巧之前，應先對這個行業常見的一項行銷問題有所了解。我們可以用「80／20 法則」對這個問題做最佳詮釋，它指的是所有努力與資源的 80％，通常只能夠獲得總銷售量的 20％而已。換言之，這個行業存在著一種趨勢：在吸引特定類型的顧客時投入太多的心力及預算，而對其它顧客則又付出太少。雖然實際的比例或許並不是 80％與 20％，但重點在於：許多組織打從一開始就不知道這個問題的存在。所有的心血與精力，常常都會導入相反的方向。

有些人將這種現象稱為「冰山效果」，指行銷經理人員在制訂決策時，以膚淺的表面資訊為依據（也就是說，他們只看到冰山的「一角」而已）。每一位船長都知道，能夠使船沉沒的，絕對是冰山隱藏在水面下、不可見的龐大部份。因此，當船長見到浮出於水面的冰山時，必定會採取大彎道的路線、以繞過這個航行上的障礙物。同樣地，

經理人員在檢視各種資訊時，也必須以一種「深入」的角度做更廣泛的考慮，以確保行銷活動能夠盡可能有效。那麼，該如何避免這種「80／20 法則」呢？答案就是：審慎地控制、以及廣泛地評估行銷計畫的各種結果。

行銷控制

基本上，所有的控制都包含下列三個階段：（1）根據各項計畫設訂標準，（2）根據這些標準來測定績效，以及（3）修正各種偏差。在大部份的組織，所有控制都針對生產、庫存、產品／服務的品質、以及各種財務資源而設計。第二章提過：這個行業由於服務具有腐敗性（無法儲藏）與無法觸知性的特質、而且提供服務的人員也扮演極重要的角色，使得存貨與品質控制在執行上更加困難。

既然如此，經理人員又如何控制行銷計畫呢？標準又是什麼？行銷目標與行銷預算，就是兩種主要的測定工具。行銷預算可對行銷計畫執行財務控制。定期實施查對，以瞭解預算是否按照計畫所述運用。此外，也必須定期地監督其成果，以判定是否朝著達成各項行銷目標的方向進展（以數字化的關係表示）。

行銷計畫的成敗不僅決定於預算金額與如何適當分配，同時也取決於組織所有人員的齊心協力。這些人員有些直接編制在行銷部門（例如業務代表與公關人員），有些則配屬於提供服務給顧客的「最前線」。第十一章討論過，要對所有員工的表現進行控制，其困難度遠超過告訴他們應該如何做才能達到有效的行銷。

建立一種共同朝向達成各項行銷目標的「團隊精神」，是獲致成功的主要路徑。本章前文提到召募與雇用適當人員的重要性。這項目標必須在有效的領導、激勵、指導與訓練、以及溝通的伴隨下，才有可能達成。業者必須制訂各種政策，對行銷計畫的所有相關方面提供支持；範圍由員工應該如何打扮與穿著制服、以至於和顧客應對時的

各種適切方法。在這個行業，若能注意這些看似微不足道的細節，通常都能獲得相當傑出的成就。華德迪士尼主題樂園與麥當勞企業採行的政策，就是這類成功的兩個顯著實例。行銷人員或許並不直接負責實施這些標準與規定，但他們必須確定這類制度的確存在、而且會有人定期進行查核。

透過業務經理，行銷部門必須負責監督與控制業務代表的生產力。一般而言，這項目標是藉由各種銷售配額制度（亦即各種績效標準）來達成，並透過業務代表所提出的業務拜訪報告與其它銷售報告來測定。同樣地，如果事先已對銷售人員做過適當的指導及訓練，將會使績效的控制更易執行。

由於這個行業本身、以及競爭對手的不可預期本質，要使任何行銷計畫能夠完全按照希望的情況進行，幾乎不可能。經理人員使用的各種控制方法，可以提供一種「預警」系統，強調出各種偏差。如果這些狀況能夠及早發現，就可以採取修正的行動。

行銷評估

各種行銷評估的技巧，是在行銷計畫的期間結束後才會使用。兩項主要目的是：（1）分析各項行銷目標的達成度，以及（2）更廣泛地評定整個組織的行銷結果。

1．銷售分析

所有行銷目標通常都會以銷售金額或數量（例如乘客人數、住房天數）來表示。因此，最顯著的評估方法，就是把實際的銷售量與所希望達到的目標比較。這種分析可以顯示實際的銷售成果與希望的銷售量之間的偏差，也可以試圖對於造成此項差異的原因做一說明。分析如果執行越詳細，結果必定越好。舉例來說，那些規模較大的公司通常都會根據目標市場、「品牌」或部門、服

務或設施的類型、以及銷售區等,分別對銷售量進行檢視。

2.市場佔有率分析

這是銷售分析的一種變化形式,是指組織將本身的銷售成果,拿來和餐飲旅館與旅遊業屬相同領域的其它所有業者比較的一種方式。市場佔有率是指組織的銷售量佔該產業總銷售量的百分比。它可以對組織與其它競爭者績效上的優劣,提供相當有用的資訊。舉例來說,當市場佔有率出現滑落時,就表示業界已有其它競爭者在績效上逐漸超越組織;相反地,當市場佔有率上揚時,表示組織在業界的績效超越了其它競爭者。對組織而言,除了整體市場佔有率之外,通常也會探討本身與特定競爭者(例如業界的領導者)之間的相對績效。

3.行銷成本與獲益分析

銷售分析與市場佔有率分析所提供的,只是必要結構的某一部份而已。組織還必須針對行銷計畫各個不同部份做成本與獲益分析。只有在這種作法下,才能夠偵測出前述的「80/20」問題,並加以修正。它是指組織使用下列所述的一項或多項為依據來分析其損益表,藉以判定相關的銷售量、成本、與利潤的一種方法。

- 目標市場;
- 銷售責任區;
- 業務代表;
- 配銷管道;
- 旅遊業中介者;
- 設施或服務的類型;
- 促銷組合構成要素,以及其它行銷費用領域。

一般而言,損益表在設計上並非以此為目的,因此這些數據

無法輕易由損益表中摘錄出來。在這種方法下，必須要使用一種
審慎且費時的分配過程，但其回報絕對值得。這種分析可以讓你
把那些不具生產效益的服務或設施、目標市場、配銷管道、或特
定的旅遊業中介者排除在外。此外，它也能突顯出對各種促銷開
支進行重分配、對銷售責任區進行重組、或對業務代表進行再訓
練的必要性。

4‧效率比

效率比是指行銷經理人用來評估組織在運用各種配銷組合構成要
素的效率時，所使用的一種統計測量值。表 20-3 是這些比率的一
份精選清單，可用來做為評估工具。

　　最常使用的效率測量值之一，就是計算特定廣告或一系列廣
告的轉變率。在直接回應廣告中，顧客可以獲得組織提供的地址
或電話號碼，該組織則可以藉此來追蹤由該廣告產生的顧客詢問
數量。直接回應廣告的「轉變率」是指所有詢問的顧客中，實際
購買的百分比。這時，不僅可以計算出平均讓每個詢問實際「轉
變」所需的成本，同時也能計算出平均每個「轉變心意」之詢問
的顧客消費額。使用這種方法時，廣告客戶通常都必須執行某些
特別的研究調查－稱為「轉變調查」（conversion studies），才能
夠計算出轉變率。

　　同樣地，某些銷售促銷活動的效率，也可以輕易計算出來；
例如折扣優惠券，就可以藉由追蹤它的贖回率（是指所有折扣優
惠券中，被顧客使用的百分比）來計算出效率比。至於評估其它
的銷售促銷方式時，或許就沒有這麼容易。就拿旅遊交易展與消
費者旅遊展為例，某些人推荐類似於在計算直接回應廣告的轉變
率所使用的程序。也就是說，組織先追蹤它在展覽會場接收到的
詢問數量，然後再追蹤這些顧客，實際預約及購買的百分比。交
易／消費者展覽的「每個詢問成本」，也可以藉由把「參展總成

本」除以「詢問總數量」。至於「每個轉變心意之詢問的成本」，則可以藉由「參展總成本」除以「轉變心意之詢問總數量」。

---

1. 銷售人員的效率
   - 每位業務代表每天進行的業務拜訪平均次數。
   - 每次業務拜訪的平均時間。
   - 每次業務拜訪的平均收益。
   - 每次業務拜訪的平均成本。
   - 業務人員成本佔總營業額的百分比。

2. 廣告的效率
   - 每項廣告產生的詢問次數。
   - 轉變率。
   - 每個詢問的成本。
   - 每接觸一千人的成本（CPM）。
   - 測定廣告前後對某項服務的態度。

3. 銷售促銷的效率
   - 折扣優惠券的贖回率。
   - 每項促銷產生的詢問次數。
   - 每個詢問的成本。

4. 公共關係與宣傳的效率
   - 使用新聞稿的媒體數量。
   - 在印刷與廣播媒體中被提及的次數。

5. 配銷的效率
   - 透過各種配銷管道產生的銷售百分比。
   - 由特定中介者產生的銷售百分比。

表 20-3：效率比的精選清單。

5・行銷效能評比檢視

這是經理人員之間進行的內部調查，但並不只侷限於行銷部門。它會使用一份三種尺度的量表，針對下列五項能夠反映組織之行銷導向的要素，來取得經理人員的看法：（1）顧客的哲學觀，（2）整個行銷組織，（3）適當的行銷資訊，（4）策略導向，以及（5）營運效率。分別評估後，計算出一個總分數。就取得其它部門對於行銷之優缺點的看法與認知而言，這是相當有用的評估工具。以年度方式來進行這種評估，將能突顯那些需要進一步改進的行銷缺點。

6・行銷審核

以上所述的前四種方法，都只侷限於某個單一的行銷計畫。但是，我們尚可藉由執行涵蓋範圍極廣的行銷審核，來做更深入的評估。行銷審核是指對組織的所有行銷功能，包括組織的行銷目標、標的、策略、以及績效等，進行一種系統化、涵蓋範圍廣泛、以及定期性的評估。

圖 20-4 是行銷審核應該考慮的各項主題。各位或許發現到，行銷審核與第五章所述的形勢分析，存在著讓人訝異的相似性。事實上，這個行業中就有某些人把這兩個術語交互運用。行勢分析的所有主題都已涵蓋於行銷審核的範圍內，這固然是不爭的事實；但後者涵蓋的範圍更廣泛，而且需要付出的精力與時間更龐大，因此並不會每年都實施。

第一部：行銷環境的審核	第三部：行銷組織審核
大環境：	1. 正式的架構；
1. 人口統計；	2. 功能上的效率；
2. 經濟；	3. 介面上的效率。
3. 社會生態；	
4. 科技；	**第四部：行銷制度審核**
5. 政治；	1. 行銷資訊制度；
6. 文化。	2. 行銷規劃制度；
	3. 行銷控制制度；
任務環境：	4. 新產品的發展制度。
1. 市場；	
2. 顧客；	**第五部：行銷生產力審核**
3. 競爭者；	1. 獲利分析；
4. 配銷管道與經銷商；	2. 成本效益分析。
5. 供應者；	
6. 提供協助者與行銷公司；	
7. 群眾。	
第二部：行銷策略審核	**第六部：行銷功能審核**
1. 企業使命；	1. 產品；
2. 行銷標的與目標；	2. 價格；
3. 策略。	3. 配銷；
	4. 廣告、銷售促銷與宣傳；
	5. 業務人力。

圖 20-4：行銷審核的構成要素。

　　良好的行銷審核過程，具有下列各項特徵：（1）涵蓋範圍廣泛，（2）系統化，（3）完全獨立，以及（4）定期性。有效的行銷審核，將對組織之行銷工作的所有面向都加以分析，包括：規劃與策略制定、組織、行銷管理、執行、績效、以及控制與評估程序。換言之，這項過程就如同把整個餐飲旅館與旅遊之行銷系統置於顯微鏡下，進行詳細的檢視。以行銷審核對行銷每一層面進行檢視時，是使用本書所述的按部就班程序，以系統化方式爲之。首先，以調查第五章所述的各項資訊與決策開始；然後，再循序漸進地按照後續各章內容所述，直到本章爲止。

大部份的專家都相信，行銷的各種優缺點，如果能獲得某種外部、獨立的看法，對組織而言將會更為有利。如果這項審核是由行銷部門來執行的話，會有偏見的風險存在。一般而言，這項審核由獨立的管理顧問公司、另一個部門、或企業內部的任務小組來執行時，通常會具有較高的客觀性。

　　實務上來說，許多組織都只在遭遇嚴重問題時，才會實施這種行銷審核。當然，這並不是一種理想的作法，因為大部份的事情必定都會有進一步改善的空間；即使事情進行相當順利，亦復如此。與形勢分析相較，由於行銷審核更為耗時費力、所需費用極為龐大，因此無法經常實施。雖然如此，基於餐飲旅館與旅遊業改變步調出奇快速，本書建議應該每隔三至五年就要實施一次；如果有嚴重的行銷問題時，則應該更頻繁地執行。

行銷的前景

　　對餐飲旅館與旅遊業的行銷而言，未來的走向究竟如何呢？首先，就像本書一再強調的：在即將到來的二十一世紀，行銷在這個行業將會成為種日益重要的管理功能。行銷預算也會隨著競爭的日益強烈而逐漸增加；越來越多擁有行銷背景的人員將會領導著這個行業的主要企業；而各種由行銷專業人員組成的公會也將日益壯大－不論規模或體質上。甚至還可見到各知名的大專院校中，以餐飲旅館與旅遊行銷為主的專業性、四年制的課程也將陸續出現。毫無疑問的，這個行業的行銷策略將會變得更為複雜、更具創意。

　　第二個主要趨勢是運用各種新科技將資訊傳達給顧客。第十四與第十五章已提及廣告使用的各種傳統方法。雖然這些媒體依舊重要，但各種嶄新的電子傳播方法必將快速發展。舉例來說，以錄影帶彌補

書面傳播的不足，必定會更廣泛地運用；而各種互動式的視像溝通方法，普及程度也必然日益明顯。顧客可以透過家中的個人電腦來接收資訊，並藉由數據機或電話訂購或預約。Prodigy，America Online 以及 CompuServe，是美國目前規模最大的三家網路服務公司。顧客只需付出一筆金額極小的會員費、再加上連線時間的費用，就可以直接與航空公司、旅館、以及汽車出租公司預訂。各位或許曾聽過「資訊高速公路」這個名詞，並對它實際代表的意義感到疑惑。所謂的資訊高速公路，是指能夠讓顧客以電子化方式接收資訊，以及透過個人電腦數據機、或使用電話來購買產品及服務的各種新科技－通常也稱為「互動式媒體」（interactive media）。專家們都預期；在家中直接購買各種產品與服務將會變得日益流行，而各種家庭購物的電視頻道與「資訊廣告」（informercials；是指使用例如免付費電話等直接回應方法的長篇廣告），在數量上也必定大幅成長。目前在電視上，我們已經可以見到數種旅遊頻道，以及由餐飲旅館與旅遊組織提供的資訊廣告。

在第二種趨勢除了運用各種新科技將資訊傳達給顧客之外，也包括使用於餐飲旅館與旅遊業本身。第十四與第十五章，大部份都是廣告的傳統方法。就在這些媒體仍保有其重要性的同時，各種以電子方式為基礎、「互動式」的嶄新傳播方法，也必將更迅速的成長。利用錄影帶來輔助書面傳播的作法，在過去的十年中已變得極為普及。當然，各種互動式的視像溝通方法，廣受歡迎的程度更是不在話下。顧客現在都已經能夠利用他們的個人電腦，透過全球性的網際網路，以及私人的電腦網路服務－例如：America Online、CompuServe、Delphi、World、GEnie、以及 Prodigy 等，來接收各種餐飲旅館與旅遊資訊、並進行預約。

餐飲旅館與旅遊的廣告客戶，已嘗試著運用「資訊高速公路」。包括佛羅里達觀光旅遊局在內的許多目的地行銷組織，都已經讓個人電腦的使用者可以透過網際網路來取得它們的相關資訊。例如地中海渡假村與凱悅飯店之類的旅館及渡假中心業者，文字以外的圖像資訊

也可藉由網際網路、以及全球資訊網（WWW）等通路來取得。其它的業者也開始利用光碟片來設計各種「電子簡介」。

科技的進步將在旅遊業內持續發展，並會對於旅遊業中介者提供資訊給顧客的方式造成影響。舉例來說，旅行社的人員可以把各家旅館外部景觀與內部裝璜的照片儲存於手提電腦、並隨時展現於彩色螢幕上，不必再完全倚賴簡介中數量有限的照片、以及說明書內的各種文字陳述。

第三種趨勢是：餐飲旅館與旅遊服務的市場將會持續分裂。就如第七章所強調的，各種社會因素以及這個行業對這些因素的回應，兩者結合之後將會創造出範圍更擴張的各個區隔市場。

第四種趨勢是：餐飲旅館與旅遊業對於電腦科技的使用將會日益增加，尤其是資料庫行銷與行銷研究方面更是如此。就如本書一再提及的，有越來越多的行銷人員都已體認到：保有過去、以及潛在顧客的詳細資料庫，實具有攸關成敗的重要性。當這些資料庫與各種直接行銷的計畫共同運用時，將可提供餐飲旅館與旅遊的行銷人員一種更有效果、而且更有效率的途徑，來達成設定的各項目標。在研究的領域，各種光碟與影音光碟科技的運用，將可讓行銷人員在研究資料的使用上，帶來一種更高的未來潛力。舉例來說，許多全國性的餐飲旅館／觀光旅遊調查資料，目前都已經有光碟版問世。

改變是不可避免的趨勢。藉由對各種行銷活動的審慎管理、控制與評估，組織在改變來臨之際、必將更容易好整以暇地做出適當因應。此即孫子兵法所言：勿恃敵之不來，恃吾有以待之！

本章摘要

只有一套行銷計畫，無法做為成功的保証。行銷計畫固然相當重

要，但仍有其它數種行銷管理任務不容忽視，包括：組織、人員配置、監督、預算編列、控制、與評估。在目前這種激烈競爭的環境下，擁有一套將上述所有任務都列入考慮的行銷管理過程，是不可或缺的。

行銷計畫在執行過程中，必須受到審慎地監督，而且在必要時還得採取修正的動作。行銷預算是主要的控制工具之一，它必須以完善的預算編列方法做爲發展基礎；例如目標與任務預算法、以及零基預算法等。當然，以可測量的方式來陳述各項行銷目標，也扮演著關鍵角色。

組織進行的所有行銷工作，都應該隨時受到嚴格的評估。在現代的行銷中，「驚惶失措者」已沒有生存的空間。有數種有效的評估方法可供使用，其中最值得推荐的就是行銷審核，它可以幫助組織改善未來的行銷。

問題複習

1. 「行銷管理」在本書中是如何定義？
2. 行銷管理的五項構成要素分別爲何？
3. 行銷管理是一種選擇性的活動或不可或缺的活動？有效的行銷管理可以帶來哪些利益？
4. 在組織行銷部門時，有哪五種方式可供選擇？能夠讓每一種方式發揮最大效用的情況分別爲何？
5. 在餐飲旅館與旅遊業中的所有組織，係以何種方式召募人員？與其它行業相較，屬於先進或落後？
6. 在管理與監督行銷人員時，作法與程序爲何？
7. 在發展行銷預算時，哪些方法最有效？請敘述各種單純與複雜的方法。

8. 「行銷控制」與「行銷評估」在本書中如何定義？

9. 控制行銷計畫的階段分別有哪些？行銷預算與行銷計畫扮演的角色又有哪些？

10. 行銷評估對組織未來的成敗，具有何種重要性？請說明如何使用六種不同的評估方法。

本章研究課題

1. 請選擇一家餐飲旅館與旅遊組織，並安排親自拜訪該組織的行銷負責人。儘你所能去了解這個組織如何處理行銷管理工作。行銷部門是如何組成的？行銷人員是如何召募的？在指導、訓練、與激勵這些人員時，採用哪些方法？在監督與控制行銷人員與「最前線」人員提供的服務品質時，採用何種程序？行銷預算如何編列？對於行銷計畫的控制是否相當有效？若是，是如何完成的？這個組織如何評估各項行銷工作？請將你的結論彙總於提供給該公司管理階層的報告中，並敘述該公司目前採用的程序，以及你對於如何使行銷管理能夠更有效的相關建議。

2. 在你最感興趣的餐飲旅館與旅遊業之特定部份中，選擇其中的三家組織。它們是否都有行銷部門？是如何組成的？你為何認為它們是以你所想的方式來組成行銷部門？它們所使用的方法中，優點與缺點分別為何？你認為哪種方法最好？你認為它們是否遵循下列這項基本原則：負責行銷的人員對於所有行銷與促銷組合構成要素，至少都負有連帶的共同責任？你會如何改善組織結構，以提高行銷的效果？

3. 某家地方上的餐飲旅館與旅遊組織，請你發展一份行銷預

算。你會建議使用哪一種方法？在設定這些預算時，你會請哪些人共同參與？在設定這些預算時，你會使用哪幾種資訊來源？請根據你的分析與研究結果，擬定一份概略的預算。

4. 假設你被某家餐飲旅館與旅遊組織聘為顧問，以改善該公司各種行銷工作的有效性。請說明你在餐飲旅館與旅遊之行銷系統的五個階段中，會建議該公司採用的各種行動。請針對該公司應該如何控制與評估行銷，提出明確的建議；並敘述執行你提出的建議案後，這個組織能預期的各種利益。

附 錄 一

產業簡介

附錄 1-1a　美國前二十五大連鎖旅館業者

附錄 1-1b　加拿大前二十大連鎖旅館業者

附錄 1-2a　美國前二十五大連鎖飲食服務業者

附錄 1-2b　加拿大前二十五大連鎖飲食服務業者

附錄 1-3　依每種項目之總營業額為準，排名前五大的餐廳與飲食
　　　　　服務連鎖業者

附錄 1-4　北美洲地區之主要遊輪公司

附錄 1-5　美國主要汽車出租公司：1994

附錄 1-6　北美洲前二十五大主題樂園

附錄 1-7　美國各主要航空公司之市場佔有率

附錄 1-8　主要的餐飲旅館與旅遊之廣告刊登者

附錄 1-9　各主要的餐飲旅館／旅遊公司在不同類型之媒體中所支
　　　　　出的廣告費用

附錄 1-10　美國前二十五大旅行社

附錄 1-11　美國各州旅遊局的預算

附錄 1-1a：美國前二十五大連鎖旅館業者 *

連鎖業者名稱	全美國營業場所數	全美國客房數	國外營業場所數	國外客房數
1. Hospitality Franchise Systems	3,965	399,674	107	11,496
2. Holiday Inn Worldwide	1,551	283,152	320	69,331
3. Choice Hotels International	2,643	233,632	570	51,178
4. Best Western International	1,848	172,836	1,502	103,933
5. Marriott Corporation	758	159,833	46	14,219
6. Hilton Hotels Corporation	222	91,053	7	2,865
7. IBL Limited, Inc. (Motel 6)	769	87,015	0	0
8. The Promus Companies Inc.	529	79,969	4	767
9. ITT Sheraton Corporation	252	79,625	145	48,700
10. Carlson Hospitality Group, Inc.	257	56,444	89	20,384
11. Hyatt Corporation	103	54,000	64	22,920
12. Forte Hotels	438	36,867	512	40,736
13. La Quinta Motor Inns, Inc.	224	28,591	0	0
14. Preferred Hotels	108	25,606	39	9,648
15. Doubletree Hotels Corp.	99	25,023	0	0
16. Red Roof Inns.	210	23,432	0	0
17. Hospitality International, Inc.	367	23,339	6	456
18. Knights Lodging, Inc.	203	21,641	2	150
19. Westin Hotels & Resorts	35	21,422	35	15,547
20. R&B Realty Group (Oakwood)	38	21,084	0	0
21. Renaissance Hotels International	40	16,641	91	30,648
22. Red Lion Hotels & Inns	53	14,442	0	0
23. WOH Corp. & Subsidiaries / Omni Hotels	37	12,951	5	2,352
24. Wyndham Hotels & Resorts	48	12,222	0	0
25. National 9 Motels, Inc.	168	11,153	0	0
總計	14,965	1,991,907	3,544	445,330

SOURCE：Lodiging's 400 top performers: the chain report. 1994. Loging Hospitality 50(8): 43-45.

* Note that the ranking is based on the number of United States rooms available.

附錄 1-1b：加拿大前二十大連鎖旅館業者

連鎖業者名稱	營業額（1993） （加幣：百萬元）	營業 場所數
1. Four Seasons / Regent Hotels & Resorts	C$ 1,351.9	38
2. CP Hotels & Resorts	496.4	26
3. Delta Hotels & Resorts	280.0	30
4. Best Western International, Inc.	266.0	123
5. Choice Hotels Canada	210.0	173
6. ITT Sheraton Canada	196.0	20
7. Ramada Franchise Canada Ltd.	124.0	24
8. Scott's Hospitality	116.1	937*
9. Commonwealth Hospitality Ltd.	114.0	34
10. Royco Hotels	86.9	—
11. Atlific Hotels & Resorts	80.0	31
12. Accommodex Franchise Mgt., Inc.	60.5	45
13. Coast Hotels & Resorts	52.6	35
14. Novotel Canada Inc.	45.6	8
15. Auberges des Gouverneurs, Inc.	38.2	13
16. Northland Properties Limited	36.5	27
17. Days Inn - Canada	32.0	—
18. The Valhalla Companies Ltd.	28.0	4
19. Wandlyn Inns Ltd.	27.0	21
20. Bristol Group	22.0	2
總計	C$ 3,664.0	654#

SOURCE：the top 100: loging report 1993: The year of cautious optimism. 1994.
Foodservice and Hospitality 27(7): 39.

* includes Scott's KFC and food service outlets.

✝ Eecludes Scott's Hospitality properties.

附錄 1-2a：美國前二十五大連鎖飲食服務業者*

連鎖業者名稱	概念	據點數量	總銷售額（1995）（單位：仟美元）
1. McDonald's	Sandwich	10,175	$ 15,800.0
2. Burger King	Sandwich	6,400	7,830.0
3. Pizza Hut	Pizza	8,725	5,400.0
4. Taco Bell	Sandwich	6,565	4,853.0
5. Wendy's	Sandwich	4,263	4,151.6
6. KFC	Chicken	5,200	3,720.0
7. Hardee's	Sandwich	3,405	3,520.0
8. Marriott Management Services	Contract	3,100	2,950.0
9. Subway	Sandwich	10,351	2,905.0
10. Aramark	Contract	2,265	2,600.0
11. Little Caesars Pizza	Pizza	4,720	2,050.0
12. Domino's Pizza	Pizza	4,245	1,972.7
13. Red Lobster	Dinner House	700	1,850.0
14. Denny's	Family	1,578	1,810.0
15. Arby's	Sandwich	2,678	1,729.5
16. Dunkin' Donuts	Snack	3,074	1,425.8
17. Hilton Hotels	Hotel	244	1,360.0
18. Marriott Hotels, Resorts & Suites	Hotel	438	1,280.0
19. Shoney's	Family	907	1,277.0
20. Olive Garden	Dinner House	479	1,250.0
21. Dairy Queen	Sandwich	4,935	1,185.0
22. Canteen Corp.	Contract	1,600	1,155.0
23. Jack in the Box	Sandwich	1,240	1,082.0
24. Sheraton Hotels	Hotel	309	1,062.5
25. 7-Eleven	C-store	5,040	1,048.0
總計		92,636	$ 75,267.1

SOURCE：NRN's top 100, 1995. Nation's Restaurant News 29(31):84.
* Ranked by total United States sales volume in 1995 fiscal years.

附錄 1-2b：加拿大前二十五大連鎖飲食服務業者

連鎖業者名稱	據點數量	總銷售額（1993）（單位：加幣百萬元）
1. McDonald's Restaurants of Canada	659	C$ 1,520.4
2. Four Seasons / Regent Hotels & Resorts	38	1,351.9*
3. Cara Operations Ltd.	1,1513	958.7*
4. Scott's Hospitality	937	690.9
5. KFC Canada	816	600.0
6. Canadian Pacific Hotels & Resorts	26	1,014.0
7. The TDL Group Ltd.	796	487.0*
8. Pizza Hut Canada	397	357.6
9. Versa Services	1,400	326.6
10. A&W Food Services of Canada Ltd.	443	294.0
11. Delta Hotels & Resorts	30	280.0*
12. Best Western International, Inc.	123	266.0
13. Dairy Queen Canada Inc.	539	233.0
14. Burger King Restaurants of Canada Inc.	191	217.0
15. Choice Hotels Canada	173	210.0
16. Department of National Defence	—	209.2*
17. ITT Sheraton Canada	20	196.0
18. Les Rotisseries St-Hubert Ltee	94	177.0
19. Wendy's Restaurants of Canada	170	163.0
20. Subway Franchise Systems of Canada Ltd.	550	150.7
21. Pizza Pizza Ltd.	259	146.0*
22. Prime Restaurant Group Inc.	73	131.0
23. Keg Restaurants Ltd.	67	125.0
24. M-CORP Inc.	136	124.7
25. Ramada Franchise Canada Ltd.	24	124.0#
總計	9,474	C$10,353.7

SOURCE：THE TOP 100. 1994. Foodservice and Hospitality 27(7): 40-44.

Ranked by ttal sales volumein millions of Canadian dollars.

* Acanadian-owned company whose operations outside Canada are reflected in revenue and units.

✝ Denotes estimate.

附錄 1-3：依每種項目之總營業額爲準，排名前五大的餐廳與飲食服務連鎖業者

1. 三明治連鎖業者：
   * McDonald's
   * Burger King
   * Taco Bell
   * Wendy's
   * Hardee's

2. 炸雞連鎖業者：
   * KFC
   * Boston Market
   * Popeye's Famous Fried Chicken
   * Chick-fil-A
   * Church's Chicken

3. 披薩連鎖業者：
   * Pizza Hut
   * Little Caesars Pizza
   * Domino's Pizza
   * Papa John's Pizza
   * Sbarro, The Italian Eatery

4. 晚餐場所連鎖業者：
   * Red Lobster
   * Olive Garden
   * Applebee's Neighborhood Grill & Bar
   * Chill's Grill & Bar
   * T.G.I. Friday's

5. 家庭餐飲連鎖業者：
   * Denny's
   * Shoney's
   * Big Boy Restaurant & Bakery
   * Cracker Barrel Old Country Store
   * International House of Pancakes

6. 牛排連鎖業者：
   * Ponderosa Steakhouse
   * Sizzler
   * Golden Corral
   * Ryan's Family Steak House
   * Western Sizzlin'

7. 承包連鎖業者：
   * Marriott Management Services
   * Aramark
   * Canteen Corp.
   * Service America Corp.
   * Dobbs International Services

8. 旅館連鎖業者：
   * Hilton Hotels
   * Marriott Hotels, Resorts & Suites
   * Sheraton Hotels
   * Holiday Inns
   * Ramada Inn

9. 燒烤式自助餐業者：
   * Ponderosa Steakhouse
   * Golden Corral
   * Sizzler
   * Ryan's Family Steak House
   * Western Sizzlin'

SOURCE：NRN's top 100. 1995. Nation's Restaurant News 29(31): 106-144.
* Ranked by total United States sales volume in 1995 fiscal year.

附錄 1-4：北美洲地區之主要遊輪公司

遊輪公司名稱	載客容量	載客容量百分比	累計百分比	船舶數量	平均每船載客量
1. Carnival	14,535	13.8 %	13.98 %	9	1,615
2. Royal Caribean	14,228	13.5 %	27.3 %	9	1,581
3. Princess	10,070	9.6 %	36.9 %	9	1,119
4. Holland America	8,781	8.4 %	45.3 %	7	1,254
5. Norwegian	7,576	7.2 %	52.56 %	6	1,263
6. Costa	7,321	7.0 %	59.5 %	7	1,046
7. Celebrity	5,377	5.1 %	64.6 %	5	1,075
8. Regency	4,247	4.0 %	68.6 %	6	708
9. Epirotiki	3,184	3.0 %	71.7 %	7	455
10. Cunard Crown	3,136	3.0 %	74.7 %	4	784
11. Premier	3,038	2.9 %	77.6 %	3	1,013
12. Royal	2,564	2.4 %	80.0 %	3	855
13. Cunard Royal Viking	2,161	2.1 %	82.1 %	5	432
14. Dolphin	2,141	2.0 %	84.1 %	3	714
15. Cunard Queen Elizabeth 2	1,620	1.5 %	85.6 %	1	1,620
16. American Hawaii	1,568	1.5 %	87.1 %	2	784
17. Sun Line	1,098	1.0 %	88.2 %	3	366
18. Majesty	1,056	1.0 %	89.2 %	1	1,056
19. Pearl	1,0.16	1.0 %	90.2 %	2	508
20. Crystal	960	0.9 %	90.1 %	1	960
21. Renaissance	856	0.8 %	91.9 %	8	107
22. Orient Line	845	0.8 %	92.7 %	1	845
23. Cunard EuropAmerica River	792	0.8 %	93.4 %	5	158
24. Club Med	772	0.7 %	94.2 %	2	386
25. Commodore	726	0.7 %	94.9 %	1	726
26. Seawind	724	0.7 %	95.6 %	1	724
27. Silversea	592	0.6 %	96.1 %	2	296
28. Delta Queen Steamboat Co.	588	0.6 %	96.7 %	2	294
29. Dolphin Hellas	568	0.5 %	97.2 %	1	568
30. Windstar Sail Cruises	444	0.4 %	97.6 %	3	148
31. World Explorer	440	0.4 %	98.0 %	1	440
32. Seabourn	408	0.4 %	98.4 %	2	204
33. Star Clipper	360	0.3 %	98.8 %	2	180
34. Diamond	354	0.3 %	99.1 %	1	354
35. American Canadian	244	0.2 %	99.4 %	3	81
36. Clipper	240	0.2 %	99.6 %	2	120
37. Seven Seas	172	0.2 %	99.8 %	1	172
38. Classical	140	0.1 %	99.9 %	1	140
39. Oceanic	120	0.1 %	100 %	1	120
總計	105,062	100.0 %	100.0 %	133	790

SOURCE：The Cruise Industry: An Overview: Marketing Edition. 1995. Cruise Lines International Association, January, p.24.

附錄 1-5：美國主要汽車出租公司：1994

公司名稱	美國營業據點	車隊數量
1. Hertz	1,175	215,000
2. Avis	1,128	165,000
3. Alamo	117	150,000
4. Budget	1,052	135,000
5. National	933	111,000
6. Dollar	500	62,500
7. Thrifty	519	42,000
8. Value	50	25,000
9. Payless	120	15,000
10. Advantage	60	7,000
11. Airways	50	5,000
12. Ace	25	4,500
13. Triangle	11	2,400
14. Allstate	12	1,500
15. Independent Operators	2,300	24,200
總計	8,052	965,100

SOURCE：United States car rental market. 1995. Auto Rental News: 1995 Fact Book Issue 8(1): 12.

Note：These capacity figures do not include those of companies operating in the local/replacement car market such as Enterprise, Agency,Rent-A-Wreck, and others. In 1994, Auto Rental News estimated that the local/replacement market had 13,507 locations and 506,703 cars.

附錄 1-6：北美洲前二十五大主題樂園

主題樂園名稱	1994 年遊客數 （百萬人）
1. The Magic Kingdom, Walt Disney World, Orlando, Florida	11.2
2. Disneyland, Anaheim, California	10.3
3. EPCOT, Walt Disney World, Orlando, Florida	9.7
4. Disney-MGM Studios, Walt Disney Wrold, Orlando, Florida	8.0
5. Universal Sutdios Florida, Orlando, Florida	7.7
6. Sea World of Florida, Orlando, Florida	4.6
7. Universal Studios, Hollywood, California	4.6
8. Knott's Berry Farm, Buena Park, California	3.8
9. Sea World of California, San Diego, California	3.7
10. Busch Gardens, Tampa, Florida	3.7

11.	Cedar Point, Sandusky, Ohio	3.6
12.	Six Flags Magic Mountain, Valencia, California	3.5
13.	Paramount's King's Island, King's Island, Ohio	3.3
14.	Six flags Great Adventure, Jackson, New Jersey	3.2
15.	Santa Cruz Beach Boardwalk, Santa Cruz, California	3.1
16.	Siz Flags Over Texas, Arlington, Texas	3.0
17.	Six Flags Great American, Gurnee, Illinois	2.9
18.	Paramount Canada's Wonderland, Maple, Ontario	2.85
19.	Six Flags Over Georgia, Atlanta, Georgia	2.6
20.	Paramount's Great America, Santa Clara, California	2.5
21.	Knott's Camp Snoopy, Bloomington, Minnesota	2.5
22.	Six Flags Astroworld, Houston, Texas	2.4
23.	Paramount's Kings Dominion, Doswell, Virginia	2.4
24.	Busch Gardens The Old Country, Williamsburg, Virginia	2.3
25.	Opryland, Nashville, Tennessee	2.0
總遊客數		109.45

SOURCE：Top 50 North American amusement/theme parks. 1994. Amusement Business 106(51)82-83.

* Note：Fiesta Eexas, San Antonio, Texia；and Six Flags Wild Safari Park, Jackson, New Jersey, also had attendance figure of 2 million.

附錄 1-7：美國各主要航空公司之市場佔有率*

航空公司名稱		1993	1992
1.	United Airlines	20.1 %	18.8 %
2.	American Airlines	19.2 %	19.7 %
3.	Delta Air Lines	16.4 %	16.3%
4.	Northwest Airlines	11.6 %	11.9 %
5.	Continental Airlines	7.9 %	8.8 %
6.	USAir	7.0 %	7.2 %
7.	TWA	4.52 %	5.9 %
8.	Southwest Airlines	3.3 %	2.8 %
9.	America West	2.2 %	2.4 %
10.	American Trans Air	1.2 %	1.1 %
小計		93.6 %	94.9 %
其它航空公司		6.4 %	5.1 %
總乘客哩數（RPMs；美金十億元）		$ 504.8b	$ 493.7b

SOURCE：100 leading adventisers, 1994。Advertising Age 65(41): 22.
* Percentages ae based on revenue passenger miles as reported by the United States Department of Transportation.

附錄 1-8：主要的餐飲旅館與旅遊之廣告刊登者

公司名稱	排名	總廣告支出
餐飲旅館與旅遊業者：		
Mcdonald's	13	$0 736.6
Burger King (Grand Metropolitan)		177.6
Wendy's International	72	168.3
Pizza Hut (PepsiCo)		145.8
Marriott International	83	132.6
Taco Bell (PepsiCo)		132.4
AMR Corp. (American)	84	131.3
KFC (PepsiCo)		128.0
Delta Air Lines	100	113.1
Little Caesars Enterprises	110	106.4
UAL. Corp. (United)	145	79.1
Domino's Pizza	147	78.4
Hertz Corp	160	73.3
Subway Restaurants	161	72.6
NWA Inc.	167	67.2
Continental Airlines Holdings	171	65.8
Red Lobster (General Mills)		60.1
Carlson Cos.	191	51.1
Foodmaker Inc (Jack in the Bxo)	192	51.1
USAir Group	199	44.0
Carnival Cruise Lines	200	41.9
Sheraton (ITT Corp)		28.0
Amtrak (United States Government)		20.9
Olive Garden (General Mills)		17.6
餐飲旅館與旅遊業者之田公司：		
Pepsi Co.	5	1,038.9
Chrysler Corp.	10	761.6
Time Warner	14	695.1
Walt Disney Co.	16	675.7
Grand Metropolitan	17	652.9
General Mills	22	569.2
Anheuser-Busch Cos.	24	520.5
Matsushita Electric Industrial Co.	29	385.1
American Express Co.	35	324.8
ITT Corp.	64	196.2
Paramount Communications	66	185.3
Loews Corp.	90	124.5

Kimberly-Clark Corp.	92	119.8
Imasco	94	117.6
Bally Manufacturing Corp.	97	115.1
Mitsubishi Motors Corp.	99	113.4

SOURCE：100 leading advertiser. 1994. Advertising Age 65(41).

附錄 1-9：各主要的餐飲旅館／旅遊公司在不同類型之媒體中所支出的廣告費用*

公司名稱	雜誌	週日雜誌	報紙	網路電視	單點電視	聯合電視	有線電視
McDonald's	6,425	0	1,500	224,114	109,429	19,977	31,363
Wendy's	1,051	0	0	71,069	44,108	5,961	6,420
AMR Corp.	8,376	975	35,772	15,031	16,910	443	7,582
Delta	7,868	176	34,634	7,720	11,589	10	3,135
Marriott	6,902	875	16,960	0	394	23	2,616

公司名稱	網路廣播電台	單點廣播電台	室外廣告	全國性報紙	總計媒體支出金額
McDonald's	0	2,979	14,167	709	410,663
Wendy's	0	367	2,369	0	131,345
AMR Corp.	0	1,598	54	5,130	91,872
Delta	370	9,197	2,873	7,253	84,825
Marriott	1,653	4,111	245	12,644	46,421

* Figure are in thousands of dollars and for spending in measured media only.
SOURCE：100 laeding national advertisers. 1994. Advertising Age 65(41).

附錄 1-10：美國前二十五大旅行社

公司名稱	總營業額 （1994;美金百萬元）
1. American Express, New York, New York	$ 7,122.0
2. Carlson Wagonlit Travel, Minneapolis, Minnesota	3,300.0
3. BTI Americas, Northbrook, Illinois	2,791.8
4. Rosenbluth, Philadelphia, Pennsylvania	2,500.0
5. Maritz Travel, Fenton, Missouri	1,500.0
6. Liberty Travel, Ramsey, New Jersey	1,138.5
7. Japan Travel Bureau International, New York, New York	753.0
8. Omega World Travel, Fairfax, Virginia	413.0
9. World Travel Partners, Atlanta, Georgia	376.0
10. Total Travel Management, Troy, Michigan	336.0
11. Travel One, Mt. Laurel, New Jersey	328.0
12. Northwestern Business Travel, Minneapolis, Minnesota	319.2
13. Travel and Transport, Omaha, Nebraska	313.0
14. VTS Travel Enterprises, Mahwah, New Jersey	276.5
15. Associated Travel International, Santa Ana, California	273.4
16. Garber Travel, Brookline, Massachusetts	240.7
17. Wrold Wide Travel Service, Little Rock, Arkansas	210.0
18. Travel Incorporated, Atlanta, Georgia	197.6
19. Direct Travel, New York, New York	192.0
20. Professional Travel Corporation, Englewood, Colorado	188.0
21. Supertravel, Houston, Texas	173.0
22. Murdock Travel, Salt Lake City, Utah	161.8
23. Arrington Travel Center, Chicago, Illinois	157.0
24. First Travel Corp., Raleigh, North Carolina	151.0
25. Corporate Travel Consultants, Oakbrook Terrace, Ill.	148.0

SOURCE：Top 50 travel agenceies 1994. 1995. Travel Weekily Focus 54(51): 8.

附錄 1-11：美國各州旅遊局的預算

1. Hawaii	$33,934,944	26. West Virginia	6,280,028
2. Illinois	30,478,600	27. Alabama	6,200,000
3. Texas	20,838,702	28. Kenturky	6,108,300
4. New York	15,397,000	29. New Jersey	5,965,000
5. Florida	15,090,881	30. Nevada	5,906,517
6. Massachusetts	14,042,184	31. Montana	5,706,002
7. Louisiana	13,438,000	32. New Mexico	5,380,000
8. Pennsylvania	12,559,404	33. Maryland	5,175,101
9. Mississippi	12,296,845	34. Vermont	4,831,125
10. South Carolina	11,742,101	35. Sorth Dakota	4,077,684
11. Virginia	10,440,204	36. Idaho	4,038,677
12. Wisconsin	10,365,000	37. Utah	4,028,364
13. Tennessee	10,213,100	38. Wyoming	3,869,534
14. Arkansas	9,924,184	39. Kansas	3,648,263
15. Michigan	9,041,300	40. Rhode Island	3,523,500
16. Minnesota	8,406,555	41. Iowa	3,502,766
17. Missouri	8,191,473	42. Indiana	3,500,000
18. Alaska	8,044,500	43. New Hampshire	2,729,300
19. Geogia	7,872,786	44. Oregan	2,600,000
20. Arizona	7,398,200	45. Maine	2,486,685
21. California	7,385,000	46. North Dakota	2,229,403
22. North Carolina	7,143,474	47. Nebraska	1,680,385
23. Connecticut	6,614,770	48. Wasington	1,272,105
24. Oklahoma	6,511,782	49. Delaware	753,300
25. Ohio	6,289,025	總計	$399,152,053

SOURCE：Survey of state travel offices 1994-95. 1995. United State Travel DataCenter, p. 5.

Note：Colorado was the only state without a state-government-fundedtourist office in 1994-95.

附 錄 二

各種產業資源

附錄 2-1　　　旅遊業之中介者與商業刊物

附錄 2-2　　　餐飲旅館與旅遊設施及服務的主要檢索名錄

附錄 2-3　　　北美洲地區餐飲旅館與旅遊業的各主要商業公會

附錄 2-4　　　餐飲旅館與旅遊業的各種主要消費者與商業雜誌及學術期刊

附錄 2-1：旅遊業之中介者與商業刊物

1. 各種零售旅行社，團體旅遊經理人，以及政府機構：
   Travel Weekly
   The Travel Agent
   Travel Trade
   JAX FAX Travel Marketing
   Travel Age NetworkASTA Travel News
   Travel Management DailyBusiness Travel NewsCorporate TravelCorporate Travel Agent
   The Business Flyer

2. 旅遊批發商與營運者：
   NTA Courier
   Tour & Travel News

3. 獎勵旅遊的計劃者：
   Corporate & Incentive TravelCorporate Meeting & Incentives
   Incentive Marketing
   Incentive Travel
   Incentive World

4. 會議／集會的計劃者：
   Meetings & Conventions
   Successful Meetings
   Meeting News
   Association & Society Manager
   The Association Executive
   Association Management
   Sales & Marketing Management
   Training
   Training & Development Journal

Adapted from "Trade Advertising: A Crucial Element in Hotel Marketing" by Peter Warren and Neil W. Ostergren, Cornell Hotel and Restaurant AdministrationQuarterly, May 1986, p. 62.

附錄 2-2：餐飲旅館與旅遊設施及服務的主要檢索名錄

- ABC Worldwide Hotel Guide
- American Automobile Association (AAA) Tour Books
- CLIA Cruise Manual
- Directory of Incentive Travel
- Ford's International Cruise Guide
- Gavel International Directory (Meetings & Conventions magazine)
- Hotel & Motel Red Book
- Hotel & Travel Index
- Mobil Travel Guides
- Official Airline Guide (OAG)
- OAG Pocket Travel Planner
- OAG Travel Planner
- Official Hotel & Resort Guide (OHRG)
- Official Meeting Facilities Guide
- Official Steamship Guide International
- Travel 800
- World Travel Directory

附錄 2-3：北美洲地區餐飲旅館與旅遊業的各主要商業公會

1‧運輸業者：

- Air Transport Association
- American Bus Association
- Amtrack National Railroad CorporationNational Air Carrier Association
- Regional Airline Association
- United Bus Owners of America
- Via Rail Canada

2‧供應者：

- American Car Rental Association
- American Hotel & Motel Association
- American Sightseeing International

- Canadian Hotel Association
- Canadian Restaurant and Food Service Association
- Cruise Lines International Association
- Hotels Sales and Marketing Association International
- International Association of Amusement Parks and Attractions
- International Festivals Association
- National Campground Owners Association
- National Restaurant Assoication

３．旅遊業：

- Alliance of Canadian Travel Agents
- American Society of Association Executives
- American Society of Travel Agents
- Canadian Institute of Travel Counselors
- Institute of Certified Travel Agents
- Meeting Planners International
- National Business Travel Association
- National Tour Association
- Professional Convention Management Association
- Society of Incentive Travel Executives
- S. Tour Operators Association

４．各種目的地管理與支援服務：

- Association of Travel Marketing Executives
- Council on Hotel, Restaurant, and Institutional Education
- International Association of Conference Centers
- International Association of Convention and Visitors Bureaus
- National Association of Exposition Managers
- Society of American Travel Writers
- Society of Travel and Tourism Educators
- Tourism Industry Association of Canada
- Travel and Tourism Research Association
- Travel Industry Association of America

附錄 2-4：餐飲旅館與旅遊業的各種主要消費者與商業雜誌及學術期刊

1·各種消費者雜誌：

Conde' Nast Traveler
Cruise Travel
Endless Vacation (RCI)
Gourmet
Islands

National Georgraphic Traveler
Travel America
Travel / Holiday
Travel & Leisure

2·各種商業雜誌及學術期刊：

Agent West (Canada)
Annals of Tourism Research (AJ)*
Association & Society Manager
Association Management
Association Trends
ASTA Travel News
Business Flyer
Business Travel News
Canadian Hotel & Restaurant
Canadian Travel Courier
Canadian Travel News
The CHRA Quarterly (AJ)
Club Managemen
Corporate Travel
Courier
EIU International Tourism Quarterly
FIU Hospitality Review (AJ)
Foodservice & Hospitality (Canada)
The Group Travel Leader
Hospitality Research Journal (AJ)
Hospitality & Tourism Educator (AJ)
Hotel & Motel Management
Hotel & Resort Industry
Hotels
Incentive Marketing
International Journal of Contemporary Hospitality Management (AJ)
International Journal of Hospitality Management (AJ)

JAX FAX Travel Marketing
Journal of Hospitality & Leisure Marketing (AJ)
Journal of Restaurant & Foodservice Marketing (AJ)
Journal of Sustainable Tourism (AJ)
Journal of Tourism Studies (AJ)
Journal of Travle Research (AJ)
Journal of Travel & Tourism Market (AJ)
Lodging
Lodging Hospitality
Marketing Tourism (AJ)
Meeting News
Meetings & Conventions
Nation's Restaurant News
Resort & Hotel Management
Restaurant Business
Restaurant Hospitality
Restaurant Management
Restaurants and Institutions
Restaurants USA
Successful Meetings
Tour and Travel News
Tourism Management (AJ)
Travel Agent
Travel Counselor
Travel Management Daily
Travel & Tourism Analyst (AJ)
Travel Trade
Travelweek Bulletin (Canada)
Travel Weekly

* AJ = Academic journal.

餐旅服務業與觀光行銷

原　　著 / Alastair M. Morrison

譯　　者 / 王昭正

出 版 者 / 弘智文化事業有限公司

登 記 證 / 局版台業字第 6263 號

地　　址 / 台北市民權西路 118 巷 15 弄 3 號 7 樓

郵政劃撥 / 19467647　戶名 / 馮玉蘭

E-Mail / hurngchi@ms39.hinet.net

電　　話 / （02）2557-5685 · 0936-252-817 · 0921-121-621

傳　　真 / （02）2557-5383

發 行 人 / 邱一文

書店經銷 / 旭昇圖書有限公司

地　　址 / 台北縣中和市中山路二段 352 號 2 樓

電　　話 / （02）22451480

傳　　真 / （02）22451479

製　　版 / 信利印製有限公司

版　　次 / 1999 年 8 月初版一刷

定　　價 / 690 元

ISBN　957-97910-3-1

國家圖書館出版品預行編目資料

餐旅服務業與觀光行銷 ╱ Alastair M.
　Morrison 著 ； 王昭正譯. -- 初版. -- 臺北
市：弘智文化， 1999〔民 88〕
　　面；　公分
譯自 ： Hospitality and travel marketing
ISBN　957-97910-3-1
1. 旅館業 – 管理　2. 旅行業 – 管理　3. 銷售

489.2　　　　　　　　　　　　88010980

弘智文化價目表

弘智文化出版品進一步資訊歡迎至網站瀏覽：honz-book.com.tw

書　名	定價	書　名	定價
		生涯規劃：掙脫人生的三大枷梏	250
社會心理學（第三版）	700		
教學心理學	600	心靈塑身	200
生涯諮商理論與實務	658	享受退休	150
健康心理學	500	婚姻的轉捩點	150
金錢心理學	500	協助過動兒	150
平衡演出	500	經營第二春	120
追求未來與過去	550	積極人生十撇步	120
夢想的殿堂	400	賭徒的救生圈	150
心理學：適應環境的心靈	700		
兒童發展	出版中	生產與作業管理（精簡版）	600
為孩子做正確的決定	300	生產與作業管理(上)	500
認知心理學	出版中	生產與作業管理(下)	600
照護心理學	390	管理概論：全面品質管理取向	650
老化與心理健康	390	組織行為管理學	800
身體意象	250	國際財務管理	650
人際關係	250	新金融工具	出版中
照護年老的雙親	200	新白領階級	350
諮商概論	600	如何創造影響力	350
兒童遊戲治療法	500	財務管理	出版中
認知治療法概論	500	財務資產評價的數量方法一百問	290
家族治療法概論	出版中	策略管理	390
婚姻治療法	350	策略管理個案集	390
教師的諮商技巧	200	服務管理	400
醫師的諮商技巧	出版中	全球化與企業實務	900
社工實務的諮商技巧	200	國際管理	700
安寧照護的諮商技巧	200	策略性人力資源管理	出版中
		人力資源策略	390

書　名	定價		書　名	定價
管理品質與人力資源	290		社會學：全球性的觀點	650
行動學習法	350		紀登斯的社會學	出版中
全球的金融市場	500		全球化	300
公司治理	350		五種身體	250
人因工程的應用	出版中		認識迪士尼	320
策略性行銷（行銷策略）	400		社會的麥當勞化	350
行銷管理全球觀	600		網際網路與社會	320
服務業的行銷與管理	650		立法者與詮釋者	290
餐旅服務業與觀光行銷	690		國際企業與社會	250
餐飲服務	590		恐怖主義文化	300
旅遊與觀光概論	600		文化人類學	650
休閒與遊憩概論	600		文化基因論	出版中
不確定情況下的決策	390		社會人類學	390
資料分析、迴歸、與預測	350		血拼經驗	350
確定情況下的下決策	390		消費文化與現代性	350
風險管理	400		肥皂劇	350
專案管理師	350		全球化與反全球化	250
顧客調查的觀念與技術	450		身體權力學	320
品質的最新思潮	450			
全球化物流管理	出版中		教育哲學	400
製造策略	出版中		特殊兒童教學法	300
國際通用的行銷量表	出版中		如何拿博士學位	220
組織行為管理學	800		如何寫評論文章	250
許長田著「行銷超限戰」	300		實務社群	出版中
許長田著「企業應變力」	300		現實主義與國際關係	300
許長田著「不做總統，就做廣告企劃」	300		人權與國際關係	300
許長田著「全民拼經濟」	450		國家與國際關係	300
許長田著「國際行銷」	580			
許長田著「策略行銷管理」	680		統計學	400

書　名	定價		書　名	定價
類別與受限依變項的迴歸統計模式	400		政策研究方法論	200
機率的樂趣	300		焦點團體	250
			個案研究	300
策略的賽局	550		醫療保健研究法	250
計量經濟學	出版中		解釋性互動論	250
經濟學的伊索寓言	出版中		事件史分析	250
			次級資料研究法	220
電路學（上）	400		企業研究法	出版中
新興的資訊科技	450		抽樣實務	出版中
電路學（下）	350		十年健保回顧	250
電腦網路與網際網路	290			
應用性社會研究的倫理與價值	220		**書僮文化價目表**	
社會研究的後設分析程序	250			
量表的發展	200		台灣五十年來的五十本好書	220
改進調查問題：設計與評估	300		２００２年好書推薦	250
標準化的調查訪問	220		書海拾貝	220
研究文獻之回顧與整合	250		替你讀經典：社會人文篇	250
參與觀察法	200		替你讀經典：讀書心得與寫作範例篇	230
調查研究方法	250			
電話調查方法	320		生命魔法書	220
郵寄問卷調查	250		賽加的魔幻世界	250
生產力之衡量	200			
民族誌學	250			